2019 注册测绘师资格考试用书

Cehui Zonghe Nengli
Kaodian Fenxi Ji Zhenti、Moniti Xiangjie

测绘综合能力
考点分析及真题、模拟题详解

第7版

胡伍生 / 主　编
沙月进　郑天栋　章其祥 / 副主编

人民交通出版社股份有限公司
China Communications Press Co.,Ltd.

内 容 提 要

本书为注册测绘师资格考试三个科目应试辅导教材之一,依托现行考试大纲和历年考试真题,基于编写人员多年专业积累和本科目出题特点编写而成。

全书共12章,主要内容包括:大地测量、海洋测绘、工程测量、房产测绘、地籍测绘、行政区域界线测绘、测绘航空摄影、摄影测量与遥感、地图制图、地理信息工程、导航电子地图制作、互联网地理信息服务(部分考点有视频讲解)。

书后附两套模拟试卷及2016~2018年真题,均有详细解析及参考答案,可供考生考前模考练习。

本书可供参加注册测绘师资格考试的考生复习备考使用。

图书在版编目(CIP)数据

2019测绘综合能力考点分析及真题、模拟题详解/胡伍生主编. —7版. — 北京:人民交通出版社股份有限公司,2019.3

ISBN 978-7-114-15328-0

Ⅰ. ①2… Ⅱ. ①胡… Ⅲ. ①测绘—资格考试—题解 Ⅳ. ①P2-44

中国版本图书馆CIP数据核字(2019)第002414号

书　　名:2019测绘综合能力考点分析及真题、模拟题详解(第7版)
著　作　者:胡伍生
责任编辑:刘彩云
出版发行:人民交通出版社股份有限公司
地　　址:(100011)北京市朝阳区安定门外外馆斜街3号
网　　址:http://www.ccpress.com.cn
销售电话:(010)59757973
总　经　销:人民交通出版社股份有限公司发行部
经　　销:各地新华书店
印　　刷:北京鑫正大印刷有限公司
开　　本:787×1092　1/16
印　　张:31.75
字　　数:600千
版　　次:2013年4月　第1版
　　　　　2014年1月　第2版
　　　　　2015年1月　第3版
　　　　　2016年1月　第4版
　　　　　2017年3月　第5版
　　　　　2018年1月　第6版
　　　　　2019年3月　第7版
印　　次:2019年3月　第1次印刷　累计第10次印刷
书　　号:ISBN 978-7-114-15328-0
定　　价:98.00元

(有印刷、装订质量问题的图书由本公司负责调换)

前　言

2007年，我国建立了"注册测绘师"制度。注册测绘师，是指经考试取得"中华人民共和国注册测绘师资格证书"，并依法注册后，从事测绘活动的专业技术人员。根据《中华人民共和国测绘法》，原人事部和国家测绘局共同颁布了注册测绘师制度的有关规定及配套实施办法，并于2011年4月进行了首次注册测绘师考试，这标志着我国"注册测绘师"制度进入实施阶段。这对于加强测绘行业的管理，提高测绘专业人员素质，规范测绘行为，保证测绘成果质量，推动我国测绘工程技术人员走向国际测绘市场具有重要意义。

注册测绘师考试共设三个科目：《测绘管理与法律法规》《测绘综合能力》《测绘案例分析》。科目一《测绘管理与法律法规》，主要考查测绘地理信息专业技术人员在测绘地理信息项目实施和管理中，运用现行相关法律法规和标准规范解决实际问题的能力；考试题型为单选题（80题，每题1分），多选题（20题，每题2分），总分为120分。科目二《测绘综合能力》，主要考查测绘地理信息专业技术人员运用测绘地理信息专业理论和现行标准规范，分析、判断和解决测绘地理信息项目实施过程中专业技术问题的能力；考试题型为单选题（80题，每题1分），多选题（20题，每题2分），总分为120分。科目三《测绘案例分析》，主要考查测绘地理信息专业技术人员对《测绘管理与法律法规》和《测绘综合能力》科目在实务应用时体现的综合分析能力及实际执业能力；考试题型为综合分析题（7题，每题12～18分），总分为120分。

为了帮助广大测绘专业人员以及有志于测绘执业的考生快速、高效地掌握考试大纲要求的知识，顺利通过考试，人民交通出版社股份有限公司组织东南大学交通学院测绘领域的专家、学者，编写了本套辅导教材（共三册）。本套辅导教材具有如下特点：

（1）考点突出。针对考试，我们细致分析了考试大纲的深度和广度，将主要知识点汇总呈现在每一章的章首，并对其进行必要的阐释，便于考生抓住考点进行合理复习。

（2）题量丰富。做题的复习效果要远远好于看大段的文字，更有利于复习时间紧张的考生在极为有限的复习时间内掌握大量考点。本套教材根据考点，优选数道经典例题，通过提供参考答案及具体解析，帮助考生掌握必备基础知识，提高复习效率。

（3）真题演练。书中收录2011～2018年真题，可以较好地检验考生的综合复习效果，增加考生实战经验，便于考生在短时间内提高应试能力。

（4）视频讲解。考生可刮开并微信扫描**封面上的二维码**，登录"注考大师"在线学习。

2019年，我们在上一版的基础上，对以下内容进行了重点修订：

（1）通过对2011～2018年这八年的考题分析，对重要考点、新增考点进行针对性的补充和完善。

（2）新增2018年考试真题，附答案及详细解析。

(3)新增高频真题及解析。本书对2011～2017年考试中出现频率较高的真题进行了归类,对其涉及的考点给予综合及详细解析,可供考生较好把握考试重点。

(4)增加热点信息。如"大地测量"中新增"北斗(BDS)系统"的相关考点及模拟题。

(5)对近两年颁布实施的新规范、规程涉及的试题,依据新规范、规程条文进行解答,使相关试题更有备考价值。

本书编写人员及分工如下:胡伍生(第3章),沙月进(第7、8章),郑天栋、田馨(第9、11章),喻国荣(第1章),范国雄、田馨(第2、4、5、6章),章其祥(第10、12章)。

书中难免有疏漏和不当之处,欢迎大家多提宝贵建议,主编的联系方式为 QQ:109145221,E-mail:wusheng.hu@163.com。注册测绘师考试QQ群192881063。希望考生们多沟通、多进步,顺利通过考试!

胡伍生
2019年1月 南京

致读者

时光飞逝,岁月如梭。注册测绘师(Registered Surveyor)考试从 2011 年开考至今已经有八年了。为了帮助大家系统、有效地复习应考,我们编写了这套考试复习丛书(共三册),同时录制了相应的视频课程。2019 年丛书再版时,我们结合八年来注册测绘师《测绘综合能力》科目(以下简称《综合能力》科目)试卷的组卷方案和内容做个总结与剖析,以便明确任务与目标,理清考试重点与难点,为您顺利通过注册测绘师资格考试再助一臂之力。

1.《综合能力》科目组卷方案综合分析

为了便于分析,我们对历年《综合能力》科目试卷的考题分布按 12 个大类来统计,统计结果参见表 A(编者注:统计结果仅供参考)。

2011~2018 年《综合能力》科目试卷考题分布统计表　　表 A

专业		大地测量	海洋测绘	工程测量	房产测绘	地籍测绘	界线测绘	航空摄影	航测与遥感	地图制图	地理信息系统	导航电子地图	互联网GIS
2011	单选题	12	6	16	6	4	4	4	12	11	5	0	0
	多选题	3	2	4	1	1	1	1	2	1	3	1	0
	分值	18	10	24	8	6	6	6	16	13	11	2	0
2012	单选题	10	2	16	7	5	3	6	11	4	12	2	2
	多选题	3	1	3	1	2	1	1	3	2	3	0	0
	分值	16	4	22	9	9	5	8	17	8	18	2	2
2013	单选题	10	6	10	6	6	2	6	10	8	10	2	4
	多选题	3	1	4	1	1	1	1	3	1	3	1	0
	分值	16	8	18	8	8	4	8	16	10	16	4	4
2014	单选题	12	4	12	4	3	3	4	12	8	12	3	3
	多选题	3	1	4	1	1	1	1	3	2	2	0	1
	分值	18	6	20	6	5	5	6	18	12	16	3	5
2015	单选题	12	4	12	4	4	2	4	12	8	12	3	3
	多选题	3	1	4	1	1	1	1	3	2	2	0	1
	分值	18	6	20	6	6	4	6	18	12	16	3	5
2016	单选题	12	4	13	4	4	2	4	12	7	12	3	3
	多选题	3	1	5	1	1	1	1	3	1	2	1	0
	分值	18	6	23	6	6	4	6	18	9	16	5	3

续上表

专业		大地测量	海洋测绘	工程测量	房产测绘	地籍测绘	界线测绘	航空摄影	航测与遥感	地图制图	地理信息系统	导航电子地图	互联网GIS
2017	单选题	12	4	13	4	4	2	4	13	5	13	3	3
	多选题	3	1	5	1	1	1	1	3	1	2	1	0
	分值	18	6	23	6	6	4	6	19	7	17	5	3
2018	单选题	12	4	13	4	4	2	4	14	6	12	4	1
	多选题	3	1	5	1	1	1	2	2	1	2	0	1
	分值	18	6	23	6	6	4	8	18	8	16	4	3

从表 A 中可以看出:"工程测量"占比最高,分值在 18~24 之间,相应比例为 15%~20%;"大地测量"和"航测与遥感"排在第二、三位,分值在 16~18 之间,相应比例为 13%~15%;排在第四位的是"地理信息系统",分值在 11~18 之间,相应比例为 9%~15%;占比最少的是"互联网 GIS",近五年平均分值约为 3 分,只占比 2.5%。

由此可知,《综合能力》科目考试的重点内容是:**工程测量、大地测量、航测与遥感、地理信息系统**。

2. 如何准备《综合能力》科目考试

1)准确理解考试大纲要求

考生应准确理解《综合能力》科目考试的大纲要求,熟悉考试内容,注意每年可能出现的变化。

2)准备相关复习资料

工作忙、时间紧的考生,可以选择内容精炼、考点突出的辅导教材。本套丛书和相应的视频课程将是您不错的选择。

考生应准备的测绘专业教材包括《大地测量》《工程测量》《摄影测量与遥感》《地理信息系统》等。应准备的规范包括《全球定位系统(GPS)测量规范》《国家一、二等水准测量规范》《国家三、四等水准测量规范》《海道测量规范》《工程测量规范》《建筑变形测量规范》《城市测量规范》《地籍调查规程》《房产测量规范》《行政区域界线测绘规范》《地形图航空摄影规范》《地形图航空摄影测量内业规范》《地形图航空摄影测量外业规范》《1:500 1:1000 1:2000 外业数字测图技术规程》《国家基本比例尺地形图更新规范》《国家基本比例尺地图编绘规范》《地图印刷规范》《地理信息公共服务平台电子地图数据规范》《导航电子地图安全处理技术基本要求》《车载导航地理数据采集处理技术规程》等。

3)掌握合理的学习方法

看到上面应该准备的复习资料,考生也许会感到压力很大。对此我们有几点建议:

(1)要结合相关教材与规范精读,学会总结与概括。《综合能力》科目的专业性很强,在精读的同时要做笔记,并罗列总结其主要知识点,以便在迎考前进行快速复习,提高学习效率。

(2)本科目与规范有关的考题所占比重很大,因此,认真阅读各专业规范是非常必要的。重点关注:有关数量规定、有关限差要求。现以《工程测量规范》(GB 50026—2007)为例进行说明。

①数量规定:例如,第 3.2.10 条,工程测量控制网可采用卫星定位测量方法;对于 GPS 测量数据处理,其基线解算,起算点的单点定位观测时间,不宜少于<u>30min</u>。第 4.4.5 条,对 GPS 点的拟合高程成果,应进行检验。检测点数不少于全部高程点的 10% 且不少于<u>3 个点</u>。

②限差要求:例如,第 8.6.2 条,对于隧道工程的贯通限差,其相向施工中线在贯通面上的高程贯通限差为<u>70mm</u>。第 5.10.3 条,地形图的修测,应符合下列规定:新测地物与原有地物的间距中误差,不得超过<u>图上 0.6mm</u>。

(3)适当的时候(如精力下降时),可以采用边做练习题边阅读相关资料的方法。如 2012 年第 14 题,是有关"GPS 拟合高程测量"的,仔细阅读《工程测量规范》(GB 50026—2007)第 4.4.5 条,对检测点数有明确规定,很容易找到该题的正确答案。此时,就可以把该条款附近的其他条款顺便通读一遍,并思考对于这些规定,出题人会如何设置单选题。这样做,可以避免看书枯燥,也可以提高复习效率。

世上无难事,只怕有心人。只要不断努力、认真复习,加上您的聪明和智慧,一定能顺利过关,成为一名注册测绘师。

编者
2019 年 1 月　南京

目　录

1 大地测量 ·· 1
　1.0 考点分析 ·· 1
　1.1 考点一:大地测量坐标系统与参考框架 ·· 1
　1.2 考点二:传统大地测量控制网 ·· 13
　1.3 考点三:GNSS 连续运行基准站网 ··· 26
　1.4 考点四:卫星大地控制网 ·· 38
　1.5 考点五:高程控制网 ··· 49
　1.6 考点六:重力控制网 ··· 58
　1.7 考点七:似大地水准面精化 ·· 65
　1.8 考点八:大地测量数据库 ·· 70
　1.9 高频真题综合分析 ··· 77
2 海洋测绘 ·· 83
　2.0 考点分析 ·· 83
　2.1 主要知识点汇总 ·· 83
　2.2 例题 ··· 88
　2.3 例题参考答案及解析 ·· 93
　2.4 高频真题综合分析 ·· 97
3 工程测量 ·· 100
　3.0 考点分析 ·· 100
　3.1 考点一:工程控制网 ·· 100
　3.2 考点二:工程地形图测绘 ·· 107
　3.3 考点三:施工测量 ··· 115
　3.4 考点四:地下管线测量与工程竣工测量 ··· 128
　3.5 考点五:变形测量与精密工程测量 ·· 134
　3.6 考点六:《工程测量规范》(GB 50026—2007) ································· 142
　3.7 高频真题综合分析 ··· 149
4 房产测绘 ·· 155
　4.0 考点分析 ·· 155
　4.1 主要知识点汇总 ·· 155
　4.2 例题 ··· 163

  4.3 例题参考答案及解析 ·· 167
  4.4 高频真题综合分析 ·· 171
5 地籍测绘 ·· 175
  5.0 考点分析 ··· 175
  5.1 主要知识点汇总 ··· 175
  5.2 例题 ·· 180
  5.3 例题参考答案及解析 ·· 183
  5.4 高频真题综合分析 ·· 187
6 行政区域界线测绘 ·· 189
  6.0 考点分析 ··· 189
  6.1 主要知识点汇总 ··· 189
  6.2 例题 ·· 194
  6.3 例题参考答案及解析 ·· 196
  6.4 高频真题综合分析 ·· 199
7 测绘航空摄影 ··· 202
  7.0 考点分析 ··· 202
  7.1 主要知识点汇总 ··· 202
  7.2 例题 ·· 204
  7.3 例题参考答案及解析 ·· 206
  7.4 高频真题综合分析 ·· 207
8 摄影测量与遥感 ·· 210
  8.0 考点分析 ··· 210
  8.1 主要知识点汇总 ··· 210
  8.2 例题 ·· 216
  8.3 例题参考答案及解析 ·· 220
  8.4 高频真题综合分析 ·· 223
9 地图制图 ·· 230
  9.0 考点分析 ··· 230
  9.1 考点一:地图基本知识 ··· 230
  9.2 考点二:地图投影 ·· 241
  9.3 考点三:地图设计 ·· 252
  9.4 考点四:地图编绘 ·· 269
  9.5 考点五:地图印刷、地图质量控制和成果归档 ······································ 283
  9.6 高频真题综合分析 ·· 287
10 地理信息工程 ·· 291
  10.0 考点分析 ··· 291
  10.1 考点一:地理信息工程概要 ··· 291
  10.2 考点二:地理信息工程技术设计 ··· 295

    10.3 考点三：地理信息数据与数据库 ……………………………………………… 300
    10.4 考点四：GIS开发、运行管理与质量控制 ……………………………………… 307
    10.5 高频真题综合分析 ……………………………………………………………… 315
11 导航电子地图制作 …………………………………………………………………… 322
    11.0 考点分析 ………………………………………………………………………… 322
    11.1 主要知识点汇总 ………………………………………………………………… 322
    11.2 例题 ……………………………………………………………………………… 326
    11.3 例题参考答案及解析 …………………………………………………………… 331
    11.4 高频真题综合分析 ……………………………………………………………… 336
12 互联网地理信息服务 ………………………………………………………………… 338
    12.0 考点分析 ………………………………………………………………………… 338
    12.1 主要知识点汇总 ………………………………………………………………… 338
    12.2 例题 ……………………………………………………………………………… 343
    12.3 例题参考答案及解析 …………………………………………………………… 346
    12.4 高频真题综合分析 ……………………………………………………………… 348
注册测绘师资格考试测绘综合能力模拟试卷(1) ……………………………………… 349
注册测绘师资格考试测绘综合能力模拟试卷(1)参考答案及解析 …………………… 363
注册测绘师资格考试测绘综合能力模拟试卷(2) ……………………………………… 377
注册测绘师资格考试测绘综合能力模拟试卷(2)参考答案及解析 …………………… 391
2016年注册测绘师资格考试测绘综合能力试卷 ……………………………………… 405
2016年注册测绘师资格考试测绘综合能力试卷参考答案及解析 …………………… 418
2017年注册测绘师资格考试测绘综合能力试卷 ……………………………………… 433
2017年注册测绘师资格考试测绘综合能力试卷参考答案及解析 …………………… 447
2018年注册测绘师资格考试测绘综合能力试卷 ……………………………………… 461
2018年注册测绘师资格考试测绘综合能力试卷参考答案及解析 …………………… 475
参考文献 ………………………………………………………………………………… 495

1 大 地 测 量

1.0 考 点 分 析

考点一:大地测量坐标系统与参考框架
考点二:传统大地测量控制网
考点三:GNSS 连续运行基准站网
考点四:卫星大地控制网
考点五:高程控制网
考点六:重力控制网
考点七:似大地水准面精化
考点八:大地测量数据库

1.1 考点一:大地测量坐标系统与参考框架

1.1.1 主要知识点汇总

1)组成

(1)大地测量系统,包括坐标系统、高程系统、深度基准和重力参考系统。

(2)大地参考框架,包括坐标(参考)框架、高程(参考)框架、重力测量(参考)框架。

2)大地测量坐标系统和大地测量常数

(1)大地测量坐标系统:根据坐标系统原点位置不同,分为地心坐标系统和参心坐标系统;从表现形式上,分为空间直角坐标系统和大地坐标系统。

(2)大地测量常数:地球椭球的几何参数(长半轴、短半轴、扁率、第一偏心率、第二偏心率等)和物理参数(地心引力常数、自转角速度、重力场参数等)。

3)大地测量坐标框架

(1)大地测量参考框架是大地测量系统的具体实现。

(2)参心坐标框架:全国天文大地网(1954 北京坐标系、1980 西安坐标系)。

(3)地心坐标框架:2000 国家大地控制网、ITRF。

4)高程系统和高程框架

(1)高程基准

1956 年黄海高程系,青岛水准原点高程为 72.289m;1985 国家高程基准,青岛水准原点高程为 72.260m。

(2)高程系统

我国高程系统采用正常高系统,其起算面是似大地水准面。

(3)高程框架

①高程框架是高程系统的实现。

②水准高程框架,由国家二期一等水准网,以及国家二期一等水准复测的高精度水准控制网实现,以青岛水准原点为起算基准,以正常高程系统为水准高差传递方式。

③高程框架分为四个等级,分别称为国家一、二、三、四等水准控制网。

④高程框架的另一种形式是通过(似)大地水准面精化来实现。

5)重力系统和重力测量框架

(1)重力是重力加速度的简称。

(2)重力测量是测定空间一点的重力加速度。

(3)重力基准是标定一个国家或地区的绝对重力值的标准。

(4)重力参考系统是指采用的椭球常数及其相应的正常重力场。

(5)重力测量框架是由分布在各地的若干绝对重力点和相对重力点构成的重力控制网,以及用作相对重力尺度标准的若干条长短基线组成。

(6)2000国家重力基本网。

6)深度基准

(1)深度基准面:①最低低潮面;②大潮平均低潮面;③实测最低潮面;④理论深度基准。

(2)我国从1957年起采用理论深度基准面为深度基准。该面是苏联弗拉基米尔计算的当地理论最低低潮面。

7)时间系统与时间系统框架

(1)时间系统规定了时间测量的参考标准,包括时刻的参考标准和时间间隔的尺度标准。任何一种时间基准都必须建立在某个频率基准的基础上,频率基准规定了"秒长"的尺度。

(2)常用时间系统:世界时、原子时、协调时、GPS时、力学时。

(3)时间系统框架:时间频率基准、守时系统、授时系统、覆盖范围。

8)常用坐标系及其转换

(1)常用坐标系

常用坐标系包括:

①大地坐标系(大地经度 L、大地纬度 B、大地高 H、法线)。

②地心坐标系。

③空间直角坐标系(坐标系原点、X 轴、Y 轴、Z 轴)。

④站心坐标系(左手坐标系)。

⑤高斯直角坐标系(投影带、中央子午线、投影变形、6°带、3°带)。

(2)坐标系转换

坐标系转换包括:

①同一坐标系统内空间直角坐标、大地坐标、高斯平面坐标间的转换。

②不同大地坐标系三维转换(坐标联测、公共点、布尔沙模型、莫洛坚斯基模型)。

1.1.2 例题

1)单项选择题(每题的备选项中,只有1个最符合题意)

(1)下列大地测量方法中,需要起算点才能够得到待测点所在大地测量系统中数据的方法是( )。

　　A.惯性测量　　　　B.天文测量　　　　C.GNSS 测量　　D.重力测量

(2)关于全国天文大地网说法正确的是( )。

　　A.椭球定位参数以我国范围内坐标值平方和最小为条件求定

　　B.1980 国家大地坐标系的椭球短轴应平行于由地球质心指向 1980 地极原点方向

　　C.天文大地网整体平差结果建立的大地坐标系:1980 国家大地坐标系和地心坐标系

　　D.地球椭球参数采用的是国际 1980 椭球参数

(3)大地坐标系的基准面是( )。

　　A.地球表面　　　B.大地水准面　　　C.参考椭球面　　D.似大地水准面

(4)在 20 世纪 50 年代我国建立的 1954 北京坐标系属于( )坐标系。

　　A.天球坐标系　　B.地心坐标系　　　C.参心坐标系　　D.球面坐标系

(5)建立 1980 国家坐标系所采用的参考椭球是( )。

　　A.克拉索夫斯基椭球　　　　　　　B.1975 国际椭球

　　C.高斯椭球　　　　　　　　　　　D.1980 国际椭球

(6)WGS-84 坐标系的基准面是( )。

　　A.参考椭球面　　B.大地水准面　　　C.似大地水准面　D.地球表面

(7)2000 国家大地坐标系的启用时间是( )。

　　A.2000 年 1 月 1 日　　　　　　　B.2000 年 7 月 1 日

　　C.2008 年 1 月 1 日　　　　　　　D.2008 年 7 月 1 日

(8)下列坐标系统不属于地心坐标系统的是( )。

　　A.ITRF　　　　　　　　　　　　　B.2000 国家大地坐标系

　　C.WGS-84 坐标系　　　　　　　　D.1980 西安坐标系

(9)在测量上常用的坐标系中,( )以参考椭球面为基准面。

　　A.空间直角坐标系　　　　　　　　B.高斯平面直角坐标系

　　C.大地坐标系　　　　　　　　　　D.天球坐标系

(10)在测量工作中,不能作为基准面的是( )。

　　A.大地水准面　　B.参考椭球面　　　C.平面　　　　　D.圆球面

(11)测量上所选用的平面直角坐标系 X 轴正方向指向( ),而数学里平面直角坐标系 X 轴正方向指向( )。

　　A.东方向　东方向　　　　　　　　B.东方向　北方向

　　C.北方向　东方向　　　　　　　　D.北方向　北方向

(12)点的地理坐标中,平面位置是用( )表达的。

　　A.直角坐标　　　B.高程　　　　　　C.距离和高程　　D.经纬度

(13)椭球面上两点之间的最短线是(　　)。
　　A. 直线　　　　　B. 弧线　　　　　C. 大地线　　　　D. 经线或纬线
(14)下列时间系统中,受地球自转影响最小的是(　　)。
　　A. 原子时　　　B. UTC　　　　　C. 恒星时　　　　D. 世界时
(15)1956年国家高程基准是使用青岛验潮站(　　)年的验潮数据推算得到。
　　A. 1949～1956　　B. 1950～1956　　C. 1954～1956　　D. 1956
(16)大地坐标系的定义不包括(　　)。
　　A. 椭球常数　　　　　　　　　　B. 地理坐标
　　C. 地球旋转速度　　　　　　　　D. 重力场参数
(17)我国高程系统采用正常高系统,地面点的正常高的起算面是(　　)。
　　A. 似大地水准面　　　　　　　　B. 大地水准面
　　C. 参考椭球面　　　　　　　　　D. 青岛平均海水面
(18)下列属于高程框架的实现形式有(　　)。
　　A. 三角高程测量　　　　　　　　B. 水准测量
　　C. GPS水准高程测量　　　　　　D. 高程系统测量
(19)我国现行的水准原点设在(　　),大地原点设在(　　)。
　　A. 北京　北京　　B. 北京　西安　　C. 北京　青岛　　D. 青岛　西安
(20)外业测量的基准面和基准线是(　　)。
　　A. 大地水准面和法线　　　　　　B. 椭球面和法线
　　C. 椭球面和铅垂线　　　　　　　D. 大地水准面和铅垂线
(21)内业测量的基准面和基准线是(　　)。
　　A. 大地水准面和法线　　　　　　B. 椭球面和法线
　　C. 椭球面和铅垂线　　　　　　　D. 大地水准面和铅垂线
(22)通常所说的某山峰海拔高是指山峰最高点的(　　)。
　　A. 高度　　　　　B. 高差　　　　　C. 相对高程　　　D. 绝对高程
(23)在现代大地测量中UTC代表的时间系统是(　　)。
　　A. 世界时　　　B. 力学时　　　　C. 原子时　　　　D. 协调时
(24)我国东起东经135°,西至东经72°,共跨有5个时区,我国采用(　　)的区时作为全国统一的标准时间,称为北京时间。
　　A. 东8区　　　B. 东7区　　　　C. 东6区　　　　D. 东5区
(25)把原子时的秒长和世界时的时刻结合起来的一种时间称为(　　),它不是一种独立的时间。
　　A. 世界时　　　B. 原子时　　　　C. 协调时　　　　D. GPS时
(26)不同大地坐标系统间进行相似变换,实现这一变换需要求解转换参数,平面坐标系统间转换求解转换参数的个数以及至少需要的公共点的个数分别是(　　)。
　　A. 2,2　　　　B. 2,4　　　　　C. 4,4　　　　　D. 4,2
(27)高斯投影属于(　　)。
　　A. 等角投影　　B. 等距离投影　　C. 等面积投影　　D. 等体积投影
(28)由高斯平面坐标计算该点大地坐标,需要进行(　　)。

  A. 高斯投影正算 B. 高斯投影反算 C. 大地主题正算 D. 大地主题反算

(29)下列选项关于高斯投影说法正确的是(　　)。

  A. 中央子午线投影为直线,且投影的长度无变形

  B. 高斯投影是等面积投影

  C. 离中央子午线越近,投影变形越大

  D. 纬度线投影后长度无变形

(30)已知椭球面两点的大地坐标(经度、纬度),进行椭球面两点间的最短距离计算,称为(　　)。

  A. 高斯正算 B. 高斯反算 C. 大地主题反算 D. 大地主题正算

(31)坐标纵轴方向是指(　　)方向。

  A. 中央子午线 B. 真子午线 C. 磁子午线 D. 铅垂线

(32)下列说法错误的是(　　)。

  A. 高斯平面直角坐标系的纵轴为 X 轴

  B. 高斯平面直角坐标系与数学中的笛卡尔坐标系不同

  C. 高斯平面直角坐标系中方位角起算是从 X 轴的北方向开始

  D. 高斯平面直角坐标系中逆时针划分为 4 个象限

(33)在高斯 6° 投影带中,带号为 N 的投影带的中央子午线的经度 L 的计算公式为(　　)。

  A. $L=6N$ B. $L=6N-3$ C. $L=6N-6$ D. $L=N/6$

(34)某点的大地坐标为 N20.5°、E119.5°,按高斯投影 3°带的分带投影,该点所在 3°带的带号及其中央子午线经度分别为(　　)。

  A. 20,119° B. 40,120° C. 119,20° D. 39,120°

(35)某点在高斯投影 6°带的坐标表示为 $X=3106232\mathrm{m}$, $Y=19479432\mathrm{m}$,则该点所在 3°带的带号及其中央子午线经度分别为(　　)。

  A. 37,111° B. 37,114° C. 38,114° D. 31,114°

2)多项选择题(每题的备选项中,有 2 个或 2 个以上符合题意,至少有 1 个错项)

(36)大地测量框架包括(　　)。

  A. 坐标参考框架   B. 时间参考框架

  C. 高程参考框架   D. 重力测量参考框架

  E. 深度参考框架

(37)大地测量系统包括(　　)。

  A. 坐标系统   B. 高程系统

  C. 深度系统   D. 重力参考系统

  E. 深度基准

(38)下列叙述正确的是(　　)。

  A. 地球自转轴的方向在空间的指向是固定不变化的

  B. 地球自转轴在地球内部存在相对位移

  C. 地球的自转速度是不变的

  D. 地球的自转速度是变化的

  E. 地球的自转速度是随季节变换的

(39)关于全国天文大地网说法正确的是(　　)。

A. 椭球定位参数以我国范围内高程异常值平方和最小为条件求定

B. 1980 国家大地坐标系的椭球短轴应平行于由地球质心指向 1980 地极原点方向

C. 天文大地网整体平差结果建立的大地坐标系——1980 国家大地坐标系和地心坐标系

D. 地球椭球参数采用的是国际 1975 椭球参数

E. 全国天文大地网是分级平差的

(40) 关于 1980 国家大地坐标系和 2000 国家大地坐标系之间的区别与联系,下列说法正确的是( )。

A. 参考椭球不同　　　　　　　　B. 坐标系原点不同

C. 定位方法不同　　　　　　　　D. 两个坐标系的坐标轴相互平行

E. 两个坐标系的起始方位一致

(41) 下列坐标系统属于参心坐标系统的是( )。

A. 1954 北京坐标系　　　　　　B. 1980 西安坐标系

C. ITRF　　　　　　　　　　　　D. WGS-84 坐标系

E. 2000 国家大地坐标系

(42) 地面点的空间位置可用( )来表示。

A. 空间直角坐标　　　　　　　　B. 地理坐标

C. 高斯平面直角坐标　　　　　　D. 平面坐标与高程

E. 大地坐标

(43) 描述参考椭球大小和形状的参数是( )。

A. 长半轴、短半轴　　　　　　　B. 长半轴、扁率

C. 短半轴、扁率　　　　　　　　D. 长半轴、偏心率

E. 扁率、偏心率

(44) 下列选择关于地心坐标系描述正确的是( )。

A. 地心坐标系的基准面是大地水准面

B. 地面点的地心经度与大地经度一致

C. 地心坐标系原点位于整个地球(包括海洋和大气)的质心

D. 地心坐标系中的坐标永远保持定值

E. 地心坐标系中的坐标轴与 WGS-84 坐标轴一致

(45) 下列关于坐标系描述不正确的是( )。

A. 空间直角坐标系的原点选在地球中心

B. 空间直角坐标系的 Z 轴与地球自转轴平行并指向北极

C. 在空间直角坐标系中,地球表面上位置间的相互关系很直观

D. 测量上所有坐标系都是右手系

E. 坐标转换是将地面点的位置从一个坐标系挪移到另一个坐标系中

(46) 建立参心坐标系的主要工作有( )。

A. 选择或求定椭球参数　　　　　B. 进行椭球定位、定向

C. 确定坐标形式　　　　　　　　D. 确定大地原点

E. 与其他坐标系进行参数转换

(47) 不同时期的坐标框架之间存在着系统性差异,这些差异主要表现为( )。

A. 定位基准差异 B. 时间基准差异
C. 定向基准差异 D. 框架点差异
E. 尺度基准差异

(48)关于大地水准面的叙述正确的是(　　)。
A. 大地水准面有无数个
B. 大地水准面处处与铅垂线正交
C. 大地水准面上重力位处处相等
D. 大地水准面是个规则的几何图形
E. 大地水准面与参考椭球面平行

(49)在测量工作中,常常采用的标准方向有(　　)。
A. 真子午线方向 B. 磁子午线方向
C. 极坐标方向 D. 坐标纵轴方向
E. 北极星方向

(50)下列选择中,时间系统选择原子秒长的是(　　)。
A. 世界时 B. 原子时
C. 协调时 D. GPS时
E. 钟差时

(51)描述一个时间系统框架通常需要涉及(　　)几个方面的内容。
A. 时间频率基准 B. 守时系统
C. 定时系统 D. 覆盖范围
E. 所在时区

(52)下列关于中央子午线的说法错误的是(　　)。
A. 中央子午线通过英国格林尼治天文台
B. 中央子午线又叫起始子午线
C. 中央子午线经高斯投影无长度变形
D. 3°带中央子午线的经度能整除3
E. 中央子午线位于高斯投影带的中间

(53)下列选项关于高斯投影说法不正确的是(　　)。
A. 中央子午线投影为直线,且投影的长度无变形
B. 高斯投影是等面积投影
C. 离中央子午线越近,投影变形越大
D. 纬度线投影后相互交于一点
E. 子午线投影后相互平行

(54)某点6°带高斯坐标为 $X=3345678m, Y=19456789m$,则下列叙述正确的是(　　)。
A. 该点到坐标原点的距离为 $d=(X^2+Y^2)^{1/2}=19742340m$
B. 3°带高斯坐标为 $X=3345678m, Y=19456789m$
C. 3°带高斯坐标为 $X=3345678m, Y=456789m$
D. 所在3°带中央子午线为111°,带号为37
E. 3°带实际平面坐标为 $X=3345678m, Y=-43211m$

(55)已知37带内 A 点高斯平面坐标(X_A, Y_A)和39带 C 点高斯平面坐标(X_C, Y_C),下列

7

说法正确的是（　　）。

A. A、B 两点的平面距离为 $D = \sqrt{(X_C - X_A)^2 + (Y_C - Y_A)^2}$
B. 求两点间的距离需要高斯反算，得到大地坐标 (B_A, L_A)、(B_C, L_C)
C. 求两点间的距离需要高斯正算，得到大地坐标 (B_A, L_A)、(B_C, L_C)
D. 求两点的椭球面上的距离是计算两点的大地线
E. 求两点的椭球面上的距离是计算两点所在大圆的弦长

(56) 下列选项是 2000 国家大地坐标系统的定义和常数的是（　　）。

A. 地球正常椭球长半径　　　　　B. 地心重力常数
C. 地球自转角速度　　　　　　　D. 原点在地心
E. 初始子午面

1.1.3 例题参考答案及解析

1) 单项选择题（每题的备选项中，只有1个最符合题意）

(1) A

解析：惯性测量的观测量是载体位移加速度，对时间 T 进行两次积分，解算出坐标变化量，同相应起算点的坐标累加，得到待定点的坐标。天文测量各点均独立测量；GNSS 测量单点定位可直接得到点位坐标；绝对重力测量是直接测量各待测点的绝对重力值。故选 A。

(2) C

解析：天文大地网整体平差结果是建立两套大地坐标系——1980 国家大地坐标系和地心坐标系。故选 C。

(3) C

解析：大地坐标系以参考椭球面为基准面，地面点的位置用大地经度、大地纬度和大地高表示；大地水准面是高程系统的基准面；我国高程系统是正常高系统，其基准面是似大地水准面。故选 C。

(4) C

解析：1954 年北京坐标系属于参心坐标系。故选 C。

(5) B

解析：建立 1980 国家大地坐标系所采用的参考椭球是 1975 国际椭球。故选 B。

(6) A

解析：WGS-84 坐标系的基准面是参考椭球面。故选 A。

(7) D

解析：2000 国家大地坐标系的启用时间是 2008 年 7 月 1 日。故选 D。

(8) D

解析：ITRF 是国际公认的应用最广泛、精度最高的地心坐标框架；2000 国家大地坐标系是 ITRF2000 地心坐标系统；WGS-84 坐标系是 GPS 专用的地心坐标系；1980 西安大地坐标系属参心坐标系。故选 D。

(9) C

解析：参考椭球面为大地坐标系基准面，点的坐标用纬度 B、经度 L 表示。故选 C。

(10) D

解析:大地水准面是外业工作的基准面;参考椭球面是内业计算的基准面;工程测量中往往以某个平面作为基准面。故选 D。

(11)C

解析:测量上所选用的平面直角坐标系 X 轴正方向指向北方向,而数学里平面直角坐标系 X 轴正方向指向东方向。故选 C。

(12)D

解析:点的地理坐标中,点的平面位置是用大地纬度、大地经度表达的。故选 D。

(13)C

解析:大地线是椭球面上两点之间的最短线。故选 C。

(14)A

解析:原子时的秒长被定义为铯原子 C133 基态的两个超精细能级间跃迁辐射振荡 9192631170 周所持续的时间。根据定义可知,原子时与地球自转无关。世界时、协调世界时(UTC)、恒星时都与地球自转相关。故选 A。

(15)B

解析:1956 年国家高程基准是以 1950~1956 年间这 7 年的验潮资料为依据计算的。故选 B。

(16)B

解析:大地坐标系用于表述地球上任意点位置的一种坐标系统,它通过地心、尺度、坐标轴指向、地球旋转速度以及参考椭球常数(椭球几何和物理参数)等定义。地理坐标是点的位置在大地坐标系中的表述。故选 B。

(17)A

解析:正常高的起算面是似大地水准面,由地面点沿垂线向下至似大地水准面之间的距离,就是该点的正常高,即该点的高程。故选 A。

(18)D

解析:高程框架的实现形式,是以高程系统和通过(似)大地水准面精化来实现的。故选 D。

(19)D

解析:我国现行的水准原点设在青岛的观象山,大地原点设在陕西省西安市泾阳县永乐镇。故选 D。

(20)D

解析:外业测量的基准面和基准线是大地水准面和铅垂线。故选 D。

(21)B

解析:内业测量的基准面和基准线是参考椭球面和法线。故选 B。

(22)D

解析:海拔高是指点的绝对高程,从大地水准面算起。故选 D。

(23)D

解析:世界时 UT,原子时 AT,力学时 DT,协调时 UTC,GPS 时 GPST。故选 D。

(24)A

解析:北京所处时区为东 8 区。故选 A。

(25)C

解析:协调世界时 UTC 不是一种独立的时间,而是时间服务工作钟把原子时的秒长和世界时的时刻结合起来的一种时间,采用跳秒(闰秒)的方法使协调时与世界时的时刻相接近,其差不超过1s。它既能保持时间尺度的均匀性,又能近似地反映地球自转的变化。故选C。

(26)D

解析: 平面坐标系统的相似变换需要求解2个平移量(Δx、Δy)、1个旋转角α和1个缩放比K共4个参数,每个平面公共点依坐标(x、y)可列2个方程,求解4个参数至少需要4个方程,因此需要的公共点数为2个。三维坐标转换求解7个转换参数(3个平移量、3个旋转角和1个缩放比),至少需要3个公共点。故选D。

(27)A

解析: 将椭球面图形投影到平面上,会发生变形,为了保持相似性,可采用的投影方法有等角投影、等面积投影和任意投影(包括等距离投影)等。高斯投影,即等角横切椭圆柱投影,假想用一个椭圆柱横切于地球椭球体的某一经线上,这条与圆柱面相切的经线,称中央经线(中央子午线)。以中央经线为投影的对称轴,将东西各3°或1°30′的两条子午线所夹经差6°或3°的带状地区按数学法则、投影法则投影到圆柱面上,再展开成平面,即高斯-克吕格投影,简称高斯投影。这个狭长的带状的经纬线网叫作高斯-克吕格投影带。这种投影,将中央经线投影为直线,其长度没有变形,与球面实际长度相等,其余经线为向极点收敛的弧线,距中央经线愈远,变形愈大。赤道线投影后是直线,但有长度变形。除赤道外的其余纬线,投影后为凸向赤道的曲线,并以赤道为对称轴。经线和纬线投影后仍然保持正交。故选A。

(28)B

解析: 由大地坐标计算高斯平面坐标(椭球面到平面)称为高斯正算;由高斯平面坐标计算大地坐标称为高斯反算。故选B。

(29)A

解析: 高斯投影有以下特点:①中央子午线投影为直线,且投影的长度无变形;②赤道线投影后为直线;③经线与纬线投影后仍然保持正交;④离中央子午线越远,长度变形越大。高斯投影是一种等角投影。子午线投影后汇聚在南北极点。故选A。

(30)C

解析: 已知椭球面两点的大地坐标(经度、纬度),进行椭球面两点间的最短距离(大地线)及大地方位角的计算,称为大地主题反算;已知大地线一端点坐标,以及大地线长、大地方位角,求另一端点大地坐标,称为大地主题正算。由大地坐标计算高斯平面坐标(椭球面到平面)称为高斯正算;由高斯平面坐标计算大地坐标称为高斯反算。故选C。

(31)A

解析: 高斯投影后以中央子午线为坐标纵轴(X轴),赤道为坐标横轴(Y轴)。故选A。

(32)D

解析: 高斯平面直角坐标系中顺时针划分为4个象限。故选D。

(33)B

解析: 在高斯6°投影带中,带号为N的投影带的中央子午线的经度L的计算公式为$L=6N-3$;在高斯3°投影带中,带号为N的投影带的中央子午线的经度L的计算公式为$L=3N$。故选B。

(34)B

解析: 该点的经度是$L=E119.5°$,3°带的带号计算公式是:$N=L/3$(四舍五入取整),计算可得$N=40$。中央子午线的计算公式:$L_0=3°\times N$,该点所在3°带中央子午线为$L_0=3°\times 40=$

120°。故选B。

(35) A

解析：$Y=19479432m$，前两位为该点在6°带的带号，为19号带。479432－500000＜0，说明该点在中央子午线左侧，6°带对应的3°带应该是$2×19－1＝37$号带，其中央子午线经度为$37×3°＝111°$。故选A。

2）多项选择题（每题的备选项中，有2个或2个以上符合题意，至少有1个错项）

(36) ACD

解析：大地测量框架包括坐标参考框架、高程参考框架、重力测量参考框架三种。故选ACD。

(37) ABDE

解析：大地测量系统包括坐标系统、高程系统、深度基准和重力参考系统。故选ABDE。

(38) BD

解析：由于地球内部存在质量迁移，所以地球自转轴在地球内部存在相对位移，地球的自转速度是变化的。地球的自转速度变化与季节变换并不完全相关。故选BD。

(39) ACD

解析：天文大地网整体平差结果是建立两套大地坐标系——1980国家大地坐标系和地心坐标系。地球椭球参数采用的是国际1975椭球参数，椭球定位参数以我国范围内高程异常值平方和最小为条件求定，椭球的短轴平行于地球质心指向地极原点（JYD1968.0）的方向。全国天文大地网采用整体平差。故选ACD。

(40) ABC

解析：我国常用大地测量坐标系统概况见表1-1。故选ABC。

我国常用大地测量坐标系统概况　　　　表1-1

坐标系统	地球椭球	基本几何参数	坐标系统原点
1954北京坐标系	克拉索夫斯基椭球	长半轴$a=6378245m$ 扁率$\alpha=1:298.3$	参心坐标系
1980国家大地坐标系	IUGG1975椭球	长半轴$a=6378140m$ 扁率$\alpha=1:298.257$	参心坐标系
2000国家大地坐标系	CGCS2000椭球	长半轴$a=6378137m$ 扁率$\alpha=1:298.257222101$	地心坐标系
WGS-84坐标系	WGS-84椭球	长半轴$a=6378137m$ 扁率$\alpha=1:298.257223563$	地心坐标系
地球椭球的基本物理参数主要有：重力场二阶带谐系数、地心引力常数、地球自转角速度			

(41) AB

解析：A、B属参心坐标系。ITRF是国际公认的应用最广、精度最高的地心坐标框架，WGS-84是GPS定位的地心坐标系，2000国家大地坐标系是ITRF2000地心坐标系。故选AB。

(42) ADE

解析：描述地面点的三维空间位置可用空间直角坐标（X,Y,Z）、大地坐标（经度B，纬度

L,大地高 H)、平面坐标(x,y)与高程 h 等来表示。地理坐标(经度 B,纬度 L)只能描述地面点在椭球面的投影;高斯平面直角坐标只能反映二维。故选 ADE。

(43)ABCD

解析: 描述参考椭球的参数主要有长半轴、短半轴、扁率、偏心率;扁率、偏心率可由长半轴、短半轴计算得到。参考椭球的大小和形状可由长半轴、短半轴完全确定;一条半轴(长半轴或短半轴)加扁率或偏心率可以计算出另一条半轴,也能确定椭球形状和大小。但仅有扁率和偏心率不能确定椭球大小。故选 ABCD。

(44)BC

解析: 地心坐标系是以参考椭球面为基准面,故 A 不对。地面点的地心经度与大地经度一致,但是地心纬度(向径与赤道面夹角)与大地纬度(法线与赤道面夹角)不一致,故 B 正确。地心坐标系原点位于整个地球(包括海洋和大气)的质心,故 C 正确。地心坐标系定向为国际时间局测定的某一历元的协议地极和零子午线,定向随时间的演变满足地壳无整体运动的约束条件,因此,地心坐标都是针对某一历元时刻的,故 D、E 不对。故选 BC。

(45)ACDE

解析: 在测量应用中,常将空间直角坐标系的原点选在地球参考椭球的中心,故 A 不对。空间直角坐标系的 Z 轴与地球自转轴平行并指向参考椭球的北极,故 B 正确。在空间直角坐标系中,数学公式的表达较为简单,但是地球表面上位置间的相互关系很不直观,并且没有明确的高程概念,故 C 不对。在描述两点间关系时,站心坐标系直观方便,是个左手坐标系,故 D 不对。坐标转换是将地面点的表现形式(即坐标—数学存在)进行了变换,地面点的实际空间位置(物理存在)并没有变,故 E 不对。故选 ACDE。

(46)ABD

解析: 参心坐标系依参考椭球而定义。确定参考椭球需要:①椭球大小、形状、物理参数;②椭球定向、定位与大地原点。故选 ABD。

(47)ABCE

解析: 不同时期的坐标框架之间存在着系统性差异,它们是:定位基准差异、定向基准差异、尺度基准差异、时间基准差异。故选 ABCE。

(48)BC

解析: 大地水准面是平均海水面向内陆延伸形成的闭合曲面,是唯一的,所以 A 不正确。大地水准面上所有点处的铅垂线都在该点处与大地水准面成垂直关系,故 B 正确。大地水准面是重力位等位面,C 项正确。由于各地重力加速度不一样导致大地水准面是个不规则的曲面,而参考椭球面是个规则的面,故 D、E 不正确。故选 BC。

(49)ABD

解析: 由真子午线、磁子午线、坐标纵轴的北方向顺时针到直线的夹角分别称为真方位角、磁方位角、坐标方位角。过地面上某点的真子午线方向与中央子午线方向常不重合,两者之间的夹角,称为子午线收敛角;过地面上某点的真子午线方向与磁子午线方向常不重合,两者之间的夹角,称为磁偏角。故选 ABD。

(50)BCD

解析: 世界时(UT)以地球自转周期为基准;原子时(AT)以位于海平面(大地水准面、等位面)的铯(133Cs)原子内部两个超精细结构能级跃迁辐射的电磁波周期为准;协调世界时(UTC)不是一种独立的时间,而是时间服务工作钟把原子时的秒长和世界时的时刻结合起来的一种时间;GPS 时(GPST)是由 GPS 星载原子钟和地面监控站原子钟组成的一种原子时基准,与国际原子时保持有 19s 的常数差,并在 GPS 标准历元 1980 年 1 月 6 日零时与 UTC 保持一致。故选 BCD。

(51) ABD

解析:描述一个时间系统框架通常需要涉及:采用的时间频率基准、守时系统、授时系统及覆盖范围。故选 ABD。

(52) ABD

解析:起始子午线通过英国格林尼治天文台;中央子午线位于高斯投影带的中间,经高斯投影无长度变形;任意分带的中央子午线经度一般不是整经度。故选 ABD。

(53) BCDE

解析:高斯投影有以下特点:①中央子午线投影为直线,且投影的长度无变形;②赤道线投影后为直线;③经线与纬线投影后仍然保持正交;④离中央子午线越远,长度变形越大。高斯投影是一种等角投影。子午线投影后汇聚在南北极点,而所有的纬线都不相交。故选 BCDE。

(54) DE

解析:标准分带 6°带高斯坐标 Y 坐标前的"19"表示带号,实际使用时应为去掉"19"后的数值,即 $Y=456789$m;中央子午线为 $19×6°-3°=111°$;3°带的带号为 $111°/3°=37$(带);由于 Y 坐标为了避免出现负数,平移了 500km,故实际坐标为 $Y-500000=-43211$m。C 项 Y 坐标前缺带号。故选 DE。

(55) BD

解析:点在不同带内,不能直接计算两点的距离,应当通过高斯反算得到两点的大地坐标(纬度 B,经度 L),再由两点的大地坐标(纬度 B,经度 L)通过大地主题反算得到椭球面两点间的最短距离(大地线)。故选 BD。

(56) ACDE

解析:2000 国家大地坐标系(China Geodetic Coordinate System 2000,简称 CGCS2000)的定义和常数是:原点在地心的右手坐标系;Z 轴为国际地球自转局(IERS)定义的参考极方向,X 轴为 IERS 定义的参考子午面与垂直于 Z 轴的赤道面的交线,Y 轴与 Z 轴和 X 轴构成右手正交坐标系。其地球正常椭球长半径为 6378137m,地心引力常数为 $3.986004418×10^{14}$ m^3/s^2,扁率为 1/298.257222101,地球自转角速度为 $7.292115×10^{-5}$ rad/s。故选 ACDE。

1.2 考点二:传统大地测量控制网

1.2.1 主要知识点汇总

1) 传统大地控制网的布设

(1) 传统大地控制网的建设

①目的:通过测角、测边推算大地控制点的坐标。

②方法:三角测量法、导线测量法、三边测量法、边角同测法。

(2) 三角网布设的原则

三角网布设的原则,包括:①分级布网、逐级控制;②具有足够的精度;③具有足够的密度;

④具有统一的规格。

(3)全国天文大地网整体平差,我国建立了1980国家大地坐标系。

2)经纬仪和光电测距仪及其检验

(1)经纬仪种类

①名称:光学经纬仪、电子经纬仪、全站型电子速测仪(全站仪)。

②型号:DJ07、DJ1、DJ2、DJ6、DJ30。

③等级:Ⅰ、Ⅱ、Ⅲ、Ⅳ。

(2)经纬仪检验

经纬仪主要轴线必须满足下列4个条件:①照准部水准管轴应垂直于竖轴;②视准轴应垂直于横轴;③横轴应垂直于竖轴;④竖丝应垂直于横轴。

(3)光电测距仪

①测程:短程、中程、长程。

②等级:中、短程分为Ⅰ、Ⅱ、Ⅲ、Ⅳ(等外),长程仅有Ⅰ级。

3)水平角观测

(1)水平角观测的主要误差来源,包括:①观测过程中引起的人为观测误差;②外界条件对观测精度的影响(环境误差);③仪器误差对测角精度的影响(仪器误差)。

(2)水平角观测方法,一般采用方向观测法、分组方向观测法、全组合测角法。

4)三角高程测量

(1)垂直角观测

①方法:中丝法、三丝法。

②测回:中丝法4测回、三丝法2测回。

(2)大气垂直折光系数K

①日变化规律:中午时K值最小,并且比较稳定;日出日落时K值较大,而且变化较快。

②减弱大气折光影响措施,包括:选择有利观测时间、对向观测、提高观测视线高度、利用短边传递高程。

③精度与垂直角α、边长S、仪器高和觇标高有关。高差中数中误差与边长是成正比例的关系。

5)导线测量

(1)导线布设

①等级划分:一、二、三、四等。

②布设原则:与三角测量类似。

(2)导线边方位角中误差

①一端有已知方位角的自由导线,最弱边在距已知方位角边的另一端。

②两端有已知方位角的自由导线,最弱边在导线中部。

(3)导线测量作业

导线测量作业,包括:①选点、造标和埋石;②边长测量;③水平角观测;④垂直角观测(中丝法6测回、三丝法3测回);⑤导线测量概算(检核角度观测、边长测量的质量)。

1.2.2 例题

1)单项选择题(每题的备选项中,只有1个最符合题意)

(1)以下不属于基本测量工作范畴的一项是( )。
　　A.角度测量　　　　B.导线测量　　　　C.边长测量　　　　D.高差测量

(2)下列选项不是水平角测量误差来源的是( )。
　　A.估读时偏大　　　　　　　　　　B.十字丝横丝倾斜
　　C.风时吹时停　　　　　　　　　　D.上下半测回间因水准管气泡不居中而整平

(3)经纬仪照准部水准管轴应( )。
　　A.平行于视准轴　　　　　　　　　B.垂直于横轴
　　C.垂直于竖轴　　　　　　　　　　D.垂直于视准轴

(4)水平角观测时,在一个测站上有3个以上方向需要观测时,应采用( )。
　　A.全圆方向法　　　B.中丝法　　　C.测回法　　　D.复测法

(5)按照不同的情况和要求,导线可以布设多种形式。下列选项中不属于导线布设形式的是( )。
　　A.附合导线　　　B.导线网　　　C.支导线　　　D.一级导线

(6)用经纬仪(或全站仪)测量水平角时,盘左盘右瞄准同一方向所读的水平方向值理论上应相差( )。
　　A.0°　　　　　B.45°　　　　C.90°　　　　D.180°

(7)在进行水平角观测时,若一点的观测方向超过两个时,不宜采用( )。
　　A.全组合测角法　　　　　　　　　B.分组方向观测法
　　C.测回法　　　　　　　　　　　　D.方向观测法

(8)用经纬仪(或全站仪)测量水平角时,正倒镜观测不能消除( )。
　　A.竖轴倾斜误差　　　　　　　　　B.度盘偏心差
　　C.横轴误差　　　　　　　　　　　D.照准部偏心差

(9)经纬仪(或全站仪)使用前要进行轴系关系正确性检验与校正,检验与校正的内容不包括( )。
　　A.横轴应垂直于竖轴
　　B.照准部水准管轴应垂直于竖轴
　　C.视准轴应平行于照准部水准管轴
　　D.视准轴应垂直于横轴

(10)下列误差可以归属为偶然误差的是( )。
　　A.视准轴误差　　　　　　　　　　B.水准管轴不水平的误差
　　C.度盘偏心误差　　　　　　　　　D.对中误差

(11)经纬仪测角过程中,观测了第一个方向,在观测第二个方向时的操作步骤为照准目标、( )、读数。
　　A.精确对中　　　　　　　　　　　B.精确整平
　　C.精确对中和精确整平　　　　　　D.不对中也不整平

(12)水平角观测过程中,各测回间改变零方向的度盘位置是为了削弱( )误差的影响。
　　A.视准轴　　　B.横轴　　　C.度盘分划　　　D.指标差

(13)直线坐标方位角的范围是（　　）。
A. 0°～90°　　　B. 0°～±90°　　　C. 0°～±180°　　　D. 0°～360°

(14)用测回法对某一角度观测6测回,则第4测回零方向的水平度盘应配置（　　）左右。
A. 0°　　　B. 30°　　　C. 90°　　　D. 60°

(15)利用钢尺进行精密测距时,外界温度高于标准温度,整理成果时没加温度改正,则所量距离（　　）。
A. 小于实际距离　　　　　　　B. 大于实际距离
C. 等于实际距离　　　　　　　D. 以上三种都有可能

(16)精密钢尺量距时,一般要进行的三项改正是尺长改正、温度改正和（　　）改正。
A. 倾斜　　　B. 高差　　　C. 垂曲　　　D. 气压

(17)现有一台测距仪,其铭牌上注明测程小于5km,这台测距仪属于（　　）。
A. 短程　　　B. 中程　　　C. 远程　　　D. 超远程

(18)导线边 AB 的坐标方位角为225°35′45″,则 BA 边的坐标方位角为（　　）。
A. 45°35′45″　　　B. 25°35′45″　　　C. 225°35′45″　　　D. 134°24′15″

(19)某直线的象限角为南西35°,则其坐标方位角为（　　）。
A. 35°　　　B. 215°　　　C. 235°
D. 125°　　　E. 55°

(20)某直线的坐标方位角为215°,则其象限角为（　　）。
A. 215°　　　B. 35°　　　C. 南西215°　　　D. 南西35°

(21)陀螺经纬仪的工作范围为地理南北纬度（　　）内,在此范围内,一般不受时间和环境等条件限制,可实现快速定向。
A. 30°　　　B. 45°　　　C. 60°　　　D. 75°

(22)国家三角测量规范规定,二等三角测量按三角形闭合差计算的测角中误差不超过（　　）。
A. 0.5″　　　B. 0.7″　　　C. 1.0″　　　D. 1.8″

(23)关于三角测量法的优点叙述错误的是（　　）。
A. 检核条件多,图形结构强度高
B. 采取网状布设,控制面积较大,精度较高
C. 主要工作是测角,受地形限制小,扩展迅速
D. 边长主要是推算的而非实际测量的,所以精度均匀

(24)下列控制精度要求最低的是（　　）。
A. 一级导线　　　B. 二级导线　　　C. 三级导线　　　D. 图根控制

(25)单一导线角度闭合差的调整方法是将闭合差反符号后（　　）。
A. 按边长成正比例分配
B. 按角的个数平均分配
C. 按角度大小成反比例分配
D. 按角度大小成正比例分配

(26)导线测量中必须进行的外业测量工作是（　　）。
A. 测竖直角　　　B. 测仪器高　　　C. 测气压　　　D. 测水平角

(27)由一条线段的一个端点坐标、线段长及方位角计算另一端点坐标的计算方法称为（　　）。

A. 高斯反算　　　　B. 坐标反算　　　　C. 高斯正算　　　　D. 坐标正算

(28) 坐标反算是根据线段的起、终点平面坐标计算该线段的（　　）。
A. 斜距,竖直角　　　　　　　　B. 斜距,水平角
C. 水平距离,方位角　　　　　　D. 水平距离,水平角

(29) 导线计算中,导线坐标增量闭合差的调整方法是将闭合差反符号后（　　）。
A. 按导线边数平均分配　　　　B. 按转折角个数平均分配
C. 按边长成正比例分配　　　　D. 按边长成反比例分配

(30) 在三角网的精度估算中最佳推算路线是（　　）。
A. 所经过的三角形最多的推算路线
B. 所经过的三角形最少的推算路线
C. 所欲推算的路线中边长权倒数最小的路线
D. 所在的推算路线中边长最多

(31) 导线测量中横向误差主要是由（　　）引起的。
A. 大气折光　　　　　　　　　B. 测角误差
C. 测距误差　　　　　　　　　D. 地球曲率

(32) 控制网的多余观测数越大则图形结构越强,一个好的控制网,观测值的多余观测分量应大于（　　）。
A. 0.1～0.2　　B. 0.2～0.3　　C. 0.3～0.4　　D. 0.3～0.5

(33) 单一导线近似平差计算,附合导线平差计算与闭合导线平差计算的不同点是（　　）。
A. 角度闭合差计算　　　　　　B. 坐标增量计算
C. 坐标方位角计算　　　　　　D. 没有不同

(34) 下列关于内业计算的基准面和基准线表述正确的是（　　）。
A. 参考椭球面和法线　　　　　B. 大地水准面和铅垂线
C. 大地水准面和法线　　　　　D. 参考椭球面和铅垂线

(35) 下列选择不影响精密三角高程测量的精度的是（　　）。
A. 边长误差　　　　　　　　　B. 水平折光误差
C. 垂直折光误差　　　　　　　D. 垂直角误差

(36) 三角高程测量要求对向观测竖直角,计算往返高差,主要目的是（　　）。
A. 有效地抵偿或消除竖直角读数误差的影响
B. 有效地抵偿或消除距离测量误差的影响
C. 有效地抵偿或消除球差和气差的影响
D. 有效地抵偿或消除度盘分划误差的影响

(37) 三角高程测量时,距离大于（　　）m 时,要考虑地球曲率和大气折光的影响。
A. 150　　　　　　　　　　　B. 300
C. 400　　　　　　　　　　　D. 500
E. 1000

(38) 用经纬仪（或全站仪）测量竖直角时,正倒镜瞄准同一方向所读的竖直方向值理论上应相差（　　）。
A. 0°　　　　B. 90°　　　　C. 不能确定　　　　D. 180°

(39) 用光学经纬仪测量水平角与竖直角时,度盘与读数指标的关系是（　　）。

A. 水平度盘转动,读数指标随照准部转动;竖直盘转动,读数指标不随望远镜转动
B. 水平度盘转动,读数指标不随照准部转动;竖直盘转动,读数指标随望远镜转动
C. 水平度盘不转动,读数指标随照准部转动;竖直盘转动,读数指标不随望远镜转动
D. 水平度盘不转动,读数指标随照准部转动;竖直盘转动,读数指标不随望远镜转动

(40)在用全站仪进行角度测量时,若没有输入棱镜常数和大气改正数,(　　)所测角值。
A. 影响　　　　　　　　　　　　　　B. 不影响
C. 水平角不影响,竖直角影响　　　　D. 水平角影响,竖直角不影响

(41)将三角形观测的三个内角求和减去180°后所得的三角形闭合差为(　　)。
A. 系统误差　　B. 偶然误差　　C. 真误差　　D. 相对误差

(42)边长测量往返测差值的绝对值与边长往返测平均值的比值称为(　　)。
A. 平均误差　　B. 平均中误差　　C. 平均真误差　　D. 相对误差

(43)对三角形的三个内角 A、B、C 进行等精度观测,已知测角中误差为 $\sigma_\beta=9''$,则三角形闭合差的中误差为(　　)。
A. 27″　　B. 9″　　C. 15.6″　　D. 5.2″

(44)在以(　　)km 为半径的范围内,可以用水平面代替水准面进行距离测量。
A. 5　　B. 10　　C. 20　　D. 50

(45)丈量一正方形各边,边长观测中误差均为 $\sigma_L=4cm$,则该正方形周长的中误差为(　　)。
A. 1cm　　B. 2cm　　C. 4cm　　D. 8cm

(46)丈量一正方形一条边,边长观测中误差为 $\sigma_L=4cm$,则该正方形周长的中误差为(　　)。
A. 2cm　　B. 4cm　　C. 16cm　　D. 8cm

(47)设对某角观测一个测回的观测中误差为 $\sigma_\beta=6''$,现要使该角的观测结果精度达到 $\sigma_L=2''$,需要观测(　　)个测回。
A. 2　　B. 3　　C. 6　　D. 9

(48)对某三角形进行了6次等精度观测,其三角形闭合差(真误差)为 −4″,−3″,0″,+1″,+1″,+5″。则该组观测值的精度(　　)。
A. 相等
B. 有 −4″,−3″,0″,+1″,+1″,+5″各值,都有可能,不能确定
C. 最小值为 −4″,最大值为 +5″
D. 有一个三角形的观测值没有误差(0″),精度最高

(49)距离丈量时,尺长误差和温度误差属于(　　)。
A. 偶然误差　　B. 系统误差　　C. 中误差　　D. 相对误差

2)多项选择题(每题的备选项中,有2个或2个以上符合题意,至少有1个错项)

(50)我国生产的经纬仪按精度分成5个等级,下列经纬仪中,可以进行三等三角测量的仪器有(　　)。
A. DJ07　　　　　　　　　　　　　　B. DJ1
C. DJ2　　　　　　　　　　　　　　D. DJ6
E. DJ30

(51)水平角观测方法有测回法和方向观测法,水平角观测的测回法限差有半测回较差和测回间较差,方向观测法的限差有(　　)。
A. 半测回归零差　　　　　　　　　　B. 半测回较差

C. 同方向各测回互差 D. 各测回角值互差
E. 一测回互差

(52)下面测量读数的做法错误的是( )。
A. 用水准仪测量高差,用竖丝切水准尺读数
B. 水准测量时,每次读数前要使水准管气泡居中
C. 用经纬仪测量水平角,用横丝照准目标读数
D. 经纬仪测竖直角时,尽量照准目标的底部
E. 经纬仪测竖直角时,用竖丝照准目标读数

(53)用经纬仪可以测量( )。
A. 水平角 B. 象限角
C. 竖直角 D. 水平方向值
E. 磁方位角

(54)下列关于经纬仪各轴线之间应满足的关系,描述错误的是( )。
A. 视准轴应平行于水准管轴 B. 视准轴应垂直于水准管轴
C. 视准轴应平行于横轴 D. 视准轴应垂直于横轴
E. 横轴应垂直于仪器纵轴

(55)可以获得两点间距离的测量方法有( )。
A. 钢尺量距 B. 电磁波测距
C. 角度测量 D. 视距测量
E. GPS 测量

(56)标准北方向的种类有( )。
A. 真北方向 B. 北极星方向
C. 磁北方向 D. 坐标北方向
E. 自定义北方向

(57)影响三角高程测量观测高差精度的有( )。
A. 水平角 B. 垂直角
C. 斜距 D. 仪器高
E. 大气折光系数

(58)关于三角测量法叙述正确的是( )。
A. 检核条件多,图形结构强 B. 我国建立天文大地网的主要方法
C. 网状布设,控制面积较大 D. 距起算边越远精度越高
E. 主要工作是测边,受地形限制大

(59)下面关于控制网的叙述正确的是( )。
A. 国家控制网按精度可分为一、二、三、四等
B. 国家控制网分为平面控制网和高程控制网
C. 直接为测图目的建立的控制网,称为图根控制网
D. 利用 GPS 技术建立的控制网,称为 GPS 网
E. GPS 网按精度可分为一、二、三、四等

(60)平面控制网按其布网形式分为( )。
A. 三角网 B. 测边网

C. 边角网 D. 水准网
E. GPS 网

(61) 控制测量的作业流程分别为收集资料、( )。
A. 踏勘 B. 图上选点
C. 对中整平 D. 实地选点与埋石
E. 观测与计算

(62) 下面关于国家大地控制网布设的原则叙述正确的是( )。
A. 分为 A、B、C、D、E 五级 B. 具有足够的密度
C. 具有统一的规格 D. 分级布网、逐级控制,不可越级
E. 具有足够的精度

(63) 导线测量内业计算需要分配的闭合差有( )。
A. 水平角度闭合差 B. 距离闭合差
C. 坐标闭合差 D. 坐标增量闭合差
E. 高程闭合差

(64) 将地面两点间的斜距归算到高斯平面上,需要进行的计算有( )。
A. 计算两点平均高程面高程 B. 计算椭球面两点弦长
C. 斜距化为平均高程面的平距 D. 将平距归算到椭球面
E. 将椭球面距离归算到高斯平面

(65) 导线边 AB 的真方位角与其坐标方位角相同时,则下列说法正确的是( )。
A. A、B 两点位于同一子午线上 B. A、B 两点位于中央子午线右侧
C. A、B 两点位于中央子午线左侧 D. A、B 两点位于中央子午线上
E. A、B 两点位于高斯平面直角坐标系的纵轴上

(66) 下列控制网是按照网形划分的是( )。
A. 三角网 B. 导线网
C. 方格网 D. 混合网
E. 复合网

(67) 将大地方位角归算为高斯平面坐标方位角需要进行的计算为( )。
A. 计算子午线收敛角 B. 计算椭球面两点弦长
C. 曲率改化(方向改化) D. 将平距归算到椭球面
E. 高斯投影

(68) 大地控制网优化设计的主要质量控制标准为( )。
A. 精度 B. 灵敏度
C. 可靠性 D. 费用
E. 永久性

(69) 国家三角点应具有足够的密度,关于密度要求叙述正确的是( )。
A. 三角点的密度取决于测图比例尺的大小和成图的方法
B. 测图比例尺越大,对三角点的密度的需求便越大
C. 航测法成图的三角点密度,要比平板仪法成图小
D. 按正常航测法成图时,应使约每 $50 km^2$ 面积内有一个国家三角点
E. 三角点的密度与采用的测量方法有影响

1.2.3 例题参考答案及解析

1)单项选择题(每题的备选项中,只有1个最符合题意)

(1)B

解析:基本测量工作有角度测量、距离测量和高差测量;导线测量是平面控制测量的一种方法,其外业测量工作是测角、测边。故选B。

(2)D

解析:上下半测回间不可以再整平仪器,若水准管气泡不居中超过限值,应校正;同理,测量过程中也不可以有对中操作。故选D。

(3)C

解析:经纬仪主要轴线间的几何关系:①照准部水准管轴应垂直于竖轴;②视准轴应垂直于横轴;③横轴应垂直于竖轴;④竖丝应垂直于横轴。故选C。

(4)A

解析:水平角观测方法有两种:测回法和方向观测法。测回法适用于只有两条方向线(单角)的观测,方向观测法适用于3个或3个以上的方向观测。故选A。

(5)D

解析:按照不同的情况和要求,导线可以布设下列形式:附合导线、闭合导线、支导线、一个节点的导线网、两个以上节点或两个以上闭合环的导线网。一级导线表示的是导线测量要求达到的精度等级,不属于导线的布设形式。故选D。

(6)D

解析:用经纬仪(或全站仪)测量水平角时,盘左盘右(正倒镜)瞄准同一方向所读的水平方向值理论上应相差180°。故选D。

(7)C

解析:水平角的观测方法有测回法和方向观测法。测回法常用在只有两个方向的水平角的观测,方向观测法用于2个以上方向的观测,方向观测法又可分为全组合测角法和分组方向观测法。故选C。

(8)A

解析:用经纬仪(全站仪)测量水平角时,盘左盘右(正倒镜)观测,可以消除:①视准轴不垂直横轴误差;②横轴不垂直竖轴误差。还有其他一些非主要误差,如照准部偏心误差。仪器竖轴倾斜误差(整平误差)不能消除。故选A。

(9)C

解析:视准轴应平行于照准部水准管轴属于水准仪检验与校正内容。故选C。

(10)D

解析:整平、对中、照准和读数误差是由观测者技能水平造成的,对观测数据的影响具有偶然性,通常归属为偶然误差。故选D。

(11)D

解析:在观测第二个方向时不可以重新对中和整平。故选D。

(12)C

解析:水平角观测过程中,各测回间改变零方向的度盘位置是为了削弱度盘分划误差的影响。故选C。

(13) D

解析: 直线的坐标方位角由坐标纵轴正向顺时针量取,取值范围为 0°～360°。故选 D。

(14) C

解析: 第 i 测回度盘配置方法是 $L=(i-1)\times 180°/N$,N 为测回数。本题 $i=4$,$N=6$,于是 $L=90°$。故选 C。

(15) A

解析: 精密量距时,一般需要作三项改正:尺长改正、倾斜改正和温度改正。如果测量时温度高于标准温度,由于钢尺热胀冷缩,钢尺实际长度变长,数据变小。故选 A。

(16) A

解析: 精密钢尺量距时,三项改正是尺长改正、温度改正和倾斜改正。故选 A。

(17) B

解析: 光电测距仪按测程分类,分为短程、中程、远程,测程小于 3km 为短程测距仪,3～15km 为中程测距仪,测程大于 15km 为远程(长程)测距仪。故选 B。

(18) A

解析: 同一边的正反方位角相差 180°。故选 A。

(19) B

解析: 坐标方位角的取值范围为 0°～360°;象限角的取值范围为 0°～90°,南西 35°表示南偏西 35°,该直线位于第三象限,方位角取值为 180°+象限角值。故选 B。

(20) D

解析: 坐标方位角的取值范围为 0°～360°;象限角的取值范围为 0°～90°,方位角 215°表示该直线位于第三象限,象限角值为 215°-180°=35°,记为南西 35°。故选 D。

(21) D

解析: 陀螺经纬仪的工作范围为地理南北纬度 75°内,在此范围内,一般不受时间和环境等条件限制,可实现快速定向。陀螺转子可以找到真北方向,配合经纬仪可以观测出一直线的真北方位角。故选 D。

(22) C

解析: 各等级三角测量按三角形闭合差计算的测角中误差不超过表 1-2 的规定。故选 C。

三角测量按三角形闭合差计算的测角中误差限差 表 1-2

等级	一等	二等	三等	四等
测角中误差	0.7″	1.0″	1.8″	2.5″

(23) D

解析: 三角测量法的优点:检核条件多,图形结构强度高;采取网状布设,控制面积较大,精度较高;主要工作是测角,受地形限制小,扩展迅速。三角测量法是我国建立天文大地网的主要方法。三角测量法网中推算的边长精度不均匀,距起算边越远精度越低。故选 D。

(24) D

解析: 一级导线精度最高,图根控制精度最低。故选 D。

(25) B

解析: 单一导线闭合差的调整方法是近似平差法,是将角度和边长分开进行的。角度闭合差的调整方法是反符号按角度个数平均分配的原则进行。坐标闭合差的调整方法是反符号按边长成正比例分配的原则进行。故选 B。

(26)D

解析：导线测量是平面控制测量的一种方法，主要的外业测量工作是观测水平角和导线边边长。故选 D。

(27)D

解析：由一条线段的一个端点坐标、线段长及方位角计算另一端点坐标的计算称为坐标正算，由两端点坐标计算线段长和方位角称为坐标反算；由大地坐标计算高斯平面坐标（椭球面到平面）称为高斯正算；由高斯平面坐标计算大地坐标称为高斯反算。故选 D。

(28)C

解析：坐标反算是根据线段的起、终点平面坐标计算该线段的水平距离、方位角；坐标正算是根据线段的水平距离、方位角、一个端点坐标计算另一端点平面坐标。故选 C。

(29)C

解析：导线近似平差计算中，闭合差调整分两步，先将导线的角度闭合差反符号后按角度个数平均分配，然后利用调整后的角度计算坐标增量，进一步得到导线坐标增量闭合差，导线坐标增量闭合差的调整方法是将闭合差反符号后按边长成正比例分配。故选 C。

(30)C

解析：点的精度越高，其权倒数越小。因此，在三角网的精度估算中最佳推算路线是所欲推算的路线中边长权倒数最小的路线。故选 C。

(31)B

解析：测角误差引起的点位误差常称为横向误差；测距误差引起的点位误差常称为纵向误差。故选 B。

(32)D

解析：一个好的控制网，观测值的多余观测分量应大于 0.3～0.5。故选 D。

(33)A

解析：附合导线的角度闭合差是从起始边方位角推算到闭合边方位角之差，闭合导线的角度闭合差按多边形内角和关系计算。故选 A。

(34)A

解析：外业测量的基准面是大地水准面，外业的基准线是铅垂线；参考椭球面和法线是内业计算的基准面与基准线。故选 A。

(35)B

解析：由三角高程测量原理（计算公式）可知，观测高差 h 与垂直角、边长、仪器高、觇标高及大气折光有关，其中大气折光是指大气垂直折光。故选 B。

(36)C

解析：三角高程测量要求对向观测竖直角，计算往返高差，主要目的是有效地抵偿或消除球差和气差的影响。故选 C。

(37)B

解析：测量规范中规定，三角高程测量时，距离大于 300m 时，要考虑地球曲率和大气折光合成的影响。故选 B。

(38)C

解析：竖直角测量应当用横丝切目标，瞄准同一方向切的位置不同，所读的竖直方向值也不同，正倒镜若切不同位置，则所读的竖直方向值互差没有任何关系；正倒镜若切相同位置，则

有 $L_左 - L_右 = 2\alpha \pm 180°$,其结果与竖直角值 α 有关,也不确定。故选 C。

(39) C

解析:用光学经纬仪测量水平角时,水平度盘不允许转动,读数指标随照准部转动;竖直盘与望远镜固接,随望远镜转动而转动,读数指标不动。故选 C。

(40) B

解析:在用全站仪进行角度测量时,若没有输入棱镜常数和大气改正数,不影响所测角值。棱镜常数是用来计算三角高程高差的。大气改正数是用来改正距离测量的。故选 B。

(41) C

解析:一个量的观测值与该量的真值之差称为真误差。三角形内角和真值为 180°,所以三角形闭合差为真误差。故选 C。

(42) D

解析:相对误差是边长(距离)丈量的主要衡量精度指标,其意义为边长测量往返测差值的绝对值与边长往返测平均值的比值。故选 D。

(43) C

解析:三角形闭合差为 $\omega = A + B + C - 180°$。应用误差传播定律得,三角形闭合差的中误差为 $\sigma_w = \sqrt{\sigma_A^2 + \sigma_B^2 + \sigma_C^2} = \sqrt{3\sigma_\beta^2} = \sqrt{3}\sigma_\beta = 15.6''$。故选 C。

(44) B

解析:距离测量时,在以 10km 为半径的范围内可以忽略地球曲率影响,用水平面代替水准面。故选 B。

(45) D

解析:正方形周长由 4 条边相加得到,即 $S = L + L + L + L$。应用误差传播律,正方形周长的中误差为 $\sigma_S = \sqrt{\sigma_L^2 + \sigma_L^2 + \sigma_L^2 + \sigma_L^2} = 2\sigma_L = 8\text{cm}$。故选 D。

(46) C

解析:正方形有 4 条等长的边,由于只测量了一条边,所以,周长 $S = 4L$。应用误差传播律,正方形周长的中误差为 $\sigma_S = \sqrt{4^2 \times \sigma_L^2} = 4\sigma_L = 16\text{cm}$。故选 C。

(47) D

解析:角的观测结果是各测回所测量角的平均值,即 $\hat{L} = \dfrac{\beta_1 + \beta_2 + \cdots + \beta_n}{n}$,应用误差传播律,角度平均值的中误差为 $\sigma_L = \dfrac{\sigma_\beta}{\sqrt{n}}$,所以 $n = \dfrac{\sigma_\beta^2}{\sigma_L^2} = \dfrac{36''}{4''} = 9$ 测回。故选 D。

(48) A

解析:本题考查精度与误差的概念。误差是指观测值和其真值之间的差异,任何观测误差总是存在的。精度是指误差分布的密集或离散的程度,反映的是一组观测误差的总体情况,一般用中误差来衡量。不能将误差的具体数值和精度混为一谈。等(或同)精度观测是指用同样的观测方案进行观测,其观测值的精度都认为是相同的,尽管各个观测值的具体误差值可能大小不一样。同理,如果观测方案不同,即使观测值的具体误差值大小一样,也不能认为是相同精度的观测值。故选 A。

(49) B

解析:在相同的观测条件下作一系列观测,如果误差在大小和符号上都表现出偶然性,即从单个误差看,该系列误差的大小和符号没有规律性,但就大量误差的总体而言,具有一定的统计规律,这种误差称为偶然误差。在相同的观测条件下作一系列的观测,如果误差在大小、符号上表现出系统性,或者在观测过程中按一定的规律变化,或者为某一常数,那么,这种误差就称为系统误差。中误差和相对误差是衡量精度的指标。距离丈量时,尺长误差和温度误差按一定的规律变化,属于系统误差。故选 B。

2) 多项选择题(每题的备选项中,有 2 个或 2 个以上符合题意,至少有 1 个错项)

(50) ABC

解析:DJ 代表大地测量仪器经纬仪,后面的数字代表仪器的精度,是一测回观测角值的中误差。对三等三角测量要求使用 DJ2 精度以上的仪器。故选 ABC。

(51) ACDE

解析:水平角观测方法有测回法和方向观测法,其观测限差有所不同。测回法限差有半测回较差和测回间较差;半测回较差不是方向观测法的限差要求。故选 ACDE。

(52) ACDE

解析:A 项用水准仪测量高差,应该用横丝切水准尺读数;C 项用经纬仪测量水平角,用竖丝照准目标读数;D 项经纬仪测水平角时,尽量照准目标的底部;E 项经纬仪测竖直角时,用横丝照准目标读数。故选 ACDE。

(53) ACD

解析:经纬仪是测角的仪器,可以观测水平角和竖直角,通过观测水平方向值计算得到水平角;象限角依直线所在的坐标系象限来确定,磁方位角用磁罗盘测量。故选 ACD。

(54) ABC

解析:经纬仪的视准轴应垂直于横轴。经纬仪的视准轴与水准管轴没有固定的几何关系。水准仪的视准轴应平行于水准管轴。故选 ABC。

(55) ABDE

解析:距离测量方法有钢尺量距、电磁波测距、视距测量、GPS 测量。故选 ABDE。

(56) ACD

解析:测量上标准北方向的种类有真北方向、磁北方向、坐标北方向。故选 ACD。

(57) BCDE

解析:依据三角高程测量原理(公式),其误差源有垂直角、边长、仪器高、觇标高、大气折光系数等。而水平角与三角高程测量无关。故选 BCDE。

(58) ABC

解析:三角测量法优点是:检核条件多,图形结构强度高;采取网状布设,控制面积较大,精度较高;主要工作是测角,受地形限制小,扩展迅速。缺点是:网中推算的边长精度不均匀,距起算边越远精度越低。三角测量法是我国建立天文大地网的主要方法。故选 ABC。

(59) ABCD

解析:GPS 网按精度可以分为 A、B、C、D、E 五级。仅 E 项错误。故选 ABCD。

(60) ABCE

解析:平面控制网按其布网形式分为三角网、测边网、边角网(含导线网)、GPS 网四种形式。水准网属于高程控制网。故选 ABCE。

(61) ABDE

解析:控制测量的作业流程分别为收集资料、踏勘、图上选点、实地选点与埋石、观测与计算等。对中整平属于野外观测过程中的一个环节。故选 ABDE。

(62)BCE

解析：国家大地控制网按精度和用途分为一、二、三、四等大地控制网。布设的原则为：①分级布网、逐级控制；②具有足够的精度；③具有足够的密度；④具有统一的规格。大地控制网在保证精度、密度等技术要求时可跨级布设。故选 BCE。

(63)AD

解析：导线测量内业计算过程中有两个闭合差的计算，即角度闭合差、坐标增量闭合差。故选 AD。

(64)ACDE

解析：将地面两点间的斜距归算到高斯平面上，计算步骤为：计算两点平均高程面高程、斜距化为平均高程面的平距、将平距归算到椭球面、将椭球面距离归算到高斯平面。故选 ACDE。

(65)ADE

解析：一直线的真方位角和坐标方位角相同，必然和坐标纵轴重合，中央子午线投影后就是坐标纵轴。故选 ADE。

(66)ABCD

解析：控制网按照网形可分为三角网、导线网、方格网、混合网。故选 ABCD。

(67)AC

解析：将大地方位角归算为高斯平面坐标方位角，需要进行的计算为计算子午线收敛角、曲率改化(方向改化)。故选 AC。

(68)ACD

解析：大地控制网优化设计的三个主要质量控制标准为：精度、可靠性与费用。变形监测控制网需重点关注灵敏度指标。故选 ACD。

(69)ABC

解析：国家三角点的密度要求，取决于测图比例尺的大小和成图的方法。测图比例尺越大，对三角点的密度的需求便越大；航测法成图的三角点密度，要比平板仪法成图小。一般按航测成图的要求，点的密度规定见表1-3。故选 ABC。

三角点布设密度 表1-3

测图比例尺	每幅图要求点数	每个三角点控制面积	三角网平均边长	等 级
1∶5万	3	约150km²	13km	二等
1∶2.5万	2~3	约50km²	8km	三等
1∶1万	1	约20km²	2~6km	四等

1.3 考点三：GNSS连续运行基准站网

1.3.1 主要知识点汇总

1)GNSS 简介

(1)四个主要全球导航卫星星座

即：①美国 GPS；②俄罗斯 GLONASS；③欧洲 Galileo(伽利略)；④中国北斗。四者合称

GNSS,当前只有 GPS 有完全星座,故有时将 GPS 也称为 GNSS 或反过来。

(2)三个组成部分

即:①空间部分(GNSS 卫星);②地面监控部分;③用户部分。

(3)六个轨道根数

卫星正常轨道用六个开普勒轨道根数表示,即:①升交点赤经;②轨道倾角;③长半径;④偏心率;⑤近地点角距;⑥平近点角或卫星过近地点的时刻。

(4)两种卫星星历

即:①广播星历;②精密星历。

(5)三类 GNSS 定位误差源

即:①与卫星有关的误差(卫星星历误差、卫星钟的钟差、相对论效应);②与信号传播有关的误差(电离层延迟、对流层延迟、多路径效应);③与接收机有关的误差(接收机钟的钟差、接收机的测量噪声)。

(6)三项发射信号

即:①载波(GPS 卫星发射 L1 载波、L2 载波,GPS 现代化增设 L5 载波;北斗卫星发射 B1、B2、B3 载波);②测距码(C/A 码、P 码);③导航电文(卫星轨道、卫星钟改正参数、卫星工作状态等)。

(7)两种观测值

即:①伪距观测值(利用测距码测得);②载波相位观测值。

(8)三种求差法

即:①单差(接收机间求差、卫星间求差、历元间求差);②双差(相对定位主要方法);③三差;④求差的作用和目的:消除或削弱"(5)三类 GNSS 定位误差源"的误差。

(9)两个常用线性组合

即:①宽巷观测值(L1 观测值减 L2 观测值);②无电离层观测值(L1、L2 观测值线性组合成无电离层延迟的观测值)。

(10)两个载波相位观测值数据处理的难点

即:①周跳探测与修复;②整周模糊度解算(浮点解、整数固定解)。

(11)两种 GNSS 定位

①两种定位方式:单点定位——单台 GNSS 接收机独立确定其绝对坐标(X,Y,Z),又称绝对定位;相对定位——确定同步跟踪 GNSS 卫星信号的若干台接收机之间的相对位置$(\Delta X, \Delta Y, \Delta Z)$。

②两种状态:静态定位、动态定位。

(12)新应用进展

①精密单点定位(PPP 技术)。

②网络 RTK(或 CORS):单基站 RTK 技术、虚拟基站技术(VRS)、主辅站技术(MAC)。

③CORS 增强 PPP,也称为 PPP-RTK。

(13)北斗进展

①2012 年北斗卫星导航系统(BDS)亚太区域服务。

②北斗三号开始全球组网。

③北斗星座(规划设计):5 颗静止轨道卫星(GEO)、27 颗中轨道卫星(MEO)和 3 颗倾斜同步卫星(IGSO)。

2)基准站网的组成

（1）概念

全球导航卫星（GNSS）连续运行基准站网（简称基准站网）是由若干连续运行基准站（简称基准站）、数据中心及数据通信网络组成的，提供数据、定位、定时及其他服务的系统。

（2）工作原理

基准站跟踪、观测和记录卫星信号，提供数据；通信网络定时或实时将观测数据传输到数据中心；数据中心存储、处理和分析各基准站的观测数据，形成定位、定时等相关数据产品和开展信息服务；数据产品再通过数据通信网络发布给用户。

（3）组成

①基准站：功能是数据采集，它包括 GNSS 设备、计算机、气象设备、通信设备、电源设备、观测场地。

②数据中心：功能是处理分析数据，它包括计算机、网络、软件系统。

③数据通信网络：功能是数据传输、数据产品发布，它包括公用或专用的通信网络。

（4）分类

即：①国家基准站网；②区域基准站网；③专业应用网。

3)基准站建设

（1）工作流程，包括：①技术设计；②基准站选址；③施工建设；④设备安装。

（2）技术设计资料，包括：①基准站技术设计方案；②基准站点位设计图；③站点位置信息表；④基准站施工设计图。

（3）基准站选址，应考虑：①观测环境；②地质环境；③委托保障（交通、电力、安全）。

（4）基准站的基建工程，包括：①观测墩（基岩观测墩、土层观测墩、屋顶观测墩）；②观测室；③工作室；④防雷工程；⑤辅助工程。

（5）基准站设备，包括：①GNSS 接收机；②天线；③气象设备；④电源设备；⑤计算机与软件。

4)数据中心

（1）业务系统，包括：数据管理系统、数据处理分析系统、产品服务系统。

（2）硬件支撑，包括：机房、计算机、通信网络。

5)数据通信网络

（1）基本要求

即：①数据通信协议：TCP/IP；②接入端通信方式：有线专线、无线、卫星通信；③数据中心到用户通信方式：GSM、GPRS、CDMA、3G 或其他无线方式。

（2）接入端技术指标

即：①基准站接入端技术指标：通信速率、误码率、线路可用性；②数据中心接入端技术指标：通信速率、误码率、链路可用性、宽带、通信延迟。

6)基准站网测试与维护

（1）测试内容，包括：①数据完好性；②传输稳定性；③基准站监控；④定位性能与精度。

（2）维护内容，包括：①24h 连续运行；②定期检测；③定期与 IGS 站联测。

1.3.2 例题

1) 单项选择题(每题的备选项中,只有1个最符合题意)

(1) GPS作为一种导航和定位系统,具有以全站仪为主的常规定位系统没有的优点,以下不是GPS定位特点的是( )。
   A. 全球连续覆盖   B. 不强调测点相互通视
   C. 主动定位   D. 提供三维坐标

(2) P码属于( )。
   A. 载波相位   B. 伪随机噪声码   C. 载波信号   D. 随机噪声码

(3) GPS系统中卫星的广播星历是由( )编制的。
   A. 卫星上的处理器   B. 主控站   C. 监测站   D. 注入站

(4) 人造地球卫星绕地球运动受到的作用力主要有地球对卫星的引力,太阳、月亮对卫星的引力,大气阻力,太阳光压,地球潮汐力等。在这些作用力中,( )是主要的。
   A. 地球引力   B. 太阳引力   C. 月亮引力   D. 地球潮汐力

(5) GPS定位的主要观测量是伪距和载波相位,( )至少需要两台GPS接收机同步观测四颗以上卫星。
   A. 静态定位   B. 单点定位   C. 相对定位   D. 三维定位

(6) 静态相对定位中,在卫星之间求一次差可有效消除或削弱的误差项为( )。
   A. 卫星钟差   B. 电离层延迟误差   C. 星历误差   D. 接收机钟差

(7) 在GPS短基线相对定位中,( )难以通过载波相位差分来减弱或消除。
   A. 电离层折射误差   B. 接收机钟差
   C. 多路径效应   D. 卫星钟差

(8) GPS定位中同一类型同一频率的观测值两两相减后组成双差后,再组成三差观测值,消除了( )。
   A. 卫星钟差   B. 卫星钟差、接收机钟差及整周模糊度
   C. 卫星钟差、接收机钟差   D. 接收机钟差及整周模糊度

(9) GPS定位的主要观测量是伪距和载波相位,双差相对定位至少需要两台GPS接收机( )以上卫星。
   A. 同步观测两颗   B. 同步观测三颗
   C. 同步观测四颗   D. 同步观测五颗

(10) GPS进行单点定位时,GPS接收机至少需要观测到GPS卫星的数目是( )。
   A. 3颗   B. 4颗   C. 5颗   D. 6颗

(11) 相比于全站仪测量,GPS定位对点位一般不特别要求( )。
   A. 点位应视野开阔,视场内障碍物高度角不宜超过10°
   B. 远离大功率无线电发射源(如电视台、微波站等),其距离不小于200m
   C. 附近不应有强烈反射卫星信号的物件(如大型建筑物等)
   D. 至少与另一个GPS点相互通视

(12) 双差观测方程可以消除( )。
   A. 站星距离   B. 整周未知数   C. 接收机钟差   D. 周跳

(13) 在GPS测量中,观测值都是以接收机天线的相位中心位置为准的,所以天线的相位

中心应该与其( )保持一致。

A. 几何中心　　　　B. 点位标志中心　　C. 相位中心　　　　D. 指北方向

(14)GPS卫星采用两个频率L1和L2的作用是( )。

A. 增加了一倍观测量,提高一倍定位精度　　B. 削弱电离层影响

C. 削弱对流层影响　　　　　　　　　　　D. 消除接收机钟差

(15)在GPS载波相位测量中,接收机始终能够准确测量的是( )。

A. 相位观测值　　　　　　B. 整周计数

C. 不足一周的小数部分　　D. 传播时间

(16)2015年1月30日的年积日是( )。

A. 2015130　　　　B. 20150130　　　　C. 01302015　　　　D. 30

(17)GNSS绝对定位的中误差与精度因子DOP值( )。

A. 无关　　　　　B. 成正比　　　　C. 成反比　　　　D. 不能确定

(18)GPS具有测量三维位置、三维速度和( )的功能。

A. 三维坐标　　　B. 导航　　　　　C. 时间　　　　　D. 坐标增量

(19)GPS定位,按其定位方式来分,可分为( )。

A. 绝对定位和单点定位　　　　B. 单点定位和双点定位

C. 绝对定位和相对定位　　　　D. 绝对定位和静态定位

(20)GPS卫星上所安装的时钟是( )。

A. 原子钟　　　　B. 分子钟　　　　C. 世界钟　　　　D. GPS钟

(21)GPS信号接收机,按用途的不同,可分为( )、测地型和授时型三种。

A. 车载型　　　　B. 导航型　　　　C. 航海型　　　　D. 航空型

(22)GPS信号接收机,根据接收卫星的信号频率,可分为( )。

A. 国产机和进口机　　　　B. 高频机和低频机

C. 软件机和硬件机　　　　D. 单频机和双频机

(23)GPS定位原理就是根据高速运动的卫星瞬间位置作为已知的起算数据,采取( )的方法,确定待定点的空间位置。

A. 空间球面交会　　　　　B. 空间距离后方交会

C. 空间距离前方交会　　　D. 空间距离侧方交会

(24)利用虚拟基站技术与主辅站技术时,为了保证服务有效,网中两个相邻基站之间的距离最大不宜超过( )。

A. 20km　　　　B. 30km　　　　C. 80km　　　　D. 50km

(25)在网络RTK环境下,流动站定位时,GPS接收机至少需要观测到GPS卫星的数目是( )。

A. 3颗　　　　　B. 4颗　　　　　C. 5颗　　　　　D. 6颗

(26)北斗基准站网为区域内用户提供实时定位(RTK)服务,所发布的信息格式是( )。

A. BDS　　　　　B. GGA　　　　　C. RTCM　　　　D. RINEX

(27)网络RTK技术,建立区域误差模型,发给流动站定位时,( )。

A. 厘米级高精度定位,不需要解算模糊度

B. 厘米级高精度定位,还需要解算模糊度

C. 流动站不需要观测卫星数据

D. 流动站观测卫星数目任意

(28)基准站 GNSS 天线应具备(　　),以抑制多路径效应。
　　A. 相位中心稳定性应优于 3mm　　B. 具有抗电磁干扰能力
　　C. 扼流圈或抑径板　　　　　　　D. 定向指北标志

(29)下列关于北斗导航卫星系统叙述错误的是(　　)。
　　A. 北斗导航卫星系统坐标系是 2000 国家大地坐标系统
　　B. 北斗导航卫星系统是全球导航卫星系统,目前覆盖亚太地区
　　C. 北斗导航卫星系统卫星发射三个频率载波信号
　　D. 北斗导航卫星系统组成部分包括 MEO 卫星、GEO 卫星和 IGSO 卫星。

(30)下列属于基准站网数据处理中需要准备的数据的是(　　)。
　　A. 水准观测数据　　　　　　　　B. 太阳和月亮星历
　　C. 似大地水准面模型　　　　　　D. 重力观测数据

(31)北斗(BDS)优于 GPS,表现为不仅定位、授时与 GPS 相当,还具备(　　)的功能。
　　A. 测量三维坐标　　　　　　　　B. 测量三维速度
　　C. 短报文通信　　　　　　　　　D. 导航

(32)北斗(BDS)空间段优于 GPS 星座,采用了(　　)星座,抗遮挡能力强。
　　A. 北斗　　　　B. 单一　　　　C. MEO　　　　D. 混合

(33)GPS 定位至少需要 4 颗卫星,北斗(BDS)系统与 GPS 系统存在很多不同,如北斗所有卫星都发射三种频率信号,北斗系统标准定位至少需要(　　)颗卫星。
　　A. 2 颗　　　　B. 3 颗　　　　C. 4 颗　　　　D. 6 颗

2)多项选择题(每题的备选项中,有 2 个或 2 个以上符合题意,至少有 1 个错项)

(34)依据管理形式、任务要求和应用范围,基准站网可划分为(　　)。
　　A. 空间基准站网　　　　　　　　B. 平面基准站网
　　C. 国家基准站网　　　　　　　　D. 区域基准站网
　　E. 专业基准站网

(35)常规 RTK 系统的组成部分包括(　　)。
　　A. 基准站　　　　　　　　　　　B. 电台
　　C. 流动站　　　　　　　　　　　D. 控制中心
　　E. 机房

(36)下列属于 GNSS 连续运行基准站网产品服务内容的有(　　)。
　　A. 位置服务　　　　　　　　　　B. 时间服务
　　C. 电信服务　　　　　　　　　　D. 源数据服务
　　E. 卫星服务

(37)网络 RTK 根据其解算模式可分为(　　)。
　　A. 单基站 RTK 技术　　　　　　 B. 多基站 RTK 技术
　　C. 虚拟基站技术　　　　　　　　D. 主辅站技术
　　E. 伪距定位技术

(38)基准站网的组成包括(　　)。
　　A. 基准站　　　　　　　　　　　B. 数据中心
　　C. 流动站　　　　　　　　　　　D. 数据通信网络

E.用户

(39)GNSS连续运行基准站网的基准站设备包括(　　)。
　　A.观测墩　　　　　　　　　　B.GNSS接收机
　　C.天线　　　　　　　　　　　D.电源
　　E.观测室

(40)基准站选址后提交成果有(　　)。
　　A.点位照片　　　　　　　　　B.选址点之记
　　C.土地使用意向书　　　　　　D.测量标志保管书
　　E.实地测试数据和结果分析

(41)基准站GNSS接收机应具备的技术指标有(　　)。
　　A.具有同时跟踪不少于24颗全球卫星导航定位卫星的能力
　　B.具备抗多路径效应的扼流圈或抑径板的能力
　　C.至少具有1s采样数据的能力
　　D.具有定向指北标志的能力
　　E.观测数据至少应包括:双频测距码、双频载波相位值、卫星广播星历

(42)下列属于GNSS连续运行基准站网数据中心机房建设的有(　　)。
　　A.机房建筑　　　　　　　　　B.观测墩
　　C.电涌防护　　　　　　　　　D.供电系统
　　E.安防系统

(43)下列属于GNSS应用范畴的是(　　)。
　　A.导航定位　　　　　　　　　B.时间测定
　　C.速度测量　　　　　　　　　D.气象预报
　　E.井下救援

(44)3S是指(　　)。
　　A.RS　　　　　　　　　　　　B.GIS
　　C.GNSS　　　　　　　　　　　D.GPRS
　　E.WGS

(45)在GPS进行导航定位时,由GPS观测值能直接获得的信息是(　　)。
　　A.运行速度　　　　　　　　　B.运行方向
　　C.坐标　　　　　　　　　　　D.海拔高
　　E.飞机飞行高度

(46)产生整周跳变(周跳)的原因主要有(　　)。
　　A.接收机钟差　　　　　　　　B.接收机运动
　　C.信号被遮挡　　　　　　　　D.信号被干扰
　　E.多路径效应

(47)基准站观测墩,一般为钢筋混凝土结构,类型分为(　　)。
　　A.基岩观测墩　　　　　　　　B.标石观测墩
　　C.土层观测墩　　　　　　　　D.水准观测墩
　　E.屋顶观测墩

(48)GNSS的组成部分包括(　　)。

A. 空间部分 B. 信号传播部分
C. 地面监控部分 D. 用户部分
E. 售后服务部分

(49)下列能消除或削弱多路径效应对GPS定位影响的是(　　)。
A. 避开采矿地带 B. 避免在大面积水域附近进行GPS测量
C. 延长测量时间 D. 测定气象元素
E. 使用带抑径板的天线

(50)北斗(BDS)系统优于GPS,表现在北斗具备(　　)等功能特点。
A. 北斗定位精度更高 B. 北斗全星座发射多频(三频)信号
C. 北斗采用CGCS 2000 D. 北斗是无源与有源导航方式相结合
E. 北斗(三号)全球覆盖

(51)北斗(BDS)系统发射三频信号,其定位解算的优越性表现在(　　)。
A. 更多的组合消除电离层延迟 B. 更多的组合消除对流层延迟
C. 更容易接收卫星信号 D. 更多的宽巷组合有利于解算模糊度
E. 抗多路径效应增强

1.3.3 例题参考答案及解析

1)单项选择题(每题的备选项中,只有1个最符合题意)

(1) C

解析: 在GPS定位中,用户接收机只被动接收GPS卫星信号,而不需要主动向GPS卫星发射信号。故选C。

(2) B

解析: C/A码和P码是GNSS卫星发出的一种伪随机噪声码,C/A码是粗码,P码是精测码。故选B。

(3) B

解析: GPS系统中卫星的广播星历是由主控站编制,由注入站注入卫星。故选B。

(4) A

解析: 人造地球卫星绕地球的运动所受到的各种作用力中地球引力是主要的。如果将地球引力视为1,则其他作用力均小于10^{-5}。故选A。

(5) C

解析: 相对定位是确定同步跟踪GPS卫星信号的两台或两台以上接收机之间的相对位置。故选C。

(6) D

解析: 相对定位中,两颗不同卫星对同一测站求一次差,称为星间单差,可有效消除或削弱与该测站有关的误差。故选D。

(7) C

解析: 多路径效应与测站环境有关,通过测站间求差的方法难以消除。故选C。

(8) B

解析: GPS载波相位观测值可以在卫星间求差、在接收机间求差,也可以在不同历元间求差,单差、双差、三差见表 1-4。故选 B。

单差、双差、三差　　　　　　　　　　　　　　　　　　　　　　　　　表 1-4

	求　差　方　式	消除(弱)的系统误差
单差	站间求差(两个不同测站对同一卫星求一次差)	基本消除卫星钟差、电离层误差,对流层误差得到削弱
	星间求差(两颗不同卫星对同一测站求一次差)	接收机钟差
双差	站间—星间(站间一次差减去星间一次差)	卫星钟差、电离层误差、对流层误差、接收机钟差
	星间—站间(星间一次差减去站间一次差)	
三差	站间—星间—历元间(前后历元双差间求差)	卫星钟差、接收机钟差、整周模糊度、电离层误差、对流层误差
	星间—站间—历元间(前后历元双差间求差)	

(9) C

解析:组成双差需要 2 颗卫星,确定相对定位中基线向量的 3 个坐标分量需要至少需要 3 个双差,4 颗卫星的观测值可形成 3 个独立双差观测值。故选 C。

(10) B

解析:常规单点定位(绝对定位)使用伪距观测值,由于每颗卫星的伪距观测值都包含有接收机钟差这一误差,单点定位时需要将接收机钟差作为一个未知数加入到计算中,再加上坐标 (X,Y,Z) 3 个未知数,解这 4 个未知数至少需要 4 颗不同卫星的伪距观测值。故选 B。

(11) D

解析:GPS 定位只要能观测到 4 颗以上卫星,可以直接确定该点的坐标,一般不强调至少与另一个 GPS 点相互通视。故选 D。

(12) C

解析:组成双差观测值的一个显著优点是消除了钟差(接收机钟差、卫星钟差)。故选 C。

(13) A

解析:在 GPS 测量中,观测值都是以天线的相位中心位置为准采集数据的,天线的相位中心与其几何中心应保持一致,两者之差称为天线相位中心偏差。故选 A。

(14) B

解析:GPS 卫星采用两个频率 L1 和 L2 的作用是削弱电离层影响。故选 B。

(15) C

解析:在 GPS 载波相位测量中,接收机始终能够准确测量载波相位不足一周的小数部分。故选 C。

(16) D

解析:年积日由每年的 1 月 1 日开始算起,逐天累加。故选 D。

(17) B

解析:精度因子 DOP 值小,对应的卫星星座图形较好,定位精度高,中误差小;而高的精度因子 DOP 值对应的卫星图形差,定位精度低,中误差大。故选 B。

(18) C

解析:GPS 具有定位和授时的功能。故选 C。

(19) C

解析:单点定位是一台 GNSS 接收机独立确定其绝对坐标,又称绝对定位。相对定位是确定同步跟踪 GNSS 卫星信号的若干台接收机之间的相对位置。接收机有两种运动状态：静态、动态。故选 C。

(20) A

解析：GPS 卫星上所安装的时钟是高精度原子钟，用户接收机是石英钟。故选 A。

(21) B

解析：GPS 信号接收机，按用途的不同可分为以下三种：①导航型接收机（车载型——用于车辆导航定位，航海型——用于船舶导航定位，航空型——用于飞机的导航定位，星载型——用于卫星的导航定位）；②测地型接收机；③授时型接收机。故选 B。

(22) D

解析：GPS 卫星发射两个频率（L1、L2）信号，因此，根据接收卫星的信号频率，接收机可分为单频机和双频机。GPS 现代化后增加了第三频率 L5，若接收机还能接收其他系统卫星信号，则称为多模多频接收机。故选 D。

(23) B

解析：GPS 定位中，由于卫星坐标通过卫星星历可以计算得到，因此卫星是作为（运动的）已知点；而用户接收机测量得到的是测站到卫星的距离；这样，通过 4 颗以上卫星的已知卫星坐标和对应观测的站星距离，就可确定测站坐标，这种定位方式是空间距离后方交汇。故选 B。

(24) C

解析：虚拟基站技术（VRS）与主辅站技术（MAC）服务半径可以达到 40km 左右，因此网中两个相邻基站之间的距离最大不宜超过 80km。故选 C。

(25) B

解析：网络 RTK 定位原理是相当于 GPS 进行短基线相对定位时，每 2 颗卫星可组成一对双差观测值，4 颗不同卫星可组成 3 个独立双差观测值解，即两站 GPS 接收机至少需要同步观测到 4 颗 GPS 卫星。故选 B。

(26) C

解析：BDS 是北斗导航卫星系统的缩写。移动站将概略坐标以"GGA"格式上传到基准站数据中心，由数据中心计算出移动站位置的增强信息，采用"RTCM"格式发布给移动站，实现用户的实时定位。原始观测数据和导航电文解码成标准"RINEX"格式数据，一般用于事后数据处理。故选 C。

(27) B

解析：网络 RTK 中，通过基准站网建立区域误差模型，发给流动站，通过差分消去了绝大部分误差，达到厘米级定位精度需要使用载波相位观测值，必须解算模糊度。网络 RTK 定位仍然是相对定位，至少要同步观测 4 颗卫星。故选 B。

(28) C

解析：若 GNSS 天线周围有高大建筑物或水面，建筑物和水面对于电磁波具有强反射作用，由此产生的反射波进入接收机天线时与直接来自卫星的信号（直接波）产生干涉，从而使观测值偏离真值产生误差，这种误差称为多路径效应误差。扼流圈或抑径板可有效抗多路径效应。故选 C。

(29) D

解析：截至 2012 年，北斗卫星导航系统已有 16 颗卫星，覆盖亚太地区，正式提供服务；计划 2020 年，发射 35 颗卫星，覆盖全球。北斗导航卫星系统采用中国 2000 国家大地坐标系统

（CGCS2000）。北斗导航卫星系统卫星发射三个频率载波信号：B1、B2、B3。所有导航卫星系统组成部分都包括空间段、地面段和用户段；北斗导航卫星系统空间段即卫星星座由 MEO 轨道卫星、GEO 轨道卫星和 IGSO 轨道卫星组成。故选 D。

（30）B

解析：基准站网数据处理中需要准备的数据有：①基准站的观测数据及其质量评价；②原始数据格式转换；③测站信息文件准备；④卫星星历准备；⑤地球极移、章动、岁差、太阳和月亮星历等相关文件准备。故选 B。

（31）C

解析：实时导航、快速定位、精确授时等功能是所有 GNSS 系统都必须具备的功能。北斗卫星导航系统（BDS）创新融合了导航与通信能力，具有实时导航、快速定位、精确授时、位置报告和短报文通信服务五大功能。故选 C。

（32）D

解析：按照规划设计，北斗系统空间段采用 5 颗静止轨道卫星（GEO）、27 颗中轨道卫星（MEO）和 3 颗倾斜同步卫星（IGSO）等三种轨道卫星组成的混合星座，与其他卫星导航系统相比，高轨卫星更多，抗遮挡能力强，尤其低纬度地区性能特点更为明显。故选 D。

（33）C

解析：GNSS 标准定位是指用户接收卫星信号进行定位，是一种被动定位模式，各卫星导航系统（GNSS）定位至少需要 4 颗卫星。虽然北斗与 GPS 存在不同，如星座轨道、频率、坐标系统、时间系统等，但标准服务定位原理是相同的。故选 C。

2）多项选择题（每题的备选项中，有 2 个或 2 个以上符合题意，至少有 1 个错项）

（34）CDE

解析：全球导航卫星（GNSS）连续运行基准站网（CORS）依据管理形式、任务要求和应用范围，可划分为国家基准站网、区域基准站网、专业基准站网。故选 CDE。

（35）ABC

解析：常规 RTK 技术是将基准站数据通过电台发送给流动站用户设备。故选 ABC。

（36）ABD

解析：GNSS 连续运行基准站网产品服务内容：位置服务、时间服务、气象服务、地球动力学服务、源数据服务等。服务产品分为基本产品和高级产品。基本产品包括多种采样率的 GNSS 原始数据、气象观测数据、基准站信息、站坐标及精度、站速度等；高级产品包括基准站坐标时间序列分析、事后及预报精密星历、精密卫星钟差、电离层及对流层模型信息等。故选 ABD。

（37）ABCD

解析：网络 RTK 是将基准站的载波相位观测数据通过网络通信，与流动站的观测数据实时差分，并解算整周模糊度，实现高精度定位。按其解算模式可分为单基站 RTK 技术和多基站 RTK 技术。多基站 RTK 技术主要有虚拟基站（VRS）技术、主辅站（MAC）技术。故选 ABCD。

（38）ABD

解析：全球导航卫星（GNSS）连续运行基准站网（简称基准站网）是由若干连续运行基准站（简称基准站）、数据中心及数据通信网络组成的，提供数据、定位、定时及其他服务的系统。流动站用户是基准站网服务对象之一。故选 ABD。

(39)BCD

解析: GNSS连续运行基准站网的基准站设备包括:①GNSS接收机;②天线;③气象设备;④电源设备;⑤计算机与软件。故选BCD。

(40)ABCE

解析: 基准站选址后提交成果包括:①踏勘选址报告(所属行政区划,自然地理,地震地质概况,交通、通信、物资、水电、治安等情况);②点位照片(远景、近景);③选址点之记;④土地使用意向书或其他用地文件;⑤地质勘查资料;⑥实地测试数据和结果分析。D项是基准站建设完毕后提交成果。故选ABCE。

(41)ACE

解析: 基准站GNSS接收机,应具备的技术指标,包括:①具有同时跟踪不少于24颗全球卫星导航定位卫星的能力;②至少具有1s采样数据的能力;③观测数据至少应包括:双频测距码、双频载波相位值、卫星广播星历;④具有在$-30\sim+55℃$、湿度95%的环境下正常工作的能力;⑤具备外接频标输入口,可配5MHz或10MHz的外接频标;⑥具备3个以上的数据通信接口,接口可包括RS232、USB、LAN等。B、D两项属于GNSS天线的。故选ACE。

(42)ACDE

解析: GNSS连续运行基准站网数据中心机房建设,包括机房建筑、供电系统、空调系统、电涌防护、安防系统等。故选ACDE。

(43)ABCD

解析: GNSS具有广泛的应用,所有涉及位置与时间的方面都可以应用GNSS,如导航定位、时间测定、速度测量、气象预报等。但要应用GNSS,必须天空开阔,而矿井下属于封闭环境,观测不到卫星。故选ABCD。

(44)ABC

解析: 3S是指遥感(RS)、地理信息系统(GIS)和全球导航卫星系统(GNSS,以前是GPS)。故选ABC。

(45)ABC

解析: 由GPS观测值可以直接确定接收机的地心坐标,由此也得到运动载体的速度、方向、位置。GPS的高程是大地高,海拔高是指正(常)高,不能由观测值直接获取。飞机飞行高度是相对地面的,不能由观测值直接获取。故选ABC。

(46)CD

解析: 在观测过程中,由于某种原因,如卫星信号被障碍物挡住而暂时中断、受无线电信号干扰造成失锁,使计数器无法连续计数,因此,当信号被重新跟踪后,整周计数就不正确,但是不到一个整周的相位观测值仍是正确的,这种现象称为周跳。故选CD。

(47)ACE

解析: 观测墩一般为钢筋混凝土结构,类型分为基岩观测墩、土层观测墩、屋顶观测墩。故选ACE。

(48)ACD

解析: GNSS的组成包括:空间部分、地面监控部分、用户部分。故选ACD。

(49)BCE

解析: 消除或削弱多路径效应对GPS定位影响,可以选择较好的测站环境(如远离高大建

37

筑、树木、水体、海滩和易积水地带等易产生多路径效应的地物),使用较好的仪器(如使用带抑径板的天线),延长测量时间等方法。采矿地带地面不稳定,影响地面点的稳定性。测定气象元素主要是作对流层延迟改正。故选 BCE。

(50)BD

解析:北斗(BDS)作为我国自主研发的卫星导航系统,具有很多优于 GPS 等其他导航系统的功能特点,如短报文通信、三种轨道组成的混合星座、无源与有源导航方式相结合等。GPS 采用无源服务模式。北斗系统全星座发射 B1、B2、B3 三个频率载波,而 GPS 只有部分卫星发射 L1、L2、L5 三个频率载波。北斗(三号)与 GPS 都是全球卫星导航系统,两者标准服务精度相当。北斗采用 CGCS 2000 坐标系统,GPS 采用 WGS-84 坐标系统,都是地心坐标系统,并维持其现势性。故选 BD。

(51)AD

解析:电离层延迟与信号频率的平方成反比,双频组合可消除电离层延迟的影响,但对流层延迟基本不受频率不同的影响。三频载波观测量可组合成波长更长的宽巷观测量,有利于快速模糊度解算,也有利于周跳探测。卫星信号的接收与卫星信号强度及接收机性能有关,多路径效应与测站环境有关,此两者与频率个数多少没有特别的关系。故选 AD。

1.4 考点四:卫星大地控制网

1.4.1 主要知识点汇总

1)GNSS 控制网等级

(1)五个等级:A、B、C、D、E 五级。

(2)对应关系:①A 级用于建立国家一等大地控制网;②B 级用于建立国家二等大地控制网;③C 级用于建立三等大地控制网;④D 级用于建立四等大地控制网;⑤E 级用于测图、施工等控制测量。

2)GNSS 网设计

(1)GNSS 网技术设计

①技术设计依据:测量任务书或测量合同书、GPS 测量规范及规程。

②技术设计内容:对 GNSS 网的基准、精度、密度、网形及作业纲要(如观测的时段数、每个时段的长度、采样间隔、截止高度角、接收机的类型及数量、数据处理的方案)等所作出的具体规定和要求。

(2)GNSS 网基准设计内容

GNSS 网的基准,包括:位置基准、尺度基准和方位基准。

(3)GNSS 网图形设计

GNSS 网图形可设计为:三角形网、多边形网、附合导线网、星形网。

(4)技术设计书内容

技术设计书内容,包括:①项目来源;②测区概况;③工程概况;④技术依据;⑤现有测绘成果;⑥施测方案;⑦作业要求;⑧观测质量控制;⑨数据处理方案;⑩提交成果要求。

3)GNSS测量的准备工作

(1)选点

①观测环境:四周视野开阔,高度角10°以上无成片的障碍物;远离大功率的无线电信号发射源;远离多路径效应严重的信号反射物。

②地质环境:避开环境变化大、地质条件不稳定的地区。

(2)埋石

埋石包括埋设标石和建造观测墩。

(3)接收机的检验

①全面检验,包括:一般性检视、通电检验、完整的测试检验。

②对随接收机一起购买的由接收机生产厂商提供的专门数据处理软件(简称随机软件)进行检验。

③旧接收机需定期进行一般性检视、通电检验、完整的测试检验和附件检验。

4)GNSS观测实施

(1)基本技术要求

①同时观测有效卫星数≥4。

②采样间隔B级30s,C级10～30s,D、E级5～15s。

③观测模式采用静态观测。

④卫星截止高度角10°。

⑤时段要求:B级时段数≥3,时段长≥23h;C级时段数≥2,时段长≥4h;D级时段数≥1.6,时段长≥1h;E级时段数≥1.6,时段长≥40min。

(2)观测设备

各等级大地控制网观测,均应采用双频大地型GNSS接收机。

(3)设站及观测记录

①对中、整平和量仪器高。

②定向:将天线上的标志指向正北。

③观测记录。

(4)同步图形的连接方式

同步图形的连接方式,包括:①点连式;②边连式;③网连式;④混连式(点连式、边连式、网连式的结合)。

(5)数据下载与存储

①及时将观测数据下载保存到计算机中。

②观测数据转换为RINEX格式。

③每天的数据单独存储于一个子目录。

④原始数据与RINEX数据必须保存到计算机硬盘中。

(6)外业观测成果质量检核

①观测记录完整性检查。

②外业观测数据质量的检核,包括:数据剔除率、复测基线的长度差、同步环闭合差、异步环闭合差或附合路线坐标闭合差。

③补测和重测。

(7)外业成果验收、资料上交

相关内容请参见本系列丛书《测绘案例分析》。

5)GNSS 基线解算

(1)解算模式

解算模式,包括:①单基线解模式;②多基线解模式;③整体解模式。

(2)模糊度解算

模糊度解算,包括:①实数解;②整数固定解。

(3)基线解算质量控制

①基于测量规范的控制指标:数据剔除率、复测基线的长度差、同步环闭合差、异步环闭合差或附合路线坐标闭合差、基线测量中误差。

②基于统计原理的参考指标:单位权方差、Ratio 值、RDOP 值、观测值残差均方根。

6)GNSS 网平差

(1)网平差的目的

①消除由观测量和已知条件中存在的误差所引起的 GNSS 网在几何上的不一致。

②改善 GNSS 网的质量,评定 GNSS 网的精度。

③确定 GNSS 网中各点在指定参照系下的坐标以及其他所需参数的估值。

(2)网平差类型

网平差类型,包括:①无约束平差或最小约束平差;②约束平差;③联合平差。

(3)GPS 网平差流程

GPS 网平差流程,包括:①提取基线向量及其协方差阵;②三维无约束平差;③约束平差或联合平差;④质量分析与控制。

1.4.2 例题

1)单项选择题(每题的备选项中,只有 1 个最符合题意)

(1)若某 GNSS 网由 n 个点组成,要求每点重复设站观测 m 次,采用 K 台接收机来进行观测,该网必要基线数为(　　)。

  A. $K-1$ B. $n-1$ C. $m-1$ D. $m×K-1$

(2)使用 K 台($K>3$)GNSS 接收机进行同步观测获取的所有基线的数量是(　　)。

  A. $K-1$ B. K C. $K(K-1)$ D. $K(K-1)/2$

(3)GPS 测量按其精度分为(　　)级。

  A. 三   B. 四   C. 五   D. 六

(4)外业观测结束,应及时将观测数据下载并保存到计算机中,原始数据与(　　)数据必须保存到计算机硬盘中。

  A. RINEX   B. GPS   C. WGS-84   D. Windows

(5)GPS 网同步观测是指(　　)。

  A. 用于观测的接收机都是同一品牌和型号

  B. 用于观测的接收机可以是不同品牌和不同型号

  C. 观测数据要用相同的格式保存

D. 两台以上接收机同时对同一组卫星进行的观测

(6)下列定位解算中,需要进行模糊度解算的是( )。
　　A. C/A码伪距定位　　　　　　　　　B. P码伪距定位
　　C. 载波相位三差观测值定位　　　　　D. 厘米级定位

(7)下列选择关于控制网的叙述不正确的是( )。
　　A. 国家控制网从高级到低级布设
　　B. 国家控制网按精度可分为A、B、C、D、E五级
　　C. 直接以测图为目的建立的控制网,称为图根控制网
　　D. 国家一等大地控制网由卫星定位连续运行基准站构成

(8)关于GPS观测实施的基本技术要求,下列说法不正确的是( )。
　　A. 最少观测卫星数4颗　　　　　　　B. 观测卫星截止高度角10°
　　C. 坐标系统为WGS-84坐标系　　　　D. 观测过程中改变采样率

(9)GPS网基线解算所需的起算点坐标,可以是不少于30min的( )结果的平差值提供的WGS-84坐标系的坐标。
　　A. 单点定位　　B. 相对定位　　C. RTK定位　　D. 动态定位

(10)下列不属于完成GNSS网外业应上交的资料是( )。
　　A. GNSS网交通图　B. 选点资料　　C. 埋石资料　　D. 测站环视图

(11)下列选择属于GPS网基线精处理结果质量检核的内容的是( )。
　　A. GPS数据采集的时段长度　　　　B. 精处理后基线分量及边长
　　C. 各时段间基线的较差　　　　　　D. 独立闭合环与附合路线长

(12)利用GPS基线向量采用间接平差方法进行三维无约束平差需要( )起算点。
　　A. 0个　　　　B. 1个　　　　C. 2个　　　　D. 3个

(13)C级GPS网最简异步观测环的边数应不大于( )条。
　　A. 3　　　　　B. 4　　　　　C. 5　　　　　D. 6

(14)为了保证GPS网具有一定的几何强度,GPS规范规定了各级GPS多边形网有附合导线网的边数,对于D级网,其边数限制为( )。
　　A. 小于等于6　B. 大于6　　　C. 小于等于8　D. 大于8

(15)使用GPS服务工程测量,提交的成果资料应选择的投影方式是( )。
　　A. 等角圆柱投影　　　　　　　　　B. 横轴等角圆柱投影
　　C. 正轴等角圆柱投影　　　　　　　D. 等角横切椭圆柱投影

(16)GPS网平差的约束平差与联合平差的主要区别是( )。
　　A. 平差准则不同　　　　　　　　　B. 观测值不同
　　C. 坐标系统不同　　　　　　　　　D. 约束条件不同

(17)大、中城市的GPS网应与国家控制网相互连接和转换,并应与附近的国家高等级控制点联测,联测点数不应( )。
　　A. 少于3个　　B. 大于3个　　C. 少于7个　　D. 大于7个

(18)用于建立地方或城市坐标基准框架的GPS测量,应满足( )GPS测量的精度要求。
　　A. A级　　　　B. B级　　　　C. C级　　　　D. D级

(19)GPS网点坐标转换到国家(或工程)坐标系中,要考虑重合点是否在同一高斯投影带

41

内,若不在同一投影带内,则应进行( )。

    A. 坐标转换   B. 旋转   C. 平移   D. 换带计算

(20) 某 GPS 网 GPS 控制点数 $n=35$,接收机数 $k=7$,重复设站次数 $m=4$,则该 GPS 网的多余基线向量数为( )条。

    A. 3   B. 6   C. 34   D. 86

2) 多项选择题(每题的备选项中,有 2 个或 2 个以上符合题意,至少有 1 个错项)

(21) 相比于经典大地测量,现代大地测量有其显著特点,主要有( )。

    A. 测量范围大   B. 精度高
    C. 动态性   D. 参心
    E. 数据处理复杂

(22) 大地测量的主要任务是建立国家或大范围的精密控制测量网,内容有( )。

    A. 三角测量   B. 水文测量
    C. 重力测量   D. 水准测量
    E. 惯性测量

(23) 按《全球定位系统(GPS)测量规范》(GB/T 18314—2009),随 GPS 接收机配备的商业软件能用于( )。

    A. A 级 GPS 网基线精处理   B. A 级 GPS 网基线预处理
    C. B 级 GPS 网基线精处理   D. C 级及 C 级以下各级 GPS 网基线解算
    E. D 级 GPS 网基线解算

(24) GPS 网数据处理包括( )。

    A. 相对定位   B. 精密单点定位
    C. GPS 星历检校   D. GPS 网基线处理
    E. GPS 网平差

(25) "2000 国家 GPS 控制网"的组成包括( )。

    A. 国家测绘局 GPS A、B 级网   B. 中国环境监测网
    C. 总参测绘局 GPS 一、二级网   D. 中国地壳运动观测网
    E. 中国重力观测网

(26) GPS 网的图形扩展方式有( )。

    A. 点连式   B. 边连式
    C. 环连式   D. 网连式
    E. 混连式

(27) GPS 接收机的检验包括( )。

    A. 一般性检视   B. 通电检验
    C. 完整的测试检验   D. 附件检验
    E. 观测值检验

(28) 下列选项属于 GPS 控制网技术设计内容的是( )。

    A. 分级布网方案   B. 测量精度标准
    C. 坐标系统与起算数据   D. 控制点图上设计
    E. 控制网应用范围

(29) 下面关于 GPS 控制网的叙述正确的是( )。

A. GPS 控制网按精度可分为一、二、三、四等

B. 利用 GPS 可建立国家高程控制网

C. 直接以测图为目的建立的控制网,称为 GPS 图根控制网

D. 利用 GPS 技术建立的控制网,称为 GPS 网

E. GPS 网中各控制点可以不相互通视

(30) GPS 控制网数据平差计算和转换中的主要工作包括(　　)。

A. 基线向量解算　　　　　　　B. 观测数据格式转换

C. 坐标系统的转换　　　　　　D. 与地面网的联合平差

E. 无约束平差

(31) GPS 控制网测量过程中,不能进行的操作有(　　)。

A. 接收机重新启动　　　　　　B. 改变数据采样间隔

C. 改变卫星截止高度角　　　　D. 改变天线位置

E. 查阅观测状态

(32) GPS 高程测量的应用方式有(　　)。

A. 以 GPS 大地高高差变化量代替正常高高差变化量,传递精密水准正常高

B. 以 GPS 正常高差代替三、四等等外水准高差,进行水准网平差

C. 以 GPS 大地高代替正常高,建立区域高程控制网

D. 以似大地水准面成果计算的 GPS 正常高直接代替普通水准正常高

E. 以椭球面成果计算的 GPS 正常高直接代替普通水准正常高

(33) 关于 GPS 控制网用途描述不正确的是(　　)。

A. A 级 GPS 网用于建立国家一等大地控制网

B. A 级 GPS 网用于各种精密工程测量

C. B 级 GPS 网用于卫星精密定轨测量

D. 施工控制网 GPS 测量精度要求应满足 C 级 GPS 测量的精度要求

E. D 级 GPS 网用于建立城市坐标基准框架

(34) GPS 选点作业结束后应上交的资料包括(　　)。

A. 点之记　　　　　　　　　　B. 点位环视图

C. 交通图　　　　　　　　　　D. 选点图

E. 保管人

(35) 下列属于 GNSS 外业成果验收内容的有(　　)。

A. 实施方案　　　　　　　　　B. 补测、重测成果

C. 数据处理报告　　　　　　　D. 起算数据

E. 经费使用是否符合预算

(36) GPS 网测量项目结束应上交的资料包括(　　)。

A. 点之记、测站环视图、测量标志委托保管书、选点资料和埋石资料

B. 外业观测记录、测量手簿及其他记录

C. 外业测量和内业数据处理所依据的规范性文件

D. 数据处理中生成的文件、资料和成果表

E. 测量单位资质证书复印件

(37) B、C、D、E 级 GPS 网外业成果记录类型有(　　)。

A. 观测数据　　　　　　　　　　B. 测量手簿
C. 点之记　　　　　　　　　　　D. 偏心观测资料
E. 计算成果文件

(38)关于2000国家GPS网数据处理结果,下列说法正确的是(　　)。
A. 参考框架 ITRF97　　　　　　B. 历元2000.0
C. 由2500多个点组成　　　　　D. 相对精度为10^{-6}
E. 仅使用GPS卫星观测数据

(39)GPS测量规范规定GPS测量分为A、B、C、D、E五级,可以用来建立国家大地控制网的GPS测量等级有(　　)。
A. A级　　　　　　　　　　　　B. A、B级
C. B、C级　　　　　　　　　　D. 都可以
E. D级

(40)关于B级GPS测量描述正确的是(　　)。
A. 相邻点基线分量中误差小于10mm
B. 用于建立城市坐标基准框架
C. B级GPS点高程精度不低于二等水准测量精度
D. B级GPS网测量必须观测气象元素
E. B级GPS网点的点之记,应填写地质构造信息

1.4.3　例题参考答案及解析

1)单项选择题(每题的备选项中,只有1个最符合题意)

(1)B

解析: GNSS网的必要基线数指的建立网中所有点之间相对关系所必需的基线向量数。由 n 个点组成的GNSS网中,只需要有 $n-1$ 条基线向量就可建立起所有点之间的相对关系。故选B。

(2)D

解析: 使用 K 台GNSS接收机进行同步观测所获得的GNSS边中,每2台接收机观测形成一条基线,所有同步观测基线数量为 $K(K-1)/2$,其中最多可以选出 $K-1$ 条相互独立的同步观测基线。故选D。

(3)C

解析: GPS测量按其精度分为A、B、C、D、E五级。故选C。

(4)A

解析: GPS接收机一般以二进制形式存放观测数据,每个厂家定义了自己的存储格式。定义RINEX格式是为了便于用不同厂家接收机进行相对定位或用某厂家的数据处理软件处理另一厂家接收机观测数据。故选A。

(5)D

解析: GPS网同步观测是指2台以上接收机同时对同一组卫星进行的观测。用于观测的接收机可以是不同品牌和不同型号,此时需要将数据转换为RINEX格式,以便数据处理。故选D。

(6) D

解析：伪距不含有模糊度，用C/A码、P码伪距进行定位不需要解算模糊度。载波相位三差观测值消除了模糊度参数，也不需要解算模糊度。厘米级定位需要使用载波相位观测值，必须解算模糊度。故选D。

(7) B

解析：国家控制网分级布网、逐级控制；GPS控制网按精度可分为A、B、C、D、E五级，国家大地控制网按照精度和用途划分为一、二、三、四等。故选B。

(8) D

解析：GPS观测过程中不允许改变数据采样间隔。故选D。

(9) A

解析：GPS网基线解算所需的起算点坐标，可以是不少于30min的单点定位结果的平差值提供的WGS-84坐标系的坐标。故选A。

(10) A

解析：GNSS网完成外业观测后，应上交如下资料：①测量任务书或测量合同书、技术设计书；②点之记、测站环视图、测量标志委托保管书、选点资料和埋石资料；③接收机、气象仪器及其他仪器的检验资料；④外业观测记录、测量手簿及其他记录；⑤数据处理中生成的文件、资料和成果表；⑥GPS网展点图；⑦技术总结和成果验收报告。GNSS网各点交通状况由点之记说明。故选A。

(11) C

解析：GPS网基线精处理结果质量检核内容有：①精处理后基线分量及边长的重复性；②各时段间基线的较差；③独立环闭合差与附合路线的坐标闭合差。故选C。

(12) B

解析：GPS基线向量间接平差方法是以基线向量为观测值，控制点坐标为未知参数，三维无约束平差时需要一个起算点三维坐标来推算其他各点的坐标三维坐标。故选B。

(13) D

解析：各级GPS网最简异步观测环或附合路线的边数应不大于表1-5的规定。故选D。

各级GPS网最简异步观测环或附合路线的边数 表1-5

级别	B	C	D	E
异步闭合环或附合路线的边数(条)	6	6	8	10

(14) C

解析：各级GPS网最简异步观测环或附合路线的边数应不大于表1-5的规定。故选C。

(15) D

解析：使用GPS服务工程测量，应提供点位的高斯坐标，因此选择的投影方式应当是高斯投影，即等角横切椭圆柱投影。故选D。

(16) B

解析：GPS网约束平差时观测量完全都是GPS基线向量；而联合平差时观测量不仅包括GPS基线向量，还包括地面常规测量的观测量，如边长、角度、方向和高差等。两种平差主要不同点是所采用的观测值不同。故选B。

(17) A

解析: 大、中城市的GPS网应与国家控制网相互连接和转换应当进行三维坐标转换。三维坐标转换求解7个转换参数(3个平移量、3个旋转角和1个缩放比),至少需要3个公共点。故选A。

(18) B

解析: 各种应用中GPS测量应满足的精度要求见表1-6。故选B。

各种应用中GPS测量应满足的精度要求　　表1-6

用　途	精度要求
建立国家一等大地控制网,进行全球性的地球动力学研究、地壳形变测量和精密定轨	A级
建立国家二等大地控制网,建立地方或城市坐标基准框架,进行区域性的地球动力学研究、地壳形变测量、局部形变监测和各种精密工程测量	B级
建立国家三等大地控制网,建立区域、城市及工程测量的基本控制网	C级
建立四等大地控制网	D级
用于中小城市、城镇以及测图、地籍、土地信息、房产、物探、勘测、建筑施工等的控制测量	D、E级

(19) D

解析: 国家控制点的高斯平面直角坐标是分带的,当工程处于两个相邻带交接区域时,经常会遇到重合点并不都在同一投影带内,这时必须进行换带计算,将重合点坐标换算到同一个带中,才能够使用。故选D。

(20) D

解析: GPS网GPS控制点数 $n=35$,接收机数 $k=7$,重复设站次数 $m=4$,则GPS网特征数计算为:

①全网观测时段数 $C = \dfrac{n \times m}{k} = \dfrac{35 \times 4}{7} = 20$

②基线向量总数 $J_总 = C \times \dfrac{k \times (k-1)}{2} = 20 \times \dfrac{7 \times 6}{2} = 420$(条)

③独立基线向量数 $J_独 = C \times (k-1) = 20 \times 6 = 120$(条)

④必要基线向量数 $J_必 = n - 1 = 34$(条)

⑤多余基线向量数 $J_多 = J_独 - J_必 = 120 - 34 = 86$(条)

故选D。

2)多项选择题(每题的备选项中,有2个或2个以上符合题意,至少有1个错项)

(21) ABCE

解析: 现代大地测量具有长距离、大范围,高精度、实时、快速、四维、地心、学科融合等特点。故选ABCE。

(22) ACDE

解析: 大地测量的主要任务是建立国家或大范围的精密控制测量网,内容有:三角测量、导线测量、水准测量、天文测量、重力测量、惯性测量、卫星大地测量以及各种大地测量数据处理等。故选ACDE。

(23) DE

解析: 《全球定位系统(GPS)测量规范》(GB/T 18314—2009)规定:A、B级GPS网基线数据处理应采用高精度数据处理专用的软件,C、D、E 级 GPS 网基线解算可随 GPS 接收机配备的商业软件。故选 DE。

(24) DE

解析:GPS 网测量数据处理有:①外业数据质量检核;②GPS 网基线处理;③GPS 网平差。故选 DE。

(25) ACD

解析:2000 国家 GPS 控制网是由国家测绘局 GPS A、B 级网,总参测绘局 GPS 一、二级网以及由中国地震局、总参测绘局、中国科学院、国家测绘局共建中国地壳运动观测网,还有其他地壳形变 GPS 监测网中除了 CORS 站以外的所有站点。故选 ACD。

(26) ABDE

解析:GPS 网的图形扩展方式有四种:点连式、边连式、网连式和混连式。故选 ABDE。

(27) ABCD

解析:GPS 接收机的检验:①全面检验,包括:一般性检视、通电检验、完整的测试检验;②对随接收机一起购买的由接收机生产厂商提供专门数据处理软件(简称随机软件)进行检验;③旧接收机需定期进行一般性检视、通电检验、完整的测试检验和附件检验。故选 ABCD。

(28) ABCD

解析:技术设计的目的是制订切实可行的技术方案,保证测绘产品符合相应的技术标准和要求,并获得最佳的社会和经济效益。主要步骤,包括:①资料收集;②实地踏勘;③图上设计(图上标出新设计的 GPS 点的点位、点名、级别,制订 GPS 联测方案等);④技术设计书编写等。技术设计是根据实际大地测量任务,按照有关规范和技术规定进行,而控制网的应用范围则不是技术设计内容。故选 ABCD。

(29) CDE

解析:GPS 网按精度可以分为 A、B、C、D、E 五级,国家控制网按精度可分为一、二、三、四等,故 A 不对。GPS 测量的是大地高,需进行水准拟合得到正常高,可以代替四等水准测量,国家一、二等水准网还必须用水准测量,故 B 不对。GPS 要求测站对天空视野开阔,各控制点可以不相互通视,如果为了工程应用,则需要考虑各控制点相互通视。故选 CDE。

(30) ACDE

解析:GPS 控制网数据平差计算和转换中的主要工作,包括:基线向量解算、无约束平差、坐标系统的转换和与地面网的联合平差等。故选 ACDE。

(31) ABCD

解析:GPS 控制网测量过程中,不能进行的操作有:①接收机重新启动;②进行自测试;③改变卫星截止高度角;④改变数据采样间隔;⑤改变天线位置;⑥按动关闭文件和删除文件等功能。观测过程中查阅观测状态是允许的。故选 ABCD。

(32) ABD

解析:GPS 高程测量应用方式主要分为三类:
①以 GPS 大地高高差变化量代替正常高高差变化量,传递精密水准正常高。
②以 GPS 正常高差代替三、四等等外水准高差,进行水准网平差。
③以似大地水准面成果计算的 GPS 正常高,直接代替普通水准正常高。
不能以 GPS 大地高代替正常高,建立区域高程控制网。故选 ABD。

(33) BCDE

解析：按照国家标准《全球定位系统(GPS)测量规范》(GB/T 13814—2009)，GPS 测量按其精度分为 A、B、C、D、E 五级。其中：

①A 级 GPS 网由卫星定位连续运行基站构成，用于建立国家一等大地控制网，进行全球性的地球动力学研究、地壳变形测量和卫星精密定轨测量。

②B 级 GPS 测量主要用于建立国家二等大地控制网，建立地方或者城市坐标基准框架、区域性的地球动力学研究、地壳变形测量和各种精密工程测量等。

③C 级 GPS 测量用于建立三等大地控制网，以及区域、城市及工程测量的基本控制网等。

④D 级 GPS 测量用于建立四等大地控制网。

⑤用于中小城市、城镇以及测图、地籍、土地信息、房产、物探、勘测、建筑施工等的控制测量的 GPS 测量，应满足 D、E 级 GPS 测量的精度要求。故选 BCDE。

(34) ABD

解析：GPS 选点作业结束后应上交的资料包括：①GPS 网点之记、环视图；②GPS 网选点图；③选点工作总结。故选 ABD。

(35) ABCD

解析：GNSS 外业成果验收的重点为：①实施方案是否符合规范和技术设计的要求；②补测、重测和数据剔除是否合理；③数据处理软件是否符合要求，处理项目是否齐全，起算数据是否正确；④各项技术指标是否符合要求。故选 ABCD。

(36) ABD。

解析：GPS 网测量项目结束应上交资料包括：①测量任务书或测量合同书、技术设计书；②点之记、测站环视图、测量标志委托保管书、选点资料和埋石资料；③接收机、气象仪器及其他仪器的检验资料；④外业观测记录、测量手簿及其他记录；⑤数据处理中生成的文件、资料和成果表；⑥GPS 网展点图；⑦技术总结和成果验收报告。故选 ABD。

(37) ABD

解析：GPS 测量作业所获取的成果记录应包括以下三类：①观测数据；②测量手簿；③其他记录，包括偏心观测资料等。故选 ABD。

(38) ABC

解析：2000 国家 GPS 网数据处理：参考框架为 ITRF97，历元为 2000.0，参加计算的 GPS 点 2500 多个，充分利用了 GPS 卫星和国际 IGS 站的信息，相对精度达到 10^{-9}。故选 ABC。

(39) ABCE

解析：A、B、C、D 级 GPS 测量对应地可用于建立一、二、三、四等大地控制网；E 级 GPS 测量主要用于测图、施工等控制测量。故选 ABCE。

(40) BCE。

解析：B 级 GPS 测量相邻点基线水平分量中误差为 5mm，垂直分量中误差为 10mm；B 级 GPS 测量主要用于建立国家二等大地控制网，建立地方或者城市坐标基准框架、区域性的地球动力学研究、地壳变形测量和各种精密工程测量等；A、B 级网应逐点联测高程，高程联测精度应不低于二等水准测量精度；B、C、D、E 级 GPS 网测量可不观测气象，而只记录天气状况；A、B 级 GPS 网点在其点之记中应填写地质概要、构造背景及地形地质构造图。故选 BCE。

1.5 考点五：高程控制网

1.5.1 主要知识点汇总

1）水准网的布设

(1)国家水准网分4个等级：一、二、三、四等，一等最高，四等最低。
(2)高程系统：①正常高系统；②1985国家高程基准；③青岛原点高程72.260m。
(3)布设原则：①由高级到低级；②从整体到局部；③逐级控制；④逐级加密。
(4)水准标石：①基岩水准标石；②基本水准标石；③普通水准标石。

2）水准仪

(1)水准测量

利用水准仪提供的水平视线，分别在两点竖立的标尺上读数，计算出两点间的高差，进而求得待定点的高程。这种方法称为几何水准测量，简称水准测量。

(2)水准仪

①水准仪是能够提供水平视线的仪器，主要由基座、望远镜、水准器构成。
②望远镜：瞄准目标并在水准尺上读数。
③物镜光心和十字丝交点的连线，称为视准轴。
④水准器：圆水准器，管水准器。

(3)水准仪的检验

水准仪主要轴线，必须满足下列几个条件：①圆水准器轴应平行于仪器的垂直轴；②管水准器轴应平行于望远镜的视准轴；③望远镜十字丝横丝应垂直于仪器的垂直轴。

3）水准测量的实施

(1)水准路线的布设

水准路线的布设，包括：①单一水准路线（附合水准路线、闭合水准路线、支水准路线）；②水准网。

(2)水准仪的操作步骤

水准仪的操作步骤，包括：①仪器安置；②粗略整平；③瞄准；④精确整平；⑤读数。

(3)水准测量误差来源

水准测量误差来源于：①仪器误差；②外界因素引起的误差（环境误差）；③观测误差（人员误差）。

(4)三、四等水准测量

三、四等水准测量，在一测站上水准仪照准双面水准尺的顺序为：①照准后视标尺黑面，按视距丝和中丝读数；②照准前视标尺黑面，按视距丝和中丝读数；③照准前视标尺红面，按中丝读数；④照准后视标尺红面，按中丝读数。

这样是顺序简称为后—前—前—后（黑—黑—红—红）；四等的顺序也可为后—后—前—前（黑—红—黑—红）。

(5)三、四等水准测量主要限差

三、四等水准测量的主要技术指标见表1-7。

三、四等水准测量主要限差　　　　　　　　　　　表 1-7

等级	仪器	视距长度（m）	后前视距差（m）	后前视距差累计（m）	黑红面读数差（mm）	黑红面所测高差之差（mm）	检测间歇点高差之差（mm）
三等	S3	75	2.0	5.0	2.0	3.0	3.0
四等	S3	100	3.0	10.0	3.0	5.0	5.0

4）水准网平差

（1）平差原理

最小二乘原理：观测值权与观测值改正数平方乘积之总和为最小，即 $[pvv]$ 等于最小的条件下，求出平差值。

（2）平差任务

平差任务，包括：①求平差值（观测值的改正数、观测值的平差值、观测值函数的平差值）；②精度评定。

（3）水准测量观测值权的确定

①依线路长度定权：$p=\dfrac{C}{l}$，C 为任意取定常数，l 为以千米为单位的水准路线长度。

②依水准路线的测站数定权：$p=\dfrac{C}{n}$，n 为水准路线的测站数。

（4）概念

①间接平差：水准网间接平差是利用网中的起算数据、观测值及其权，将待定水准点高程平差值作为未知参数，建立高差观测值和起算数据、未知参数之间的关系，在最小二乘的条件下，解出未知数平差值（即待定水准点高程平差值），然后再求出高差观测值的改正数和平差值，应用误差传播律求出高程平差值及其函数的权倒数和中误差。

②条件平差：水准网条件平差是利用网中的起算数据、观测值及其权，根据水准路线形成的闭合环或附合路线形成的几何条件，建立起算数据、高差观测值之间的条件方程，在最小二乘的条件下，求出高差观测值的改正数和平差值，再推算网中各结点和其他水准点的高程平差值，然后应用误差传播律求出高程（高差）平差值及其函数的权倒数和中误差。

③直接平差：当水准网中只有一个结点时，采用加权平均值的方法，直接求出结点高程平差值，称为直接平差。实质上直接平差是只有一个未知量的间接平差。

④单一水准路线平差：单一附合和单一闭合水准路线闭合差反号按水准路线长成比例分配，属于条件平差，是条件平差的最简单的形式。

1.5.2　例题

1）单项选择题（每题的备选项中，只有1个最符合题意）

（1）下列属于水准仪检验与校正内容的是（　　）。
　　A. 照准部水准管轴应垂直于竖轴　　B. 视准轴应垂直于横轴
　　C. 横轴应垂直于竖轴　　　　　　　D. 视准轴平行于水准管轴

（2）读数前要消除视差，产生视差的原因是（　　）。
　　A. 目标照准偏差　　　　　　　　　B. 仪器校正不完善

C. 十字丝竖丝与横轴不垂直 D. 物像与十字丝面未重合

(3)水准仪的视准轴不平行于水准管轴所产生的高差误差与视距的关系是(　　)。
A. 误差大小与前、后视距大小成正比 B. 误差大小与前、后视距大小成反比
C. 误差大小与前、后视距之和成正比 D. 误差大小与前、后视距之差成正比

(4)水准仪的视准轴应(　　)。
A. 与铅垂线一致 B. 垂直于竖轴
C. 垂直于水准管轴 D. 平行于水准管轴

(5)水准测量要求视线离地面有一定的高度,可以削弱(　　)。
A. i角误差　　B. 沉降误差　　C. 标尺零点误差　　D. 大气折光误差

(6)水准测量时,应使前后视距尽可能相等,其目的是削弱(　　)的误差影响。
A. 十字丝横丝不垂直于仪器竖轴 B. 仪器视准轴不平行于水准管轴
C. 圆水准器轴不平行于仪器竖轴 D. 仪器视准轴不垂直于水准管轴

(7)下列不是水准测量误差来源的是(　　)。
A. 外界因素引起的误差 B. 仪器误差
C. 对中误差 D. 观测误差

(8)下列选项不是等级水准测量的要求的是(　　)。
A. 观测前30min,应将仪器置于露天阴影下,使仪器与外界气温趋于一致
B. 每段测段的往测与返测,其测站数均为偶数
C. 观测时,环境温度在0℃以上
D. 对于数字水准仪,应避免望远镜直接对着太阳

(9)水准测量单一路线高差闭合差的分配原则是(　　)。
A. 按高差成比例反号分配 B. 按高差成比例同号分配
C. 按距离成比例同号分配 D. 按距离成比例反号分配

(10)下列属于水准测量误差的是(　　)。
A. 水平度盘分划误差 B. 仪器高量测误差
C. 对中误差 D. 视准轴误差

(11)获取地面点高程的控制测量的方法,精度最高的是(　　)。
A. 水准测量　　B. GPS水准测量　　C. 三角高程测量　　D. 重力高程测量

(12)在水准测量中,如果后视点高程高于前视点,则(　　)。
A. 后视点读数大于前视点读数 B. 后视点读数小于前视点读数
C. 后视点读数等于前视点读数 D. 后视点、前视点读数比较取决于仪器高

(13)三、四等水准路线跨越江河(或湖塘、宽沟、洼地、山谷等),当视线长度超过(　　)时,应根据跨河宽度和仪器设备等情况,选用规范规定的相应的方法进行观测。
A. 80m　　B. 100m　　C. 150m　　D. 200m

(14)进行高程控制测量,用水平面代替水准面的限度是(　　)。
A. 在以1km为半径的范围内可以代替
B. 在以10km为半径的范围内可以代替
C. 在以100km为半径的范围内可以代替
D. 不能代替

(15)测量误差来源于(　　)。

A. 仪器、观测者、外界条件　　　　　　B. 角度误差、边长误差、高差误差
C. 系统误差、偶然误差、粗差　　　　　D. 仪器、观测值、计算机

(16)水准测量中,一个测站的观测需要检查的限差不包括(　　)。
A. 基辅高差之差　　　　　　　　　　B. 前后视距差
C. 基本分划与辅助分划之差　　　　　D. 高差闭合差

(17)水准测量时,在水准点上立水准尺时(　　)。
A. 不能放尺垫,水准尺直接立在水准点上　B. 能放尺垫,水准尺立在尺垫上
C. 根据需要选择放或者不放　　　　　D. 松软土地上测量时,要放尺垫

(18)视准轴是指(　　)的连线。
A. 物镜光心与目镜光心　　　　　　　B. 物镜光心与十字丝中心
C. 目镜光心与十字丝中心　　　　　　D. 目镜光心与十字丝中心、物镜光心三者

(19)三等水准测量的观测顺序为(　　)。
A. 后—前—后—前　　　　　　　　　B. 后—前—前—后
C. 前—后—前—后　　　　　　　　　D. 后—后—前—前

(20)在图1-1中,已知A、B两点的高程分别为$H_A=10.325\text{m}$,$H_B=11.323\text{m}$,观测高差和线路长度为:$S_1=1\text{km}$,$S_2=2\text{km}$,$S_3=2\text{km}$,$h_1=-2.005\text{m}$,$h_2=1.497\text{m}$,$h_3=-0.500\text{m}$。则CD间高差平差值h_{CD}为(　　)。
A. 1.497m　　　B. -1.497m　　　C. 1.500m　　　D. -1.501m

图1-1　水准路线

(21)对某一量多次重复观测得到一组观测值,则该量的最或然值是指这组观测值的(　　)。
A. 最小值　　　B. 中间值　　　C. 最大值　　　D. 算术平均值

(22)闭合水准路线的高差的理论值(　　)。
A. 总为0　　　　　　　　　　　　　B. 水准路线越长其值越大
C. 水准路线越长其值越小　　　　　　D. 不能确定

(23)三、四等水准观测中水准路线的限差是(　　)。
A. 视距长度　　B. 视线高度　　C. 前后视距差　　D. 环闭合差

(24)在进行水准测量时,要求尽量使前后视距相等,是为了(　　)。
A. 不用调焦,即可看清另一水准尺
B. 消除或削弱仪器升沉
C. 消除或减弱标尺分划误差的影响
D. 消除或削弱水准管轴不平行于视准轴的影响

(25)进行水准仪i角检验时,A、B两点相距80m,将水准仪安置在A、B两点中间,测得高差为$h_{AB}=0.235\text{m}$,将水准仪安置在距离B点2~3m的地方,测得的高差为$h_{AB}=0.298\text{m}$,则水准仪i角为(　　)。
A. 161″　　　B. -161″　　　C. 0.00078″　　　D. -0.00078″

(26)水准器的分划值越大,说明(　　)。

A. 气泡整平困难　　B. 内圆弧半径越大　　C. 其灵敏度越低　　D. 整平精度越高

(27)水准尺分划误差对读数的影响属于(　　)。
A. 系统误差　　　B. 粗差　　　　　C. 错误　　　　　D. 偶然误差

(28)消除视差的方法是(　　)。
A. 转动物镜对光螺旋,使目标影像清晰
B. 转动目镜对光螺旋,使目标影像清晰
C. 转动目镜对光螺旋,使十字丝清晰
D. 仔细进行目镜对光,然后进行物镜对光,使十字丝和目标影像清晰

(29)对一个量多次重复观测,可以发现并剔除的误差是(　　)。
A. 粗差　　　　　B. 常量系统误差　　C. 偶然误差　　　D. 相对误差

(30)国家控制网,是按(　　)建立的,由高级到低级,逐级控制。
A. 一至四级　　　B. 一至四等　　　C. A至E五级　　　D. A至E五等

2)多项选择题(每题的备选项中,有2个或2个以上符合题意,至少有1个错项)

(31)关于我国现行的高程基准,下列描述错误的是(　　)。
A. 我国现行的高程基准是1985国家高程基准
B. 1985国家高程基准是1985年1月1日正式启用的
C. 1985国家高程基准平均海水面与1956高程基准的平均海水面相同
D. 1985国家高程基准设有两个原点,分别在青岛和西安
E. 1985国家高程基准平均海水面比1956高程基准的平均海水面高

(32)水准测量时对一端水准尺进行测量时,操作步骤有(　　)。
A. 对中
B. 粗平
C. 照准标尺
D. 精平
E. 读数

(33)下列属于水准测量观测(观测者)误差的是(　　)。
A. 整平误差
B. 对中误差
C. 照准误差
D. 读数误差
E. i角误差

(34)水准点分为(　　)。
A. 基岩水准点
B. 平高共用水准点
C. 基本水准点
D. 三角高程点
E. 普通水准点

(35)下列测量方法中,不能用于建立国家一、二等高程控制网的方法包括(　　)。
A. 水准测量
B. 三角高程测量
C. 重力测量
D. GPS水准测量
E. 航空摄影测量

(36)在进行水准测量时,必须保持水准尺竖直,若水准尺发生倾斜,读数(　　)。
A. 总是增大
B. 总是减小
C. 向前倾斜减小,向后倾斜增大
D. 不论怎样倾斜都增大
E. 所读数值是错误的

(37)关于精密水准测量,下列叙述正确的是(　　)。

A. 观测前30min,应将仪器置于露天阴影下,使仪器与外界气温趋于一致
B. 每个测段测站数均为偶数的目的是消除大气折光影响
C. 读数误差一般很小
D. 采取基辅分划读数的目的是消除大气折光影响
E. 采取往测与返测的目的是削弱水准标尺沉降的影响

(38)三、四等水准测量中,一个测站的观测需要检查的限差包括(　　)。
A. 基辅高差之差　　　　　　　B. 前后视距差
C. 基本分划与辅助分划之差　　D. 高差闭合差
E. 视线高度

(39)不能直接测定点的坐标的仪器是(　　)。
A. 水准仪　　　　　　　　　　B. 经纬仪
C. GPS接收机　　　　　　　　D. 全站仪
E. 测距仪

(40)规范规定的水准测量的主要限差有(　　)。
A. 测站视距长度　　　　　　　B. 前后视距差
C. 对中误差　　　　　　　　　D. 视线高度
E. 往返高差不符值

(41)关于工程测量高程控制网的施测方法,下列说法不正确的是(　　)。
A. 水准测量是目前精度最高的建立高程控制网的施测方法
B. 因为工程控制网精度要求较高,高程控制网应使用GPS测量的方法进行
C. 四等及以下等级可采用电磁波测距三角高程测量
D. 二等及以下等级可采用GPS拟合高程测量
E. 图根水准测量可以采用GPS拟合高程测量

(42)水准测量中,在观测过程中采取(　　)等措施,可以消除或削弱i角误差对水准测量的影响。
A. 前后视距相等　　　　　　　B. 前后视读数相等
C. 往返观测　　　　　　　　　D. 设偶数测站
E. 打伞避免阳光照射

(43)等级水准测量中,一个测段的观测需要检查的限差包括(　　)。
A. 基辅高差之差　　　　　　　B. 前后视距差
C. 测段前后视距累计差　　　　D. 往返高差之差
E. 视线距地面之差

(44)水准测量时,下列选择中尺垫使用错误的是(　　)。
A. 在水准点上放尺垫,水准尺放在尺垫上
B. 在水准点上放尺垫,水准尺放在尺垫旁
C. 根据需要才在水准点上放尺垫,水准尺放在尺垫上
D. 在转折点上放尺垫,水准尺放在尺垫上
E. 在转折点上放尺垫,一个测站中尺垫不能移动

(45)测量数据平差处理时,必须削弱或剔除的误差是(　　)。
A. 系统误差　　　　　　　　　B. 偶然误差

C. 中误差 　　　　　　　　　　D. 粗差
E. 相对误差
(46)能直接测量两点之间的距离的仪器是(　　)。
A. 水准仪 　　　　　　　　　　B. 经纬仪
C. GPS接收机 　　　　　　　　D. 全站仪
E. 钢尺

1.5.3 例题参考答案及解析

1)单项选择题(每题的备选项中,只有1个最符合题意)

(1)D

解析:ABC属于经纬仪主要轴线必须满足的几个条件。故选D。

(2)D

解析:当照准目标的像面未与十字丝分划板的面重合就造成视差。故选D。

(3)D

解析:水准仪的视准轴不平行于水准管轴所产生的高差误差称为i角误差,如果前后视距相等可以消除i角误差,而前后视距差越大i角误差也就越大。故选D。

(4)D

解析:水准仪主要轴线必须满足:①圆水准器轴应平行于仪器的垂直轴;②水准管轴应平行于望远镜的视准轴;③望远镜十字丝横丝应垂直于仪器的垂直轴。故选D。

(5)D

解析:水准测量视线高度的要求的目的是削弱大气垂直折光误差影响。故选D。

(6)B

解析:水准仪的视准轴应平行于水准管轴,两轴在竖平面上的投影所夹的角称为i角,由i角带来的误差称为i角误差,在进行水准测量时,使前后视距尽可能相等,就可以减弱或消除i角误差。故选B。

(7)C

解析:水准测量时,水准仪不需要对中。故选C。

(8)C

解析:国家等级水准测量规范的水准测量要求中并无对温度的要求。故选C。

(9)D

解析:水准测量单一路线高差闭合差的分配原则有:按距离成比例反号分配和按测站数成比例反号分配。故选D。

(10)D

解析:水准仪没有水平度盘,水准测量一般不需要量仪器高,也不需要对中。水准仪视准轴与水准管轴不平行引起的误差称为视准轴误差,也称i角误差。故选D。

(11)A

解析:高程控制测量方法中,水准测量精度最高。故选A。

(12)B

解析:立尺点高程加上标尺读数等于视线高程,前后视线高程相同,因此后视点高程高于前视点时,后视点读数小于前视点读数;同理,若后视点读数大于前视点读数,说明后视点的地势低。故选 B。

(13)D

解析:三、四等水准路线跨越江河(或湖塘、宽沟、洼地、山谷等),当视线长度超过 200m 时,应根据跨河宽度和仪器设备等情况,选用规范规定的相应的方法进行观测。一、二等视线长度限制是 100m。故选 D。

(14)D

解析:在半径为 10km 的圆面积内进行长度的测量工作时,可以不考虑地球曲率;地球曲率的影响对高差而言,即使在很短的距离内也必须加以考虑。故选 D。

(15)A

解析:测量误差来源于仪器、观测者、外界条件。故选 A。

(16)D

解析:选项 D 为一个水准线路的闭合差,不能由一个测站检查出来。故选 D。

(17)A

解析:在转点上放尺垫的作用时防止点位的移动和沉降,在水准点上就不需要放尺垫了。故选 A。

(18)B

解析:视准轴是指物镜光心与十字丝中心的连线。故选 B。

(19)B

解析:三等水准测量的观测顺序为后—前—前—后(黑—黑—红—红)。故选 B。

(20)D

解析:水准路线闭合差为:$\omega = \sum h_i - (H_终 - H_起) = (h_3 + h_2 + h_1) - (H_A - H_B) = -10\text{mm}$。水准路线闭合差调整原则是反号按距离成比例分配,得 $\hat{h}_2 = 1.501\text{m}$,而 CD 间高差平差值为:$\hat{h}_{CD} = -\hat{h}_2 = -1.501\text{m}$。故选 D。

(21)D

解析:某量多次重复观测得到一组观测值,一般采用算术平均值作为该量的最或然值(平差值)。故选 D。

(22)A

解析:闭合水准路线是从一个点开始又回到这个点,因此其高差的理论值为 0。故选 A。

(23)D

解析:A、B、C 属于一测站的限差。环闭合差是整条水准路线的高差闭合差。故选 D。

(24)D

解析:在进行水准测量时,要求尽量使前后视距相等,是为了消除或削弱水准管轴不平行视准轴的误差的影响。故选 D。

(25)A

解析:$h_{AB}^{(1)} = 0.235\text{m}$,$h_{AB}^{(2)} = 0.298\text{m}$,$S = 80\text{m}$,于是 $\delta_h = h_{AB}^{(2)} - h_{AB}^{(1)} = 0.063\text{m}$,则:

$$i = \frac{\rho \cdot \delta_h}{S} - 1.61 \times 10^{-5} \times (D_1 + D_2) = \frac{206265 \times 0.063}{80} - 1.61 \times 10^{-5} \times 83$$

$$= 162.43'' - 1.33'' = 161.10''$$

(26)C

解析:水准器的分划值越大,内圆弧半径越小,其灵敏度越低,整平精度越低,气泡整平容易。故选 C。

(27)D

解析:水准尺刻划不均匀具有偶然性,其影响归为偶然误差。故选 D。

(28)D

解析:当照准目标的像面未与十字丝分划板的面重合就造成视差,需要交替调节转动目镜和物镜对光螺旋,仔细进行目镜对光,然后进行物镜对光,使十字丝和目标影像清晰。故选 D。

(29)A

解析:粗差只对个别观测值有影响,重复观测可以发现并剔除。故选 A。

(30)B

解析:国家控制网分一、二、三、四等。故选 B。

2)多项选择题(每题的备选项中,有 2 个或 2 个以上符合题意,至少有 1 个错项)

(31)BCD

解析:1985 国家高程基准是从 1976 年我国进行国家二期一等水准网布测工作而建立的,1988 年 1 月 1 日正式启用。国家水准原点设在青岛,高程为 72.2604m,而 1956 黄海高程系统的国家水准原点高程是 72.289m,由此可看出:1985 国家高程基准平均海水面高于 1956 黄海高程基准的平均海水面,致使 1985 国家水准原点的高程变小。国家大地原点设在西安,水准原点设在青岛。故选 BCD。

(32)BCDE

解析:水准仪操作步骤为粗平、照准标尺、精平、读数。故选 BCDE。

(33)ACD

解析:水准测量时,水准仪不需要对中;i 角误差属于仪器误差。故选 ACD。

(34)ACE

解析:水准路线上,每隔一定距离布设水准点。水准点分为基岩水准点、基本水准点、普通水准点三种类型。故选 ACE。

(35)BDE

解析:在建立国家一、二等高程控制网时,可以使用水准测量和重力测量。故选 BDE。

(36)ADE

解析:在进行水准测量时,水准尺不论怎样倾斜,读数都增大,不再是正确读数。故选 ADE。

(37)ACE

解析:精密水准测量观测前 30min,应将仪器置于露天阴影下,使仪器与外界气温趋于一致,减小温度对仪器的影响;要求每个测段测站数均为偶数的目的是为了消除水准尺零点差的影响;精密水准测量采用精密仪器,故读数误差较小;采取往测与返测、基辅分划读数的目的可削弱水准标尺沉降的影响。故选 ACE。

(38)ABCE

解析:选项 D 为一个水准线路的闭合差,不能由一个测站检查出来。故选 ABCE。

(39)ABE

解析:全站仪、GPS 接收机测量可得到的是点的坐标,水准仪、经纬仪、测距仪不能直接测定点的坐标。故选 ABE。

(40) ABDE

解析：规范对水准观测中的测站视距长度、前后视距差、视线高度、数字水准仪重复测量次数、往返高差不符值、环闭合差和检测高差的限差作了规定。水准测量时，水准仪不需要对中。故选 ABDE。

(41) BD

解析：因为工程控制网精度要求较高，通常的高程控制网应使用水准测量的方法进行，四等及以下等级可采用 GPS 拟合高程测量或电磁波测距三角高程测量。故选 BD。

(42) AE

解析：水准仪的视准轴应平行于水准管轴，两轴在竖平面上的投影称为 i 角，由 i 角带来的误差称为 i 角误差。在进行水准测量时，要想消除或削弱 i 角误差，就是使视准轴和水准管轴尽量平行或使前后尺的误差产生一样，这样求高差时就可以消除或削弱 i 角误差。A 项使前后视距尽可能相等，就使前后尺的误差产生一样。E 项避免阳光直射对水准管气泡的影响。B 项没有意义。C、D 项可以提高精度，但不是因为削弱 i 角而提高的。故选 AE。

(43) CD

解析：选项 A、B、E 为一个测站的限差。故选 CD。

(44) ABC

解析：水准测量时在水准点上不放尺垫，水准尺直接放在水准点上。在转点上放尺垫，水准尺放在尺垫上，其目的是为了防止点位的移动和沉降。故选 ABC。

(45) AD

解析：测量数据平差处理时，必须削弱或剔除系统误差和粗差。故选 AD。

(46) ABDE

解析：水准仪、经纬仪可进行视距测量；全站仪可直接测量距离；GPS 接收机得到的是点的坐标，需要两台接收机相对定位才能得到两点之间的距离。故选 ABDE。

1.6　考点六：重力控制网

1.6.1　主要知识点汇总

1) 基本概念

(1) 重力场和大地测量

① 大地测量任务：研究地球形状（或测定地球表面点位）、测定外部重力场。

② 坐标系统与重力场：为了根据观测资料推导出几何定义的空间直角坐标或椭球坐标，需要模拟重力场；定义高程系统，需要模拟重力场信息；地球表面上进行重力测量或归算值，也可以确定地球表面的几何形状。

(2) 重力场的科学意义

在地球表面上测定的重力，包含着测量位置的信息（可应用于大地测量学）、地球内部物质分布的信息（可应用于地球物理学）以及通过重复测量所获得的固体地球随时间变化的信息（可应用于地球动力学）。此外，在海洋学、宇航学及导航等方面也需要重力场资料。最后，在物理学，特别是在计量学领域中，重力是一个基本参数。

(3)重力单位

①重力的测定:即测定地球表面上或近地面以及其他天体上或近其他天体处的重力加速度矢量 g。

②国际单位:ms^{-2};重力梯度 $grad(g)$ 的单位 s^{-2}。

$1\mu ms^{-2}=10^{-6}ms^{-2}$,$1nms^{-2}=10^{-9}ms^{-2}$

在大地测量学和地球物理学中,辅助单位 Gal(读"伽")。

$1Gal=1cms^{-2}$,$1mGal=10^{-5}ms^{-2}$,$1\mu Gal=10^{-8}ms^{-2}$

地球重力 g 取决于地球和地球外部物质的分布,以及地球自转。此外,物质的分布和自转受时间变化的影响。g 的全球平均值为 $9.80ms^{-2}$。

(4)重力位

①重力和重力位的关系:$g=grad(W)$,即重力是重力位的梯度。

②重力场可以采用一些具有恒定位的重力等位面(水准面)($W(r)$=常数和铅垂线)来进行几何描述。

③由于重力是变化的,因而水准面是不平行的;平均海平面是最佳近似水准面,被称为大地水准面,它可以作为确定高程系统的参考面。

2)重力测量设计

(1)重力控制测量三个等级

①国家重力基本网:由重力基准点和基本点以及引点组成,须与国家基准点联测。

②国家一等重力网:由一等重力点组成,须与国家基准点或基本点联测。

③国家二等重力点:为加密而设置的重力点,须与国家基本点或一等点联测。

④国家级重力仪标定基线:精度高但无级别,分为长基线、短基线。

(2)重力控制测量设计原则

①目的:建立国家重力基准和重力控制网。

②原则:有一定的密度、有效覆盖国土范围、满足经济国防建设的需要。

③基本控制点:应在全国构成多边形网,点间距一般要求在 500km 左右;一、二等可布设成闭合、附合等形式,点间距约 300km;长基线两端均须为基准点,短基线至少有一端须与国家点联测。

(3)加密重力测量的任务

①在全国建立 $5'\times 5'$ 的国家基本格网的数字化重力异常模型。

②为精化大地水准面,采用天文、重力、GPS 水准方法确定全国范围的高程异常值。

③为内插大地点求出天文大地垂线偏差。

④为国家一、二等水准测量正常高系统提供改正。

3)国家重力网选点与埋石

①国家重力基准点:应选择在稳固的风化基岩上,远离工厂、矿区、公路铁路等振源,避开高压线、变电设备等强电磁场。

②重力基本点:一般选择在机场附近,地基坚实稳定、安全僻静、便于长期保存的地方,且便于重力联测以及坐标、高程的测定。

③一等重力点:一般选择在机场、公路附近,远离振源、避开高压线等,且便于重力联测以及坐标、高程的测定。

4）重力测量仪器

（1）重力测量精度

重力仪和重力梯度仪用于重力场测量。重力测量的精度至少达到 $10^{-4}g$，才有可能研究重力和位置的关系；评价重力随时间的变化，则精度至少达到 $10^{-8}g$。

（2）FG5 型绝对重力仪

①属于现代激光落体可移动式绝对重力仪。

②标称精度为 $\pm 2\times 10^{-8}\mathrm{ms}^{-2}$。

③安装要点。

④工作之前的检查与调整要点。

（3）拉科斯特型相对重力仪

①金属弹簧重力仪。

②标称精度为 $\pm 20\times 10^{-8}\mathrm{ms}^{-2}$。

③定期检验与调整要点。

④用于测定基本重力点和一等重力点。

（4）石英弹簧重力仪

测定二等重力点及加密重力点的相对重力仪，可以采用石英弹簧重力仪或金属弹簧重力仪。

（5）相对重力仪比例因子的标定

新出厂和维修过的重力仪必须标定，每两年进行一次比例因子的标定。标定应在国家长基线上进行，标定时所选重力差应覆盖重力仪读数范围。

（6）相对重力仪的性能试验

相对重力仪的性能试验，包括：①静态试验；②动态试验；③多台仪器一致性试验。

5）重力测量

（1）绝对重力测量

绝对重力测量是以测量加速度的距离和时间这两个基本量作为基础的。观测传感元件在重力场中的自由运动，目前全都采用自由落体方法，其精度可达 $(10^{-7}\sim 10^{-9})g$。

（2）绝对重力仪观测

①根据下落采集的距离和时间，组成观测方程计算下落初始位置的重力值。

②进行固体潮改正、气压改正、极移改正和光速有限改正等。

③进行高度改正，得出墩面以及距离墩面 1.3m 处的重力值。

④在进行绝对重力测量的同时，还应该进行重力垂直梯度和水平梯度的测定。

（3）基本重力点联测

①一般采用对称观测。

②停放超过 2h，则停放点应重复观测。

③每条测线一般应在 24h 内完成，特殊情况可放宽至 48h。

（4）一、二等重力点联测

①应采用闭合或附合路线。

②测段数不超过 5 段。

③特殊情况下，可以布设支点，支点数根据等级确定。

④一般采用对称观测或三程循环法。

⑤停放超过2h,则停放点应重复观测。
⑥闭合时间:一等不超过24h,二等不超过36h,特殊情况下可放宽至48h。
(5)加密重力点联测
①应采用闭合或附合路线。
②每条测线一般应在60h内完成,特殊情况可放宽至84h。
(6)平面坐标和高程的测定
①每个重力点必须测定平面坐标和高程。
②均采用国家大地坐标系和高程基准。
③等级重力点的平面坐标、高程测定中误差不应超过1.0m。
(7)重力观测的数据计算及上交资料
①绝对重力计算:墩面重力值、精度、重力梯度计算。
②相对重力计算:初步观测值、零漂改正后观测值的计算。
③重力测量上交资料。

1.6.2 例题

1)单项选择题(每题的备选项中,只有1个最符合题意)
(1)国家重力控制测量不包括(　　)。
　　A.国家一等重力网　　　　　　B.国家重力基本网
　　C.国家二等重力网　　　　　　D.国家二等重力点
(2)基本重力控制点应在全国构成多边形网,其点距应在(　　)km左右。
　　A.3000　　　　B.1500　　　　C.1000　　　　D.500
(3)国家重力基本点和一等点及引点的点位一般选在(　　)附近。
　　A.机场　　　　B.铁路　　　　C.高速公路　　　D.码头
(4)相对重力测量是测定两点的(　　)。
　　A.重力绝对值　　　　　　　　B.重力差值
　　C.重力平均值　　　　　　　　D.重力梯度
(5)下列测量中需收集测点地区观测期间的地震、地下水变动的是(　　)。
　　A.角度观测　　　　　　　　　B.边长观测
　　C.绝对重力测量　　　　　　　D.GPS测量
(6)国家重力控制测量分三个等级,重力基本网等级最高,它是由重力基准点和(　　)组成。
　　A.一等重力点　　　　　　　　B.基本点
　　C.加密重力点　　　　　　　　D.基本点以及引点

(7)加密重力测量测线中,当仪器静放3h以上时,必须在(　　)读数,按静态零漂计算。
　　A.静放后　　　B.静放前　　　C.静放前后　　　D.静放中
(8)下列关于重力测量说法不正确的是(　　)。
　　A.重力测量过程中,仪器停放超过2h,可以继续观测
　　B.一等重力点联测路线应组成闭合环或附合在两基本点间
　　C.二等重力点联测起算点为重力基本点、一等重力点或其引点

D. 加密重力测量的重力测线应形成闭合或附合路线

(9) 绝对重力测量应使用标称精度优于(　　)的绝对重力仪。

　　A. 2×10^{-5} m/s² 　　　　　　　　B. 2×10^{-6} m/s²
　　C. 2×10^{-7} m/s² 　　　　　　　　D. 2×10^{-8} m/s²

(10) 相对重力测量应使用标称精度优于(　　)的相对重力仪。

　　A. 20×10^{-8} m/s² 　　　　　　　B. 10×10^{-8} m/s²
　　C. 5×10^{-8} m/s² 　　　　　　　　D. 2×10^{-8} m/s²

2) 多项选择题(每题的备选项中,有2个或2个以上符合题意,至少有1个错项)

(11) 下列测量或数据处理中需要重力测量资料的是(　　)。

　　A. 国家一等水准测量　　　　　　　B. 似大地水准面精化
　　C. 国家坐标系统建立　　　　　　　D. 国家高程基准建立
　　E. 空中三角测量

(12) 下列关于一、二等重力点联测说法不恰当的是(　　)。

　　A. 每条测线一般在24h内闭合
　　B. 重力测量过程中,仪器停放超过2h,可以继续观测
　　C. 一等重力点联测路线应组成闭合环或附合在两基本点间
　　D. 二等重力点联测起算点为重力基本点、一等重力点或其引点
　　E. 加密重力测量的重力测线应形成闭合或附合路线

(13) 重力测量方法分为(　　)。

　　A. 绝对重力测量　　　　　　　　　B. 加密重力测量
　　C. 相对重力测量　　　　　　　　　D. 一等重力测量
　　E. 二等重力测量

(14) 国家重力控制测量可分为(　　)。

　　A. 国家重力基准网　　　　　　　　B. 国家重力基本网
　　C. 国家一等重力网　　　　　　　　D. 国家二等重力点
　　E. 国家二等重力网

(15) 国家重力基准点的点位应(　　)要求。

　　A. 建在基岩上　　　　　　　　　　B. 远离铁路公路
　　C. 远离变电站　　　　　　　　　　D. 建在海岸线附近
　　E. 远离大型矿场

(16) 国家重力基本点和一等点及引点需进行(　　)的测定。

　　A. 重力　　　　　　　　　　　　　B. 面积
　　C. 重量　　　　　　　　　　　　　D. 坐标
　　E. 高程

(17) 地面点受到(　　)的作用,形成重力。

　　A. 地球引力　　　　　　　　　　　B. 大气阻力
　　C. 地球自转产生的离心力　　　　　D. 地球公转产生的向心力
　　E. 摩擦力

(18) 关于重力位描述错误的是(　　)。

　　A. 重力等位面就是大地水准面　　　B. 重力位就是引力位

C. 地球重力位可精确求得　　　　　D. 重力位面与铅垂线正交
E. 重力位面之间互相平行

(19) 两个不同的重力等位面之间(　　)。
A. 不相交　　　　　　　　　　　B. 平行
C. 相切　　　　　　　　　　　　D. 不平行
D. 相交

(20) 关于正常重力公式 $\gamma = \gamma_0 - 0.306H$，下列叙述正确的是(　　)。
A. γ 是地面点重力值
B. γ_0 是椭球面正常重力值，H 是大地高
C. γ 是地面点正常重力值，γ_0 是椭球面正常重力值
D. γ 是椭球面正常重力值，γ_0 是地面点的正常重力值，H 是大地高
E. H 是正常高

1.6.3 例题参考答案及解析

1) 单项选择题(每题的备选项中，只有1个最符合题意)

(1) C

解析：国家重力控制测量分为三级：①国家重力基本网；②国家一等重力网；③国家二等重力点。故选 C。

(2) D

解析：基本重力控制点应在全国构成多边形网，其点距应在 500km 左右；一、二等重力点在全国范围内分布，点间距在 300km 左右。故选 D。

(3) A

解析：国家重力基本点和一等点及引点的点位一般选在机场附近(在机场的安全隔离区以外)。故选 A。

(4) B

解析：相对重力测量是测定两点的重力加速度的差值，简单地说就是测定两点的重力差值。绝对重力测量是测量该点的重力加速度值。故选 B。

(5) C

解析：绝对重力测量，应收集测点地区的地质结构和测点地区观测期间的地震、地下水变动及气象情况。故选 C。

(6) D

解析：国家重力基本网是重力控制网中的最高级控制，由重力基准点和基本点以及引点组成，须与国家基准点联测。故选 D。

(7) C

解析：根据《加密重力测量规范》(GB/T 17944—2000)，加密重力测量测线中，当仪器静放 3h 以上时，必须在静放前后读数，按静态零漂计算。故选 C。

(8) A

解析：重力测量过程中，仪器停放超过 2h，应在停放点作重复观测，以消除静态零漂。故选 A。

(9) D

解析:绝对重力测量应使用标称精度优于 $2×10^{-8}\mathrm{m/s^2}$ 的绝对重力仪。故选 D。

(10) A

解析:相对重力测量应使用标称精度优于 $20×10^{-8}\mathrm{m/s^2}$ 的相对重力仪,多台仪器一致性的中误差应小于 2 倍联测中误差。故选 A。

2)多项选择题(每题的备选项中,有 2 个或 2 个以上符合题意,至少有 1 个错项)

(11) ABCD

解析:E 项是采用摄影测量方法进行地面测图,一般与重力测量无关。其他各项都需要重力资料进行相关计算。故选 ABCD。

(12) AB

解析:国家基本重力点(含引点)、一等重力点联测联测每条测线一般在 24h 内闭合,特殊情况可放宽到 48h;二等重力点联测一般在 36h 内闭合,困难地区可以放宽到 48h。重力测量过程中,仪器停放超过 2h,应在停放点作重复观测,以消除静态零漂。故选 AB。

(13) AC

解析:重力测量方法分为绝对重力测量和相对重力测量。故选 AC。

(14) BCD

解析:国家重力控制测量分为三级:①国家重力基本网;②国家一等重力网;③国家二等重力点。故选 BCD。

(15) ABCE

解析:国家重力基准点的点位要求:①位于稳固的非风化基岩上;②远离工厂、矿场、建筑工地、铁路以及繁忙的公路等各种震源;③避开高压线和变电设备等强磁电场;④附近地区不会产生较大的质量迁移;⑤不宜在大河、大湖和水库附近,地面沉降漏斗、冰川及地下水位变化剧烈的地区建点。故选 ABCE。

(16) ADE

解析:国家重力基本点和一等点及引点,需进行重力联测及点位坐标、高程的测定。故选 ADE。

(17) AC

解析:地球空间任意质点都受到地球引力和由于地球自转产生的离心力作用,称为重力。故选 AC。

(18) ABCE

解析:重力等位面就是通常说的水准面,把完全静止的海水面所形成的重力等位面,专称为大地水准面。重力是引力和离心力的合力,则重力位就是引力位和离心力位之和。要精确计算出地球重力位,必须知道地球表面的形状及内部物质密度,但目前都无法精确知道,为此引入一个与其近似的地球重力位——正常重力位。重力位面与铅垂线处处正交,重力位面之间不平行。故选 ABCE。

(19) AD

解析:两个水准面的位差不会等于零,它们既不相交,也不相切,而且也不平行。故选 AD。

(20) BC

解析:γ 是地面点正常重力值,γ_0 是椭球面正常重力值,H 是大地高。故选 BC。

1.7 考点七:似大地水准面精化

1.7.1 主要知识点汇总

1) 基本概念

(1) 水准面

①水准面:静止的海水面向陆地延伸而形成一个封闭的曲面。

②大地水准面:通过平均海水面的一个水准面。

③同一水准面上重力位相等,也称重力位水准面。

④两个水准面之间的重力位之差是个常数,但重力加速度 g 随纬度与物质分布情况而变化,即 g 不是常数,所以两个水准面之间的距离不是常数,即两个水准面是不平行的。

⑤水准面与铅垂线(即重力作用线或重力方向)处处垂直。

(2) 正常重力

①正常重力:具有质量 m 与地球质量相等和以地球自转角速度 ω 旋转的旋转椭球产生的重力称为正常重力,用符号 γ_0 表示。

②正常重力公式:在椭球面上计算正常重力 γ_0 为

$$\gamma_0 = \frac{a\gamma_e \cos^2 B + b\gamma_p \sin^2 B}{\sqrt{a\cos^2 B + b\sin^2 B}}$$

式中:a、b——分别为椭球长、短半径;

γ_e、γ_p——分别为赤道和极点的正常重力;

B——纬度。

③正常椭球:该椭球称为正常椭球,也称水准椭球。

④正常重力与正常椭球重力位的关系:$\gamma_0 = \text{grad} U$。

⑤重力异常:同一点实测重力值与正常重力值之差($\Delta g = g - \gamma_0$)称为重力异常。

(3) 高程

①正高:地面点沿铅垂线方向到大地水准面的距离叫正高。

②正常高:地面点沿铅垂线方向到似大地水准面的距离称为正常高。

③似大地水准面:地面点到大地水准面的平均重力 g_m 不能准确求出,计算时通常用正常重力平均值 γ_m 代替 g_m,这样由于重力值的改变,其效果相当于高程起算面也发生了变化,这个起算面称为似大地水准面。

④大地高:地面点沿参考椭球面法线到参考椭球面的距离叫大地高。

⑤大地水准面差距:参考椭球面与大地水准面之差的距离,记作 N。

⑥高程异常:参考椭球面与似大地水准面之差的距离,记作 ζ。

⑦高程关系:

$$H_{大地高} = h_{正高} + N = h_{正常高} + \zeta$$

⑧我国高程系统采用正常高系统。

(4) 似大地水准面精化

①大地水准面精化:精确求定大地水准面差距 N。

②似大地水准面精化:精确求定高程异常ζ;我国主要是对似大地水准面的精化,也就是按一定的分辨率精确求定高程异常ζ值。

③似大地水准面精化方法:几何法(天文水准、卫星测高、GPS水准)、重力学法及组合法(几何与重力联合法)。

2)似大地水准面精化设计

(1)设计原则

①与建设现代化的国家测绘基准相结合。

②全面规划和建设地方基础测绘控制网。

③充分利用已有数据。

④与全国似大地水准面精化目标一致。

(2)精度要求

①区域似大地水准面精化后要达到GPS技术代替低等级水准测量的要求,满足大比例尺测图。

②精度指标:城市±5.0cm,平原、丘陵±8.0cm,山区±15.0cm。

③分辨率:$2.5' \times 2.5'$。

(3)控制网建设与数据处理

①GPS水准格网边长设计。

②GPS控制网等级(B级、C级)。

③外业观测(GPS控制网观测、水准观测)。

④GPS网基线数据处理(参考框架与参考历元与2000国家大地控制网保持一致,采用IGS精密星历)。

⑤GPS网平差:以国内及周边地区GPS连续运行站为框架点,三维约束平差。

⑥水准观测数据处理:1985国家高程基准,正常重力采用IAG75椭球。

3)似大地水准面精化计算

(1)数据资料

数据资料,包括:①重力资料;②地形资料(DEM数据);③重力场模型;④水准资料;⑤GPS资料(GPS测定的大地高)。

(2)计算步骤

①重力归算与格网平均重力异常计算。

②重力似大地水准面计算。

③重力似大地水准面与GPS水准计算的似大地水准面拟合。

④似大地水准面检验。

4)高程系统简介

(1)大地高高程系统

以参考椭球面为高程基准面的高程系统称为大地高高程系统。GPS测量所求得的高程是相对于WGS-84椭球而言的,即GPS高程是大地高,记为H_{GPS}。H_{GPS}仅具有几何意义而缺乏物理意义,因此,它在一般的工程测量中不能直接应用。

(2)正高高程系统

正高高程系统是以大地水准面为高程基准面,地面上任意一点的正高高程是该点沿垂线方向至大地水准面的距离。如图 1-1 所示，A 点的正高为：

$$H_{\text{正}}^A = \int_{CA} dH = \frac{1}{g_m^A} \int_{OBA} g \, dh \tag{1-1}$$

式中，g_m^A 为 A 点铅垂线上 AC 线段间的重力平均值，dh 和 g 分别为沿 OBA 路线所测得的水准高差和重力值。

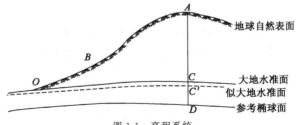

图 1-1　高程系统

由于 g_m^A 并不能精确测定，也不能由公式推导出来，所以，严格来说，地面点的正高高程不能精确求得。通常采用近似方法求正高的近似值，A 点的近似正高计算公式为：

$$H_{\text{近}}^A = \frac{1}{\gamma_m^A} \int_{OBA} \gamma \, dh \tag{1-2}$$

式中，γ 表示正常重力值。正常重力值 γ 并不顾及地球内部质量密度分布的不规则现象，因此，它仅随纬度的不同而变化，计算公式为：

$$\gamma = \gamma_{45°}(1 - \alpha \cos 2\varphi + \cdots) \tag{1-3}$$

式中，$\gamma_{45°}$ 为纬度 45°处的正常重力值；φ 为某点的纬度；α 为常数，$\alpha \approx 0.0026$。

由于地球内部质量分布并不是均匀的，因此，正常重力值 γ 与实测重力值 g 并不相同，在某些地区（如我国西部高山地区）差异很大，因此，近似正高在这些地区会受到较大的歪曲。

（3）正常高高程系统

以似大地水准面为基准面的高程系统称为正常高高程系统。正常高高程计算公式为：

$$H_{\text{常}}^A = \frac{1}{\gamma_m^A} \int_{OBA} g \, dh \tag{1-4}$$

由上式与式(1-1)比较可知，<u>正高高程无法精确求得，但正常高高程可以精确求得</u>。在式(1-4)中，g 可由重力测量结果求得，dh 可由水准测量的结果求得，而 γ_m^A 可由正常重力公式计算求得。因此，<u>我国现在使用的高程系统为正常高高程系统</u>。

1.7.2　例题

1）单项选择题（每题的备选项中，只有 1 个最符合题意）

(1)我国高程系统采用正常高系统，其基准面是（　　）。
　　A.水准面　　　　　B.大地水准面　　　　C.似大地水准面　　D.参考椭球面

(2)地面点的大地高与正常高之差称为（　　）。
　　A.大地水准面差距　B.高程异常　　　　　C.正常高差　　　　D.大地高差

(3)地面点沿（　　）的距离称为正高。
　　A.铅垂线方向到参考椭球面　　　　　　B.铅垂线方向到似大地水准面
　　C.法线方向到大地水准面　　　　　　　D.铅垂线方向到大地水准面

(4)某点的绝对高程（海拔）是该点到（　　）的铅垂距离。

  A. 海平面　　　　　B. 赤道面　　　　　C. 坐标原点　　　D. 大地水准面

（5）水准面有无穷多个，大地水准面是唯一的，那些异于大地水准面的水准面与大地水准面（　　）。

  A. 重合　　　　　B. 垂直　　　　　C. 相等　　　　　D. 不一定平行

（6）地面点 GPS 测量得到的大地高 H、正常高 h 和高程异常 ζ 三者之间的关系是（　　）。

  A. $\zeta = H - h$　　B. $\zeta = H + h$　　C. $\zeta < H - h$　　D. $\zeta > H - h$

（7）下列方法进行高程测量时，必须对测区的高程异常进行分析的是（　　）。

  A. 几何水准测量　　B. 立体摄影测量　　C. 三角高程测量　　D. GPS 高程测量

（8）绝对高程的起算面是（　　）。

  A. 地面　　　　　B. 大地水准面　　　C. 水平面　　　　D. 椭球面

（9）任意两点之间的高差与高程起算水准面的关系是（　　）。

  A. 随起算面的变化而变化　　　　B. 不随起算面的变化而变化

  C. 随两点间距离的变化而变化　　D. 无法确定

（10）似大地水准面实施过程中可能包括的工作中不包括（　　）。

  A. 水准测量　　　　　　　　　　B. GNSS 测量

  C. 垂直测量　　　　　　　　　　D. 重力似大地水准面计算

（11）在以（　　）km 为半径的范围内，可以用水平面代替水准面进行距离测量。

  A. 5　　　　　　B. 10　　　　　　C. 20　　　　　　D. 50

（12）关于正常位水准面和重力位水准面叙述正确的是（　　）。

  A. 正常位水准面和重力位水准面之间可能相互平行

  B. 正常位水准面和重力位水准面之间可能相互相切

  C. 正常位水准面和重力位水准面之间可能相互重合

  D. 正常位水准面和重力位水准面之间既不相互平行，也不重合

2）多项选择题（每题的备选项中，有 2 个或 2 个以上符合题意，至少有 1 个错项）

（13）外业测量与内业计算的基准线、基准面不一致，需要作三差改正，它们是（　　）。

  A. 垂线偏差改正　　　　　　　B. 截面差改正

  C. 大气折光差改正　　　　　　D. 标高差改正

  E. 测量误差改正

（14）关于大地水准面的叙述不正确的是（　　）。

  A. 大地水准面仅有一个　　　　　　B. 大地水准面处处与铅垂线正交

  C. 大地水准面上重力位处处相等　　D. 大地水准面是个规则的几何图形

  E. 大地水准面与参考椭球面平行

（15）关于铅垂线的叙述错误的是（　　）。

  A. 铅垂线是重力的方向线，所有铅垂线指向地球中心

  B. 铅垂线处处垂直于大地水准面

  C. 铅垂线与水平面垂直，所以铅垂线相互平行

  D. 在椭球面上，铅垂线与法线重合

  E. 在水准面上，铅垂线与法线重合

（16）关于垂线偏差的叙述，正确的是（　　）。

  A. 垂线偏差是过该点的子午线与坐标纵轴之间的差异

B. 垂线偏差是一个点上实际重力方向与正常重力方向的偏差

C. 垂线偏差是同一测站点上铅垂线与椭球面法线之间的夹角

D. 垂线偏差反映了大地方位角与天文方位角的关系

E. 垂线偏差是地面观测方向值归算至椭球面的三差改正的根本原因

(17)似大地水准面实施过程中可能包括的工作有( )。

A. GPS 测量

B. 水准测量

C. 重力似大地水准面计算

D. 重力似大地水准面与 GPS 水准计算的似大地水准面拟合

E. 加密测量

1.7.3 例题参考答案及解析

1)单项选择题(每题的备选项中,只有1个最符合题意)

(1)C

解析:正常高:地面点沿铅垂线方向到似大地水准面的距离。故选 C。

(2)B

解析:参考椭球面与似大地水准面之差的距离称为高程异常。大地高对应于参考椭球面,似大地水准面对应于正常高,故高程异常也是该点的大地高与正常高之差。故选 B。

(3)D

解析:地面点沿铅垂线方向到大地水准面的距离叫正高;地面点沿铅垂线方向到似大地水准面的距离称为正常高;地面点沿参考椭球面法线到参考椭球面的距离叫大地高。故选 D。

(4)D

解析:某点的绝对高程又叫海拔,是该点到大地水准面的铅垂距离。故选 D。

(5)D

解析:由于各地的重力加速度不一致,水准面是一个不规则的曲面,因此任意一个异于大地水准面的水准面与大地水准面不一定平行。故选 D。

(6)A

解析:GPS 测量得到的大地高 H 是以参考椭球面为起算面,正常高 h 以似大地水准面为起算面,两者之间的差值为高程异常 ζ。故选 A。

(7)D

解析:GPS 测量得到的是大地高,必须对测区的高程异常进行分析,并将大地高转变为正常高。故选 D。

(8)B

解析:绝对高程的起算面是大地水准面,绝对高程通常也称为海拔。故选 B。

(9)B

解析:高差是相对的,高差是两点的高程之差,是说明地面两点谁比谁高或低,和起算水准面没有关系。故选 B。

(10)C

解析:确定大地水准面的方法有:几何法(天文水准、卫星测高、GPS 水准)、重力学法及组合法(几何与重力联合法)。因此求算似大地水准面的过程中的工作就有水准测量、GNSS测量、重力似大地水准面计算和重力似大地水准面与GPS水准计算的似大地水准面拟合。故选C。

(11) B

解析:距离测量时,在以10km为半径的范围内可以忽略地球曲率影响,用水平面代替水准面。而高程测量总是不能忽略地球曲率影响而用水平面代替水准面。故选B。

(12) D

解析:正常位水准面由正常椭球形成的,是规则曲面;重力位水准面由地球重力场形成,为不规则曲面。故选D。

2)多项选择题(每题的备选项中,有2个或2个以上符合题意,至少有1个错项)

(13) ABD

解析:①垂线偏差改正:将以垂线为依据的地面观测的水平方向观测值归算到以法线为依据的方向值应加的改正;②标高差改正:由于照准点高度而引起的方向偏差改正;③截面差改正:将法截弧方向化为大地线方向所加的改正。故选ABD。

(14) DE

解析:大地水准面是平均海水面向内陆延伸形成的闭合曲面,是唯一的,所以A正确。大地水准面上所有点处的铅垂线(重力方向)都在该点处与大地水准面成垂直关系,故B正确。大地水准面是重力位等位面,C项正确。由于各地重力加速度不一样导致大地水准面是个不规则的曲面,而参考椭球面是个规则的面,故D、E不正确。故选DE。

(15) ACDE

解析:铅垂线是重力的方向线,处处垂直于大地水准面,而大地水准面是不规则曲面,所以铅垂线既不相互平行,也不指向地心。铅垂线与法线不重合,两者的差异称为垂线偏差。故选ACDE。

(16) BCE

解析:测站(仪器整平)观测以铅垂线为准,数据归算至椭球面以法线为准,同一测站点上铅垂线与椭球面法线之间的夹角称为垂线偏差。一个点上实际重力方向(铅垂线方向)与正常重力方向的偏差称为正常垂线偏差。故选BCE。

(17) ABCD

解析:似大地水准面精化方法:几何法(天文水准、卫星测高、GPS水准)、重力学法及组合法(几何与重力联合法)。计算步骤为:①重力归算与格网平均重力异常计算;②重力似大地水准面计算;③重力似大地水准面与GPS水准计算的似大地水准面拟合;④似大地水准面检验。故选ABCD。

1.8 考点八:大地测量数据库

1.8.1 主要知识点汇总

1)大地测量数据库

(1)概念

①大地测量是测定地球形状、大小、重力场及其变化和建立地区以至全球三维控制网的科

学与技术。

②数据库是与应用程序彼此独立的,以一定的组织方式存储在一起的,彼此相互关联的,具有较少冗余的,能被多个用户共享的数据集合。

③数据库技术是研究如何科学地组织数据和存储数据,如何高效地检索数据和处理数据,减少数据冗余,保障数据安全,实现数据共享。

④大地测量数据库是大地测量数据及实现其输入、编辑、浏览、查询、统计、分析、表达、输出、更新等管理、维护与分发功能的软件和支撑环境的总称。

(2)数据库系统的特点

①数据库中的数据是结构化的(结构化减少数据冗余度、空间、时间,使用灵活,结构化是数据库的主要特征)。

②数据库中的数据是面向系统的,不面向某个应用,从而实现了数据共享。

③数据库系统具有较高的数据独立性。

④数据库系统为用户提供了方便的接口。

(3)大地测量数据库组成与分级

①组成:大地测量数据、管理系统、支撑环境。

②分级:国家、省(自治区、直辖市)、市(县、区)。

2)大地测量数据

(1)参考基准数据

①大地基准:大地坐标系统和大地坐标框架,2000国家大地坐标系统。

②高程基准:正常高系统,1985国家高程基准。

③重力基准:2000国家重力基本网。

④深度基准:沿岸海域采用理论最低潮位。

(2)空间定位数据

空间定位数据包括全球导航卫星系统(GNSS)、卫星激光测距(SLR)、甚长基线干涉测量(VLBI)等空间定位数据。

按数据所处不同阶段,分为观测数据、成果数据及文档数据。

(3)高程测量数据

①水准测量观测数据、成果数据和文档资料。

②验潮与潮汐分析数据。

③高程深度基准转换数据。

(4)重力测量数据

重力测量数据,包括:重力测量的观测数据、成果数据和文档资料。

(5)深度基准

①在沿岸海域的理论最低潮位数据。

②深度基准与高程基准之间通过验潮站的水准联测数据。

(6)元数据

元数据是大地测量数据内容、质量、状况和其他特征的描述性数据,主要包括:识别信息、参考基准信息和质量信息。

3)数据组织原则

①按控制网、数据内容进行分类组织。

②以数据文件为基本单位进行存储。

③通过控制网、控制点等作为关键字建立观测数据、成果数据、文档之间的逻辑关系。

4)数据库设计

(1)数据库系统设计的内容

①信息需求:目的说明,数据元素定义,数据元素的使用。

②处理要求:特殊数据项,数据量,处理频率,数据库管理系统(DBMS)说明书,操作系统(OS),硬件环境。

③数据库设计的结果:完整的数据库结构、逻辑结构和物理结构,应用程序指南(说明书)。

(2)数据库的设计过程

数据库的设计过程分为 6 个阶段:①需求分析;②概念设计;③逻辑设计;④物理设计;⑤数据库的实施和运行;⑥数据库的使用和维护。

(3)需求分析

①确定目标。

②根据目标导出对数据库的要求。

③写出文档(用户和数据库设计者均认可)。

(4)概念模型设计

把用户的信息需求进行描述和综合,形成一个初步的数据库设计的信息结构,一般以实体—关系(E-R)图来表达。

设计步骤:选择实体;选择实体的属性;标识实体的关键属性;选择实体间的联系。

(5)逻辑模型设计

将 E-R 图转化为关系数据模型,再范式化。

(6)物理模型设计

物理模型设计,包括:①存储记录格式设计;②存储安排;③访问路径的设计。

(7)数据检查

数据检查,包括:①数据正确性检查;②数据完整性检查;③逻辑关系正确性检查。

5)管理系统

(1)概念

人们把 DBMS、应用软件、数据库、操作系统和硬件组合起来,为用户提供信息服务的系统称为数据库应用管理系统,用户通常也称其为数据库管理系统。数据库设计通常是指数据库应用系统设计。

(2)功能

功能,包括:①数据输入;②数据输出;③查询统计;④数据维护;⑤安全管理。

(3)支撑环境

支撑环境,包括:①服务器设备;②存储备份设备;③外围设备;④网络环境。

1.8.2 例题

1)单项选择题(每题的备选项中,只有 1 个最符合题意)

(1)大地测量数据库设计过程中,最关键的是(   )。

A. 概念模型设计　　B. 需求分析　　　　C. 逻辑模型设计　D. 物理模型设计

(2)数据库概念设计阶段标准的实体－关系(E-R)图中,分别用矩形和菱形表示(　　)。

A. 实体、属性　　　B. 属性、联系　　　C. 联系、实体　　D. 实体、联系

(3)下列关于数据的叙述中正确的是(　　)。

A. 数据就是信息

B. 数据不随载荷的物理设备的形式而改变

C. 数据是信息的表达,信息是数据的内涵

D. 信息是数据的表达,数据是信息的内涵

(4)使用 SQL Server、Access 等按用户的应用需求设计的结构合理,界面友好,使用方便、高效的大地测量数据库系统,属于(　　)。

A. 数据库　　　　　　　　　　　B. 操作系统

C. 数据库应用系统　　　　　　　D. 数据库管理系统

(5)下列选项中,属性数据字典不描述的是(　　)。

A. 数据流　　　　　　　　　　　B. 拓扑关系

C. 数据元素　　　　　　　　　　D. 数据存储与处理

(6)大地测量数据库设计时的数据模型通常选用关系模型,是因为(　　)。

A. 容易表示实体之间的简单关系　　B. 有严格的数学基础

C. 实体间的联系便于用 E-R 图表示　D. 便于处理复杂表格

(7)大地测量数据库建成后要保持其现势性,必须进行(　　)。

A. 数据输出　　　B. 数据编辑　　　　C. 数据更新　　　D. 数据变换

(8)在大地测量数据库系统设计阶段,需要进行需求分析。下列关于需求分析的说法,正确的是(　　)。

A. 需求分析报告要获得用户认可

B. 需求分析应当由技术人员独立完成

C. 需求分析由用户完成

D. 需求分析并不是数据库开发必不可少的部分

(9)下列不属于数据库设计需求分析工作的是(　　)。

A. 调查用户需求　　　　　　　　B. 需求数据的收集和分析

C. 编制用户需求说明书　　　　　D. 数据库的信息结构分析

(10)下列描述不属于数据库的基本特点的是(　　)。

A. 数据量特别大　　　　　　　　B. 数据的完整性

C. 数据的共享性　　　　　　　　D. 数据的独立性

(11)大地测量数据库系统的核心是(　　)。

A. 数据库管理系统　B. 文件　　　　　C. 操作系统　　　D. 数据库

(12)在大地测量数据库中查看坐标表中 Y 坐标为 5km 以上(不含 5km)至 50km(不含 50km)以下的点的记录,表达式为(　　)。

A. $Y>5km$　AND　$Y<50km$　　　B. $Y\geqslant 5km$　OR　$Y\leqslant 50km$

C. $Y>5km$　OR　$Y<50km$　　　　D. Y(Between 5km and 50km)

(13)大地测量数据库的逻辑设计阶段需将(　　)转换为关系数据模型。

A. 关系模型　　　　　　　　　　B. 层次模型

C. 网状模型　　　　　　　　　　D. E-R 模型

(14) 有关数据库设计的需求分析阶段叙述不正确的是(　　)。
　　A. 确认用户需求,确定设计范围　　B. 收集和分析需求数据
　　C. 编制用户需求说明书　　　　　　D. 由设计人员独立完成

(15) 大地测量数据按照数据不同阶段分为(　　)。
　　A. 观测数据、成果数据及文档数据
　　B. 外业数据和内业数据
　　C. 国家数据、省区数据和市(县)数据
　　D. 基准数据、坐标高程数据、深度基准、重力数据、元数据

2) 多项选择题(每题的备选项中,有2个或2个以上符合题意,至少有1个错项)

(16) 大地测量数据内容包括(　　)。
　　A. 高程测量数据、深度基准
　　B. 外业数据和内业数据
　　C. 国家数据、省区数据和市(县)数据
　　D. 参考基准数据、空间定位数据、重力测量数据、元数据
　　E. 原始数据和处理数据

(17) 下列属于数据库模式创建优化指标的是(　　)。
　　A. 数据更新安全性要高
　　B. 分析用户活动所涉及的数据要少
　　C. 单位时间内所访问的逻辑记录个数要少
　　D. 系统占用的存储空间尽量要少
　　E. 单位时间内数据传送量要少

(18) 大地测量数据库设计,总体分为(　　)。
　　A. 概念模型设计　　　　　　　　　B. 数据类型设计
　　C. 逻辑模型设计　　　　　　　　　D. 物理模型设计
　　E. 网络环境设计

(19) 下列关于数据库系统的说法,不正确的有(　　)。
　　A. 数据库系统消除了一切数据冗余
　　B. 数据库系统可减少数据冗余
　　C. 数据库系统比文件系统管理更加安全
　　D. 数据库系统中,必须保持数据的物理结构与逻辑结构一致
　　E. 数据库是一个独立的系统,不需要操作系统的支撑

(20) 大地测量数据库逻辑设计阶段的规范化,是为了数据库中(　　)的问题而引入的。
　　A. 数据冗余、数据的不一致性　　　B. 提高查询速度
　　C. 插入和删除异常　　　　　　　　D. 减少数据操作的复杂性
　　E. 保证数据的安全性和完整性

(21) 面向数据库中数据逻辑结构的数据模型有(　　)。
　　A. 关系模型　　　　　　　　　　　B. 逻辑模型
　　C. 层次模型　　　　　　　　　　　D. 网状模型
　　E. 物理模型

(22)数据库设计中空间数据的特性包括( )。
  A. 空间特性 B. 存储特性
  C. 属性特性 D. 时间特性
  E. 简单特性

(23)大地测量数据库设计中对数据物理结构进行评价不包括( )。
  A. 分析确定系统配置 B. 分析空间效率
  C. 分析时间效率 D. 用户需求
  E. 分析实体关系模式

(24)大地测量数据库的设计是指在数据库管理系统的基础上建立大地测量数据库的整个过程,主要包括( )。
  A. 需求分析 B. 数据类型设计
  C. 行为特性设计 D. 数据更新设计
  E. 结构特性设计

(25)下列有关信息的叙述正确的是( )。
  A. 信息具有共享性 B. 信息具有传输性
  C. 信息具有主观性 D. 信息具有适用性
  E. 信息具有通用性

1.8.3 例题参考答案及解析

1)单项选择题(每题的备选项中,只有1个最符合题意)

(1)B

解析:大地测量数据库设计,是在作充分需求分析的基础上,进行数据库的概念模型设计、逻辑模型设计、物理模型设计。需求分析是后续各设计阶段的依赖,决定系统成败的关键。故选B。

(2)D

解析:实体联系(E-R)图是用图示的方法表示实体联系模型。E-R图中用到的图符如下:①实体集用矩形框表示,矩形框中写上实体名表示实体;②实体的属性用椭圆框表示,椭圆框中写上属性名,在实体和它的属性间连上连线,作为实体标识符的属性下画一条下划线;③用菱形框表示实体之间的联系,菱形框中写上联系名,用连线将相关实体连起来,并标上联系类别。故选D。

(3)C

解析:信息和数据是两个密不可分的基本概念,数据是简单客观实体的符号化标识,数据是信息的表达,信息是数据的内涵,信息是根据需要对数据进行加工处理后得到的结果。故选C。

(4)C

解析:把SQL Server、Access等数据库管理系统(DBMS)、应用软件、数据库、操作系统和硬件一起组合起来,为用户提供信息服务的系统称为数据库系统,实际上是数据库应用系统。故选C。

(5)B

解析:数据字典描述的是数据元素、数据结构、数据流、数据存储和处理过程。故选B。

(6)B

解析:关系数据库是用数学的方法处理数据库组织,为数据库建立了一套理论基础。故选 B。

(7)C

解析:数据库内的数据只有不断地更新才能保持其现势性。故选 C。

(8)A

解析:在大地测量数据库系统设计阶段,需要进行需求分析,编制需求分析报告说明书是用户与技术人员之间的技术合同,故必须获得用户的认可。故选 A。

(9)D

解析:需求分析是后续各设计阶段的依赖,是数据库设计与建立的基础。主要进行调查用户需求、需求数据的收集和分析以及编制用户需求说明书三项工作。故选 D。

(10)A

解析:数据库是长期存储在计算机内的有组织的、大量的、可共享的相关数据的集合。其内数据量根据实际情况而定,可以很多,也可以很少。故选 A。

(11)D

解析:数据库系统的核心是数据库。故选 D。

(12)A

解析:Y 坐标为 5km 以上(不含 5km)至 50km(不含 50km)以下的意义是:Y 坐标为大于 5km 且(AND)小于 50km。故选 A。

(13)D

解析:关系数据库逻辑设计是将 E-R 图转化为关系数据模型,再范式化。故选 D。

(14)D

解析:需求分析阶段调查用户需求、需求数据的收集和分析以及编制用户需求说明书三项工作,整个过程中设计人员与用户必须充分沟通。编制需求分析报告说明书,必须获得用户和设计人员双方的认可。故选 D。

(15)A

解析:大地测量数据按照数据不同阶段分为观测数据、成果数据及文档数据。故选 A。

2)多项选择题(每题的备选项中,有 2 个或 2 个以上符合题意,至少有 1 个错项)

(16)AD

解析:大地测量数据内容包括:参考基准数据、空间定位数据、高程测量数据、重力测量数据、深度基准和元数据。故选 AD。

(17)CDE

解析:数据库模式优化是在性能预测基础上进行的,通常用三方面指标来衡量:①单位时间内所访问的逻辑记录个数要少;②单位时间内数据传送量要少;③系统占用的存储空间尽量要少。故选 CDE。

(18)ACD

解析:在作充分需求分析的基础上,大地测量数据库设计,总体是分为概念模型设计、逻辑模型设计、物理模型设计。故选 ACD。

(19)AE

解析:数据库系统可减少数据冗余,但不能完全避免所有的数据冗余;用数据库系统管理数据比文件系统管理更加安全;数据库系统中,必须保持数据的物理结构与逻辑结构一致;数据库在计算机上运行需要操作系统的支撑。故选 AE。

(20) AC

解析: 数据库逻辑设计阶段的规范化是为了避免数据库中数据冗余、数据的不一致性、插入和删除异常。故选 AC。

(21) ACD

解析: 面向数据库中数据逻辑结构的数据模型,主要分为关系模型、层次模型、网状模型。故选 ACD。

(22) ACD

解析: 空间数据的三大特性,包括空间特性、属性特性、时间特性。故选 ACD。

(23) AE

解析: 数据库设计中对数据物理结构进行评价,包括空间效率、时间效率、维护代价和用户要求等。故选 AE。

(24) ACE

解析: 在作充分需求分析的基础上,大地测量数据库设计的设计包括结构特性设计和行为特性设计。故选 ACE。

(25) ABD

解析: 信息具有传输性、共享性和适用性。故选 ABD。

1.9 高频真题综合分析

1.9.1 高频真题——高程系统与高程异常

◀ 真 题 ▶

【2011,5】 地面上任意一点的正常高为该点沿( )的距离。
　　　　　A. 垂直至似大地水准面　　　　　B. 法线至似大地水准面
　　　　　C. 垂直至大地水准面　　　　　　D. 法线至大地水准面

【2011,6】 GPS 点的大地高 H、正常高 h 和高程异常 E 三者之间正确的关系是( )。
　　　　　A. $E=H-h$　　　　　　　　　B. $E<H-h$
　　　　　C. $E=h-H$　　　　　　　　　D. $E<h-H$

【2012,5】 通常所说的海拔高是指( )。
　　　　　A. 大地高　　　B. 正常高　　　C. 正高　　　D. 比高

【2013,8】 GPS 测定某点的大地高中误差为 ± 6mm,水准测定该点的高程误差为 ± 8mm,则利用 GPS 水准计算该点的高程异常中误差为( )mm。
　　　　　A. ± 6　　　B. ± 8　　　C. ± 10　　　D. ± 14

【2014,5】 某大地点的大地高 92.51m,正高 94.40m,正常高 94.26m,大地水准面差距 -1.89m,则该点的高程异常是( )m。
　　　　　A. -0.14　　　B. -1.75　　　C. $+0.14$　　　D. $+1.75$

【2015,3】 海拔高的起算面是( )。
A. 参考椭球面 B. 平均大潮高潮面
C. 大地水准面 D. 理论最低潮面

【2016,3】 GPS测量中,大地高的起算面是( )。
A. 大地水准面 B. 参考椭球面
C. 地球表面 D. 似大地水准面

【2016,5】 对某大地点进行测量,GPS大地高中误差为±10mm,高程异常中误差为±15mm,仪器高测量中误差为±6mm,则该点的正常高中误差是( )。
A. ±31mm B. ±25mm
C. ±22mm D. ±19mm

◀ 真题答案及综合分析 ▶

答案: A A B C B C B D

解析: 以上8题,考核的知识点是"高程系统与高程异常"。其中[2013,8]和[2016,5]两题,还要用到"误差传播定律"。

(1)正高系统是以大地水准面为基准面的高程系统。某点的正高是该点到通过该点的铅垂线与大地水准面的交点之间的距离,正高用符号H_g表示。

(2)正常高系统是以似大地水准面为基准的高程系统。某点的正常高(海拔高)是该点到通过该点的铅垂线与似大地水准面的交点之间的距离,正常高用H_r表示。

(3)大地高系统是以参考椭球面为基准面的高程系统。某点的大地高是该点到通过该点的参考椭球的法线与参考椭球面的交点间的距离。大地高也称为椭球高,一般用符号H表示。大地高是一个纯几何量,不具有物理意义,同一个点,在不同的基准下,具有不同的大地高。

(4)高程异常ζ,是似大地水准面与参考椭球面之间的高差。计算公式:$\zeta = H - H_g$,其中H是大地高,H_g是正常高。

1.9.2 高频真题——重力测量

◀ 真 题 ▶

【2011,11】 加密重力测量测线中,当仪器静放3h以上时,必须在( )读数,按静态零漂计算。
A. 静放前 B. 静放后 C. 静放中 D. 静放前后

【2011,12】 相对重力测量是测定两点的( )。
A. 重力差值 B. 重力平均值
C. 重力绝对值 D. 重力加速度

【2012,9】 在重力测量中,段差是指相邻两个点间的( )差值。
A. 距离 B. 高程 C. 重力 D. 坐标

【2013,1】 一等重力点联测路线的测段数最多不应超过( )个。
A. 4 B. 5 C. 6 D. 7

【2014,1】 FG5绝对重力仪的观测值是重力点的（　　）。
　　A.重力差值　　　　　　　　　　B.重力垂线偏差
　　C.重力加速度　　　　　　　　　D.重力垂直梯度

【2015,1】 LCR-G型相对重力仪必须锁摆的状态是（　　）。
　　A.运输过程中　　B.仪器检查　　C.观测读数　　D.静置

【2016,1】 在一、二等水准路线上加测重力，主要目的是为了对水准测量成果进行（　　）。
　　A.地面倾斜改正　　　　　　　　B.归心改正
　　C.重力异常改正　　　　　　　　D.i角改正

【2016,12】 按照国家秘密目录，单个国家重力基本点重力成果的密级是（　　）。
　　A.内部使用　　B.秘密　　C.机密　　D.绝密

◀ **真题答案及综合分析** ▶

答案：D A C B C A C C

解析：以上8题，考核的知识点是"重力测量"方面的有关知识。

(1)绝对重力测量：是以测量加速度的距离和时间这两个基本量作为基础的。观测传感元件在重力场中的自由运动，目前大多采用自由落体的方法。利用绝对重力仪观测的下落采集的时间和距离，组成观测方程，计算下落初始位置的重力值。

(2)相对重力测量：是测定两点之间的重力差值。

(3)段差：在重力测量中，段差是指相邻两个点之间的重力差值。

(4)一、二等重力点联测要求：
①应采用闭合或附合路线；
②测段数不超过5段；
③特殊情况下可以布设支点，支点数根据等级确定；
④一般采用对称观测或三程循环法；
⑤停放超过2h，则停放点应重复观测；
⑥闭合时间：一等不超过24h，二等不超过36h，特殊情况下可放宽至48h。

(5)重力异常改正：在一、二等水准路线上加测重力，主要是为了对水准测量成果进行重力异常改正。

(6)按照国家秘密目录，单个国家重力基本点重力成果的密级是机密。

(7)相对重力仪，在运输过程中必须锁摆。

1.9.3 高频真题——不利测量时间段

◀ **真　题** ▶

【2012,6】 一晴朗夏日，某一等水准面在北京地区观测，测段进行一半时，已经接近上午十点，此时，观测组应（　　）。
　　A.继续观测　　　　　　　　　　B.打伞观测

C. 打间歇 D. 到下一水准点结束观测

【2015,2】 三角高程垂直角观测的最佳时间段为（ ）。
A. 日出日落 B. 日落前
C. 上午10点至11点 D. 中午前后

【2015,82】 三角高程测量中，能有效减弱大气垂直折光影响的方法有（ ）。
A. 照准目标打回光 B. 上、下午对称观测
C. 选择最佳观测时间 D. 对向观测
E. 提高观测视线高度

【2016,11】 现行规范规定，下列时间段中，国家一、二等水准测量观测应避开的是（ ）。
A. 日出后30min至1h B. 日中天前2h至3h
C. 日落前30min内 D. 日中天后2h至3h

◀ 真题答案及综合分析 ▶

答案：C C CDE C

解析：以上4题，考核的知识点是"水准测量和竖直角测量的不利测量时间段"。

（1）《国家一、二等水准测量规范》（GB/T 12897—2006）第7.2条，观测的时间和气象条件。水准观测应在标尺分划线成像清晰而稳定时进行，下列情况下不应进行观测：①日出后30min内、日落前30min内；②太阳中天前后各约2h内；③标尺分划线的影像跳动剧烈时；④气温突变时；⑤风力过大而使标尺与仪器不能稳定时。

（2）三角高程测量中，大气垂直折光对竖直角测量有很大影响。大气垂直折光影响的减弱措施有：①采用对向观测；②选择有利的观测时间段（如阴天，或者光照不强的时间段），应避开不利测量时间段（如太阳中天前后各约1.5h）；③提高观测视线的高度；④利用短边传算高程。

1.9.4 高频真题——CGCS 2000

◀ 真 题 ▶

【2012,81】 下列关于2000国家大地坐标系定义的描述中，正确的是（ ）。
A. 地心坐标系
B. 原点为包括海洋和大气的整个地球的质量中心
C. Z轴由原点指向历元2000.0的地球磁极方向
D. X轴由原点指向格林尼治参考子午线与地球赤道面（历元2000.0）的交点
E. Y轴与Z轴、X轴构成右手正交坐标系

【2014,12】 下列地球椭球参数中，2000国家大地坐标系与WGS 84坐标系数值不同的是（ ）。
A. 扁率 B. 长半径
C. 地心引力常数 D. 地球自转角速度

【2015,83】 下列参数中,属于2000国家大地坐标系参数的有( )。
　　A.椭球长半径　　　　　　　　　　B.参考历元
　　C.中央子午线　　　　　　　　　　D.大地水准面
　　E.扁率

◀ 真题答案及综合分析 ▶

答案:ABDE　A　AE

解析:以上3题,考核的知识点是"CGCS 2000"。

(1)"CGCS 2000"是"(中国)2000国家大地坐标系"的缩写。该坐标系是通过中国GPS连续运行基准站、空间大地控制网以及天文大地网与空间地网联合平差建立的地心大地坐标系统。CGCS 2000以ITRF 97参考框架为基准,参考框架历元为2000.0。

(2)CGCS 2000的大地测量基本常数分别为:①长半轴 $a = 6378137$m;②地球引力常数 $GM = 3.986004418 \times 10^{14}$ m^3/s^2;③扁率 $f = 1/298.257222101$;④地球自转角速度 $X = 7.292115 \times 10^{-5}$ rad/s。

(3)CGCS 2000定义对应一个直角坐标系。它的原点和轴定义如下:①原点,在包括海洋和大气的整个地球的质量中心;②Z轴:指向IERS参考极方向;③X轴:IERS参考子午面与通过原点且同Z轴正交的赤道面的交线;④Y轴:完成右手地心地固直角坐标系。

1.9.5 高频真题——似大地水准面精化

◀ 真　题 ▶

【2011,3】 大地水准面精化工作中,A、B级GPS观测应采用( )定位模式。
　　A.静态相对　　　　　　　　　　　B.快速静态相对
　　C.准动态相对　　　　　　　　　　D.绝对

【2013,4】 省级似大地水准面精化中,所用的数字高程模型的分辨率不应低于( )。
　　A.3″×3″　　　　　　　　　　　　B.4″×4″
　　C.5″×5″　　　　　　　　　　　　D.6″×6″

【2014,6】 区域似大地水准面精化时,下列数据中不需要的是( )。
　　A.区域沉降测量数据　　　　　　　B.区域水准测量数据
　　C.区域数字高程模型数据　　　　　D.区域GPS测量数据

◀ 真题答案及综合分析 ▶

答案:A　A　A

解析:以上3题,考核的知识点是"似大地水准面精化"。

(1)似大地水准面精化的意义:建立一个高精度、三维、动态、多功能的国家空间坐标基准框架、国家高程基准框架、国家重力基准框架,以及由GPS、水准、重力等综合技术精化的高精度、高分辨率似大地水准面,将为基础测绘、数字中国地理空间基础框架、区域沉降监测、环境预报与防灾减灾、国防建设、海洋科学、气象预报、地学研究、交通、水利、电力等多学科研究与应用提供必要的测绘服务,具有重大的科学意义。

(2)似大地水准面精化的方法:①几何法,如天文水准、卫星测高、GPS 水准(需要区域数字高程模型数据,GPS 测量应采用精度最高的静态相对定位模式)等;②组合法,重力学法与重力联测法。目前,陆地局部大地水准面的精化普遍采用组合法,即以 GPS 水准确定的高精度但分辨率较低的几何大地水准面作为控制,将重力学方法确定的高分辨率但精度较低的重力大地水准面与之拟合,以达到精化局部大地水准面的目的。

(3)《区域似大地水准面精化基本技术规定》(GB/T 23709—2009)第 4.2.3 条,我国似大地水准面按范围和精度,分为国家似大地水准面、省级似大地水准面和城市似大地水准面。各级似大地水准面的精度和分辨率应不小于表 1-8 的规定。

各级似大地水准面度和分辨率 表 1-8

等 级	似大地水准面精度		似大地水准面分辨率
	平地、丘陵地	山地、高山地	
国家	±0.3m	±0.6m	15′×15′
省级	±0.1m	±0.3m	5′×5′
城市	±0.05m		2.5′×2.5′

(4)《区域似大地水准面精化基本技术规定》(GB/T 23709—2009)第 4.4.1 条,区域似大地水准面精化,所采用的数字高程模型分辨率应不低于表 1-9 的规定。

各级似大地水准面数字高程模型分辨率 表 1-9

级 别	数字高程模型分辨率
国家	30″×30″
省级	3″×3″
城市	3″×3″

2 海洋测绘

2.0 考点分析

考点一:海洋测量
考点二:海图绘制
考点三:质量控制与成果归档

2.1 主要知识点汇总

考点一 海洋测量

1)海洋测量基础

(1)海洋测绘的定义

海洋测绘是海洋测量和海图编制的总称。海洋测绘是对整个海洋空间,包括海面水体和海底进行全方位、多要素的综合测量,获取包括:大气(气温、风、雨、云、雾等)、水文(海水温度、盐度、密度、潮汐、波浪、海流等)以及海底地形、地貌、底质、重力、磁力、海底扩张等各种信息和数据并绘制成不同目的和用途的专题图件。目的是为经济、军事和科学服务。

(2)海洋测绘的分类

海洋测绘可分为:海洋大地测量、海洋重力测量、海洋磁力测量、海道测量、海底地形测量、海图制图、海洋工程测量等。

(3)海洋测绘基准

①海道测量的平面基准通常采用 2000 国家大地坐标系(CGCS 2000),投影通常采用高斯—克吕格和墨卡托投影方式。

②垂直基准分陆地高程基准和深度基准。陆地高程基准采用 1985 国家高程基准,深度基准采用理论最低潮面,深度基准面的高度从当地平均海水面起算。

(4)海洋测绘方法

①海洋定位方法主要有天文定位、光学定位、无线电定位、卫星定位和水声定位等。

②海洋测深方法主要有测深杆、测深锤、回声测深仪、多波束测深系统、机载激光测深等。

③验潮的目的是确定各验潮站的多年平均海面、深度基准面、各分潮的调和常数及测深时的水位改正。

(5)海图内容

①海图的内容划分为数学要素、图形要素和辅助要素三大类。

②数学要素是建立海图空间模型的数学基础,是海图内容中非常重要的要素,包括海图投

影及与之有关的坐标网、基准面、比例尺及大地控制网。

③海图图形要素是借助专门制定的海图符号系统和注记来表达的。

④辅助要素是帮助读者读图和用图的要素。

(6)海图种类

海图按内容分为普通海图、专题海图和航海图三大类。

(7)海图分幅

海图分幅主要采用自由分幅方式。

(8)海图数学基础

海图数学基础指海图的投影比例尺、坐标系统、高程系统(基准面)、制图网及分幅编号等。海图数学基础中最重要、最复杂的问题是海图投影的问题。

2)海洋测量

(1)技术设计的主要内容,包括:①测量目的和测区范围;②确定测量比例尺和划分图幅;③技术方法和仪器设备;④测量工作技术保障措施;⑤编写技术设计书和绘制相关附图。

(2)控制测量要求

①平面控制。

海道测量控制点按其平面控制精度分为海控一级点(以 H_1 表示)和海控二级点(以 H_2 表示)及测图点(以 H_c 表示)。各项要求与限差参见表2-1与表2-2。

海道测量控制点基本要求　　　　表2-1

比例尺 S	最低控制	直接用于测量	投　影
S>1:5000	国家四等	H_1	高斯(1.5°)带
1:5000≥S>1:1万	H_1	H_2	高斯(3°)带
S≤1:1万	H_2	H_c	高斯(6°)带
S≤1:5万	—	—	墨卡托

海道测量控制点精度要求　　　　表2-2

限差项目		H_1	H_2	H_c
测角中误差(″)		±5	±10	±10
相对相邻起算点的点位中误差		±0.2	±0.5	—
测距相对中误差		1/50000	1/25000	1/25000
交会点最大互差	1:1万比例尺地形图	—	—	1
	小于1:1万比例尺地形图	—	—	2

注:用导线法测定图点,由导线一端计算到另一端时,其坐标位移的限差与采用交会法测定测图点时的坐标位移的限差相同。

②高程控制。

海道测量高程控制测量的方法主要有几何水准测量、测距高程导线、三角高程、GPS高程测量等。

③深度基准确定。

中国沿海地区一般采用理论最低潮面作为深度基准。

临时验潮站深度基准面计算方法有几何水准测量法、潮差比法、最小二乘曲线拟合法、主

分潮与 L 比值法(L 为水位站深度基准面到同步期平均海面的高度)四个。

(3)海洋测量定位方法

现在海洋定位实用方法主要有光学定位、无线电定位、卫星定位和水声定位。

(4)水文观测

①海洋潮汐观测。

我国以潮型数 $F=(H_{K1}+H_{O1})/H_{M2}$ 的值来判断,其中 H_{K1}、H_{O1}、H_{M2} 分别为分潮 K_1、O_1、M_2 的振幅。根据 F 值的大小将潮港分为半日潮($0<F\leqslant 0.5$)、混合潮($0.5<F\leqslant 4$)和日潮($F>4$)三种潮汐类型。

潮汐观测可采用水尺验潮、井式验潮、超声波验潮、压力式验潮、GPS 潮位等手段进行。

②声速量测。

声速测量的目的是对测深数据进行声速改正和确定声线在海水中的传播特性,测量方法有直接与间接两种。根据测得的水温、盐度和压力等数据,用特定公式计算海水声速的方法称为间接声速测量。通过测量声速在一固定距离上的传播时间或相位,从而直接计算海水声速的方法称为直接声速测量。

③海流观测。

验流点一般选择在锚地、停泊场、港口、航门、水道或因地形条件影响流向、流速改变的地段。

验流(潮流)时间:半日潮港海区选择在农历初一、初二、初三或十六、十七、十八。日潮港海区选择在月赤纬最大的前后回归潮期间进行,也可以从潮汐表中选取最大潮日期进行。必须测出最大涨、落潮流的流速、流向及时间,说明转流时间与高低潮时的关系(如高潮后 1h15min 开始转为落潮流)。

回转流用海流计定点测验,一般应定深 3m,当工作船只吃水大于 3m 时,海流计定深应大于船吃水 1m。每次在水中停留时间一般为 5~10min。

验流定位的计时精确到秒,流速精确到 0.1kn(节),流向精确到 0.5°。

(5)水深测量方法

水深测量现在实用方法主要有单波束回声测深、多波束测深、机载激光测深(LIDAR)等方法。

(6)测线布设要求

主测深线方向应垂直等深线的总方向;对狭窄航道,测深线方向可与等深线成 45°角。在下列情况下,布设测深线的要求为:

①沙嘴、岬角、石陂延伸处,一般应布设辐射线,如布设辐射线还难以查明其延伸范围时,则应适当布设平行其轮廓线的测深线。

②重要海区的礁石与小岛周围应布设螺旋形测深线。

③锯齿形海岸,测深线应与海岸线总方向成 45°角。

④用于导航的叠标,一般应在叠标线上及其左右各布设一条测深线,间隔为图上 3~5mm。

⑤应从码头壁外 1~2m 开始,每隔图上 2mm 平行于码头壁布设 2~3 条测深线。

⑥在测深过程中,应根据海底地貌的实际情况,对计划测深线进行适当调整。

⑦使用多波束测深仪时,测深线的布设宜平行于等深线的走向。

原则上主测深线间隔为图上 1cm。对于需要详细探测的重要海区和海底地貌复杂的海区,测深线间隔应适当缩小,或进行放大比例尺测量。螺旋形测深线间隔一般为图上 0.25cm,

辐射线的间隔最大为图上1cm,最小为0.25cm。检查线的方向应尽量与主测深线垂直,分布均匀,并要求布设在较平坦处,能普遍检查主测深线。检查线总长应不小于主测深线总长的5%。

(7)水深改正与精度要求

水深改正,包括:吃水改正、姿态改正、声速改正、水位改正。

《海道测量规范》(GB 12327—1998)规定的水深测量限差见表2-3。

水深测量限差表(单位:m)　　　　　表2-3

测深范围 Z	极限误差 2σ
$0<Z\leqslant 20$	±0.3
$20<Z\leqslant 30$	±0.4
$30<Z\leqslant 50$	±0.5
$50<Z\leqslant 100$	±1.0
$Z>100$	±$Z\times 2\%$

(8)海道与海底地形测量

①障碍物探测。

障碍物探测主要方法有侧扫声呐探测、多波束探测、单波束加密探测、扫海具扫测及磁力仪探测等。

②助航标志测量。

助航标志包括浮标、定向信标、灯塔、灯桩、导标、无线电定位系统及其他标绘在海图上的有关航行安全的设备或标志。测量内容包括测定其位置、高度等。

③底质探测。

底质探测目的是获取航行海底底质变化情况。根据海图图式要求底质类型分为14类。

④滩涂及海岸地形测量。

干出滩涂范围包括海岸线至水深零米线(潮间带)区间。测量方法可采用陆地地形测量、水下地形测量、摄影测量等方法。

海岸地形测量内容包括岸线位置、海岸性质、沿岸陆地及海滩地形测量。

考点二 海图绘制

1)海图总体设计

①海图总体设计是确定海图的基本规格、内容及表示方法。

②具体内容包括海图图幅设计、确定海图的数学基础、构思海图内容与表示方法。

2)制图综合

制图综合的基本原则是表示主要的、典型的、本质的信息,舍去、缩小或不突出表示次要的信息。海图要素综合内容包括:①海岸线;②等深线;③水深;④干出滩;⑤海底底质;⑥航行障碍物;⑦助航标志,等等。

3)航海图制作

(1)纸质海图制作

①海图图式。

我国现行的海图图式是《中国海图图式》(GB 12319—1998)。

②海图制作流程。

海图制作现在一般分为编辑准备、数据输入、数据处理和图形输出 4 个阶段。

(2)电子海图分类

按用途分为综述、一般、沿海、近岸、港口、码头泊位电子海图。

(3)航海图数学基础

①平面坐标系采用 2000 国家大地坐标系(CGCS 2000)或 1984 世界大地坐标系(WGS-84)。

②不使用投影,以地理位置(经纬度)表示。

③中国沿海采用理论最低潮面。

④中国内陆一般采用 1985 国家高程基准。

⑤需要确定主比例尺。

(4)海图改正

海图改正是指为保持海图现势性,根据《航海通告》、新测和新调查的资料对已经出版的或正在出版的海图进行的改正。

4)海底地形图制作

海底地形图表示方法主要有符号法、深度注记法、等深线法、明暗等深线法、分层设色法、晕渲法、晕滃线法及写景法。

考点三 质量控制与成果归档

1)海洋测量成果质量检验

质量检验主要内容,包括:仪器设备检校、平面控制、高程和潮位控制、定位、测深、障碍物探测、底质探测、助航标测量、海底地貌测量、滩涂及海岸地形测量等。

(1)潮位控制成果检验内容

①潮位控制成果检验的主要内容包括:验潮站的设立、验潮站水准点标志的埋设、水准联测、水位观测、平均海面及深度基准面确定等。

②主要技术指标:水位观测,沿岸验潮站采用自记验潮仪、便携式验潮仪、水尺,其观测误差不得大于±2cm;海上定点验潮站可采用水位计或回声测深仪,水位计观测误差应不大于±5cm。

(2)定位成果检验内容

①定位成果检验的主要内容包括:定位方法、设备精度、主要技术指标、定位点的点位精度等。

②主要技术指标:定位中心与测深中心应尽量保持一致,对大于(含)1:1万比例尺的测图,两者水平距离最大不得超过 2m;对小于 1:1万比例尺的测图,两者水平距离不得超过 5m。否则应将定位中心归算到测深中心。测深与定位时间应保持同步。

(3)测深成果检验内容

测深成果检验的主要内容包括:单波束测深、侧扫声呐测深、多波束测深、机载激光测深及水位改正等。

2）制图成果检查

海图制图成果检查的主要内容包括：编辑检查、自查、三级审校和印刷成图检验等。

3）海洋测量归档成果资料

海洋测量归档成果资料包括：

①测量任务书、踏勘报告及技术设计书。

②仪器设备检定及检验资料。

③外业观测记录手簿、数据采集原始资料。

④内业数据处理、计算、校核、质量统计分析资料。

⑤所绘制的各类图纸及成果表。

⑥港口资料调查报告、技术报告、各级质量检查报告。

⑦测量过程记录。

⑧其他测量资料。

4）海图制图归档成果资料

海图制图归档成果资料包括：

①采用的各种编绘资料。

②制图任务书、编图计划。

③各类源数据文件、成果图和数据文件。

④各级质量检验的成果报告。

⑤制图过程记录。

⑥其他制图资料。

2.2 例　　题

1）单项选择题（每题的备选项中，只有1个最符合题意）

（1）航海图一般采用（　　）投影。

　　A.墨卡托　　　　　B.高斯　　　　　C.日晷　　　　　D.方位

（2）海图的数学基础包括投影、比例尺、（　　）等内容。

　　A.出版时间　　　　　　　　　　　B.图例

　　C.接图表　　　　　　　　　　　　D.坐标系统

（3）水深的正确定义是（　　）。

　　A.自深度基准至水底的垂直距离　　B.自水面至水底的垂直距离

　　C.自深度基准至大地水准面的垂直距离　　D.自深度基准至水面的垂直距离

（4）干出高度的正确含义是（　　）。

　　A.自水面至该点的垂直距离　　　　B.该点自深度基准以上的高度

　　C.自深度基准至大地水准面的垂直距离　　D.自深度基准至水面的垂直距离

（5）海图上灯高的正确含义是灯光光源中心的高度，一般自（　　）起算。

　　A.大地水准面　　　　　　　　　　B.水面

　　C.平均大潮高潮面　　　　　　　　D.深度基准面

(6)桥梁净空高度是自( )到桥下净空宽度中下梁最低点的垂直距离。
　　A.大地水准面　　　　　　　　B.平均大潮高潮面
　　C.设计通航水位　　　　　　　D.深度基准面
(7)海图上表示的方位系观测者由海上观测目标的( )。
　　A.坐标方位角　　B.磁方位　　　C.太阳方位　　　D.真方位
(8)航海图一般采用黑、黄(棕)、紫、( )四色印刷出版。
　　A.紫红　　　　　B.浅蓝　　　　C.深蓝　　　　　D.蓝
(9)海图上各符号之间的间隔,除允许符号交叉和结合表示者外,不应小于( )。
　　A.0.4mm　　　　B.0.5mm　　　C.0.2mm　　　　D.0.3mm
(10)海图改正是为了( )。
　　A.质量检查　　　　　　　　　B.改正错误
　　C.保持海图现势性　　　　　　D.精度评定
(11)凡套色分道航道的分隔带等,均套印( )线网点。
　　A.100　　　　　B.80　　　　　C.200　　　　　D.50
(12)海图符号旁只注一个尺寸的,表示圆的( )。
　　A.大小　　　　　B.面积　　　　C.直径　　　　　D.半径
(13)海图符号旁两个尺寸并列的,第一个数字表示符号主要部分的( ),第二个数字表示符号主要部分的宽度。
　　A.大小　　　　　B.面积　　　　C.高度　　　　　D.直径
(14)海图制作现在一般分为编辑准备、数据输入、数据处理和( )4个阶段。
　　A.数据采集　　　　　　　　　B.图形输出
　　C.坐标计算　　　　　　　　　D.图形编辑
(15)电子海图物标由( )组成。
　　A.数据物标与图形物标　　　　B.图示信息
　　C.坐标矢量　　　　　　　　　D.特征物标和空间物标
(16)海洋测绘是海洋测量和( )的总称。
　　A.海洋控制测量　B.海图编制　　C.海道测量　　　D.海底地形测量
(17)海道测量的平面基准通常采用( )。
　　A.2000国家大地坐标系　　　　B.球面坐标系
　　C.平面坐标系　　　　　　　　D.高斯坐标系
(18)陆地高程基准采用( )。
　　A.1985国家高程基准　　　　　B.1985高程基准
　　C.吴淞高程　　　　　　　　　D.黄河高程
(19)深度基准采用( )。
　　A.1985国家高程基准　　　　　B.1985高程基准
　　C.理论最低潮面　　　　　　　D.平均海水面
(20)深度基准面的高度一般从当地( )起算。
　　A.1985国家高程基准　　　　　B.1985高程基准
　　C.理论最低潮面　　　　　　　D.平均海水面
(21)海洋定位方法主要有天文定位、光学定位、无线电定位、卫星定位和( )等。

　　　　A. 测角交会　　　　B. RTK　　　　　　C. 全站仪　　　　　D. 水声定位
(22)海图按内容分普通海图、专题海图和(　　)三大类。
　　　　A. 海区总图　　　　B. 海岸图　　　　 C. 航海图　　　　　D. 海底地形图
(23)海图分幅主要采用(　　)方式。
　　　　A. 50cm×50cm　　 B. 自由分幅　　　 C. 40cm×50cm　　 D. 90cm×110cm
(24)海控一级点相对于相邻起算点的点位中误差为(　　)。
　　　　A. ±0.2m　　　　　B. ±0.5m　　　　　C. ±0.6m　　　　　D. ±1.0m
(25)海控二级点相对于相邻起算点的点位中误差为(　　)。
　　　　A. ±0.2m　　　　　B. ±0.5m　　　　　C. ±0.6m　　　　　D. ±1.0m
(26)小于1∶1万海图测量时,交会法确定测图点的较差为(　　)。
　　　　A. ±2m　　　　　　B. ±0.5m　　　　　C. ±1m　　　　　　D. ±5m
(27)潮型数 F 在(　　)时,称为半日潮。
　　　　A. $0<F\leqslant0.5$　　B. $1<F\leqslant4$　　C. $0.5<F\leqslant4$　　D. $F>4$
(28)回转流用海流计定点测验,一般应定深(　　)。
　　　　A. 2m　　　　　　　B. 0.5m　　　　　　C. 1m　　　　　　　D. 3m
(29)验流定位的计时精确到秒,流速精确到0.1kn(节),流向精确到(　　)。
　　　　A. 0.1°　　　　　　B. 0.25°　　　　　 C. 1.0°　　　　　　D. 0.5°
(30)一般主测深线方向应与等深线的总方向成(　　)。
　　　　A. 45°　　　　　　 B. 90°　　　　　　 C. 30°　　　　　　 D. 60°
(31)使用多波束测深仪时,测深线的方向布设宜与等深线的走向(　　)。
　　　　A. 成45°　　　　　 B. 垂直　　　　　　C. 平行　　　　　　D. 成60°
(32)原则上主测深线间隔为图上(　　)。
　　　　A. 0.5cm　　　　　 B. 1cm　　　　　　 C. 2cm　　　　　　 D. 1.5cm
(33)检查线的方向应尽量与主测深线垂直,分布均匀,并要求布设在较平坦处,能普遍检查主测深线。检查线总长应不小于主测深线总长的(　　)。
　　　　A. 15%　　　　　　 B. 1%　　　　　　　C. 10%　　　　　　 D. 5%
(34)按《海道测量规范》(GB 12327—1998)的要求,水深测量在50~100m时,测量限差为(　　)。
　　　　A. ±1.5m　　　　　B. ±0.5m　　　　　C. 水深的5%　　　　D. ±1.0m
(35)按《海道测量规范》(GB 12327—1998)的要求,扫海测量中,定位点间隔不超过图上(　　)。
　　　　A. 1cm　　　　　　 B. 2cm　　　　　　 C. 0.5cm　　　　　 D. 1.5cm
(36)水位观测时,沿岸验潮站采用自记验潮仪、便携式验潮仪、水尺,其观测误差不得大于(　　)。
　　　　A. ±2cm　　　　　 B. ±2.5cm　　　　 C. ±1.5cm　　　　 D. ±1cm
(37)水位观测时,海上定点验潮站可采用水位计或回声测深仪。水位计观测误差应不大于(　　)。
　　　　A. ±2cm　　　　　 B. ±5cm　　　　　 C. ±1.5cm　　　　 D. ±1cm
(38)定位中心与测深中心应尽量保持一致,对大于(含)1∶1万比例尺的测图,两者水平距离最大不得超过(　　)。
　　　　A. 1m　　　　　　　B. 5m　　　　　　　C. 1.5m　　　　　　D. 2m

(39)定位中心与测深中心应尽量保持一致,对小于1:1万比例尺的测图,两者水平距离最大不得超过(   )。

  A. 2m   B. 5m   C. 1.5m   D. 1m

(40)海道测量时,测深线间隔超过规定间隔(   )时应补测。

  A. 1/5   B. 1/4   C. 1/3   D. 1/2

2)多项选择题(每题的备选项中,有2个或2个以上符合题意,至少有1个错项)

(41)海图总体设计的主要内容包括(   )。

  A. 图幅设计   B. 海图的数学基础

  C. 构思海图内容   D. 测定海底物质

  E. 表示方法

(42)海图要素综合内容包括水深、干出滩、助航标志及(   )等。

  A. 海岸线   B. 海图的数学基础

  C. 等深线   D. 海底底质

  E. 航行障碍物

(43)海图符号尺寸标注时,下列说法正确的有(   )。

  A. 符号旁只注一个尺寸的,表示外接圆的直径、等边三角形或正方形的边长

  B. 两个尺寸并列的,第二个数字表示符号主要部分的高度

  C. 线状符号一端的数字,单线是指其粗度

  D. 两平行线是指含线划粗的宽度

  E. 两圆点符号间的数字是指两点间方位

(44)电子海图按用途可分为(   )码头泊位等电子海图。

  A. 综述   B. 一般

  C. 近海   D. 近岸

  E. 海口

(45)海底地形图表示方法主要有符号法、(   )等。

  A. 高度注记法   B. 分层法

  C. 等深线   D. 晕线法

  E. 写景法

(46)海道测量的主要内容包括(   )。

  A. 获取航行标志   B. 水深测量

  C. 海岸地形测量   D. 测定海底物质

  E. 测定海水泥沙含量

(47)海洋测绘主要有(   )等分类。

  A. 海洋摄影   B. 海洋重力测量

  C. 海岸地形测量   D. 海图制图

  E. 海道测量

(48)潮汐观测可采用(   )等手段进行。

  A. 水尺验潮   B. 井式验潮

  C. 超声波验潮   D. 激光验潮

  E. GPS潮位

(49)半日潮港海区选择在(　　)日进行观测。
  A. 农历初五   B. 农历初二   C. 农历初三
  D. 农历十三   E. 农历十七、十八

(50)水深测量的标准图幅尺寸包括(　　)。
  A. 50cm×70cm   B. 70cm×100cm
  C. 80cm×110cm   D. 100cm×120cm
  E. 90cm×120cm

(51)当利用三个验潮站(或定点站)对其控制区域进行水位改正时,水位改正可分为(　　)。
  A. 单站水位改正   B. 双站水位改正
  C. 分带内插法水位改正   D. 时差法水位改正
  E. 解析模拟法水位改正

(52)水深改正包括(　　)。
  A. 时差改正   B. 姿态改正
  C. 流速改正   D. 水位改正
  E. 吃水改正

(53)海岸地形测量内容包括(　　)。
  A. 岸线宽度   B. 海岸性质
  C. 沿岸地物   D. 海滩地形测量
  E. 海岸生物种类

(54)海道测量项目设计工作的主要内容包括(　　)。
  A. 确定测区范围
  B. 划分图幅及确定测量比例尺
  C. 标定免测范围或确定不同比例尺图幅之间的具体分界线(即折点线)
  D. 明确实施测量工作中的重要技术保证措施
  E. 编写技术设计书

(55)在海道测量技术设计之前,应收集的测区资料包括(　　)。
  A. 最大比例尺的地形图和海图   B. 控制测量成果资料及其说明
  C. 水位控制资料   D. 助航标志及航行障碍物的情况
  E. 其他与测量有关的资料

(56)定位成果检验的主要内容包括定位方法、(　　)等。
  A. 设备精度   B. 水位观测
  C. 主要技术指标   D. 定位点的点位精度
  E. 障碍物探测

(57)测深成果检验的主要内容包括侧扫声呐测深、机载激光测深(　　)等。
  A. 水位改正   B. 底质探测
  C. 单波束测深   D. 海底地貌测量
  E. 多波束测深

(58)海图制图成果检查的主要内容有三级审校和(　　)等。
  A. 编辑检查   B. 互查
  C. 印刷成图检验   D. 自查

E. 散点检查

(59)水深测量应上交的资料有成果图(自动化水深测量内业成果记录介质)及其经历簿,验潮站经历簿,(　　)等。

A. 测深线和底质透写图　　　　　B. 高程(干出高度)透写图
C. 水位改正计算资料　　　　　　D. 测深、定位及验潮等各种记录手簿
E. 控制点成果表

(60)海图制图成果资料归档主要有制图任务书、编图计划、(　　)等。

A. 各类源数据文件、采用的各种编绘资料与成果图
B. 测深与定位仪器设备检定资料
C. 所绘制的各类图纸及成果表
D. 各级质量检验的成果报告
E. 制图过程记录

2.3　例题参考答案及解析

1)单项选择题(每题的备选项中,只有1个最符合题意)

(1)A

解析:本题考查海图投影方法的概念,航海图一般采用墨卡托投影。故选 A。

(2)D

解析:A、B、C 是辅助要素。故选 D。

(3)A

解析:海洋测绘的水深正确定义是自深度基准至水底的垂直距离。故选 A。

(4)B

解析:海洋测绘的干出高度的正确含义是该点自深度基准以上的高度。故选 B。

(5)C

解析:《中国海图图式》(GB 12319—1998)规定,中国沿海地区一般自平均大潮高潮面起算。故选 C。

(6)B

解析:《中国海图图式》(GB 12319—1998)规定,桥梁净空高度是自平均大潮高潮面或江河高水位(设计最高通航水位)到桥下净空宽度中下梁最低点的垂直距离。故选 B。

(7)D

解析:《中国海图图式》(GB 12319—1998)规定,图上表示的方位系观测者由海上观测目标的真方位。故选 D。

(8)B

解析:《中国海图图式》(GB 12319—1998)规定,航海图一般采用黑、黄(棕)、紫、浅蓝四色印刷出版。故选 B。

(9)C

解析:《中国海图图式》(GB 12319—1998)规定,各种符号尺寸是按海图内容为中等密度的图幅规定的。海图上各符号之间的间隔,除允许符号交叉和结合表示者外,不应小于

0.2mm。在符号密集相距很近的情况下,可将符号尺寸略微缩小。故选 C。

(10)C

解析: 海图改正是指为保持海图现势性,根据《航海通告》、新测和新调查的资料对已经出版的或正在出版的海图进行的改正。故选 C。

(11)A

解析:《中国海图图式》(GB 12319—1998)规定,凡套色分道航道的分隔带等,均套印 100 线网点。故选 A。

(12)C

解析:《中国海图图式》(GB 12319—1998)规定,海图符号旁只注一个尺寸的,表示圆或外接圆的直径、等边三角形或正方形的边长。故选 C。

(13)C

解析:《中国海图图式》(GB 12319—1998)规定,海图符号旁两个尺寸并列的,第一个数字表示符号主要部分的高度,第二个数字表示符号主要部分的宽度。故选 C。

(14)B

解析: 海图制作现在一般分为编辑准备、数据输入、数据处理和图形输出四个阶段。故选 B。

(15)D

解析: 电子海图物标由特征物标和空间物标组成。故选 D。

(16)B

解析: 本题考查海洋测绘的概念,海洋测绘是海洋测量和海图编制的总称。故选 B。

(17)A

解析: A 符合现行《海道测量规范》(GB 12327—1998)规范要求。故选 A。

(18)A

解析:《海道测量规范》(GB 12327—1998)规定,高程采用 1985 国家高程基准,远离大陆的岛、礁,其高程基准可采用当地平均海面。故选 A。

(19)C

解析:《海道测量规范》(GB 12327—1998)规定,以理论最低潮面作为深度基准面。故选 C。

(20)D

解析:《海道测量规范》(GB 12327—1998)规定,深度基准面的高度从当地平均海面起算;一般情况下,它应与国家高程基准进行联测。深度基准面一经确定且在正规水深测量中已被采用者,一般不得变动。故选 D。

(21)D

解析: 现在海洋定位方法主要有天文定位、光学定位、无线电定位、卫星定位和水声定位。故选 D。

(22)C

解析: 海图按内容分为普通海图、专题海图和航海图三大类。故选 C。

(23)B

解析: 海图分幅的基本原则是保持制图区的相对完整、航线及重要航行要素的相对完整。故选 B。

(24) A

解析:《海道测量规范》(GB 12327—1998)规定,海控一级点相对于相邻起算点的点位中误差为±0.2m。故选 A。

(25) B

解析:《海道测量规范》(GB 12327—1998)规定,海控二级点相对于相邻起算点的点位中误差为±0.5m。故选 B。

(26) A

解析:《海道测量规范》(GB 12327—1998)规定,小于1∶1万海图测量时,交会法确定测图点的较差为±2m。故选 A。

(27) A

解析:根据 F 值的大小将潮港分为半日潮($0<F\leqslant 0.5$)、混合潮($0.5<F\leqslant 4$)和日潮($F>4$)3种潮汐类型。故选 A。

(28) D

解析:回转流用海流计定点测验,一般应定深3m。故选 D。

(29) D

解析:验流定位的计时精确到秒,流速精确到0.1kn(节),流向精确到0.5°。故选 D。

(30) B

解析:《海道测量规范》(GB 12327—1998)规定,主测深线方向应垂直等深线的总方向;对狭窄航道,测深线方向可与等深线成45°角。故选 B。

(31) C

解析:《海道测量规范》(GB 12327—1998)规定,使用多波束测深仪时,测深线的方向布设宜与等深线的走向平行。故选 C。

(32) B

解析:《海道测量规范》(GB 12327—1998)规定,原则上主测深线间隔为图上1cm。故选 B。

(33) D

解析:《海道测量规范》(GB 12327—1998)规定,检查线总长应不少于主测深线总长的5%。故选 D。

(34) D

解析:按现行《海道测量规范》(GB 12327—1998)要求,水深测量在50~100m时,测量限差为±1.0m。故选 D。

(35) B

解析:按现行《海道测量规范》(GB 12327—1998)要求,扫海测量中,定位点间隔不超过图上2cm。故选 B。

(36) A

解析:本题考查水位观测质量检查的精度概念,现行《海道测量规范》(GB 12327—1998)规定为±2cm。故选 A。

(37) B

解析:本题考查水位观测质量检查的精度概念,现行《海道测量规范》(GB 12327—1998)规定为±5cm。故选 B。

(38) D

解析： 本题考查定位观测质量检查的精度概念，现行《海道测量规范》(GB 12327—1998)规定为 2m。故选 D。

(39) B

解析： 本题考查定位观测质量检查的精度概念，现行《海道测量规范》(GB 12327—1998)规定为 5m。故选 B。

(40) D

解析： 本题考查测线观测质量检查的精度概念，现行《海道测量规范》(GB 12327—1998)规定为 1/2。故选 D。

2) 多项选择题(每题的备选项中，有 2 个或 2 个以上符合题意，至少有 1 个错项)

(41) ABCE

解析： D 是海道测量内容。故选 ABCE。

(42) ACDE

解析： B 是海图总体设计内容。故选 ACDE。

(43) ACD

解析： 两圆点符号间的数字是指两点间空隙。两个尺寸并列的，第二个数字表示符号主要部分的宽度。故选 ACD。

(44) ABD

解析： C、E 不符合题意，A、B、D 都是电子海图分类。故选 ABD。

(45) CDE

解析： 海底地形图表示方法主要有符号法、深度注记法、等深线法、明暗等深线法、分层设色法、晕线法、晕渲线法及写景法。故选 CDE。

(46) BCD

解析： A、E 不符合题意，B、C、D 都是海道测量内容。故选 BCD。

(47) BCDE

解析： A 不合题意，B、C、D、E 都是海道测量内容。故选 BCDE。

(48) ABCE

解析： 现行《海道测量规范》(GB 12327—1998)规定，潮汐观测可采用水尺验潮、井式验潮、超声波验潮、压力式验潮、GPS 潮位等手段进行，D 不符合题意。故选 ABCE。

(49) BCE

解析： 现行《海道测量规范》(GB 12327—1998)规定，半日潮港海区选择在农历初一、初二、初三或十六、十七、十八日进行验流观测。故选 BCE。

(50) ABC

解析： D、E 不符合现行《海道测量规范》(GB 12327—1998)规定，A、B、C 是规范规定的标准图幅尺寸。故选 ABC。

(51) CDE

解析： A、B 不符合题意，现行《海道测量规范》(GB 12327—1998)规定，当利用三个验潮站(或定点站)对其控制区域进行水位改正时，可使用时差法、分带内插法或解析模拟法。故选 CDE。

(52) BDE

解析:A、C不符合题意,水深改正,包括:吃水改正、姿态改正、声速改正、水位改正。故选BDE。

(53) BCD

解析:A、E不符合题意,海岸地形测量内容,包括:岸线位置、海岸性质、沿岸陆地及海滩地形测量。故选BCD。

(54) ABCD

解析:编写技术总结书和绘制有关附图不符合题意,A、B、C、D符合题意。故选ABCD。

(55) BCDE

解析:A不符合规范要求,现行《海道测量规范》(GB 12327—1998)规定在海道测量技术设计之前,应收集测区最新的地形图和海图,B、C、D、E符合题意。故选BCDE。

(56) ACD

解析:B是潮位控制成果检验的主要内容;E是海洋测量成果质量检验主要内容之一,A、C、D符合题意。故选ACD。

(57) ACE

解析:B、D分别是海洋测量内容之一。故选ACE。

(58) ACD

解析:B、E不符合题意,A、C、D都是海图制图成果检查主要内容。故选ACD。

(59) ACD

解析:高程(干出高度)透写图是海岸地形测量成果,控制点成果表是控制测量成果;A、C、D符合题意。故选ACD。

(60) ACDE

解析:测深与定位仪器设备检定资料是海洋测量归档成果资料,B不符合题意,A、C、D、E符合题意。故选ACDE。

2.4 高频真题综合分析

2.4.1 高频真题——水深测量

▶ 真 题 ◀

【2011,99】 测量水深可采用的仪器设备包括( )。
A. 测深杆 B. 机载激光测深系统
C. 旁侧声纳 D. 多波束测深系统
E. 磁力仪

【2012,11】 现行《海道测量规范》(GB 12327—1998)规定,可直接用于测图比例尺为1:2000水深测量的平面控制点是( )。
A. 海控一级点 B. 测图点
C. 海控二级点 D. 图根点

97

【2012,84】 使用测深仪时,应测定仪器的总改正数。总改正数包括(　　)改正数的代数和。

A. 水位
B. 仪器转速
C. 声速
D. 吃水
E. 换能器基线数

【2014,16】 根据《海道测量规范》(GB 12327—1998)规定的水深测量极限误差(置信度95%)情况下,深度范围在 $30<Z\leqslant50$ 时,极限误差为(　　)m。

A. ±0.3
B. ±0.4
C. ±0.5
D. ±0.6

【2016,84】 下列测深手簿填写与整理的说法中,正确的有(　　)。

A. 测深中改变航速无须记录
B. 手簿上经分析不采用的成果划去即可
C. 变换测深工具时,应用符号文字说明
D. 遇干出礁时,手簿内应描绘其形状
E. 应该记载定位方法和测定底质工具

▶ 真题答案及综合分析 ◀

答案: ABD　A　BCDE　C　CDE

解析: 以上5题,考核的知识点是"水深测量"有关知识。

(1)现行的水深测量仪器设备有测深杆、机载激光测深系统、多波束测深系统等。

(2)《海道测量规范》(GB 12327—1998)规定,大于1∶5000比例尺测图的水深测量中,点位中误差应不大于图上1.5mm。海控一级点的点位中误差为±0.2m,海控二级点的点位中误差为±0.5m。

(3)《海道测量规范》(GB 12327—1998)第6.3.5.4条,使用测深仪时,应测定仪器的总改正数。总改正数包括以下各项改正数的代数和:仪器转速改正数、声速改正数、吃水改正数(静态和动态吃水改正数代数和)、换能器基线改正数。

(4)《海道测量规范》(GB 12327—1998)规定,水深测量极限误差(置信度95%)见表2-4。

深度测量极限误差表(单位:m)　　　　表2-4

测深范围	极限误差 2σ
$0<Z\leqslant20$	±0.3
$20<Z\leqslant30$	±0.4
$30<Z\leqslant50$	±0.5
$50<Z\leqslant100$	±1.0
$Z>100$	$\pm Z\times2\%$

2.4.2 高频真题——海道测量基准

◀ 真 题 ▶

【2011,76】干出礁高度从( )起算。
　　A. 理论深度基准面　　　　　　　B. 当地平均海面
　　C. 平均大潮低潮面　　　　　　　D. 理论大潮高潮面

【2012,10】中国沿海地区深度基准目前采用的是( )。
　　A. 当地平均海面　　　　　　　　B. 海洋大地水准面
　　C. 平均大地高潮面　　　　　　　D. 理论最低潮面

【2013,11】我国海洋测绘深度基准采用的是( )。
　　A. 平均海水面　　　　　　　　　B. 大地水准面
　　C. 似大地水准面　　　　　　　　D. 理论最低潮面

【2016,13】海道测量中,灯塔的灯光中心高度起算面是( )。
　　A. 平均海水面　　　　　　　　　B. 理论最低海水面
　　C. 似大地水准面　　　　　　　　D. 平均大潮高潮面

◀ 真题答案及综合分析 ▶

答案: A D D D

解析: 以上4题,考核的知识点是"海道测量基准"。

(1)《海道测量规范》(GB 12327—1998)规定,海道测量,高程系统采用1985国家高程基准,以理论最低潮面作为深度基准面。注意区分"高程基准"和"深度基准"两个概念。

(2)海道测量中,灯塔、灯桩的灯光中心高度从平均大潮高潮面起算。

3 工程测量

3.0 考点分析

考点一:工程控制网
考点二:工程地形图测绘
考点三:施工测量
考点四:地下管线测量与工程竣工测量
考点五:变形测量与精密工程测量
考点六:《工程测量规范》(GB 50026—2007)

3.1 考点一:工程控制网

3.1.1 主要知识点汇总

1)工程测量分类

按照工程对象,工程测量可分为建筑工程测量、水利工程测量、线路工程测量、桥隧工程测量、地下工程测量、海洋工程测量、军事工程测量、工业测量、矿山测量、城市测量等。

2)工程测量任务

(1)工程规划阶段,主要是测绘各种比例尺的地形图。
(2)工程建设阶段,主要是开展施工控制网建立、施工放样工作。
(3)工程运营阶段,主要是开展变形监测网建立、变形监测工作。

3)工程测量工作内容

工程测量工作内容,包括:①控制网建立;②地形图测绘;③施工放样;④质量检测;⑤变形监测。

4)工程控制网分类

(1)按用途划分:测图控制网、施工控制网、安装控制网、变形监测网。
(2)按网点性质划分:一维网(高程控制网)、二维网(平面控制网)、三维网。
(3)按网形划分:三角网、导线网、混合网、方格网等。
(4)按施测方法划分:测角网、测边网、边角网、GPS网等。
(5)按基准划分:附合网(约束网)、独立网、经典自由网、自由网等。

5)工程控制网的建立过程

工程控制网建立过程:①设计;②选点埋石;③观测;④平差计算。

6)工程控制网的布设原则

工程控制网的布设原则:①分级布网,逐级控制;②要有足够的精度和可靠性;③要有足够的点位密度;④要有统一的规格。

7)测图平面控制网的精度要求

平面控制网的精度要能满足1:500比例尺地形图测图要求,四等以下(含四等)平面控制网最弱点的点位中误差不得超过图上±0.1mm,即实地±5cm,这一数值可作为平面控制网精度设计的依据。

8)变形监测网的精度要求

变形监测网的精度由变形体的允许变形值决定,一般要求中误差不超过允许变形值的1/10～1/20或1～2mm。变形监测网还要求有高可靠性和高灵敏度。

9)控制网优化设计分类

控制网优化设计分为4类:①零类设计(基准设计);②一类设计(网形设计);③二类设计(权设计);④三类设计(改进设计或加密设计)。

10)工程控制网的施测方法

(1)平面控制测量方法,包括:GPS测量、边角测量、导线测量。

(2)高程控制测量方法,包括:水准测量、三角高程测量、GPS水准(GPS拟合高程)测量。

11)工程控制网的质量准则

评价工程控制网的质量一般有4项指标:①精度;②可靠性;③灵敏度;④经济(费用)。这些指标决定了控制网优化设计的方法和模型。

12)工程控制网的质量检验

(1)工程控制测量成果包括3个质量元素:①数据质量;②点位质量;③资料质量。

(2)数据质量包括3个质量子元素:①数学精度;②观测质量;③计算质量。

(3)点位质量包括2个质量子元素:①选点质量;②埋石质量。

(4)资料质量包括2个质量子元素:①整饰质量;②资料完整性。

13)工程控制网成果归档

(1)技术设计书,技术总结。

(2)观测记录及数据。

(3)概算或数据预处理资料,平差计算资料。

(4)控制网展点图、成果表、点之记。

(5)仪器检定和检校资料。

(6)检查报告,验收报告。

3.1.2 例题

1)单项选择题(每题的备选项中,只有1个最符合题意)

(1)工程测量工作应遵循的原则是(   )。

    A.必要观测原则   B.多余观测原则

C. 从整体到局部的原则　　　　　　D. 并列原则

(2) 下列不属于工程控制网布网原则的是(　　)。

A. 分级布网,逐级控制　　　　　　B. 控制网精度高,控制范围小

C. 要有足够的精度和可靠性　　　　D. 要有足够的密度

(3) 下面关于控制网的叙述错误的是(　　)。

A. 国家控制网从高级到低级布设

B. 国家控制网分为平面控制网和高程控制网

C. 直接为测图目的建立的控制网,称为图根控制网

D. 国家控制网按精度可分为 A、B、C、D、E 五级

(4) 与国家控制网比较,工程控制网的特点是(　　)。

A. 边长较长　　　　　　　　　　　B. 边长相对精度较高

C. 点位密度大　　　　　　　　　　D. 点位密度小

(5) 施工控制网有时分两级布网,次级网的精度(　　)首级网的精度。

A. 一定低于　　　　　　　　　　　B. 一定高于

C. 可能高于　　　　　　　　　　　D. 等于

(6) 施工控制网一般选择投影到主施工高程面作为投影面而不进行高斯投影,主要是为了(　　)。

A. 方便施工放样,方便控制网观测　B. 方便平差计算

C. 方便观测记录　　　　　　　　　D. 与城市控制网相区别

(7) 下列控制网不是按照网形分的是(　　)。

A. 三角网　　　　　　　　　　　　B. 导线网

C. 方格网　　　　　　　　　　　　D. 附合网

(8) 工程运营管理阶段测绘的主要任务是(　　)。

A. 勘察测量　　　　　　　　　　　B. 施工测量

C. 验收测量　　　　　　　　　　　D. 变形测量

(9) 工程高程控制测量过程中,精度最高的是(　　)。

A. 目估法　　　　　　　　　　　　B. 三角高程测量

C. 水准测量　　　　　　　　　　　D. GPS 水准

(10) 控制网优化设计是指在一定的人力、物力、财力等条件下,设计出精度高、可靠性强、经费最省的控制网布设方案。控制网优化设计分为四类,其中"一类设计"是指(　　)。

A. 基准设计　　　　　　　　　　　B. 网形设计

C. 权设计　　　　　　　　　　　　D. 改进设计或加密设计

(11) 工程测量控制网可采用卫星定位测量方法。依照《工程测量规范》(GB 50026—2007),对于 GPS 测量数据处理,其基线解算,应满足一定要求。下列选项中,描述错误的是(　　)。

A. 起算点的单点定位观测时间,不宜少于 15min

B. 解算模式可采用单基线解算模式

C. 解算模式可采用多基线解算模式

D. 解算成果,应采用双差固定解

(12) 工程测量高程控制点间的距离一般地区应为 1~3km,工业场区宜为 1km,但一个测

区及周围至少应有( )个高程控制点。

  A. 2   B. 3   C. 4   D. 5

(13)下列关于工程控制网的特点说法不正确的是( )。

  A. 控制网的大小、形状应和工程相适应

  B. 可采用独立的坐标系

  C. 地面控制网精度一定要均匀

  D. 投影面的选择应满足控制点坐标反算两点间长度与实地两点间长度之差尽可能小的要求

(14)工程控制网的质量准则不包括( )。

  A. 时间准则   B. 灵敏度准则

  C. 精度准则   D. 费用准则

(15)关于工程测量高程控制的施测方法,下列说法不正确的是( )。

  A. 通常情况采用水准测量的方法

  B. 图根高程控制测量可以采用GPS拟合高程测量

  C. 二等及以下等级可采用GPS拟合高程测量

  D. 四等及以下等级可采用电磁波测距三角高程测量

(16)下列坐标系中肯定不属于独立坐标系的是( )。

  A. 北京坐标系   B. 施工坐标系

  C. 工程坐标系   D. 地方坐标系

(17)工程控制网的建立步骤不包括( )。

  A. 设计   B. 绘制地形图   C. 选点埋石   D. 观测和平差计算

2)多项选择题(每题的备选项中,有2个或2个以上符合题意,至少有1个错项)

(18)工程控制网按网点的性质划分为( )。

  A. 约束网   B. 一维网   C. 二维网

  D. 三维网   E. 自由网

(19)工程控制网的质量准则为( )。

  A. 灵敏度准则   B. 平衡准则   C. 精度准则

  D. 多样性准则   E. 费用准则

(20)GPS工程控制网数据平差计算和转换中的主要内容包括( )。

  A. 与地面网的联合平差   B. 观测数据的平滑

  C. 无约束平差   D. 坐标系统的转换

  E. 基线向量解算

(21)关于高程控制测量的施测方法,下列说法正确的是( )。

  A. 通常情况采用水准测量的方法

  B. 图根等级可以采用GPS拟合高程测量

  C. 二等及以下等级可采用GPS拟合高程测量

  D. 四等以下等级可采用电磁波测距三角高程测量

  E. 因为工程控制网要求精度高,所有的工程高程控制网应使用水准测量的方法进行

(22)工程施工建设阶段的测量工作主要分为( )。

  A. 勘察测量   B. 施工测量   C. 监理测量

D. 验收测量　　　　E. 变形监测

(23) 图根平面控制点的布设,可采用(　　)方法。

A. 三角高程　　　B. 图根导线　　　C. 交会测量

D. GPS RTK　　　E. 图根三角

(24) 工程高程控制网的施测方法可以采用(　　)。

A. 水准测量　　　B. 三角测量　　　C. 三角高程测量

D. 导线测量　　　E. GPS 水准方法

(25) GPS 工程控制网数据处理平差计算和转换包括(　　)。

A. 数据编辑　　　　　　　　　B. 基线向量解算

C. 无约束平差　　　　　　　　D. 与地面网的联合平差

E. 坐标系统的转换

(26) 工程控制网的布网原则有(　　)。

A. 要有统一的规格

B. 控制网精度高,控制范围小

C. 要有足够的精度和可靠性

D. 要有足够的密度

E. 分级布网,逐级控制

(27) 下面关于控制网的叙述正确的是(　　)。

A. 国家控制网从高级到低级布设

B. 国家控制网分为平面控制网和高程控制网

C. 国家控制网按精度可分为 A、B、C、D、E 五级

D. 控制网是指控制点按一定规律构成的几何网形

E. 直接为测图目的建立的控制网,称为图根控制网

3.1.3 例题参考答案及解析

1) 单项选择题(每题的备选项中,只有 1 个最符合题意)

(1) C

解析: 本题考查测量工作的原则,无论是工程测量还是其他测量都要遵循测量工作的两条基本原则:①从整体到局部;②逐步检查。故选 C。

(2) B

解析: 工程控制网的布网原则:分级布网,逐级控制;要有足够的精度和可靠性;要有足够的密度;要有统一的规格。选项 B(控制网精度高,控制范围小),不属于工程控制网的布网原则。故选 B。

(3) D

解析: 有关国家控制网的基本知识:国家控制网分为平面控制网和高程控制网;国家控制网从高级到低级布设;国家控制网按精度可以分为一、二、三、四等;直接为测图目的建立的控制网,称为图根控制网。选项 D 的描述是错误的。故选 D。

(4) C

解析: 国家控制网的特点:边长较长,相对精度较高,点位密度小;工程控制网的特点:控制

范围较小,用点率高,故控点多,点位密度大。故选C。

(5)C

解析:本题考查控制网逐级控制的唯一特例。施工控制网有时次级网的精度会高于首级网的精度。故选C。

(6)A

解析:施工控制网一般选择投影到主施工高程面作为投影面而不进行高斯投影,主要是为了方便施工放样,方便控制网观测。故选A。

(7)D

解析:工程控制网按网形可分为:①三角网;②导线网;③混合网;④方格网等。故选D。

(8)D

解析:A选项(勘察测量)属于工程勘察设计阶段;B、C选项(施工测量、验收测量)属于工程施工建设阶段;D选项(变形测量)属于工程运营管理阶段。故选D。

(9)C

解析:工程高程控制测量过程中,目前精度最高的是水准测量。故选C。

(10)B

解析:控制网优化设计分为4类,分别为:①零类设计(基准设计)、②一类设计(网形设计)、③二类设计(权设计)、④三类设计(改进设计或加密设计)。故选B。

(11)A

解析:对于GPS测量数据处理,其基线解算,《工程测量规范》(GB 50026—2007)第3.2.10条规定:起算点的单点定位观测时间,不宜少于30min;解算模式可采用单基线解算模式,也可采用多基线解算模式;解算成果,应采用双差固定解。选项A,描述不正确。故选A。

(12)B

解析:根据工程测量规范,在进行工程测量时,"高程控制点"有关要求:高程控制点间的距离一般地区应为1~3km,工业场区宜为1km,但一个测区及周围至少应有3个高程控制点。故选B。

(13)C

解析:有关工程控制网的基本知识:①控制网的大小、形状、点位分布,应与工程的大小、形状相适应;②地面控制网的精度,不要求网的精度均匀,但要保证某一方向和某几个点的相对精度高;③投影面的选择应满足"控制点坐标反算两点间长度与实地两点间长度之差尽可能的小"的要求;④可采用独立的坐标系;等等。C选项,描述不正确。故选C。

(14)A

解析:工程控制网的质量准则有:①精度准则;②可靠性准则;③灵敏度准则;④费用准则。选项A(时间准则),不属于工程控制网的质量准则。故选A。

(15)C

解析:工程测量中有关高程控制测量的基本知识:通常情况下,高程控制网应使用水准测量的方法进行;四等及以下等级(包括图根高程控制测量)可采用GPS拟合高程测量;四等及以下等级(包括图根高程控制测量)可采用电磁波测距三角高程测量。C选项,描述不正确。故选C。

(16)A

解析:北京坐标系是国家坐标系。施工坐标系、工程坐标系、地方坐标系都有可能采用独

105

立的坐标系。故选 A。

(17)B

解析：工程控制网的建立步骤一般分为三个部分：①设计；②选点埋石；③观测和平差计算。选项 B(绘制地形图)，不属于工程控制网的建立步骤。故选 B。

2)多项选择题(每题的备选项中，有 2 个或 2 个以上符合题意，至少有 1 个错项。)

(18)BCD

解析：工程控制网的分类。按网点的性质可分为：一维网、二维网、三维网；按照坐标系和基准可分为：附合网、独立网、经典网、自由网。故选 BCD。

(19)ACE

解析：工程控制网的质量准则有 4 个：①精度准则；②可靠性准则；③灵敏度准则；④费用准则。B、D 选项(平衡准则、多样性准则)，不属于工程控制网的质量准则。故选 ACE。

(20)ACDE

解析：GPS 工程控制网数据处理的平差计算和转换，其主要内容有：①基线向量解算；②无约束平差；③坐标系统的转换；④与地面网的联合平差等。故选 ACDE。

(21)ABD

解析：工程测量中有关高程控制测量的基本知识：通常情况下，高程控制网应使用水准测量的方法进行；四等及以下等级(包括图根等级)可采用 GPS 拟合高程测量；四等及以下等级(包括图根等级)可采用电磁波测距三角高程测量。C、E 选项，描述不正确。故选 ABD。

(22)BC

解析：工程施工建设阶段测量工作主要分为两个部分：施工测量、监理测量。施工测量的主要内容为：施工控制网的建立、施工放样；监理测量的工作主要为：检查测量、审核施工测量数据。故选 BC。

(23)BCDE

解析：图根平面控制点的布设，可采用以下方法：①图根导线；②图根三角；③交会测量；④GPSRTK 测量等。A 选项(三角高程测量)属于高程控制测量范畴，不属于平面控制测量范畴。故选 BCDE。

(24)ACE

解析：工程高程控制测量的施测方法有：几何水准测量、三角高程测量、GPS 水准测量方法等。选项 B、D(三角测量、导线测量)，属于平面控制测量方法。故选 ACE。

(25)BCDE

解析：GPS 工程控制网数据处理平差计算和转换的主要内容，包括：①基线向量解算；②无约束平差；③坐标系统的转换；④与地面网的联合平差等。A 选项(数据编辑)，不属于GPS 网平差计算的范畴。故选 BCDE。

(26)ACDE

解析：工程控制网的布网原则有：①分级布网，逐级控制；②要有足够的精度和可靠性；③要有足够的密度；④要有统一的规格。故选 ACDE。

(27)ABDE

解析：有关国家控制网的基本知识：国家控制网分为平面控制网和高程控制网；国家控制网从高级到低级布设；国家控制网按精度可以分为一、二、三、四等；GPS控制网按精度可以分为A、B、C、D、E五级；直接为测图目的建立的控制网，称为图根控制网。C选项，描述不正确。故选ABDE。

3.2 考点二：工程地形图测绘

3.2.1 主要知识点汇总

1）地形图的工程应用

(1)在工程规划阶段，可直接利用国家1:10万～1:1万比例尺地形图，还需要专门测绘1:5000～1:2000比例尺的区域或带状地形图(含水下地形图)。

(2)在工程建设阶段，需要测绘1:1000、1:500乃至更大比例尺的地形图、专题图、断面图。

(3)在运营阶段，需要1:1000、1:500乃至更大比例尺的地形图、专题图、断面图。

2）工程地形图的测绘过程

测绘过程，包括：①踏勘与设计；②图根控制测量；③地形碎部测量；④地形图绘制。

3）测图比例尺的选择

工程地形图的测图比例尺根据工程设计、规模大小和运营管理需要选择，具体要求见表3-1。

地形图测图比例尺　　　　　　　　　　表3-1

比例尺	用　　途
1:5万	大型水利枢纽、能源、交通等工程的可行性研究、总体规划
1:2.5万	
1:1万	可行性研究、总体规划、厂址选择、初步设计等
1:5000	
1:2000	可行性研究、初步设计、矿山总图管理、城镇详细规划等
1:1000	初步设计、施工图设计、城镇、工矿总图管理、竣工验收、运营管理等
1:500	

4）基本等高距的选择

工程地形图的基本等高距应根据地形类别和测图比例尺选择，具体要求见表3-2。

地形图基本等高距　　　　　　　　　　表3-2

地形类别	地形倾角α(°)	比　　例　　尺			
		1:500	1:1000	1:2000	1:5000
平地	$\alpha<3$	0.5m	0.5m	1m	2m
丘陵地	$3\leq\alpha<10$	0.5m	1m	2m	5m
山地	$10\leq\alpha<25$	1m	1m	2m	5m
高山地	$\alpha\geq25$	1m	2m	2m	5m

5)地形图的精度指标

(1)平面精度

工程地形图上,地物点相对于邻近图根点的点位中误差要求:①城镇建筑区和工矿区不应超过图上±0.6mm;②一般地区不应超过图上±0.8mm;③水域区不应超过图上±1.5mm。

(2)高程精度

工程地形图上,等高线插求点相对于邻近图根点的高程中误差根据地形类别确定,具体要求见表3-3。

等高线插求点高程中误差 表3-3

地形类别	平地	丘陵地	山地	高山地
地形倾角(°)	$\alpha<3$	$3\leqslant\alpha<10$	$10\leqslant\alpha<25$	$\alpha\geqslant25$
一般地区(m)	$\frac{1}{3}H_d$	$\frac{1}{2}H_d$	$\frac{2}{3}H_d$	H_d
水域(m)	$\frac{1}{2}H_d$	$\frac{2}{3}H_d$	H_d	$\frac{3}{2}H_d$

注:H_d为地形图基本等高距。

6)图根控制测量

(1)图根平面控制方法:图根导线、GPS RTK等。

(2)图根高程控制方法:图根水准、图根三角高程导线等。

(3)图根点精度要求:①相对于基本控制点的点位中误差不应超过图上±0.1mm;②高程中误差不应超过基本等高距的1/10。

(4)图根点的密度要求:根据基本控制点分布,地形复杂、破碎程度或隐蔽情况决定。对于平坦而开阔地区,图根点的数量要求见表3-4。

每平方千米图根点数量(单位:个) 表3-4

比例尺	1:2000	1:1000	1:500
模拟法成图	15	50	150
数字法成图	4	16	64

7)水下地形图测绘

水下地形图测绘的工作内容,主要包括:①定位;②测深;③绘图等。(注:定位方法主要有GPS差分定位、无线电定位、全站仪定位、水下声学定位等;测深方法主要有回声测深仪、多波束测深系统、测深杆、测深锤、机载激光测深系统等。)

8)地形图的质量检验

(1)地形图成果质量元素有5个:①数学精度;②数据结构正确性;③地理精度;④整饰质量;⑤附件质量。

(2)数学精度包括3个质量子元素:①数学基础;②平面精度;③高程精度。

(3)成果检验方法:①比对分析;②核查分析;③实地检查;④实地检测等。

(4)数学精度的实地检测:一般每幅图选取20~50个点,实地检测点位中误差和高程中误差。

9)地形图成果归档

(1)技术设计书,技术总结。

(2)图根观测数据、计算资料、成果表。

(3)地形图成果,图幅接合表。

(4)仪器检定和检校资料。

(5)检查报告,验收报告。

3.2.2 例题

1)单项选择题(每题的备选项中,只有1个最符合题意)

(1)按《工程测量规范》(GB 50026—2007),地形图的基本等高距应按地形类别和测图比例尺进行选择,对于丘陵地区1:500的地形图,应该选择(　　)为基本等高距。

  A.5m   B.2m   C.1m   D.0.5m

(2)一般的工程建设中,对于厂址的选择通常选用(　　)的地形图。

  A.1:5000～1:10000   B.1:2000

  C.1:2000～1:1000   D.1:1000～1:500

(3)按《工程测量规范》(GB 50026—2007),地形图的基本等高距应按地形类别和测图比例尺进行选择,对于地形倾角小于3°的地区,绘制1:1000的地形图等高距应为(　　)。

  A.5m   B.1m   C.2m   D.0.5m

(4)下列关于地形图的精度说法错误的是(　　)。

  A.地形图上地物点相对于邻近图根点的平面点位中误差,对于城镇建筑区和工矿区不应超过图上0.6mm

  B.地形图上地物点相对于邻近图根点的平面点位中误差,对于一般地区不应超过图上1mm

  C.地形图上地物点相对于邻近图根点的平面点位中误差,对于水域部分不应超过图上1.5mm

  D.地形图等高线的插求点相对于邻近图根点的高程中误差,对于一般平坦地区小于1/3的基本等高距

(5)关于地形图基本等高距、比例尺和地形类别三者关系的描述,以下说法正确的是(　　)。

  A.测图比例尺越大,基本等高距越小;地形越复杂,基本等高距越小

  B.测图比例尺越大,基本等高距越大;地形越复杂,基本等高距越小

  C.测图比例尺越大,基本等高距越大;地形越复杂,基本等高距越大

  D.测图比例尺越大,基本等高距越小;地形越复杂,基本等高距越大

(6)对数字测图方法,对于1:500测图,每平方千米图根点的数量不少于(　　)个。

  A.50   B.64   C.100   D.150

(7)工程测量中平坦地区高程中误差一般不超过(　　)。

  A.H_d B.$\frac{2}{3}H_d$ C.$\frac{1}{2}H_d$ D.$\frac{1}{3}H_d$

(8)工程建设的大比例尺地形图一般采用(　　)分幅方式。
　　A.经纬线　　　　B.梯形　　　　C.矩形　　　　D.圆形
(9)根据需要,在图上表示的最小距离不大于实地0.1m,则测图比例尺应选择(　　)。
　　A.1:1000　　　B.1:2000　　　C.1:5000　　　D.1:10000
(10)大比例尺数字地形图平面和高程精度的检查中,用钢尺或测距量测相邻地物点的距离,量测边数每幅图一般不少于(　　)处。
　　A.8　　　　　B.10　　　　　C.15　　　　　D.20
(11)依据《工程测量规范》(GB 50026—2007)"纸质地形图的绘制"有关规定,对于"不依比例尺绘制的符号",应保持(　　)。
　　A.其轮廓位置的精度　　　　　　B.其主线位置的几何精度
　　C.其主点位置的几何精度　　　　D.其符号的整体美观性
(12)对数字测图方法,对于1:1000比例尺测图,每平方千米图根点的数量不少于(　　)。
　　A.64　　　　　B.16　　　　　C.8　　　　　　D.4
(13)在地形图中,表示测量控制点的符号属于(　　)。
　　A.比例符号　　　　　　　　　　B.半比例符号
　　C.非比例符号　　　　　　　　　D.地貌符号
(14)地形图可以进行修测,但修测的面积超过原图总面积(　　)时,应重新进行测绘。
　　A.1/2　　　　B.1/3　　　　C.1/4　　　　D.1/5
(15)测图平面控制网的精度要能满足1:500比例尺地形图测图要求,四等以下(含四等)平面控制网最弱点的点位中误差不得超过图上±0.1mm,即实地(　　),这一数值可作为平面控制网精度设计的依据。
　　A.±0.5cm　　B.±1cm　　　C.±5cm　　　D.±10cm
(16)工程地形图上,地物点相对于邻近图根点的点位中误差,水域地区不应超过图上(　　)。
　　A.±0.6mm　　B.±0.8mm　　C.±1.5mm　　D.±2.0mm
(17)水域地区,工程测量中丘陵地区高程中误差一般不超过(　　)。
　　A.$\frac{1}{3}H_d$　　B.$\frac{1}{2}H_d$　　C.$\frac{2}{3}H_d$　　D.H_d
(18)按《工程测量规范》(GB 50026—2007),地形图的基本等高距应按地形类别和测图比例尺进行选择,对于1:5000的丘陵地形图应该选择(　　)为基本等高距。
　　A.0.5m　　　B.1m　　　　C.2m　　　　D.5m
(19)图根点相对于基本控制点的点位中误差不应超过图上±0.1mm,高程中误差不应超过基本等高距的(　　)。
　　A.1/2　　　　B.1/3　　　　C.1/5　　　　D.1/10
(20)采用数字测图方法,对于1:2000比例尺测图,每平方千米图根点的个数不少于(　　)。
　　A.4　　　　　B.16　　　　　C.50　　　　　D.64
(21)对于工程地形图质量检验,其成果质量元素包括5个,以下不属于地形图成果质量元素的是(　　)。
　　A.埋石质量　　　　　　　　　　B.数据结构正确性
　　C.整饰质量　　　　　　　　　　D.附件质量

2)多项选择题(每题的备选项中,有2个或2个以上符合题意,至少有1个错项)

(22)地形图的测绘方法可分为模拟法和数字法两种。目前,地形图测绘主要采用数字法,以下属于数字法测图的方法有(　　)。

　　A. GPS RTK 测图　　　　　　　　B. 平板仪测图
　　C. 经纬仪测图　　　　　　　　　D. 全站仪测图
　　E. 遥感测图方法

(23)水下地形图测绘的工作内容主要包括定位、测深、绘图等,其中定位方法主要包括(　　)。

　　A. 全站仪定位　　　　　　　　　B. 光电测距三角高程法
　　C. GPS 差分定位　　　　　　　　D. 水下声学定位
　　E. 激光准直法

(24)对于一些大型水利枢纽、能源、交通等工程,在可行性研究和总体规划阶段,经常需要使用(　　)甚至更小比例尺的地形图。

　　A. 1∶50000　　　　　　　　　　　B. 1∶25000
　　C. 1∶10000　　　　　　　　　　　D. 1∶2000
　　E. 1∶1000

(25)地图的图幅设计包括(　　)。

　　A. 数学基础设计　　　　　　　　B. 地图的拼接设计
　　C. 地图线划设计　　　　　　　　D. 地图的分幅设计
　　E. 图面配置设计

(26)地图符号按比例尺关系可分为(　　)。

　　A. 点状符号　　　　　　　　　　B. 依比例尺符号
　　C. 面状符号　　　　　　　　　　D. 不依比例尺符号
　　E. 半比例尺符号

(27)全站仪测图的方法,可采用(　　)。

　　A. 编码法　　　　　　　　　　　B. 扫描法
　　C. 草图法　　　　　　　　　　　D. 摄影法
　　E. 实时成图法

(28)下列关于地形图的精度说法正确的是(　　)。

　　A. 地形图上地物点相对于邻近图根点的平面点位中误差,对于水域部分不应超过图上 1.5mm
　　B. 地形图上地物点相对于邻近图根点的平面点位中误差,对于一般地区不应超过图上 1mm
　　C. 地形图上地物点相对于邻近图根点的平面点位中误差,对于城镇建筑区和工矿区不应超过图上 0.6mm
　　D. 地形图等高线的插求点相对于邻近图根点的高程中误差,对于一般平坦地区小于 1/2 的基本等高距
　　E. 地形图的精度包括平面精度和高程精度两个部分

(29)对于工程的施工设计阶段和运营管理阶段,往往需要用数字成图法测绘(　　)乃至

更大比例尺的地形图或专题图。

A．1∶500 B．1∶1000
C．1∶2000 D．1∶5000
E．1∶10000

3.2.3 例题参考答案及解析

1)单项选择题(每题的备选项中,只有1个最符合题意)

(1)D

解析：根据现行《工程测量规范》(GB 50026—2007)，地形图的基本等高距应按地形类别和测图比例尺进行选择，丘陵地区 1∶500 地形图的基本等高距应为 0.5m。详细数据见表 3-2。故选 D。

(2)A

解析：一般的工程建设，对于厂址的选择通常选用 1∶5000～1∶10000 的地形图。详细数据见表 3-1。故选 A。

(3)D

解析：按现行《工程测量规范》(GB 50026—2007)，地形图的基本等高距应按地形类别和测图比例尺进行选择。地形倾角小于 3°的地区属于平坦地区，绘制 1∶1000 的地形图时等高距应为 0.5m。详细数据见表 3-2。故选 D。

(4)B

解析：地形图的精度包括两个部分：平面精度、高程精度。平面精度(地形图上地物点相对于邻近图根点的平面点位中误差)要求如下：①对于城镇建筑区和工矿区不应超过图上0.6mm；②对于一般地区不应超过图上 0.8mm；③对于水域部分不应超过图上 1.5mm。高程精度要求：地形图等高线的插求点相对于邻近图根点的高程中误差，对于一般平坦地区小于 1/3 的基本等高距(详细数据见表 3-3)。选项 B，描述不正确。故选 B。

(5)D

解析：地形图基本知识：测图比例尺越大，基本等高距越小；地形越复杂，基本等高距越大。故选 D。

(6)B

解析：采用数字测图方法时，每平方公里图根点的密度：对于 1∶500 比例尺测图不少于 64 个；对于 1∶1000 比例尺测图不少于 16 个；对于 1∶2000 比例尺测图不少于 4 个。详细数据见表 3-4。故选 B。

(7)D

解析：按现行《工程测量规范》(GB 50026—2007)，工程测量中，平坦地区的高程中误差一般不超过 $\frac{1}{3}H_d$，式中 H_d 为基本等高距。详细数据见表 3-3。故选 D。

(8)C

解析：地形图的分幅通常有两种：矩形分幅、梯形分幅。大比例尺地形图一般采用矩形分幅方式，中小比例尺地形图通常采用梯形分幅方式。故选 C。

(9)A

解析: 比例尺精度的定义:图上0.1mm所代表的实地长度。根据比例尺精度定义,反算可知:0.1mm/0.1m=1:1000,故测图比例尺应选择1:1000。故选A。

(10) D

解析: 对于大比例尺数字地形图平面和高程精度的检查,检测点的平面坐标和高程采用外业散点法按测站点精度施测,每幅图一般各选取20~50个点。用钢尺或测距量测相邻地物点的距离,量测边数每幅图一般不少于20处。故选D。

(11) C

解析:《工程测量规范》(GB 50026—2007)第5.3.38条规定:①依比例尺绘制的轮廓符号,应保持轮廓位置的精度;②半依比例尺绘制的线状符号,应保持主线位置的几何精度;③不依比例尺绘制的符号,应保持其主点位置的几何精度。故选C。

(12) B

解析: 采用数字测图方法时,每平方千米图根点的密度,对于1:500比例尺测图不少于64个,对于1:1000比例尺测图不少于16个,对于1:2000比例尺测图不少于4个。详细数据见表3-4。故选B。

(13) C

解析: 地形图符号包括4种:①比例符号;②半比例符号;③非比例符号;④注记符号。在地形图中,表示控制点的符号属于非比例符号。故选C。

(14) D

解析: 按照《工程测量规范》(GB 50026—2007)规定,地形图可以进行修测,但修测的面积超过原图总面积1/5时,应重新进行测绘。故选D。

(15) C

解析: 比例尺精度的定义:图上0.1mm所代表的实地长度。对于1:500比例尺地形图,图上0.1mm,其实地长度=0.1×500=50mm。因此,5cm这一数值可作为平面控制网精度设计的依据。故选C。

(16) C

解析: 地形图上地物点相对于邻近图根点的平面点位中误差,要求如下:①对于城镇建筑区和工矿区不应超过图上0.6mm;②对于一般地区不应超过图上0.8mm;③对于水域部分不应超过图上1.5mm。故选C。

(17) C

解析: 按现行《工程测量规范》(GB 50026—2007),丘陵地区(水域地区)的高程中误差为 $\frac{2}{3}H_d$,式中 H_d 为基本等高距。详细数据见表3-3。故选C。

(18) D

解析: 根据现行《工程测量规范》(GB 50026—2007),丘陵地区1:5000地形图的基本等高距应为5m。详细数据见表3-2。故选D。

(19) D

解析: 本题考核图根点的精度要求。根据现行《工程测量规范》(GB 50026—2007),图根点相对于基本控制点的点位中误差不应超过图上±0.1mm,高程中误差不应超过基本等高距的1/10。故选D。

(20) A

解析：采用数字测图方法时，每平方千米图根点的密度，对于1∶500比例尺测图不少于64个，对于1∶1000比例尺测图不少于16个，对于1∶2000比例尺测图不少于4个。详细数据见表3-4。故选A。

(21) A

解析：对于工程地形图质量检验，其成果质量元素包括5个：①数学精度；②数据结构正确性；③地理精度；④整饰质量；⑤附件质量。选项A(埋石质量)，不属于工程地形图的成果质量元素。故选A。

2) 多项选择题(每题的备选项中，有2个或2个以上符合题意，至少有1个错项)

(22) ADE

解析：常用的数字法测图的方法有：全站仪测图、GPS RTK测图、数字摄影测量、遥感测图方法等。B、C选项(平板仪测图、经纬仪测图)属于模拟法测图。故选ADE。

(23) ACD

解析：水下地形图测绘的工作内容，主要包括：定位、测深、绘图等。其中定位方法，主要包括：无线电定位、全站仪定位、GPS差分定位、水下声学定位等。目前，定位主要采用GPS测量方法。故选ACD。

(24) AB

解析：对于一些大型水利枢纽、能源、交通等工程，在可行性研究和总体规划阶段，经常需要使用1∶25000、1∶50000甚至更小比例尺的地形图(如1∶100000)。故选AB。

(25) ABDE

解析：地图的图幅设计，包括：数学基础设计、地图的分幅设计、图面配置设计、地图的拼接设计等。C选项(地图线划设计)，不属于地图的图幅设计内容。故选ABDE。

(26) BDE

解析：地图符号按比例尺关系可分为三种：①依比例尺符号；②半比例尺符号；③不依比例尺符号。故选BDE。

(27) ACE

解析：利用全站仪测图的方法有三种：①实地编码法；②实时成图法；③草图法。B、D选项(扫描法、摄影法)，不属于全站仪测图的方法。故选ACE。

(28) ACE

解析：地形图的精度包括两个部分：平面精度、高程精度。平面精度(地形图上地物点相对于邻近图根点的平面点位中误差)要求如下：①对于城镇建筑区和工矿区不应超过图上0.6mm；②对于一般地区不应超过图上0.8mm；③对于水域部分不应超过图上1.5mm。高程精度要求：地形图等高线的插求点相对于邻近图根点的高程中误差，对于一般平坦地区小于1/3的基本等高距(详细数据见表3-3)。选项B、D描述不正确。故选ACE。

(29) AB

解析：对于工程施工设计阶段和运营管理阶段，往往需要比较大的比例尺的地形图，一般情况下需要1∶1000或1∶500的，有时甚至需要更大的比例尺(如1∶300,1∶100)。故选AB。

3.3 考点三:施工测量

3.3.1 主要知识点汇总

1)城乡规划与建筑工程测量

(1)城乡规划测量的工作内容

工作内容主要有 4 项:①定线测量;②拨地测量;③日照测量;④规划监督测量。

(2)规划定线与拨地测量的技术要求

①精度要求:定线测量的中线点、拨地测量的界址点相对于邻近基本控制点的点位中误差不应超过±5cm。

②地形图比例尺要求:定线、拨地测量宜采用 1∶500～1∶2000 比例尺地形图作为展绘底图。

(3)定线与拨地测量的质量控制

①定线与拨地测量的校核测量:控制点校核、图形校核、坐标校核。

②定线与拨地测量的校核测量精度要求见表 3-5。

定线、拨地测量校核限差 表 3-5

类　　别		检测角与条件角较差(″)	实量边长与条件边长较差的相对误差	校核坐标与条件坐标计算的点位较差(cm)
定线	主干道	30	1/4000	5
	次干道、支路	50		
拨地		60	1/2500	

(4)日照测量

测量内容主要包括:①建筑物平面位置;②建筑物室内地坪、室外地面高程;③建筑物高度;④建筑层高(室内净高加楼板厚度);⑤建筑物向阳面的窗户及阳台位置。

(5)规划监督测量

①规划验线测量,分为两个阶段:a. 灰线验线测量;b. ±0 验线测量。

②规划验收测量,主要工作内容有建筑物外部轮廓线测量、主要角点距四至的距离测量、建筑物高度测量等。

③规划监督测量成果质量控制:应进行外业抽查和 100% 内业检查。

(6)建筑方格网的测设

测设过程可分为三步:①测设主轴线;②测设辅轴线;③测设方格网点。

(7)高层建筑物的施工放样

工作内容主要有建筑物位置放样、基础放样、轴线投测、高程传递等。

(8)高层建筑物的轴线投测

高层建筑物的垂直度要求高。轴线投测的常用方法有全站仪或经纬仪法(加弯管目镜)、垂准仪法、垂准经纬仪法、吊线坠法、激光经纬仪法、激光垂准仪法等。

(9)建筑施工放样方法

①平面位置放样方法有直角坐标法、极坐标法、直接坐标法、距离交会法、角度交会法(方向交会法)、边角交会法等。

②高程放样方法有水准测量法、三角高程测量方法、钢尺实量法等。

2)线路与桥梁、水利、市政工程测量

(1)线路工程测量

①在建设阶段,对线路中线和坡度按设计位置进行实地测设,具体工作内容包括:施工控制网的布设及施测、线路中线及腰线的放样、平曲线测设、竖曲线测设、纵断面测量、横断面测量、竣工测量和验收等。

②曲线测设的常用方法有极坐标法、坐标法、偏角法、切线支距法等。

(2)桥梁工程测量

桥梁施工测量的工作内容,主要包括:桥轴线长度测量、施工控制测量、桥址地形测量、纵断面测量、墩台中心定位、墩台基础及其细部放样等。

①桥梁工程的地形测量包括:桥址地形测量、河床地形测量、桥轴线纵断面测量(注:桥址地形测量的地形图比例尺为 1:2000~1:500)。

②桥梁施工控制测量的目的是:确保桥梁轴线、墩台位置在平面和高程位置上符合设计的精度要求。

③桥梁平面控制测量,主要布设形式有三角形网、边角网、精密导线网、GPS 网等(注:三角形网的常用图形有三种:双三角形、大地四边形、双大地四边形,如图 3-1 所示,图中 AB 为桥梁轴线,双实线为控制网基线)。

④桥梁施工放样,包括桥墩台中心定位、墩台细部放样、梁部放样等。

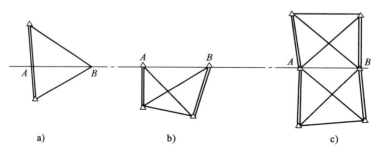

图 3-1 三角形网的常用图形

(3)水利工程测量

①水利工程测量是各种水利工程在规划、设计、施工、运营管理各阶段中的测量工作。水利工程测量的工作内容,主要包括:施工控制测量、地形测量(包括水下地形测量)、纵断面测量、横断面测量、定线和放样测量、变形监测等。

②大坝施工测量的工作内容,主要包括:坝轴线测设、坝身控制测量、清基开挖线放样、坡脚线放样、边坡线放样、修坡桩测设等。

(4)市政工程测量

①市政工程测量的工作内容,一般包括:控制测量、地形图测绘、中线测量、纵断面测量、横断面测量、施工放样、变形监测等。

②市政工程测量的任务,主要包括规划阶段的设计测量、建设阶段的施工测量、竣工测量,

运营阶段的变形监测等。

③对于市政工程的设计测量,需要1:500甚至1:200比例尺的地形图。

④立交桥施工测量的工作内容,一般包括:桥址地形图测绘、桥梁施工控制网建立、桥梁施工放样、桥梁竣工测量等。

(5)线路勘测

①新建线路勘测,包括:线路初测、线路定测。

②初测是线路初步设计的基础和依据,其工作内容包括:线路平面控制测量、高程控制测量、带状地形图测绘。平面控制测量采用GPS测量方法时,点位应选在离线路中线50～300m,稳固可靠且不易被施工破坏的范围内,一般每隔5km左右布设一对相互通视、间距500～1000m的GPS点。

③定测的主要任务是将初步设计所定线路测设到实地,其工作内容包括:线路中线测量、纵断面测绘、横断面测绘。

3)矿山与隧道工程测量

(1)地下工程测量的内容

①地下工程规划阶段,测量内容包括:各种大中比例尺地形图、纵断面图、横断面图、地质剖面图等。

②地下工程建设阶段,测量内容包括:地面控制测量、地下控制测量、地面与地下联系测量、施工定线放样等。

③地下工程运营阶段,测量内容包括:地下建筑及其周围岩体下沉、隆起、两侧内挤、断裂、滑动等变形和位移。

(2)隧道施工测量

隧道施工测量的工作内容有洞外控制测量、进洞测量、洞内控制测量、洞内施工测量、贯通误差调整、竣工测量。

(3)矿井施工测量

矿井施工测量的工作内容有地面控制网建立、竖井定向测量、竖井导入高程测量、竖井贯通测量、井下控制测量、井下施工测量等。

(4)隧道施工测量的技术要求

洞外控制测量中,每个洞口应测设不少于3个平面控制点,每个洞口埋设不少于2个水准点。

(5)隧道工程贯通误差要求(见表3-6)

隧道工程贯通误差 表3-6

类　别	两开挖洞口间长度 L(km)	贯通误差限差(mm)
横向	$L<4$	100
	$4\leqslant L<8$	150
	$8\leqslant L<10$	200
高程	不限	70

(6)洞外控制测量

①洞外平面控制测量,常用方法有中线法、精密导线测量、边角测量、GPS定位等。GPS定位方法是目前隧道控制网建立的首选方法。

②洞外高程控制测量,常用方法有二等水准、三等水准、测距三角高程测量方法。

(7)洞内控制测量

①洞内平面控制测量,常采用两种方法:a.中线法;b.导线法。

②洞内高程控制测量,常采用两种方法:a.水准测量;b.测距三角高程测量。结合洞内施工特点,每隔200~500m设立一对高程点以便检核。

(8)洞内施工测量

洞内施工测量的工作内容有洞口定线放样、洞内中线测量、洞内腰线测设、开挖断面测量、衬砌放样等。

(9)联系测量的作用

①保证地下工程按照设计图纸正确施工,确保隧(巷)道的贯通。

②确定地下工程(特别是地下采矿工程)与地面建筑(构)物、铁路、河湖等之间的相对位置关系,保证地下工程和地面设施的安全。

(10)联系测量方法

①通过平硐、斜井的平面联系测量可采用导线测量方法直接导入,平面联系测量方法有几何定向(一井定向、两井定向)、陀螺经纬仪定向。

②高程联系测量可采用水准测量、三角高程测量方法直接导入,高程联系测量方法有长钢尺法、长钢丝法、光电测距仪测距法、铅直测距法等。

(11)陀螺经纬仪定向方法

①陀螺经纬仪定向原理:它利用陀螺仪本身的物理特性及地球自转的影响,实现自动寻找真北方向。

②测量结果:陀螺经纬仪测定值是方向的大地方位角(真方位角)。如需求算方向的坐标方位角,则需要先求算子午线收敛角,再进行划算。

③测量环境条件:在南、北半球纬度不大于75°的范围内,一般不受时间和环境等条件限制,可以实现快速定向。

(12)贯通误差

①纵向贯通误差。水平面内沿中心线方向的贯通误差分量,仅对贯通有距离上的影响,故对其要求较低。

②横向贯通误差。水平面内垂直于中心线方向的贯通误差分量,对隧(巷)道质量有直接影响,需重点控制。

③高程贯通误差。铅垂线方向的贯通误差分量,对坡度有影响,若采用水准测量方法,一般较容易控制。

3.3.2 例题

1)单项选择题(每题的备选项中,只有1个最符合题意)

(1)施工测量应首先建立施工控制网,测设建筑物的主轴线,然后根据主轴线测设建筑物的( )。

  A.控制点 B.建筑基线 C.细部点 D.高程

(2)在进行贯通测量技术设计时,了解贯通工程概况,需要比例尺不小于( )的井巷贯通工程图。

A. 1:500　　　　B. 1:2000　　　　C. 1:5000　　　　D. 1:10000

(3) 坐标反算就是根据直线的起、终点坐标,计算直线的（　　）。
  A. 斜距、水平角　　　　　　　　B. 水平距离、水平角
  C. 斜距、方位角　　　　　　　　D. 水平距离、方位角

(4) 隧道洞内平面控制测量通常采用（　　）。
  A. 水准测量　　　　　　　　　　B. 三角测量
  C. 导线测量　　　　　　　　　　D. GPS测量

(5) 在平面内连接不同线路方向的曲线,称为（　　）。
  A. 圆曲线　　　B. 缓和曲线　　　C. 平曲线　　　D. 竖曲线

(6) 对于四等电磁波测距三角高程测量,应采用"对向观测"方式,其"对向观测高差较差"的限差要求为（　　）,式中,D为测距边的长度(km)。
  A. $20\sqrt{D}$ mm　　B. $40\sqrt{D}$ mm　　C. $50\sqrt{D}$ mm　　D. $60\sqrt{D}$ mm

(7) 下列不属于建设工程规划监督测量的是（　　）。
  A. 水准测量　　　B. 放线测量　　　C. 验收测量　　　D. 验线测量

(8) 使用全站仪极坐标放样时,需要向全站仪输入测站数据,下列不属于测站数据的是（　　）。
  A. 测站坐标　　　B. 仪器高　　　C. 测点坐标　　　D. 目标高

(9) 线路的纵断面是由不同的坡度连接的。当两相邻的坡度值的代数差超过一定值时,在变坡处,必须用曲线连接。这种在竖面上连接不同坡度的曲线称为（　　）。
  A. 平曲线　　　B. 回头曲线　　　C. 竖曲线　　　D. 缓和曲线

(10) 对于两开挖洞口间长度小于4km的隧道工程,其相向施工中线在贯通面上的高程贯通误差,不应大于（　　）。
  A. 30mm　　　B. 50mm　　　C. 70mm　　　D. 100mm

(11) 使用GPS测量法进行线路平面控制,在选取GPS点位时,除了满足GPS要求外,一般每隔（　　）km左右布设一对相互通视的边长为500～1000m的GPS点。
  A. 3　　　　　B. 4　　　　　C. 5　　　　　D. 6

(12) 线路的纵断面采用直角坐标法绘制,以中桩的里程为横坐标,以其高程为纵坐标,纵横坐标比例尺的关系是（　　）。
  A. 纵大于横　　B. 纵等于横　　C. 纵小于横　　D. 都可以

(13) 大坝施工测量中,首先进行放样的内容是（　　）。
  A. 清基开挖线的放样　　　　　　B. 坡脚线放样
  C. 坝轴线测设　　　　　　　　　D. 坝体边坡线放样

(14) 已知道路交点桩号为K5+316.24,圆曲线切线长为62.50m,则圆曲线起点的桩号为（　　）。
  A. K5+191.24　B. K5+253.74　C. K5+378.74　D. K5+441.24

(15) 按照城市规划行政主管部门下达的定线、拨地测量,其中拨地界址点相对于邻近高级控制点的点位中误差不应大于（　　）。
  A. ±0.05m　　B. ±0.10m　　C. ±0.15m　　D. ±0.20m

(16) 对于两开挖洞口间长度小于4km的隧道工程,其相向施工中线在贯通面上的横向贯通误差,不应大于（　　）。

A. 70mm　　　　B. 100mm　　　　C. 150mm　　　　D. 200mm

(17)测量误差影响的是测量数据,放样误差影响的则是(　　)。
　　A. 距离数据　　　　　　　　B. 点的平面坐标数据
　　C. 点的高程数据　　　　　　D. 实地点位

(18)下列选项不属于定线和拨地测量校验的是(　　)。
　　A. 图形校核　　B. 控制点校核　　C. 界址点校核　　D. 坐标校核

(19)导线角度闭合差的调整方法是将闭合差反符号后(　　)。
　　A. 按角度大小成正比例分配　　B. 按角度大小成反比例分配
　　C. 按边长成正比例分配　　　　D. 按角的个数平均分配

(20)线路初测阶段高程测量中,沿线路布设水准点的高程测量称为(　　)。
　　A. 三角高程测量　　　　　　B. 中平测量
　　C. 基平测量　　　　　　　　D. 平面控制测量

(21)线路横断面图的纵横比例尺的关系是(　　)。
　　A. 横比例尺大于纵比例尺　　B. 纵横比例尺相等
　　C. 横比例尺小于纵比例尺　　D. 都可以

(22)采用偏角法测设圆曲线时,其偏角应等于相应弧长所对圆心角的(　　)。
　　A. 3倍　　　　B. 2倍　　　　C. 1/2　　　　D. 1/3

(23)矿井工业广场井筒附近布设的平面控制点称为(　　)。
　　A. 三角点　　B. 导线点　　C. 井口水准基点　　D. 近井点

(24)以下用作矿井高程联系测量的是(　　)。
　　A. 一井定向　　B. 两井定向　　C. 导入高程　　D. 陀螺定向

(25)桥梁高程测量一般采用(　　)的方法。
　　A. GPS高程　　B. 三角高程法　　C. 气压法　　D. 水准测量

(26)巷道掘进时,给定掘进的坡度通常叫作给(　　)。
　　A. 坡度线　　B. 方向线　　C. 腰线　　D. 中线

(27)城镇定线与拨地测量中,用于展绘的基础图比例尺宜采用(　　)。
　　A. 1:500～1:2000　　　　　B. 1:500～1:5000
　　C. 1:1000～1:5000　　　　D. 1:2000～1:5000

(28)两井定向中不需要进行的一项工作是(　　)。
　　A. 地面连接　　　　　　　　B. 测量井筒中钢丝长度
　　C. 投点　　　　　　　　　　D. 井下连接

(29)对于联系测量工作,下列选项说法不正确的是(　　)。
　　A. 竖井平面联系测量就是测定地下导线起算边的坐标方位角和起算点的平面坐标
　　B. 平峒、斜井的联系测量可采用导线测量、水准测量、三角高程测量完成
　　C. 竖井平面联系测量可以用GPS测量方法进行
　　D. 竖井高程联系测量可以用长钢尺法进行

(30)由于直线定线不准确,造成丈量偏离直线方向,其测量结果使距离(　　)。
　　A. 偏小
　　B. 忽大忽小,无一定的规律
　　C. 偏大

D.影响值为常数,可事先计算出来,对结果无影响

(31)井下导线测量,基本控制导线一般采用的是( )。
  A.30″和60″级两种   B.15″和30″级两种
  C.7″和15″级两种   D.一级导线

(32)圆曲线的起点的代号通常用( )表示。
  A.YZ   B.QZ   C.ZY   D.JD

(33)下列选项不属于立交桥测量内容的是( )。
  A.桥梁施工控制网建立   B.桥址地形图测绘
  C.桥梁高程控制网建立   D.桥梁的变形监测

(34)下面放样方法中,不属于平面位置放样方法的是( )。
  A.极坐标法   B.直角坐标法
  C.高程上下传递法   D.GPS法

(35)井口水准基点一般位于( )。
  A.井下任意位置的水准点   B.地面工业广场井筒附近
  C.地面任意位置的水准点   D.井下井筒附近

(36)规划中线不能通视时,可在规划红线内能通视的地方用( )实定轴线,略图上注明轴线与中线的间距,也可直接定出红线。
  A.平行法   B.平行移轴法   C.目估法   D.直角转弯法

(37)陀螺经纬仪在地理南北纬度不大于( )的范围内,一般不受时间和环境等条件限制,可实现快速定向。
  A.80°   B.75°   C.60°   D.50°

(38)下列不属于城镇规划测量内容的是( )。
  A.拨地测量   B.放样测量   C.规划监督测量   D.定线测量

(39)下列说法不正确的是( )。
  A.竖曲线是连接不同坡度的曲线
  B.可以直接使用RTK放样竖曲线
  C.圆曲线上任意一点的曲率半径处处相等
  D.平面曲线的测设可以使用偏角法

(40)线路的纵断面图中,横向为线路里程,纵向为高程,对横向、纵向比例尺的关系描述正确的是( )。
  A.纵向比例尺小于横向比例尺   B.纵横比例尺大小一样
  C.纵向比例尺大于横向比例尺   D.固定比例尺大小

(41)以下不能用作矿井平面联系测量的是( )。
  A.三角高程测量   B.一井定向
  C.两井定向   D.陀螺定向

(42)关于隧道控制测量,以下说法错误的是( )。
  A.洞外高程控制测量通常使用水准测量
  B.每个洞口应埋设不少于两个水准点,最好是一站可以观测这两点的高差
  C.洞外平面控制测量可以使用GPS定位
  D.洞内平面控制测量可以使用GPS定位

(43)线路定测的主要工作内容不包括( )。
　　A. 中线测量　　　B. 地形图测绘　　　C. 纵断面测量　　　D. 横断面测量
(44)下列不属于平面曲线的是( )。
　　A. 竖曲线　　　　B. 缓和曲线　　　　C. 回头曲线　　　　D. 圆曲线
(45)下列工作不属于建设工程规划监督测量的是( )。
　　A. 放线测量　　　B. 高程测量　　　　C. 验收测量　　　　D. 验线测量
(46)立交桥工程测量的内容不包括( )。
　　A. 桥梁竣工测量　　　　　　　　　　B. 桥址地形图测绘
　　C. 桥梁施工控制网建立　　　　　　　D. 高程测量

2)多项选择题(每题的备选项中,有2个或2个以上符合题意,至少有1个错项)

(47)隧道洞内平面控制测量常用( )。
　　A. GPS测量　　　B. 导线测量　　　　C. 三角测量
　　D. 中线法　　　　E. 三角高程测量
(48)地下工程施工阶段主要的工作内容有( )。
　　A. 测绘竣工图　　　　　　　　　　　B. 放样出施工中线
　　C. 设备安装测量　　　　　　　　　　D. 地面控制和地下控制
　　E. 放样出施工腰线
(49)下列有关线路纵横断面的测绘的说法错误的是( )。
　　A. 线路的纵断面是在各中桩处测定垂直于道路中线方向的地面起伏情况
　　B. 线路纵断面图采用直角坐标法绘制,以中桩的里程为横坐标,比例尺通常表示为
　　　 1:2000或1:1000
　　C. 断面是根据外业测量资料绘制而成,非常直观地体现地面现状的起伏状况
　　D. 线路的横断面是以中平测量的要求测出各里程桩的高程,绘制表示沿线起伏的
　　　 情况
　　E. 绘制横断面的纵横比例尺相同,一般采用1:100或1:200
(50)曲线测设的方法有多种,常见的有( )。
　　A. 极坐标法　　　B. 坐标法　　　　　C. 偏角法
　　D. 三角测量法　　E. 切线支距法
(51)常用的坡脚线放样方法有( )。
　　A. 极坐标法　　　B. 平行线法　　　　C. 套绘断面法
　　D. 交会法　　　　E. 支距法
(52)地下工程测量过程中,高程测量可以采用( )方法。
　　A. 水准测量　　　　　　　　　　　　B. 激光三维扫描
　　C. GPS水准　　　　　　　　　　　　D. 光电测距三角高程测量
　　E. 导线测量
(53)线路的平面控制宜采用( )进行布设。
　　A. 导线　　　　　B. GPS测量　　　　C. 三角网
　　D. 方格网　　　　E. 边角网
(54)以下常用作矿井平面联系测量的是( )。

A. 高程导入　　　B. 一井定向　　　C. 两井定向
　　D. 水准测量　　　E. 陀螺定向

(55) 建设工程规划监督测量包括（　　）。
　　A. 放线测量　　　B. 验线测量　　　C. 勘察测量
　　D. 验收测量　　　E. 变形测量

(56) 下列关于隧道控制测量说法正确的是（　　）。
　　A. 洞外平面控制测量可以使用 GPS 定位
　　B. 洞外高程控制测量通常使用水准测量
　　C. 洞内平面控制测量可以使用 GPS 定位
　　D. 洞内高程控制测量通常使用三角高程测量
　　E. 每个洞口应埋设不少于两个水准点，最好是一站可以观测这两点的高差

(57) 市政平面控制测量方法常用（　　）。
　　A. 导线测量　　　B. 水准测量　　　C. GPS 测量
　　D. 距离交会　　　E. 三角高程测量

(58) 洞内高程控制测量常采用的方法是（　　）。
　　A. 导线测量　　　B. 水准测量　　　C. GPS 测量
　　D. 距离交会　　　E. 三角高程测量

3.3.3　例题参考答案及解析

1) 单项选择题（每题的备选项中，只有 1 个最符合题意）

(1) C

解析：施工测量的步骤：①建立施工控制网；②测设建筑物的主轴线；③根据主轴线测设建筑物的细部点。故选 C。

(2) B

解析：在进行贯通测量技术设计时，了解贯通工程概况需要比例尺不小于 1∶2000 的井巷贯通工程图。故选 B。

(3) D

解析：坐标正算的概念：由起点坐标、水平距离、直线方位角，求终点坐标，这个过程称为坐标正算。坐标反算的概念：由起点和终点的坐标，计算直线的水平距离、方位角，这个过程称为坐标反算。故选 D。

(4) C

解析：对于隧道洞内平面控制测量，首先排除 A，因为水准测量方法属于高程控制测量；其次可以排除 D，因为洞内是不可能有 GPS 信号的；隧道通常是狭长性的，往往使用导线测量方法作为平面控制测量。故选 C。

(5) C

解析：本题考查是平面曲线的定义。平面曲线简称平曲线，是指在平面内连接不同线路方向的曲线。故选 C。

(6) B

解析：四等和五等电磁波测距三角高程测量，应采用"对向观测"方式。《工程测量规范》

123

(GB 50026—2007)第4.3.2条规定:测距三角高程测量,"对向观测高差较差"的限差要求为:四等,$40\sqrt{D}$ mm;五等,$60\sqrt{D}$ mm。式中,D 为测距边的长度(km)。故选B。

(7)A

解析:建设工程规划监督测量包括三个部分:①放线测量;②验线测量;③验收测量。故选A。

(8)C

解析:使用全站仪极坐标放样时,需要向全站仪输入测站数据,需要输入的测站数据包括:①测站坐标;②仪器高;③目标高;④后视方位角。选项C(测点坐标),不属于测站数据。故选C。

(9)C

解析:本题考查竖曲线的定义。竖曲线就是在竖面上连接不同坡度的曲线。线路的纵断面是由不同的坡度连接的,当两相邻的坡度值的代数差超过一定值时,在变坡处,必须用竖曲线连接。故选C。

(10)C

解析:《工程测量规范》(GB 50026—2007)第8.6.2条规定:隧道工程的相向施工中线在贯通面上的高程贯通误差,不应大于70mm。详细要求见表3-6。故选C。

(11)C

解析:使用GPS测量法进行线路平面控制,在选取GPS点位时,除了满足GPS要求外,一般每隔5km左右布设一对相互通视的边长在500~1000m的GPS点。其主要目的是为后续加密平面控制点工作(一般采用全站仪导线方法加密)提供方便。故选C。

(12)A

解析:线路的纵断面采用直角坐标法绘制,以中桩的里程为横坐标,以其高程为纵坐标,通常情况下纵坐标比例尺大于横坐标比例尺,目的是为了更加突出地面的起伏情况。故选A。

(13)C

解析:大坝施工测量中,首先进行放样坝轴线,然后再进行坝身的控制测量。故选C。

(14)B

解析:圆曲线起点为直圆点(ZY),其里程(桩号)计算公式为:ZY=JD−T(JD表示交点桩号,T为切线长),经过计算,直圆点的桩号为K5+253.74。故选B。

(15)A

解析:按照城市规划行政主管部门下达的定线、拨地规定,其中定线中线点、拨地界址点相对于邻近高级控制点的点位中误差不应大于±0.05m。故选A。

(16)B

解析:《工程测量规范》(GB 50026—2007)第8.6.2条规定:对于两开挖洞口间长度小于4km的隧道工程,其相向施工中线在贯通面上的横向贯通误差,不应大于100mm。详细要求见表3-6。故选B。

(17)D

解析:首先要看清题目。测量误差指的是测定过程中产生的误差,它将对测量数据(结果)产生影响;而放样的目的是要在实地中标出具体点位,那么放样误差的影响就是对实地点位的影响。故选D。

(18)C

解析:在定线和拨地测量过程中,应进行校核测量。校验测量包括:①控制点校核;②图形校核;③坐标校核。故选C。

(19)D

解析:导线测量的平差属于近似平差,是将角度闭合差和边长闭合差分开进行调整的。其中角度闭合差的调整原则是:将角度闭合差反符号,再按角度个数平均分配。故选D。

(20)C

解析:线路高程测量中初测阶段的水准测量,根据工作目的及精度的不同,分为:基平测量、中平测量。基平测量是测量沿线路布设的水准点的高程,中平测量是测定路线中桩的高程。故选C。

(21)B

解析:线路纵断面图的比例尺,为了明显表示地形起伏状态,通常使高程比例尺为水平比例尺的10～20倍;而绘制横断面图时,其纵横比例尺要相同,一般采用1∶100或1∶200比例尺。故选B。

(22)C

解析:测量的偏角在几何学上称为弦切角,弦切角等于弧长所对圆心角的一半。故采用偏角法测设圆曲线时,其偏角应等于相应弧长所对圆心角的1/2。故选C。

(23)D

解析:本题考查的是近井点的定义。近井点就是矿井工业广场井筒附近布设的平面控制点。故选D。

(24)C

解析:本题考查的是高程联系测量,而A、B、D选项(一井定向、两井定向、陀螺定向)都属于平面联系测量方法。故选C。

(25)D

解析:桥梁是现代交通线路中不可缺少的一部分。桥梁高程测量的精度要求较高,一般采用水准测量。故选D。

(26)C

解析:本题考查的是腰线的定义。巷道掘进时,给定掘进的坡度通常叫作给腰线,它表示巷道在竖直面的高低起伏。故选C。

(27)A

解析:城镇定线与拨地测量中(规划测量),宜采用1∶500～1∶2000比例尺的基本地形图作为基础图。故选A。

(28)B

解析:两井定向是平面联系测量,和高程没有关系,故没有必要测量井筒钢丝的长度。故选B。

(29)C

解析:竖井平面联系测量的目的是,测定地下导线起算边的坐标方位角和起算点的平面坐标。竖井的平面联测测量方法有两种:一种是几何联系测量方法,即一井定向和两井定向;另一种是陀螺经纬仪定向测量。竖井平面联系测量一般采用导线测量方法,因为竖井中接收不到GPS信号,故不能采用GPS测量方法。竖井高程联系测量可以采用水准测量、三角高程测量方法,也可以采用长钢尺法进行。选项C描述不正确。故选C。

(30)C

解析: 直线定线不准确直接导致测量的是折线距离,折线距离肯定比直线距离大,因此,受直线定线不准确影响,所测结果一定比真值大。故选 C。

(31)C

解析: 井下导线分为:基本控制导线、采区控制导线。基本控制导线,可分为 7 英寸和 15 英寸级两种。采区控制导线,可分为 15 英寸和 30 英寸级两种。故选 C。

(32)C

解析: 圆曲线的起点就是直圆点,代号为直圆的拼音首字母,为 ZY。故选 C。

(33)D

解析: 立交桥测量内容包括:桥址地形图测绘、桥梁施工控制网建立、桥梁高程控制网建立、桥墩台基础施工放样、桥梁竣工测量等。选项 D(桥梁的变形监测),属于桥梁运营期的测量工作,不属于施工期的测量工作。故选 D。

(34)C

解析: 平面位置放样的方法有:坐标法、极坐标法、交会法、GPS 法等。而选项 C(高程上下传递法)属于高程放样方法,不属于平面位置放样方法。故选 C。

(35)B

解析: 水准基点应该选在工作场地以外稳固可靠的位置。对于井口的水准基点应该选择在地面工业广场井筒附近。故选 B。

(36)B

解析: 定线需实测转角、交角,实量距离,以便与条件值校核。规划中线不能通视时,可在规划红线内能通视的地方用平行移轴法实定轴线,略图上注明轴线与中线的间距,也可直接定出红线。故选 B。

(37)B

解析: 陀螺经纬仪在地理南北纬度不大于 75°的范围内,一般不受时间和环境等条件限制,可实现快速定向。故选 B。

(38)B

解析: 城镇规划测量主要包括以下内容:定线测量、拨地测量、规划监督测量。故选 B。

(39)B

解析: 线路基本知识:竖曲线是连接不同坡度的曲线;圆曲线上任意一点的曲率半径都相等;平面曲线的测设可以使用偏角法;放样竖曲线上各点时,根据附近已知的高程点进行各曲线点设计高程的放样,可以直接采用水准测量法,而用 GPS RTK 测量时,要求转换参数后才可以放样。选项 B 描述不正确。故选 B。

(40)C

解析: 线路的断面图有纵断面和横断面之分,对于横断面图往往纵横比例尺的大小一致,而纵断面的比例一般是纵向比例尺是横向比例尺的 10～20 倍,其目的就是为了更突显地面的起伏。故选 C。

(41)A

解析: 竖井平面联系测量有两种形式:一种是几何定向(包括一井定向和两井定向),另一种是陀螺经纬仪定向。选项 A(三角高程测量),属于高程测量方法,不是平面测量方法。故选 A。

(42)D

解析:隧道控制测量有关知识:洞外高程控制测量通常使用水准测量方法;每个洞口应埋设不少于两个水准点,最好是一站可以观测这两点的高差;洞外平面控制测量可以使用 GPS 定位,但是,洞内不可能有 GPS 信号,故洞内无法使用 GPS 定位。选项 D 描述不正确。故选 D。

(43)B

解析:线路定测的主要工作内容包括:中线测量、纵断面图测量、横断面图测量。选项 B(带状地形图测绘),属于线路初测的内容,不属于线路定测的内容。故选 B。

(44)A

解析:圆曲线、缓和曲线、回头曲线等,都属于平面曲线。竖曲线是在竖面上连接不同坡度的曲线,不是平面曲线。故选 A。

(45)B

解析:建设工程规划监督测量包括:放线测量、验线测量、验收测量。其中验线测量包括:灰线验线测量、±0 验线测量。故选 B。

(46)D

解析:立交桥测量的内容一般包含:桥址地形图测绘、桥梁施工控制网建立、桥梁高程控制网建立、桥墩台基础施工放样及桥梁竣工测量等。故选 D。

2) 多项选择题(每题的备选项中,有 2 个或 2 个以上符合题意,至少有 1 个错项)

(47)BD

解析:隧道洞内平面控制测量,由于隧道洞内场地狭窄,故洞内平面控制常采用以下两种方式:中线法、导线测量。故选 BD。

(48)BDE

解析:地下工程施工控制测量分为:地面控制、地下控制。地下工程的定线放样工作包括:放样出施工中线、放样出施工腰线。A、C 选项(测绘竣工图、设备安装测量)是地下工程竣工之后的工作,不属于地下工程施工阶段的测量工作。故选 BDE。

(49)AD

解析:以中平测量的要求测出各里程桩的高程,绘制表示沿线起伏的情况是线路的纵断面;在各中桩处测定垂直于道路中线方向的地面起伏情况是线路的横断面。选项 A、D 描述不正确,把线路纵断面和横断面的定义混淆了。故选 AD。

(50)ABCE

解析:曲线测设的方法有多种,常见的有:极坐标法、坐标法、偏角法、切线支距法等。故选 ABCE。

(51)BC

解析:坝底与清基后地面的交线即为坡脚线。为方便填筑坝体,在清基后就应该放样出坡脚线。常用的坡脚线放样方法有:套绘断面法、平行线法。故选 BC。

(52)AD

解析:请注意是地下工程,请注意是高程测量。首先可以排除选项 B、E(激光三维扫描、导线测量),它们都不是高程测量方法。其次可以排除选项 C(GPS水准),因为地下工程,接收不到 GPS 信号。故选 AD。

(53)AB

解析:选项 C(三角网)和选项项 E(边角网)需要通视条件良好,不适应于线路这种线性工程;选项 D(方格网)适用于建筑物轴线相互平行或垂直的场区。故选 AB。

(54)BCE

解析:竖井平面联系测量有两种形式:一种是几何定向(包括一井定向和两井定向),另一种是陀螺经纬仪定向。故选 BCE。

(55)ABD

解析:建设工程规划监督测量包括:放线测量、验线测量、验收测量。其中验线测量包括:灰线验线测量、±0 验线测量。放线测量和灰线验线测量可根据规划部门的要求选择一种作为规划监督测量。故选 ABD。

(56)ABE

解析:隧道控制测量基本知识:洞外平面控制测量可以使用 GPS 定位;洞外高程控制测量和洞内高程控制测量,通常使用水准测量;每个洞口应埋设不少于两个水准点,最好是一站可以观测这两点的高差;洞内不可能有 GPS 信号,故洞内无法使用 GPS 定位,选项 C,描述不正确。洞内通常使用水准测量进行高程控制测量,选项 D 描述不正确。故选 ABE。

(57)AC

解析:市政工程测量的平面控制测量的主要方法为:GPS 定位、导线测量。故选 AC。

(58)BE

解析:隧道洞内场地狭窄,洞内高程控制测量常采用两种方式:水准测量、三角高程测量。故选 BE。

3.4 考点四:地下管线测量与工程竣工测量

3.4.1 主要知识点汇总

1)地下管线探测任务分类

地下管线探测任务按具体对象可分为 4 类:①市政公用管线探测;②厂区或住宅小区管线探测;③施工场地管线探测;④专用管线探测。

2)地下管线探测过程

地下管线探测过程,包括:①资料收集和踏勘;②仪器检验和方法试验;③技术设计;④实地调查和仪器探查;⑤控制测量;⑥管线点测量;⑦地下管线图编绘;⑧地下管线数据库建立。

3)地下管线探测方法

地下管线探测方法有三种:①明显管线点的实地调查;②隐蔽管线点的物探调查;③隐蔽管线点的开挖调查。三种方法往往需要结合进行。

4)地下管线数据库建设

地下管线数据库的建设内容,一般包括:基本地形图数据库建设、地下管线空间信息数据库建设、地下管线属性信息数据库建设、数据库管理系统开发。

5)竣工测量工作内容

工程及其单项工程完成后,施工单位必须进行竣工测量。竣工测量工作内容包括:控制测量、细部测量(亦称竣工测量)、竣工图编绘等。

6) 建筑竣工测量

工作内容包括：①建筑平面位置及四至关系测量；②建筑高程及高度测量。

7) 线路竣工测量

工作内容包括：①中线测量；②高程测量；③横断面测量。

8) 桥梁竣工测量

工作内容包括：①桥梁墩台竣工测量；②桥梁架设竣工测量。

9) 地下管线竣工测量

工作内容包括：①管线点调查；②管线点测量。

10) 竣工测量成果归档

(1) 技术设计书，技术总结。

(2) 竣工测量观测、计算资料。

(3) 竣工总图、专业分图、断面图。

(4) 细部点成果表。

(5) 仪器检定和检校资料。

(6) 检查报告，验收报告。

11) 地下管线探测的内容

注：2017年，中华人民共和国住房和城乡建设部发布了《城市地下管线探测技术规程》(CJJ 61—2017)。本条及以下知识点均选自该规程。有不少内容与《工程测量规范》(GB 50026—2007)的内容有所不同，请考生务必关注。

第3.0.2条，地下管线探测应查明地下管线的类别、平面位置、走向、埋深、偏距、规格、材质、载体特征、建设年代、埋设方式、权属单位等。

12) 地下管线工程的平面坐标和高程基准

第3.0.4条，城市地下管线探测工程宜采用CGCS2000国家大地坐标系和1985国家高程基准。采用其他平面坐标和高程基准时，应与CGCS2000国家大地坐标系和1985国家高程基准建立换算关系。

13) 控制点精度要求

第3.0.7条，用于测量地下管线的控制点，相对于邻近控制点，平面点位中误差和高程中误差不应大于50mm。

14) 城市地下管线探测的限差要求

第3.0.8条，城市地下管线探测应以中误差作为衡量探测精度的标准，且以2倍中误差作为极限误差。探测精度应符合下列规定：

(1) 明显管线点的埋深量测中误差不应大于25mm。

(2) 隐蔽管线点的平面位置探查中误差和埋深探查中误差分别不应大于$0.05h$和$0.075h$，其中h为管线中心埋深，单位为mm，当$h<1000$mm时，以1000mm代入计算；地下管线详查时，地下管线平面位置和埋深探查精度可另行约定。

(3) 地下管线点的平面位置测量中误差不应大于50mm(相对于该管线点起算点)，高程测量中误差不应大于30mm（相对于该管线点起算点）。

15）地下管线探查的质量检查

第5.5.1条，地下管线探查应采用明显管线点重复调查、隐蔽管线点重复探查方式进行质量检查。

第5.5.2条，质量检查时，应在测区明显管线点和隐蔽管线点中分别随机抽取不少于各自总点数的5%。抽取的管线点应具有代表性且在测区内分布均匀。检查内容应包括探查的几何精度检查和属性调查结果检查。

16）隐蔽管线点探查的验证工作

第5.5.5条，隐蔽管线点的探查精度可采取增加重复探查量或开挖等方式进行验证，并应符合下列规定：

(1)验证点应具有代表性并均匀分布，每个测区中验证点数不宜少于隐蔽管线点总数的0.5%，且不宜少于2个；

(2)验证内容应包括几何精度和属性精度。

3.4.2 例题

1）单项选择题（每题的备选项中，只有1个最符合题意）

(1)对于地下管线隐蔽管线点的埋深探查精度，其埋深测量限差为(　　)。（注：h为管线中心埋深，单位为mm，当h<1000mm时，以1000mm代入计算。）

  A. $0.10h$　　　　B. $0.15h$　　　　C. $0.20h$　　　　D. $0.30h$

(2)地下管线点的测量精度为：相对于该管线点起算点，点位平面位置测量中误差不应大于(　　)。

  A. ±3cm　　　　B. ±4cm　　　　C. ±5cm　　　　D. ±6cm

(3)以下不属于地下管线探测方法的是(　　)。

  A. 实地调查法　　B. 物探调查法　　C. 开挖调查法　　D. 目估调查法

(4)对于地下管线明显管线点的埋深探查精度，其埋深量测限差为(　　)。

  A. ±2.5cm　　　B. ±3cm　　　　C. ±5cm　　　　D. ±6cm

(5)地下管线探测质量检查时，应在测区明显管线点和隐蔽管线点中分别随机抽取不少于各自总点数的(　　)。抽取的管线点应具有代表性且在测区内分布均匀。

  A. 1%　　　　　B. 3%　　　　　C. 5%　　　　　D. 6%

(6)地下管线探查应在充分收集和分析已有资料的基础上，采用(　　)的方法进行。

  A. 开挖查看　　　　　　　　B. 实地调查
  C. 仪器探查　　　　　　　　D. 实地调查与仪器探查相结合

(7)用于测量地下管线的控制点，相对于邻近控制点平面点位中误差不应大于(　　)。

  A. 3cm　　　　　B. 4cm　　　　　C. 5cm　　　　　D. 6cm

(8)地下管线探查通过现场实地调查和仪器探测的方法探寻的内容不包括(　　)。

  A. 埋设位置　　　　　　　　B. 长度
  C. 埋设深度　　　　　　　　D. 材质、规格等属性

(9)对于地下管线隐蔽管线点的平面位置探查精度，其平面位置测量限差为(　　)。（注：

h 为管线中心埋深,单位为 mm,当 $h<1000$mm 时,以 1000mm 代入计算。)

  A. $0.10h$ B. $0.15h$ C. $0.20h$ D. $0.30h$

(10)地下管线点的测量精度为:相对于该管线点起算点,点位高程测量中误差不应大于(　　)。

  A. ±3cm   B. ±4cm   C. ±5cm   D. ±6cm

(11)隐蔽管线点的探查精度可采取增加重复探查量或开挖等方式进行验证。验证点应具有代表性并均匀分布,每个测区中验证点数不宜少于隐蔽管线点总数的(　　),且不宜少于2个。

  A. 0.5%   B. 1%   C. 3%   D. 5%

(12)下列关于线路施工与竣工测量说法不正确的是(　　)。

  A. 线路复测是在线路中线桩定测已在地面标定之后进行的
  B. 线路复测的目的是恢复定测桩点和监测定测质量
  C. 线路复测工作的内容和定测一致
  D. 线路复测的方法与定测的方法不能相同

(13)关于建筑竣工测量,以下描述不正确的是(　　)。

  A. 建筑竣工测量是在建筑工程施工阶段进行的
  B. 建筑竣工测量的目的是为工程的交工验收及将来的维修、改建、扩建提供依据
  C. 建筑竣工测量主要包括建筑平面位置及四至关系测量、建筑高程及高度测量
  D. 竣工测量时,建筑物高度测量可以采用手持测距仪测量

(14)竣工总图的比例尺,宜选用(　　)。

  A. 1:500   B. 1:1000   C. 1:2000   D. 1:5000

(15)线路竣工测量不包括(　　)。

  A. 放样测量   B. 中线测量
  C. 高程测量   D. 横断面测量

(16)竣工总图的编绘,应收集众多资料。下列选项中,不属于竣工总图编绘应收集资料范畴的是(　　)。

  A. 施工设计图   B. 施工检测记录
  C. 建筑物立面图   D. 竣工测量资料

2)多项选择题(每题的备选项中,有2个或2个以上符合题意,至少有1个错项)

(17)城市地下管线探测按具体对象可分为(　　)。

  A. 市政公用管线探测   B. 电力管线探测
  C. 厂区或住宅小区管线探测   D. 施工场地管线探测
  E. 专用管线探测

(18)下列说法不正确的是(　　)。

  A. 地下管线图上管线点位测定的精度要低于一般地物点的精度
  B. 与地下管线关系不大的地物在图上必须保留
  C. 地下管线图上需要表达除了管线点位以外的管线属性信息
  D. 只要表达管线的位置信息,无须记录管线属性信息
  E. 施工场地管线探测是为了某项土建施工开挖前进行的探测,目的是防止施工开挖造成对原有地下管线的破坏

(19)地下管线探查是通过现场实地调查和仪器探测的方法探寻各种管线的( )。
  A.埋设位置   B.埋设深度   C.长度
  D.形状   E.材质、规格等属性

(20)地下管线竣工测量的工作内容包括( )。
  A.查明管线管材、管径、埋深等   B.建筑物高度测量
  C.地下管线权属单位调查   D.道路宽度测量
  E.管线点测量

(21)竣工测量成果的整理归档一般应包括( )内容。
  A.平面位置放样数据
  B.竣工测量观测与计算资料
  C.细部点成果表
  D.竣工总图、专业分图、断面图
  E.日照测量成果

(22)线路竣工测量的工作内容包括( )。
  A.中线测量   B.剖面测量   C.线路复测
  D.高程测量   E.横断面测量

3.4.3 例题参考答案及解析

1)单项选择题(每题的备选项中,只有1个最符合题意)

(1)B

解析:《城市地下管线探测技术规程》(CJJ 61—2017)第3.0.8条,以2倍中误差作为极限误差。隐蔽管线点的平面位置探查中误差和埋深探查中误差分别不应大于$0.05h$和$0.075h$,其中h为管线中心埋深,单位为mm,当$h<1000$mm时,以1000mm代入计算。因此,地下管线隐蔽管线点的埋深测量限差为$0.15h$,故选B。

(2)C

解析:《城市地下管线探测技术规程》(CJJ 61—2017)第3.0.8条,地下管线点的平面位置测量中误差不应大于50mm(相对于该管线点起算点),高程测量中误差不应大于30mm(相对于该管线点起算点),故选C。

(3)D

解析:地下管线探测方法包括3种方法:①明显管线点的实地调查;②隐蔽管线点的物探调查;③隐蔽管线点的开挖调查。以上三种方法往往需要结合进行。选项D(目估调查法),不属于地下管线的探测方法。故选D。

(4)C

解析:《城市地下管线探测技术规程》(CJJ 61—2017)第3.0.8条,以2倍中误差作为极限误差。明显管线点的埋深量测中误差不应大于25mm。因此,地下管线明显管线点的埋深量测限差为50mm,故选C。

(5)C

解析:《城市地下管线探测技术规程》(CJJ 61—2017)第5.5.2条,质量检查时,应在测区明显管线点和隐蔽管线点中分别随机抽取不少于各自总点数的5%。抽取的管线点应具有代

表性且在测区内分布均匀。检查内容应包括探查的几何精度检查和属性调查结果检查。故选C。

(6) D

解析：地下管线探查应在充分搜集和分析已有资料的基础上，采用实地调查与仪器探查相结合的方法进行。故选D。

(7) C

解析：《城市地下管线探测技术规程》(CJJ 61—2017)第3.0.7条，用于测量地下管线的控制点，相对于邻近控制点平面点位中误差和高程中误差不应大于50mm，故选C。

(8) B

解析：地下管线探查一般是采用现场实地调查和仪器探测相结合的方法。探寻的内容包括：各种管线的埋设位置、埋设深度、材质、规格等属性。故选B。

(9) A [参见前面题(1)解析]

(10) A [参见前面题(2)解析]

(11) A

解析：《城市地下管线探测技术规程》(CJJ 61—2017)第5.5.5条，隐蔽管线点的探查精度可采取增加重复探查量或开挖等方式进行验证，并应符合下列规定：①验证点应具有代表性并均匀分布，每个测区中验证点数不宜少于隐蔽管线点总数的0.5％，且不宜少于2个；②验证内容应包括几何精度和属性精度。故选A。

(12) D

解析：线路复测的有关知识：线路复测是在线路中线桩定测已在地面标定之后进行的；线路复测的目的是恢复定测桩点和监测定测质量；线路复测工作的内容和方法与定测时基本相同，这样观测的结果才能说明定测的观测精度。选项D的描述不正确。故选D。

(13) A

解析：建筑竣工测量的基本知识：建筑竣工测量在建筑工程完工后进行的；建筑竣工测量的目的是为工程的竣工验收及将来的维修、改建、扩建提供依据；建筑竣工测量主要包括建筑平面位置及四至关系测量、建筑高程及高度测量；竣工测量时，建筑物高度测量可以采用手持测距仪测量方法。选项A的描述是不正确的。故选A。

(14) A

解析：竣工总平面图以现场测绘绘制为主，设计图结合室内编绘为辅，一般选用的比例尺为1∶500。故选A。

(15) A

解析：线路的竣工测量包括三个方面：中线测量、高程测量、横断面测量。选项A(放样测量)，不属于线路竣工测量的内容。故选A。

(16) C

解析：《工程测量规范》(GB 50026—2007)第9.2.1条规定竣工总图的编绘，应收集下列资料：①总平面布置图；②施工设计图；③设计变更文件；④施工检测记录；⑤竣工测量资料；⑥其他相关资料。故选C。

2) 多项选择题(每题的备选项中，有2个或2个以上符合题意，至少有1个错项)

(17) ACDE

解析：城市地下管线探测，按具体对象可分为：①市政公用管线探测；②厂区或住宅小区管线探测；③施工场地管线探测；④专用管线探测。故选 ACDE。

(18) ABD

解析：A 项，没有这样的规定。B 项，与地下管线关系不大的地物在图上可以舍去。D 项，管线的位置和属性都要表达和记录。选项 C 和选项 E 的描述是正确的。故选 ABD。

(19) ABE

解析：地下管线探查一般是采用现场实地调查和仪器探测相结合的方法。探寻的内容包括：各种管线的埋设位置、埋设深度、材质、规格等属性。故选 ABE。

(20) ACE

解析：地下管线竣工测量的工作内容包括：管线点调查、管线点测量。而"管线点调查"包括：查明管线管材、特征、附属物、管径或管块断面尺寸、埋深、电缆根数、埋设年代、权属单位、连接方向、电压值等属性。故选 ACE。

(21) BCD

解析：竣工测量成果的整理归档一般应包括如下内容：①技术设计书、技术总结；②竣工测量观测、计算资料；③竣工总图、专业分图、断面图；④细部点成果表；⑤仪器检定和检校资料；⑥检查报告、验收报告。A、E 选项（平面位置放样数据，日照测量成果）不属于成果归档范围。故选 BCD。

(22) ADE

解析：线路竣工测量的内容包括：中线测量、高程测量、横断面测量。故选 ADE。

3.5 考点五：变形测量与精密工程测量

3.5.1 主要知识点汇总

1）变形监测的特点

(1) 重复观测，各期的观测方案要尽量一致。

(2) 精度要求较高，变形监测典型精度要求达到 1mm 或相对精度达到 10^{-6}。

(3) 测量方法综合应用，目的是提高变形监测精度和可靠性。

(4) 数据处理要求严密。

2）变形监测内容

(1) 几何量监测，内容主要包括：水平位移、垂直位移、偏距、倾斜、挠度、弯曲、扭转、震动、裂缝等测量。

(2) 物理量监测，内容主要包括：应力、应变、温度、气压、水位（库水位与地下水位）、渗流、渗压、扬压力等测量。

3）变形观测要求

各观测周期的变形观测，应满足下列要求：

(1) 在较短的时间内完成。

(2)采用相同的观测路线和观测方法。
(3)使用同一仪器和设备。
(4)观测人员相对固定。
(5)记录相关的环境因素,包括:荷载、温度、降水、水位等。
(6)采用统一基准处理数据。

4)变形监测预警要求

每期观测结束后,应及时处理观测数据,当数据处理结果出现下列情况之一时,必须即刻报警,通知建设单位和施工单位采取相应措施。变形监测预警,应满足下列条件:

(1)变形量达到预警值或接近允许值。
(2)变形量或变形速率出现异常变化。
(3)变形体、周边建(构)筑物或地表出现裂缝快速扩大等异常变化。

5)变形分析要求

(1)观测成果的可靠性分析。
(2)变形体的累计变形量和两相邻观测周期的相对变形量分析。
(3)相关影响因素(荷载、应力应变、气象和地质等)的作用分析。
(4)回归分析。
(5)有限元分析。

6)监测网点布设

(1)基准点。基准点是变形监测的基准,应布设在稳固可靠的位置。每个工程至少应布设3个基准点。
(2)工作基点。工作基点应选在比较稳定且方便使用的位置。
(3)变形观测点(亦称目标点、变形点、观测点)。变形观测点应布设在能反映建筑物变形特征的敏感位置。

7)静态变形监测方法

静态变形监测方法包括:
(1)常规大地测量方法(经纬仪、水准仪、测距仪、全站仪以及测量机器人等)。
(2)GPS测量方法。
(3)合成孔径雷达干涉测量(InSAR)方法。
(4)准直测量方法。
(5)液体静力水准测量方法。
(6)特殊监测方法(如应变计测量、倾斜仪测量等)。

8)动态变形监测方法

动态变形监测方法包括:
(1)实时动态GPS测量方法。
(2)近景摄影测量方法。
(3)地面三维激光扫描方法。

9)变形几何分析

变形几何分析的任务是确定变形量的大小、方向及其变化,其内容包括:①基准点稳定性分析;②观测点变动分析(周期间叠合分析)。

10)变形物理解释

变形物理解释的任务是确定变形体的变形和变形原因之间的关系,解释变形原因。其工作为建立变形量与变形因子关系的数学模型,并对模型的有效性进行检验和分析。变形物理解释的方法可分为三类:①统计分析法(如回归分析法);②确定函数法(力学模型分析法、有限元法);③混合模型法。

11)变形监测成果表达

变形监测的成果主要采用文字、表格、图形等形式进行表达,也可采用多媒体技术、仿真技术、虚拟现实技术等进行表达。

12)变形监测成果归档

(1)技术设计书,技术总结。

(2)变形监测网点分布图。

(3)变形观测、计算资料。

(4)变形曲线图、成果表。

(5)变形分析、预报资料。

(6)仪器检定和检校资料。

(7)检查报告,验收报告。

13)精密工程测量的定义

精密工程测量是指采用的设备和仪器,其绝对精度达到 mm 量级,或相对精度达到 10^{-5} 量级的精确定位和变形监测等所进行的测量工作。

14)精密工程测量的内容

精密工程测量的内容包括:

(1)精密工程控制网建立(如特大型桥梁)。

(2)精密施工放样(如超高层建筑物)。

(3)精密设备安装与检测(如高能粒子加速器)。

(4)精密变形监测(如大型水坝)。

15)精密工程控制网布设方案设计

(1)精密工程控制网的精度指标。其精度指标是根据精密工程关键部位竣工位置的容许误差要求,结合实际情况,综合分析确定。

(2)精密工程控制网一般一次布网。分级布设时,特别注意其等级一般不具有上级网控制下级网的意义。精密工程控制网必须进行优化设计。

(3)精密水平控制网布设。通常布设为固定基准下的独立网。布设形式有基准线、三角网、三边网、边角网、GPS 网等。

(4)精密高程控制网布设。主要采用水准测量的方法建立,布设为闭合环或附合路线构成的结点网。

16)特殊精密控制网布设

特殊精密控制网布设包括:①直伸形三角网;②环形控制网;③三维控制网。

17）工业设备形位检测方法

工业设备形位检测的常用方法有如下 4 类：

(1) 电子经纬仪（或全站仪）基于前方交会的测量方法。

(2) 全站仪（或激光跟踪仪）基于极坐标的三维坐标测量方法。

(3) 近景摄影测量方法。

(4) 激光准直测量方法。

18）工业设备形位检测特点

(1) 要求的测量精度高。

(2) 往往受到现场条件的限制。

(3) 有时受到工作时间的限制。

(4) 更多地需要专用的仪器设备。

3.5.2 例题

1）单项选择题（每题的备选项中，只有 1 个最符合题意）

(1) 对于各观测周期的变形观测，以下描述不正确的是（　　）。
　　A. 在较长的时间内完成　　　　　B. 采用相同的观测路线和观测方法
　　C. 使用同一仪器和设备　　　　　D. 采用统一基准处理数据

(2) 以下不属于动态变形监测方法的是（　　）。
　　A. 实时动态 GPS 测量方法　　　　B. 经纬仪前方交会法
　　C. 近景摄影测量方法　　　　　　D. 地面三维激光扫描方法

(3) 以下不属于变形物理解释方法的是（　　）。
　　A. 统计分析法（如回归分析法）　　B. 平均间隙法
　　C. 确定函数法（如有限元法）　　　D. 混合模型法

(4) 下列测量方法中，不可用于测定工程建筑物垂直位移的有（　　）。
　　A. 三角高程测量　　　　　　　　B. 水准测量
　　C. 导线测量　　　　　　　　　　D. 液体静力水准测量

(5) 下列不能用在地面形变测量的是（　　）。
　　A. 放样测量　　B. 水准测量　　C. InSAR　　D. GPS

(6) 下列不是变形测量的特点的是（　　）。
　　A. 操作简单化　　　　　　　　　B. 精度高
　　C. 重复观测　　　　　　　　　　D. 数据处理更加严密

(7) 测定建筑物的平面位置随时间而移动的工作叫（　　）。
　　A. 挠度观测　　　　　　　　　　B. 裂缝观测
　　C. 沉降观测　　　　　　　　　　D. 水平位移观测

(8) 针对工程项目，变形监测的网点可分三种，不包括（　　）。
　　A. 基准点　　B. 工作基点　　C. 大地原点　　D. 变形观测点

(9) 某建筑物实施一等沉降观测，该工程至少应有（　　）个基准点。
　　A. 5　　　　B. 4　　　　C. 3　　　　D. 2

(10)下列不属于变形测量特点的是( )。
  A. 重复观测   B. 难度大
  C. 精度高   D. 变形测量的数据处理要求更加严密

(11)精密工程测量中相对精度一般要高于( )。
  A. 10^{-4} B. 10^{-5} C. 10^{-7} D. 10^{-8}

(12)对于精密工程测量,以下高程测量方法中,精度最高的是( )。
  A. 几何水准测量   B. 三角高程测量
  C. GPS 水准   D. 目估法

(13)数百米至数千米的精密距离测量宜使用( )。
  A. 精密钢尺   B. 精密经纬仪
  C. 精密水准仪   D. 精密全站仪

(14)在环形粒子加速器工程施工中,为精确放样储能环上的磁块等设备,需要建立精密工程测量控制网。控制网可布设成( )。
  A. 环形三角网   B. 直伸形三角网
  C. 双大地四边形   D. 双三角形

(15)与一般测量工作相比,工业设备形位检测具有一些特点。以下描述不正确的是( )。
  A. 要求的测量精度高   B. 不受现场条件限制
  C. 有时受到工作时间的限制   D. 更多地需要专用的仪器设备

(16)对于精密工程控制网布设,以下描述不正确的是( )。
  A. 控制网的精度指标是根据精密工程关键部位竣工位置的容许误差确定
  B. 精密工程控制网必须要分两次布网
  C. 精密工程控制网必须进行优化设计
  D. 精密高程控制网主要采用水准测量的方法建立

2)多项选择题(每题的备选项中,有 2 个或 2 个以上符合题意,至少有 1 个错项)

(17)变形监测内容包括几何量、物理量两方面,其中几何量监测内容主要包括( )。
  A. 水平位移测量   B. 应力测量   C. 应变测量
  D. 倾斜测量   E. 裂缝测量

(18)变形监测内容包括几何量、物理量两方面,其中物理量监测内容主要包括( )。
  A. 弯曲测量   B. 应力测量   C. 温度测量
  D. 扬压力测量   E. 震动测量

(19)变形监测的成果表达形式主要有( )。
  A. 文字形式   B. 表格形式   C. 图形形式
  D. 漫画形式   E. 虚拟现实技术

(20)变形测量中水平位移测量的方法有( )。
  A. 地面测量方法   B. 三角高程测量   C. GPS 技术
  D. 水准测量   E. 数字近景摄影测量方法

(21)针对工程项目,变形监测的网点可分为( )。
  A. 水准原点   B. 基准点   C. 大地原点
  D. 工作基点   E. 变形观测点

(22)动态变形测量的精度应根据( )来确定。
　　A. 变形速率　　　B. 测量要求　　　C. 变形体特性
　　D. 经济因素　　　E. 变形幅度

(23)地面形变测量采用的主要方法有( )。
　　A. 定线测量　　　B. GPS　　　　　C. 水准测量
　　D. 交会法　　　　E. InSAR

(24)对于精密工程控制网布设,以下描述正确的是( )。
　　A. 控制网的精度指标是根据精密工程关键部位竣工位置的容许误差确定的
　　B. 精密工程控制网必须要分两次布网
　　C. 精密工程控制网必须进行优化设计
　　D. 精密水平控制网通常布设为固定基准下的独立网
　　E. 精密高程控制网主要采用三角高程测量的方法建立

(25)工业设备形位检测的常用方法有( )。
　　A. 全站仪三维坐标测量　　　　　B. 近景摄影测量
　　C. GPS 水准　　　　　　　　　　D. 两井定向
　　E. 激光准直测量

(26)下列关于精密工程测量说法正确的是( )。
　　A. 精密工程测量所用的仪器设备必须具有较高的性能,以保证测量成果的精度、可靠性和有效性
　　B. 精密工程测量精度很高,一般相对精度达到 10^{-3}
　　C. 在进行精密工程测量方案设计时要考虑用不同方法进行论证
　　D. 精密垂准测量是观测基本位于同一水平基准线上的许多点的偏移值
　　E. 精密准直测量是观测基本位于同一水平基准线上的许多点的偏移值

3.5.3 例题参考答案及解析

1)单项选择题(每题的备选项中,只有1个最符合题意)

(1) A

解析:各观测周期的变形观测,应满足下列要求:①在较短的时间内完成;②采用相同的观测路线和观测方法;③使用同一仪器和设备;④观测人员相对固定;⑤记录相关的环境因素,包括荷载、温度、降水、水位等;⑥采用统一基准处理数据。选项 A 的描述不正确。故选 A。

(2) B

解析:目前的动态变形监测方法有:①实时动态 GPS 测量方法;②近景摄影测量方法;③地面三维激光扫描方法等。选项 B(经纬仪前方交会法),测量时间较长,不可能实现动态变形监测。故选 B。

(3) B

解析:变形物理解释的任务是确定变形体的变形和变形原因之间的关系,解释变形原因。变形物理解释的方法有:①统计分析法;②确定函数法;③混合模型法等。选项 B(平均间隙法)主要用于基准点稳定性分析,不属于变形物理解释的方法。故选 B。

(4) C

解析:建筑物的垂直位移表现在高程的变化。测定建筑物的垂直位移其实就是观测高差,因此可以采用:①水准测量;②三角高程测量、③液体静力水准测量等方法。选项C(导线测量)属于平面测量方法。故选C。

(5) A

解析:地面形变测量主要包括:地面沉降、地震形变监测等。目前,地面形变测量采用的主要方法有:①水准测量;②GPS测量;③InSAR等。选项A(放样测量)属于施工测量范畴,不属于地面形变测量方法。故选A。

(6) A

解析:变形测量的特点有:重复观测、精度高、需要综合应用多种测量方法、变形测量的数据处理要求更加严密等。变形测量没有选项A(操作简单化)这个特点。故选A。

(7) D

解析:本题考查是变形观测中"位移观测"的定义。建筑物的移动包括两个方面:①平面位置的移动,即水平位移的观测;②竖直方向的移动,即沉降观测。测定建筑物的平面位置随时间而移动的工作叫水平位移观测。故选D。

(8) C

解析:针对工程项目,变形监测的网点可分三种:①基准点;②工作基点;③变形观测点。故选C。

(9) B

解析:根据《建筑变形测量规范》(JGJ 8—2016)第5.2.1条,沉降观测应设置沉降基准点。特等、一等沉降观测,基准点不应少于4个;其他等级沉降观测,基准点不应少于3个。基准点之间应形成闭合环。本工程为一等沉降观测,故选B。

(10) B

解析:变形测量的特点有:重复观测、精度高、需要综合应用多种测量方法、变形测量的数据处理要求更加严密。有些工程,其变形测量的难度并不大。选项B(难度大)描述不准确。故选B。

(11) B

解析:精密工程测量,是指绝对测量精度达到毫米或亚毫米量级,相对测量精度达到10^{-5}量级。补充说明:有些辅导教材,基于现代测绘观点,将"精密工程测量"定义为相对测量精度应达到10^{-6}量级,但规范规定是相对测量精度应达到10^{-5}量级。建议考试时,以规范为准。故选B。

(12) A

解析:在高程测量方法中,几何水准测量是目前精度最高的方法。故选A。

(13) D

解析:数百米至数千米的精密距离测量宜使用精密光电测距仪,或精密全站仪。故选D。

(14) A

解析:在环形粒子加速器工程施工中,为精确放样储能环上的磁块等设备,需要建立精密工程测量控制网。其精密工程测量控制网应布设成环形三角网。故选A。

(15) B

解析:与一般测量工作相比,工业设备形位检测具有以下特点:①测量精度的要求高;②往往受到现场条件的限制;③有时受到工作时间的限制;④往往需要一些专用的仪器设备。选项

B 的描述不正确。故选 B。

(16)B

解析:精密工程控制网布设的要求有:①精密工程控制网一般一次布网;②控制网的精度指标是根据精密工程关键部位竣工位置的容许误差确定的;③精密工程控制网必须进行优化设计;④精密高程控制网主要采用水准测量的方法建立。选项 B 的描述不正确。故选 B。

2)多项选择题(每题的备选项中,有 2 个或 2 个以上符合题意,至少有 1 个错项)

(17)ADE

解析:变形监测内容包括几何量、物理量两方面。几何量监测内容主要包括:水平位移、垂直位移和偏距、倾斜、挠度、弯曲、扭转、震动、裂缝等测量。选项 B、C(应力测量、应变测量)属于物理量监测。故选 ADE。

(18)BCD

解析:变形监测内容包括几何量、物理量两方面。物理量监测内容主要包括:应力、应变、温度、气压、水位(库水位、地下水位)、渗流、渗压、扬压力等测量。选项 A、E(弯曲测量、震动测量)属于几何量监测。故选 BCD。

(19)ABCE

解析:变形监测的成果表达形式主要有文字、表格、图形、多媒体技术、仿真技术、虚拟现实技术等。故选 ABCE。

(20)ACE

解析:水平位移测量的定义是测量变形体平面位置的移动。变形测量中水平位移测量的方法有:地面测量方法、数字近景摄影测量方法、GPS 技术、专用测量方法(如视准线、激光准直法)等。B、D 选项(三角高程测量、水准测量)都是高程测量的方法,故不符合题意。故选 ACE。

(21)BDE

解析:变形监测网点一般分为三种:①基准点;②工作基点;③变形观测点。故选 BDE。

(22)ABDE

解析:动态变形测量的精度应根据以下因素来确定:①变形速率;②变形幅度;③测量要求;④经济因素。与选项 C(变形体特征)没有关系。故选 ABDE。

(23)BCE

解析:地面形变测量主要包括地面沉降、地震形变监测等。目前,地面形变测量采用的主要方法有:①水准测量;②GPS 测量;③InSAR 等。故选 BCE。

(24)ACD

解析:精密工程控制网布设的要求有:①精密工程控制网一般一次布网;②控制网的精度指标是根据精密工程关键部位竣工位置的容许误差确定的;③精密工程控制网必须进行优化设计;④精密水平控制网通常布设为固定基准下的独立网;⑤精密高程控制网主要采用水准测量的方法建立。选项 B、E 的描述不正确。故选 ACD。

(25)ABE

解析:工业设备形位检测的常用方法有以下四类:①电子经纬仪(或全站仪)基于前方交会的测量方法;②全站仪(或激光跟踪仪)基于极坐标的三维坐标测量方法;③近景摄影测量方法;④激光准直测量方法。故选 ABE。

(26) ACE

解析:精密工程测量有关要求:①精密工程测量所用的仪器设备必须具有较高的性能,以保证测量成果的精度、可靠性和有效性;②精密工程测量精度很高,一般相对精度应达到 10^{-5};③在进行精密工程测量方案设计时要考虑用不同方法进行论证;④精密准直测量是观测基本位于同一水平基准线上的许多点的偏移值;⑤精密垂准测量指的是以过基准点的铅垂线为垂直基准线,测定沿垂直基准线不同高度的目标点相对于铅垂线的偏移值。故选项 B、D 的描述不正确。故选 ACE。

3.6 考点六:《工程测量规范》(GB 50026—2007)

3.6.1 主要知识点汇总

在近几年的《注册测绘师》"综合能力"考试中,"工程测量"的试题有很多出自《工程测量规范》(GB 50026—2007)。因此,建议考生认真阅读该规范,并特别关注以下两个方面的内容:

1) 有关"数量"的规定与要求

如《工程测量规范》(GB 50026—2007)第 3.2.10 条规定:对于 GPS 测量数据处理,其基线解算,起算点的单点定位观测时间,<u>不宜少于 30min</u>。第 7.2.6 条规定:对地下管线探测质量进行检验;应采用重复探查和开挖验证的方法对隐蔽管线点的探查结果进行质量检验;开挖验证的点位应随机抽取,<u>点数不宜少于隐蔽管线点总数的 1%,且不应少于 3 个点</u>。第 10.1.4 条规定:变形监测网的布设,应满足的要求是:基准点应选在变形影响区域之外稳固可靠的位置;<u>每个工程至少应有 3 个基准点</u>。等等。

2) 有关"限差"的规定与要求

如《工程测量规范》(GB 50026—2007)第 3.2.1 条规定:根据卫星定位测量控制网的主要技术要求,其中"四等"的平均边长为 2km,其约束平差后<u>最弱边相对中误差的要求为 ≤1/40000</u>。第 4.3.2 条规定:对于四等电磁波测距三角高程测量,应采用"对向观测"方式,其"对向观测高差较差"的<u>限差要求为 $40\sqrt{D}$ (mm)</u>,其中,D 为测距边的长度(km)。第 5.1.5 条规定:在地形测量中,工矿区主要建(构)筑物的细部坐标点的点位中误差的<u>限差为 ±5cm</u>。第 8.6.2 条规定:隧道工程的相向施工测量,施工中线在贯通面上的高程贯通误差,其<u>限差为 70mm</u>。等等。

3.6.2 例题

1) 单项选择题(每题的备选项中,只有一个最符合题意)

(1) 工程测量控制网可采用卫星定位测量方法。依照《工程测量规范》,对于 GPS 测量数据处理,其基线解算,应满足一定要求。下列选项中,描述错误的是( )。

    A. 起算点的单点定位观测时间,不宜少于 30min

    B. 解算模式不可采用单基线解算模式

    C. 解算模式可采用多基线解算模式

D. 解算成果,应采用双差固定解

(2)依据《工程测量规范》(GB 50026—2007)"纸质地形图的绘制"有关规定,对于"半依比例尺绘制的符号",应保持（　　）。

A. 其符号的整体美观性　　　　　　　B. 其主线位置的几何精度
C. 其主点位置的几何精度　　　　　　D. 其轮廓位置的精度

(3)对于五等电磁波测距三角高程测量,应采用"对向观测"方式,其"对向观测高差较差"的限差要求为（　　）mm,其中,D 为测距边的长度(km)。

A. $20\sqrt{D}$ mm　　B. $40\sqrt{D}$ mm　　C. $50\sqrt{D}$ mm　　D. $60\sqrt{D}$ mm

(4)对于四等电磁波测距三角高程测量,应采用"对向观测"方式进行。其"附合或环形闭合差"的限差要求为（　　）mm。其中,D 为测距边的长度(km)。

A. $20\sqrt{\sum D}$　　　　　　　　　B. $30\sqrt{\sum D}$
C. $40\sqrt{\sum D}$　　　　　　　　　D. $50\sqrt{\sum D}$

(5)对于两开挖洞口间长度为 6.4km 的隧道工程,其相向施工中线在贯通面上的横向贯通误差不应大于（　　）。

A. 70mm　　B. 100mm　　C. 150mm　　D. 200mm

(6)竣工总图的编绘,应收集众多资料。下列选项中,不属于竣工总图编绘应收集资料范畴的是（　　）。

A. 施工设计图　　　　　　　　　　　B. 施工检测记录
C. 建筑物立面图　　　　　　　　　　D. 竣工测量资料

(7)根据《工程测量规范》(GB 50026—2007)中卫星定位测量的主要技术要求,四等的平均边长为 2km,其约束平差后最弱边相对中误差的要求为（　　）。

A. ≤1/120000　　　　　　　　　　　B. ≤1/70000
C. ≤1/40000　　　　　　　　　　　　D. ≤1/20000

(8)根据《工程测量规范》(GB 50026—2007),卫星定位测量控制网的布设应符合下列要求:控制网应由独立观测边构成一个或若干个闭合环或附合路线,各等级控制网中构成闭合环或附合路线的边数不宜多于（　　）条。

A. 5　　B. 6　　C. 7　　D. 8

(9)根据《工程测量规范》(GB 50026—2007),GPS 控制测量测站作业应满足下列要求:天线高的量取应精确至 1mm;天线安置的对中误差,不应大于（　　）。

A. 1mm　　B. 2mm　　C. 3mm　　D. 4mm

(10)根据《工程测量规范》(GB 50026—2007),高程控制测量一般规定,高程控制点间的距离,一般地区应为 1～3km,工业厂区、城镇建筑区宜小于 1km。但一个测区及周围至少应有（　　）个高程控制点。

A. 1　　B. 2　　C. 3　　D. 4

(11)根据《工程测量规范》(GB 50026—2007),利用全站仪进行距离测量作业时,应符合下列规定:测站对中误差和反光镜对中误差不应大于（　　）。

A. 1mm　　B. 2mm　　C. 3mm　　D. 4mm

(12)根据《工程测量规范》(GB 50026—2007),当水准路线需要跨越江河时,应符合下列规定:当跨越距离小于 200m 时,可采用单线过河;也可采用在测站上变换仪器高度的方法进行,两次观测高差较差不应超过( ),取其平均值作为观测高差。

    A.3mm   B.5mm   C.6mm   D.7mm

(13)根据《工程测量规范》(GB 50026—2007),GPS拟合高程测量的主要技术要求应符合下列规定:GPS网应与四等或四等以上的水准点联测;联测点数,宜大于选用计算模型中未知参数个数的( ),点间距宜小于10km。

    A.1.5倍   B.2.0倍   C.2.5倍   D.3.0倍

(14)根据《工程测量规范》(GB 50026—2007),GPS图根控制测量,宜采用GPS-RTK方法直接测定图根点的坐标和高程。GPS-RTK方法的作业半径不宜超过( ),对每个图根点均应进行同一参考站或不同参考站下的两次独立测量,其点位较差不应大于图上0.1mm,高程较差不应大于基本等高距的1/10。

    A.5km   B.10km   C.15km   D.20km

(15)根据《工程测量规范》(GB 50026—2007),全站仪测图的仪器安置及测站检核应符合下列要求:仪器的对中偏差不应大于5mm;应选择较远的图根点作为测站定向点,并施测另一图根点的坐标和高程,作为测站检核。检核点的平面位置较差不应大于图上( ),高程较差不应大于基本等高距的1/5。

    A.0.1mm   B.0.2mm   C.0.3mm   D.0.4mm

(16)根据《工程测量规范》(GB 50026—2007),对于GPS-RTK测图,流动站的作业应符合下列规定:流动站作业的有效卫星数不宜少于( )个,PDOP值应小于6,并应采用固定解成果。

    A.3   B.4   C.5   D.6

(17)根据《工程测量规范》(GB 50026—2007),对于GPS-RTK测图,参考站点位的选择应符合下列规定:参考站的有效作业半径不应超过( )。

    A.5km   B.10km   C.15km   D.20km

(18)根据《工程测量规范》(GB 50026—2007),在GPS-RTK测图作业前,应先求取WGS-84坐标系与测区地方坐标系的转换参数。转换参数的应用,应符合下列规定:使用前,应对转换参数的精度、可靠性进行分析和实测检查;检查点应分布在测区的中部和边缘;检测结果,平面较差不应大于5cm,高程较差不应大于( )。(注:D为参考站到检查点的距离,单位为km)

    A.$20\sqrt{D}$mm   B.$30\sqrt{D}$mm

    C.$40\sqrt{D}$mm   A.$50\sqrt{D}$mm

(19)根据《工程测量规范》(GB 50026—2007),数字高程模型建立后应进行检查,并符合下列规定:对用实测数据建立的数字高程模型,应进行外业实测检查并统计精度;每个图幅的检测点数不应少于( )个点,且均匀分布。

    A.10   B.15   C.20   D.30

(20)根据《工程测量规范》(GB 50026—2007),地形图的修测应符合下列规定:地形图的修测方法,可采用全站仪测图法和支距法等;新测地物与原有地物的间距中误差,不得超过图上( )。

    A.0.2mm   B.0.3mm   C.0.4mm   D.0.6mm

(21)根据《工程测量规范》(GB 50026—2007),对于公路测量,定测中线桩位测量应符合下列规定:线路中线桩的间距,直线部分不应大于50m,平曲线部分宜为20m。对于公路曲线半径小于30m、缓和曲线长度小于30m或回头曲线段,中线桩间距均不应大于( )。

  A. 5m   B. 10m   C. 20m   D. 50m

（22）根据《工程测量规范》(GB 50026—2007)，对于地下管线施测，管线点相对于邻近控制点的测量点位中误差不应大于5cm，测量高程中误差不应大于（　　）。

  A. 1cm   B. 2cm   C. 3cm   D. 5cm

（23）根据《工程测量规范》(GB 50026—2007)有关建筑物施工放样的要求，已知某高层建筑物总高$H=70m$，其轴线竖向投测的偏差每层不应超过3mm，总偏差不应超过（　　）。

  A. 15mm   B. 20mm   C. 25mm   D. 30mm

（24）根据《工程测量规范》(GB 50026—2007)，地下隧道在施工和运营初期，还应对受影响的地面建筑物、地表、地下管线等进行同步变形测量，并符合下列规定：新奥法隧道施工时，地表沉陷变形观测点，应沿隧道地面中线呈横断面布设，断面间距宜为10～50m，两侧的布点范围宜为隧道深度的（　　），每个横断面不少于5个变形观测点。

  A. 1.5倍   B. 2.0倍   C. 2.5倍   D. 3.0倍

2）多项选择题（每题的备选项中，有2个或2个以上符合题意，至少有1个错项）

（25）竣工总图的编绘，应收集众多资料。下列选项中，属于竣工总图编绘应收集资料范畴的有（　　）。

  A. 总平面布置图   B. 建筑物立面图
  C. 设计变更文件   D. 放样数据表
  E. 施工检测记录

（26）GPS拟合高程，应符合下列规定：（　　）。

  A. 充分利用当地的重力大地水准面模型或资料
  B. 对于大面积测区，尽量采用简单的平面拟合模型
  C. 对于地形起伏较大的测区，宜采用曲面拟合模型
  D. 对拟合高程模型应进行优化
  E. GPS点的高程计算，不宜超出拟合高程模型所覆盖的范围

3.6.3　例题参考答案及解析

1）单项选择题（每题的备选项中，只有一个最符合题意）

（1）B

解析：《工程测量规范》(GB 50026—2007)第3.2.10条规定：对于GPS测量数据处理，其基线解算应满足下列要求：起算点的单点定位观测时间不宜少于30min；解算模式可采用单基线解算模式，也可采用多基线解算模式；解算成果，应采用双差固定解。选项B，描述错误。故选B。

（2）B

解析：《工程测量规范》(GB 50026—2007)第5.3.38条规定：轮廓符号的绘制应符合下列规定：依比例尺绘制的轮廓符号应保持轮廓位置的精度；半依比例尺绘制的线状符号应保持主线位置的几何精度；不依比例尺绘制的符号应保持主点位置的几何精度。故选B。

（3）D

解析：《工程测量规范》(GB 50026—2007)第4.3.2条规定：电磁波测距三角高程测量的

主要技术要求,应符合表4.3.2的规定(见表3-7,表中,D为测距边的长度,km)。对照该表,可找到"五等""对向观测高差较差"的限差要求,故选D。

电磁波测距三角高程测量的主要技术要求　　　　表3-7

等级	每千米高差全中误差(mm)	边长(km)	观测方式	对向观测高差较差(mm)	附合或环形闭合差(mm)
四等	10	≤1	对向观测	$40\sqrt{D}$	$20\sqrt{\sum D}$
五等	15	≤1	对向观测	$60\sqrt{D}$	$30\sqrt{\sum D}$

(4)A

解析:《工程测量规范》(GB 50026—2007)第4.3.2条规定:电磁波测距三角高程测量的主要技术要求应符合表4.3.2的规定(表中,D为测距边的长度,km)。对照该表,可找到"四等""附合或环形闭合差"的限差要求,故选A。

(5)C

解析:《工程测量规范》(GB 50026—2007)第8.6.2条规定:隧道工程的贯通误差应符合表8.6.2的规定(注:规范中的表8.6.2可参看本书的表3-6)。对照该表,对于两开挖洞口间长度在4~8km之间的隧道工程,其相向施工中线在贯通面上的横向贯通误差不应大于150mm。故选C。

(6)C

解析:《工程测量规范》(GB 50026—2007)第9.2.1条规定:竣工总图的编绘应收集下列资料:①总平面布置图;②施工设计图;③设计变更文件;④施工检测记录;⑤竣工测量资料;⑥其他相关资料。选项C(建筑物立面图),不属于竣工总图编绘应收集资料范畴。故选C。

(7)C

解析:《工程测量规范》(GB 50026—2007)第3.2.1条规定:卫星定位测量控制网的主要技术要求,应符合表3.2.1的规定(见表3-8)。对照该表,"四等",其约束平差后最弱边相对中误差的要求为≤1/40000。故选C。

卫星定位测量控制网的主要技术要求　　　　表3-8

等级	平均边长(km)	固定误差A(mm)	比例误差系数B(mm/km)	约束点间的边长相对中误差	约束平差后最弱边相对中误差
二等	9	≤10	≤2	≤1/250000	≤1/120000
三等	4.5	≤10	≤5	≤1/150000	≤1/70000
四等	2	≤10	≤10	≤1/100000	≤1/40000
一级	1	≤10	≤20	≤1/40000	≤1/20000
二级	0.5	≤10	≤40	≤1/20000	≤1/10000

(8)B

解析:根据《工程测量规范》(GB 50026—2007)第3.2.4条,卫星定位测量控制网的布设应符合下列要求:控制网应由独立观测边构成一个或若干个闭合环或附合路线;各等级控制网中构成闭合环或附合路线的边数不宜多于6条。故选B。

(9)B

解析:《工程测量规范》(GB 50026—2007)第3.2.9条规定:GPS控制测量测站作业,天线安置的对中误差不应大于2mm;天线高的量取应精确至1mm。故选B。

(10)C

解析:《工程测量规范》(GB 50026—2007)第4.1.4条规定:高程控制点间的距离,一般地区应为1~3km,工业厂区、城镇建筑区宜小于1km;但一个测区及周围至少应有3个高程控制点。故选C。

(11)B

解析:《工程测量规范》(GB 50026—2007)第3.3.19条规定:利用全站仪进行距离测量作业时,测站对中误差和反光镜对中误差不应大于2mm。故选B。

(12)D

解析:《工程测量规范》(GB 50026—2007)第4.2.6条规定:当水准路线需要跨越江河(湖塘、宽沟、洼地、山谷等)时,当跨越距离小于200m时,可采用单线过河,也可采用在测站上变换仪器高度的方法进行;两次观测高差较差不应超过7mm,取其平均值作为观测高差。故选D。

(13)A

解析:根据《工程测量规范》(GB 50026—2007)第4.4.3条,GPS拟合高程测量的主要技术要求规定:GPS网应与四等或四等以上的水准点联测;联测点数,宜大于选用计算模型中未知参数个数的1.5倍,点间距宜小于10km。故选A。

(14)A

解析:《工程测量规范》(GB 50026—2007)第5.2.11条规定:GPS图根控制测量宜采用GPS-RTK方法直接测定图根点的坐标和高程;GPS-RTK方法的作业半径不宜超过5km。故选A。

(15)B

解析:根据《工程测量规范》(GB 50026—2007)第5.3.4条,全站仪测图的仪器安置及测站检核应符合下列要求:应选择较远的图根点作为测站定向点,并施测另一图根点的坐标和高程,作为测站检核;检核点的平面位置较差不应大于图上0.2mm,高程较差不应大于基本等高距的1/5。故选B。

(16)C

解析:根据《工程测量规范》(GB 50026—2007)第5.3.15条,对于GPS-RTK测图,流动站的作业应符合下列规定:流动站作业的有效卫星数不宜少于5个,PDOP值应小于6,并应采用固定解成果。故选C。

(17)B

解析:根据《工程测量规范》(GB 50026—2007)第5.3.13条,对于GPS-RTK测图,参考站点位的选择,应符合下列规定:参考站的有效作业半径,不应超过10km。故选B。

(18)B

解析:根据《工程测量规范》(GB 50026—2007)第5.3.12条,转换参数的应用,应符合下列规定:使用前,应对转换参数的精度、可靠性进行分析和实测检查;检查点应分布在测区的中部和边缘;检测结果,平面较差不应大于5cm,高程较差不应大于$30\sqrt{D}$mm(注:D为参考站到检查点的距离,单位为km)。故选B。

(19)C

解析:根据《工程测量规范》(GB 50026—2007)第5.5.7条规定:对用实测数据建立的数字高程模型,应进行外业实测检查并统计精度。每个图幅的检测点数,不应少于20个点,且均匀分布。故选 C。

(20)D

解析:根据《工程测量规范》(GB 50026—2007)第5.10.3条,地形图的修测,应符合下列规定:新测地物与原有地物的间距中误差,不得超过图上0.6mm;地形图的修测方法,可采用全站仪测图法和支距法等。故选 D。

(21)A

解析:根据《工程测量规范》(GB 50026—2007)第6.2.5条,定测中线桩位测量应符合下列规定:线路中线桩的间距,直线部分不应大于50m,平曲线部分宜为20m。曲线部分,当公路曲线半径为30~60m时,其中线桩间距均不应大于10m;对于公路曲线半径小于30m、缓和曲线长度小于30m或回头曲线段,中线桩间距均不应大于5m。故选 A。

(22)B

解析:根据《工程测量规范》(GB 50026—2007)第7.3.2条,对于地下管线施测,管线点相对于邻近控制点的测量点位中误差不应大于5cm,测量高程中误差不应大于2cm。故选 B。

(23)A

解析:根据《工程测量规范》(GB 50026—2007)第8.3.11条,建筑物施工放样应符合下列规定:建筑物施工放样、轴线投测和高程传递的偏差,不应超过表8.3.11的规定(见表3-9)。已知 $H=70$m,对照该表,总偏差不应超过15mm。故选 A。

建筑物施工放样、轴线投测和高程传递的允许偏差　　　　　　　　　　　　　　表3-9

项　　目	内　　容		允许偏差(mm)
轴线竖向投测	每层		3
	总高 H(m)	$H\leqslant30$	5
		$30<H\leqslant60$	10
		$60<H\leqslant90$	15
		$90<H\leqslant120$	20
		$120<H\leqslant150$	25
		$150<H$	30

(24)B

解析:根据《工程测量规范》(GB 50026—2007)第10.7.8条,新奥法隧道施工时,地表沉陷变形观测点,应沿隧道地面中线呈横断面布设,断面间距宜为10~50m,两侧的布点范围宜为隧道深度的2倍,每个横断面不少于5个变形观测点。故选 B。

2)多项选择题(每题的备选项中,有2个或2个以上符合题意,至少有1个错项)

(25)ACE

解析:根据《工程测量规范》(GB 50026—2007)第9.2.1条,竣工总图的编绘,应收集下列资料:①总平面布置图;②施工设计图;③设计变更文件;④施工检测记录;⑤竣工测量资料;⑥其他相关资料。选项B、D(建筑物立面图、放样数据表),不属于竣工总图编绘应收集资料范畴。故选 ACE。

(26) ACDE

解析: 根据《工程测量规范》(GB 50026—2007)第4.4.4条,GPS拟合高程,应符合下列规定:①充分利用当地的重力大地水准面模型或资料;②应对联测的已知高程点进行可靠性检验,并剔除不合格点;③对于地形平坦的小测区,可采用平面拟合模型;对于地形起伏较大的大面积测区,宜采用曲面拟合模型;④对拟合高程模型应进行优化;⑤GPS点的高程计算,不宜超出拟合高程模型所覆盖的范围。选项B,描述错误。故选ACDE。

3.7 高频真题综合分析

3.7.1 高频真题——变形测量

◀ 真 题 ▶

【2011,15】 建筑物沉降观测中,基准点数至少应有( )个。
A. 1　　　　　B. 2　　　　　C. 3　　　　　D. 4

【2012,23】 建筑物沉降观测中,确定观测点布设位置,应重点考虑的是( )。
A. 能反映建筑物的沉降特征
B. 能保证相邻点间的通视
C. 能不受日照变形的影像
D. 能同时用于测定水平位移

【2013,25】 变形监测中,布设于待测目标体上并能反映变形特征的点为( )。
A. 基准点　　　B. 工作基点　　C. 变形点　　　D. 连接点

【2016,23】 在建筑物沉降观测中,每个工程项目设置的基准点至少应为( )个。
A. 2　　　　　B. 3　　　　　C. 4　　　　　D. 5

◀ 真题答案及综合分析 ▶

答案: C A C B

解析: 以上4题,考核的知识点是"变形监测网的网点及其布设要求"[详见《工程测量规范》(GB 50026—2007)第10.1.4条]。

第10.1.4条,变形监测网的网点,宜分为基准点、工作基点和变形观测点。其布设应符合下列要求:

(1)基准点,应选在变形影响区域之外稳固可靠的位置。每个工程至少应有3个基准点。大型的工程项目,其水平位移基准点应采用带有强制归心装置的观测墩,垂直位移基准点宜采用双金属标或钢管标。

(2)工作基点,应选在比较稳定且方便使用的位置。对于通视条件较好的小型工程,可不设立工作基点,在基准点上直接测定变形观测点。

(3)变形观测点,应设立在能反应监测体变形特征的位置或监测断面上,监测断面一般分为关键断面、重要断面和一般断面。

3.7.2 高频真题——地下管线调查

◀ **真 题** ▶

【2012,19】 某地下管线测量项目共探查隐蔽管线点 565 个，根据现行《工程测量规范》，采用开挖验证方法进行质量检查，开挖验证的点数至少为（　　）个。

  A. 3   B. 4   C. 5   D. 6

【2013,24】 规范规定，对隐蔽管线点平面位置和埋深探查结果进行质量检验时，应抽取不应少于隐蔽管线点总数的 1% 的点进行（　　）。

  A. 野外巡查   B. 交叉测量
  C. 资料对比   D. 开挖验证

【2014,23】 现行规范规定，地下管线隐蔽点管线探查时，埋深测量所指的 h 指的是（　　）。

  A. 管线探测仪   B. 管线外径
  C. 管线两端高差   D. 管线埋深

【2013,87】 城市排水管道实地调查的内容有（　　）。

  A. 压力   B. 管径
  C. 埋深   D. 材质
  E. 流向

◀ 真题答案及综合分析 ▶

答案： D   D   D   BCDE

解析： 以上 4 题，考核的知识点是"地下管线调查"。

(1)《工程测量规范》(GB 50026—2007) 第 7.2.2 条，地下管线隐蔽管线点的探查，其水平位置偏差 ΔS 应小于 $0.10h$；其埋深较差 ΔH 应小于 $0.15h$（注：h 为管线中心的埋深，h 小于 1m 时按 1m 计）。

(2)《工程测量规范》(GB 50026—2007) 第 7.2.6 条，地下管线探测的质量检验：①每个工区必须在隐蔽管线点和明显管线点中，分别按不少于总数 5% 的比例，随机抽取管线点复查，检查管线探查的数学精度和属性调查质量；②每个工区应在隐蔽管线点中，按不少于总数 1% 的比例，随机抽取管线点进行开挖验证，检查管线点的数学精度。

(3)《城市地下管线探测技术规程（附条文说明）》(CJJ 61—2003) 规定，地下管线探测应查明地下管线的平面位置、走向、埋深或高程、规格、性质、材质等，并编绘地下管线图。

3.7.3 高频真题——误差传播定律

◀ **真 题** ▶

【2011,25】 在施工放样中，若设计允许的总误差为 Δ，允许测量工作的误差为 Δ_1，允许施工产生的误差为 Δ_2，且 $\Delta^2 = \Delta_1^2 + \Delta_2^2$，按"等影响原则"，则有 $\Delta_1 =$（　　）。

A. $\dfrac{1}{2}\Delta$ B. $\dfrac{1}{\sqrt{2}}\Delta$ C. $\dfrac{1}{3}\Delta$ D. $\dfrac{1}{\sqrt{3}}\Delta$

【2012,15】 某工程控制网点的误差椭圆长半轴、短半轴长度分别为 8mm 和 6mm,则该点的平面点位中误差为(　　)mm。

A. ±8   B. ±10   C. ±12   D. ±14

【2013,23】 如图 3-2 所示,a,b,c 为一条直线上的三个点,通过测 a、b 间的长度 S_{ab} 和 a、c 间的长度 S_{ac} 来获得 b、c 间的长度 S_{bc}。已知 S_{ab}、S_{ac} 的测量中误差分别为 ±3.0mm、±4.0mm,则 S_{bc} 的中误差为(　　)mm。

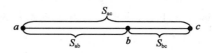

图 3-2

A. ±1.0   B. ±2.6   C. ±5.0   D. ±7.0

【2014,22】 从已知高程点,经过 4 个测站水准测量,测定未知点高程,已知点的高程中误差为 8mm,每测站高差测量中误差为 2mm。则未知点的高程中误差为(　　)mm(结果取至整数)。

A. ±9   B. ±10   C. ±12   D. ±16

◀ 真题答案及综合分析 ▶

答案:B B C A

解析:以上 4 题,考核的知识点是"误差传播定律及其应用"。

设有线性函数:$Z = k_0 + k_1 \cdot x_1 + k_2 \cdot x_2 + \cdots + k_n \cdot x_n$,根据误差传播定律,则有:$m_Z = \pm \sqrt{k_1^2 \cdot m_1^2 + k_2^2 \cdot m_2^2 + \cdots + k_n^2 \cdot m_n^2}$。

第 1 题,让 $\Delta_2 = \Delta_1$,代入题目给定的公式中,可以推出:$\Delta_1 = \dfrac{\Delta}{\sqrt{2}}$。

第 2 题,$m_P = \pm \sqrt{a^2 + b^2} = \pm 10$ mm。

第 3 题,$S_{bc} = S_{ac} - S_{ab}$,则 $m_{S_{bc}} = \pm \sqrt{m_{ac}^2 + (-1)^2 m_{ab}^2} = \pm 5$ mm。

第 4 题,$H_B = H_A + h_1 + h_2 + h_3 + h_4$,则 $m = \pm \sqrt{8^2 + 2^2 + 2^2 + 2^2 + 2^2} = \pm \sqrt{80}$。

3.7.4 高频真题——图根控制点

◀ 真 题 ▶

【2011,21】 某丘陵地区 1:1000 地形测图基本等高距确定为 1m,那么,图根控制点的高程相对于邻近等级控制点的中误差不应超过(　　)m。

A. ±0.10   B. ±0.15   C. ±0.20   D. ±0.25

【2011,22】 大比例尺地形测图时,图根控制点相对于邻近等级控制点的平面点位中误差,不应大于图上(　　)mm。

A. ±0.10　　　B. ±0.2　　　C. ±0.3　　　D. ±0.5

【2014,18】 图根控制测量中,图根点相对于邻近等级控制点的点位中误差最大为图上(　　)mm。

A. ±0.05　　　B. ±0.10　　　C. ±0.15　　　D. ±0.20

▶ **真题答案及综合分析** ◀

答案: A　A　B

解析: 以上3题,考核的知识点是"图根控制点的精度要求"[详见《工程测量规范》(GB 50026—2007)第5.2.1条]。第5.2.1条,图根点相对于基本控制点的点位中误差不应超过图上0.1mm,高程中误差不应超过基本等高距的1/10。

3.7.5 高频真题——导线测量

◀ **真　题** ▶

【2012,13】 现行《工程测量规范》规定,利用导线测量建立工程平面控制网时,导线网中结点与结点、结点与高级点之间的导线长度不应大于相应等级导线长度的(　　)倍。

A. 0.3　　　B. 0.5　　　C. 0.7　　　D. 1.0

【2013,20】 某四等附合导线,全长8.1km,经测量计算,其方位角闭合差为15″,纵向误差和横向误差分别为16cm和12cm,则该导线的全长闭合差为(　　)。

A. 1/54000　　　B. 1/50625　　　C. 1/40500　　　D. 1/28928

【2015,20】 某附合导线全长为620m,其纵、横坐标增量闭合差分别为$f_x=0.12$m,$f_y=-0.16$m,则该导线全长相对闭合差为(　　)。

A. $\frac{1}{2200}$　　　B. $\frac{1}{3100}$

C. $\frac{1}{4500}$　　　D. $\frac{1}{5500}$

▶ **真题答案及综合分析** ◀

答案: C　C　B

解析: 以上3题,考核的知识点是"导线测量"。

(1)《工程测量规范》(GB 50026—2007)第3.3.3条,利用导线测量建立工程平面控制网时,导线网中结点与结点、结点与高级点之间的导线长度不应大于相应等级导线长度的0.7倍。

(2)要掌握导线全长相对闭合差K的计算方法:

①先计算边长闭合差,$f=\sqrt{f_x^2+f_y^2}$;②再计算导线全长相对闭合差,$K=\dfrac{f}{\sum D}$。

第2题,经计算得$f=20$cm,$K=1/40500$。

第3题,经计算得$f=0.20$m,$K=1/3100$。

3.7.6 高频真题——地形图比例尺

◀ 真 题 ▶

【2015,23】 某农场实地面积为 $25km^2$，其图上面积为 $100cm^2$，则该图的比例尺为( )。

A.1：1万　　　B.1：2.5万　　　C.1：5万　　　D.1：10万

【2016,25】 已知某农场的实地面积为 $4km^2$，其图上面积为 $400cm^2$，则该图的比例尺为( )。

A.1：5000　　　B.1：1万　　　C.1：5万　　　D.1：10万

◀ 真题答案及综合分析 ▶

答案：C B

解析： 以上2题，考核的知识点是"地形图比例尺的基本概念"。设某地形图的比例尺为 $1：M$，则比例尺分母 M 满足：$M^2 = \dfrac{实地面积}{图上面积}$。

第1题，经计算得 $M=50000$。

第2题，经计算得 $M=10000$。

3.7.7 高频真题——隧道贯通误差

◀ 真 题 ▶

【2011,26】 按现行《工程测量规范》，一条长度为6km的隧道工程相向施工，其中线在贯通面上的高程贯通误差不应大于( )mm。

A.50　　　B.60　　　C.70　　　D.80

【2015,27】 隧道施工控制网的主要作用是( )。

A.控制隧道的长度　　　　　B.测量隧道断面尺寸
C.变性监测　　　　　　　　D.保证隧道准确贯通

◀ 真题答案及综合分析 ▶

答案：C D

解析： 以上2题，考核的知识点是"隧道贯通的概念及其限差要求"。

(1)《工程测量规范》(GB 50026—2007)第8.6.2条，隧道贯通误差的限差要求，"高程贯通误差限差"为70mm(与隧道长度无关)。"横向贯通误差限差"，与两开挖洞口间长度 L(km)有关：①$L<4$，限差为100mm；②$4 \leqslant L<8$，限差为150mm；③$8 \leqslant L<10$，限差为200mm。

(2)洞内和洞外控制测量(隧道施工控制网)，其主要作用是保证隧道的准确贯通。

3.7.8 高频真题——控制网优化设计

◀ 真 题 ▶

【2015,18】工程控制网优化设计分为"零~三"类,其中"一类"优化设计指的是(　　)。
　　A.网的基准设计　　　　　　　　B.网的图形设计
　　C.观测值的精度设计　　　　　　D.网的费用设计

【2016,17】工程控制网优化设计分为"零~三"类,其中"二类"优化设计指的是(　　)。
　　A.网的精度设计　　　　　　　　B.网的图形设计
　　C.网的基准设计　　　　　　　　D.网的改进设计

◀ 真题答案及综合分析 ▶

答案: B　A

解析: 以上2题,考核的知识点是"工程控制网的优化设计"。工程控制网优化设计分为4类:零类设计(基准设计)、一类设计(网形设计)、二类设计(权设计/精度设计)、三类设计(改进设计或加密设计)。

4 房产测绘

4.0 考点分析

考点一:房产平面控制测量
考点二:房产要素测量与房产信息数据采集
考点三:房屋数据处理
考点四:房产图绘制
考点五:房产变更测量
考点六:房产测绘成果管理

4.1 主要知识点汇总

考点一 房产平面控制测量

1)房产测绘的基本内容

房产测绘的基本内容包括:房产平面控制测量、房屋调查、房产要素测量、房产图绘制、房产面积测算、变更测量、成果资料的检查和验收等。

2)房产平面控制测量方法与要求

(1)房产平面控制测量是房产测量的基础,目的是提供一个准确的控制框架(参考系)和定位基准,并控制误差积累。

(2)房产平面控制测量的主要方法是 GPS 测量和导线测量,技术指标与技术要求按国家标准执行。

(3)房产平面控制测量的精度要求末级相邻基本控制点的相对点位中误差不大于±2.5cm。

(4)房产平面控制点的密度在建筑物密集区的控制点平均间距在 100m 左右,建筑物稀疏区的控制点平均间距在 200m 左右。

3)控制网布设

(1)房产平面控制点的布设,应遵循从整体到局部、从高级到低级、分级布网的原则,也可越级布网。

(2)房产平面控制点包括二、三、四等平面控制点和一、二、三级平面控制点。房产平面控制点均应埋设固定标志。

(3)房产测量一般不测高程,需要进行高程测量时,由设计书另行规定,高程测量采用 1985 国家高程基准。

4)数据处理

(1)坐标系选择:房产测量应采用1980西安坐标系或地方坐标系,采用地方坐标系时应和国家坐标系联测。投影变形小于2.5cm/km。

(2)平差计算:二、三、四等平面控制网的计算应采用严密平差,并进行精度评定。四等以下平面控制网的计算可采用近似平差,并进行精度评定。

考点二 房产要素测量与房产信息数据采集

1)房产要素

(1)房产要素是反映房屋及用地情况的要素,可分为属性的(权属调查的)、位置的(界址点、境界)、数量的(房屋面积)、地理的(各类编号)以及相关的地物地貌。

(2)房产要素测量包括界址点测量、境界测量、房屋及其附属设施测量和相关地物测量。

(3)房产要素是属性的、地理的要素,要通过信息采集的方法获取。

2)房屋用地测量草图内容

(1)平面控制网点及点号。

(2)界址点、房角点相应的数据。

(3)墙体的归属。

(4)房屋产别、房屋建筑结构、房屋层数。

(5)房屋用地用途类别。

(6)丘(地)号。

(7)道路及水域。

(8)有关地理名称,门牌号。

(9)观测手簿中所有未记录的测定参数。

(10)测量草图符号的必要说明。

(11)指北方向线。

(12)测量日期,作业员签名。

3)房屋测量草图要求

(1)房屋测量草图均按概略比例尺分层绘制。

(2)房屋外墙及分隔墙均绘单实线。

(3)图纸上应注明房产区号、房产分区号、丘(地)号、幢号、层次及房屋坐落,并加绘指北方向线。

(4)住宅楼单元号、室号,注记实际开门处。

(5)逐间实量,注记室内净空边长(以内墙面为准)、墙体厚度,数字取至厘米。

(6)室内墙体凸凹部位在0.1m以上者如柱垛、烟道、垃圾道、通风道等均应表示。

(7)凡有固定设备的附属用房如厨房、厕所、卫生间、电梯楼梯等均应实量边长,加必要的注记。

(8)遇有地下室、覆式房、夹层、假层等应另绘草图。

(9)房屋外廊的全长与室内分段丈量之和(含墙身厚度)的较差在限差内时,应以房屋外廊数据为准,分段丈量的数据按比例配赋。超限须进行复量。

4) 房产要素测量

(1)房产要素测量方法:野外解析、摄影测量、全野外数据采集。

(2)房产要素测量内容:界址、境界、房屋及附属设施、陆地交通、水域测量、其他相关地物测量。

(3)界址点编号:以高斯投影的一个整公里格网为编号区,每个编号区的代码以该公里格网西南角的横纵坐标公里值表示。点的编号在一个编号区内从1~99999连续顺编。点的完整编号由编号区代码、点的类别代码、点号三部分组成,编号形式如下:

```
  编号区代码      类别代码      点的编号
   (9位)         (1位)         (5位)
 *********         *           *****
```

①编号区代码由9位数组成,第1、第2位数为高斯坐标投影带的带号或代号,第3位数为横坐标的百公里数,第4、第5位数为纵坐标的千公里和百公里数,第6、第7位和第8、第9位数分别为横坐标和纵坐标的十公里和整公里数。

②类别代码用1位数表示,其中:3表示界址点。

③点的编号用5位数表示,从1~99999连续顺编。

(4)房产界址点的精度要求,见表4-1。

房产界址点的精度 表4-1

精度等级	间距误差和相对邻近控制点的点位误差	
	限差(m)	中误差(m)
一	±0.04	±0.02
二	±0.10	±0.05
三	±0.20	±0.10

5) 房屋面积测量

(1)房屋面积测量的内容:房屋建筑面积、房屋套内建筑面积、房屋使用面积。

①房屋建筑面积:系指房屋外墙(柱)勒脚以上各层的外围水平投影面积,包括:阳台、挑廊、室外楼梯等,且具备上盖、结构牢固,层高在2.2m以上(包含2.2m)等特点的永久性建筑物。

②房屋套内建筑面积:成套房屋的套内建筑面积由套内房屋使用面积、套内墙体面积、套内阳台建筑面积三部分组成。

③房屋使用面积:系指房屋户内全部可供使用的空间面积,按房屋的内墙面水平投影计算。

(2)房屋面积测量的基本要求:各类面积测算必须独立测算两次,其较差应在规定的限差以内,取中数作为最后结果。量距应使用经检定合格的卷尺或其他能达到相应精度的仪器和工具。面积以m^2为单位,取至$0.01m^2$。

(3)房屋面积测量方法:坐标解析法、实地量距法、图解法。

6) 房产信息数据采集

房产信息数据采集的内容:确认建筑物名称、坐落、产权人、产别、层数、所在层次、建筑结构、建成年份、房屋用途、墙体归属、权界线及绘制房屋权界线示意图、权源、产权纠纷和他项权利、楼号与房号、房屋分幢及幢号编注等以及与建筑物有关的规划信息、产权人及委托人信息等。

考点三 房屋数据处理

1) 房屋数据处理的内容

房屋数据处理包括:房屋测量数据处理、房产面积计算和共有面积分摊三部分。

2) 房屋数据处理的精度要求

房产面积的精度分为三级,各级面积的限差和中误差见表 4-2。

房产面积测算的精度要求　　　　　表 4-2

房产面积的精度等级	限　差	中　误　差
一	$0.02\sqrt{S}+0.0006S$	$0.01\sqrt{S}+0.0003S$
二	$0.04\sqrt{S}+0.002S$	$0.02\sqrt{S}+0.001S$
三	$0.08\sqrt{S}+0.006S$	$0.04\sqrt{S}+0.003S$

注:S 为房产面积(m^2)。

3) *房屋建筑面积计算原则*

(1)计算全部建筑面积的范围

①永久性结构的单层房屋,按一层计算建筑面积;多层房屋按各层建筑面积的总和计算。

②房屋内的夹层、插层、技术层及其梯间、电梯间等其高度在 2.20m 以上部位计算建筑面积。

③穿过房屋的通道,房屋内的门厅、大厅,均按一层计算面积。门厅、大厅内的回廊部分,层高在 2.20m 以上的,按其水平投影面积计算。

④楼梯间、电梯(观光梯)井、提物井、垃圾道、管道井等均按房屋自然层计算面积。

⑤房屋天面上,属永久性建筑,层高在 2.20m 以上的楼梯间、水箱间、电梯机房及斜面结构屋顶高度在 2.20m 以上的部位,按其外围水平投影面积计算。

⑥挑楼、全封闭的阳台按其外围水平投影面积计算。

⑦属永久性结构有上盖的室外楼梯,按各层水平投影面积计算。

⑧与房屋相连的有柱走廊,两房屋间有上盖和柱的走廊,均按其柱的外围水平投影面积计算。

⑨房屋间永久性封闭的架空通廊,按外围水平投影面积计算。

⑩地下室、半地下室及其相应出入口,层高在 2.20m 以上的,按其外墙(不包括采光井、防潮层及保护墙)外围水平投影面积计算。

⑪有柱或有围护结构的门廊、门斗,按其柱或围护结构的外围水平投影面积计算。

⑫玻璃幕墙等作为房屋外墙的,按其外围水平投影面积计算。

⑬属永久性建筑有柱的车棚、货棚等按柱的外围水平投影面积计算。

⑭依坡地建筑的房屋,利用吊脚做架空层,有围护结构的,按其高度在 2.20m 以上部位的外围水平面积计算。

⑮有伸缩缝的房屋,若其与室内相通的,伸缩缝计算为建筑面积。

(2)计算一半建筑面积的范围

①与房屋相连有上盖无柱的走廊、檐廊,按其围护结构外围水平投影面积的一半计算。

②独立柱、单排柱的门廊、车棚、货棚等属永久性建筑的,按其上盖水平投影面积的一半计算。

③未封闭的阳台、挑廊,按其围护结构外围水平投影面积的一半计算。

④无顶盖的室外楼梯按各层水平投影面积的一半计算。

⑤有顶盖不封闭的永久性的架空通廊,按外围水平投影面积的一半计算。

(3)不计算建筑面积的范围

①层高小于2.20m的夹层、插层、技术层和层高小于2.20m的地下室和半地下室。

②凸出房屋墙面的构件、配件、装饰柱、装饰性的玻璃幕墙、垛、勒脚、台阶、无柱雨篷等。

③房屋之间无上盖的架空通廊。

④房屋的天面、挑台,天面上的花园、泳池。

⑤建筑物内的操作平台、上料平台及利用建筑物的空间安置箱、罐的平台。

⑥骑楼、过街楼的底层用作道路街巷通行的部分。

⑦利用引桥、高架路、高架桥、路面作为顶盖建造的房屋。

⑧活动房屋、临时房屋、简易房屋。

⑨独立烟囱、亭、塔、罐、池及地下人防干、支线。

⑩与房屋室内不相通的房屋间伸缩缝。

4)共有面积分摊

(1)房屋专有部分:居住用房类、商业办公类、仓储库房类、工业用房类。

(2)房屋共有部分分为可分摊和不可分摊部位。

①可分摊共有部位,一般包括:电梯井、管道井、楼梯间、垃圾道、变电室、设备间、公共门厅、过道、地下室、值班警卫室等,以及为整幢服务的公共用房和管理用房的建筑面积,以水平投影面积计算。共有建筑面积还包括套与公共建筑之间的分隔墙,以及外墙(包括山墙)水平投影面积一半的建筑面积。

②不可分摊共有部位,一般包括:独立使用的地下室、车棚、车库、为多幢服务的警卫室,管理用房,作为人防工程的地下室都不计入共有建筑面积。

(3)共有面积分摊的基本模型

$$\delta S_i = K \cdot S_i$$
$$K = \sum \delta S_i / \sum S_i$$

式中:K——面积的分摊系数;

S_i——各单元参加分摊的建筑面积(m^2);

δS_i——各单元参加分摊所得的分摊面积(m^2);

$\sum \delta S_i$——需要分摊的分摊面积总和(m^2);

$\sum S_i$——参加分摊的各单元建筑面积总和(m^2)。

考点四 房产图绘制

1)房产图的种类

房产图分为房产分幅平面图、房产分丘平面图和房屋分户平面图三种。

2)房产图的基本规格

(1)分幅图采用 50cm×50cm 正方形分幅。

(2)建筑物密集区的分幅图一般采用 1∶500 比例尺,其他区域的分幅图可以采用 1∶1000 比例尺。

(3)分丘图的幅面可在 787mm×1092mm 的 1/32～1/4 之间选用。

(4)分丘图的比例尺,根据丘面积的大小,可在 1∶100～1∶1000 之间选用。

(5)分户图的幅面可选用 787mm×1092mm 的 1/32 或 1/16 等尺寸。

(6)分户图的比例尺一般为 1∶200,当房屋图形过大或过小时,比例尺可适当放大或缩小。

3)房产图的绘制方法

房产图的绘制方法包括:①全野外采集数据成图;②航摄像片采集数据成图;③野外解析测量数据成图;④平板仪测绘房产图;⑤编绘法绘制房产图。

4)房产图绘制精度要求

(1)对全野外采集数据或野外解析测量等方法所测的房地产要素点和地物点,相对于邻近控制点的点位中误差不超过 0.05m。

(2)模拟方法测绘的房产分幅平面图上的地物点,相对于邻近控制点的点位中误差不超过图上±0.5mm。

(3)利用已有的地籍图、地形图编绘房产分幅图时,地物点相对于邻近控制点的点位中误差不超过图上±0.6mm。

(4)采用已有坐标或已有图件,展绘成房产分幅图时,展绘中误差不超过图上±0.1mm。

5)房产分幅平面图的主要内容

分幅图应表示控制点、行政境界、丘界、房屋、房屋附属设施和房屋围护物,以及与房地产有关的地籍地形要素和注记。

6)分丘图表示的主要内容与绘制要求

(1)分丘图上除表示分幅图的内容外,还应表示房屋权界线、界址点点号、窑洞使用范围、挑廊、阳台、建成年份、用地面积、建筑面积、墙体归属和四至关系等各项房地产要素。

(2)分丘图上,应分别注明所有周邻产权和所有单位(或人)的名称,分丘图上各种注记的字头应朝北或朝西。

(3)测量本丘与邻丘毗连墙体时,共有墙以墙体中间为界,量至墙体厚度的 1/2 处;借墙量至墙体的内侧;自有墙量至墙体外侧并用相应符号表示。

(4)房屋权界线与丘界线重合时,表示丘界线。房屋轮廓线与房屋权界线重合时,表示房屋权界线。

(5)分丘图的图廓位置,根据该丘所在位置确定,图上需要注出西南角的坐标值,以千米数为单位注记至小数点后三位。

7)房产分户平面图的主要内容与绘制要求

(1)分户图表示的主要内容包括:房屋权界线、四面墙体的归属和楼梯、走道等部位以及门牌号、所在层次、户号、室号、房屋建筑面积和房屋边长等。

(2)房屋产权面积包括套内建筑面积和共有分摊面积,标注在分户图框内。

(3)本户所在的丘号、户号、幢号、结构、层数、层次,标注在分户图框内。
(4)楼梯、走道等共有部位,需在范围内加简注。
(5)房屋权界线,包括墙体、归属的表示按现行《房产测量规范 第1单元:房产测量规定》(GB/T 17986.1—2000)执行。
(6)图面整饰按现行《房产测量规范 第1单元:房产测量规定》(GB/T 17986.1—2000)执行,文字注记应相对集中。

考点五 房产变更测量

1)变更测量的分类

变更测量分为现状变更测量和权属变更测量。

2)现状变更测量内容

现状变更测量内容包括:
(1)房屋的新建、拆迁、改建、扩建、房屋建筑结构、层数的变化。
(2)房屋的损坏与灭失,包括全部拆除或部分拆除、倒塌和烧毁。
(3)围墙、栅栏、篱笆、铁丝网等围护物以及房屋附属设施的变化。
(4)道路、广场、河流的拓宽、改造,河、湖、沟渠、水塘等边界的变化。
(5)地名、门牌号的更改。
(6)房屋及其用地分类面积增减变化。

3)权属变更测量内容

权属变更测量内容包括:
(1)房屋买卖、交换、继承、分割、赠与、兼并等引起的权属的转移。
(2)土地使用权界的调整,包括:合并、分割、塌没和裁弯取直。
(3)征拨、出让、转让土地而引起的土地权属界线的变化。
(4)他项权利范围的变化和注销。

4)房地产编号的变更与处理

(1)丘号变更

用地的合并与分割都应重新编丘号。新增丘号,按编号区内的最大丘号续编。组合丘内,新增丘支号按丘内的最大丘支号续编。

(2)界址点、房角点点号变更

新增的界址点或房角点的点号,分别按编号区内界址点或房角点的最大点号续编。

(3)幢号变更

房产合并或分割应重新编幢号,原幢号作废,新幢号按丘内最大幢号续编。

考点六 房产测绘成果管理

1)房产测绘成果质量管理

(1)房产测量成果实行二级检查一级验收制。一级检查为过程检查,在全面自检、互查的基础上,由作业组的专职或兼职检查人员承担。二级检查由施测单位的质量检查机构和专职检查人员在一级检查的基础上进行。

(2)成果质量实行优级品、良级品和合格品三级评定。

2)房产测绘成果检查、验收项目及内容

(1)控制测量

①控制测量网的布设和标志埋设是否符合要求。

②各种观测记录和计算是否正确。

③各类控制点的测定方法、扩展次数及各种限差、成果精度是否符合要求。

④起算数据和计算方法是否正确,限差的成果精度是否满足要求。

(2)房产调查

①房产要素调查的内容与填写是否齐全、正确。

②调查表中的用地略图和房屋权界线示意图上的用地范围线、房屋权界线、房屋四面墙体归属,以及有关说明、符号和房产证上是否一致。

(3)房产要素测量

①房产要素测量的测量方法、记录和计算是否正确。

②各项限差和成果精度是否符合要求。

③测量的要素是否齐全、准确,对有关地物的取舍是否合理。

(4)房产图绘制

①房产目的规格尺寸、技术要求、表述内容、图廓整饰等是否符合要求

②房地产要素的表述是否齐全、正确,是否符合要求。

③对有关地形要素的取舍是否合理。

④图面精度和图边处理是否符合要求。

(5)面积测算

①房产面积的计算方法是否正确,精度是否符合要求。

②用地面积的测算是否正确,精度是否符合要求。

③共有与共用面积的测定和分摊计算是否合理。

(6)变更与修测成果的检查

①变更与修测的方法,测量基准、测绘精度等是否符合要求。

②变更与修测后房地产要素编号的调整与处理是否正确。

3)房产测绘成果档案管理内容

(1)房产测绘技术设计书。

(2)成果资料索引及说明。

(3)控制测量成果资料。

(4)房屋及房屋用地调查表、界址点坐标成果表。

(5)图形数据成果和房产原图。

(6)技术总结。

(7)检查验收报告。

(8)作业人员对于测算过程需要说明的文件。

(9)计算所依据的分摊文件。

(10)委托单位提供的其他文件。

4.2 例 题

1)单项选择题(每题的备选项中,只有1个最符合题意)

(1)房产平面控制测量要求末级相邻基本控制点的相对点位中误差不大于( )。
  A.±2.5cm B.±5.0cm C.±2.0cm D.±1.0cm

(2)房产平面控制点的密度在建筑物密集区的控制点平均间距在( )左右。
  A.150m B.300m C.80m D.100m

(3)房产测量的坐标系统应采用( )或地方坐标系,采用地方坐标系时应和国家坐标系联测。
  A.WGS-84 坐标系   B.1980 西安坐标系
  C.1954 北京坐标系   D.2000 坐标系

(4)房产测量统一采用( )。
  A.圆锥投影   B.方位投影
  C.高斯投影   D.等角圆柱投影

(5)房产控制三级导线测量的测角中误差是( )秒。
  A.±3.0 B.±12.0 C.±8.0 D.±5.0

(6)房产界址点的精度要求最高为( )。
  A.±5cm B.±10cm C.±15cm D.±2cm

(7)房屋用地调查与测绘以( )为单元分户进行。
  A.宗地 B.丘 C.地块 D.街道

(8)房屋面积测量的主要内容包括( )、房屋套内建筑面积、房屋使用面积。
  A.宗地面积 B.丘面积 C.分摊面积 D.房屋建筑面积

(9)房屋建筑面积系指房屋外墙(柱)勒脚以上各层的外围水平投影面积,包括阳台、挑廊、室外楼梯等,且具备上盖、结构牢固,层高在( )等特点的永久性建筑物。
  A.2.5m   B.2.0m
  C.大于等于2.2m D.2.5m

(10)房产丘的编号从北至南,从西至东以( )形顺序编列。
  A.从上至下 B.反 S C.T 字 D.正 S

(11)商住楼中住宅与商业共同使用的共有建筑面积分摊时,按住宅与商业的( )比例分摊。
  A.房屋价值 B.土地面积 C.建筑面积 D.土地价值

(12)按现行《房产测量规范 第1单元:房产测量规定》(GB/T 17986.1—2000),房屋的建筑面积由( )组成。
  A.套内建筑面积和套内墙体面积
  B.使用面积、套内墙体面积、套内建筑面积和分摊得到的其他建筑面积
  C.套内建筑面积和分摊得到的共有建筑面积
  D.套内建筑面积、套内阳台建筑面积和套内墙体面积

(13)按现行《房产测量规范 第1单元:房产测量规定》(GB/T 17986.1—2000),房屋层高( )m 以下不计算建筑面积。
  A.2.2 B.2.0 C.2.6 D.2.8

(14)未封闭的阳台、挑廊,其围护结构外围水平投影面积计算( )。
　　A. 一半面积　　　B. 全面积　　　C. 不计面积　　　D. 根据情况
(15)某幢楼的建筑总面积为1388.039m²,共有建筑面积为159.769m²,若其中一户套内面积为61.465m²,则其分摊面积为( )m²。
　　A. 6.987　　　B. 7.995　　　C. 6.785　　　D. 7.559
(16)房产分幅图采用( )分幅。
　　A. 50cm×50cm 正方形　　　　　　B. 787mm×1092mm 的 1/32 大小
　　C. 787mm×1092mm 的 1/16 大小　　D. 787mm×1092mm 的 1/8 大小
(17)房产分丘图可采用( )分幅。
　　A. 50cm×50cm 正方形　　　　　　B. 40cm×50cm 正方形
　　C. 40cm×40cm 正方形　　　　　　D. 787mm×1092mm 的 1/4 大小
(18)房产图绘制时,对全野外采集数据所测的房地产要素点和地物点,相对于邻近控制点的点位中误差不超过( )。
　　A. ±0.05m　　B. 0.05m　　　C. ±0.08m　　　D. 图上±0.04mm
(19)房产图绘制时,利用已有地形图编绘房产分幅图时,地物点相对于邻近控制点的点位中误差不超过( )。
　　A. ±0.05m　　B. 图上±0.6mm　　C. ±0.08m　　D. 图上±0.04mm
(20)分丘图的图廓位置,根据该丘所在位置确定,图上需要注出西南角的坐标值,以千米数为单位注记至( )。
　　A. 百米　　　B. 整千米　　　C. 小数后三位　　　D. 小数点后两位
(21)房产变更测量分为( )测量两类。
　　A. 现状变更和权属变更
　　B. 面积变更和结构变更
　　C. 权界变更和权属变更
　　D. 面积变更和权属变更
(22)以下属于现状变更的是( )。
　　A. 征拨
　　B. 出让
　　C. 地名、门牌号的更改
　　D. 转让土地而引起的土地权属界线的变化
(23)以下属于权属变更的是( )。
　　A. 房屋的新建
　　B. 房屋建筑结构、层数的变化
　　C. 地名、门牌号的更改
　　D. 房屋他项权利范围的变化和注销
(24)房产合并或分割使幢号变更时,新幢号( )。
　　A. 按丘内最小号续编
　　B. 按丘内最大号续编
　　C. 按房产区内最大号续编
　　D. 任意编号
(25)房产测量时,丘的编号按( )级编号。
　　A. 二　　　B. 三　　　C. 四　　　D. 五

2)多项选择题(每题的备选项中,有2个或2个以上符合题意,至少有1个错项)

(26)房产测绘的基本内容包括房屋调查、房产要素测量、成果资料的检查和验收( )等。
　　A. 房产图绘制　　B. 变更测量　　C. 房产平面控制测量
　　D. 房产面积测算　　E. 高程控制
(27)房产平面控制点包括( )控制点。

A. 二等 B. 四级 C. 一级
D. 图根 E. 四等

(28)房产要素测量包括(　　)房屋及其附属设施测量和相关地物测量等。
A. 界址点 B. 境界测量 C. 陆地交通
D. 水域测量 E. 高程测量

(29)房产信息数据采集的内容包括(　　)房屋分幢及幢号编注等以及与建筑物有关的规划信息、产权人及委托人信息等。
A. 坐落 B. 房屋高度 C. 权源
D. 楼号与房号 E. 层数

(30)房屋用地测量草图内容包括(　　)等信息。
A. 墙体的归属 B. 平面控制网点及点号
C. 权源 D. 丘(地)号
E. 层次

(31)房屋测量草图内容及要求包括(　　)等信息。
A. 住宅楼单元号、室号,注记实际开门处
B. 房屋外墙及分隔墙均绘单实线
C. 权源
D. 遇有地下室、覆式房、夹层、假层等应另绘草图
E. 层数

(32)测量草图的图纸规格用纸可用787mm×1092mm 的(　　)规格的图纸。
A. 1/8 B. 1/16 C. 1/4
D. 1/32 E. 1/2

(33)房屋共有部分分为可分摊和不可分摊部位。下列属于可分摊共有部位的有(　　)。
A. 电梯井 B. 独立使用的地下室
C. 变电室 D. 公共门厅
E. 楼梯间

(34)以下计算全部建筑面积的包括(　　)。
A. 永久性结构的单层房屋
B. 房屋内的夹层、插层、技术层及其梯间、电梯间等其高度在2.0m时,这些部位计算建筑面积
C. 楼梯间、电梯(观光梯)井、提物井、垃圾道、管道井等均按房屋自然层计算面积
D. 房屋天面上,属永久性建筑,层高在2.20m以上的楼梯间、水箱间、电梯机房及斜面结构屋顶高度在2.20m以上的部位,按其外围水平投影面积计算
E. 挑楼、全封闭的阳台按其外围水平投影面积计算

(35)不计算建筑面积的范围有(　　)。
A. 层高小于2.20m以下的夹层、插层、技术层和层高小于2.20m的地下室和半地下室
B. 房屋之间无上盖的架空通廊
C. 房屋的天面、挑台,天面上的花园、泳池
D. 未封闭的阳台、挑廊

E. 独立烟囱、亭、塔、罐、池及地下人防干、支线

(36)以下关于房屋面积测量要求说法正确的有（　　）。

　　A. 面积取至0.01m² 　　　　　　　　B. 量距取至0.01m

　　C. 不可使用钢尺 　　　　　　　　　D. 各类面积须独立计算两次

　　E. 房产面积的精度分为两级

(37)某幢楼的建筑总面积为1388.039m²，共有建筑面积为159.769m²，若其中一户套内面积为61.465m²，以下计算正确的项有（　　）。

　　A. 总套内面积为1228.270m² 　　　　B. 分摊系数7.995

　　C. 该套分摊面积7.995m² 　　　　　　D. 分摊系数0.130076

　　E. 该套分摊面积1228.270m²

(38)房产分幅平面图的主要内容包括（　　）等。

　　A. 控制点　　　　B. 户号　　　　C. 丘界

　　D. 房屋　　　　　E. 与房地产有关的地籍地形要素和注记

(39)房产分丘平面图的主要内容包括（　　）等。

　　A. 界址点点号　　B. 房屋所在层次　　C. 房屋权界线

　　D. 分摊面积　　　E. 分幅图的内容

(40)房产分户平面图的主要内容包括（　　）等。

　　A. 图上需要注出西南角的坐标值　　　B. 房屋边长

　　C. 房屋权界线　　　　　　　　　　　D. 四面墙体的归属

　　E. 户号、室号

(41)房产分丘平面图绘制时，下列各项中处理正确的有（　　）。

　　A. 分丘图上各种注记的字头应朝北或朝西

　　B. 共有墙以墙体中间为界，量至墙体厚度的1/2处

　　C. 借墙量至墙体的外侧

　　D. 房屋权界线与丘界线重合时，表示丘界线

　　E. 房屋轮廓线与房屋权界线重合时，表示房屋轮廓线

(42)下列对房产图绘制精度要求说法正确的有（　　）。

　　A. 对全野外采集数据方法所测的房地产要素点和地物点，相对于邻近控制点的点位中误差不超过±0.05m

　　B. 模拟方法测绘的房产分幅平面图上的地物点，相对于邻近控制点的点位中误差不超过图上±0.5mm

　　C. 野外解析测量数据成图要求房地产要素点和地物点，相对于邻近控制点的点位中误差不超过图上±0.02m

　　D. 不能用平板仪测绘房产图

　　E. 利用已有的地籍图、地形图编绘房产分幅图时，地物点相对于邻近控制点的点位中误差不超过图上±0.6mm

(43)以下属于房产现状变更测量的有（　　）。

　　A. 地名、门牌号的更改　　　　　　　B. 房屋继承

　　C. 房屋的拆除　　　　　　　　　　　D. 房屋附属设施的变化

　　E. 房屋的新建、拆迁、改建、扩建

(44)以下属于房产权属变更测量的有(　　)。
　　A.房屋买卖、交换　　　　　　　　B.征拨土地而引起的土地权属界线的变化
　　C.他项权利范围的变化和注销　　　D.房屋的新建
　　E.房屋继承

(45)房产测绘控制测量成果检查的主要内容有(　　)等。
　　A.控制测量网的布设和标志埋设是否符合要求
　　B.各种观测记录和面积分摊计算是否正确
　　C.各类控制点的测定方法、扩展次数及各种限差、成果精度是否符合要求
　　D.起算数据和计算方法是否正确,平差的成果精度是否满足要求
　　E.高程起算点是否满足要求

(46)房产测绘成果档案管理主要内容有(　　)等。
　　A.房产测绘技术设计书
　　B.高程测量精度评定资料
　　C.检查验收报告
　　D.图形数据成果和房产原图
　　E.房屋及房屋用地调查表、界址点坐标成果表

4.3　例题参考答案及解析

1)单项选择题(每题的备选项中,只有1个最符合题意)

(1)A

解析:现行《房产测量规范　第1单元:房产测量规定》(GB/T 17986.1—2000)规定,房产平面控制测量要求末级相邻基本控制点的相对点位中误差,其要求高于其他同级控制网精度。故选A。

(2)D

解析:《房产测量规范　第1单元:房产测量规定》(GB/T 17986.1—2000)规定,房产平面控制点的密度在建筑物密集区的控制点平均间距在100m左右。故选D。

(3)B

解析:现行《房产测量规范　第1单元:房产测量规定》(GB/T 17986.1—2000)规定,房产测量应采用1980西安坐标系或地方坐标系,采用地方坐标系时应和国家坐标系联测,投影变形小于2.5cm/km。故选B。

(4)C

解析:现行《房产测量规范　第1单元:房产测量规定》(GB/T 17986.1—2000)规定,房产测量统一采用高斯投影。故选C。

(5)B

解析:现行《房产测量规范　第1单元:房产测量规定》(GB/T 17986.1—2000)规定,房产控制测量三级导线的测角中误差是±12.0′。故选B。

(6)D

解析:现行《房产测量规范　第1单元:房产测量规定》(GB/T 17986.1—2000)规定,房产界址点的精度分为三级,一级界址点点位中误差为±2cm。故选D。

(7)B

解析:现行《房产测量规范 第1单元:房产测量规定》(GB/T 17986.1—2000)规定,房屋用地调查与测绘以丘为单元进行分户。故选B。

(8)D

解析:按照房屋管理要求,房屋面积测量的主要内容,包括房屋建筑面积、房屋套内建筑面积、房屋使用面积。故选D。

(9)C

解析:现行《房产测量规范 第1单元:房产测量规定》(GB/T 17986.1—2000)规定的是层高在2.2m以上(包含2.2m)的永久性建筑物。故选C。

(10)B

解析:现行《房产测量规范 第1单元:房产测量规定》(GB/T 17986.1—2000)规定,房产丘的编号从北至南,从西至东以反S形顺序编列。故选B。

(11)C

解析:现行《房产测量规范 第1单元:房产测量规定》(GB/T 17986.1—2000)规定,房产共有面积分摊时根据各自的建筑面积按比例分摊。故选C。

(12)C

解析:现行《房产测量规范 第1单元:房产测量规定》(GB/T 17986.1—2000)规定,房屋的建筑面积由套内建筑面积和分摊得到的共有建筑面积组成。故选C。

(13)A

解析:现行《房产测量规范 第1单元:房产测量规定》(GB/T 17986.1—2000)规定,房屋层高2.2m以下不计算建筑面积。故选A。

(14)A

解析:根据现行《房产测量规范 第1单元:房产测量规定》(GB/T 17986.1—2000)规定,未封闭的阳台、挑廊,其围护结构外围水平投影面积计算一半面积。故选A。

(15)B

解析:先计算总套内面积为1228.270m^2,再求分摊系数为0.130076,最后求得其分摊面积为7.995m^2。故选B。

(16)A

解析:现行《房产测量规范 第1单元:房产测量规定》(GB/T 17986.1—2000)规定,房产分幅图采用50cm×50cm正方形分幅。故选A。

(17)D

解析:现行《房产测量规范 第1单元:房产测量规定》(GB/T 17986.1—2000)规定,分丘图的幅面可在787mm×1092mm的1/32~1/4之间选用。故选D。

(18)A

解析:现行《房产测量规范 第1单元:房产测量规定》(GB/T 17986.1—2000)规定,对全野外采集数据或野外解析测量等方法所测的房地产要素点和地物点,相对于邻近控制点的点位中误差不超过±0.05m。故选A。

(19)B

解析:现行《房产测量规范 第1单元:房产测量规定》(GB/T 17986.1—2000)规定,利用已有的地籍图、地形图编绘房产分幅图时,地物点相对于邻近控制点的点位中误差不超过图上±0.6mm。故选B。

(20)C

解析:现行《房产测量规范 第1单元:房产测量规定》(GB/T 17986.1—2000)规定,分丘图的图廓位置,根据该丘所在位置确定,图上需要注出西南角的坐标值,以千米数为单位注记至小数点后三位。故选C。

(21)A

解析:房地产变更测量分为现状变更和权属变更。故选A。

(22)C

解析:征拨、出让、转让土地而引起的土地权属界线的变化是权属变更。故选C。

(23)D

解析:房屋的新建、房屋建筑结构、层数的变化、地名、门牌号的更改属现状变更,房屋他项权利范围的变化和注销是权属变更。故选D。

(24)B

解析:现行《房产测量规范 第1单元:房产测量规定》(GB/T 17986.1—2000)规定,房产合并或分割使幢号变更时,新幢号按丘内最大号续编。故选B。

(25)D

解析:据现行《房产测量规范 第1单元:房产测量规定》(GB/T 17986.1—2000)规定,丘的编号按市、市辖区(县)、房产区、房产分区、丘五级编号。故选D。

2)多项选择题(每题的备选项中,有2个或2个以上符合题意,至少有1个错项)

(26)ABCD

解析:房产测绘的基本内容不包括高程控制,排除选项E,选项A、B、C、D符合题意。故选ABCD。

(27)ACE

解析:现行《房产测量规范 第1单元:房产测量规定》(GB/T 17986.1—2000)规定,房产平面控制点包括二、三、四等平面控制点和一、二、三级平面控制点。故选ACE。

(28)ABCD

解析:房产要素测量的基本内容不包括高程测量,排除选项E,选项A、B、C、D符合题意。故选ABCD。

(29)ACDE

解析:房产信息数据采集的内容,包括确认建筑物名称、坐落、产权人、产别、层数、所在层次、建筑结构、建成年份、房屋用途、墙体归属、权界线及绘制房屋权界线示意图、权源、产权纠纷和他项权利、楼号与房号、房屋分幢及幢号编注等以及与建筑物有关的规划信息、产权人及委托人信息等,选项B不符合题意,选项A、C、D、E符合题意。故选ACDE。

(30)ABD

解析:房屋用地测量草图内容包括12项信息,不包括权源和房屋层次,选项A、B、D符合题意。故选ABD。

(31)ABD

解析:房屋测量草图内容包括9项信息,不包括权源、层数,选项A、B、D符合题意。故选ABD。

(32)ABD

解析:根据现行《房产测量规范 第1单元:房产测量规定》(GB/T 17986.1—2000)规定,

选项 C、E 不符合题意。故选 ABD。

(33)ACDE

解析：独立使用的地下室为不可分摊共有部位，排除选项 B，选项 A、C、D、E 符合题意。故选 ACDE。

(34)ACDE

解析：房屋内的夹层、插层、技术层及其梯间、电梯间等其高度在 2.20m 以上部位计算建筑面积，B 选项不正确，其他选项符合题意。故选 ACDE。

(35)ABCE

解析：未封闭的阳台、挑廊计算一半建筑面积，选项 D 不正确，其他选项符合题意。故选 ABCE。

(36)ABD

解析：可以使用钢尺，房产面积的精度分为三级，其他选项符合题意。故选 ABD。

(37)ACD

解析：总套内面积为 1228.270m²，分摊系数为 0.130076，该套分摊面积为 7.995m²。故选 ACD。

(38)ACDE

解析：房产分幅图应表示控制点、行政境界、丘界、房屋、房屋附属设施和房屋围护物，以及与房地产有关的地籍地形要素和注记。户号是分户图的内容，排除选项 B，其他选项符合题意。故选 ACDE。

(39)ACE

解析：分丘图上除表示分幅图的内容外，还应表示房屋权界线、界址点点号、窑洞使用范围、挑廊、阳台、建成年份、用地面积、建筑面积、墙体归属和四至关系等各项房地产要素。选项 B、D 是分户图的内容，选项 A、C、E 符合题意。故选 ACE。

(40)BCDE

解析：分户图表示的主要内容，包括：房屋权界线、四面墙体的归属和楼梯、走道等部位以及门牌号、所在层次、户号、室号、房屋建筑面积和房屋边长等，选项 A 是分幅图的内容。故选 BCDE。

(41)ABD

解析：现行《房产测量规范 第1单元：房产测量规定》(GB/T 17986.1—2000)规定，分丘图上借墙量至墙体的内侧，故排除选项 C；房屋轮廓线与房屋权界线重合时，表示房屋权界线，故排除选项 E。其他选项符合题意。故选 ABD。

(42)ABE

解析：选项 C、D 不符合题意，野外解析测量数据成图要求与全野外采集数据方法成图要求相同；现行规范规定可以用平板仪测绘房产图；其他选项符合题意。故选 ABE。

(43)ACDE

解析：房屋继承属于权属变更，排除选项 B；其他选项符合题意。故选 ACDE。

(44)ABCE

解析：房屋的新建属现状变更，排除选项 D；其他选项符合题意。故选 ABCE。

(45)ACD

解析：按现行《房产测量规范 第1单元：房产测量规定》(GB/T 17986.1—2000)规定，选项 B、E 不符合题意；其他选项符合题意。故选 ACD。

(46)ACDE

解析：按现行《房产测量规范 第1单元：房产测量规定》（GB/T 17986.1—2000）规定，房产测绘成果档案管理内容包括10项，选项B不符合题意；其他各项都是房产测绘成果档案管理内容。故选ACDE。

4.4 高频真题综合分析

4.4.1 高频真题——面积分摊

◀ 真 题 ▶

【2011,61】 商住楼中住宅与商业共同使用的共有建筑面积,按住宅与商业的（　　）比例分摊给住宅和商业。
　　　　A. 房屋价值　　　B. 建筑面积　　　C. 土地面积　　　D. 土地价值

【2012,30】 产权人甲、乙共用一宗面积为 300m² 的土地,无独自使用院落。甲、乙分别拥有独立建筑物,面积分别为 100m²、100m²。建筑物的占地面积分别为 100m²、50m²,问乙拥有的土地面积权益为（　　）m²。
　　　　A. 75　　　　　B. 100　　　　　C. 125　　　　　D. 150

【2012,40】 有套房屋登记建筑面积为 120m²,共有面积分摊系数为 0.200,则该套房屋的套内建筑面积为（　　）m²。
　　　　A. 96　　　　　B. 100　　　　　C. 140　　　　　D. 144

【2012,91】 计算房产面积时,下列部位中,可被各专有部位分摊的有（　　）。
　　　　A. 建筑物内公共楼梯　　　　　B. 建筑物内市政配电间
　　　　C. 建筑物内消防水池　　　　　D. 建筑物内地下室人防工程
　　　　E. 建筑物楼顶电梯机房

【2015,30】 某套房屋套内建筑面积为 120m²,共有面积分摊系数为 0.200,则该套房屋的建筑面积为（　　）m²。
　　　　A. 96　　　　　B. 100　　　　　C. 140　　　　　D. 144

【2016,90】 下列空间部位水平投影面积中,可作为房屋共有面积分摊的有（　　）。
　　　　A. 建筑物外墙一半水平投影面积
　　　　B. 地下室人防水平投影面积
　　　　C. 地面露天停车位水平投影面积
　　　　D. 楼顶电梯机房水平投影面积
　　　　E. 建筑物首层入口门厅水平投影面积

◀ 真题答案及综合分析 ▶

答案：B　C　B　ACE　D　ADE

解析：以上6题,考核的知识点是"房屋共有面积分摊"。
(1)房屋专有部分：居住用房类、商业办公类、仓储库房类、工业用房类。

171

(2)房屋共有部分,分为可分摊和不可分摊部位。

①可分摊共有部位,一般包括电梯井、管道井、楼梯间、垃圾道、变电室、设备间、公共门厅、过道、地下室、值班警卫室等,以及为整幢服务的公共用房和管理用房的建筑面积,以水平投影面积计算。共有建筑面积,还包括套与公共建筑之间的分隔墙,以及外墙(包括山墙)水平投影面积一半的建筑面积。

②不可分摊共有部位,一般包括独立使用的地下室、车棚、车库、为多幢服务的警卫室,管理用房,作为人防工程的地下室等,都不计入共有建筑面积。

(3)共有面积分摊的基本模型

$$\delta S_i = K \cdot S_i$$
$$K = \sum \delta S_i / \sum S_i$$

式中:K——面积的分摊系统;

S_i——各单元参加分摊的建筑面积(m^2);

δS_i——各单元参加分摊所得的分摊面积(m^2);

$\sum \delta S_i$——需要分摊的分摊面积总和(m^2);

$\sum S_i$——参加分摊的各单元建筑面积总和(m^2)。

(4)《房产测量规范 第1单元:房产测量规定》(GB 17986.1—2000)规定,房屋分摊面积=共有面积分摊系数×套内建筑面积。

4.4.2 高频真题——建筑面积的计算

◀ 真 题 ▶

【2011,73】 按现行《房产测量规范 第1单元:房产测量规定》(GB 17986.1—2000),房屋层高( )m以下不计算建筑面积。

A. 2.2 B. 2.4 C. 2.6 D. 2.8

【2013,30】 下列建筑结构中,房屋建筑面积测算时,应按其水平投影面积的一半计算的是( )。

A. 房屋间无上盖架空通廊 B. 无顶盖室外楼梯

C. 利用高架路为顶盖建造的房屋 D. 房屋天面上的露天泳池

【2013,88】 下列建筑部位中,应计入套内房屋使用面积的有( )。

A. 套内楼梯

B. 不包括在结构面积内的套内管井

C. 套内卧室

D. 套内阳台

E. 内墙面装饰厚度

【2014,31】 下列房屋内部结构中,净高度达到2.50m时需计算建筑面积的是( )。

A. 房屋内设备夹层 B. 房屋内操作平台

C. 厂房内上料平台 D. 大型水箱构架

【2015,32】 下列建筑部位中,层高达到2.20m以上不应计算建筑面积的是( )。

A. 无顶盖室外楼梯 B. 为封闭的阳台

C. 可通屋内的有柱走廊　　　　　D. 以高架路为顶盖的房屋

【2016,32】下列部位水平投影面积中,不可计入房屋套内使用面积的是(　　)。
A. 套内两卧室间隔墙　　　　　　B. 套内两层间楼梯
C. 内墙装饰面厚度　　　　　　　D. 套内过道

◀ **真题答案及综合分析** ▶

答案: A　B　ABCE　A　D　A

解析: 以上6题,考核的知识点是"建筑面积的计算"[详见《房产测量规范》(GB/T 17986.1—2000)第8.2条]。

(1)计算全部建筑面积的范围

①永久性结构的单层房屋,按一层计算建筑面积;多层房屋按各层建筑面积的总和计算。

②房屋内的夹层、插层、技术层及其梯间、电梯间等其高度在2.20m以上部位计算建筑面积。

③穿过房屋的通道,房屋内的门厅、大厅,均按一层计算面积。门厅、大厅内的回廊部分,层高在2.20m以上的,按其水平投影面积计算。

④楼梯间、电梯(观光梯)井、提物井、垃圾道、管道井等均按房屋自然层计算面积。

⑤房屋天面上,属永久性建筑,层高在2.20m以上的楼梯间、水箱间、电梯机房及斜面结构屋顶高度在2.20m以上的部位,按其外围水平投影面积计算。

⑥挑楼、全封闭的阳台按其外围水平投影面积计算。

⑦属永久性结构有上盖的室外楼梯,按各层水平投影面积计算。

⑧与房屋相连的有柱走廊,两房屋间有上盖和柱的走廊,均按其柱的外围水平投影面积计算。

⑨房屋间永久性封闭的架空通廊,按外围水平投影面积计算。

⑩地下室、半地下室及其相应出入口,层高在2.20m以上的,按其外墙(不包括采光井、防潮层及保护墙)外围水平投影面积计算。

⑪有柱或有围护结构的门廊、门斗,按其柱或围护结构的外围水平投影面积计算。

⑫玻璃幕墙等作为房屋外墙的,按其水平投影面积计算。

⑬属永久性建筑有柱的车棚、货棚等按柱的外围水平投影面积计算。

⑭依坡地建筑的房屋,利用吊脚做架空层,有围护结构的,按其高度在2.20m以上部位的外围水平面积计算。

⑮有伸缩缝的房屋,若其与室内相通的,伸缩缝计算为建筑面积。

(2)计算一半建筑面积的范围

①与房屋相连有上盖无柱的走廊、檐廊,按其围护结构外围水平投影面积的一半计算。

②独立柱、单排柱的门廊、车棚、货棚等属永久性建筑的,按其上盖水平投影面积的一半计算。

③未封闭的阳台、挑廊,按其围护结构外围水平投影面积的一半计算。

④无顶盖的室外楼梯按各层水平投影面积的一半计算。

⑤有顶盖不封闭的永久性的架空通廊,按外围水平投影面积的一半计算。

(3)不计算建筑面积的范围

①层高小于2.20m的夹层、插层、技术层和层高小于2.20m的地下室和半地下室。

②凸出房屋墙面的构件、配件、装饰柱、装饰性的玻璃幕墙、垛、勒脚、台阶、无柱雨篷等。

③房屋之间无上盖的架空通廊。

④房屋的天面、挑台，天面上的花园、泳池。

⑤建筑物内的操作平台、上料平台及利用建筑物的空间安置箱、罐的平台。

⑥骑楼、过街楼的底层用作道路街巷通行的部分。

⑦利用引桥、高架路、高架桥、路面作为顶盖建造的房屋。

⑧活动房屋、临时房屋、简易房屋。

⑨独立烟囱、亭、塔、罐、池及地下人防干、支线。

⑩与房屋室内不相通的房屋间伸缩缝。

5 地籍测绘

5.0 考点分析

考点一:地籍平面控制测量
考点二:权属调查
考点三:地籍要素测量
考点四:地籍图与宗地图测绘
考点五:面积量算
考点六:变更地籍调查
考点七:地籍测绘成果整理、归档与检验

5.1 主要知识点汇总

考点一 地籍平面控制测量

1)地籍

地籍是指由国家监管的、以土地权属为核心的、以地块为基础的土地及其附着物的权属、位置、数量、质量及用途等,并用文件、数据、图件和表册等各种形式表示出来。

2)地籍调查

地籍调查是政府为取得土地权属和土地利用现状的基本地籍资料而进行的社会调查工作。它的任务是查清每一宗地或地块的坐落、位置、所有者、权属、权源、地号、地类、等级、面积、使用者、利用状况、土地质量等,并进行必要的地形要素测绘,为地籍测绘提供权属界线,为编制土地利用图、地籍簿册和土地管理提供依据。

3)地籍测绘

(1)地籍测绘是一种政府行为,涉及土地及其附着物权利的测绘,属于法定行为。地籍测绘的目的是获取和表述地块及其附着物的产权、位置、形状、数量等有关信息,为产权管理、税收、规划、市政、环境保护、统计等多种用途提供定位系统和基础数据。

(2)地籍测绘的内容,包括:地籍建立或地籍修测中的控制测量、地籍要素调查和测量、地籍图绘制、面积量算等。地籍测绘方法与地形测量方法基本一致。

4)地籍控制网的等级及基本精度要求

(1)地籍平面控制点可分为二、三、四等和一、二、三级及图根级。

(2)四等网中最弱相邻点的相对点位中误差不大于 5cm;四等以下网最弱点的点位中误差不大于 5cm。

(3)地籍平面控制测量现在主要采用 GPS、导线测量方法,高程控制测量主要采用水准、GPS 测高和三角高程方法。GPS 测量主要技术指标见表 5-1 和表 5-2。

(4)水准测量和三角高程测量的技术指标参见相应等级的规范要求。

静态卫星定位网主要技术指标　　　　　　　　　　　　　　　　表 5-1

等　级	平均距离(km)	固定误差(mm)	比例误差($1×10^{-6}$)	最弱边相对中误差
二等	9	≤5	≤2	1/120000
三等	5	≤5	≤2	1/80000
四等	2	≤10	≤5	1/45000
一级	1	≤10	≤5	1/20000
二级	<1	≤10	≤5	1/10000

动态卫星定位网主要技术指标　　　　　　　　　　　　　　　　表 5-2

等级	相邻点距离(m)	点位中误差(mm)	测回数	方　法	起算点等级	流动站到基准站距离(km)	边相对中误差
一级	≥500	≤±50	≥4	网络 RTK	—	—	1/20000
二级	≥300	≤±50	≥3	网络 RTK	—	—	1/10000
				单基站 RTK	四等及以上	≤6	
三级	≥200	≤±50	≥3	网络 RTK			1/6000
				单基站 RTK	四等及以上	≤6	
					二级以上	≤3	
图根	≥100	≤±50	≥2	网络 RTK			1/4000
				单基站 RTK	四等及以上	≤6	
					三级以上	≤3	

考点二　权属调查

1)宗地权属状况调查

宗地权属状况调查是指调查人员通过现场勘查对宗地的土地权利人、土地坐落、权属性质、土地用途(地类)、宗地四至情况、共有权利状况、权利限制条件等基本情况,结合申请人提交的土地权属来源证明资料,进行调查核实的过程。

2)权属状况调查的内容

权属状况调查的内容,包括:权利主体、土地权属来源情况、土地权属性质、土地用途、坐落、宗地四至及其他要素等。

3)界址调查过程

指界→界址线设定→设定界址点。

4)界址点编号

以街坊为单位,统一自西向东、自北向南,由"1"开始顺序编号。

5)地籍编号

地籍编号以县级行政区为单位,按街道、街坊、宗三级编号,对于较大城市可按区、街道、街坊、宗四级编号。

6)宗地草图

宗地草图是描述宗地位置、界址点、线和相邻宗地关系的实地记录,是处理土地权属的原始资料,应在现场绘制,包含以下内容:

①本宗地号和门牌号。

②本宗地使用者名称。

③本宗地界址点(包括相邻宗地落在本宗地界址线上的界址点)、界址点号及界址线,相邻宗地的宗地号、门牌号和使用者名称或相邻地物。

④在相应位置注记界址边长、界址点与邻近地物的相关距离和条件距离。

⑤确定宗地界址点位置、界址边方位所必需的或者其他需要的建筑物和构筑物。

⑥指北线、丈量者、丈量日期。

7)地籍调查表

地籍调查表是确定权属界线的原始记录,其填写格式见《城镇地籍调查规程》(TD/T 1001—2012)。

8)调查工作(底)图

用已有地籍图、航片、卫片及大比例尺地形图复制图作为调查工作图;无上述图件的地区,应按街坊或小区现状绘制宗地关系位置图,作为调查工作图,避免重漏。

考点三 地籍要素测量

1)地籍要素

(1)地籍要素,包括:各级行政界线、宗地界址点和界址线、地类号、地籍号、土地的坐落、面积、用途和等级、土地所有者或使用者等。

(2)地籍要素测量包括界址点测量和地形要素测量。

2)界址点精度

城镇街坊外围及内部明显的界址点点位允许误差为10cm,隐蔽的界址点点位允许误差为15cm。

3)界址点测量方法

界址点测量方法主要有全站仪法或GPS测量法、数字摄影测量法以及解析法等。

4)地形要素测量

(1)地形要素指地形图要素,相关的地形要素,包括:地物(界标物、建筑物、道路、水系、电力线)、境界、地貌、地理名称等。

(2)地籍测绘时地形要素测量方法与地形图地形测量方法相同。

考点四 地籍图与宗地图测绘

1）地籍图的基本内容

地籍图的基本内容：界址点、线，地块及编号，宗地或区的编号和名称，土地利用类别、土地等级，永久性建（构）筑物，各级行政边界线，平面控制点，道路和水系，地理名称和单位名称等。

2）地籍图精度要求

(1)相邻界址点间距、界址点与邻近地物点关系距离的中误差不得大于图上 0.3mm。依勘丈数据装绘的上述距离的误差不得大于图上 0.3mm。

(2)宗地内部与界址边不相邻的地物点，不论采用何种方法勘丈，其点位中误差不得大于图上 0.5mm；邻近地物点间距中误差不得大于图上 0.4mm。

3）分幅与编号

(1)基本地籍图分幅：图幅规格为 40cm×50cm 的矩形图幅或 50cm×50cm 的正方形图幅。

(2)基本地籍图编号：按图廓西南角坐标（整 10m）数编码，X 坐标在前，Y 坐标在后，中间短线连接，当勘丈区已有相应比例尺地形图时，基本地籍图的分幅与编号方法亦可沿用地形图的分幅与编号。

4）地籍图测绘方法

地籍图测绘方法主要有地面数字测图方法和摄影测量方法。地面数字测图方法采用全站仪按极坐标法测量，也可采用距离测量按支距法、距离交会法测量。摄影测量方法主要用于大面积的地籍图测量。此外也采用编绘和装绘法绘制地籍图。

5）宗地图制作

(1)宗地图内容：图幅号、地籍号、坐落、单位名称、宗地号、土地分类号、占地面积、界址点和点号、界址线、界址边长，宗地内建筑物、构筑物，邻宗地的宗地号及界址线，相邻道路、河流等地物及其名称，指北方向、比例尺、绘图和审核员、制作日期。

(2)宗地图图幅规格：根据宗地的大小选取，一般采用 32 开、16 开、8 开等。比例尺根据宗地的大小选定。

考点五 面积量算

1）面积量算内容

面积量算内容，包括：各级行政管辖区的面积、地块面积、房屋面积、房屋用地面积及各种土地利用分类面积的汇总统计等。

2）面积量算方法

面积量算方法，包括：解析法、图解法。

3）面积量算精度与要求

(1)在地籍铅笔原图上量算面积时，两次量算的较差应满足下式：

$$\Delta P \leqslant 0.0003M\sqrt{P}$$

式中：P——量算面积(m^2)；

M——地籍铅笔原图比例尺分母。

(2)土地分级量算的限差：

分区土地一级 $F_1 \leqslant 0.0025P_1$

土地利用二级 $F_2 \leqslant 0.06\dfrac{M}{10000}\sqrt{15P_2}$

(3)凡地块面积在图上小于 $5cm^2$ 时，不宜采用求积仪量算。无论采用何种方法量算面积，均应独立进行两次量算。图上量算时，两次量算的较差在限差内取中数。

(4)面积量算单位为 m^2，计算取值到小数点后一位。

4)面积汇总统计

面积汇总统计以表格的形式提供，主要包括：界址点成果表、宗地面积计算表、宗地面积汇总表、地类面积汇总表。

考点六 变更地籍调查

1)变更地籍调查内容

内容包括权属调查和地籍勘丈(测绘)。

2)变更权属调查内容

变更权属调查内容，包括：重新标定土地权属界址点、绘制宗地草图、调查土地用途、填写变更地籍调查表等工作。

3)变更地籍测绘内容

(1)界址未发生变化宗地的地籍测绘。

(2)界址发生变化宗地的地籍测绘。

(3)新增宗地的地籍测绘。

4)测量成果资料更新内容

(1)宗地面积变更。

(2)地籍图、宗地图变更。当在一幅图内或一个街坊内宗地变更面积超过 1/2 时，应对该图幅或街坊进行基本地籍图的更新勘丈。

(3)其他资料变更：界址点坐标册、面积汇总表、统计表变更及相邻宗地变更等。

考点七 地籍测绘成果整理、归档与检验

1)地籍测绘成果

地籍测绘成果，包括：使用过的控制点、地形图成果以及测量完成的控制点、界址点、量算面积、地籍图、宗地图、地籍册等，还包括：相应的技术设计书、技术总结、验收书和协议书等。

2)地籍测绘成果档案的编号

以省为单位，由市、县代号，类目代号和案卷顺序号三部分组成。

3)测绘成果检查验收内容

测绘成果检查验收内容,包括:①地籍控制测量;②地籍要素测量;③地籍图;④宗地图;⑤面积量算与统计;⑥实地检测点位中误差。

5.2 例 题

1)单项选择题(每题的备选项中,只有1个最符合题意)

(1)地籍测绘涉及土地及其附着物权利的测绘,属于( )。
　　A. 法定行为　　　　B. 普通测量项目　　　C. 个人行为　　　D. 高精度测量

(2)地籍测绘一级控制点的精度要求是最弱点的点位中误差( )。
　　A. 小于±2cm　　　　　　　　　B. 大于±5cm
　　C. 不大于±5cm　　　　　　　　D. 小于±10cm

(3)地籍测绘时,用RTK测量图根级点的精度要求是,相对边长中误差不大于( )。
　　A. 1/2000　　　B. 1/3000　　　C. 1/5000　　　D. 1/4000

(4)地籍平面控制网点对于建筑物密集区的控制点平均间距应该在( )。
　　A. 50m　　　B. 100m　　　C. 150m　　　D. 200m

(5)GPS静态测量地籍平面控制网一级点时,其平均间距为( )左右。
　　A. 500m　　　B. 1000m　　　C. 1500m　　　D. 2000m

(6)凡被权属界址线所封闭的地块称为( )。
　　A. 宗地　　　B. 街坊　　　C. 单位　　　D. 街道

(7)界址点编号以( )为单位,统一自西向东、自北向南,由"1"开始顺序编号。
　　A. 市县　　　B. 宗地　　　C. 街坊　　　D. 街道

(8)界址调查过程一般为( )。
　　A. 指界—界址线设定—设定界址点　　B. 设定界址点—指界—界址线设定
　　C. 界址线设定—指界—设定界址点　　D. 指界—设定界址点

(9)地籍编号一般以县级行政区为单位,按( )三级编号。
　　A. 宗、街坊、街道　　　　　　　B. 街道、街坊、宗
　　C. 街坊、街道、宗　　　　　　　D. 街道、丘、宗

(10)下列关于宗地草图的相关说法错误的是( )。
　　A. 宗地草图描述了宗地位置、界址点、线和相邻宗地关系
　　B. 宗地草图图形与实地有严密的数学相似关系,应在现场绘制
　　C. 宗地图是地籍图的一种附图,是处理土地权属的原始资料
　　D. 宗地图中的边长数据可以图解得到

(11)地籍要素测量包括界址点测量和( )要素测量。
　　A. 地貌　　　B. 地物　　　C. 地形　　　D. 宗地草图

(12)地籍图上一类界址点间距允许误差不得超过( )cm。
　　A. ±5　　　B. ±10　　　C. ±15　　　D. ±20

(13)下列选项不属于地籍要素的是( )。

A. 宗地号 B. 土地等级
C. 房屋以及附属设施 D. 宗地坐落

(14)地籍图上应该突出表示( )。
A. 建筑物 B. 道路和水域
C. 植被 D. 界址点、线

(15)城镇地籍图比例尺一般选用( )。
A. 1∶500～1∶2000 B. 1∶200～1∶2000
C. 1∶500～1∶1000 D. 1∶5000～1∶10000

(16)在地籍图集中,我国现在主要测绘制作的有城镇分幅地籍图、宗地图、农村居民地地籍图、( )和土地权属界线图等。
A. 产权地籍图 B. 土地利用现状图
C. 多用途地籍图 D. 农村地籍图

(17)地籍图上相邻界址点间距、界址点与邻近地物点关系距离的中误差不得大于图上( )。
A. 0.6mm B. 0.4mm C. 0.3mm D. 0.5mm

(18)基本地籍图分幅编号按图廓西南角坐标( )数编码,X坐标在前,Y坐标在后,中间短线连接。
A. 整100m B. 整10m C. 整1m D. 整1000m

(19)地籍面积计算单位为( ),计算取值到小数点后一位。
A. 平方米 B. 平方英尺
C. 平方公里 D. 任意单位

(20)若地籍图比例尺为M,图上量算面积为P时,两次量算的较差应满足( )。
A. $\Delta P \leqslant 0.003M\sqrt{P}$ B. $\Delta P \leqslant 0.0003M\sqrt{P}$
C. $\Delta P \leqslant 0.03M\sqrt{P}$ D. $\Delta P \leqslant 0.0002M\sqrt{P}$

(21)凡地块面积在图上小于( )时,不宜采用求积仪量算。
A. 0.5平方分米 B. 0.1平方英尺 C. 5平方厘米 D. 5平方毫米

(22)变更权属调查内容包括重新标定( )、绘制宗地草图、调查土地用途、填写变更地籍调查表等工作。
A. 图根点 B. 墙角点
C. 土地权属界址点 D. 地类界

(23)地块分割以后,新增地块号按地块编号区内的( )。
A. 最小地块号续编 B. 最大地块号续编
C. 任意点号续编 D. 用原宗地号

(24)当在一幅图内或一个街坊内宗地变更面积超过( )时,应对该图幅或街坊进行基本地籍图的更新勘丈。
A. 1/3 B. 1/5 C. 1/2 D. 1/4

(25)地籍测绘成果档案的编号,以省为单位,由市、县代号、类目代号和案卷顺序号( )组成。
A. 四部分 B. 三部分 C. 五部分 D. 六部分

(26)地籍测绘成果档案的编号,以( )为单位,由市、县代号、类目代号和案卷顺序号组成。
A. 省 B. 县 C. 乡 D. 市

2) 多项选择题(每题的备选项中,有2个或2个以上符合题意,至少有1个错项)

(27)地籍平面控制测量现在主要采用( )方法。
　　A. GPS　　　　　　B. 导线测量　　　　C. 三维网
　　D. 自由网　　　　　E. 测角交会

(28)地籍平面控制测量时,四等以下网最弱点的点位中误差不大于5cm的包括( )。
　　A. 等外　　　　　　B. 图根　　　　　　C. 二级
　　D. 三级　　　　　　E. 一级

(29)宗地草图主要内容包括( )等。
　　A. 本宗地号、门牌号
　　B. 地类号、宗地面积
　　C. 界址点及界址点号、界址线
　　D. 邻宗地的地号及邻宗地界址示意线等
　　E. 测绘日期、调查员、审核员签名等

(30)地籍调查表是确定权属界线的原始记录,正确填写该表的做法有( )等。
　　A. 填写本宗地地籍号及所在图幅号,界址调查记录
　　B. 填写土地坐落、权属性质、宗地四至、宗地草图
　　C. 填写土地使用者名称,不填写指界人姓名
　　D. 填写界址标志类型并注明标志尺寸大小
　　E. 法人代表或户主姓名、身份证号码、电话号码等

(31)调查工作(底)图可利用( )制作。
　　A. 宗地图　　　　　　　　　　B. 大比例尺地形图
　　C. 卫片、航片　　　　　　　　D. 分丘图
　　E. 已有地籍图

(32)街坊外围界址点坐标测量的方法包括( )。
　　A. 全站仪法　　　　　　　　　B. 数字摄影测量法
　　C. 图面图解法　　　　　　　　D. 皮尺量边测算法
　　E. RTK测量法

(33)地籍要素测量时相关的地形要素包括( )等。
　　A. 界标物、建筑物　　　　　　B. 道路、水系、电力线
　　C. 地貌、地理名称　　　　　　D. 地籍号
　　E. 土地使用者

(34)地籍图的基本内容有地块及编号,宗地或区的编号和名称,永久性建(构)筑物,各级行政边界线,道路和水系,( )等。
　　A. 指北方向　　　　　　　　　B. 界址点、线
　　C. 平面控制点　　　　　　　　D. 土地利用类别、土地等级
　　E. 实量界址边长

(35)宗地图内容包括图幅号、地籍号、坐落,单位名称、宗地号、土地分类号、界址点和点号、界址线、宗地内建筑物、构筑物、指北方向、比例尺、绘图和审核员、制作日期( )等。
　　A. 西南角坐标　　B. 土地等级　　C. 指界人姓名
　　D. 占地面积　　　E. 邻宗地的宗地号

(36)宗地图图幅规格根据宗地的大小选取,一般采用( )等。比例尺根据宗地的大小选定。

A. 64 开　　　　B. 40 开　　　　C. 32 开

D. 16 开　　　　E. 8 开

(37)以下关于宗地面积计算的叙述中,正确的是( )。

A. 宗地面积是指宗地椭球面积

B. 对于数字化地籍测量,宗地面积依据界址点坐标,采用坐标解析法求得

C. 对于数字化地籍测量,宗地面积依据勘丈的界址线边长计算求得

D. 一宗地分割后宗地面积之和应与原宗地面积相符

E. 面积的计算单位为平方米,计算取值到小数点后三位

(38)面积汇总统计以表格的形式提供,主要包括( )等。

A. 控制点成果表　　　　　　B. 界址点成果表

C. 宗地面积计算表　　　　　D. 面积分摊汇总表

E. 地类面积汇总表

(39)变更权属调查内容包括( )等工作。

A. 重新测定图根点　　　　　B. 调查土地用途

C. 测绘新建筑物　　　　　　D. 重新标定土地权属界址点

E. 填写变更地籍调查表

(40)变更地籍测绘工作内容包括( )三种情况。

A. 界址未发生变化宗地　　　B. 重新标定墙角点

C. 新增宗地　　　　　　　　D. 界址发生变化宗地

E. 调查土地用途

(41)变更地籍调查时,地籍测量成果资料更新内容包括( )等。

A. 高程控制成果　　　　　　B. 地籍图、宗地图变更

C. GPS 控制点坐标册　　　　D. 面积汇总表、统计表变更

E. 相邻宗地变更

(42)地籍测绘成果包括使用过的控制点、地形图成果以及量算面积、宗地图、地籍册和相应的技术设计书、验收书、协议书等,以下选项中属于地籍测绘成果资料的是( )。

A. 共有面积分摊表　　　　　B. 界址点

C. 地籍图　　　　　　　　　D. 技术总结

E. 分丘图

(43)地籍测绘成果检查验收的内容包括( )等。

A. 地籍控制测量　　　　　　B. 地籍要素测量

C. 分丘图　　　　　　　　　D. 面积量算与统计

E. 实地检测点位中误差

5.3 例题参考答案及解析

1)单项选择题(每题的备选项中,只有1个最符合题意)

(1)A

解析:本题考查地籍测绘的概念,地籍测绘是一种政府行为,涉及土地及其附着物权利的

测绘,属于法定行为。故选 A。

(2)C

解析:《地籍测绘规范》(CH 5002—1994)规定,四等以下网最弱点的点位中误差不大于 5cm。故选 C。

(3)D

解析:地籍平面控制测量现在主要采用 GPS 方法,根据《卫星定位城市测量技术规范》(CJJT 73—2010)规定,用 RTK 测量图根级点的精度要求是,相对边长中误差不大于 1/4000。故选 D。

(4)B

解析:《地籍测绘规范》(CH 5002—1994)规定,地籍平面控制网点对于建筑物密集区的控制点平均间距应该在 100～200m 之间。故选 B。

(5)B

解析:《卫星定位城市测量技术规范》(CJJ/T 73—2010)规定,GPS 静态测量地籍平面控制网一级点时,其平均间距为 1000m 左右。故选 B。

(6)A

解析:本题考查地籍宗地的概念,被权属界址线所封闭的地块称为宗地。故选 A。

(7)C

解析:《地籍调查规程》(TD/T 1001—2012)规定,界址点编号以街坊为单位,统一自西向东、字北向南,由"1"开始顺序编号。故选 C。

(8)A

解析:界址调查过程一般分为指界、界址线设定、设定界址点三个步骤。故选 A。

(9)B

解析:根据《第二次全国土地调查技术规程》规定,地籍编号一般以县级行政区为单位,按街道、街坊、宗三级编号。故选 B。

(10)D

解析:《地籍调查规程》(TD/T 1001—2012)规定,边长数据应现场测量。如实地无法丈量或 200m 以上的界址边长,可用坐标反算代替。故选 D。

(11)C

解析:地籍要素测量包括界址点测量和地形要素测量。故选 C。

(12)B

解析:城镇街坊外围及内部明显的界址点间距(点位)允许误差为 10cm;隐蔽的界址点点位允许误差为 15cm。故选 B。

* 界址点相对于邻近控制点点位误差和相邻界址点间的间距误差是一致的。但《地籍测绘规范》(CH 5002—1994)和《城镇地籍调查规程》(TD/T 1001—2012)有区别,读者应注意区别。如表 5-3 所示。

界址点相对于邻近控制点点位误差和相邻界址点间的间距误差限差(单位:m)　　表 5-3

界址点的等级	《地籍测绘规范》	《地籍调查规程》
一	0.10	10
二	0.20	15
三	0.30	20

(13)C

解析:房屋以及附属设施属于地形要素。故选 C。

(14)D

解析:地籍图的基本内容有:①界址点、线;地块及编号;②宗地或区的编号和名称;③土地利用类别、土地等级;④永久性建(构)筑物;各级行政边界线;⑤平面控制点;⑥道路和水系;⑦地理名称和单位名称等。界址点用 0.8mm 的红色小圆圈表示,界址线用 0.3mm 的红线表示。故选 D。

(15)C

解析:城镇地籍图比例尺一般选用 1:500～1:1000,郊区 1:2000,农村 1:5000～1:10000。故选 C。

(16)B

解析:产权地籍图、多用途地籍图是按用途分类,农村地籍图是按城乡差别分类。故选 B。

(17)C

解析:《地籍调查规程》(TD/T 1001—2012)规定,相邻界址点间距、界址点与邻近地物点关系距离的中误差不得大于图上 0.3mm。依勘丈数据装绘的上述距离的误差不得大于图上 0.3mm。故选 C。

(18)B

解析:《地籍调查规程》(TD/T 1001—2012)规定,按图廓西南角坐标(整 10m)数编码,X 坐标在前,Y 坐标在后,中间短线连接,当勘丈区已有相应比例尺地形图时,基本地籍图的分幅与编号方法亦可沿用地形图的分幅与编号。故选 B。

(19)A

解析:《地籍调查规程》(TD/T 1001—2012)规定,面积量算单位为 m^2,计算取值到小数点后一位。故选 A。

(20)B

解析:《地籍调查规程》(TD/T 1001—2012)规定,在地籍铅笔原图上量算面积时,两次量算的较差应满足 $\Delta P \leqslant 0.0003M\sqrt{P}$。故选 B。

(21)C

解析:《地籍调查规程》(TD/T 1001—2012)规定,凡地块面积在图上小于 $5cm^2$ 时,不宜采用求积仪量算。故选 C。

(22)C

解析:变更权属调查内容,包括:重新标定土地权属界址点、绘制宗地草图、调查土地用途、填写变更地籍调查表等工作。故选 C。

(23)B

解析:《地籍测绘规范》(CH 5002—1994)规定,地块分割以后,原地块号作废,新增地块号按地块编号区内的最大地块号续编。故选 B。

(24)C

解析:《地籍调查规程》(TD/T 1001—2012)规定,当在一幅图内或一个街坊内宗地变更面积超过 1/2 时,应对该图幅或街坊进行基本地籍图的更新勘丈。故选 C。

(25)B

解析:地籍测绘成果档案的编号,以省为单位,由市、县代号、类目代号和案卷顺序号三部分组成。故选 B。

(26) A

解析:地籍测绘成果档案的编号,以省为单位。故选 A。

2)多项选择题(每题的备选项中,有 2 个或 2 个以上符合题意,至少有 1 个错项)

(27) AB

解析:地籍平面控制测量现在主要采用 GPS、导线测量方法。故选 AB。

(28) BCDE

解析:地籍平面控制测量中不包括等外级,《地籍测绘规范》(CH 5002—1994)规定地籍平面控制点相对于起算点的点位中误差不超过±0.05m。故选 BCDE。

(29) ACDE

解析:宗地草图不包括地类号与宗地面积,其他选项都是宗地草图包括的内容。故选 ACDE。

(30) ABE

解析:按照现行《地籍测绘规范》(CH 5002—1994)规定,C、D 不符合题意,其他选项符合题意。故选 ABE。

(31) BCE

解析:地籍调查程序是先有调查底图,A、D 选项不符合题意,其他选项符合题意。故选 BCE。

(32) ABE

解析:街坊外围等明显界址点一般属于一类界址点,需要用解析法测定,C、D 选项不合题意,其他选项符合现行《地籍测绘规范》(CH 5002—1994)界址点测量要求。故选 ABE。

(33) ABC

解析:"地籍号、土地使用者"不属于地形要素,其他选项符合题意。故选 ABC。

(34) BCD

解析:指北方向、实量界址边长是宗地图的基本内容。故选 BCD。

(35) BDE

解析:西南角坐标和指界人姓名不是宗地图的基本内容,其他选项符合题意。故选 BDE。

(36) CDE

解析:《地籍测绘规范》(CH 5002—1994)规定,宗地图图幅规格根据宗地的大小选取,一般采用 32 开、16 开、8 开等。比例尺根据宗地的大小选定。故选 CDE。

(37) BCD

解析:面积量算系指水平面积量算,其内容包括地块面积量算和土地利用面积量算。A、E 不符合题意,其他选项符合题意。故选 BCD。

(38) BCE

解析:面积量算汇总不包括控制点成果表和面积分摊汇总表,其他选项符合题意。故选 BCE。

(39) BDE

解析:测绘新建筑物和重新测定图根点属于变更地籍测绘内容,其他选项符合题意。故选 BDE。

(40) ACD

解析:变更地籍测绘内容,包括:界址未发生变化宗地、界址发生变化宗地、新增宗地三种情况,选项 B、E(重新标定墙角点、调查土地用途)不符合题意。故选 ACD。

(41)BDE

解析:A、C 不属于变更地籍测量成果资料更新内容,其他选项符合题意。故选 BDE。

(42)BCD

解析:A、E 是房产测绘成果,不符合题意,其他选项都是地籍测绘成果的内容。故选 BCD。

(43)ABDE

解析:测绘成果检查验收内容,包括:地籍控制测量、地籍要素测量、地籍图、宗地图、面积量算与统计、实地检测点位中误差等,C 不符合题意,其他选项都是检查验收的内容。故选 ABDE。

5.4 高频真题综合分析

5.4.1 高频真题——地籍要素测量

◀ 真 题 ▶

【2012,88】下列测量对象中,属于地籍要素测量的有( )。
A. 建筑物　　　　　　　　　　　　B. 永久性构筑物
C. 为地块上建筑物服务的地下管线　　D. 行政区域界线
E. 地类界线

【2013,89】下列地籍图要素中,属于地籍要素的有( )。
A. 行政界线　　　　　　　　　　　B. 地籍图分幅编号
C. 土地使用者　　　　　　　　　　D. 水系
E. 界址点

【2015,33】下列地籍要素中,对地籍管理最重要的是( )。
A. 土地权属　　　　　　　　　　　B. 土地价格
C. 土地质量　　　　　　　　　　　D. 土地用途

【2015,90】下列空间对象中,属于地籍要素测量对象的有( )。
A. 界址点　　　　　　　　　　　　B. 高程点
C. 行政区域界线　　　　　　　　　D. 建筑物
E. 永久构筑物

◀ 真题答案及综合分析 ▶

答案:ABDE　ABCE　A　ACDE

解析:以上 4 题,考核的知识点是"地籍要素测量"。

(1)地籍要素,包括各级行政界线、宗地界址点和界址线、地类号、地籍号、土地的坐落、面积、用途、等级、土地所有者或使用者等。

(2)地籍要素测量,包括界址点测量、地形要素测量。

(3)对地籍管理最重要的地籍要素,是土地权属。

5.4.2 高频真题——界址点中误差

◀ 真 题 ▶

【2011,62】 地籍图上一类界址点相对于邻近图根点的点位中误差不得超过( )cm。
    A.±5   B.±7.5   C.±10   D.±15

【2013,37】 按现行《地籍测绘规范》(CH 5002—1994),地籍图上界址点与邻近地物点关系距离的中误差不应大于图上( )mm。
    A.±0.2   B.±0.3   C.±0.4   D.±0.5

【2014,33】 按现行规范,街坊外围界址点相对于邻近控制点点位误差的最大允许值为( )cm。
    A.±5   B.±10
    C.±15   D.±20

◀ 真题答案及综合分析 ▶

答案: A B B

解析: 以上3题,考核的知识点是"界址点中误差"。

(1)各级界址点的精度要求见表5-4。

界址点的精度要求   表5-4

级 别	界址点相对于邻近控制点的点位误差,相邻界址点之间的间距误差	
	允许误差(m)	中误差(m)
一	±0.10	±0.05
二	±0.15	±0.075
三	±0.20	±0.10
土地使用权明显界址点精度不低于一级,隐蔽界址点精度不低于二级。 土地所有权界址点可选择一、二、三级精度		

(2)地籍图的平面位置精度要求见表5-5。

地籍图的平面位置精度要求   表5-5

序号	项 目	图上中误差(mm)	图上允许误差(mm)
1	相邻界址点的间距误差	±0.3	±0.6
2	界址点相对于邻近控制点的点位误差	±0.3	±0.6
3	界址点相对于邻近地物点的间距误差	±0.3	±0.6
4	邻近地物点的间距误差	±0.4	±0.8
5	地物点相对于邻近控制点的点位中误差	±0.5	±1.0

6 行政区域界线测绘

6.0 考 点 分 析

考点一:界线测绘的准备工作
考点二:边界点测绘及边界线标绘
考点三:边界协议书附图及边界位置说明
考点四:行政区域界线测绘成果整理与验收

6.1 主要知识点汇总

考点一 界线测绘的准备工作

1)界线测绘的内容

界线测绘的内容,包括:界线测绘准备、界桩埋设和测定、边界点测定、边界线及相关地形要素调绘、边界协议书附图制作与印刷、边界点位置和边界走向说明的编写。

2)界线测绘的成果

界线测绘成果,包括:界桩登记表、界桩成果表、边界点成果表、边界点位置和边界走向说明、边界协议书附图。

3)界线测绘的基准和比例尺

(1)界线测绘的基准

界线测绘宜采用国家统一的 2000 国家大地坐标系和 1985 国家高程基准。

(2)界线测绘的比例尺

边界地形图和边界协议书附图的比例尺视情况按以下要求选用:

①同一地区,勘界工作用图和边界协议书附图应采用相同比例尺。
②同条边界,协议书附图应采用相同比例尺。
③省级行政区选用 1:50000 或 1:100000 比例尺。
④省级以下行政区采用 1:10000 比例尺。
⑤地形、地物较少地区可适当缩小比例尺。
⑥地形、地物稠密地区可适当放大比例尺。

4)界桩点的精度

界桩点平面位置中误差一般不应大于相应比例尺地形图图上±0.1mm。界桩点高程中误差一般不大于相应比例尺地形图上平地、丘陵、山地(高山地)基本等高距的 1/10(特殊困难地区可放宽至 1/2 中误差)。资源开发利用价值较高地区可执行现行《地籍测绘规范》

(CH 5002—1994)中界址点精度的规定。

5)边界协议书附图的精度

边界协议书附图中的界桩点的最大展点误差不超过相应比例尺地形图图上±0.2mm,补调的与确定边界有关的地物点相对于邻近固定地物点的间距中误差不超过相应比例尺地形图图上±0.5mm。

6)界线测绘的准备工作

(1)边界地形图制作要求

①边界地形图,宜采用国家基本比例尺 1:10000、1:50000 或 1:100000 比例尺地形图或数字地形图来制作。

②边界地形图按一定经差、纬差自由分幅,一般情况下同一条边界线上的图幅的经差和纬差值应一致,图幅编号为 1,2,3,…,N。

③边界地形图一般情况下沿边界呈带状,图内内容范围为垂直界线两侧图上各 10cm 或 5cm(1:100000)内。

④边界地形图应制作为带有坐标信息的栅格地图或数字线划图。其作业方法、操作规程、精度等均遵循数字成图的要求。

(2)边界调查

边界调查应核实法定边界线、习惯边界线、行政管辖线和与边界线有关的资源归属范围线等。

(3)界桩与边界点设立

①界桩种类:界桩分为单立、同号双立、同号三立三种,按形状又分为三面型和双面型两种。

②边界点:是指实地在界线上能确定边界走向的地物点(含界址点)。

(4)界桩的编号

省界桩号由边界线编号、界桩序号和类型码组成,同号双立桩的类型码分别用 A、B 表示,同号三立桩的类型码分别用 C、D、E 表示,单立桩的类型码为 Q。如 5253005Q 为贵州省和云南省边界上的 5 号单立界桩。

考点二 边界点测绘及边界线标绘

1)界桩点测量方法

界桩点的平面坐标宜采用卫星定位系统(GPS)定位测量、光电测距附合导线、支导线、测边测角交会等方法进行测定。

界桩点的高程宜采用水准测量、三角高程或 GPS 大地水准面拟合计算等方法测定。

2)界桩方位物测绘

每个界桩的方位物不少于 3 个,界桩点至方位物的距离一般应在实地量测,要求量至 0.1m。界桩点相对于邻近固定地物点间距误差不大于±2.0m。

3)特殊边界点的测绘

对在边界线两侧设置界桩而边界点本点未设桩的边界点,除按规定测定界桩的坐标与高程外,对同号双立的界桩还应测绘每一界桩至该双立界桩连线与边界线的交点的距离;对于同号三立桩,应测绘每一界桩至该边界线交叉口处转折点的距离。距离量测的误差限差不大于±2.0m。

4)界桩登记表填写

(1)界桩登记表的内容,主要包括:边界线编号、界桩编号、界桩类型、界桩材质、界桩所在地(两处或三处)、界桩与方位物的相互位置关系、界桩的直角坐标、界桩的地理坐标和高程、界桩位置略图、备注及双方(或三方)负责人签名等。

(2)界桩登记表中的界桩位置略图应标绘出边界线、界桩点、界桩方位物、边界线周边地形等。

5)边界线标绘

(1)边界线标绘的内容

确定了的边界线、界桩点位置,都应准确地标绘在经调绘整理后的边界地形图上。

(2)边界线标绘的方法

边界线标绘一般要求在边界调绘的基础上进行,对地形要素变化不大的地区,也可与边界调绘内容一并进行。对有明显分界线(如分水线、道路、河流等)且地形要素变化不大的边界地段或以边界点连线作为边界线的地段,也可由界线测绘双方在室内直接将边界线标绘在边界地形图上。

(3)边界线标绘的技术要求

边界线在图上用0.3mm的红色实线不间断表示,以线状地物中心线为界且地物符号宽度小于1.0mm时,界线符号在线状地物符号两侧调绘;界桩符号用直径1.5mm的红色小圆圈表示;界桩号用红色注出。

(4)边界线标绘的精度

界桩点、界线转折点及界线经过的独立地物点相对于邻近固定地物点的平面位置中误差一般不应大于图上±0.4mm。

考点三 边界协议书附图及边界位置说明

1)边界协议书附图的基本要求

(1)边界协议书附图是以地图形式反映边界线走向和具体位置,并经由界线双方政府负责人签字认可的重要界线测绘成果;界桩点、边界点展绘、边界线标绘、界线附近地形要素的调绘或修测、各种说明注记等,均应经过采集、符号化编辑,整理制成边界协议书附图。

(2)边界协议书附图应以双方共同确定的边界地形图为底图,根据量测的边界点坐标或相关数据、协商确定或裁定的边界线及边界线的标绘成果、地物调绘成果整理、绘制而成。

(3)边界协议书附图的内容应包括:边界线、界桩点及相关的地形要素、名称、注记等,各要素应详尽表示。

2)边界协议书附图制图及印刷

(1)利用标绘好的边界协议书附图数据作底图,进行矢量化跟踪、采集,在规定的制图软件中进行分层编辑、符号化、要素关系处理,最后制成数字边界协议书附图。

(2)将数字边界协议书附图制成 EPS 文件,按《地图印刷规范》(GB/T 14511—2008)规定印刷成图。

3)《中华人民共和国省级行政区域边界协议书附图集》的编纂

(1)基本形式

《中华人民共和国省级行政区域边界协议书附图集》(以下简称《行政区域边界协议书附图集》)是根据双方边界协议书附图以及界桩成果表编纂而成的带状地图集。

(2)基本内容

《行政区域边界协议书附图集》的内容,包括:图例、图幅结合表、边界协议书附图、编制说明、界桩坐标表等。

(3)编排结构

《行政区域边界协议书附图集》的编排,包括:封面、编制说明、图例、示意图、边界协议书附图、坐标表、版权页、封底等。

(4)装帧形式

《行政区域边界协议书附图集》宜以每一条边界线为单元进行装订。边界线较短时,可将若干条边界线合并装订成册;边界线较长时,也可将其分上、下两册装订。

4)边界点位置和边界线走向说明

(1)边界点位置说明的编写要求

边界点位置说明应描述边界点的名称、位置、与边界线的关系等内容。对埋设界桩的边界点还应描述界桩号、类型、材质、界桩坐标和高程、界桩与边界线的关系、界桩与方位物的关系、界桩与周围地形要素的关系等内容。

(2)边界线走向说明的编写要求

①边界线走向说明是对边界线走向和边界点位置的文字描述,是边界协议书的核心内容。边界线走向说明的编写以明确描述边界线实地走向为原则,应根据界线所依附的参照物编写,参照物包括各种界线标志(如界墙、界桩、河流、山脉、道路等)、地形点、地形线等。

②边界线走向说明中的距离及界线长度等数据,均以 m 为单位,实地测量的距离精确到 0.1m,图上量取的距离精确到图上 0.1mm。

③边界线走向说明的编写内容,一般包括:每段边界线的起讫点、界线延伸的长度、界线依附的地形、界线转折的方向、两界桩间界线长度、界线经过的地形特征点等。

(3)边界线走向方位的描述

边界线走向说明中涉及的方向,采用 16 方位制(以真北方向为基准)描述,见图 6-1,相关数据如表 6-1 所示。

16 方位制数据表　　　　　　　　　　　　　　　　　　　　　　　　表 6-1

序 号	方 位	方位角区间	序 号	方 位	方位角区间
1	北	348°45′～11°15′	9	南	168°45′～191°15′
2	北偏东北	11°15′～33°45′	10	南偏西南	191°15′～213°45′
3	东北	33°45′～56°15′	11	西南	213°45′～236°15′
4	东偏东北	56°15′～78°45′	12	西偏西南	236°15′～258°45′
5	东	78°45′～101°15′	13	西	258°45′～281°15′
6	东偏东南	101°15′～123°45′	14	西偏西北	281°15′～303°45′
7	东南	123°45′～146°15′	15	西北	303°15′～326°15′
8	南偏东南	146°15′～168°45′	16	北偏西北	326°15′～348°45′

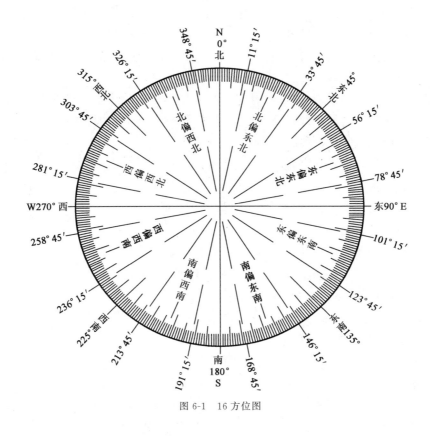

图 6-1　16 方位图

考点四　行政区域界线测绘成果整理与验收

1）界线测绘成果与整理

（1）界线测绘成果

界线测绘成果，包括：界桩登记表、界桩成果表、边界点成果表、边界点位置和边界走向说明、边界协议书附图。

（2）界线测绘成果整理

① 文档整理

文档整理的内容，包括：界桩登记表、界桩成果表、控制测量中的各种计算表格、边界协议书、边界地形图、边界协议书附图，成果形式应有纸质文档和电子文档两种。电子文档的成果格式还宜符合输入数据库要求。在实测界桩的过程中，起始点成果、作业中的计算成果、作业的最终成果，除要填写纸质文档外，还要生成电子文档。

② 数据整理

在行政区域界线测绘过程中使用和产生的数据主要有：边界地形图数据、边界专题数据，这些数据整理宜参照建成界线数据库的要求进行。

③ 元数据文件制作

在制作边界地形图、协议书附图过程中，都应有一个元数据文件，由作业人员在系统中通过人机交互方式填写生成。元数据文件录入的具体内容执行《地理信息、元数据》（GB/T 19710—2005）。

2)成果资料的检查、验收与归档

(1)界线测绘成果资料必须接受测绘主管部门的质量监督检验。检查验收按测绘主管部门的有关规定执行,并须由界线双方指定的负责人签字。

(2)界线测绘成果资料的归档管理应按《行政区域界线管理条例》(国务院令第353号)第十三条执行,即勘定行政区域界线以及行政区域界线管理中形成的协议书、工作图、界线标志记录、备案材料、批准文件以及其他与勘界记录有关的材料,应当按照有关档案管理的法律、行政法规的规定立卷归档,妥善保管。

6.2 例　　题

1)单项选择题(每题的备选项中,只有1个最符合题意)

(1)现行界线测绘应采用的坐标系统与高程基准是(　　)。

　　A. 2000国家大地坐标系和1985国家高程基准
　　B. 1980西安坐标系和1985国家高程基准
　　C. 2000国家大地坐标系和1956年黄海高程系
　　D. 1980西安坐标系和1956年黄海高程系

(2)界线测绘的内容包括界线测绘准备、(　　)、边界点测定、边界线及相关地形要素调绘、边界协议书附图制作与印刷、边界点位置和边界走向说明的编写。

　　A. 边界主张线图标绘　　　　　　B. 边界地形图测绘
　　C. 边界线情况图编制　　　　　　D. 界桩埋设和测定

(3)按《行政区域界线测绘规范》(GB/T 17796—2009),边界协议书附图中界桩点的最大展点误差不应超过相应比例尺地形图图上(　　)mm。

　　A. ±0.1　　　　B. ±0.2　　　　C. ±0.3　　　　D. ±0.4

(4)边界协议书附图的内容应包括边界线、界桩点及相关的地形要素、名称、注记等,各要素应(　　)表示。

　　A. 系统　　　　B. 简要　　　　C. 详尽　　　　D. 突出

(5)边界地形图,宜采用国家基本比例尺(　　)比例尺地形图或数字地形图来制作。

　　A. 1:10000、1:50000或1:100000
　　B. 1:30000、1:50000或1:100000
　　C. 1:10000、1:25000或1:100000
　　D. 1:10000、1:50000或1:1000

(6)边界测绘界桩点平面位置中误差一般不应大于相应比例尺地形图图上(　　)。

　　A. ±0.15mm　　B. ±0.2mm　　C. ±0.1mm　　D. ±0.4mm

(7)界桩点高程中误差一般不大于相应比例尺地形图上平地、丘陵、山地(高山地)基本等高距的(　　)(特殊困难地区可放宽至1/2中误差)。

　　A. 1/10　　　　B. 1/5　　　　C. 1/3　　　　D. 1/4

(8)每个界桩的方位物不少于(　　)个。

　　A. 5　　　　　B. 3　　　　　C. 2　　　　　D. 4

(9)界桩点至方位物的距离一般应在实地量测,要求量至(　　)。

A. 0.5m B. 0.2m C. 0.1m D. 0.3m

(10)界桩点相对于邻近固定地物点间距误差不大于( )。

A. ±1.0m B. ±0.05m C. ±5.0m D. ±2.0m

(11)边界线在图上用( )的红色实线不间断表示。

A. 0.15mm B. 0.3mm C. 0.5mm D. 0.4mm

(12)界桩符号用直径( )的红色小圆圈表示。

A. 0.8mm B. 2.0mm C. 1.5mm D. 1mm

(13)界桩号用( )注出。

A. 红色 B. 绿色 C. 棕色 D. 蓝色

(14)边界线走向说明中的距离及界线长度等数据,均以( )为单位。

A. 图上0.2mm B. 米(m) C. 1cm D. 分米

(15)边界线走向说明中的距离及界线长度等数据实地测量的距离精确到0.1m,图上量取的距离精确到图上( )。

A. 0.1mm B. 0.5mm C. 1cm D. 分米

(16)边界协议书附图是以( )形式反映边界线走向和具体位置。

A. 文字 B. 地图 C. 表格 D. 数据

(17)边界线走向说明中涉及的方向,采用( )(以真北方向为基准)描述。

A. 磁方位 B. 16方位制 C. 坐标方位 D. 8方位制

(18)边界线走向说明是对边界线走向和边界点位置的( )描述。

A. 文字 B. 地图 C. 表格 D. 数据

2)多项选择题(每题的备选项中,有2个或2个以上符合题意,至少有1个错项)

(19)《中华人民共和国省级行政区域边界协议书附图集》要求表示的内容包括( )。

A. 图例 B. 边界地形图 C. 边界主张线图
D. 编制说明 E. 界桩坐标表

(20)对于边界地形图,下列说法正确的有( )。

A. 边界地形图宜采用国家基本比例尺1:10000比例尺旧版地形图来制作
B. 边界地形图按一定经差、纬差自由分幅
C. 图内内容范围为垂直界线两侧图上各10cm内
D. 边界地形图应制作为带有坐标信息的栅格地图或数字线划图
E. 其作业方法、操作规程、精度要求等均高于数字成图的要求

(21)界址点的平面坐标宜采用( )等方法进行测定。

A. 卫星定位系统(GPS)定位测量 B. 图解
C. 支导线 D. 测边测角交会
E. 光电测距附合导线

(22)界桩登记表的内容主要包括( )等。

A. 边界线编号、界桩编号
B. 界桩类型、界桩材质、界桩所在地
C. 界桩与方位物的相互位置关系
D. 指界人签名
E. 备注及双方(或三方)负责人签名

(23)界桩登记表中的界桩位置略图应标绘出( )等。
 A. 界桩点、边界线 B. 三北方向图
 C. 界桩方位物 D. 边界线周边地形
 E. 备注及双方(或三方)负责人签名

(24)边界协议书附图的内容应包括( )等。
 A. 界桩点、边界线 B. 土地等级
 C. 相关的地形点 D. 高程注记
 E. 土地类别

(25)边界线走向说明参照物可以采用以下( )等项。
 A. 界墙、道路等 B. 棚屋 C. 地形线
 D. 大型草堆 E. 河流

(26)边界线走向说明编写一般包括以下( )等项。
 A. 每段边界线的起讫点
 B. 界线桩的尺寸
 C. 界线依附的地形
 D. 界线转折的方向及界线经过的地形特征点等
 E. 两界桩间高差

(27)界线测绘成果包括( )等。
 A. 界桩登记表 B. 界桩位置略图
 C. 边界点成果表 D. 地貌测量数据
 E. 边界协议书附图

(28)界线测绘成果应归档管理的内容包括( )界线标志记录及其他与勘界记录有关的材料等。
 A. 勘界协议书 B. 土地等级、类型划分资料
 C. 备案材料 D. 批准文件
 E. 工作图

6.3 例题参考答案及解析

1)单项选择题(每题的备选项中,只有1个最符合题意)

(1)A

解析:《行政区域界线测绘规范》(GB/T 17796—2009)规定,界线测绘宜采用国家统一的2000国家大地坐标系和1985国家高程基准。故选A。

(2)D

解析:界桩埋设和测定符合题意。故选D。

(3)B

解析:《行政区域界线测绘规范》(GB/T 17796—2009)规定,边界协议书附图中界桩点的最大展点误差不应超过相应比例尺地形图图上±0.2mm。故选B。

(4)C

解析:《行政区域界线测绘规范》(GB/T 17796—2009)规定,边界协议书附图的内容应包括:边界线、界桩点及相关的地形要素、名称、注记等,各要素应详尽表示。故选 C。

(5) A

解析:《行政区域界线测绘规范》(GB/T 17796—2009)规定,边界地形图,宜采用国家基本比例尺 1∶10000、1∶50000 或 1∶100000 比例尺地形图或数字地形图来制作。故选 A。

(6) C

解析:《行政区域界线测绘规范》(GB/T 17796—2009)规定,边界测绘界桩点平面位置中误差一般不应大于相应比例尺地形图图上±0.1mm。故选 C。

(7) A

解析:《行政区域界线测绘规范》(GB/T 17796—2009)规定,界桩点高程中误差一般不大于相应比例尺地形图上平地、丘陵、山地(高山地)1/10 基本等高距(特殊困难地区可放宽至 1/2 倍中误差)。故选 A。

(8) B

解析:《行政区域界线测绘规范》(GB/T 17796—2009)规定,每个界桩的方位物不少于 3 个。故选 B。

(9) C

解析:《行政区域界线测绘规范》(GB/T 17796—2009)规定,界桩点至方位物的距离一般应在实地量测,要求量至 0.1m。故选 C。

(10) D

解析:《行政区域界线测绘规范》(GB/T 17796—2009)规定,界桩点相对于邻近固定地物点间距误差不大于±2.0m。故选 D。

(11) B

解析:《行政区域界线测绘规范》(GB/T 17796—2009)规定,边界线在图上用 0.3mm 红色实线不间断表示。故选 B。

(12) C

解析:《行政区域界线测绘规范》(GB/T 17796—2009)规定,界桩符号用直径 1.5mm 红色小圆圈表示。故选 C。

(13) A

解析:《行政区域界线测绘规范》(GB/T 17796—2009)规定,界桩号用红色注出。故选 A。

(14) B

解析:《行政区域界线测绘规范》(GB/T 17796—2009)规定,边界线走向说明中的距离及界线长度等数据,均以 m 为单位。故选 B。

(15) A

解析:《行政区域界线测绘规范》(GB/T 17796—2009)规定,边界线走向说明中的距离及界线长度等数据实地测量的距离精确到 0.1m,图上量取的距离精确到图上 0.1mm。故选 A。

(16) B

解析:边界协议书附图是以地图形式反映边界线走向和具体位置的。故选 B。

(17) B

解析：《行政区域界线测绘规范》(GB/T 17796—2009)规定,边界线走向说明中涉及的方向,采用16方位制(以真北方向为基准)描述。故选 B。

(18) A

解析：边界线走向说明是对边界线走向和边界点位置的文字描述。故选 A。

2)多项选择题(每题的备选项中,有2个或2个以上符合题意,至少有1个错项)

(19) ADE

解析：《中华人民共和国省级行政区域边界协议书附图集》要求表示的内容包括 ADE 选项。故选 ADE。

(20) BCD

解析：《行政区域界线测绘规范》(GB/T 17796—2009)规定,边界地形图宜采用国家基本比例尺 1∶10000 比例尺最新地形图来制作,其作业方法、操作规程、精度要求等均等同数字成图的要求。故选 BCD。

(21) ACDE

解析：《行政区域界线测绘规范》(GB/T 17796—2009)规定,界址点的平面坐标宜采用卫星定位系统(GPS)定位测量、光电测距附合导线、支导线、测边测角交会等方法进行测定。故选 ACDE。

(22) ABCE

解析：《行政区域界线测绘规范》(GB/T 17796—2009)规定,界桩登记表的内容主要包括：边界线编号、界桩编号、界桩类型、界桩材质、界桩所在地(两处或三处)、界桩与方位物的相互位置关系、界桩的直角坐标、界桩的地理坐标和高程、界桩位置略图、备注及双方(或三方)负责人签名等。选项 D 不符合题意,其他选项符合题意。故选 ABCE。

(23) ACD

解析：《行政区域界线测绘规范》(GB/T 17796—2009)规定,界桩登记表中的界桩位置略图应标绘出边界线、界桩点、界桩方位物、边界线周边地形等。选项 B 不符合题意,选项 E 是界桩登记表的内容,其他选项符合题意。故选 ACD。

(24) ACD

解析：《行政区域界线测绘规范》(GB/T 17796—2009)规定,边界协议书附图的内容应包括：边界线、界桩点及相关的地形要素、名称、注记等,各要素应详尽表示。选项 B、E 不符合题意,其他选项符合题意。故选 ACD。

(25) ACE

解析：《行政区域界线测绘规范》(GB/T 17796—2009)规定,边界线走向说明的编写以明确描述边界线实地走向为原则,应根据界线所依附的参照物编写,参照物包括：各种界线标志(如界墙、界桩、河流、山脉、道路等)、地形点、地形线等。选项 B、D 为临时性地物,不符合题意,其他选项符合题意,都可以作为边界线走向说明参照物。故选 ACE。

(26) ACD

解析：《行政区域界线测绘规范》(GB/T 17796—2009)规定,边界线走向说明的编写内容,一般包括：每段边界线的起讫点、界线延伸的长度、界线依附的地形、界线转折的方向、两界桩间界线长度、界线经过的地形特征点等。选项 B、E 不符合题意,其他选项符合题意,都是边界线走向说明编写应涉及的内容。故选 ACD。

(27) ACE

解析：界线测绘成果包括：界桩登记表、界桩成果表、控制测量中各种计算表格、边界点成果表、边界点位置和边界走向说明、边界协议书、边界地形图、边界协议书附图等。B、D选项不符合题意，其他各项都是界线测绘成果。故选ACE。

(28) ACDE

解析：界线测绘成果应归档项目包括：勘定行政区域界线以及行政区域界线管理中形成的协议书、工作图、界线标志记录、备案材料、批准文件以及其他与勘界记录有关的材料，B选项不符合题意，其他选项都是界线测绘成果应归档项目。故选ACDE。

6.4 高频真题综合分析

6.4.1 高频真题——界线测绘基准与内容

◀ 真 题 ▶

【2011,66】现行界线测绘应采用的坐标系统与高程基准是（　　）。
A. 2000国家大地坐标系和1985国家高程基准
B. 1980西安坐标系和1985国家高程基准
C. 2000国家大地坐标系和1956黄海高程系
D. 1980西安坐标系和1956黄海高程系

【2011,67】界线测绘的内容包括界线测绘准备、（　　）、边界点测定、边界线及相关地形要素调绘、边界协议书附图制作与印刷、边界点位置和边界走向说明的编写。
A. 界桩埋设和测定　　　　　　　　B. 边界地形图测绘
C. 边界线情况图编制　　　　　　　D. 边界主张线图标绘

【2013,40】现行界线测绘采用的平面坐标基准是（　　）。
A. WGS-84　　　　　　　　　　　　B. 任意坐标系
C. 地方坐标系　　　　　　　　　　D. 2000国家大地坐标系

【2016,92】下列工作中，属于界线测绘工作内容的有（　　）。
A. 制作边界地形图　　　　　　　　B. 界桩埋设和测定
C. 边界线相关地形要素调绘　　　　D. 制作边界协议书
E. 编写边界线走向说明

◀ 真题答案及综合分析 ▶

答案：A　A　D　BCE

解析：以上4题，考核的知识点是"界线测绘基准与内容"。

(1) 界线测绘的基准。界线测绘宜采用国家统一的2000国家大地坐标系和1985国家高程基准。

(2) 界线测绘的内容，包括界线测绘准备、界桩埋设和测定、边界点测定、边界线及相关地形要素调绘、边界协议书附图制作与印刷、边界点位置和边界走向说明的编写。

6.4.2 高频真题——16方位图

◀ 真 题 ▶

【2013,90】 界线测绘时,下列边界走向角度中(以真北方向为基准),属于东南方位的有( )。

A. 117° B. 127°
C. 137° D. 147°
E. 157°

【2015,37】 界线测绘中常用十六个方位描述边界走向,边界走向角度为10°(以真北方为基准向)的方位是( )。

A. 北 B. 北偏东北
C. 东北 D. 东偏东北

【2016,39】 边界线走向说明中,某边界线走向为东南方位。则下列边界线走向角度(以真北方向为基准)中,符合这一方位描述的是( )。

A. 90° B. 122° C. 145° D. 168°

◀ 真题答案及综合分析 ▶

答案: BC A C

解析: 以上3题,考核的知识点是"16方位图"。

(1)16方位制。边界线走向说明中涉及的方向,采用16方位制(以真北方向为基准)描述。16方位制的相关数据如表6-2所示。

16方位制数据表   表6-2

序号	方位	方位角区间	序号	方位	方位角区间
1	北	348°45′~11°15′	9	南	168°45′~191°15′
2	北偏东北	11°15′~33°45′	10	南偏西南	191°15′~213°45′
3	东北	33°45′~56°15′	11	西南	213°45′~236°15′
4	东偏东北	56°15′~78°45′	12	西偏西南	236°15′~258°45′
5	东	78°45′~101°15′	13	西	258°45′~281°15′
6	东偏东南	101°15′~123°45′	14	西偏西北	281°15′~303°45′
7	东南	123°45′~146°15′	15	西北	303°45′~326°15′
8	南偏东南	146°15′~168°45′	16	北偏西北	326°15′~348°45′

(2)16方位制的相关数据的记忆技巧。

①先计算每个方位的角度区间大小。1圆周=360°,分为16方位,则每个方位的角度范围=360°/16=22.5°=22°30′。

②记住"方位"的正中位置方向的方位角值,再计算该方向对应"方位"的方位角区间值。

(3)举例:如"南/方位",其正中位置方向的方位角=180°,则"南/方位"(区间大小为22°30′),其方位角区间为=180°±11°15′,即为168°45′—191°15′。又如"东南/方位",其正中位置方向的方位角=135°,则"东南/方位"(区间大小为22°30′),其方位角区间为=135°±11°15′,即为123°45′—146°15′。

7 测绘航空摄影

7.0 考点分析

考点一:测绘航空摄影概要
考点二:测绘航空摄影技术设计
考点三:航空摄影中的新技术应用
考点四:航摄成果的检查验收

7.1 主要知识点汇总

考点一 测绘航空摄影概要

1)基本概念

(1)测绘航空摄影:在航空器上安装航空摄影仪,从空中对地球表面进行的摄影,简称航空摄影或航摄。

(2)航摄倾角:摄影机向地面摄影时,摄影物镜的主光轴偏离铅垂线的夹角。

(3)航摄比例尺:像片上的一个距离单位与其所表示的实际地面距离的比值。

(4)航线弯曲:把一条航线的航摄像片根据地物景象叠拼起来,每张像片的主点连线不在一条直线上,而呈现为弯弯曲曲的折线,称为航线弯曲。

(5)像片旋偏角:在航空摄影过程中,相邻像片的主点连线与像幅沿航线方向的两框标连线之间的夹角。

2)航空摄影仪

航空摄影仪分为胶片航摄仪和数码航摄仪,其中常用的两种胶片航摄仪为 RC 型航摄仪和 RMK 型航摄仪。

3)航空摄影仪分类

航空摄影仪通常根据其主距或像场角的大小进行分类,一般情况下,对于大比例单像测图,应选用常角或窄角航摄仪;对于立体测图,则应选用宽角或特宽角航摄仪。

4)摄影机检校的内容

(1)像主点位置和主距的测定。

(2)摄影物镜光学畸变差或畸变系数大小的测定。

(3)底片压平装置的测定。

(4)框标间距以及框标坐标系垂直性的测定。

5)像片重叠度

像片重叠度分为航向重叠和旁向重叠。

6)测绘航空摄影的基本要求

(1)像片倾角的要求。

(2)航摄比例尺的要求。

(3)像片重叠度的要求。

(4)航线弯曲与航迹角的要求。

(5)像片旋偏角的要求。

考点二 测绘航空摄影技术设计

1)设计用图的选择

略。

2)航摄仪的选择因素

航摄仪的选择因素,包括:测图方法、仪器设备、成图比例尺和测图精度。

3)航摄分区

根据测图比例尺及测区情况选择摄影比例尺及航高,划分摄影分区。分区内的地形高差一般不小于1/4相对航高,当航摄比例尺大于或等于1∶7000时,一般不应大于1/6相对航高。

4)航线敷设方法

将摄区划分为若干个航摄分区并进行航线敷设。

5)航摄时间的确定

(1)摄区最有利的气象条件。

(2)尽可能地避免或减少地表植被和其他覆盖物对摄影和测图的不良影响。

(3)确保航摄像片能够真实地显现地面细部。

6)技术设计书的内容

(1)项目概况。

(2)摄区基本技术要求及技术依据。

(3)项目技术设计。

(4)实施方案。

考点三 航空摄影中的新技术应用

1)GPS在摄影测量中的应用

(1)航摄飞行导航:控制摄影飞机在一定的高度沿设计的航线飞行,以保证摄影像片具有一定的摄影比例尺、航向重叠度和旁向重叠度。

203

（2）GPS辅助空中三角测量中的导航与定位。

2）机载POS系统的组成

（1）惯性测量单元（IMU）：获取飞机在飞行过程中的姿态。

（2）全球定位系统（GPS）：获取飞机飞行瞬间的位置。

考点四 航摄成果的检查验收

1）飞行质量控制

飞行质量控制是航摄像片的航线重叠度、旁向重叠度、像片倾斜角、旋偏角、航线弯曲度、实际航高与预定航高之差、摄区和摄影分区的边界覆盖等质量要求的总称。

2）摄影质量控制

影像清晰、层次分明、颜色饱和、色调均匀、反差适中、不偏色、反映细节、无色斑、大面积坏点和曝光过度。

3）成果整理

航空摄影成果包括航空摄影像成果及各类文本资料。

（1）胶片航摄资料，包括：原始底片、航摄像片、航摄仪原始数据资料、摄区完成情况图、摄区航线、像片索引图、航摄仪技术参数鉴定报告、航空摄影底片压平质量检测报告、航空摄影底片密度检测报告、航摄鉴定表、像片中心接合图、航空摄影技术设计书、航空摄影飞行记录、航摄底片感光测定报告及底片摄影处理冲洗报告、像片中心点坐标数据、附属仪器记录数据等。

（2）数码航摄资料，包括：影像数据、航线示意图、航摄像机在飞行器上安装方向示意图、航空摄影技术设计书、航空摄影飞行记录、相机鉴定参数文件、航摄资料移交书、航摄军区批文、航摄资料审查报告、其他相关资料。

7.2 例 题

1）单项选择题（每题的备选项中，只有1个最符合题意）

（1）我国自主研发的数字航摄仪是（　　）。

　　A. RMK型航摄仪　　　　　　　　B. DMC型航摄仪

　　C. SWDC型航摄仪　　　　　　　D. ADS型航摄仪

（2）关于地形起伏对像片设计重叠度的影响，下列描述正确的是（　　）。

　　A. 地形起伏越大，像片设计重叠度也应该增大

　　B. 地形起伏越大，像片设计重叠度也应该减小

　　C. 地形起伏越大，像片设计重叠度应保持不变

　　D. 地形起伏越大，应根据测图精度确定设计重叠度的变化

（3）下面关于航摄倾角的描述正确的是（　　）。

　　A. 像片倾角是摄影瞬间像片平面与水平面的夹角

　　B. 像片平面是摄影瞬间飞机飞行的俯仰角

　　C. 像片平面是摄影瞬间飞机飞行的侧滚角

D. 像片倾角是摄影瞬间摄影主光轴与铅垂线的夹角

(4) 决定航摄设计的设计用图比例尺的主要因素是( )。
　　A. 测区地形情况　　B. 摄影季节　　C. 成图比例尺　　D. 摄影比例尺

(5) GPS 辅助空中三角测量的最主要作用是( )。
　　A. 摄影飞机导航　　　　　　　　B. 提供摄影瞬间航摄仪物镜中心的位置
　　C. 提供摄影瞬间飞机的姿态参数　　D. 提供航摄仪的内方位元素

(6) 机载 POS 系统的最主要作用是( )。
　　A. 摄影飞机导航
　　B. 提供摄影瞬间航摄仪物镜中心的位置
　　C. 提供摄影瞬间飞机的姿态参数
　　D. 提供摄影瞬间航摄仪物镜中心的位置和飞机的姿态参数

(7) 数码航摄资料需要提交的资料不包括( )。
　　A. 航摄仪技术参数鉴定报告　　　　B. 航空摄影飞行记录
　　C. 原始底片　　　　　　　　　　　D. 航线示意图

2) 多项选择题(每题的备选项中,有 2 个或 2 个以上符合题意,至少有 1 个错项)

(8) 航空摄影作业中,飞机上的导航系统的作用是( )。
　　A. 控制飞行速度　　　　　　B. 控制飞行高度
　　C. 控制航线方向　　　　　　D. 控制航线间距
　　E. 控制像片曝光间隔

(9) 我国常用的框幅式航空摄影仪主要有( )。
　　A. RC 型航摄仪　　　　　　B. RMK 型航摄仪
　　C. DMC 型航摄仪　　　　　D. SWDC 型航摄仪
　　E. ADS 型航摄仪

(10) 胶片航摄仪的检校内容主要包括( )。
　　A. 像主点位置和主距的测定
　　B. 摄影物镜光学畸变差或畸变系数大小的测定
　　C. 调焦后主距变化的测定
　　D. 底片压平装置的测定
　　E. 框标间距以及框标坐标系垂直性的测定

(11) 测绘航空摄影的基本要求包括( )。
　　A. 像片倾角　　B. 航高差　　C. 像片重叠度
　　D. 航线弯曲　　E. 摄影比例尺

(12) 确定航摄仪的主要因素是( )。
　　A. 测图方法　　B. 成图仪器　　C. 成图比例尺
　　D. 测图精度　　E. 摄影季节

(13) 航空摄影技术设计书的主要内容有( )。
　　A. 项目概况　　　　　　　　B. 摄区基本技术要求及技术依据
　　C. 项目技术设计　　　　　　D. 项目实施
　　E. 成图技术流程

(14) 航空摄影成果验收时,下列属于摄影质量控制的项目是( )。

A. 像片重叠度　　　B. 影像清晰　　　C. 摄影倾斜角
D. 色调均匀　　　　E. 无大面积坏点

(15)航空摄影成果验收时,下列属于飞行质量控制的项目是(　　)。

A. 像片重叠度　　　B. 影像清晰　　　C. 摄影倾斜角
D. 色调均匀　　　　E. 无大面积坏点

7.3　例题参考答案及解析

1)单项选择题(每题的备选项中,只有1个最符合题意)

(1)C

解析:RMK是胶片航摄仪,DMC是德国研制生产的,ADS是瑞士徕卡公司生产的。我国自主研发的数字航摄仪是SWDC型航摄仪。故选C。

(2)A

解析:地形起伏的增加,为了保证图像任何位置均有足够的基本重叠度,设计重叠度应增大。故选A。

(3)D

解析:像片倾角是指摄影主光轴与铅垂方向的夹角。故选D。

(4)C

解析:选择设计用图比例尺的主要因素是成图比例尺。故选C。

(5)B

解析:GPS辅助空中三角测量中,GPS的最主要作用是提供摄影瞬间航摄仪物镜中心的位置。故选B。

(6)D

解析:POS由GPS和IMU两个部分组成,其中,GPS提供摄影瞬间航摄仪物镜中心的位置,IMU提供飞机的姿态参数。故选D。

(7)C

解析:数码航空摄影不用胶片。故选C。

2)多项选择题(每题的备选项中,有2个或2个以上符合题意,至少有1个错项)

(8)BCDE

解析:飞机上导航系统的作用是为航空摄影进行导航,其中:飞行高度、航线方向、航线间距和像片曝光间隔均与航空摄影有关联。故选BCDE。

(9)AB

解析:我国常用的框幅式航摄仪主要有RC型航摄仪和RMK型航摄仪两种胶片式航摄仪。故选AB。

(10)ABDE

解析:根据航摄仪检校的内容,胶片航摄仪不包括调焦后主距变化的测定。故选ABDE。

(11)ACDE

解析:测绘航空摄影的五个基本要求分别是像片倾角、摄影比例尺、像片重叠度、航线弯曲和像片旋偏角。故选ACDE。

(12) ABCD

解析：备选选项中，除了摄影季节外，测图方法、成图仪器、成图比例尺和测图精度均作为航摄仪的选择因素。故选 ABCD。

(13) ABCD

解析：航空摄影技术设计书中不包括成图技术流程。故选 ABCD。

(14) BDE

解析：摄影质量主要与影像的质量有关，包括：影像清晰、色调均匀和无大面积坏点。故选 BDE。

(15) AC

解析：飞行质量主要与影像的几何位置、空间姿态有关。备选选项中像片重叠度和摄影倾斜角满足该要求。故选 AC。

7.4 高频真题综合分析

7.4.1 高频真题——机载 POS 系统

◀ 真 题 ▶

【2011,90】 机载定位与定向系统(POS)的组成部分包括( )。
  A. CCD   B. GPS
  C. IMU   D. LIDAR
  E. InSAR

【2013,43】 采用 POS 辅助航空摄影生产 1:2000 地形图时，摄区内任意位置与最近基站间的最远距离不应大于( )km。
  A. 200   B. 150   C. 100   D. 50

【2014,46】 机载 POS 定位定姿系统可以直接获取的参数是( )。
  A. 像片的外方位元素
  B. 航摄仪内方位元素
  C. 像点坐标
  D. 地面控制点的三维坐标

【2015,40】 定位定姿系统(POS)在航空摄影测量中的主要用途是( )。
  A. 稳定航摄仪   B. 提高航摄效率
  C. 传输数据   D. 获取外方位元素

【2016,51】 航空摄影中，POS 系统的惯性测量装置(IMU)用来测定航摄仪的( )参数。
  A. 位置   B. 姿态
  C. 外方位元素   D. 内方位元素

◀ 真题答案及综合分析 ▶

答案: BC C A D B

解析: 以上 5 题,考核的知识点是"机载 POS 系统"。
(1)机载 POS 系统由两部分组成。
①惯性测量单元(IMU):获取飞机在飞行过程中的姿态;
②全球定位系统(GPS):获取飞机飞行瞬间的位置。
(2)机载 POS 系统,在航空摄影测量中的主要用途是获取外方位元素。
(3)《IMU/GPS 辅助航空摄影技术规范》(GB/T 27919—2011)规定,采用 POS 辅助航空摄影生产 1∶5000、1∶2000 地形图时,摄区内任意位置与最近基站间的最远距离不得大于 100km。

7.4.2 高频真题——航摄仪的检校

◀ 真 题 ▶

【2011,42】 对航空摄影机进行检校的主要目的之一是为了精确获得摄影机( )的值。
A. 内方位元素　　　　　　　　　　B. 变焦范围
C. 外方位线元素　　　　　　　　　D. 外方位角元素

【2012,44】 根据《数字航摄仪检验规程》(CH/T 8021—2010)的规定,检定场应满足不少于两条基线,每条航线最少曝光( )次的条件。
A. 10　　　　　B. 11　　　　　C. 12　　　　　D. 13

【2013,44】 按航摄仪检定要求,新购或前次检定已超过( )年的航摄仪须进行检定。
A. 1　　　　　B. 2　　　　　C. 3　　　　　D. 4

【2016,41】 下列摄影仪检校内容中,不属于胶片摄影仪检校内容的是( )。
A. 像主点位置　　　　　　　　　　B. 镜头主距
C. 像元大小　　　　　　　　　　　D. 镜头光学畸变差

◀ 真题答案及综合分析 ▶

答案: A B B C

解析: 以上 4 题,考核的知识点是"航摄仪的检校"。
(1)航空摄影机进行检校的主要目的是确定其内方位元素。
(2)航空摄影机检校的内容:①像主点位置和主距的测定;②摄影物镜光学畸变差或畸变系数大小的测定;③底片压平装置的测定;④框标间距以及框标坐标系垂直性的测定。
(3)《数字航摄仪检定规程》(CH/T 8021—2010)规定,数字航摄仪检验时,每条航线抽取不少于 10 个像对。所以,最少应曝光 11 次。
(4)按航摄仪检定要求,新购或前次检定已超过 2 年的航摄仪必须进行检定。

7.4.3 高频真题——航摄比例尺

◀ 真 题 ▶

【2011,49】 国家基本比例尺 1∶25000、1∶50000 和 1∶100000 地图编绘中,图廓边长与理论值之差不大于( )mm。

A. ±0.15　　　　　　B. ±0.20　　　　　　C. ±0.25　　　　　　D. ±0.30

【2015,92】 下列航摄参数中,影响航摄比例尺的有( )。

A. 相对航高　　　　　　　　　　　　　B. 绝对航高

C. 摄影仪主距　　　　　　　　　　　　D. 摄影仪框幅尺寸

E. 像片重叠度

【2016,40】 航空摄影机一般分为短焦、中焦、长焦三类,其对应的焦距分别为小于或等于 102mm,大于 102mm 且小于 255mm、大于或等于 255mm。如果相对航高为 3000m,下列摄影比例尺中,适合采用长焦距镜头的是( )。

A. 1∶3 万　　　　　　　　　　　　　B. 1∶2 万

C. 1∶1.5 万　　　　　　　　　　　　D. 1∶1 万

◀ 真题答案及综合分析 ▶

答案: B　AC　D

解析: 以上 3 题,考核的知识点是"航摄比例尺"。

(1)航摄比例尺:像片上的一个距离单位与其所表示的实际地面距离的比值。

(2)航摄比例尺的基本公式为 $\frac{1}{m}=\frac{f}{H}$。其中,f 为摄影仪主距,H 为相对航高。因此,影响航摄比例尺的航摄参数有摄影仪主距、相对航高。

(3)《国家基本比例尺地图编绘规范　第 1 部分:1∶25000　1∶50000　1∶100000 地形图编绘规范》(GB/T 12343.1—2008)规定,地图图廓尺寸符合下列要求:

①图廓边长与理论值之差不大于±0.2mm;

②图廓对角线长度与理论值之差不大于±0.3mm。

8 摄影测量与遥感

8.0 考点分析

考点一:摄影测量与遥感基础
考点二:摄影测量测绘技术设计
考点三:影像资料收集与预处理
考点四:区域网划分与像片控制测量
考点五:影像判读与野外像片调绘
考点六:空中三角测量
考点七:摄影测量与遥感产品生成

8.1 主要知识点汇总

考点一 摄影测量与遥感基础

1）摄影测量发展历程

摄影测量经历了模拟摄影测量、解析摄影测量和数字摄影测量三个阶段。这三个阶段的不同点体现在原始资料、投影方式、仪器、操作方式和产品五个方面，可以归纳为表8-1。

摄影测量三个发展阶段的特点　　表8-1

发展阶段	原始资料	投影方式	仪器	操作方式	产品
模拟摄影测量	像片	物理投影	模拟测图仪	作业员手工	模拟产品
解析摄影测量	像片	数字投影	解析测图仪	机助作业员操作	模拟产品、数字产品
数字摄影测量	数字化影像 数字影像	数字投影	计算机+外围设备	自动化操作+作业员干预	模拟产品、数字产品

2）像点位移

像片倾斜和地面起伏两个因素引起像点位移，其中地面起伏引起的像点位移又称为投影差。

3）内外方位元素

内方位元素3个（f, x_0, y_0）；外方位元素6个，分为3个直线元素和3个角元素，其中，3个直线元素（X_S, Y_S, Z_S），3个角元素（φ, ω, κ）。

4）共线方程及其主要应用

(1)共线方程式

$$\begin{cases} x - x_0 = -f \dfrac{a_1(X-X_S) + b_1(Y-Y_S) + c_1(Z-Z_S)}{a_3(X-X_S) + b_3(Y-Y_S) + c_3(Z-Z_S)} \\ y - y_0 = -f \dfrac{a_2(X-X_S) + b_2(Y-Y_S) + c_2(Z-Z_S)}{a_3(X-X_S) + b_3(Y-Y_S) + c_3(Z-Z_S)} \end{cases}$$

(2)共线方程式的主要应用

①单像空间后方交会和多像空间前方交会。

②解析空中三角测量光束法平差的基本数学模型。

③数字投影的基础。

④利用 DEM 可以制作 DOM。

⑤利用 DEM 可以单影像测图。

5）影像的定向

影像的定向,包括:内定向、相对定向和绝对定向。

(1)内定向

①胶片影像:将框标坐标系转换到以像主点为原点的像平面坐标系。

②数字化影像:将扫描坐标系转换到以像主点为原点的像平面坐标系。

(2)相对定向

确定两张像片相对位置的过程称为相对定向。建立地面的立体模型,无须外业控制点,根据 6 个或 6 个以上同名像点可以确定。

(3)绝对定向

将相对定向建立的立体模型归纳到地面摄影测量坐标系中去的过程称为绝对定向。需要对立体模型进行缩放、三维平移、三维姿态旋转。包括 7 个未知数,至少需要 2 个平高点+1 个高程点可以实现。

6）电磁波谱和大气窗口

(1)电磁波谱

太阳不断向外发射出大量的电磁波辐射,将这些电磁波根据其波长加以排列,可以形成一个电磁波谱。卫星遥感中的波谱,包括:紫外、可见光、红外、微波。

(2)大气窗口

电磁波经过大气层时较少被散射、吸收和发射,具有较高透射率的波段区间,成为大气窗口。

7）地物波谱特征

(1)定义:地面物体具有的辐射、吸收、反射和透射一定波长范围电磁波的特性。

(2)目前对地物波谱的测定主要分三部分,即反射波谱、发射波谱和微波波谱。

8）遥感图像特征及其解译

(1)遥感图像特征

遥感图像特征可归纳为几何特征、物理特征和时间特征,这三方面的表现特征即为空间分辨率、光谱分辨率和时间分辨率。

①空间分辨率:遥感图像上能详细区分的最小单元的尺寸或大小,通常用地面分辨率和影

像分辨率来表示。遥感器系统的选择,一般应选择小于被探测目标最小直径的一半。

②光谱分辨率:传感器所能记录的电磁波谱中,某一特定波长范围值。

③时间分辨率:对同一目标进行重复探测时,相邻两次探测的时间间隔。

(2)遥感图像解译

①目标地物信息的三方面:大小、形状及空间分布特征,属性特点,变化动态特点。

②两个途径:目视解译和计算机图像处理。

考点二 摄影测量测绘技术设计

1)技术设计的概念

(1)测绘技术设计分为项目设计和专业技术设计。

(2)技术设计文件内容:项目设计书、专业技术设计书、相应的技术设计更改文件。

(3)技术设计行业标准:《测绘技术设计规定》(CH/T 1004—2005)。

2)项目设计

(1)任务分析的内容:①收集资料;②明确引用标准;③选择最佳设计方案。

(2)项目设计书的内容:①概述;②作业区自然地理概况和已有资料情况;③引用文件;④成果(或产品)主要技术指标和规格;⑤设计方案;⑥进度安排和经费预算;⑦附录。

3)专业设计

(1)任务分析的内容:①收集资料;②选择最佳设计方案;③确定设计方案。

(2)专业设计书的内容:①概述;②作业区自然地理概况和已有资料情况;③引用文件;④成果(或产品)主要技术指标和规格;⑤设计方案。

考点三 影像资料收集与预处理

1)影像资料的分析

(1)模拟航摄影像分析的内容:成图比例尺与航摄比例尺、地面采样距离的关系。

(2)数字航摄影像分析的内容:成图比例尺与地面分辨率的关系。

(3)遥感影像分析的内容:成图比例尺与常用遥感卫星数据的选择。

2)收集影像数据源

(1)模拟航空影像资料。

(2)数字航空影像资料:POS辅助航空摄影情况下的资料。

(3)航天遥感影像资料:包括数据格式、应用级别等满足要求的单片或立体的全色数据、多光谱数据、完整的卫星参数等资料。

3)预处理

(1)模拟图像的预处理:①确定底片扫描分辨率;②扫描参数调整;③扫描质量;④影像增强。

(2)数字影像的预处理:①影像增强;②降位处理;③匀光处理;④影像旋转。

(3)航天遥感影像的预处理:①影像格式转换;②轨道参数提取;③影像增强;④去除噪声、滤波;⑤去薄云处理;⑥降位处理;⑦多光谱波段选取;⑧匀色处理。

考点四 区域网划分与像片控制测量

1）布点方案

（1）全野外布点：内业测图或纠正使用的控制点全部由野外控制测量获得，不进行内业空三加密。

（2）非全野外布点：野外控制测量少量的野外控制点，然后利用空三加密的方法，加密出内业测图或纠正所需要的大量像片控制点。

2）控制点的选择原则

（1）像片控制点的目标影像应清晰易读，控制点应布设在航向及旁向6片重叠范围内，选定困难时也可以在5片重叠范围内。

（2）控制点建立图像边缘不小于1~1.5cm，对于数字影像或卫星影像距离图像边缘不小于0.5cm。

（3）立体测图时每个像对4个基本定向点离通过像主点且垂直于方位线的直线不超过1cm，最大不超过1.5cm。

（4）控制点应选在旁向重叠中线附近。

（5）位于不同方案布点区域间的控制点应确保精度高的布点方案能控制其相应面积，并尽量公用，否则按不同要求分别布点；位于自由图边、待成图边以及其他方法成图的图边控制点，一律布设在图廓线外。

3）控制点的测量

（1）控制点的表示：P代表平面点，G代表高程点，N代表平高点。

（2）控制点的平面测量（具体可参见第1章有关内容）。

（3）控制点的高程测量（具体可参见第1章有关内容）。

4）质量控制

一级检查：对所有成果进行100%室内外检查。

二级检查：对所有成果进行100%室内检查和10%~20%野外实地检查。

（1）检查像控点的布设是否合理。

（2）刺点目标是否符合要求，略图与影像是否一致。

（3）像控点联测方法及精度是否满足成图要求。

（4）所有观测手簿、测量计算手簿、控制像片、自由图边以及接边情况，都必须经过自我检查、上级部门检查验收，经修改或补测合格，确保无误后方可上交。

5）成果整理

（1）成果整理要求

①平面控制观测及计算手簿按控制网装订成册，按任务区上交。

②高程控制观测及计算手簿按任务区装订，装订顺序按地形航空摄影外业规范的有关要求执行。邻区转抄的成果应注明抄自何区及何编号计算手簿，并与图历簿保持一致。

③控制片以加密区域为单元，采用图号配合航线序号、像片序号等进行编号。

（2）成果移交内容

成果移交内容包括：

①已知点(三角点、GPS点、水准点)成果表。
②平面控制测量观测手簿。
③平面控制测量平差计算手簿。
④水准测量观测手簿。
⑤水准测量平差计算手簿。
⑥控制像片。
⑦像控点成果表(坐标、高程保留至小数点后两位)。
⑧像控点布点略图。
⑨技术总结。
⑩质量检查报告。
⑪仪器检定资料。

考点五 影像判读与野外像片调绘

1)影像判读

(1)概念

根据像片影像所显示的各种规律,借助相应的仪器设备及有关资料,采用一定的方法对像片影像进行分析判断,从而确认影像所表示的地面物体的属性、特征,为测制地形图或为其他专业部门提供必要的地形要素。

(2)影像判读原理

①影像和地物之间保持着一定的几何关系。
②影像反映了地物的形状、大小、色调、阴影、相关位置、纹理等几何特征,也反映了地物的一些物理特征以及人为因素的影响。
③在相同的情况下,相同的地物反映出的影像也相同。

(3)直接解译标志

直接解译标志,包括:形状、大小、阴影、色调、颜色、纹理、图案、位置、布局。

(4)间接解译标志

通过综合分析、相关分析,进行由表及里、去伪存真地逻辑推理,获得对地面目标的正确判断。

2)野外像片调绘

(1)基本要求:综合取舍、判断准确、描绘清楚、符号规范、注记准确、图面清晰。
(2)主要调绘内容:独立地物,居民地,道路及其附属设施,管线、垣栅和境界,水系、地貌、土质和植被,地理名称的调查和注记。

考点六 空中三角测量

1)基本概念

(1)空中三角测量:利用航摄像片与所摄目标之间的空间几何关系,根据少量像片控制点,计算内业测图所需要控制点的平面位置、高程和像片外方位元素的测量方法。
(2)GPS辅助空中三角测量:利用装在飞机和地面基准站上的GPS接收机,在航空摄影的同时获取曝光时刻航摄仪物镜中心的三维坐标,将其作为观测值引入摄影测量区域网平差中。

(3) POS辅助空中三角测量:将GPS和IMU组成的POS系统安装在飞机上,利用GPS测量航摄仪物镜中心的三维坐标,利用IMU测量飞机的空间姿态,将其作为观测值引入摄影测量区域网平差中。

2) 精度指标

定向误差和控制点残差。

3) 基本作业流程

基本作业流程包括:①准备工作;②内定向;③相对定向;④绝对定向和区域网平差;⑤区域网接边;⑥质量检查;⑦成果整理与提交。

4) 解析空中三角测量的三种方法

解析空中三角测量的三种方法:①航带法空中三角测量;②独立模型法空中三角测量;③光束法空中三角测量。

考点七 摄影测量与遥感产品生成

1) 数字线划图制作

(1) 数据内容:矢量数据、元数据及相关文件。

(2) 成果形式:非符号化数据和符号化数据。

(3) 精度指标:位置精度和属性精度。

(4) 基本作业过程:①资料准备;②数据采集和属性录入;③图形数据和属性数据的编辑与接边;④质量检查;⑤成果整理与提交。

(5) 主要作业方法:①航空摄影测量法;②航天遥感测量法;③地形图扫描矢量化法;④数字线划图缩编法。

2) 数字高程模型制作

(1) 数据内容:数字高程模型数据、元数据及相关文件。

(2) 数据格式:数据储存时,应按由西到东、由北到南的顺序排列。

(3) 格网尺寸:依据比例尺选择,通常1:500至1:2000的格网尺寸不应大于地图比例尺分母的0.001,1:5000~1:10万的格网尺寸不应大于地图比例尺的0.0005。

(4) 基本作业过程:①资料准备;②定向;③特征点、特征线采集;④构TIN内插DEM;⑤DEM数据编辑;⑥DEM数据接边;⑦DEM数据镶嵌和裁切;⑧质量检查;⑨成果整理与提交。

(5) 主要作业方法:①航空摄影测量法;②利用空间传感器方法,如机载或星载雷达、激光三维扫描等;③地形图扫描矢量化法。

3) 数字正射影像图制作

(1) 数据内容:数字正射影像数据、元数据及相关文件。

(2) 数据格式:数字正射影像图成果应具有坐标信息,存储数字正射影像图应选用带有坐标信息的影像格式存储,如GeoTIFF、TIFF+THW等影像数据格式。

(3) 影像分辨率:地面分辨率一般情况下应不大于地图比例尺分母的0.0001。

(4) 精度指标:①平地、丘陵的平面位置中误差一般不大于图上0.5mm;②山地、高山地的平面位置中误差一般不大于图上0.75mm;③正射影像图应与相邻影像图接边,接边误差应不大于两个像元。

(5)基本作业过程:①资料准备;②色彩调整;③DEM采集;④影像纠正;⑤影像镶嵌;⑥图幅裁切;⑦质量检查;⑧成果整理与提交。

(6)主要作业方法:①航空摄影测量法;②航天遥感测量法;③真正射影像图制作。

4)三维建筑模型建立

(1)技术要求:

①模型宜根据精细仪器测量结构或建筑设计资料制作。

②模型要求真实反映建模物体的外观细节,侧面上的阳台、窗、广告牌及各类附属设施都应清晰表现。

③模型使用的纹理材料应与建筑外观保持一致,反映出纹理的实际图像、颜色、透明度等。

④模型要求反映建模物体长、宽、高等任意维度变化大于0.5m的细节。

⑤模型的屋顶应反映屋顶结构形式与附属设备等细节。

⑥模型的高度与实际物体的误差不得超过1m。

⑦对于主体包含球面、弧面、折面或多种几何形状等的多个复杂建筑物,要求表现建筑物的主体几何特征。

⑧对于包含多种类型建筑物的复杂建筑物,可以拆分为不同类型建筑物再建模。

⑨建筑模型的基底应与所在地形位置处于同一水平面上,与地形起伏相吻合。

(2)基本作业过程:①资料准备;②数据采集与属性录入;③模型的制作;④质量检查;⑤成果整理与提交。

(3)主要作业方法:①航空摄影测量法;②激光扫描方法;③倾斜摄影方法;④野外实地测量方法。

(4)模型质量评定

从数据组织、几何精度、结构精度、纹理质量和附件质量等5个方面进行评定。

5)遥感调查工作底图和专题遥感数据成果制作

(1)数据内容

由正射影像图、图廓整饰信息、行政界线、地名以及其他专题信息组成。

(2)数据格式

①遥感正射影像数据:采用非压缩的TIFF格式存储。

②元数据文件:可采用MDB格式或文本格式存储。

③调查地图制图数据:根据所使用的制图软件平台确定。

④专题遥感数据:包括矢量数据格式和栅格数据格式。

8.2 例 题

1)单项选择题(每题的备选项中,只有1个最符合题意)

(1)航空摄影测量测绘地形图比例尺一般为( )。

  A. 1:500～1:5000   B. 1:500～1:50000

  C. 1:1000～1:5000   D. 1:1000～1:50000

(2)进行立体像片相对定向时,需要地面控制点的个数描述正确的是( )。

A. 0   B. 3   C. 5   D. 7

(3)进行相对定向时,需要同名像点个数描述正确的是( )。
   A. 3   B. 4   C. 5   D. 6

(4)进行绝对定向时,至少需要控制点的个数描述正确的是( )。
   A. 2个平高点+1个高程点   B. 3个平高点
   C. 3个平高点+1个高程点   D. 4个平高点

(5)进行绝对定向时,至少需要同名像点个数描述正确的是( )。
   A. 0   B. 3   C. 5   D. 7

(6)航空摄影测量中,因地面有一定高度的目标物体或地形自然起伏所引起的航摄像片上的像点位移称为航摄像片的( )。
   A. 倾斜误差   B. 辐射误差   C. 畸变误差   D. 投影差

(7)按现行《1:500 1:1000 1:2000 地形图航空摄影测量数字化测图规范》(GB 15967—2008),一幅图内宜采用一种基本等高距,当用基本等高距不能描述地貌特征时,应加绘( )。
   A. 计曲线   B. 等值线   C. 首曲线   D. 间曲线

(8)解析法相对定向中,一个像对所求的相对定向元素共有( )个。
   A. 4   B. 5   C. 6   D. 7

(9)摄影测量测绘技术设计分为项目设计和( )。
   A. 测区概况调查   B. 实施方案设计
   C. 专业技术设计   D. 技术引用标准

(10)利用航空摄影测量方法测绘1:2000比例尺地形图时,适用的摄影比例尺为( )。
   A. 1:2000~1:3500   B. 1:3500~1:7000
   C. 1:7000~1:14000   D. 1:10000~1:20000

(11)数码航空摄影时,为了测绘1:2000比例尺地形图时,选用的数码摄影机地面分辨率为( )。
   A. 0.05m   B. 0.1m   C. 0.2m   D. 0.5m

(12)基于胶片的航测内业数字化生产过程中,内定向的主要目的是实现( )的转换。
   A. 像片坐标到地面坐标   B. 扫描坐标到地面坐标
   C. 像平面坐标到像空间坐标   D. 扫描坐标到像片坐标

(13)城区航空摄影时,为减少航摄像片上地物的投影差,应尽量选择( )焦距摄影机。
   A. 短   B. 中等   C. 长   D. 可变

(14)像片控制测量的布点方案分为全野外布点和( )。
   A. 非全野外布点   B. 标准点位布点
   C. 部分野外布点   D. 区域网布点

(15)野外控制点的选择应进行现场刺点,针孔的直径不得大于( )。
   A. 0.05mm   B. 0.1mm   C. 0.15mm   D. 0.2mm

(16)航空摄影测量外业控制点编号时,字母P、G、N分别代表( )。
   A. 平面点、平高点和高程点   B. 平高点、平面点和高程点
   C. 平高点、高程点和平面点   D. 平面点、高程点和平高点

(17)航测法成图的外业主要工作是( )和像片调绘。
   A. 地形测量   B. 像片坐标测量

C. 地物高度测量 D. 像片控制测量

(18) 遥感影像解译标志包括直接解译标志和( )。
A. 演绎解译标志 B. 推理解译标志
C. 间接解译标志 D. 逻辑解译标志

(19) 像片调绘可采用全野外调绘法和( )。
A. 非全野外调绘法 B. 局部野外调绘法
C. 室内外综合调绘法 D. 室内判读法

(20) 解析空中三角测量的精度指标包括定向精度和( )。
A. 单位中误差 B. 定向中误差 C. 控制点残差 D. 加密点中误差

(21) GPS辅助航空摄像测量中,机载GPS的主要作用之一是用来测定( )的初值。
A. 外方位直线元素 B. 内定向参数
C. 外方位角元素 D. 地面控制点坐标

(22) 数字线画图的精度指标包括位置精度和( )。
A. 点位误差 B. 点位相对误差 C. 属性精度 D. 方向误差

(23) 数字高程模型(DEM)和数字正射影像图(DOM)的生产过程中,下列表述正确的是( )。
A. 先生产DEM,以DEM为数据源生产DOM
B. 先生产DOM,以DOM为数据源生产DEM
C. DEM和DOM相互不是数据源,可以独立生产DEM和DOM
D. DEM和DOM互为数据源,采用不断迭代的方法生产DEM和DOM

(24) 三维建筑物模型建立时,三维模型要求反映建筑物体长、宽、高等任意维度变化大于( )的细节。
A. 1m B. 0.8m C. 0.5m D. 0.2m

(25) 三维建筑物模型建立时,模型的高度与实际物体的误差不得超过( )。
A. 2.0m B. 1.5m C. 1.0m D. 0.5m

(26) 遥感影像解译的方法包括目视解译和( )。
A. 室内判读解译 B. 室外判读解译 C. 人工判读解译 D. 计算机解译

(27) 就目前的技术水平而言,下列航测数字化生产环节中,自动化水平相对较低的是( )。
A. 影像内定向 B. DOM的生产 C. DLG的生产 D. 空中三角测量

(28) 多源遥感影像数据融合的主要优点是( )。
A. 可以自动确定多种传感器影像的外方位元素
B. 可以充分发挥各种传感器影像自身的特点
C. 可以提高影像匹配的速度
D. 可以自动发现地物的变化规律

(29) 推扫式线阵列传感器的成像特点是( )。
A. 每一条航线对应着一组外方位元素
B. 每一条扫描行对应着一组外方位元素
C. 每一个像元对应着一组外方位元素
D. 每一幅影像对应着一组外方位元素

(30)基于共线方程所制作的数字正射影像上依然存在投影差的主要原因是(　　)。

　　A.计算所使用的共线方程不严密

　　B.地面上建筑物太多

　　C.计算所使用的DEM没有考虑地面目标的高度

　　D.地形的起伏太大

(31)对航空摄影机进行检校的主要目的之一是为了精确获得摄影机(　　)的值。

　　A.内方位元素　　B.变焦范围　　C.外方位线元素　　D.外方位角元素

(32)数字航空摄影中,地面采样间隔(GSD)表示(　　)。

　　A.时间分辨率　　B.光谱分辨率　　C.空间分辨率　　D.辐射分辨率

(33)对平坦地区航空影像而言,若航向重叠度为60%,旁向重叠度为30%,那么,航摄像片所能达到的最大重叠像片数为(　　)张。

　　A.4　　B.6　　C.8　　D.9

2)多项选择题(每题的备选项中,有2个或2个以上符合题意,至少有1个错项)

(34)摄影测量的发展过程包括(　　)。

　　A.模拟摄影测量　　　　　　B.光学摄影测量

　　C.解析摄影测量　　　　　　D.立体摄影测量

　　E.数字摄影测量

(35)按摄影站的位置或传感器平台划分,摄影测量可分为(　　)。

　　A.航天摄影测量　　　　　　B.航空摄影测量

　　C.医学摄影测量　　　　　　D.地面摄影测量

　　E.水下摄影测量

(36)卫星遥感中常用的波段为(　　)。

　　A.紫外　　　　B.可见光　　　　C.红外

　　D.微波　　　　E.声波

(37)产生大气窗口的原因是大气中的下列成分对电磁波信号的散射和吸收造成的(　　)。

　　A.水气　　　　B.氮气　　　　C.二氧化碳

　　D.臭氧　　　　E.二氧化硫

(38)共线方程在摄影测量中的应用包括(　　)。

　　A.利用控制点计算影像的方位元素

　　B.根据两张或两张以上像片上的同名点计算地物点的空间坐标

　　C.实现像片与像片之间同名像点的匹配

　　D.生成DEM

　　E.生成DOM

(39)遥感影像的直接判读标志包括(　　)。

　　A.大小　　　　B.阴影　　　　C.色调

　　D.高差　　　　E.颜色

(40)解析空中三角测量可以分为(　　)。

　　A.航带法　　　B.独立模型法　　　C.模拟法

　　D.光束法　　　E.数字法

(41)机载定位与定向系统(POS)的组成部分包括（　　）。
   A. CCD　　　　B. GPS　　　　　C. IMU
   D. LIDAR　　　E. InSAR

(42)航空摄影测量测绘数字线划图时,数据采集可以采用（　　）方法进行。
   A. 先外业后内业的测图方法
   B. 先内业后外业的测图方法
   C. 内外业调绘、采集一体化的测图方式
   D. 地形图扫描矢量化法
   E. 数字线划图缩编法

(43)按《1∶500 1∶1000 1∶2000 地形图航空摄影测量内业规范》(GB/T 7930—2008),地形图航空摄影测量中地形的类型包括（　　）。
   A. 平地　　　　B. 极高山地　　　C. 丘陵地
   D. 山地　　　　E. 高山地

(44)在摄影测量生产的数据处理过程中,可通过空中三角测量环节计算得到的参数包括（　　）。
   A. 航摄像片的外方位元素　　　B. 加密点的地面坐标
   C. 外业控制点的坐标　　　　　D. 地物投影差的大小
   E. 地面目标物体的高度

8.3　例题参考答案及解析

1)单项选择题(每题的备选项中,只有1个最符合题意)

(1) B

解析:航空摄影测量测绘地形图比例尺一般为1∶500～1∶50000。故选B。

(2) A

解析:相对定向不需要地面控制点。故选A。

(3) D

解析:确定立体像对的5个相对定向元素时,顾及多余观测条件,需要6个或6个以上同名像点。故选D。

(4) A

解析:绝对定向至少需要2个平高点+1个高程点。故选A。

(5) A

解析:绝对定向需要2个平高点+1个高程点而不需要同名像点。故选A。

(6) D

解析:由于地球表面起伏所引起的像点位移称为像片上的投影差。故选D。

(7) D

解析:间曲线是1/2基本等高距,当用基本等高距不能描述地貌特征时,应加绘间曲线。故选D。

(8) B

解析:相对定向包含5个定向元素。故选B。

(9)C

解析:摄影测量测绘技术设计分为项目设计和专业技术设计。故选C。

(10)C

解析:测绘1:2000比例尺地形图时,应选择1:7000~1:14000的摄影比例尺。故选C。

(11)C

解析:测绘1:2000比例尺地形图时,应选择0.2m地面分辨率的数码相片。故选C。

(12)D

解析:胶片需要扫描才能应用于数字化生产,因此需要从扫描坐标转化为像片坐标。故选D。

(13)C

解析:长焦距摄影机可以减小摄影像片上投影差。故选C。

(14)A

解析:像片控制测量的布点方案分为全野外布点和非全野外布点。故选A。

(15)B

解析:野外控制点的选择应进行现场刺点,针孔的直径应不得大于0.1mm。故选B。

(16)D

解析:P代表平面点,G代表高程点,N代表平高点。故选D。

(17)D

解析:航空摄影测量的两项外业工作是像片控制测量和像片调绘。故选D。

(18)C

解析:遥感影像解译标志包括直接解译标志和间接解译标志。故选C。

(19)C

解析:像片调绘可采用全野外调绘法和室内外综合调绘法。故选C。

(20)C

解析:解析空中三角测量的精度指标包括定向精度和控制点残差。故选C。

(21)A

解析:机载GPS的作用是测量摄影机的位置,也就是外方位直线元素。故选A。

(22)C

解析:数字线画图的精度指标包括位置精度和属性精度。故选C。

(23)A

解析:DOM的生产需要以DEM为数据源。故选A。

(24)C

解析:三维建筑物模型建立时,三维模型要求反映建筑物体长、宽、高等任意维度变化大于0.5m的细节。故选C。

(25)C

解析:三维建筑物模型建立时,模型的高度与实际物体的误差不得超过1.0m。故选C。

(26)D

解析:遥感影像解译的方法包括目视解译和计算机解译。故选D。

(27)C

解析:数字线划地图的制作是以人工作业为主的三维跟踪的立体测图方法。故选C。

221

(28)B

解析:通过对多传感器的数据进行融合,能够发挥各种传感器影像自身的特点,从而得到更多的信息。故选 B。

(29)B

解析:推扫式线阵列传感器每次成像一行影像,这一行影像具有相同的一组外方元素,故一条扫描行对应于一组外方位元素。故选 B。

(30)C

解析:地面上的建筑物、树木等物体,由于具有一定的高度,建立 DEM 时如果不考虑它们的高度,得到的 DEM 就是建筑物或树木的表面,而不是真实地面的 DEM。故选 C。

(31)A

解析:内方位元素是摄影机检校的主要内容。故选 A。

(32)C

解析:地面采样间隔是空间分辨率。故选 C。

(33)B

解析:单个航线存在 3 度重叠,加上相邻航线的旁向重叠。故选 B。

2)多项选择题(每题的备选项中,有 2 个或 2 个以上符合题意,至少有 1 个是错项)

(34)ACE

解析:根据摄影测量的发展过程,摄影测量经历了模拟摄影测量、解析摄影测量和数字摄影测量三个阶段。故选 ACE。

(35)ABD

解析:从摄影测量常用的平台分,摄影测量分为航天摄影测量、航空摄影测量和地面摄影测量。故选 ABD。

(36)ABCD

解析:遥感常用的波段是紫外、可见光、红外和微波。故选 ABCD。

(37)ACD

解析:电磁波穿过大气层时,主要受水气、二氧化碳和臭氧的散射和吸收。故选 ACD。

(38)ABDE

解析:共线方程在摄影测量中可以利用控制点计算影像的方位元素、根据两张或两张以上像片上的同名点计算地物点的空间坐标、生成 DEM 和 DOM,不能实现像片与像片之间同名像点的匹配。故选 ABDE。

(39)ABCE

解析:遥感影像的直接判读标志,包括:大小、阴影、色调、颜色、纹理等。故选 ABCE。

(40)ABD

解析:解析空中三角测量分为航带法、独立模型法和光束法 3 种。故选 ABD。

(41)BC

解析:POS 是定位定向系统,由 GPS 和 IMU 组成,同时获取移动物体的空间位置和三轴姿态信息。故选 BC。

(42)ABC

解析:航空摄影测量方法的成图方式可以采用先外业后内业的测图方法、先内业后外业的测图方法以及内外业调绘、采集一体化的测图方式。故选 ABC。

(43) ACDE

解析：现行《1∶500　1∶1000　1∶2000 地形图航空摄影测量内业规范》(GB/T 7930—2008)中明确规定地形图航空摄影测量中地形的类型，包括：平地、丘陵地、山地和高山地 4 类。故选 ACDE。

(44) AB

解析：解析空中三角测量目的是计算像片的外方位元素和加密点坐标。故选 AB。

8.4　高频真题综合分析

8.4.1　高频真题——空中三角测量

◀　真　题　▶

【2011,89】在摄影测量生产的数据处理过程中，可通过空中三角测量环节计算得到的参数包括（　　）。

　　A. 航摄像片的外方位元素　　　　　B. 加密点的地面坐标
　　C. 外业控制点的坐标　　　　　　　D. 地物投影差的大小
　　E. 地面目标物体的高度

【2012,59】空中三角测量是利用航摄像片所摄目标之间的空间几何关系，计算待求点的平面位置、高程和（　　）的测量方法。

　　A. 内方位元素　　　　　　　　　　B. 外方位元素
　　C. 像框坐标　　　　　　　　　　　D. 像点坐标

【2012,92】区域网空中三角测量上交成果包括（　　）。

　　A. 控制像片　　　　　　　　　　　B. 测绘像片
　　C. 观测手簿　　　　　　　　　　　D. 电算手簿
　　E. 技术总结

【2013,53】空中三角测量有不同的像控点布点方式，图 8-1 表示的布点方式为（　　）布点。(黑点为高程控制点，圆圈点为平高控制点)。

　　A. 全野外
　　B. 单模型
　　C. 区域网
　　D. 航线网

图 8-1

【2016,46】现行规范规定，解析空中三角测量布点时，在区域网凸出处的最佳处理方法是（　　）。

　　A. 布设平面控制点　　　　　　　　B. 布设高程控制点
　　C. 布设平高控制点　　　　　　　　D. 不布设任何控制点

【2016,96】下列航空摄影测量成果中，可通过空三加密直接获得的有（　　）。

　　A. 影像外方位元素　　　　　　　　B. 数字地表模型

C. 测图所需控制点坐标 D. 正射影像图
E. 影像分类图斑

▸ 真题答案及综合分析 ◂

答案：AB　B　ACE　C　C　AC

解析：以上6题，考核的知识点是"空中三角测量"。

(1) 空中三角测量：利用航摄像片与所摄目标之间的空间几何关系，根据少量像片控制点，计算内业测图所需要控制点的平面位置、高程和像片外方位元素的测量方法。

(2) GPS辅助空中三角测量：利用装在飞机和地面基准站上的GPS接收机，在航空摄影的同时获取曝光时刻航摄仪物镜中心的三维坐标，将其作为观测值引入摄影测量区域网平差中。

(3) POS辅助空中三角测量：将GPS和IMU组成的POS系统安装在飞机上，利用GPS测量航摄仪物镜中心的三维坐标，利用IMU测量飞机的空间姿态，将其作为观测值引入摄影测量区域网平差中。

(4) 空中三角测量的基本作业流程：①准备工作；②内定向；③相对定向；④绝对定向和区域网平差；⑤区域网接边；⑥质量检查；⑦成果整理与提交。

(5) 解析空中三角测量的三种方法：解析空中三角测量的三种方法：①航带法空中三角测量；②独立模型法空中三角测量；③光束法空中三角测量。

(6) 区域网空中三角测量上交成果清单：已知点成果、像控平面与高程测量资料（观测手簿、计算手簿）、控制像片、像控点成果表、像控点布点略图、技术总结、质量检测报告、仪器检定资料等。

8.4.2　高频真题——野外像片调绘

▸ 真　题 ◂

【2012，95】 航测像片调绘的方法有（　　）。
　　A. 室内判调法　　　　　　　　　　B. 全野外调绘法
　　C. 室内外综合调绘法　　　　　　　D. 计算机辅助调绘法
　　E. GPS辅助调绘法

【2014，45】 航测像片调绘界线统一规定为右、下为直线，左、上为曲线，其主要目的是为（　　）。
　　A. 避免偏离重叠中线　　　　　　　B. 不产生调绘漏洞
　　C. 有足够重叠区域　　　　　　　　D. 保持调绘片美观

【2014，51】 利用航空摄影测量方法制作1∶2000数字线划图时，先进行立体测图，再进行外业调绘的作业模式属于（　　）模式。
　　A. 全野外　　　　　　　　　　　　B. 全室内
　　C. 先外后内　　　　　　　　　　　D. 先内后外

【2015，43】 下列关于像片调绘的说法中，错误的是（　　）。
　　A. 调绘像片的比例尺应小于成图比例尺

B. 像片调绘可采用综合判调法

C. 调绘面积的划分不能产生漏洞

D. 调绘像片应分色清绘

【2015,54】像片调绘中,低等级公路进入城区时,其符号的处理方式是(　　)。

A. 用公路符号代替街道线

B. 公路符号与街道线重合表示

C. 用街道线代替公路符号

D. 公路符号与街道线交替表示

【2016,45】对现势性较好的影像进行调绘时,航测外业调绘为内业编辑提交的信息主要是(　　)信息。

A. 属性　　　　　　　　　　　　B. 位置

C. 地形　　　　　　　　　　　　D. 拓扑

▶ **真题答案及综合分析** ◀

答案：BC　B　D　A　C　A

解析：以上6题,考核的知识点是"野外像片调绘"。

(1)野外像片调绘的基本要求：综合取舍、判断准确、描绘清楚、符号规范、注记准确、图面清晰。

(2)野外像片调绘的主要调绘内容：独立地物,居民地,道路及其附属设施,管线、垣栅和境界,水系、地貌、土质和植被,地理名称的调查和注记。

(3)航测像片调绘的方法有全野外调绘法、室内外综合调绘法。

(4)《1∶500 1∶1000 1∶2000地形图航空摄影测量外业规范》(GB/T 7931—2008)第8.1.3条,调绘像片采用隔号像片,为使调绘面积界线避开复杂地形,个别可以出现连号。全野外布点时,调绘面积应是像片控制点的连线;非全野外布点时,调绘面积界线应是像片重叠部分的中线。如果偏离,均不应大于控制像片上1cm。界线不宜分割重要工业设施和密集居民地,不宜顺沿线状地物和压盖点状地物。界线统一规定右、下为直线,左、上为曲线,调绘面积不得产生漏洞。自由图边应调绘出图外6mm。

(5)《1∶500 1∶1000 1∶2000地形图航空摄影测量外业规范》(GB/T 7931—2008)第8.1.4条,像片调绘可以采取先野外判读调查,后室内清绘的方法;也可以采取先室内判读、清绘,后野外检核和调查,再室内修改和补充清绘的方法。

(6)《1∶500 1∶1000 1∶2000地形图航空摄影测量数字化测图规范》(GB/T 15967—2008)第7.1条,可将编辑检查图拿到野外去进行实地施测和修改,再上机进行数据插入后进行编辑。

(7)像片调绘过程中,像片调绘可采用综合判调法;调绘面积的划分不能产生漏洞;调绘像片应分色清绘;调绘像片的比例尺一般不小于成图比例尺的1.5倍。

(8)《1∶500 1∶1000 1∶2000地形图航空摄影测量外业规范》(GB/T 7931—2008)第8.5.2条,像片调绘中,低等级公路进入城区时,其符号的处理方式是用街道线代替公路符号。

8.4.3 高频真题——投影差

◀ 真 题 ▶

【2011,30】 航空摄影测量中,因地面有一定高度的目标物体或地形自然起伏所引起的航摄像片上的像点位移称为航摄像片的( )。
  A. 倾斜误差   B. 辐射误差
  C. 畸变误差   D. 投影差

【2011,35】 城区航空摄影时,为减少航摄像片上地物的投影差,应尽量选择( )焦距摄影机。
  A. 短   B. 中等
  C. 长   D. 可变

【2013,50】 摄影测量中,像片上地物投影差改正的计算公式为 $\delta_A = \frac{\Delta h}{H}R$。当进行高层房屋的投影差改正时,$\Delta h$ 指的是( )。
  A. 屋顶到平均海水面的高度
  B. 屋顶到城市平均高程面的高度
  C. 屋顶到地面的高度
  D. 屋顶到纠正起始面的高度

【2014,41】 下列参数中,与像点位移无关的是( )。
  A. 飞行速度   B. 曝光时间
  C. 地面分辨率   D. 绝对航高

【2015,52】 航摄影像投影差是由( )引起的像点位移。
  A. 镜头畸变   B. 像片倾斜
  C. 大气折光   D. 地形起伏

◀ 真题答案及综合分析 ▶

答案: D C D C D

解析: 以上5题,考核的知识点是"投影差"。像点位移,像片倾斜和地面起伏两个因素会引起像点位移,其中地面起伏引起的像点位移又称为投影差。

8.4.4 高频真题——影像的定向

◀ 真 题 ▶

【2011,33】 基于胶片的航测内业数字化生产过程中,内定向的主要目的是实现( )的转换。
  A. 像片坐标到地面坐标   B. 扫描坐标到地面坐标
  C. 像平面坐标到像空间坐标   D. 扫描坐标到像片坐标

【2011,34】 解析法相对定向中,一个像对所求的相对定向元素共有（　　）个。
  A.4　　　　　　　　B.5　　　　　　　　C.6　　　　　　　　D.7

【2012,51】 摄影测量内定向是恢复像片（　　）的作业过程。
  A.像点坐标　　　　　　　　　　　　B.内方位元素
  C.外方位元素　　　　　　　　　　　D.图像坐标

【2014,47】 航空摄影测量绝对定向的基本任务是（　　）。
  A.实现两个影像上同名点的自动匹配
  B.恢复两个影像间的位置和姿态关系
  C.将立体模型纳入地图测量坐标系统
  D.消除由于影像倾斜产生的像点位移

【2015,47】 航空摄影测量相对定向完成后,下列关于其成果特征的说法中,错误的是（　　）。
  A.模型比例尺是无约束
  B.模型坐标系为地面坐标系
  C.同名光线对对相交
  D.投影光线满足共线方程要求

真题答案及综合分析

答案：D　B　B　C　B

解析：以上5题,考核的知识点是"影像的定向"。

(1)影像的定向。影像的定向,包括内定向、相对定向和绝对定向。

(2)内定向。①胶片影像：将框标坐标系转换到以像主点为原点的像平面坐标系；②数字化影像：将扫描坐标系转换到以像主点为原点的像平面坐标系。

(3)相对定向。确定两张像片相对位置的过程称为相对定向。建立地面的立体模型,无须外业控制点,根据6个或6个以上同名像点可以确定。

(4)绝对定向。将相对定向建立的立体模型,归纳到地面摄影测量坐标系统中去的过程,称为绝对定向。需要对立体模型进行缩放、三维平移、三维姿态旋转,包括7个未知数,至少需要2个平高点加1个高程点可以实现。

8.4.5　高频真题——共线方程

真　题

【2011,41】 基于共线方程所制作的数字正射影像上依然存在投影差的主要原因是（　　）。
  A.计算所使用的共线方程不严密
  B.地面上建筑物太多
  C.计算所使用的DEM没有考虑地面目标的高度
  D.地形的起伏太大

【2012,47】 摄影测量共线方程是按照摄影中心,像点和对应的（　　）三点位于一条直线上的几何条件构建的。

A. 像控点 B. 模型点
C. 地面点 D. 定向点

【2013,41】 摄影测量共线方程包括像点坐标、对应的地面点坐标、像片主距、外方位元素共( )个参数。

A. 8 B. 10 C. 12 D. 14

◀ 真题答案及综合分析 ▶

答案：C C C

解析： 以上3题，考核的知识点是"共线方程"。

(1)摄影测量共线方程，是按照"摄影中心"、"像点"和对应的"地面点"，三点位于一条直线上的几何条件构建的。

(2)摄影测量共线方程，包括像点坐标，对应的地面点坐标，像片主距，外方位元素，共12个参数。

(3)共线方程式。建议读者记住公式中各符号的含义。

$$\begin{cases} x - x_0 = -f \dfrac{a_1(X-X_S)+b_1(Y-Y_S)+c_1(Z-Z_S)}{a_3(X-X_S)+b_3(Y-Y_S)+c_3(Z-Z_S)} \\ y - y_0 = -f \dfrac{a_2(X-X_S)+b_2(Y-Y_S)+c_2(Z-Z_S)}{a_3(X-X_S)+b_3(Y-Y_S)+c_3(Z-Z_S)} \end{cases}$$

(4)共线方程式的主要应用有：

①单像空间后方交会和多像空间前方交会。
②解析空中三角测量光束法平差的基本数学模型。
③数字投影的基础。
④利用DEM可以制作DOM。
⑤利用DEM可以单影像测图。

8.4.6 高频真题——同名点

◀ 真 题 ▶

【2012,48】 数字摄影测量中影像相关的重要任务是寻找像对左、右数字影像中的( )。

A. 同名点 B. 共面点
C. 共线点 D. 视差点

【2015,42】 图8-2为像片旋偏角K检查示意图,点①和②分别为两张像片上用于测算像片旋偏角的一对点,则点①和②为( )。

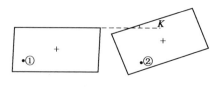

图 8-2

A. 像主点 B. 像底点
C. 中心点 D. 同名点

【2016,53】 影像自动相关是指自动识别影像（　　）的过程。
A. 定向点 B. 视差点
C. 像主点 D. 同名点

◀ **真题答案及综合分析** ▶

答案： A D D

解析： 以上3题,考核的知识点是"同名点"。同名点,就是地面上同一个点在不同影像上成的像点。数字摄影测量中影像相关的重要任务,是寻找像对左、右数字影像中的同名点。

9 地图制图

9.0 考点分析

考点一：地图基本知识
考点二：地图投影
考点三：地图设计
考点四：地图编绘
考点五：地图印刷、地图质量控制和成果归档

9.1 考点一：地图基本知识

9.1.1 主要知识点汇总

1) 地图的特性与分类

(1) 地图的特性：①具有特殊的数学法则而产生的可量测性；②使用地图语言表示事物而产生的直观性；③实施制图综合而产生的一览性。

(2) 地图的分类：①按内容分为普通地图、专题地图；②按比例尺分为大比例尺地图、中比例尺地图、小比例尺地图。

2) 地图内容

(1) 地图内容的"三要素"：数学要素、地理要素和辅助要素。

(2) 地图的数学要素：坐标网、比例尺、地图定向等。

(3) 地理要素：普通地图的地理要素为自然要素、社会要素和其他要素，专题地图地理要素是专题要素和地理底图。

(4) 辅助要素（或图外要素）：分为读图工具与参考资料。读图工具，包括：图名、图号、图例、接图表、坡度尺、三北方向等。参考资料指说明性内容。包括编图及出版单位、成图时间、地图投影（小比例尺地图）、坐标系、高程系、资料说明和资料略图等。

3) 地图分幅、编号

(1) 地图分幅：通常有矩形分幅和经纬线分幅两种。

(2) 地图编号：常见的地图编号有自然序数编号、行列式编号和行列式—自然序数编号。

(3) 1:100万比例尺地图编号：我国现行1:100万比例尺地形图编号采用"行列"式；行号从赤道算起，每4°为一行；列号从经线180°起算，自西向东每6°为一列。

(4) 1:5000～1:50万比例尺地形图的编号：这些范围比例尺地形图都是在1:100万地形

图的基础上进行的,其编号都是由10个代码组成,其中前3位是所在的1:100万地形图的行号(1位)和列号(2位),第4位是比例尺代码(见表9-1),后面6位分为两段,前3位是图幅行号数字,后3位是列号数字;不足三位时前面加"0",如图9-1所示。

比例尺代码　　　　　　　　表9-1

比例尺	1:50万	1:25万	1:10万	1:5万	1:2.5万	1:1万	1:5000
代码	B	C	D	E	F	G	H

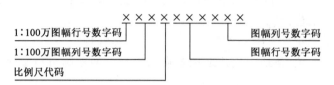

图9-1　1:5000～1:50万地形图图号的构成

4)地理变量与地图语言

(1)地理变量是地理现象的定性或定量描述。

(2)地理变量可分为四类数据,即点位数据、线性数据、面积数据和体积数据。

(3)地理数据的量表系统按其精度排列为:定名量表、顺序量表、间隔量表和比率量表。即在制图中可以把后一种量表改变成前一种量表表示,也即可用概略的表示精确的,而不能用精确的量表系统表示概略的。

(4)在地图语言中,最重要的是地图符号及其系统,称为图解语言,具有"读"和"写"的功能。

(5)地图符号的分类:①根据地理要素的抽象特征,分为点状符号、线状符号和面状符号;②根据符号与比例尺关系,分为依比例符号、半依比例符号和不依比例符号。

(6)地图是通过阅读被感受的,其感受过程包括察觉、辨别、识别和解译四个阶段。

(7)地图图形的视觉变量(J.伯廷):形状、色彩、尺寸、亮度、密度和方向。

(8)各种图形变量的组合运用,产生视觉感受上的多种效果,包括:①整体感和差异感;②等级感;③数据感;④质量感;⑤动态感;⑥立体感。

(9)色彩的"三要素":色相、亮度和饱和度。运用色彩"三要素"表示制图对象的数量和质量特征。

(10)地图注记类型:名称注记和说明注记。说明注记又分文字和数字两种。

(11)地图注记的要素:字体、字大、字隔、字位、字列、字向和字色。地图注记的字列(或排列)方式有水平字列、垂直字列、雁行字列和屈曲字列。

(12)地图注记主要有标识各种对象、指示对象的属性,表明对象间的关系和转译等功能。

(13)地图色彩的表现形式可分为:点状色彩、线状色彩和面状色彩三大类。

(14)地图面状色彩分为质别底色、区域底色、色级底色和大面积衬托底色。

5)比例尺与定向

(1)地图比例尺有数字比例尺、文字比例尺、图解比例尺。

(2)地图比例尺精度是指地图上0.1mm长度所表示的实际距离。

(3)地图定向:确定地图上图形的地理方向叫地图定向。三北方向线指真北方向线、坐标北方向线和磁北方向线。

(4)地图定向的三个偏角:子午线收敛角、磁偏角和磁针对坐标纵线偏角。偏角在真子午线以东称为东偏,角值为正;在真子午线以西称为西偏,角值为负。偏角图上需加注三个偏角。

9.1.2 例题

1)单项选择题(每题的备选项中,只有1个最符合题意)

(1)地图以其特有的数字基础、地图语言、抽象概括法则表现地球或其他星球自然表面的时刻现象,主要特性不包括( )。

　　A. 可量测性　　　B. 一览性　　　C. 多样性　　　D. 直观性

(2)采用( )系统,是地图表达地理要素的工具。使地图可以直观、准确地表达地理空间信息。

　　A. 地图投影　　　B. 地图符号　　　C. 制图综合　　　D. 直角坐标

(3)下列地图分类中,( )属于按地图内容来进行分类的。

　　A. 普通地图　　　B. 大比例尺地图　　　C. 军事地图　　　D. 遥感地图

(4)下列比例尺属于大比例尺的是( )。

　　A. 1:100万　　　B. 1:50万　　　C. 1:25万　　　D. 1:5万

(5)下列关于非比例符号中定位点位置的描述错误的是( )。

　　A. 几何图形符号,定位点在符号图形中心

　　B. 底部为直角形符号,其符号定位点位于最右边顶点处

　　C. 宽底符号,符号定位点在符号底部中心

　　D. 符号图形中有一个点,则该点即为定位点

(6)对地图上地物、地貌符号的样式、规格、颜色、使用以及地图注记和图廓整饰等所做的统一规定,是测绘标准之一,被称为( )。

　　A. 地图图式　　　B. 设计图式　　　C. 整饰规定　　　D. 图式规定

(7)地图注记有( )种布置方式。

　　A. 2　　　B. 3　　　C. 4　　　D. 5

(8)地图注记通常分为名称注记和( )两大类。

　　A. 数字注记　　　B. 文字注记　　　C. 说明注记　　　D. 高程注记

(9)目前在二维图形视觉变量的研究方面,普遍采用的地图符号视觉变量是法国图形学家伯廷(J. Bertin)提出的形状、尺寸、方向、( )6个基本视觉变量,它们分别包括点、线、面三种形式。

　　A. 亮度、密度、色相　　　　　　　B. 位置、结构、色彩

　　C. 色相、亮度、彩度　　　　　　　D. 亮度、排列、色彩

(10)按某种标志将制图物体或现象排序,表现为一种相对等级的,称为( )。

　　A. 顺序量表　　　B. 比率量表　　　C. 间隔量表　　　D. 定名量表

(11)表象形符号之所以能形成众多类型和形式,是因为各种基本图形元素变化与组合的结果,这种能引起视觉差别的图形和色彩变化因素称为( )。

　　A. 地理变量　　　B. 色彩变量　　　C. 视觉变量　　　D. 组合变量

(12)地图的内容由( )构成,通称地图的"三要素"。

　　A. 色相、亮度和饱和度　　　　　　B. 自然要素、社会经济要素和其他专题要素

C. 数学要素、地理要素和图外辅助要素　D. 图名、图号和图例

(13)地图的数学要素不包括(　　)。
　　A. 坐标网　　　　B. 比例尺　　　　C. 控制点　　　　D. 接图表

(14)地图的主体部分是(　　)。
　　A. 数学要素　　　B. 地理要素　　　C. 辅助要素　　　D. 补充说明

(15)我国以(　　)作为测深基准面。
　　A. 平均海水面　　B. 大地水准面　　C. 理论最低潮面　D. 最高潮水面

(16)有关地图定向的描述正确的是(　　)。
　　A. 小比例尺地图上,图上经线方向是地图定向的基础
　　B. 我国1:2.5万～1:10万比例尺地形图南图廓一般附有偏角图
　　C. 偏角图不仅表示三北方向的位置关系,其张角也是按角度的真值绘出的
　　D. 偏角图反映三北方向的位置关系,偏角值通过注记标出

(17)普通地图的地理要素不包括(　　)。
　　A. 水系　　　　　B. 居民地　　　　C. 交通网　　　　D. 图例

(18)图外辅助要素包括读图工具和参考资料。下列不属于地图辅助要素的是(　　)。
　　A. 分度带　　　　B. 接图表　　　　C. 编图资料　　　D. 山脉注记

(19)干出礁高度从(　　)起算。
　　A. 理论深度基准面　　　　　　　　B. 理论大潮高潮面
　　C. 平均大潮低潮面　　　　　　　　D. 当地平均海面

(20)海面上的灯塔、灯桩等沿海陆上发光标志的高度从(　　)起算。
　　A. 理论深度基准面　　　　　　　　B. 当地平均海面
　　C. 平均大潮低潮面　　　　　　　　D. 平均大潮高潮面

(21)现行界线测绘应采用的坐标系统与高程基准是(　　)。
　　A. 1980西安坐标系和1956年黄海高程系
　　B. 1980西安坐标系和1985国家高程基准
　　C. 2000国家大地坐标系和1985国家高程基准
　　D. 2000国家大地坐标系和1956年黄海高程系

(22)对于2012年制定的《国家基本比例尺地形图分幅和编号》(GB/T 13989—2012),下列说法错误的是(　　)。
　　A. 1:100万地图的编号变为"行列"式,行号在前,列号在后,中间不要连接号
　　B. 1:100万地图的列号从0°经线起算,自西向东每6°为一行列,全球分为60列
　　C. 1:5000～1:50万比例尺地形图的编号由10位代码(字母或数字)组成,前3位是
　　　　所在的1:100万地图和行号和列号
　　D. 地形图编号在第4位为比例尺代码,1:10万的比例尺代码为D

(23)《国家基本比例尺地形图分幅和编号》(GB/T 13989—2012)规定我国基本比例尺地形图均以(　　)地形图为基础,按经差和纬差划分图幅。
　　A. 1:1000000　　B. 1:500000　　C. 1:100000　　D. 1:10000

(24)一幅1:100万地形图包含(　　)幅1:10万地形图的范围。
　　A. 10　　　　　　B. 64　　　　　　C. 100　　　　　　D. 144

(25)一幅1:100万地形图可划分为(　　)幅1:25万地形图。

233

A. 4　　　　　　B. 16　　　　　　C. 64　　　　　　D. 256

(26)一幅1:25万地形图可划分为(　　)幅1:5万地形图。
　　A. 96　　　　　B. 16　　　　　C. 36　　　　　D. 64

(27)在我国范围内,1:5万地形图的图幅经纬差是(　　)。
　　A. 30′×20′　　B. 30′×15′　　C. 20′×10′　　D. 15′×10′

(28)以下是1:10万地形图图号的是(　　)。
　　A. J50C002002　B. J50D010002　C. J50E004012　D. J50F011008

(29)图号为E24C010001地形图的比例尺是(　　)。
　　A. 1:50万　　　B. 1:25万　　　C. 1:10万　　　D. 1:5万

(30)以下属于1:1万地形图图号的是(　　)。
　　A. G49E007008　B. G49F048016　C. G49G096002　D. G49H00I001

(31)以下地形图图号正确的是(　　)。
　　A. J50B001004　B. J50C004016　C. J50D016012　D. J50E024024

(32)国家基本比例尺1:25000、1:50000和1:100000地图编绘中,图廓边长与理论值之差不大于(　　)mm。
　　A. ±0.15　　　B. ±0.20　　　C. ±0.25　　　D. ±0.30

(33)在我国基本比例尺地形图中,若某点经度为114°33′45″,纬度为39°22′30″,其所在1:1000000比例尺地形图的编号是(　　)。
　　A. J49　　　　B. H49　　　　C. J50　　　　D. H50

(34)工程建设的大比例尺地形图一般采用(　　)分幅方式。
　　A. 经纬线　　　B. 矩形　　　C. 梯形　　　D. 任意

(35)在地形图上,量得A、B两点的高差为6.12m,A、B两点的实地距离为438m,则AB的坡度为(　　)。
　　A. 1.4%　　　B. 3.7%　　　C. 5.1%　　　D. 8.8%

(36)地图定向中的三北方向指(　　)。
　　A. 东北、西北和正北　　　　　　B. 真北、磁北和坐标北
　　C. 地理北、磁北和子午线北　　　D. 北极、南极和赤道

(37)下列不属于地图中使用的比例尺形式的是(　　)。
　　A. 文字比例尺　B. 数字比例尺　C. 复式比例尺　D. 变形椭圆

(38)1:2000地形图的比例尺精度是(　　)。
　　A. 2m　　　　B. 0.2m　　　　C. 5m　　　　D. 0.5m

(39)《制图六体》奠定了中国古代地图编制的理论基础,最早提出它的是(　　)。
　　A. 沈括　　　　B. 魏源　　　　C. 贾耽　　　　D. 裴秀

(40)根据需要,在图上表示的最小距离不大于实地0.5m,则测图比例尺不应小于(　　)。
　　A. 1:500　　　B. 1:1000　　　C. 1:2000　　　D. 1:5000

(41)已知一块耕地的实地面积为6.25km²,图上面积为25cm²,则该图的比例尺是(　　)。
　　A. 1:1万　　　B. 1:5万　　　C. 1:10万　　　D. 1:15万

(42)分幅图的理论面积是指该幅图的(　　)。
　　A. 图上面积　　　　　　　　　B. 改正后的图上面积

234

C. 实地面积　　　　　　　　　　　D. 改正后的实地面积

2) 多项选择题(每题的备选项中,只有2个或2个以上符合题意,至少有1个错项)

(43) 地图的特性有( )。
　　A. 可量测性　　　B. 直观性　　　C. 一览性
　　D. 相似性　　　　E. 便携性

(44) 地图分别以( )等作为标志进行分类。
　　A. 内容　　　　　B. 比例尺　　　C. 用途
　　D. 新旧程度　　　E. 制图区域范围

(45) 下列比例尺地图中,( )属大比例尺地图。
　　A. 1∶2000　　　　B. 1∶10000　　　C. 1∶50000
　　D. 1∶100000　　　E. 1∶250000

(46) 下列关于地形图的精度说法正确的是( )。
　　A. 地形图上地物点相对于邻近图根点的平面点位中误差,对于一般地区不应超过图上1mm
　　B. 地形图上地物点相对于邻近图根点的平面点位中误差,对于城镇建筑区和工矿区不应超过图上0.6mm
　　C. 地形图上地物点相对于邻近图根点的平面点位中误差,对于水域部分不应超过图上1.5mm
　　D. 地形图的精度包括平面精度和高程精度两个部分
　　E. 地形图等高线的插求点相对于邻近图根点的高程中误差,对于一般平坦地区小于1/3的基本等高距

(47) 根据地理要素的抽象特征,地图符号可以分为( )几种。
　　A. 点状符号　　　B. 依比例符号　　C. 不依比例符号
　　D. 线状符号　　　E. 面状符号

(48) 地图符号按比例尺关系可分为( )。
　　A. 点状符号　　　　B. 面状符号　　　　C. 依比例尺符号
　　D. 半依比例尺符号　E. 不依比例尺符号

(49) 下列属于地图注记要素的是( )。
　　A. 字体　　　　　B. 数字注记　　　C. 字位
　　D. 名称注记　　　E. 字大

(50) 视觉变量能够引起视觉感受的多种效果,包括( )。
　　A. 整体感　　　　B. 数量感　　　　C. 动态感
　　D. 质量感　　　　E. 方向感

(51) 地图的数学要素包括( )。
　　A. 坐标网　　　　B. 精度　　　　　C. 控制点
　　D. 比例尺　　　　E. 地图定向

(52) 为方便使用地图,地图配置有辅助要素,( )属于读图工具。
　　A. 出版单位　　　B. 分度带　　　　C. 坐标系
　　D. 坡度尺　　　　E. 接图表

(53)有关地图定向说法正确的是(　　)。

　　A. 为了地形图使用的需要,规定在1:2.5万、1:5万、1:10万比例尺地形图上绘出三北方向

　　B. 一般情况下,三北方向线的方向是不一致的,它们之间相互构成一定的角度称为偏角或三北方向角

　　C. 对一幅图,通常把图幅的中央经线的北方向作为真北方向,通常采用真北方定向

　　D. 地图上的坐标北方向与真北方向完全一致

　　E. 实地上磁北针所指的磁北方向与真北方向一致

(54)对于工程的施工设计阶段和运营管理阶段,往往需要用数字成图法测绘(　　)乃至更大比例尺的地形图或专题图。

　　A. 1:2000　　　　B. 1:500　　　　C. 1:1000

　　D. 1:5000　　　　E. 1:10000

9.1.3 例题参考答案及解析

1)单项选择题(每题的备选项中,只有1个最符合题意)

(1) C

解析:地图具有:①因特殊的数学法则而产生的可量测性;②使用地图语言表示事物而产生的直观性;③实施制图综合而产生的一览性等特性。选项A、B、D是地图具有的特性。故选C。

(2) B

解析:地图表达地理要素的工具是地图符号。地图投影(选项A)是解决地球表面上点和平面上点之间的数学关系;制图综合(选项C)是解决由于地图比例尺缩小而采取的制图方法;直角坐标(选项D)是便于地理要素的定位、量测。故选B。

(3) A

解析:在地图分类中,按地图内容可分为普通地图和专题地图两类。按地图比例尺可分为:大比例尺地图、中比例尺地图和小比例尺地图三类。此外,还有按用途、使用方式、存储介质等分类标志划分地图。选项B、C、D均不是按地图内容分类。故选A。

(4) D

解析:在普通地图中,比例尺大于等于1:10万为大比例尺地图,比例尺在1:10万~1:100万之间的地图为中比例尺地图,比例尺小于等于1:100万的地图为小比例尺地图。只有选项D符合大比例尺要求,其他选项不符合大比例尺的概念。故选D。

(5) B

解析:选项A、C、D关于非比例尺定位点位置的描述是正确的。底部为直角形的符号,其符号定位点位于底部直角的顶点,所以B项说法不正确。故选B。

(6) A

解析:地图图式是对地图上地物、地貌符号的样式、规格、颜色、使用以及地图注记和图廓整饰等所做的统一规定,是测绘标准之一。选项C(整饰规定)是某一生产任务的相关规定,选项B及选项D在测绘标准中没有这一说法。故选A。

(7) C

解析:地图注记有水平字列、垂直字列、雁行字列和屈曲字列4种布置方式。选项A、B、D

错误。故选 C。

(8) C

解析：考查地图注记的分类。地图注记通常分为名称注记和说明注记两大类。说明注记又分文字注记和数字注记两种。高程注记是数字注记中的一种。选项 A、B、D 不正确。故选 C。

(9) A

解析：法国图形学家伯廷(J. Bertin)提出的基本视觉变量是形状、尺寸、方向、亮度、密度、色相。选项 C 是美国人罗宾逊等 1995 年在《地图学原理》(第六版)中提出的基本视觉变量，包括：形状、尺寸、方向、色相、亮度、彩度。故选 A。

(10) A

解析：按数据的不同精确程度将它们分成有序排列的四种量表，称为量表系统。

定名量表是最简单的一种量表方法，用数字、字母、名称或任何记号对不同现象加以区分，实际上是一种定性的区分。顺序量表是按某种标志将制图物体或现象排列，表现为一种相对的等级，不能产生数量概念，用于排序的标志可以是定性的，也可以是定量的。间隔量表不仅把对象按某一标志的差别排出顺序，而且知道差别的大小，比定名量表和顺序量表更为精确。比率量表是一种完整的定量化方法，能描述客体的绝对量，可以是有单位的，也可以是百分比的值。选项 B、C、D 不符合题意。故选 A。

(11) C

解析：地理数据定性或定量描述构成地理变量，地理数据一般包括点、线、面、体数据。色彩一般包含三个基本特征，即色相、亮度和饱和度。视觉变量是指由基本的图形元素变化与组合而产生的视觉差别和色彩变化的因素。在制图中尚没有组合变量的说法。选项 A、B、D 不符合要求。故选 C。

(12) C

解析：选项 A 是色彩的三要素，选项 B 属于地理要素，选项 D 属于图外整饰要素，选项 C 涵盖了地图的内容。故选 C。

(13) D

解析：地图的内容由数学要素、地理要素和辅助要素构成，统称地图"三要素"。数学要素有坐标网、控制点、比例尺、地图定向等。辅助要素(又称图外要素或整饰要素)指地图图廓上及其以外的有助于读图、用图的内容。如：图名、图号、接图表、图例、图廓、分度带、比例尺、量图用表(如坡度尺)、附图、编图资料及成图说明等。选项 A、B、C 属于数学要素，选项 D 为图外要素。故选 D。

(14) B

解析：地图的内容由数学要素、地理要素、辅助要素构成。其中地理要素是地图的主体，大致可以区分为：自然要素、社会经济要素和环境要素。故选 B。

(15) C

解析：从 1957 年起采用理论深度基准面为深度基准。该面是苏联弗拉基米尔计算的当地理论最低低潮面。选项 A、B、D 错误。故选 C。

(16) D

解析：一般情况下，小比例尺地图尽可能采用"北方定向"，但有时制图区域情况特殊，也可考虑采用"斜方位定向"。我国 1:2.5 万～1:10 万比例尺地形图南图廓一般附有三北方向偏角图,偏角图图形只表示三北方向的位置关系,其张角不是按角度的真值绘出的,但通过注记表明其真实角度,并标注密位数。选项 A、B、C 错误。故选 D。

(17) D

解析:地图的地理要素分为自然要素、人文要素和其他要素。主要有独立地物、居民地、交通网、水系、地貌、土质与植被、境界线等要素。选项 A、B、C 错误。故选 D。

(18) D

解析:选项 A、B 属于读图工具。选项 C 属于参考资料。选项 D 属于地理要素内容。故选 D。

(19) A

解析:干出礁是高度在大潮高潮面下、深度基准面上的孤立岩石或珊瑚礁。干出礁的高度是从理论深度基准面向上计算的。选项 B、C、D 错误。故选 A。

(20) D

解析:因为舰船进出港或近岸航行多选在高潮涨起的时间。选项 A、B、C 错误。故选 D。

(21) C

解析:现行界线测绘应采用国家统一的 2000 国家大地坐标系和 1985 国家高程基准。故选 C。

(22) B

解析:1∶100 万地图的列号从 180°经线起算,自西向东每 6°为一行列,全球分为 60 列,用阿拉伯数字 1,2,3,…,60 表示。选项 A、C、D 均正确。故选 B。

(23) A

解析:地图分幅通常有矩形分幅和经纬线分幅两种形式。我国的基本比例尺地形图都是在 1∶100 万比例尺地图编号的基础上进行的。故选 A。

(24) D

解析:熟记常用的 1∶100 万、1∶10 万分幅的经、纬差。一幅 1∶100 万地形图包含 12 行 12 列的 1∶10 万地形图;一幅 1∶10 万地形图包含 8 行 8 列的 1∶1 万地形图。不同比例尺的图幅数量关系如表 9-2 所示。

地形图比例尺与图幅间数量关系 表 9-2

比例尺		1∶100 万	1∶50 万	1∶25 万	1∶20 万	1∶10 万	1∶5 万	1∶2.5 万	1∶1 万	1∶5000
图幅范围	经差	6°	3°	1°30′	1°	30′	15′	7′30″	3′45″	1′52.5″
	纬差	4°	2°	1°	40′	20′	10′	5′	2′30″	1′15″
图幅间数量关系		1	4	16	36	144	576	2304	9216	36864
			1	4	9	36	144	576	2304	9216
				1	4	9	36	144	576	2304
					1	4	16	64	256	1024
						1	4	16	64	256
图幅间数量关系							1	4	16	64
								1	4	16
									1	4

故选 D。

(25)B

解析:每幅1:100万地形图划分为1:25万图幅为4行、4列,共16幅。故选B。

(26)C

解析:一幅1:25万地形图包含9幅(3行、3列)1:10万地形图。一幅1:10万地形图包含4幅(2行、2列)1:5万地形图,所以一幅1:25万地形图包含36幅1:5万地形图。故选C。

(27)D

解析:因为1:10万地形图分幅的经、纬差分别为30′、20′。1:5万地形图分幅的经、纬差应分别为15′、10′。故选D。

(28)B

解析:新的地图分幅编号由10位字母或数字组成,其中前3位是所在1:100万地图的行号(第1位,最大值V)和列号(第2、3位,最大值60),(注意:和旧编号相比,行列号中间无"—"),第4位是比例尺的代码,使用一位字母(B、C、D……H分别代表比例尺1:50万、1:25万、1:10万、……、1:5000),后面6位分为两段,前3位是图幅的行号数字码,后3位是图幅的列号数字码。记住:B代表1:50万,其余按比例尺类推。即D代表1:10万。故选B。

(29)B

解析:图号E24C010001的比例尺代码为C。C是1:25万地形图的编码。故选B。

(30)C

解析:1:1万地形图的比例尺编码为G。选项A、B、D不合题意。故选C。

(31)D

解析:选项A比例尺代码B表示为1:50万地形图,最多分成2行、2列,不可能出现004列;选项B比例尺代码C表示为1:25万地形图,最多可分成4行、4列,不可能出现016列;选项C比例尺代码D表示为1:10万地形图,最多可分成12行、12列,不可能出现016行;选项D比例尺代码E表示为1:5万地形图,最多可分成了24行、24列。故选D。

(32)B

解析:根据《国家基本比例尺地图编绘规范 第1部分:1:2.5万、1:5万、1:10万地形图编绘规范》(GB/T 12343.1—2008),地图图廓尺寸应符合下列要求:①图廓尺寸与理论值不大于±0.2mm;②图廓对角线长度与理论值之差不大于±0.3mm。选项A、C、D不符合条件。故选B。

(33)C

解析:1:100万比例尺地形图是6°经差及4°纬差。

[39°22′30″/4°]+1=10   相当J(1对应A,2对应B……以此类推)

[114°33′45″/6°]+31=50

说明:式中[ ]为取整运算,以下所有[ ]运算皆为取整。

故选C。

(34)B

解析:地图有两种分幅形式,即矩形分幅和经纬线分幅。矩形分幅又可分为拼接的和不拼接的两种。拼接使用的矩形分幅是指相邻图幅有共同的图廓线,使用时可按其共用边拼接起来。墙上挂图和大于1:2000的地形图等多用这种分幅形式。工程建设中往往需要比较大的比例尺的地形图,一般情况下需要1:500或1:1000的,甚至需要更大的比例尺。选项A、C、D不符合题意。故选B。

(35)A

解析:坡度是两点的高差与两点实地水平距离之比,以百分号或千分号的形式表示。即 6.12/438=0.139726≈1.4%。故选 A。

(36)B

解析:地图定向中三北方向指真子午线方向(或真北)、磁子午线北方向和坐标纵线北方向。选项 A、C、D 不符合题意。故选 B。

(37)D

解析:地图比例尺通常有数字式(数字比例尺)、文字式(文字比例式)和图解式(包括直线比例尺和复式比例尺。复式比例尺又称经纬线比例尺)。变形椭圆是地图投影中分析地图投影变形的一种方法。故选 D。

(38)B

解析:比例尺精度是指地形图图上 0.1mm 所对应的实地长度。计算得 1:2000 的地形图比例尺精度为 0.2m。故选 B。

(39)D

解析:魏晋时期的裴秀(公元 223~271 年)创立了世界上最早的完整制图理论——"制图六体",即分率、准望、道里、高下、方邪、迂直。故选 D。

(40)D

解析:地图精度为 0.5m,根据比例尺精度可知:0.1mm/0.5m=1:5000。故选 D。

(41)B

解析:该图的比例尺为 $25cm^2/6.25km^2$ 再进行开方,得 1:5 万。故选 B。

(42)C

解析:分幅图的理论面积是指该幅图实地面积。选项 A、B、D 不符合题意。故选 C。

2)多项选择题(每题的备选项中,只有 2 个或 2 个以上符合题意,至少有 1 个错项)

(43)ABC

解析:地图的特性有可量测性、直观性和一览性。选项 D、E 不符合题意。故选 ABC。

(44)ABCE

解析:地图分别以内容、比例尺、制图区域范围、用途、介质表达形式和使用方法作为标志进行分类。地图没有以新旧程度来分的。故选 ABCE。

(45)ABCD

解析:在地图制图中,把比例尺大于等于 1:10 万的地图称为大比例尺地图。E 不符合题意。故选 ABCD。

(46)BCDE

解析:地形图上地物点相对于邻近图根点的平面点位中误差,对于一般地区不应超过图上 0.8mm,则 A 选项不正确。故选 BCDE。

(47)ADE

解析:地图符号按地理要素的抽象特征或符号表示的制图对象的几何特征,可分为:点状符号、线状符号和面状符号三类;按比例尺关系,可分为:不依比例符号、半依比例符号、依比例符号。选项 B、C 不符合要求。故选 ADE。

(48)CDE

解析:地图符号按比例尺关系,可分为:依比例尺符号、半比例尺符号和不依比例尺符号。

选项 A、B 不符合要求。故选 CDE。

(49) ACE

解析：地图注记的要素，包括：字体、字大（字号）、字色、字隔、字位、字向和字形等，它们使注记具有符号性意义。选项 B、D 不符合要求。故选 ACE。

(50) ABCD

解析：视觉变量能够引起视觉感受的多种效果，可归纳为：整体感、等级感、数量感、质量感、动态感、立体感。选项 E 不符合要求。故选 ABCD。

(51) ACDE

解析：地图的内容由数学要素、地理要素、辅助要素构成，统称为地图"三要素"。其中数学要素有坐标网、控制点、比例尺、地图定向等内容。故选 ACDE。

(52) BDE

解析：地图的辅助要素分为读图工具和参考资料。读图工具，主要包括：图例、图号（图幅编号）、接图表、图廓间要素、分度带、比例尺、坡度尺、附图等；参考资料指说明性内容，主要包括：编图及出版单位、成图时间、地图投影（小比例尺地图）、坐标系、高程系、编图资料说明和资料略图等。选项 A（出版单位）属于参考资料，选项 C（坐标系）属数学要素，其他选项均为读图工具。故选 BDE。

(53) ABC

解析：坐标北方向与真北方向之间存在一个子午线收敛角，是不一致的；磁北针所指的磁北方向与真北方向不一致，它们之间存在一个磁偏角。其他选项是正确的。故选 ABC。

(54) BC

解析：对于工程施工设计阶段和运营管理阶段，往往需要比较大的比例尺的地形图，一般情况下需要 1:500 或 1:1000 的，有时甚至需要更大比例尺的。选项 A、D、E 不符合要求。故选 BC。

9.2 考点二：地图投影

9.2.1 主要知识点汇总

1) 地图投影的基本概念

(1) 地图投影的概念：将地球表面上的点、线、面投影到平面的方法，称为地图投影。

(2) 子午圈与卯酉圈：为说明椭球体上某点的曲率大小，一般仅研究两个相互垂直的法截面上某段法截弧的曲率，我们将互为正交的法截面称为主法截面。对椭球体来说，含有极值意义的两个主法截面是过子午圈和卯酉圈的法截面，它是无穷多个法截面中的两个特例。

(3) 地图投影的变形：主要包括长度变形、面积变形、角度变形。

(4) 长度比与长度变形：地面上微分线段投影后长度与它固有长度的比值称为长度比。长度比与 1 的差值，称为长度变形。

(5) 面积比与面积变形：地面上微分面积投影后的大小与它固有的面积的比值称为面积比。面积比与 1 的差值，称为面积变形。面积比公式：$P=ab=mn\sin\theta$（a、b 为极值长度比，m、n 为经、纬线长度比，θ 为经、纬线投影后的夹角）。

(6)角度变形:某一角度投影后角值与它在地面上固有角值之差的绝对值。

(7)主比例尺与局部比例尺:在计算机地图投影或制作地图时,将地球椭球按一定比率缩小而表示在平面上,这个比率称为地图的主比例尺(或称普通比例尺)。地图上除保持主比例尺的点或线以外其他部分的比例尺称为局部比例尺。局部比例尺的变化比较复杂,依投影种类、投影性质的不同,常随着线段的方向和位置而变化。

(8)变形椭圆:地面一点上的一个无穷小圆(微分圆或称单位圆),在投影后一般成为一个微分圆。由法国数学家底索(Tissort)提出,变形椭圆用于论述和显示投影在各方向上的变形。

2)地图投影的分类

(1)按投影变形分为等角投影、等面积投影和任意投影。

(2)按投影构成方式分为几何投影、条件投影。

(3)等角投影:指角度没有变形的投影。即变形椭圆的长、短半轴相等,微分圆投影后仍为圆,又称相似投影或正形投影。该投影其面积大小会发生变化。

(4)等面积投影:指面积没有变形的投影。即投影面上的面积与椭球面上相应的面积保持一致。这种投影会破坏图形的相似性,角度变形比较大。

(5)任意投影:指既不满足等角条件,又不能满足等面积条件,长度变形、面积变形和角度变形同时存在的投影。在任意投影中,有一种沿主方向之一长度没有变形,称为等距离投影。

(6)几何投影:借助于辅助面将地球(椭球)面展开成平面,称为几何投影。按辅助投影面的类型分为圆锥投影、方位投影和圆柱投影;按辅助面和地球(椭球)体的位置关系分为正轴投影、横轴投影和斜轴投影;按辅助投影面与地球(椭球)面的切割关系分为切投影和割投影。

(7)条件投影:在几何投影的基础上,根据某些条件按数学法则推导形成的。常用的投影有:圆锥投影、方位投影、圆柱投影、多圆锥投影、伪方位投影、伪圆锥投影、伪圆柱投影。

3)几类常见的地图投影

(1)圆锥投影:正轴圆锥投影的变形只与纬度有关,而与经差无关,故同一条纬线上的变形相等,即变形线与纬线一致。在切纬线或割纬线上长度比为1,无长度变形。圆锥投影最适宜于作为中纬度处沿纬线伸展的制图区域的投影。我国1:1000000地形图各图幅独采用正轴等角双标准纬线圆锥投影,按纬差4°分带,每幅图具有两条标准纬线,其纬度分别为:$B_1=B_s+35'$,$B_2=B_n-35'$(B_s、B_n分别代表图幅的南北边纬度)。

(2)方位投影:正轴投影中,经、纬线长度比仅是纬度的函数;在斜轴或横轴投影中,沿垂直圈或等高加的长度比仅是天顶距的函数,故等变形线为圆形,即正轴时与纬圈一致,在斜轴时与等高圈一致。方位投影适宜于具有圆形轮廓的地区,在两极地区适宜正轴投影,赤道附近地区适宜用横轴投影,其他地区采用斜轴投影。

(3)圆柱投影:正轴圆柱投影的变形仅与纬度有关,同纬线上各点的变形相同而与经度无关。变形线与纬线相合,成为平行直线。正轴圆柱投影适合于赤道两侧低纬度沿纬线伸展的区域;对于沿经线伸展的地区可采用横轴圆柱投影。

(4)正轴等角圆柱投影:又称墨卡托投影,等角航线投影为两点连接的一条直线,因而该投影广泛应用于航空、航海方面。

(5)高斯-克吕格投影:确定该投影的3个条件是①中央经线和赤道投影后为互相垂直的直线,且为投影的对称轴;②投影具有等角性质;③中央经线投影后保持长度不变。高斯-克吕格投影为等角横切椭圆柱投影,是我国地形图系列中1∶50万、1∶25万、1∶10万、1∶5万、1∶1万及更大比例尺地形图的数学基础。

(6)正轴条件下的方位投影、圆锥投影、圆柱投影的经纬线形状、变形特点及其应用区域范围见表9-3。

正轴透视投影的经纬线形状及适应区域　　　　　　　表9-3

投影名称	经纬网图形		限定特征	适应区域
	经线	纬线		
圆锥投影	直线束	同心圆弧	经线间隔相等,交于纬线圆心	沿纬线延伸的中纬度地区
方位投影	直线束	同心圆	同上,且经线夹角等于经差	极地附近圆形区域
圆柱投影	平行直线	平行直线	经纬线正交	在赤道两侧的区域

9.2.2 例题

1)单项选择题(每题的备选项中,只有1个最符合题意)

(1)地图投影解决的主要矛盾是(　　)。
　　A.曲面到平面的矛盾　　　　　　　B.曲面到曲面的矛盾
　　C.平面到平面的矛盾　　　　　　　D.平面到曲面的矛盾

(2)20世纪50年代我国建立的1954年北京坐标系,采用的是克拉索夫斯基椭球元素,其长半径和扁率分别为(　　)。
　　A.$a=6378245$、$\alpha=1/298.3$　　　　B.$a=6378140$、$\alpha=1/298.257$
　　C.$a=6378145$、$\alpha=1/298.357$　　　D.$a=6377245$、$\alpha=1/298.0$

(3)建立1980国家大地坐标系所采用的参考椭球是(　　)。
　　A.1975国际椭球　　　　　　　　　B.克拉索夫斯基椭球
　　C.贝塞尔椭球　　　　　　　　　　D.赫尔默特椭球

(4)在极点处,子午圈曲率半径M和卯酉圈曲率半径N的关系是(　　)。
　　A.无法判断　　B.$M>N$　　C.$M<N$　　D.$M=N$

(5)地图上标识的比例尺一般是(　　)。
　　A.主比例尺　　　　　　　　　　　B.局部比例尺
　　C.基本比例尺　　　　　　　　　　D.变比例尺

(6)将地球椭球面上的点依据某种条件转换为平面上点的方法称为(　　)。
　　A.投影反解　　　　　　　　　　　B.地图投影
　　C.投影变换　　　　　　　　　　　D.曲面映射

(7)下列投影不是按投影变形性质分的是(　　)。
　　A.等角投影　　　　　　　　　　　B.等面积投影
　　C.任意投影　　　　　　　　　　　D.几何投影

(8)一个合适的完整的地图投影命名不包含(　　)。
　　A.地球(椭球)与辅助投影面的相对位置(正、横或斜轴)
　　B.地图投影的比例尺
　　C.地图投影的变形性质(等角、等面积和任意投影)

D. 作为辅助投影的可展开面的种类(方位、圆柱、圆锥)

(9)地图投影中( )是主要变形。
　　A. 长度变形　　　　　　　　　　B. 面积变形
　　C. 角度变形　　　　　　　　　　D. 任意变形

(10)根据地图投影的变形性质分类,任意投影的一种特例是( )。
　　A. 等角投影　　　　　　　　　　B. 等距离投影
　　C. 等面积投影　　　　　　　　　D. 高斯投影

(11)以下投影方式中不属于几何投影的是( )。
　　A. 方位投影　　　　　　　　　　B. 圆柱投影
　　C. 圆锥投影　　　　　　　　　　D. 伪圆锥投影

(12)以下不属于地图投影变换方法的是( )。
　　A. 正解变换　　　　　　　　　　B. 平移变换
　　C. 数值变换　　　　　　　　　　D. 反解变换

(13)最适合中纬度地带沿东西伸展区域的地图使用的投影方式是( )。
　　A. 圆锥投影　　　　　　　　　　B. 圆柱投影
　　C. 方位投影　　　　　　　　　　D. 高斯投影

(14)关于正轴双标准纬线圆锥投影变形描述正确的是( )。
　　A. 离标准纬线越远,变形越大,双标准纬线之间为正向变形,双标准纬线以外为负向变形
　　B. 离标准纬线越远,变形越大,双标准纬线之间为负向变形,双标准纬线以外为正向变形
　　C. 离标准纬线越远,变形越大,双标准纬线之间为正向变形,双标准纬线以外也为正向变形
　　D. 离标准纬线越远,变形越大,双标准纬线之间为负向变形,双标准纬线以外也为负向变形

(15)正轴圆锥投影适合的制图区域是( )。
　　A. 低纬度地区　　　　　　　　　B. 高纬度地区
　　C. 中纬度地区　　　　　　　　　D. 赤道附近

(16)在设计地图投影方式时,呈圆形轮廓的区域宜采用( )投影。
　　A. 圆锥　　　　B. 圆柱　　　　C. 方位　　　　D. 多圆锥

(17)无论是正轴方位投影,还是横轴方位投影或是斜轴方位投影,它们的投影变形分布规律( )。
　　A. 一样　　　　　　　　　　　　B. 前两者一样
　　C. 不一样　　　　　　　　　　　D. 后两者一样

(18)南极洲地图一般采用的投影方式为( )。
　　A. UTM　　　　　　　　　　　　B. 等角方位投影
　　C. 等角圆锥投影　　　　　　　　D. 等角圆柱投影

(19)在等角方位投影地图中,经纬线夹角为( )。
　　A. 45°　　　　　B. 0°　　　　　C. 90°　　　　D. 60°

(20)通用极球面投影用于表现极地地区的定位,它的简称为( )。

244

A. UPS   B. UTM   C. UMS   D. USP

(21)正轴球心投影的经线表现为( )。
A. 直线   B. 椭圆   C. 曲线   D. 同心圆

(22)目前我国1:100万地形图采用的是( )投影。
A. 高斯—克吕格   B. 等角方位
C. 等角割圆锥   D. 等面积圆锥

(23)在双标准纬线等角圆锥投影中,n_1、n_2 分别为标准纬线 ϕ_1 和 ϕ_2 处的纬线长度比,选项正确的是( )。
A. $n_1>1, n_2<1$ B. $n_1<1, n_2>1$
C. $n_1<0, n_2>0$ D. $n_1=1, n_2=1$

(24)正轴等距离圆锥投影的两条标准纬线之外,经线长度比 m 与纬线长度比 n 的关系是( )。
A. $m<n$ B. $m>n$
C. m 与 n 没有关系   D. $m=n$

(25)正轴等角圆锥投影地图上某点的长度变形为0.0036,则该点最大角度变形为( )。
A. 0.0072   B. 0.0036   C. 不确定   D. 0

(26)下列投影方式最适宜编制各种航海图的是( )。
A. 圆锥投影   B. 方位投影
C. 等角圆柱投影   D. 高斯投影

(27)正轴情况下,某投影的经纬线表现为相互正交的直线,该投影为( )。
A. 圆锥投影   B. 方位投影
C. 圆柱投影   D. 高斯投影

(28)按性质分类,高斯-克吕格投影属于( )。
A. 正轴投影   B. 等角投影
C. 等积投影   D. 等距离投影

(29)UTM中央经线的长度比为( )。
A. 0.9996   B. 0.9998   C. 1   D. 0.9994

(30)航海图采用的是( )投影。
A. 高斯—克吕格   B. 墨卡托
C. 圆锥   D. 多圆锥

(31)下列关于中央子午线的说法正确的是( )。
A. 中央子午线通过英国格林尼治天文台
B. 中央子午线位于高斯投影带的最边缘
C. 中央子午线经高斯投影无长度变化
D. 中央子午线又叫起始子午线

(32)某点的大地坐标为N39°、E116.5°,按照高斯投影3°带的分带投影,该点所在3°带号及其中央子午线经度为( )。
A. 39、117°   B. 39、120°   C. 40、120°   D. 38、114°

(33)某地位于东经130°40′30″,其所在的高斯投影6°投影带的中央子午线的经度为( )。
A. 130°   B. 129°   C. 132°   D. 128°

(34) 某点在高斯投影 6°带的坐标表示为 $X_A=3026255\text{m}, Y_A=20478561\text{m}$,则该点所在 3°带号及其中央子午线经度分别为( )。

  A. 39、117°   B. 39、120°   C. 40、120°   D. 38、114°

(35) 已知一大地点坐标为 $X=4563421.345, Y=36432134.532$,在 6°带的投影带是( )。

  A. 36   B. 45   C. 18   D. 38

(36) 下列比例尺地形图中,采用高斯—克吕格投影 6°分带法的是( )。

  A. 1∶2000   B. 1∶5000   C. 1∶10000   D. 1∶50000

2) 多项选择题(每题的备选项中,只有 2 个或 2 个以上符合题意,至少有 1 个错项)

(37) 描述地图投影变形的常见方法有( )。

  A. 等变形线   B. 变形椭圆

  C. 点值法   D. 杜状图表

  E. 描绘法

(38) 以下投影方式中属于几何投影的是( )。

  A. 方位投影   B. 圆柱投影

  C. 圆锥投影   D. 多圆锥投影

  E. 伪圆柱投影

(39) 我国 1∶1000000 地图投影具有( )性质。

  A. 纬线为圆弧   B. 经线为曲线

  C. 等角圆锥投影   D. 纬线为直线

  E. 经线为直线

(40) 球心投影具有( )特性。

  A. 其视点位于球面上   B. 可用于编制航空图或航海图

  C. 其视点位于无穷远处   D. 其视点位于球心

  E. 任何大圆投影后成为直线

(41) 正射投影具有( )特性。

  A. 其视点位于球面上   B. 斜轴方位投影

  C. 其视点位于球心外   D. 其视点位于无穷远处

  E. 常用以编制星球图,如月球图及其他行星图

(42) 高斯-克吕格投影具有( )特点。

  A. 中央经线无长度变形

  B. 无角度变形

  C. 无面积变形

  D. 在同一条经线上,纬度越低变形越大,最大值位于赤道上

  E. 在同一条纬线上,离中央经线越远,则变形越大,最大值位于投影带的边缘

(43) 墨卡托投影( )。

  A. 是正轴等角圆柱投影

  B. 重要特性是大圆航线

  C. 广泛应用于航海、航空方面的重要投影之一

  D. 是正轴等面积圆柱投影

  E. 重要特性是等角航线

(44)若 AB 的坐标方位角与其真方位角相同时,则 A 点位于(　　)上。
   A. 赤道上且在中央子午线上　　　　B. 中央子午线上
   C. 中央子午线左侧　　　　　　　　D. 中央子午线右侧
   E. 高斯平面直角坐标系的纵轴上

(45)下面关于高斯投影的说法不正确的是(　　)。
   A. 中央子午线投影为直线,且投影的长度无变形
   B. 离中央子午线越远,投影变形越小
   C. 经纬线投影后长度无变形
   D. 高斯投影为等面积投影
   E. 高斯投影是等角投影

(46)选择地图投影应考虑的条件是(　　)。
   A. 制图区域　　　　　　　　　　　B. 地图用途
   C. 地图比例尺　　　　　　　　　　D. 地图投影本身的特点
   E. 经济因素

9.2.3 例题参考答案及解析

1)单项选择题(每题的备选项中,只有 1 个最符合题意)

(1)A

解析:利用一定的数学法则把地球表面上的经纬线网表示到平面上,就是地图投影的简单定义。因此,研究这种由曲面表示到平面所采用的各种数学法则便成为地图投影的主要内容。故选 A。

(2)A

解析:克拉索夫斯基椭球元素,其长半径和扁率分别为 $a=6378245$、$\alpha=1/298.3$。选项 B、C、D 错误。故选 A。

(3)A

解析:建立 1980 国家大地坐标系所采用的参考椭球是 1975 国际椭球。选项 B、C、D 错误。故选 A。

(4)D

解析:子午圈曲率半径 M 和卯酉圈曲率半径 N 的公式分别为:

$$M = \frac{a(1-e^2)}{(1-e^2\sin^2\varphi)^{\frac{3}{2}}}; N = \frac{a}{(1-e^2\sin^2\varphi)^{\frac{1}{2}}}$$

式中,a 为放置椭球体长半径,e 为第一偏心率,φ 为纬度。

由公式可知:在同纬度某点上的 N 均大于 M,M 和 N 的值在赤道上为最小,它们随着纬度的增高而逐渐增大,到达极点处为最大,在两极处其值相等。故选 D。

(5)A

解析:计算地图投影与制作地图时,必须将地球按一定比率缩小而表示在平面上,这个比率称为地图的主比例尺(或称普通比例尺)。实际上,由于投影中必定存在着某种变形,地图仅能在某些点或线上保持着这个比例尺,而图幅上其余位置的比例尺都与主比例尺不相同,因而

一幅地图上注明的比例尺实际上仅是该图的主比例尺。故选A。

(6) B

解析：投影反解是将直角坐标转换为地理坐标；地图投影是将球面坐标按一定的数学法则归算到平面上；投影变换是将一种地图投影点的坐标变换为另一种地图投影点的坐标的过程；曲面映射在地图学中少有提及。选项A、C、D错误。故选B。

(7) D

解析：地图投影按变形性质和构成方式进行分类。按变形性质可分为：等角投影、等面积投影和任意投影三种。按构成方式可分为几何投影与条件投影。选项A、B、C错误，故选D。

(8) B

解析：一个合适完整的地图投影命名包含四个方面。除包含选项A、选项C、选项D外，还包含辅助投影面与地球的切、割关系。故选B。

(9) A

解析：地图投影中的变形有：长度变形、面积变形和角度变形。由地图投影基本理论可知：面积比、最大角度变形与极值长度比有关，因而面积变形、角度变形亦和极值长度比有关。长度变形是地图投影中最主要的变形。故选A。

(10) B

解析：任意投影是指既不能满足等角条件，又不能满足等面积条件，长度变形、面积变形、角度变形同时存在的投影。任意投影中有一种特例投影，沿主方向之一长度没有变形，称为等距离投影。高斯投影属于等角投影，选项A、C、D不适合。故选B。

(11) D

解析：地图投影根据投影的构成方式分，有几何投影和条件投影（非几何投影）。几何投影的特点是将椭球面上的经纬线投影到辅助面上，然后再展开成平面，有圆锥投影、圆柱投影、方位投影等。条件投影有方位投影、圆柱投影、圆锥投影、多圆锥投影、伪方位投影、伪圆柱投影和伪圆锥投影。选项A、B、C不适合。故选D。

(12) B

解析：地图投影变换方法有：正解变换、数值变换和反解变换。选项A、C、D不适合。故选B。

(13) A

解析：正轴情况下，圆锥投影方式最适合中纬度地带沿东西伸展区域的地图使用；圆柱投影最适宜于编制各种航海图；方位投影最适宜于表示圆形轮廓的区域和两极地区；高斯投影是等角投影，是球面坐标转为平面坐标的过程。故选A。

(14) B

解析：双标准纬线圆锥投影的变形特点是离标准纬线越远，变形越大；双标准纬线之间为负向变形，双标准纬线以外为正向变形。选项A、C、D不适合。故选B。

(15) C

解析：正轴圆锥投影的纬线表现为同心圆弧，经线表现为放射状的直线束，夹角相等，投影的变形大小随纬度变化，与经度无关。这种投影方式最适合于中纬度地带沿东西伸展区域的地图使用。选项A、B、D不适合。故选C。

(16) C

解析：正轴情况下，圆锥投影适合于中纬度地带投影；圆柱投影适合于沿赤道两侧分布的区域。方位投影最适合于表示圆形轮廓的区域和两极地区的地图;多圆锥投影适合于沿中央经线延伸的制图区域。选项 A、B、D 不适合。故选 C。

(17)A

解析:同一种投影,不论采用正轴、横轴或斜轴,其投影变形的分布规律是不变的,投影点正轴、横轴或斜轴投影下的坐标值是不一样的,变形的大小也不一样。方位投影变形规律也如此。选项 B、C、D 不适合。故选 A。

(18)B

解析:在两极地区适宜用正轴方位投影。UTM 是通用横轴墨卡托投影(Universal Transverse Mercator Projection,UTM)。故选 B。

(19)C

解析:在等角方位投影地图中,经线投影为一条直线,纬线投影为同心圆,经纬线正交。故选 C。

(20)A

解析:通用极球面投影是美国采用的所谓通用极球面投影(Universal Polar Stereographic Prodection,UPS),实质上正轴等角割方位投影。它指定极点长度比为 0.994,用来编制两极地区的地图。故选 A。

(21)A

解析:正轴球心投影的经线为交于原点的辐射直线,纬线为同心圆。当横轴时,经线为平行直线,离中央经线愈远,则间隔距离愈大;纬线在赤道投影为直线,其他纬线为曲线。球心投影(又称日晷投影)具有独特的特性,即地面上任何大圆在此投影中的表象为直线,这是因为任何大圆面都包含着球心,因此大圆面延伸与投影面相交成直线。故选 A。

(22)C

解析:自 1978 年以来,我国决定采用等角圆锥投影作为 1∶100 万地形图的数学基础,其分幅与国际百万分之一地图分幅完全相同。我国处于北纬 60°以下的北半球内,因此本土的地形图都采用双标准纬线正轴等角圆锥投影。选项 A、B、D 不适合。故选 C。

(23)D

解析:在圆锥投影中,双标准纬线的长度比均为 1;在双标准纬线之间长度比小于 1;在双标准纬线以外的长度比大于 1。选项 A、B、C 不适合。故选 D。

(24)A

解析:正轴等距离圆锥投影纬线长度比在两条标准纬线上的等于 1;在两条标准纬线之间的纬线长度比小于 1;在两条标准纬线之外的纬线长度比大于 1。正轴等距离圆锥投影的经线长度比等于 1,选项 A 正确。故选 A。

(25)D

解析:因为投影为正轴等角投影,故最大角度变形为 0。故选 D。

该题进一步扩展推算,该点的经、纬线长度比为:$m=n=(1+0.0036)=1.0036$

面积比:$P=mn=1.0036×1.0036=1.00721296≈1.0072$

面积变形为:$P-1≈0.0072$

(26)C

解析:圆锥投影最适合于中纬度地带沿东西伸展区域的地图使用;方位投影最适合表示圆形轮廓的区域和两极地区的地图;等角圆柱投影又称墨卡托投影,最适合于编制各种航海图、航空图;高斯投影是将球面坐标转换为平面坐标的常用方法。选项 A、B、D 不适合。故选 C。

(27)C

解析:圆锥投影中经线为直线束,纬线为同心圆弧;方位投影中经线为交于一点的放射状直线,纬线为同心圆;圆柱投影中经线为平行直线,纬线形状也为平行直线,且和经线正交;高斯投影的中央经线的一直线,其他经线为曲线,中央经线为其对称轴,赤道线投影后为一直线,其他纬线为一曲线,以赤道为对称轴。选项 A、B、D 不符合题意。故选 C。

(28)B

解析:高斯-克吕格投影是我国大于等于 1:50 万地形图所采用的地图投影,为等角横切椭圆柱投影。选项 A、C、D 不适合。故选 B。

(29)A

解析:UTM 为通用横轴墨卡托投影,它改善了高斯—克吕格投影的低纬度地区变形,使得在纬度为 0°、经差 3°处的最大长度变形小于±0.001,于是中央经线的长度变形为 −0.0004,即中央经线长度比为 0.9996。故选 A。

(30)B

解析:墨卡托投影又名等角正轴圆柱投影,具有等角航线,表现为直线的特性,因此最适宜于编制各种航海图、航空图。选项 A、C、D 不适合。故选 B。

(31)C

解析:首子午线(即 0°经线)通过英国格林尼治天文台,中央经线是某投影带中央的经线,中央子午线位于高斯投影带的中间而不是边缘,首子午线又叫起始子午线。选项 A、B、D 不适合。故选 C。

(32)A

解析:该点的经度是 116.5°,3°带的带号计算公式是:$n=L/3$(四舍五入),计算可得 $n=39$。3°带中央子午线的计算公式:$L_0=n\times3°$,计算 $L_0=39\times3°=117°$。故选 A。

(33)B

解析:6°带投影带的计算公式为 $N=(L/6)+1$,计算可得 $N=22$,即该点投影带号为 22°,6°带中央子午线的计算 $L_0=N\times6-3=129°$。故选 B。

(34)A

解析:由题意可知,$Y_A=20478561m$,前两位为该点在 6°带的带号,为 20 号带,$478561-500000<0$,故该点在中央子午线左侧,化为 3°带应该在 39 号投影带,其中央子午线经度为 $39\times3°=117°$。故选 A。

(35)A

解析:因为坐标值 $Y=36432134.532$,根据规定可知,Y 坐标的前两位为 6°带的投影带编号,所以该点位于 36°带。故选 A。

(36)D

解析:我国系列比例尺 1:2.5 万~1:50 万的地形图均采用 6°分带投影,对于 1:1 万及更大比例尺的地图,为进一步提高精度,采用 3°分带法,并规定 6°带的中央经线仍为 3°带的中央经线投影,6°带和 3°带第一带中央经线均为东经 3°。选项 A、B、C 不符合题意。故选 D。

2)多项选择题(每题的备选项中,只有 2 个或 2 个以上符合题意,至少有 1 个错项)

(37)AB

解析:描述投影变形常用长度变形、面积变形和角度变形,这些变形常用等变形线来表示,如长度变形等变形线、面积变形等变形线及最大角度变形等变形线。此外,变形椭圆也能直观地表达变形特征。故选 AB。

(38)ABC

解析:几何投影的特点是将椭球面上的经纬线投影到辅助面上,然后再展开成平面,如圆锥投影、圆柱投影和方位投影。选项 D、E 不符合要求。故选 ABC。

(39)ACE

解析:我国自1978年以后采用等角圆锥投影作为百万分一地形图的数学基础,投影中经线是辐射直线,纬线投影为圆弧线,东西方向可以完全拼接,沿纬线方向拼接时会产生裂隙。需注意的是,我国百万分一地图的双标准纬线与国际百万分一地图略有不同。故选 ACE。

(40)BDE

解析:透视方位投影包括:正射投影、外心投影、球面投影和球心投影。球心投影视点位于球心,它具有独特的特性,即地面上任何圆在此投影中的表象为直线,这是因为任何大圆面都包含着球心(即视点),因此大圆面延伸与投影面相交成直线,此直线就是大圆的投影。球心投影可用于编制航空图或航海图,在这种图上,可用图解法求定航线上起终两点的大圆航线(最短距离,也称大环航线)位置。故选 BDE。

(41)DE

解析:正射投影的视点位于无穷远处,与人类自地球观察天体的情况相似,常用以编制月球图及其他行星图。故选 DE。

(42)ABDE

解析:高斯-克吕格投影为横轴等角切椭圆柱投影,因而有面积变形。选项 A、B 是该投影的条件,选项 D、E 是该投影的变形规律。故选 ABDE。

(43)ACE

解析:正轴等角圆柱投影又称墨卡托投影,等角航线投影为两点连接的一条直线,因而该投影广泛应用于航空、航海方面。故选 ACE。

(44)BE

解析:一直线的坐标方位角和真方位角相同,必然和坐标纵轴重合,中央子午线投影后就是坐标纵轴。选项 A、C、D 不符合要求。故选 BE。

(45)BCD

解析:高斯投影有以下特性:①中央子午线投影后为直线,且长度不变;②赤道线投影后为直线;③经线与纬线投影后仍然保持正交;④离中央子午线愈远,长度变形愈大。高斯投影是一种等角横切椭圆柱投影。故选 BCD。

(46)ABD

解析:选择地图投影应考虑的条件为①制图区域:包括制图区域的位置、制图区域的大小以及制图区域的形状。②地图用途:用途决定着需要选用何种性质的投影,制约着选择的投影应达到的精度,影响地图的使用方式。③地图投影本身的特点。如变形性质、变形大小和分布、地球极点的表象以及特殊线段的形状等均影响地图投影的选择。故选 ABD。

9.3 考点三:地图设计

9.3.1 主要知识点汇总

1)地图设计的程序

(1)确定地图的用途和对地图的基本要求,同委托单位就地图内容、表示方法、出版方式等交换意见。

(2)分析已成图。明确其优缺点,作为设计新编的参考。

(3)研究制图资料。整理、分析评价制图资料,确定基本资料、参考资料和补充资料。

(4)研究制图区域的基本情况。

(5)设计地图的数学基础。设计新编图的地图投影、地图比例尺和地图定向。

(6)地图的分幅和图面设计。包括:确定地图的分幅,对主区位置、图名、图例、附图等图面进行配置设计。

(7)地图内容选取及表示方法设计。根据地图用途、制图资料和区域特点,选择地图内容,确定分类、分级的指标体系和表示方法。设计、建立地图符号库。

(8)各要素制图综合指标的确定。规定各要素的选取指标、概括原则和程度。

(9)地图制作工艺设计。根据地图类型、人员、设备和制图资料情况设计地图制作工艺流程。

(10)样图试验。通过选择典型区域做样图试验,检查是否达到预期目标。在上述各项工作的基础上编写地图设计文件。

2)地图设计文件

(1)地图编制的技术设计文件,包括:项目设计书、专业技术设计书。

(2)地图设计文件的主要内容,包括:①任务概述;②制图区域概况和编图资料情况;③引用文件;④成果(或产品)主要技术指标;⑤设计方案;⑥编制技术路线;⑦质量控制;⑧印刷与装帧;⑨提交成果;⑩制作进度计划;⑪编制经费预算表;⑫附录。

(3)地图设计方案的主要内容,包括:①地图内容设计;②编辑计划。

(4)编辑计划,通常包括:①任务说明;②制图区域的概况说明;③制图资料;④作业方案;⑤各要素综合指标;⑥附录。

3)地图的数学基础与比例尺设计

(1)地图投影选择条件,包括:①制图区域位置、形状;②地图用途;③地图投影本身的特点。

(2)坐标网的选择,包括确定坐标网的种类、定位、密度和表现形式。

(3)选择比例尺的条件取决于制图区域大小、图纸规格、地图精度等。

(4)固定的图纸规格选用比例尺最适合套框法确定。

(5)将地球椭球按一定比率缩小而表示在平面上,这个比率称为主比例尺(或普通比例尺)。

4)图幅与拼接设计

(1)地图的分幅设计,包括:统一分幅、内分幅地图的分幅设计。

(2)地图拼接设计,包括:图廓拼接、重叠拼接。重叠图幅拼接设置的重叠带通常为1cm。
(3)图幅拼接原则,通常按上幅压下幅、左幅压右幅的顺序进行拼接。

5)地图内容设计
(1)普通地图是以相对平衡的详细程度表示地面各种自然要素和社会经济要素的地图。
(2)普通地图要素的内容,包括:独立地物要素、水系、居民地、交通网、境界、地貌、土质植被等内容。
(3)普通地图设计的原则,包括:①满足用途要求;②图面清晰易读;③保证地图精度;④反映制图区域的地理特征。
(4)普通地图按其比例尺和表示内容的详细程度分为地形图和地理图。
(5)专题地图是突出而较完备地表示一种或几种自然或社会经济现象,而使地图内容专门化的地图。
(6)专题地图的内容,包括:数学基础、地理要素(地理基础底图要素、专题要素)和辅助要素(或图外要素)。
(7)专题地图的分类。按内容的专门性分自然地图、社会经济地图和其他专题地图。按内容的描述方式分定性专题地图和定量专题地图。
(8)地理底图内容设计的原则,包括:①地理基础要素必须是建立专题地图的"骨架",是转绘专题内容的控制基础;②地理底图有助于提取专题地图的信息。
(9)地理底图表示方法与普通地图内容的表示方法基本一致,但制图综合程度更大。符号的色彩、形状设计要考虑专题要素的色彩、形状设计,注意专题地图的视觉层次对比。
(10)制约地图符号设计的因素,包括:主观因素、客观因素和地图符号设计的要求。

6)地图表示方法
(1)普通地图要素,包括:独立地物要素、水系、地貌、土质植被、居民地、交通网、境界。
(2)独立地物无法依真型显示,符号要规定定位点,便于定位。
(3)水系通常要表示其类型、形状、大小和流向。
(4)地貌常用的表示方法有等高线法、分层设色法和地貌晕渲法三种。
(5)土质与植被要素一般采用区域底色和符号相配合的方法表示,并加注必要的说明注记。
(6)交通要素一般指陆路交通、水路交通、空中交通和管线交通。
(7)境界要素包括政治区划界、行政区划界及其他地域界。
(8)专题地图的 10 种表示方法:①定位符号法;②线状符号法;③范围法;④质底法;⑤等值线法;⑥定位图表法;⑦点值法;⑧运动线法;⑨分级统计图法;⑩分区统计图法。
(9)专题地图表示方法通常运用一种或两种表示方法为主,其他几种方法为辅,达到更好地揭示制图现象特征的目的。

7)地图图面配置设计
(1)图面配置设计,包括:图名、图例、图廓、附图、附表等的大小、位置及其形式的设计。
(2)图例设计的基本原则,包括:图例符号的一致性、完备性,对标志说明的明确性,图例系统的科学性。

8)地图集设计

(1)地图集设计的特点,包括:①是科学成果的综合总结;②主题具有系统、完备的内容;③实现内容、形式等诸方面的统一与协调;④表示方法的多样性;⑤是科学性、实用性与艺术性相结合的成果;⑥编图程序及制印工艺复杂;⑦地图集的集成化和系列化的特点,为用图者建立了多维、深入的空间认知环境。

(2)地图集设计的主要内容,包括:①开本设计;②内容设计;③内容编排设计;④各图幅的分幅设计;⑤各图幅的比例尺设计;⑥图型和表示法设计;⑦图面配置设计;⑧地图集投影设计;⑨图式图例设计;⑩整饰设计。

(3)地图集设计统一协调的工作内容,包括:①图集的总体设计要贯彻统一的整体观点;②采用统一的原则设计地图内容;③对同类现象采用共同的表示方法及统一规定的指标;④采用统一协调的制图综合原则,⑤采用统一协调的基础地理底图;⑥采用统一协调的整饰方法。

(4)地图集的地理底图的统一协调,包括:①数学基础的统一协调;②地理基础的统一协调;③地理底图整饰的统一协调。

9)计算机地图制图生产技术路线设计

(1)制作地图的途径:实测地图和编绘地图。

(2)计算机地图制图的阶段,主要有地图设计(编辑准备)、数据输入(数据资料获取)、地图编绘(数据编辑与符号化处理)、印前准备4个阶段。

9.3.2 例题

1)单项选择题(每题的备选项中,只有1个最符合题意)

(1)制图区域分析是以基本资料为基础,结合补充资料和参考资料,对制图资料进行研究,下列描述错误的是(   )。

    A.从整体上研究制图区域的概况和基本特征,认识区域的地理规律

    B.根据地图用途要求和比例尺所允许的地图载负量,设计合适的地图编绘指标

    C.确定基本资料、补充资料、参考资料

    D.在新编绘地图上再现制图区域地理空间结构

(2)对收集到的地图资料进行全面的分析、研究,其最终成果是(   )。

    A.确定基本资料、补充资料、参考资料   B.确定制图综合的选取指标

    C.确定制图内容   D.确定地图的分幅和图面设计

(3)地图设计中,制图区域分析的目的是(   )。

    A.着重了解制图区域中不重要的对象

    B.熟悉制图区域的地理特征,为设计合适的地图编绘指标提供帮助

    C.为地图制作工艺设计做准备

    D.确定地图制图生产的工作量大小

(4)地图设计文件包括项目设计书、专业技术设计书。下列不属于地图设计文件内容的是(   )。

    A.制图区域概况和编图资料情况   B.引用文件

    C.编制经费预算表   D.地图出版销售数量

(5)制图区域的位置影响着地图投影的选择,下列说法错误的是(　　)。
　　A.极地附近宜选择正轴方位投影
　　B.中纬度地区宜选择正轴圆锥投影
　　C.赤道附近宜选择正轴圆柱投影
　　D.我国大部分地区处于中纬度地带,1:100万地形图采用分带的单标准纬线正轴等角圆锥投影

(6)描述有关地图分幅设计方面的内容时,下列描述错误的是(　　)。
　　A.地图分幅通常需要考虑地图的用纸尺寸
　　B.地图分幅应顾及印刷机的规格和使用等条件
　　C.国家统一分幅地图是按一定规格的图廓分割制图区域所编制的地图
　　D.内分幅地图是区域性地图,如地形图即是内分幅设计的一种

(7)关于坐标网的描述错误的是(　　)。
　　A.地形图上的坐标网大多选用双重网的形式
　　B.大比例尺地形图,只表示直角坐标网
　　C.中小比例尺地形图及地理图则只选地理坐标网
　　D.旅游地图或大比例尺的城市图(由于保密原因),通常不表示任何坐标网

(8)地图设计中选择比例尺不受(　　)影响。
　　A.制图区域大小　　　　　　　　B.图纸规格
　　C.地图需要的精度　　　　　　　D.制图区域的位置

(9)相邻图幅之间的接边要素相差图上(　　)以内的,因图幅两边要素平均移位进行接边。
　　A.0.4mm　　　　B.0.6mm　　　　C.0.8mm　　　　D.1.0mm

(10)地图的幅面用纸尺寸称为地图的开幅。出版地图时不是通常使用的规格的是(　　)。
　　A.全张　　　　B.对开　　　　C.四开　　　　D.六开

(11)国家统一分幅地图是按一定规格的图廓分割制图区域所编制的地图,有经纬线分幅和矩形分幅。减少经纬线分幅带来的缺陷所采取的措施错误的是(　　)。
　　A.合幅　　　　　　　　　　　　B.增大开幅
　　C.破图廓或设计补充图幅　　　　D.设置重叠边带

(12)以相对平衡的详细程度表示地表最基本的自然和人文现象的地图称为(　　)。
　　A.普通地图　　B.专题地图　　C.地图集　　D.通用地图

(13)普通地图不包括(　　)。
　　A.地形图　　　B.地理图　　　C.地形地理图　　D.行政区划图

(14)以河流中心线分界,当河流内能容纳境界符号时,境界符号应(　　)。
　　A.沿河流一侧连续绘出　　　　　B.沿河流两侧分段交替绘出
　　C.在河流内部间断绘出　　　　　D.在河流内部连续绘出

(15)以河流中心线分界,当河内绘不下境界符号时,境界符号应(　　),但色带应按河流中心线连续绘出。
　　A.沿河流两侧分段交替绘出　　　B.沿河流一侧连续绘出
　　C.沿河流一侧间断绘出　　　　　D.沿河流中心线连续绘出

(16)沿河流一侧分界时,境界符号应(　　)。
　　A.沿河流中心线间断绘出　　　　B.沿河流一侧间断绘出
　　C.沿河流一侧连续绘出　　　　　D.沿河流中心线连续绘出

(17)共有河流时,不论河流图形的宽窄,境界符号应(　　),河中的岛屿用注记标明其归属。
　　A.在河流内部交替绘出　　　　　B.沿河流两侧交替绘出
　　C.在河流内部间断绘出　　　　　D.在河流内部连续绘出

(18)按《1:500 1:1000 1:2000 地形图航空摄影测量数字化测图规范》(GB/T 15967—2008),一幅图内宜采用一种基本等高距,当用基本等高距不能描述地貌特征时,应加绘(　　)。
　　A.计曲线　　　B.等值线　　　C.首曲线　　　D.间曲线

(19)在相邻两条基本等高线之间补充测绘的等高线,称为(　　)。
　　A.首曲线　　　B.计曲线　　　C.间曲线　　　D.助曲线

(20)为计算高程的方便而加粗描绘的等高线,称为(　　)。
　　A.首曲线　　　B.计曲线　　　C.间曲线　　　D.助曲线

(21)地形图上相邻两高程不同的等高线之间的高差,称为(　　)。
　　A.等高距　　　B.高程　　　C.倾斜度　　　D.坡度

(22)地块内如有几个土地利用类别时,以(　　)符号标出分界线,分别标注利用类别。
　　A.地类界　　　B.注记　　　C.地物　　　D.地形

(23)下列关于等高线的叙述错误的是(　　)。
　　A.所有高程相等的点在同一等高线上
　　B.等高线必定是闭合曲线,即使本幅图没闭合,则在相邻的图幅闭合
　　C.等高线不能分叉、相交或合并
　　D.等高线经过山脊与山脊线正交

(24)地形图上表示土质和植被不被采用的方法是(　　)。
　　A.地类界　　　B.说明符号　　　C.底色　　　D.符号大小

(25)根据假定光源对地面照射所产生的明暗程度,用浓淡不一的墨色或彩色沿斜坡渲绘其阴影,造成明暗对比,显示地貌分布、起伏和形态特征的方法,称为(　　)。
　　A.晕滃法　　　B.晕渲法　　　C.写景法　　　D.明暗等高线法

(26)根据专业的需要,突出反映一种或几种主题要素的地图,被称为(　　)。
　　A.通用地图　　　B.普通地图　　　C.一览地图　　　D.专题地图

(27)专题地图表示内容不包括(　　)。
　　A.数学基础　　　B.地理要素　　　C.辅助要素　　　D.图幅接图表

(28)专题地图按专题内容的性质通常不包括(　　)类型。
　　A.自然地图　　　B.人文地图　　　C.影像地图　　　D.其他专题地图

(29)海图按用途可分为通用海图、(　　)、航海图三大类。
　　A.专用海图　　　B.普通海图　　　C.专题海图　　　D.纸质海图

(30)采用不同形状、大小和颜色的符号,表示呈点状分布物体的位置、性质和数量特征的方法是(　　)。
　　A.定位图表法　　　B.点数法　　　C.定点符号法　　　D.分区统计图表法

(31)在专题地图表示方法中,适合表示呈间断成片分布的面状对象的是(   )。
    A.定位符号法   B.范围法   C.质底法   D.点数法
(32)在专题地图表示方法中,能较好地反映制图区域某些点呈周期性现象的数量特征和变化的方法是(   )。
    A.等值线法   B.定位图表法   C.质底法   D.范围法
(33)按行政区划或自然区划分出若干制图单元,根据各单元的统计数据对它们分级,并用不同色阶或用晕线网级反映各分级现象的集中程度或发展水平的方法称为(   )。
    A.定位符号法   B.等值线法   C.分级统计图法   D.分区统计图法
(34)在专题制图数据的制图实践中,常使用四种量表形式,以下说法错误的是(   )。
    A.量表数据是可转换的,同时又是可逆的   B.顺序量表可以转换为定名量表
    C.间隔量表可以转换为顺序量表   D.比率量表可以转换为间隔量表
(35)用真实的或隐含的轮廓线,并在其范围内用填充颜色、网纹、符号、注记等方式,表示呈间断成片分布的面状现象质量特征的方法是(   )。
    A.等级法   B.范围法   C.点数法   D.质底法
(36)用矢状符号和不同宽度、颜色的条带,表示现象移动的方向、路径和数量、质量特征的方法是(   )。
    A.运动线法   B.等值线法   C.线状符号法   D.特征线法
(37)用不同颜色、结构、粗细的线型,表示呈线状分布现象的质量特征、重要程度的方法是(   )。
    A.运动线法   B.等值线法   C.质底法   D.线状符号法
(38)下列选项不属于专题海图上表示专题要素方法的是(   )。
    A.个体符号法   B.质底法   C.写景法   D.点值法
(39)地图符号设计的原则不包括(   )。
    A.可定位性   B.依比例性   C.逻辑性   D.概括性
(40)图面配置设计不包括(   )设计。
    A.图名   B.图例   C.比例尺   D.图廓
(41)图面配置设计并不是针对(   )进行设计。
    A.地形图   B.挂图   C.旅游地图   D.单幅的专题地图
(42)以下不符合图例设计基本原则的是(   )。
    A.图例符号的完备性   B.图例符号的一致性
    C.图例符号位置顺序的随意性   D.对标志说明的明确性
(43)选择比例尺大小的因素不包括(   )。
    A.制图区域大小   B.图纸规格
    C.地图需要的精度   D.测量仪器
(44)地图集通常按三类指标分类,按其内容特征分类不包括(   )。
    A.普通地图集   B.专题地图集   C.旅游地图集   D.综合地图集
(45)综合性地图集组成包括(   )。
    A.总图部分、分区图部分和地名索引部分
    B.序图组、普通地图组及若干专题图组组成
    C.自然地图集和专题地图集
    D.参考地图集、教学地图集、旅游地图集和军事地图集

(46)地图集具有的特点不包括( )。
 A.地图集没有特定的主题与用途
 B.地图集是科学的综合总结
 C.地图集是科学性、实用性与艺术性相结合的成果
 D.地图集的编图程序及制印工艺复杂

(47)地图集内容目录的设计取决于地图集的性质与用途。对于普通地图集,一般可分为三大部分,( )不属于其内容。
 A.总图部分　　　B.分区图部分　　　C.地名索引部分　D.自然要素部分

(48)地图集中各分幅地图的比例尺设计是根据开本所规定的图幅幅面大小和制图区域的范围大小来确定的。下列说法错误的是( )。
 A.地图集中的地图比例尺有统一的系统
 B.总图与各分区图,各分区图与某些扩大图以及各分区图间比例尺都应保持某些简单的倍率关系
 C.专题图中按内容表达的详简,可设计保持同样是简单的倍率关系的系列比例尺
 D.比例尺的种类可设计多些,但必须保持简单的倍率关系

(49)保持制图区域内的变形为最小,或者投影变形误差的分布符合设计要求,以最大的可能保证必要的地图精度和图上量测精度的是指( )。
 A.地图集投影设计　　　　　　　B.地图集图面配置设计
 C.地图集的整饰设计　　　　　　D.地图集的编排设计

(50)使用数字化仪采集的数据文件格式是( )数据。
 A.数据库　　　B.影像　　　C.栅格　　　D.矢量

(51)地图数字化数据采集,当采集要素点位有错,可以通过在屏幕上( )要素进行修改。
 A.移动　　　B.删除　　　C.拷贝　　　D.赋编码

(52)使用扫描仪扫描生成的数据文件格式是( )数据。
 A.数据库　　　B.文本　　　C.栅格　　　D.矢量

(53)属于矢量数据格式的文件是( )。
 A. *.dwg　　　B. *.tif　　　C. *.jpg　　　D. *.bmp

(54)数字化点状要素时,无向点应输入( )。
 A.特征码及定位点　　　　　　B.方位角及定位点
 C.特征码及方位角　　　　　　D.定位线

2)多项选择题(每题的备选项中,有2个或2个以上符合题意,至少有1个错项)

(55)地图设计的程序包括( )工作。
 A.研究制图区域的基本情况　　　B.地图的分幅和图面设计
 C.建立数字地形模型　　　　　　D.各要素制图综合指标的确定
 E.地图制作工艺设计

(56)在编辑设计准备工作中,要充分了解制图区域的资料情况,广泛收集可用于编绘地图的各种最新资料,对收集到的资料应全面地进行分析、研究,以确定( )。
 A.数字资料　　B.像片资料　　C.基本资料
 D.参考资料　　E.文字资料

(57)地图设计文件中设计方案的主要内容有( )。

A. 作业区的自然地理概括 B. 已有资料情况
C. 说明作业所需的软、硬件配置 D. 规定作业的技术路线与流程
E. 规定所需作业过程、方法和技术要求

(58)地图设计文件附录不包括（　　）。
A. 制图区域图幅接合表 B. 行政区划略图
C. 编制经费预算表 D. 制作进度计划
E. 新旧图式符号对照表

(59)制图区域的形状和用途影响着地图投影的选择，下列说法正确的是（　　）。
A. 接近圆形轮廓的区域宜选择方位投影
B. 东西延伸的区域在赤道附近采用正轴圆柱投影，在中纬度采用正轴圆锥投影
C. 地形图、航空图、航海图常选用等角投影
D. 土地利用图、交通图常选择等距离投影
E. 一般参考图和中小学教学用图常选择任意投影

(60)选择坐标网包括确定坐标网的（　　）。
A. 定位 B. 密度 C. 长度
D. 表现形式 E. 精度

(61)内分幅地图是区域性地图，特别是多幅拼接挂图的分幅形式，在实施分幅时，要顾及的因素有（　　）。
A. 制图区域特点 B. 比例尺大小
C. 各图幅的印刷面积尽可能平衡 D. 纸张规格
E. 印刷条件

(62)地图的图幅设计包括（　　）。
A. 数学基础设计 B. 地图的分幅设计 C. 图面配置设计
D. 地图的拼接设计 E. 地图线划设计

(63)下列关于等高线的叙述正确的是（　　）。
A. 所有高程相等的点在同一等高线上
B. 等高线必定是闭合曲线，即使本幅图没闭合，则在相邻的图幅闭合
C. 等高线不能分叉、相交或合并
D. 等高线经过山脊与山脊线正交
E. 同一图幅上等高线越密，地面坡度越大

(64)按《1∶500 1∶1000 1∶2000 地形图航空摄影测量内业规范》(GB/T 7930—2008)，地形图航空摄影测量中地形的类型包括（　　）。
A. 平地 B. 极高山地 C. 丘陵地
D. 山地 E. 高山地

(65)普通地图上属于自然要素的有（　　）。
A. 地貌 B. 水系 C. 独立地物
D. 土质植被 E. 道路

(66)普通地图上属于人文要素的有（　　）。
A. 居民地 B. 交通网 C. 境界线 D. 水系 E. 地貌

(67)地形图上应正确表示居民地及设施的位置、（　　），反映各地区居民地分布特征以及

居民地密度的对比,处理好居民地与其他要素的关系。

  A. 基本形状特征 B. 通行情况 C. 行政意义及名称
  D. 人口数 E. GDP 大小

(68)在地图上表示居民地的行政等级,常用的方法有(　　)。
  A. 地名注记的本义 B. 圈形符号的图形和尺寸的变化
  C. 地名注记下方加绘辅助线 D. 地名注记的字体
  E. 地名注记的字大

(69)地形图上有些地貌不能用等高线表示而需要用地貌符号表示的是(　　)。
  A. 独立微地貌 B. 激变地貌 C. 区域微地貌
  D. 冰川地貌 E. 流水地貌

(70)交通网是各种交通运输线路的总称,以下属于交通网的一级类别有(　　)。
  A. 公路交通 B. 水路交通 C. 空中交通
  D. 管线运输 E. 铁路交通

(71)在下列专题地图表示方法中,以表示质量特征为主的方法有(　　)。
  A. 线状符号法 B. 质底法 C. 范围法
  D. 等值线法 E. 分级统计图法

(72)在下列专题地图表示方法中,以表示数量特征为主的方法有(　　)。
  A. 等值线法 B. 点数法 C. 定位图表法
  D. 分级统计图法 E. 范围法

(73)在下列专题地图表示方法中,表示全能指标的方法有(　　)。
  A. 定点符号法 B. 定位图表法 C. 运动线法
  D. 分区统计图表法 E. 等值线法

(74)海图符号按分布范围可分为(　　)。
  A. 点状符号 B. 线状符号 C. 面状符号
  D. 长度符号 E. 宽度符号

(75)按分布范围,海图符号可分为(　　)。
  A. 比例符号 B. 海图图式 C. 点状符号
  D. 线状符号 E. 面状符号

(76)图名即地图的名称,有关图名正确的说法是(　　)。
  A. 图名应简练、明确,具有概括性
  B. 通常图名中应包含两个方面的内容,即制图区域和地图的主要内容
  C. 单幅地图的图名选择应有准确的区域代表性,有利于地图的检索与使用
  D. 分幅地图则选择图内重要居民地、自然名称、重要山峰名称等作为图名
  E. 地图图廓为扁形时地图图名字形最适宜选择扁形字

(77)地图集设计的主要内容是(　　)。
  A. 开本设计 B. 印刷工艺设计 C. 图形和表示方法设计
  D. 图式图例设计 E. 各图幅的分幅设计

(78)地图集的整饰设计包括(　　)。
  A. 统一确定各类符号的大小、线划粗细和用色
  B. 统一确定各类注记的字体、字形、大小及用色

C. 统一协调的地理基础

D. 统一用色原则并对各图幅的色彩设计进行协调

E. 统一协调的数学基础

(79)地图集设计统一协调工作的内容包括(　　)。

A. 图集的总体设计要贯彻统一的整体观点

B. 统一采用计算机制图的方法

C. 采用统一的原则设计地图内容

D. 采用统一和协调的制图综合原则

E. 对同类现象采用共同的表示方法及统一规定的指标

(80)地图集设计中制图综合原则统一协调表现在(　　)。

A. 数学基础的统一协调

B. 对制图要素轮廓图形的综合以及确定统一协调的综合指标

C. 对制图要素类型选取以及确定统一协调的内容分类、分级标准

D. 地理基础的统一协调

E. 地理底图整饰的统一协调

(81)计算机地图制图的资料是(　　)。

A. 实测地形图　　　B. 航片像片　　　C. 地理考察报告

D. 广告宣传画　　　E. 政府公告

(82)计算机地图成图的过程包括(　　)。

A. 数据编辑与符号化　　　　　B. 数据输入

C. 制作 PS 版　　　　　　　　D. 印前处理

E. 地图印刷

9.3.3 例题参考答案及解析

1)单项选择题(每题的备选项中,只有1个最符合题意)

(1)C

解析:制图区域分析就是要认识制图区域的地理规律,为以后的多项设计提供依据(如地图内容的选择,要素的分类、分级,地图表示方法与符号系统的设计,指导选取指标的确定,制图综合原则和方法的使用等)。确定基本资料、补充资料和参考资料是制图资料收集、分析、研究的工作。选项 A、B、D 正确。故选 C。

(2)A

解析:分析地图资料的最终目的是确定基本资料、补充资料和参考资料。选项 B、C、D 不符合要求。故选 A。

(3)B

解析:制图区域分析便于构件整个区域地理空间结构模型,进而根据地图用途要求和比例尺所允许的地图载负量,设计合适的地图编绘指标,在新编绘地图上再现制图区域地理空间结构。选项 A、C、D 不符合要求。故选 B。

(4)D

解析:地图设计文件的内容,主要包括:任务概述、制图区域概况和编图资料情况、引用文件、

成果(或产品)主要技术指标、设计方案、编制技术路线、质量控制、印刷与装帧、提交成果、制作进度计划、编制经费预算表、附录。地图设计文件的内容包括选项 A、B、C,不包括选项 D。故选 D。

(5) D

解析: 我国 1∶100 万地形图采用分带的边纬与中纬变形绝对值相等的双标准纬线正轴等角圆锥投影。选项 A、B、C 描述正确,但不符合题意。故选 D。

(6) D

解析: 本题主要考查地图分幅设计的影响因素及两种分幅设计的概念。地形图属于统一分幅地图,不是内分幅。选项 A、B、C 描述正确,但不符合题意。故选 D。

(7) B

解析: 大比例尺地形图,图面多以直角坐标网为主,地理坐标网为辅(绘于内、外图廓之间)。选项 A、C、D 描述正确,但不符合题意。故选 B。

(8) D

解析: 制图区域的位置影响地图投影的选择,不是选择比例尺所考虑的因素,其他选项是影响地图设计中比例尺的选择。故选 D。

(9) B

解析: 相邻图幅之间的接边要素不应重复、遗漏,在图上相差 0.3mm 以内的,可只移动一边要素直接接;相差 0.6mm 以内的,应图幅两边要素平均移位进行接边;超过 0.6mm 的要素应检查和分析原因,由技术负责人根据实际情况决定是否进行接边,并需记录在元数据及图历簿中。选项 A、C、D 不符合要求,故选 B。

(10) D

解析: 标准全张纸尺寸为 1092mm×787mm。出版单张地图开幅常用的规格有:一全张、二全张、对开、四开。出版图集(册)常用的开幅有:4 开、8 开、16 开、32 开。选项 A、B、C 是常用的开幅,选项 D 不常用。故选 D。

(11) B

解析: 减少经纬线分幅带来的缺陷常采取的措施有:合幅、破图廓或设计补充图幅、设置重叠边带等。选项 A、C、D 正确,B 错误。故选 B。

(12) A

解析: 普通地图内容包括:水系、地貌土质植被、居民地、交通网、境界、控制点与独立地物等要素。本题考查普通地图的概念,选项 B、C、D 不符合要求。故选 A。

(13) D

解析: 普通地图是以相对平衡的详细程度表示地表最基本的自然和人文现象的地图。小比例尺普通地图称为地理图(或一览图);中比例尺的普通地图称为地形地理图(地形一览图);大比例尺普通地图称为地形图。选项 A、B、C 属于普通地图,选项 D 不是。故选 D。

(14) D

解析: 按地形图编绘要求,以河流中心线分界,当河流内能容纳境界符号时,境界符号应在河流内部连续绘出。选项 A、B、C 不符合要求。故选 D。

(15) A

解析: 根据地形图编绘要求,以河流中心线分界,当河内绘不下境界符号时,境界符号应沿河流两侧分段交替绘出,但色带应按河流中心线连续绘出。选项 B、C、D 不符合编绘要求。故选 A。

(16) C

解析:地形图编绘要求,沿河流一侧分界时,境界符号应沿河流一侧连续绘出。选项A、B、D不符合上述编绘要求。故选C。

(17)B

解析:地形图编绘要求,共有河流时,不论河流图形的宽窄,境界符号应沿河流两侧交替绘出,河中的岛屿用注记标明其归属。选项A、C、D不符合题意。故选B。

(18)D

解析:等高线可分为计曲线、首曲线、间曲线和助曲线4种,其中间曲线是1/2基本等高距,助曲线是1/4等高距。等值线是数值相等的点的连线,等高线是等值线的一种。当用基本等高距不能描述地貌特征时,应加绘间曲线和助曲线。根据题意,选项A、B、C不符合要求。故选D。

(19)C

解析:在相邻两条基本等高线之间补充测绘的等高线,称为间曲线,是1/2的基本等高距;首曲线是基本等高距;计曲线是便于计量的等高线;助曲线是1/4的基本等高距。选项A、C、D不符合题意。故选C。

(20)B

解析:等高线有首曲线、计曲线、间曲线和助曲线4种,其中以基本等高距的为首曲线,每隔4条首曲线并加粗的等高线为计曲线(或称加粗等高线,),以1/2基本等高距的为间曲线,以1/4基本等高距的为助曲线。故选B。

(21)A

解析:本题考查的是等高距的概念。地形图上相邻两高程不同的等高线之间的高差,称为等高距。选项B、C、D不符合题意。故选A。

(22)A

解析:地类界是地类的分界线。当地块内有几个土地利用类别时,需要用地类界标出分界线,分别标注利用类别。选项B、C、D不符合题意。故选A。

(23)A

解析:等高线是地面上高程相等的相邻点的闭合曲线,不是所有的高程相等的点。它有闭合性、不相交性、正交性等特点。选项B、C、D不符合题意。故选A。

(24)D

解析:地形图上常用地类界、底色、配合说明符号和说明注记的方法表示各类土质、植被的分布范围、性质和数量特征。选项A、B、C不符合题意。故选D。

(25)B

解析:以绘画写景的形式表示地貌起伏和分布位置的地貌表示法,称为写景法。晕渲法是沿斜坡方向根据受光量的强弱布置晕线的一种地貌表示方法。根据假定光源对地面照射所产生的明暗程度,用相应浓淡的墨色或彩色沿斜坡渲绘其阴影,造成明暗对比,显示地貌的分布、起伏和形态特征,这种方法称为地貌晕渲法(也称其为阴影法或光影法)。根据地面高度划分的高程层(带),逐"层"设置不同的颜色,称为地貌分层设色法。选项A、C、D不符合题意。故选B。

(26)D

解析:根据专业的需要,突出反映一种或几种主题要素的地图,被称为专题地图。这是专题地图的概念。选项A、B、C不符合题意。故选D。

(27)D

解析:专题地图表示的内容包括:数学基础、地理要素(专题要素、地理基础要素)和辅助要

263

素3部分。图幅接图表是属于辅助要素的一部分,在专题地图中不使用接图表。故选D。

(28) C

解析: 专题地图按其内容的专题性质,通常分为3种类型:自然地图、人文地图和其他专题地图。选项A、B、D不符合题意。故选C。

(29) A

解析: 海图按用途可分为通用海图、专用海图、航海图3大类,按内容可分为普通海图、专题海图和航海图。选项B、C、D不符合题意。故选A。

(30) C

解析: 在制图实践中,逐渐形成了10种约定的表示方法。①点状分布要素的表示方法有:定点符号法,并用于表示呈点状分布的要素,它是用各种不同图形、尺寸和颜色的符号表示现象的分布及其数量和质量特征;②线状分布要素的表示方法:线状符号法,它通过不同的图形和颜色可以表示现象的数量和质量特征,也可反映不同时期的变化;③面状分布要素的表示方法:质底法、等值线法、定位图表法、范围法、点值法、分区统计图表法、分级比值法(分级统计图法);④动态现象的表示方法:运动线法。选项A、B、D不符合题意。故选C。

(31) B

解析: 定位符号法适合表示点状分布的物体;范围法适合表示呈间断成片的面状对象;质底法适合表示连续分布、满布于整个区域的面状现象;点数法对制图区域中呈分散的、复杂分布的现象,像人口及动物分布、某种农作物和植物分布,当无法勾绘其分布范围时,可以用一定大小和形状的点群来反映。选项A、C、D不符合题意。故选B。

(32) B

解析: 等值线法和质底法表示布满全区域的面状现象,不合题意。范围法适合表示呈间断成片的面状对象。定位图表法是用图表的形式反映定位于制图区域某些点周期性现象的数量特征和变化的方法。选项A、C、D不符合题意。故选B。

(33) C

解析: 按行政区划或自然区划为制图单元可将选项B排除。定位符号法要进行精确定位,故选项A也排除。分区统计图法一般是反映区划单元内现象的总量、构成和变化,选项D也不合题意。分区统计图表法宜于表示绝对的数量指标,分级统计图法也称分级比值法,是按照各区划单位的统计资料,根据现象的相对指标(密度、强度或发展水平)划分等级,然后依据级别的高低,在地图上按区分别填绘深浅不同的颜色或疏密不同的晕线,以表示各区划单位间数量上的差异的一种表示法。分级比值法则适于表示相对的数量指标。选项A、B、D不符合题意。故选C。

(34) A

解析: 在制图实践中,四种地理量表形式表达地理要素是有一定的精确程度的,从高到低依次为:比率量表、间隔量表、顺序量表、定名量表。高精确度的量表形式可转换为低精确度量表形式的表示方法,反之是错误的。即比率量表可以转换为间隔、顺序、定名量表形式;间隔量表可以转换为顺序、定名量表形式;顺序量表只能转换为定名量表形式;量表形式的转换是不可逆的。选项B、C、D表达正确,故选A。

(35) B

解析: 用真实的或隐含的轮廓线,并在其范围内用填充颜色、网纹、符号、注记等方式,可排除点数法,等值线法和质底法是表示成片分面的面状现象,表示呈间断成片分布的面状现象质量特征的方法是范围法。选项A、C、D不符合题意。故选B。

(36) A

解析：用矢状符号和不同宽度、颜色的条带，表示现象移动的方向、路径和数量、质量特征的方法是运动线法。选项B、C、D不能表示现象移动的方向。故选A。

(37) D

解析：本题考查线状符号法的定义。用不同颜色、结构、粗细的线型，表示呈线状分布现象的质量特征、重要程度的方法是线状符号法。选项A、B、C不能表示线状分布的现象。故选D。

(38) C

解析：专题海图上表示专题要素方法有个体符号法、线状符号法、质底法、等值线法、范围法、点值法、定点图表法、分区统计图表法、分级统计图法和运动线法。写景法是海底地貌的表示方法。选项A、B、D不符合题意。故选C。

(39) B

解析：地图符号设计的原则是使符号具有可定位性、概括性、可感受性、组合性、逻辑性和系统性。选项A、C、D不符合题意。故选B。

(40) C

解析：图面配置设计指图名、图例、图廓、附图、附表等的大小、位置及其形式的设计。通常要配合制图主区的形状及内容特点，考虑视觉平衡的要求进行设计。选项A、B、D不符合题意。故选C。

(41) A

解析：地形图有国家标准可依据，因此，图面配置设计主要是针对挂图、单幅的矩形分幅的地图(如旅游地图、单幅的专题地图等)。选项B、C、D不符合题意。故选A。

(42) C

解析：图例符号的设计应保持图例符号的完备性、一致性，以及对标志说明的明确性，在编排上应有一定的逻辑性、艺术性，即图例系统的科学性。因而，图例符号的位置顺序不是随意的，选项A、B、D是图例设计的基本原则之一，C选项错误。故选C。

(43) D

解析：选择比例尺的条件取决于制图区域大小、图纸规格、地图需要的精度等。选项A、B、C不符合题意。故选D。

(44) C

解析：地图集通常按制图区域范围、内容特征、用途3类指标分类，按其内容特征分类普通地图集、专题地图集、综合地图集。专题地图集可分为自然地图集和人文地图集。综合性地图集中既有普通地图，又有自然地图、人文地图的综合性制图作品。选项A、B、D不符合题意。故选C。

(45) B

解析：A选项是普通地图集的组成；B选项正确；C选项是专题地图集的按内容分类；D选项是地图集按用途分类。故选B。

(46) A

解析：地图集是围绕特定的主题与用途，在地图学原理的指导下，运用信息论、系统论，遵循总体设计原则，经过对各种现象与要素的分析与综合，系统汇集相互有逻辑关系的一组地图而形成的集合体。选项B、C、D均为地图集的特点。故选A。

(47) D

解析：普通地图集一般分为总图部分、分区图部分和地名索引部分。总图部分与分区图部分均可能出现自然要素,选项 D 混淆概念。地名索引则视需要与可能进行编制,不一定属必备部分。故选 D。

(48)D

解析：选项 A、B 和 C 是各图幅比例尺设计所必须考虑的,选项 D 中设计多些比例尺种类是错误的,比例尺种类少,便于设计和读图时产生明确的比例概念,过多不利于产生对比。故选 D。

(49)A

解析：设计地图投影的基本宗旨在于保持制图区域内的变形为最小,或者投影变形误差的分布符合设计要求,以最大的可能保证必要的地图精度和图上量测精度。故选 A。

(50)D

解析：使用数字化仪采集的数据是以坐标的形式记录空间要素,因而文件格式为矢量数据。选项 A、B、C 不符合题意。故选 D。

(51)A

解析：数字地图编辑中,纠正要素的点位错误采用移动的方法改正。选项 B、C、D 不能完成此项任务。故选 A。

(52)C

解析：使用扫描仪扫描是直接把图形(如地图)和图像(如航片、照片)扫描输入到计算机中,以像元(或像素)形式进行存储,形成的数据文件为栅格数据。选项 A、B、D 不符合题意。故选 C。

(53)A

解析：*.tif、*.jpg、*.bmp 文件格式均为栅格文件。*.dwg 为矢量数据格式。故选 A。

(54)A

解析：无向点输入时不需要输入方向,只需位置与特征码。选项 B、C、D 不符合题意。故选 A。

2)多项选择题(每题的备选项中,有 2 个或 2 个以上符合题意,至少有 1 个错项)

(55)ABDE

解析：地图设计的基本程序包括：①确定地图的用途和对地图的基本要求；②分析已成图；③研究制图资料；④研究制图区域的基本情况；⑤设计地图的数学基础；⑥地图的分幅和图面设计；⑦地图内容选取及表示方法设计；⑧各要素制图综合指标的确定；⑨地图制作工艺设计；⑩样图试验。故选 ABDE。

(56)CD

解析：对收集到的资料应全面地进行分析、研究,以确定基本资料、补充资料和参考资料。选项 A、B、E 不符合题意。故选 CD。

(57)CDE

解析：选项 A、选项 B 是地图设计文件的一部分,但不是设计方案的内容。地图设计方案内容包括：说明作业所需的软、硬件配置,规定作业的技术路线和流程,规定所需作业过程、方法和技术要求,质量控制环节和质量检查的主要要求,最终所提交的归档的成果和资料的内容及要求,有关附录。故选 CDE。

(58)CD

解析：地图设计文件附录包括：附表、制图区域图幅接合表、基本资料略图、行政区划略图、整饰样图、设计样图、新旧图式符号对照表、相邻图幅接边关系、相关的样图以及不能用文字清晰、形象地表达其内容和要求时所增加的图纸设计等内容。选项A、B、E是地图设计文件附录的内容。故选CD。

(59) ABCE

解析：土地利用图需要面积精确，常采用等面积投影。交通图要求距离精确，常选用任意投影中的等距离投影。选项D错误。故选ABCE。

(60) ABD

解析：选择坐标网包括确定坐标网的种类、定位、密度和表现形式。选项C、E不符合题意。故选ABD。

(61) CDE

解析：内分幅地图的分幅设计原则是：①顾及纸张规格；②顾及印刷条件；③主区在图廓内基本对称，同时照顾到与周围地区的联系；④各图幅的印刷面积尽可能平衡；⑤照顾到主区内重要地物的完整；⑥照顾图面配置的要求；⑦分幅地图的内分幅应考虑在局部地区组合新的完整图幅。选项A、B不符合题意。故选CDE。

(62) ABCD

解析：地图的图幅设计包括：数学基础设计、地图的分幅设计、图面配置设计、地图的拼接设计。选项E(地图的线划设计)不是地图图幅设计的内容。故选ABCD。

(63) BCDE

解析：等高线是指地面上高程相同的各相邻点所连成的闭合曲线，并不是指所有的高程相等的点，故A说法不正确。等高线的特性为：①同一条等高线上各点的高程都相等；②等高线是闭合曲线，如本幅图没闭合，则在相邻的图幅闭合；③等高线不分叉、相交或合并；④等高线经过山脊与山脊时正交；⑤同一图幅上等高线越密，地面坡度越大。故选BCDE。

(64) ACDE

解析：在现行《1∶500 1∶1000 1∶2000地形图航空摄影测量内业规范》(GB/T 7930—2008)第1.1.3条明确规定地形图航空摄影测量中地形的类型包括平地、丘陵地、山地和高山地4类。故选ACDE。

(65) ABD

解析：普通地图内容包括自然要素和社会经济要素。即包括：水系、地貌、土质植被、居民地、交通网、境界、控制点与独立地物等要素。普通地图的自然要素包括：水系、地貌、土质植被。选项C、E不符合题意。故选ABD。

(66) ABC

解析：普通地图内容包括自然要素和社会经济要素。即包括：水系、地貌、土质植被、居民地、交通网、境界、控制点与独立地物等要素。普通地图的社会经济要素(人文要素)包括：居民地、交通网、境界。故选ABC。

(67) ABC

解析：地形图上应正确表示居民地及设施的位置、基本形状特征、通行情况、行政意义及名称，反映各地区居民地分布特征以及居民地密度的对比，处理好居民地与其他要素的关系。故选ABC。

(68) BCDE

解析：地形图上凡选取的居民地一般均应注记名称，并以不同的字体与字大区分居民地的行政等级。地形图1∶50万及1∶100万编绘规范要求：县级及以上居民地用双圈式图形符号表示,县级以下居民地用单圈图形符号表示;自治州人民政府行政中心,地区、盟行政公署以行政中心驻地名称注出,并在其名称下方绘一横线。选项 A 不符合题意。故选 BCDE。

(69)ABC

解析:地形图上不能用等高线表示的微地貌、激变地貌和区域微地貌需要用地貌符号表示。例如,点状地貌符号:溶斗、土堆、山洞等;线状地貌符号:冲沟、崩崖等;面状地貌符号:沙砾地、戈壁滩、小草丘地等。冰川地貌、流水地貌可用等高线表示。选项 D、E 不符合题意。故选 ABC。

(70)BCD

解析:交通网是各种交通运输通道的总称,它包括:陆地交通、水上交通、空中交通和管线运输等几类。陆地交通包括:铁路、公路等;水上交通包括:海洋、内河航线和港口及通航起讫点等;管线运输包括:运输管道、电力线、通信线等。公路、铁路属于陆地交通。故选 BCD。

(71)ABC

解析:等值线法和分级统计图法能用来表示区域内的数量指标,不能表达质量特征。选项 D、E 不符合题意。故选 ABC。

(72)ABCD

解析:范围法主要表示不连续区域内制图现象的质量特征,不能表达数据特征。其他几个选项均可表达数据特征。故选 ABCD。

(73)ABD

解析:等值线法无法表达质量特征。运动线法表达制图现象的运动轨迹。其他 3 个选项既可表达数据指标,也可表达质量指标。选项 C、E 不符合题意,故选 ABD。

(74)ABC

解析:海图符号按分布范围可分为:点状符号、线状符号、面状符号。选项 D、E 不符合题意。故选 ABC。

(75)CDE

解析:海图符号,按分布范围可分为:点状符号、线状符号和面状符号;按符号的尺寸与海图比例尺的关系可分为:依比例符号、半依比例符号、不依比例符号。故选 CDE。

(76)ABCD

解析:确定图名是地图编辑的一项重要任务。图名应当简明、确切,具有概括性,少用形容词,通常图名中应包含两个方面的内容,即制图区域和地图的主要内容。单幅地图的图名选择应有准确的区域代表性,有利于地图的检索与使用。分幅地图则选择图内重要居民地、自然名称、重要山峰名称等作为图名,因为它还有详细的编号系统可供检索。字的大小与字的黑度相关联,黑度大的可以小一些,黑度小时则可以大一些,但最大通常不超过图廓边长的 6%。图廓为长形的图名宜选择正形或扁形字,图廓呈扁的图名宜选择长形字或正形字,这样避免视觉上长的越长,扁的越扁的感觉,所以 E 选项是不正确的。故选 ABCD。

(77)ACDE

解析:地图集设计的主要内容,包括:①开本设计;②内容设计;③内容编排设计;④各图幅的分幅设计;⑤各图幅的比例尺设计;⑥图形和表示法设计;⑦图面配置设计;⑧地图集投影设计;⑨图式图例设计;⑩整饰设计。选项 B(印刷工艺设计)不符合题意。故选 ACDE。

(78)ABD

解析:地图集的整饰设计,包括:①制定统一的版式设计,相对统一协调的符号、注记和色相系统设计;②统一确定各类符号的大小、线划粗细和用色;③统一确定各类注记的字体、字形、大小及用色;④统一用色原则并对各图幅的色彩设计进行协调;⑤进行图集的封面设计、内封设计;⑥确定图集封面的材料、装帧方法以及其他诸如图组扉页、封底设计等。选项C、E是地图底图的统一协调。故选ABD。

(79) ACDE

解析:地图集设计统一协调的工作内容,包括:①图集的总体设计要贯彻统一的整体观点;②采用统一的原则设计地图内容;③对同类现象采用共同的表示方法及统一规定的指标;④采用统一和协调的制图综合原则;⑤采用统一协调的基础地理底图;⑥采用统一协调的整饰方法。选项B(统一确定种类注记的大小、线划粗细和用色)不属于地图集设计统一协调的工作内容。故选ACDE。

(80) BC

解析:地图集设计中制图综合原则的统一协调表现在地图内容的选取与概括两个方面。选项B是内容的概括,选项C是内容的选取,选项A、D、E是地理底图的统一协调。故选BC。

(81) ABCE

解析:制图资料包括实测地形图、统计资料、航片像片、政府公告、地理考察资料、草图等,选项D(广告宣传画)不能作为地图制图的资料。故选ABCE。

(82) ABD

解析:计算机制作地图的过程,随着软、硬件的进步会不断变化,目前分为地图设计(编辑准备)、数据输入(数据资料获取)、地图编绘(数据编辑与符号化处理)、印前数据处理4个阶段。选项C、E不符合题意。故选ABD。

9.4 考点四:地图编绘

9.4.1 主要知识点汇总

1) 地图数据

(1)地图数据具有空间特征、属性特征及时间特征。地图的数据结构主要为矢量数据结构和栅格数据结构。

(2)地图数据的制作,包括:数据获取、数据处理(符号化编辑)、数据输出、地图数据库建库。

(3)数据处理的主要内容,包括:数据预处理、数据编辑处理、数据印前处理。

2) 制图综合

(1)制图综合的两种基本处理:选取和概括。

(2)制图综合的基本方法,包括:①制图物体的选择;②制图物体图形化简;③制图物体的概括;④制图物体的图形移位。

(3)选取分为类别选取和级别选取通常有资格法和定额法。

(4)制图图形的化简方法通常有删除、夸大和合并。

(5)制图物体的概括,包括数据特征概括和质量特征概括。

(6)制图物体选取的基本规律,包括:①制图对象的密度越大,其选取的指标越低,被舍弃目标的绝对数量越大;②遵循从主要到次要、从大到小的顺序原则进行选取,在任何情况下,都应舍弃较小的、次要的目标,保留较大的、重要的目标,以保证制图区域的基本面貌;③物体密度系数损失的绝对值和相对量都应从高密度区向低密度区逐渐减少;④在保持各密度区之间具有最小辨认系数的前提下,保持各区域间的密度对比关系。

(7)制图物体形状概括的基本规律,包括:①保持图形的基本特征;②保持各线段上的曲折系数和单位长度上的弯曲个数的对比;③保持弯曲图形的类型特征;④保持制图对象的结构对比;⑤保持面状物体的面积平衡。

(8)制图要素相互矛盾时的关系处理原则,包括:①考虑各要素的重要性;②衡量各要素的稳定性;③考虑各要素间的相互关系;④保持有控制意义物体位置的精度。

(9)制图要素相互矛盾时的关系处理方法,包括:点点冲突、点线冲突、点面冲突、线线冲突、线面冲突。

3)普通地图编绘

(1)普通地图编绘的原则,包括:①客观地表示制图区域内的内容;②保持事物的分布特点;③反映事物的密度对比;④既尊重选取指标又灵活掌握。

(2)各要素编绘指标拟定的基本原则,包括:①编绘指标应能反映物体的不同类型以及不同地区的数量分布规律;②应能反映地图上所表示的制图物体的数量随地图比例尺的缩小而变化的规律;③编绘指标的选取界限和极限容量应符合地图载负量的要求,并能反映密度的相对对比;④编绘指标的拟定应具有理论依据,并通过实践的检验,方便使用。

(3)普通地图编绘常用的编绘指标,包括:①定额指标;②等级指标;③分界指标。

(4)国家基本比例尺地形图图幅规格,采用统一的经纬线分幅见表9-4。

地形图图幅范围 表9-4

比例尺	1:1万	1:2.5万	1:5万	1:10万	1:25万	1:50万	1:100万
经差	3′45″	7′30″	15′00″	30′00″	1°30′	3°	6°
纬差	2′30″	5′00″	10′00″	20′00″	1°	2°	4°

(5)地形图的定位参考系统:地图投影、高程系统和坐标系统。

(6)平面坐标网间隔。1:1万地形图图内公里网间隔为10cm;1:2.5万~1:25万地形图图幅内平面直角坐标网(公里网)规定为4cm。

(7)经纬网间隔。1:25万地形图图内经纬网间隔为经差15′,纬差10′;1:50万地形图图内经纬网间隔为经差30′,纬差20′;1:100万地形图图幅内平面经纬网间隔为经差1°,纬差1°。

(8)地形图的数学精度见表9-5。

地形图精度 表9-5

地形类别	地物点平面位置中误差(mm)	等高线高程中误差(m)		
		1:2.5万	1:5万	1:10万
平地	±0.5(图上)	±1.5	±3.0	±6.0
丘陵		±2.5	±5.0	±10.0
山地	±0.75(图上)	±4.0	±8.0	±16.0
高山地		±7.0	±14.0	±28.0

(9)地图颜色采用青、品红、黄、黑(CMYK),按规定值分色。

(10)地形图要素编绘的编辑处理,包括:①基本数据预处理;②制作综合参考图;③要素的取舍与综合;④地形数据接边;⑤地形图编绘技术流程。

(11)地图数据接边内容,包括:要素的几何图形、属性和名称注记等。

(12)地图数据接边方法。原则上本图幅负责西、北图廓边与相邻图廓边的接边工作。相邻图幅之间的接边要素上位置相差0.6mm以内的,应将图幅两边要素平均移位进行接边;相差超过0.6mm的要素应检查和分析原因,处理结果需记录在元数据及图历簿中。

4)专题地图编绘

(1)专题地图编绘包括地理底图的综合处理和专题信息的综合处理。

(2)专题地图专题信息的综合处理,包括:①制图资料处理;②制图数据的分类处理;③制图数据的分级处理。

(3)影响专题地图选择的因素,包括:地图用途、地图比例尺、制图区域特点、表示现象的分布性质、专题要素表示的量化程度和数据特征、专题要素类型及其组合形式。

(4)精确点状分布专题要素的表示采用单一指标或多种指标组合,一般采用符号法、统计图表法。

(5)精确线状分布专题要素的表示采用单一指标,一般采用符号法。

(6)零星或间断面状分布专题要素的表示采用单一指标或多种指标组合,一般采用范围法、点值法。

(7)连续面状分布专题要素的表示采用单一指标,一般用质底法表示质量特征,用等值线法表示数量特征。

(8)统计面状分布专题要素的表示采用单一指标或多种指标组合,一般采用分级统计图法、分区统计图表法。

(9)地图编绘的基本过程,包括:①设计与编辑准备阶段;②编稿与编绘阶段;③计算机制图阶段;④制印阶段。

5)电子地图产品制作要点

(1)电子地图是以数字地图为基础,以多种媒体显示的地图数据的可视化产品,是数字地图的可视化。

(2)电子地图的特点,包括:①动态性;②交互性;③无级缩放;④无缝拼接;⑤多尺度显示;⑥地理信息多维化表示;⑦超媒体集成;⑧共享性等。

(3)电子地图产品的种类,包括:①单机或局域网电子地图;②CD-ROM或DVD-ROM电子地图;③触摸屏电子地图;④个人数字助理(PDA)电子地图;⑤互联网电子地图。

(4)电子地图的系统的组成,包括:硬件、软件、数据和人员。

(5)电子地图的功能,包括:①地图构建功能;②管理功能;③检索查询功能;④数据的统计、分析和处理功能;⑤数据更新功能;⑥地图概括功能;⑦输出功能;等等。

(6)电子地图的总体结构,通常由片头、封面、图组、主图、图幅、插图和片尾等部分组成。

(7)电子地图的页面结构,通常由图幅窗口、索引图窗口、图幅名称列表框、热点名称列表框、地图名称条、系统工具条、伴随视频窗口、背景音乐、多媒体信息窗口、其他信息输入或输出窗口等组成。

(8)电子地图的设计,包括:①内容设计;②界面设计;③符号和注记设计;④色彩设计。

(9)电子地图的界面设计,包括:①界面的形式设计;②界面的布局设计;③界面的图层显示设计。

(10)用户界面的形式设计,主要有菜单式、列表式和命令式 3 种形式。

(11)电子地图的符号设计。地图符号要求更加醒目,通常可以通过立体、闪烁和敏感提示的方式来设计。

(12)电子地图的注记设计。注记的大小保持固定,一般不随地图比例尺变化而改变大小。

(13)电子地图的色彩设计,主要强调色彩的整体协调性,设色分清淡素雅和浓艳两种风格。

9.4.2 例题

1)单项选择题(每题的备选项中,只有 1 个最符合题意)

(1)按《数字地形图产品基本要求》(GB/T 17278—2009),数字地形图产品标志内容包括( )。

　　A.产品名称、产品简介、分类代码、产品成分

　　B.产品名称、产品简介、产品空间分辨率、生产日期

　　C.产品简介、产品成分、产品空间分辨率、生产日期

　　D.产品名称、分类代码、产品成分、生产日期

(2)一个完整的计算机地图制图系统包括 4 个基本组成部分,即硬件、软件、( )和制图人员,其中硬件、软件是系统最主要的部分。

　　A.地图数据　　　B.矢量数据　　　C.栅格数据　　　D.属性数据

(3)地形图要素的编辑处理的基本数据预处理不包括( )。

　　A.坐标转换　　　B.图形整饰　　　C.数据拼接　　　D.扫描图的矢量化

(4)属性数据是对地图要素进行定义(描述它们的属性说明),描述该要素是什么,通常是以( )形式表现的。

　　A.矢量数据　　　B.栅格数据　　　C.块状编码　　　D.特征码

(5)图形数据是用来表示地理物体的空间位置、形态、大小和分布特征以及几何类型的数据。按几何特点来说,( )是最基本的图形元素。

　　A.点　　　　　　B.线　　　　　　C.面　　　　　　D.体

(6)以下选项中不属于空间数据编辑与处理过程的是( )。

　　A.数据格式转换　B.投影转换　　　C.图幅拼接　　　D.数据分发

(7)存储于计算机可识别的介质上,具有确定坐标和属性特征,按特殊数学法则构成的地理现象离散数据的有序组合,被称为( )。

　　A.数字地图　　　B.矢量地图　　　C.栅格地图　　　D.电子地图

(8)代表地图图形各离散点平面坐标(x,y)的有序集合,称为( )。

　　A.矢量数据　　　B.栅格数据　　　C.空间数据　　　D.属性数据

(9)图像由平面表象对应位置上像元灰度值所组成的矩阵形式的数据,称为( )。

　　A.空间数据　　　B.属性数据　　　C.矢量数据　　　D.栅格数据

(10)地图以概括、抽象的形式反映出制图对象的带有规律性的类型特征,而将那些次要、非本质的物体舍弃,这个过程称为制图综合。( )是制图综合对制图现象进行的两种基本处理。

A.概括和移位　　　B.取舍和概括　　　C.夸大和合并　　　D.压盖和位移

(11)随着地图比例尺的缩小,以符号表示的各个制图物体之间相互压盖,模糊了相互间的关系,采用(　　)的方法,可以保证地图内容各要素总体结构的适应性与协调性。

A.删除　　　　　B.合并　　　　　C.夸大　　　　　D.位移

(12)制图综合中的概括不包括(　　)。

A.形状概括　　　B.点状要素的概括　C.数量特征概括　D.质量特征概括

(13)错误反映制图物体形状概括的基本规律的是(　　)。

A.舍去所有小于最小弯曲尺寸规定的弯曲

B.保持弯曲图形的类型特征

C.保持制图对象的结构对比

D.保持面状物体的面积平衡

(14)制图物体选取的基本规律错误的是(　　)。

A.制图对象的密度越大,其选取的指标越高,被舍弃目标的绝对数量越大,反之亦然

B.遵循从主到次、从大到小的顺序原则进行选取,在任何情况下,都应舍弃较小的、次要的目标,保留较大的、重要的目标,以保证制图区域的基本面貌

C.物体密度系数损失的绝对值和相对量都应从高密度区向低密度区逐渐增大

D.在保持各密度区之间具有最小辨认系数的前提下,保持各区域间的密度对比关系

(15)规定出单位面积内应选取的制图物体的数量而进行选取的方法叫(　　)。

A.资格法　　　　B.定额法　　　　C.对比法　　　　D.取舍法

(16)下列关于像片的取舍说法错误的是(　　)。

A.某一类地物分布较多时,综合取舍幅度可大一些,可适当多舍去一些质量较次的地物

B.可根据地区的特征决定取舍,实地密度大,图上所表现的密度也大

C.成图比例尺大,可以多舍少取多综合进行

D.具有专用性质的地形图各有侧重,调绘时根据不同的要求决定综合取舍的内容和程度

(17)下列关于制图综合物体选取顺序的说法错误的是(　　)。

A.从主要到次要　　　　　　　　B.从高等级到低等级

C.从大到小　　　　　　　　　　D.从数量到质量

(18)地图缩编时,多采用舍弃、位移和压盖等手段来处理要素间的争位性矛盾。下列关于处理争位性矛盾的说法错误的是(　　)。

A.街区中的有方位意义的河流可以采用压盖街区的办法完整地绘出河流符号

B.当人工物体与自然物体发生位置矛盾时,一般移动自然物体

C.连续表示的国界线无论在什么情况下,均不允许移位,周围地物相对关系要与之相适应

D.居民点与河流、交通线相切、相割、相离的关系,一般要保持与实地相适应

(19)制图综合产生的误差不包括(　　)。

A.描绘误差　　　　　　　　　　B.地图投影误差

C.移位误差　　　　　　　　　　D.由形状概括产生的误差

(20)在编图过程中,规定人数达到1000人以上的居民点则选取,低于此标准的则舍去,这

种方法称为( )。

A. 定额法　　　　B. 资格法　　　　C. 标准法　　　　D. 等级法

(21)在编图过程中,图上长度10mm以上的河、渠一般应给予表示,这种方法称为( )。

A. 定额法　　　　B. 资格法　　　　C. 标准法　　　　D. 等级法

(22)在海图制图综合内容选取中,确定数量和质量指标的方法不包括( )。

A. 资格法　　　　B. 定额法　　　　C. 平均法　　　　D. 平方根定律法

(23)海图制图综合中,进行形状的化简的方法不包括( )。

A. 删除　　　　　B. 合并　　　　　C. 省略　　　　　D. 夸大

(24)普通地图编绘中常用的编绘指标的形式不包括( )。

A. 详细指标　　　B. 定额指标　　　C. 等级指标　　　D. 分界尺度

(25)在地图编绘中,描述独立地物和其他要素关系错误的是( )。

A. 与道路、河流的关系,应保持相交、相切或相离的关系

B. 处理与次要地物的关系时,一般保持独立地物的中心位置而移动其他次要地物位置

C. 与同色要素的关系是压盖其他要素

D. 与不同色的河流、等高线在一起时压盖河流、等高线,绘出独立地物符号

(26)以下关于水系综合描述错误的是( )。

A. 海洋要素的综合表现在正确反映海岸类型及特征,显示海底的基本形态、海洋底质及其他水文特征

B. 河流的综合包含河流的选取和河流图形的概括两部分

C. 湖泊的岸线概括同海岸线的化简有许多相同之处,湖泊的选取标准一般定为0.5~1mm^2,小于此标准的可适当合并

D. 井、泉和渠网的制图综合只有取舍,没有形状概括的问题

(27)河流的综合包含河流的选取和河流图形概括两部分。下列关于河流综合描述错误的是( )。

A. 河流的选取通常是按确定的河流选取标准(如长度指标、平均间隔指标)进行

B. 河流的选取指标通常不是一个固定值,而是一个临界值,不同的河网密度采用不同的标准

C. 对于同样密度级的区域,羽毛状河系、格网状河系采用低标准,平行状、辐射状河系采用高标准

D. 河网密度大的地区,用较低的选取标准,河流舍去的条数少,河网密度小的地区舍去的河流条数多

(28)我国居民地分为城镇式和农村式两大类,错误描述居民地制图综合的是( )。

A. 城镇式居民地形状概括的目的在于保持居民地的平面图形特征(内部结构、外部轮廓)

B. 城镇式居民地形状概括要正确反映街道密度和街区大小的对比、建筑面积与非建筑面积的对比

C. 散列农村居民地的形状概括主要体现在对独立房屋的选取

D. 分散式农村居民地实施综合时,主要采取图形概括的方法

(29)对于山区公路的之字形弯曲,为了保持其特征又不过多地使道路移位,常采用( )方法。
　　A. 删除　　　　　　　　　　　　B. 夸大具有特征意义的弯曲
　　C. 采用共线或局部缩小符号　　　　D. 移位

(30)境界是区域的范围线,包括政区境界和其他区域界线,地图上表示境界符号方法的说法不妥当的是( )。
　　A. 地图上表示的境界符号均应连续不断地绘出,其符号的中心线位置保持不变
　　B. 不同等级境界相重合时,只表示高一级境界
　　C. 当境界沿山脊和谷地通过时,要注意境界线与地貌图形的一致,特别是与山顶、山脊线、山隘、谷底等的协调一致
　　D. 境界的描绘应尽量力求准确,境界转折时应用点或线来描绘,以反映真实形状并便于定位

(31)地图接边内容包括要素的几何图形、属性和名称注记等。相邻图幅之间的接边要素图上位置相差( )mm 以内的,可只移动一边要素进行接边;相差( )mm 以内的,应图幅两边要素平均移位进行接边。
　　A. 0.2,0.4　　　B. 0.3,0.6　　　C. 0.4,0.8　　　D. 0.5,1.0

(32)1:2.5万～1:10万地形图上地物点对于附近野外控制点的平面位置中误差不大于( )。
　　A. 平地、丘陵±0.25mm,山地、高山地±0.50mm
　　B. 平地、丘陵±0.50mm,山地、高山地±0.75mm
　　C. 平地、丘陵±0.75mm,山地、高山地±1.00mm
　　D. 平地、丘陵±1.00mm,山地、高山地±1.50mm

(33)1:2.5万、1:5万、1:10万地形图上等高线对于附近野外控制点的高程中误差(m)分别不大于( )。
　　A. 平地±0.5、±1.0、±2.0,丘陵±1.5、±3.0、±6.0,山地±2.0、±4.0、±8.0
　　B. 平地±1.0、±2.0、±4.0,丘陵±2.0、±4.0、±8.0,山地±3.0、±6.0、±12.0
　　C. 平地±1.5、±3.0、±6.0,丘陵±2.5、±5.0、±10.0,山地±4.0、±8.0、±16.0
　　D. 平地±2.0、±4.0、±8.0,丘陵±3.0、±6.0、±12.0,山地±5.0、±10.0、±20.0

(34)在国家基本比例尺地图编绘中,当地物符号化后出现压盖时,应进行符号位移,位移后符号间保持的间隔值一般不小于( )mm。
　　A. 0.1　　　B. 0.2　　　C. 0.3　　　D. 0.4

(35)各种比例尺图上的孤立小岛,不论面积大小均不得舍去。如图上面积小到不能依比例绘出时,应将封闭曲线的直径扩大至( )mm 绘出。
　　A. 0.4　　　B. 0.6　　　C. 0.8　　　D. 1.0

(36)山脉、山岭名称均应沿山脊线用屈曲字列注出,字的间隔一般不应超过字大的( )倍。
　　A. 4　　　B. 5　　　C. 6　　　D. 7

(37)数字地图经可视化处理在屏幕上显示出来的地图,被称为( )。
　　A. 数字地图　　　B. 矢量地图　　　C. 栅格地图　　　D. 电子地图

(38)电子地图是由硬件、软件、数据和人员等部分组成。下列软件属于核心软件的

是( )。

　　A. 操作系统　　　　　　　　　　B. 地图数据库管理软件
　　C. 专业软件　　　　　　　　　　D. 其他应用软件

(39)下列选项不属于电子地图功能的是( )。

　　A. 地图构建功能　　B. 地图管理功能　　C. 地图概括功能　　D. 地图的自动更新

(40)下列不是电子地图功能的是( )。

　　A. 输入功能　　　　B. 地图管理功能　　C. 数据更新功能　　D. 检索查询功能

(41)下列选项不是电子地图特点的是( )。

　　A. 动态性　　　　　B. 交互性　　　　　C. 精度高　　　　　D. 无级缩放

(42)下列选项不属于电子地图界面设计的是( )。

　　A. 界面的形式设计　　　　　　　　B. 界面的显示设计
　　C. 界面的布局设计　　　　　　　　D. 界面的图层设计

(43)电子地图的专题目标是指在图幅背景底图上添加的属于某一个专题要素的地图目标,根据几何属性划分不包括( )。

　　A. 目录　　　　　　B. 热点　　　　　　C. 热线　　　　　　D. 热面

(44)电子地图的设计一般不包括( )。

　　A. 界面设计　　　　B. 投影设计　　　　C. 符号和注记设计　　D. 色彩设计

(45)普通地图编绘的根本原则是( )。

　　A. 根据对地图用途的要求
　　B. 地形图内容应具有比例尺所允许的地图容量
　　C. 客观地反映制图区域的地理特征
　　D. 既尊重选取指标又灵活掌握

2)多项选择题(每题的备选项中,只有2个或2个以上符合题意,至少有1个错项)

(46)图形数据的重要性体现在( )等几个方面。

　　A. 空间定位　　　　B. 空间量度　　　　C. 空间数据
　　D. 空间结构　　　　E. 空间变化

(47)图形数据是用矢量数据还是用栅格数据,与( )等有关,必要时可互相转换。

　　A. 使用的设备　　　B. 数据大小　　　　C. 精度要求
　　D. 空间位置　　　　E. 制图的目的

(48)地图数据处理(符号化编辑)是通过对数据的加工处理,建立起新编地图数据。主要内容包括( )方面。

　　A. 数据预处理　　　B. 图—数转换　　　C. 空间分析
　　D. 数据编辑处理　　E. 数据印前处理

(49)制图综合的基本方法是( )。

　　A. 图形变换　　　　B. 化简　　　　　　C. 概括　　　　　　D. 移位　　　　E. 选取

(50)制图综合中关于概括的描述正确的是( )。

　　A. 概括是对制图物体的形状、数量、质量特征进行化简,即是对那些选取了的信息,在比例尺缩小的条件下,能够以需要的形式传输给读者
　　B. 形状概括是去掉复杂轮廓形状中的某些碎部,保留和夸大重要特征,以总的形体轮廓代替

C. 数量特征概括体现在对标志数量数值的化简,概括的结果表现为数量标志的改变并且常常是变得比较概略

D. 质量特征概括表现为制图表象分类分级的减小,以概括的分类、分级代替详细的分类、分级,以总体的概念代替局部的概念

E. 概括则是去掉制图对象的所有碎部以及进行类别、级别的合并

(51)制图物体图形化简包括外部轮廓化简和内部结构化简两方面。化简的方法通常有( )。

A. 删除　　　B. 合并　　　C. 夸大

D. 位移　　　E. 压盖

(52)衡量地图上地图内容的多少目前使用最普遍的标志是地图载负量,地图载负量可分为( )几种形式。

A. 极限载负量　　B. 适宜载负量　　C. 面积载负量

D. 数值载负量　　E. 平均载负量

(53)普通地图编绘中常用的编绘指标有( )。

A. 详细指标　　B. 定额指标　　C. 等级指标

D. 分界尺度　　E. 质量指标

(54)目前地图上表示地貌最常用的方法是( )。

A. 写景法　　　B. 晕点法　　　C. 明暗等高线法

D. 分层设色法　E. 晕渲法

(55)专题地图的编制的基本过程可分为( )。

A. 设计和编辑准备阶段　　B. 野外测图阶段

C. 编稿与编绘阶段　　　　D. 计算机制图阶段

E. 制印阶段

(56)电子地图的总体结构通常包括( )。

A. 片头　　　B. 封面　　　C. 图号

D. 插图　　　E. 图例

(57)电子地图用户界面的形式设计常采用( )形式。

A. 菜单式　　B. 命令式　　C. 表格式

D. 数字式　　E. 图片式

(58)电子地图的页面通常包括( )。

A. 图幅窗口　　　B. 制图区域　　　C. 状态栏

D. 索引图窗口　　E. 热点名称列表框

9.4.3 例题参考答案及解析

1)单项选择题(每题的备选项中,只有1个最符合题意)

(1)B

解析:根据《数字地形图产品基本要求》(GB/T 17278—2009)第8条,数字地形图产品标志内容包括:产品名称、产品主题、产品简介、产品空间分辨率、产品数据结构、产品密级、生产日期等。故选B。

(2) A

解析:一个完整的计算机地图制图系统包括:硬件、软件、地图数据和制图人员。地图数据包含空间数据和属性数据,空间数据结构分为矢量数据结构、栅格数据结构。选项 B、C、D 不符合题意。故选 A。

(3) B

解析:地图数据在基本数据预处理中,按照成图比例尺图幅范围进行坐标转换、数据拼接、3°分带转 6°分带、扫描图的矢量化等。选项 A、C、D 是基本数据预处理的内容,不符合题意。故选 B。

(4) D

解析:矢量数据和栅格数据是地图数据的两种形式,块状编码是栅格数据的一种压缩编码方法。所谓特征码即为根据地图要素的类别、级别等分类特征和其他质量特征进行定义的数字编码。属性数据通常是以特征码形式表现的。选项 A、B、C 不符合题意。故选 D。

(5) A

解析:图形数据包括矢量数据和栅格数据两种形式,无论何种数据形式均可由点构成线,由线构成面,故点是最基本的图形元素。故选 A。

(6) D

解析:空间数据编辑与处理过程包括:数据格式转换、拓扑关系的建立、图形编辑、图形整饰、图幅拼接、图形变换、投影变换、误差校正等内容。空间数据编辑与处理过程内容包括选项 A、B、C,不包括选项 D。故选 D。

(7) A

解析:考查数字地图的概念。数字地图包括矢量地图和栅格地图。电子地图是以数字地图为基础,以多种媒体显示的地图数据的可视化产品,是数字地图的可视化。选项 B、C、D 不符合题意。故选 A。

(8) A

解析:考查矢量数据的概念。地图数据包括空间数据与属性数据,空间数据的结构有矢量数据结构和栅格数据结构两种。选项 B、C、D 不符合题意。故选 A。

(9) D

解析:考查栅格数据的概念。图像由像元灰度值所组成的矩阵形式的数据,表明该数据为栅格数据。选项 A、B、C 不符合题意。故选 D。

(10) B

解析:制图综合对制图现象进行两种基本处理是取舍和概括。制图物体图形化简的方法是删除、夸大和合并;当制图要素发生争位矛盾,考虑各要素的重要性而采取的方法是位移或压盖。选项 A 中"移位"不妥当,选项 C、D 不符合题意。故选 B。

(11) D

解析:考查制图综合中位移的用法。故选 D。

(12) B

解析:制图综合中的概括分为形状概括、数量特征概括和质量特征概括 3 个方面。选项 A、C、D 不符合题意。故选 B。

(13) A

解析:为了保持各线段上的曲折系数和单位长度上的弯曲个数和对比,需要夸大一些特征弯曲,保持图形的基本特征,并不是舍去所有小于规定尺寸的弯曲。夸大特征弯曲以及选项B、C、D是形状概括的基本规律。故选 A。

(14) C

解析:物体密度系数损失的绝对值和相对量都应从高密度区向低密度区逐渐减小。选项 A、B、D 是制图物体选取的基本规律,选项 C 说法错误。故选 C。

(15) B

解析:规定出单位面积内应选取的制图物体的数量而进行选取的方法叫定额法。故选 B。

(16) C

解析:根据成图比例尺的大小进行综合取舍,成图比例尺大,调绘时综合的幅度应小一些,多取少舍少综合,也符合比例尺精度的要求。选项 A、B、D 说法正确,选项 C 说法错误。故选 C。

(17) D

解析:制图综合物体选取的顺序为:从主要到次要、从高级到低级、从大到小、从整体到局部。选项 A、B、C 不符合题意。故选 D。

(18) B

解析:各要素争位性矛盾的处理原则要衡量各要素的稳定性,自然物体稳定性较高,而人工物体稳定性相对较差,当人工物体与自然物体发生位置矛盾时,一般移动人工物体。选项A、C、D 不符合题意。故选 B。

(19) B

解析:制图综合引起的误差包括:描绘误差、移位误差和由形状概括产生的误差。选项 A、C、D 不符合题意。故选 B。

(20) B

解析:以一定数量或质量标志作为选取标准的方法,就是资格法。本题就是以 1000 作为数量标志。选项 A、C、D 不符合题意。故选 B。

(21) B

解析:以一定数量或质量标志作为选取标准的方法,就是资格法。所以图上长度 10mm 以上的河、渠一般应给予表示,这种方法称为资格法。选项 A、C、D 不符合题意。故选 B。

(22) C

解析:确定数量和质量指标的方法有资格法、定额法和平方根定律法。选项 A、B、D 不符合题意。故选 C。

(23) C

解析:形状化简的主要方法是删除、合并和夸大。选项 A、B、D 不符合题意。故选 C。

(24) A

解析:地图编绘中常用的编绘指标有定额指标、等级指标、分界尺度。各要素的综合指标包括数量指标和质量指标。选项 B、C、D 不符合题意。故选 A。

(25) C

解析:与同色要素的关系是间断其他要素,绘出独立地物符号。选项 A、B、D 描述正确,但不符合题意。故选 C。

(26) C

解析:湖泊岸线的概括同海岸线的化简有许多相同之处,需要确定主要转折点,采用化简与夸张相结合的方法。湖泊一般只能取舍,不能合并,故选项 C 错误。其他选项描述正确。

279

故选 C。

(27) D

解析：河网密度大的地区小河流多，即使规定用较低的选取标准，其舍去的条数仍然较多；河网密度小的地区大河流多，用较高的选取标准，舍去的河流条数仍然比较少。选项 A、B、C 描述正确。故选 D。

(28) D

解析：分散式农村居民地房屋更加分散，没有规则，实际上散而有界、小而有名。在实施制图综合时，主要采取取舍的方法，表示它们散而有界和小而有名的特点。房屋的舍弃和相应的名称舍弃同步进行。选项 A、B、C 描述正确。故选 D。

(29) C

解析：这是山区之字形弯曲所采用的特殊表示手法。选项 A、B、D 不符合题意。故选 C。

(30) A

解析：境界符号在陆地上不与线状地物重合时，应连续不断地绘出，其符号的中心线位置保持不变。以河流中心线或主航道线为界的，河流符号内能绘出境界符号时，应不间断绘出；河流符号内绘不下境界符号时，符号应在河流两侧不间断地交错绘出（每段3～4节）。以共有河流为界时，符号在河流两侧每隔3～5cm交错绘出一段符号（每段3～4节）。以河流一侧为界时，境界符号在相应一侧不间断绘出。境界以线状地物为界，又不能在线状地物中心绘出境界符号时，可沿线状地物两侧每隔3～5cm交错绘出3～4节符号，但境界的交接点、明显的拐弯点以及出图廓的界端要绘出。选项 B、C、D 不符合题意。故选 A。

(31) B

解析：《国家基本比例尺地图编绘规范》(GB/T 12343—2008) 第1、2、3部分规定相邻图幅之间的接连要素不应重复、遗漏。在图上相差 0.3mm 以内的，可只移动一边要素直接接边；相差 0.6mm 以内的，应图幅两边要素平均移位进行接边；超过 0.6mm 的要素应检查和分析原因，由技术负责人根据实际情况决定是否进行接边，并需记录在元数据及图历簿中。选项 A、C、D 不符合题意。故选 B。

(32) B

解析：考查地形图地物点的平面位置中误差精度规定，参见表 9-5。选项 A、C、D 不符合题意。故选 B。

(33) C

解析：考查地形图上等高线对于附近野外控制点的高程中误差规定。参见表 9-5。选项 A、B、D 不符合题意。故选 C。

(34) B

解析：《国家基本比例尺地图编绘规范》(GB/T 12343—2008) 规定，当地物符号化后出现压盖时，应进行符号位移，位移后符号间保持的间隔值一般不小于 0.2mm。选项 A、C、D 不符合题意。故选 B。

(35) B

解析：《国家基本比例尺地图编绘规范》(GB/T 12343—2008) 规定，不论面积大小都要表示孤立的小岛，如图上面积小到不能依比例给出时，应将封闭曲线的直径扩大至 0.6mm 绘出。选项 A、C、D 不符合题意。故选 B。

(36) B

解析:注记字隔的选择是按该注记所指地物的面积或长度大小而定。各种字隔在同一注记的名字中均应相等。为便于读图,一般最大字隔不超过字大的5倍。地物延伸较长时,在图上可重复注记名称。选项A、C、D不符合题意。故选B。

(37)D

解析:本题考查电子地图的定义。数字地图经可视化处理在屏幕上显示出来的地图,被称为电子地图。选项A、B、C不符合题意。故选D。

(38)B

解析:软件系统包括:操作系统、地图数据库管理软件、专业软件及其他应用软件,其中地图数据库管理软件是核心软件。选项A、C、D不符合题意。故选B。

(39)D

解析:电子地图的功能有地图构建功能、地图管理功能、检索查询功能、数据更新功能、地图概括功能、输出功能。电子地图更新方便,但也是人机合作,不是自动更新。选项A、B、C不符合题意。故选D。

(40)A

解析:电子地图的主要功能有地图构建功能、地图管理功能、检索查询功能、数据更新功能、地图概括功能和输出功能。选项B、C、D不符合题意。故选A。

(41)C

解析:电子地图具有:①动态性;②交互性;③无级缩放;④无缝拼接;⑤多尺度显示;⑥地理信息多维化表示;⑦超媒体集成;⑧共享性;等特点。选项A、B、D不符合题意。故选C。

(42)D

解析:界面设计包括:界面的形式设计、界面的显示设计和界面的布局设计。选项A、B、C不符合题意。故选D。

(43)A

解析:目录是电子地图的基本单元。专题目标根据几何属性划分为热点、热线和热面,如城市电子地图中"商业网点"图幅的各具体要求商业网点目标表现为一个个热点。选项B、C、D不符合题意。故选A。

(44)B

解析:电子地图的设计主要包括:内容设计、界面设计、符号和注记设计以及色彩设计等方面。选项A、C、D不符合题意。故选B。

(45)C

解析:制图区域的地理特点是编绘地图的客观依据,一切编绘方面的运用,各要素编绘指标的确定,都必须受到制图区域地理特征的制约,客观反映制图区域地理特点是编绘地图内容的一条根本原则。区域的地理特点包括物体和现象的类型、形态、分布密度、分布规律及相互之间的联系。其他几项也是地图编绘的原则之一,但不是根本原则。选项A、B、D不符合题意。故选C。

2)多项选择题(每题的备选项中,有2个或2个以上符合题意,至少有1个错项)

(46)ABD

解析:图形数据是一种非常重要的信息,其重要性体现在四个方面:空间定位、空间量度、空间结构、空间关系。故选ABD。

(47)ACE

281

解析:图形数据是用矢量数据还是用栅格数据,与使用的设备、制图的目的、精度要求、处理方法等有关。故选 ACE。

(48)ADE

解析:地图数据处理(符号化编辑)主要内容包括:①数据预处理;②数据编辑处理;③数据印前处理。选项 B(图—数转换)是数据采集阶段的工作,选项 C(空间分析)也不是地图数据处理的内容。故选 ADE。

(49)BCDE

解析:制图综合是通过对地图内容要素的选取、化简、概括和移位 4 种基本形式进行的。选项 A 不符合题意。故选 BCDE。

(50)ABCD

解析:概括并不是去掉制图对象的所有碎部,而是对明显反映制图区域地理特点和制图要素的特征的一些重要碎部进行必须保留,甚至夸大的表示,因而选项 E 错误。选项 A、B、C、D 描述正确。故选 ABCD。

(51)ABC

解析:形状化简方法用于线状地物,主要是减少弯曲;对于面状地物,则既要化简其外部轮廓,又要化简其内部结构。化简的方法通常有删除、夸大、合并。故选 ABC。

(52)CD

解析:地图的载负量分为两种形式:面积载负量和数值载负量。极限载负量和适宜载负量是另外的两个概念。地图编绘中没有"平均载负量"的概念。选项 A、B、E 不符合题意。故选 CD。

(53)BCDE

解析:地图编绘中常用的编绘指标有定额指标、等级指标、分界尺度、数量指标和质量指标。选项 A 不符合要求。故选 BCDE。

(54)DE

解析:地貌在地图上的表示最常用的方法有:等高线法、分层设色法和晕渲法。选项 B(晕点法)制作困难目前基本不采用,选项 A(写景法)和选项 C(明暗等高线法)使用较少。故选 DE。

(55)ACDE

解析:专题地图编制,可分为地图设计与编辑、编稿与编绘、计算机制图和制印 4 个基本阶段。选项 B 不符合题意。故选 ACDE。

(56)ABD

解析:电子地图的总体结构通常有片头、封面、图组、主图、图幅、插图和片尾等部分组成。有的还有背景音乐和专题目标。故选 ABD。

(57)AC

解析:用户界面主要有菜单式、命令式和表格式 3 种形式。菜单式界面将电子地图的功能按层次全部列于屏幕上,由用户用数字、键盘键、鼠标、光笔等选择其中某项功能执行。电子地图一般常采用菜单式和表格式界面。故选 AC。

(58)ADE

解析:电子地图的页面,通常由图幅窗口、索引图窗口、图幅名称列表框、热点名称列表框、地图名称条、系统工具条、伴随视频窗口、背景音乐、多媒体信息窗口、其他信息输入或输出窗口等组成。故选 ADE。

9.5 考点五:地图印刷、地图质量控制和成果归档

9.5.1 主要知识点汇总

1)地图制印

(1)印前:印刷之前的工艺过程。

(2)分色:把彩色原稿分解成为各单色版的过程。

(3)纸张光边:对印刷原纸张进行裁切,使其变得光滑整齐的过程。光边尺寸规定不超过 3mm。

2)地图制印实施

(1)印前数据的处理,包括:数据格式的转换、符号压印的透明化处理、拼版、组版、分色加网及出血线、成品线、套合线和印刷装订的控制要素的添加、光栅化处理(RIP)、喷绘样等工作。

(2)地图出版系统的文件,包括矢量图形文件和栅格图像文件。

(3)输出方式,包括:彩色喷墨打印、数码打样、彩色激光打印、分色胶片、分色版和数字印刷等。

(4)地图印刷工序,主要包括:制版、打样、印刷、分捡等。

(5)地图制印过程,包括:前数据处理、地图印刷和地图印后加工。

(6)地图印后加工工序,主要包括:覆膜、拼贴、裁切、装订和包装等。

3)地图质量控制、成果归档要点

(1)地图编绘质量控制依据,包括:①地图编绘引用文件;②地图编绘使用资料;③地图设计文件。

(2)地图编绘质量要求,包括:①数学基础符合规定的要求;②地理要素(精度)及主题要素符合规定的要求;③数据及结构符合规定要求;④整饰符合规定要求。

(3)地图制印质量控制依据,包括:①国家标准;②新闻出版行业标准;③地图设计文件。

(4)印刷成图质量要求,包括:印刷品外观、印刷品的墨色网点、各色套印误差。

(5)装订成品质量要求,包括:①页码顺序正确,无错漏;②封面与书芯等粘贴牢固,粘口符合要求;③成品裁切符合标准;④成品外观整洁、无压痕。

(6)地图成果归档的内容,包括:项目文档、项目成果和项目成果归档目录。

(7)地图成果归档的要求,包括:①填写项目归档申请表;②提交电子版文档和正本原件的纸质文档;③成果资料为正本原件;④数据成果资料用光盘介质归档;⑤每个案卷内均须有卷内目录,必要说明的事项还应有备考表;⑥汇交单位对资料有 1 年的备份保存义务,保存期满后,按要求销毁。

(8)地图成果检查要求,包括:①归档内容完整性;②归档内容一致性;③成果符合性;④文件的有效性;⑤数据文件病毒检验。

9.5.2 例题

1)单项选择题(每题的备选项中,只有1个最符合题意)

(1)地图制印过程不包括(   )。

A. 印前数据处理 B. 地图分幅设计
C. 地图印刷 D. 地图印后加工

(2)印前处理不包括( )。
A. 数据格式的转换 B. 拼版、组版
C. 打样 D. 光栅化处理(RIP)

(3)地图印刷过程中的工序不包括( )。
A. 制版 B. 打样
C. 分捡 D. 覆膜

(4)地图印刷采用的方法是( )。
A. 凸版印刷 B. 平版印刷 C. 凹版印刷 D. 喷墨印刷

(5)平版印刷原理是( )。
A. 印刷版图形部分凸起,空白部分凹下,通过版面的凹凸形成吸附油墨印刷
B. 印刷版图形部分凹下,空白部分凸起,通过版面的凹凸形成吸附油墨印刷
C. 通过物理、化学作用,在图形部分形成亲油基团,在空白部分形成亲水基团
D. 模仿印章盖章的原理,使图形和背景几乎成一个平面,压印图形

(6)四色印刷的四色是指( )。
A. 红、绿、蓝、白 B. 红、绿、蓝、黑
C. 黄、品红、青、白 D. 黄、品红、青、黑

(7)地图编绘质量控制的依据不包括( )。
A. 地图编绘引用文件 B. 地图编绘使用资料
C. 地图设计文件 D. 数据文件病毒检验

(8)地图编绘质量要求不包括( )。
A. 光栅化处理(RIP)符合规定要求
B. 地理要素(精度)及主题要素符合规定的要求
C. 数据及结构符合规定要求
D. 数学基础(精度)符合规定的要求

(9)地图印刷成图质量要求不包括( )。
A. 地图整饰质量 B. 印刷品墨色网点
C. 各色套印误差 D. 印刷品外观

(10)地图成果归档内容不包括( )。
A. 项目成果依据的国家标准 B. 项目文档
C. 项目成果归档目录 D. 项目成果

(11)成果资料汇交后,汇交单位对资料有( )的备份保存义务,保存期满后,按要求销毁。
A. 6个月 B. 1年 C. 2年 D. 3年

(12)地图成果归档应按要求提交电子版文档和正本原件的纸质文档,数据成果资料用光盘介质归档,每个案卷内均须有( )。
A. 光盘 B. 病毒检验文件
C. 卷内目录 D. 成果质量检查表

2)多项选择题(每题的备选项中,有2个或2个以上符合题意,至少有1个错项)

(13)不能直接制作印刷版或直接上机印刷的是(　　)。
　　A.彩色喷墨打印输出　　B.彩色激光打印输出　　C.分色胶片输出
　　D.分色版输出　　E.数字印刷

(14)地图印后加工工序包括(　　)。
　　A.打样　　B.裁切　　C.分捡
　　D.拼贴　　E.装订

(15)有关地图各色套印误差说法不正确的是(　　)。
　　A.全开图幅精度要求较高的地图误差不大于0.2mm
　　B.全开图幅一般地图误差不大于0.3mm
　　C.国家基本比例尺地形图的地图误差不大于0.2mm
　　D.双面印件套印,正反面误差不超过0.5mm
　　E.不大于对开幅面一般地图误差不大于0.3mm

(16)地图成果整理要求包括(　　)。
　　A.以项目为单位整理立卷
　　B.成果资料按要求系统整理,组成保管单元
　　C.数据成果资料按要求每一盘为一卷,可独立进行数据读取,并附带说明文件
　　D.按要求填写项目归档申请表
　　E.归档的成果资料按要求进行包装

9.5.3 例题参考答案及解析

1)单项选择题(每题的备选项中,只有1个最符合题意)

(1)B

解析:地图制印过程包括:印前数据处理、地图印刷和地图印后加工。地图分幅设计是地图设计的工作。选项A、C、D均为地图制印的内容,不符合要求。故选B。

(2)C

解析:印前处理主要包括:数据格式的转换、符号压印的透明化处理、拼版、组版、分色加网及出血线、成品线、套合线和印刷装订的控制要素的添加、光栅化处理(RIP)、喷绘样等工作。选项A、B、D均为地图印前处理的内容,打样属于印刷过程。故选C。

(3)D

解析:地图印刷工序主要包括:制版、打样、印刷、分捡等。覆膜是地图印后加工工序。选项A、B、C不符合题意。故选D。

(4)B

解析:印刷的方式主要有:凸版印刷、平版印刷和凹版印刷。地图印刷中需要满足地图幅面大、精度高、质量高、版面易修补、制印方便、成图迅速以及成本低的特点,采用平版胶印的方法制印地图。选项A、C、D不符合题意。故选B。

(5)C

解析:平版印刷是根据油水不相容原理,通过向印刷版擦水,空白部分因具有亲水基团而吸水排油;再向版面滚墨,图文部分因含有亲油基团,具有亲油憎水的特性,使图文部分吸

足油墨,经压印辊筒转到橡皮布上,接触纸张形成图样。这是考查平版印刷的基本知识。故选 C。

(6)D

解析: 红、绿、蓝是光的三原色。黄、品红、青是颜料的三原色(又称三减原色),理论上,这三个原色按不同比例可以合成各种颜色。实际中黄、品红、青三种颜料合成灰色(接近黑),故在印刷中增加了黑色颜料,即青、品红、黄、黑(CMYK)四色。故选 D。

(7)D

解析: 选项 A、B、C 是地图编绘质量控制的依据,不符合题意。数据文件病毒检验属于地图成果检查要求。故选 D。

(8)A

解析: 地图编绘质量要求包括:①数学基础(精度)符合规定的要求;②地理要素(精度)及主题要素符合规定的要求;③数据及结构符合规定要求;④整饰符合规定要求。选项 B、C、D 是地图编绘质量的要求。故选 A。

(9)A

解析: 选项 A(地图整饰质量)属于地图编绘质量要求。其他选项均为地图印刷质量要求。故选 A。

(10)A

解析: 地图成果归档内容包括:项目文档、项目成果和项目成果归档目录。选项 B、C、D 属于地图成果归档的内容,选项 A 则不属于。故选 A。

(11)B

解析: 成果资料汇交后,汇交单位对资料有 1 年的备份保存义务,保存期满后,按要求销毁。故选 B。

(12)C

解析: 地图成果归档要求规定每个案卷内均须有卷内目录,有必要说明的事项还应有备考表。选项 A、B、D 不符合题意。故选 C。

2)多项选择题(每题的备选项中,有 2 个或 2 个以上符合题意,至少有 1 个错项)

(13)AB

解析: 选项 A(彩色喷墨打印输出)和选项 B(彩色激光打印输出)常用于生产过程中的检查修改;数码打样输出可获得较少份数的成品;选项 C(分色胶片输出)用于制作印刷版,上机印刷;选项 D(分色版输出)可直接得到印刷版,上机印刷;选项 E(数字印刷)可由数据直接生成印刷品,省去出片和制版工序。因而选项 C、D、E 不符合题意。故选 AB。

(14)BDE

解析: 地图印后加工工序主要包括:覆膜、拼贴、裁切、装订和包装等。选项 A(打样)、选项 C(分捡)属于地图印刷工序。故选 BDE。

(15)CE

解析: 选项 C 应为国家基本比例尺地形图的地图误差不大于 0.1mm,选项 E 不大于对开幅面一般地图误差不大于 0.2mm。故选 CE。

(16)ABCE

解析: 按要求填写项目归档申请表属于归档要求,其他各项均为地图成果整理要求。故选 ABCE。

9.6 高频真题综合分析

9.6.1 高频真题——专题地图

◀ 真 题 ▶

【2011,47】 在专题地图表示方法中,能较好地反映制图区域某些点呈周期性现象的数量特征和变化的方法是(　　)。
　　A.等值线法　　　　B.定位图表法　　C.质底法　　　D.范围法

【2013,58】 编制专题地图时,用于表示连续面状分布现象的方法是(　　)。
　　A.范围法　　　　　B.点值法　　　　C.质底法　　　D.动线法

【2013,60】 下列地图特征中,不能作为专题地图设计依据的是(　　)。
　　A.地图的用途　　　　　　　　　　　B.地图比例尺
　　C.制作区域形状　　　　　　　　　　D.地图表示方法

【2014,58】 在专题地图表示方法中,反映不连续面状分布现象,用轮廓线表示其分布区域,用符号或颜色区分其质量特征的方法称为(　　)。
　　A.质底法　　　　　　　　　　　　　B.线状符号法
　　C.范围法　　　　　　　　　　　　　D.分区统计图法

【2015,58】 编制矿产分布图时,将表示矿井位置及储存量的符号绘制在井口位置,该方法属于专题地图表示方法中的(　　)。
　　A.分区统计图法　　　　　　　　　　B.分级统计图法
　　C.范围法　　　　　　　　　　　　　D.定点符号法

【2016,97】 下列专题地图表示方法中,可用于编制人口分布地图的有(　　)。
　　A.底质法　　　　　　　　　　　　　B.定位符号法
　　C.等值线法　　　　　　　　　　　　D.分级统计图法
　　E.点值法

◀ 真题答案及综合分析 ▶

答案: B　C　D　C　D　BE

解析: 以上6题,考核的知识点是"专题地图"。

(1)专题地图,是突出而较完备地表示一种或几种自然或社会经济现象,而使地图内容专门化的地图。

(2)专题地图的内容,包括数学基础、地理要素(地理基础底图要素、专题要素)和辅助要素(或图外要素)。

(3)专题地图的分类。按内容的专门性,分为自然地图、社会经济地图、其他专题地图。按内容的描述方式,分为定性专题地图、定量专题地图。

(4)专题地图的10种表示方法:①定位符号法;②线状符号法;③范围法;④质底法;⑤等

值线法;⑥定位图表法;⑦点值法;⑧运动线法;⑨分级统计图法;⑩分区统计图法。

(5)专题地图表示方法:通常运用一种或两种表示方法为主,其他几种方法为辅,达到更好地揭示制图现象特征的目的。

(6)影响专题地图选择的因素:地图用途、地图比例尺、制图区域特点、表示现象的分布性质、专题要素表示的量化程度和数据特征、专题要素类型及其组合形式。

9.6.2 高频真题——地图投影

◀ 真 题 ▶

【2011,45】 在设计地图投影方式时,呈圆形轮廓的区域宜采用( )投影。
A.圆柱　　　　　　B.圆锥　　　　　　C.方位　　　　　　D.多圆锥

【2013,57】 我国南海海域呈南北延伸形状,在设计其地图投影方式时,宜采用( )投影。
A.圆柱　　　　　　B.方位　　　　　　C.圆锥　　　　　　D.球面

【2014,57】 在我国范围内,下列地图中,选用双标准纬线正轴圆锥投影的是( )。
A.海洋航行图　　　　　　　　　　B.省级政区地图
C.大比例尺管道地图　　　　　　　D.导航电子地图

【2015,96】 下列因素中,影响专题地图投影选择的有( )。
A.地图用途　　　　　　　　　　　B.区域位置
C.区域大小　　　　　　　　　　　D.区域形状
E.区域地形

◀ 真题答案及综合分析 ▶

答案: C　A　B　ABCD

解析:以上4题,考核的知识点是"地图投影"。

(1)地图投影的概念,将地球表面上的点、线、面投影到平面的方法,称为地图投影。

(2)地图投影的变形,主要包括长度变形、面积变形、角度变形。

(3)地图投影的分类:
①按投影变形,分为等角投影、等面积投影和任意投影;
②按投影构成方式,分为几何投影、条件投影。

(4)圆锥投影,正轴圆锥投影的变形只与纬度有关,而与经差无关,故同一条纬线上的变形相等,即变形线与纬线一致。圆锥投影,最适宜于作为中纬度处沿纬线伸展的制图区域的投影。

(5)方位投影,正轴投影中,经、纬线长度比仅是纬度的函数;在斜轴或横轴投影中,沿垂直圈或等高加的长度比仅是天顶距的函数,故等变形线为圆形,即正轴时与纬圈一致,在斜轴时与等高圈一致。方位投影,适宜于具有圆形轮廓的地区。

(6)圆柱投影,正轴圆柱投影的变形仅与纬度有关,同纬线上各点的变形相同而与经度无关。变形线与纬线相合,成为平行直线。圆柱投影,适合于呈南北延伸形状的区域。

(7)正轴等角圆柱投影,又称墨卡托投影,等角航线投影为两点连接的一条直线。正轴等角圆柱投影,广泛应用于航空、航海方面。

(8)高斯-克吕格投影,确定该投影的三个条件是:①中央经线和赤道投影后为互相垂直的直线,且为投影的对称轴;②投影具有等角性质;③中央经线投影后保持长度不变。

(9)要为各种制图目的选择适宜的投影,应该了解地图投影的性质,知道由各种不同投影产生的变形类型、变形值和变形分布。如要恰当地选择投影,就必须顾及以下一些因素:①地图的用途和性质;②制图区域的形状和地理位置;③制图区域的大小;④其他。

(10)地图投影选择条件,包括:①制图区域位置、形状、大小;②地图用途;③地图投影本身的特点。

9.6.3 高频真题——制图综合

◀ 真 题 ▶

【2011,46】 地图缩编时,多采用舍弃、移位和压盖等手段来处理要素间的争位性矛盾。下列关于处理争位性矛盾的说法,错误的是( )。

  A. 街区中的有方位意义的河流可以采用压盖街区的办法完整地绘出河流符号
  B. 当人工物体与自然物体发生位置矛盾时,一般移动自然物体
  C. 连续表示的国界线无论在什么情况下,均不允许移位,周围地物相对关系要与之相适应
  D. 居民点与河流、交通线相切、相割、相离的关系,一般要保持与实地相适应

【2011,48】 下列关于制图综合物体选取顺序的说法,错误的是( )。

  A. 从主要到次要   B. 从高等级到低等级
  C. 从大到小   D. 从数量到质量

【2013,96】 地图要素可分为点、线、面要素。在制图综合过程中,正确处理地图要素争位现象的方法有( )。

  A. 点点冲突时,保持高层次点状要素图形完整,对低层次点状要素移位
  B. 点线冲突时,保持点状要素图形完整,点状要素压盖线状要素
  C. 点面冲突时,保持点状要素图形完整,点状要素压盖面状要素
  D. 线线冲突时,保持线状要素各自完整,互相压盖时不得移位
  E. 线面冲突时,保持线状要素完整,线状要素压盖面状要素

【2014,97】 中、小比例尺地图缩编中,用图形符号表示居民地时,符合制图要求的居民地选取方法有( )。

  A. 优选法   B. 定额法
  C. 分配法   D. 随机法
  E. 资格法

【2015,60】 小比例尺地图缩编时,根据居民地的人口数或行政等级来确定居民地取舍的方法是( )。

  A. 质底法   B. 资格法   C. 符号法   D. 点值法

【2016,60】 下列制图综合方法中,不属于等高线图形概括常用方法的是(　　)。

A. 分割　　　　　　B. 移位　　　　　C. 删除　　　　　D. 夸大

◀ 真题答案及综合分析 ▶

答案: B　D　ABCE　BE　B　A

解析: 以上6题,考核的知识点是"制图综合"。

(1)制图综合的两种基本处理方法:选取(又称取舍)、概括。

(2)制图综合的基本方法,包括:①制图物体的选择;②制图物体图形化简;③制图物体的概括;④制图物体的图形移位。

(3)选取(取舍)分为类别选取和级别选取。通常采用资格法、定额法。

(4)制图图形的化简方法,通常有删除、夸大、合并。

(5)制图物体的概括,包括:数据特征概括、质量特征概括。

(6)地图缩编。自然物体的稳定性较高,而人工物体的稳定性较差。当它们发生争位性矛盾时,一般移动人工物体,保持主从关系。如位于海岸、河岸边的居民点综合时海岸、河岸位置不变,居民点符号与海岸、河岸相切。

10 地理信息工程

10.0 考 点 分 析

考点一:地理信息工程概要
考点二:地理信息工程技术设计
考点三:地理信息数据与数据库
考点四:GIS 开发、运行管理与质量控制

10.1 考点一:地理信息工程概要

10.1.1 主要知识点汇总

1)地理信息系统的定义

从技术的角度看,GIS 是在计算机软件、硬件及网络支持下,对有关空间数据进行输入、存储、检索、更新、显示、制图、综合分析和应用的技术系统。

2)地理信息系统的构成

一个典型的 GIS 由计算机系统(软件、硬件)、地理信息数据库系统、系统开发、管理与应用人员构成。

3)地理信息系统的分类

GIS 按内容分为三大类:专题地理信息系统、区域地理信息系统和地理信息系统工具。

4)地理信息系统与其他学科的关系

GIS 与地图学、数据库系统及 CAD 等有着密切的关系。

5)地理信息系统主要功能

地理信息系统具有数据采集与输入、数据编辑与更新、数据存储与管理、空间查询与分析、数据显示与输出五大功能。

6)地理信息系统的发展

目前 GIS 研究的热点方向主要有分布式 GIS、智能 GIS 与空间数据挖掘、3S 的集成、时空 GIS 及三维 GIS 等。

10.1.2 例题

1)单项选择题(每题的备选项中,只有1个最符合题意)

(1)地理信息系统形成于20世纪(　　)。
　　A. 50年代　　　　B. 60年代　　　　C. 70年代　　　　D. 80年代

(2)地理信息区别于其他信息的显著标志是(　　)。
　　A. 属于属性信息　　　　　　　　B. 属于共享信息
　　C. 属于社会经济信息　　　　　　D. 属于空间信息

(3)我国地理信息系统的发展自20世纪(　　)起步。
　　A. 60年代初　　　B. 70年代初　　　C. 80年代初　　　D. 90年代初

(4)"3S"技术指的是(　　)。
　　A. GIS、RS、GPS　　B. GIS、DSS、GPS　　C. GIS、GPS、OS　　D. GIS、DSS、RS

(5)下列属于GIS输入设备的是(　　)。
　　A. 主机　　　　　B. 绘图机　　　　C. 扫描仪　　　　D. 显示器

(6)从历史发展看,GIS脱胎于(　　)。
　　A. 地图学　　　　B. 地理学　　　　C. 计算机科学　　D. 测量学

(7)下列有关GIS的叙述错误的是(　　)。
　　A. GIS是一个决策支持系统
　　B. GIS是研究地理系统的科学技术保证
　　C. 地图学理论与地图分析方法是GIS的重要学科基础
　　D. GIS是数字地球演变的必然趋势

(8)世界上第一个地理信息系统是(　　)。
　　A. 美国地理信息系统　　　　　　B. 加拿大地理信息系统
　　C. 日本地理信息系统　　　　　　D. 奥地利地理信息系统

(9)在GIS数据中,把非空间数据称为(　　)。
　　A. 几何数据　　　B. 关系数据　　　C. 属性数据　　　D. 统计数据

(10)地理数据一般具有的三个基本特征是(　　)。
　　A. 空间特征、属性特征和时间特征
　　B. 空间特征、地理特征和时间特征
　　C. 地理特征、属性特征和时间特征
　　D. 空间特征、属性特征和拓扑特征

(11)下列能进行地图数字化的设备是(　　)。
　　A. 打印机　　　　B. 手扶跟踪数字化仪　　C. 主机　　　　D. 硬盘

(12)GIS区别于其他信息系统的一个显著标志是(　　)。
　　A. 空间分析　　　B. 计量分析　　　C. 属性分析　　　D. 统计分析

(13)数字地球是1998年由(　　)提出的。
　　A. 戈尔　　　　　B. 克林顿　　　　C. 布什　　　　　D. 基辛格

(14)一个完整的GIS主要由4个部分构成,即用户、软件、硬件、数据,其中(　　)是GIS的处理对象。

A. 用户   B. 软件   C. 硬件   D. 数据

(15)下列软件中,不属于 GIS 软件的是( )。

     A. AutoCAD   B. MapInfo   C. SuperMap   D. ArcView

(16)下列哪款软件属于国产 GIS 软件?( )

     A. SuperMap   B. ArcView   C. MapInfo   D. AutoCAD

(17)GIS 与机助制图的差异在于( )。

     A. 是地理信息的载体   B. 具有存储地理信息的功能

     C. 具有显示地理信息的功能   D. 具有强大的空间分析功能

(18)GIS 软件系统通常由系统软件、GIS 专业软件和( )组成。

     A. 计算机主机   B. 数据输入设备   C. 网络设备   D. 数据库软件

2)多项选择题(每题的备选项中,有 2 个或 2 个以上符合题意,至少有 1 个错项)

(19)一个典型的 GIS 系统由( )构成。

     A. 计算机系统(软件、硬件)   B. 地理信息数据库系统

     C. 系统开发   D. 管理与应用人员

     E. 投影转换系统

(20)GIS 的主要功能有( )。

     A. 数据采集与输入   B. 数据交换与交易   C. 数据存储与管理

     D. 数据显示与输出   E. 数据编辑与更新

(21)地理信息系统按内容可以分为( )等几类。

     A. 专题地理信息系统   B. 区域地理信息系统

     C. 地理信息系统工具   D. 地理信息系统软件

     E. 地理信息系统制图

(22)地理信息系统硬件系统一般有( )部分。

     A. 计算机主机   B. 数据输入设备   C. 数据存储设备

     D. 数据输出和网络设备   E. 数据分发设备

(23)地理信息系统软件系统常由( )组成。

     A. 系统软件   B. GIS 软件   C. 数据库软件

     D. 编程语言软件   E. Office 软件

(24)下列设备属于 GIS 输出设备的是( )。

     A. 显示器   B. 绘图仪   C. 手扶跟踪数字化仪

     D. 打印机   E. 扫描仪

10.1.3 例题参考答案及解析

1)单项选择题(每题的备选项中,只有 1 个最符合题意)

(1)B

解析:本题考查地理信息系统形成年代,地理信息系统形成于 20 世纪 60 年代。故选 B。

(2)D

解析:地理信息区别于其他信息的主要特征是地理信息属于空间信息。故选 D。

(3)B

解析:我国地理信息系统形成于20世纪70年代初。故选B。

(4)A

解析:"3S"是指GIS、RS、GPS。故选A。

(5)C

解析:扫描仪属于数据输入设备,显示器和绘图机属于输出设备。故选C。

(6)A

解析:地理信息系统脱胎于地图学。故选A。

(7)D

解析:前3个选项都是对的,只有D表述有问题。故选D。

(8)B

解析:世界上第一个地理信息系统来自加拿大。故选B。

(9)C

解析:GIS中非空间数据为属性数据。故选C。

(10)A

解析:考察地理数据的三个特征,即空间特征、属性特征和时间特征。故选A。

(11)B

解析:手扶跟踪数字化仪是数字化设备的一种。故选B。

(12)A

解析:GIS区别于其他信息系统的一个显著标志是空间分析功能。故选A。

(13)A

解析:数字地球是1998年由美国副总统戈尔首先提出的。故选A。

(14)D

解析:一个完整的GIS主要由4个部分构成,即用户、软件、硬件、数据,其中数据是GIS的处理对象。故选D。

(15)A

解析:AutoCAD不属于GIS软件。故选A。

(16)A

解析:SuperMap属于国产GIS软件,ArcView和MapInfo属于美国GIS软件,AutoCAD不属于GIS软件。故选A。

(17)D

解析:GIS与机助制图的差异在于GIS具有强大的空间分析功能。故选D。

(18)D

解析:GIS软件系统通常由系统软件、GIS专业软件和数据库软件组成。故选D。

2)多项选择题(每题的备选项中,有2个或2个以上符合题意,至少有1个错项)

(19)ABCD

解析:一个典型的GIS由计算机系统(软件、硬件)、地理信息数据库系统、系统开发、管理与应用人员构成。故选ABCD。

(20)ACDE

解析:地理信息系统具有数据采集与输入、数据编辑与更新、数据存储与管理、空间查询与分析、数据显示与输出5大功能。故选ACDE。

(21)ABC

解析:GIS按内容分为三大类:专题地理信息系统、区域地理信息系统和地理信息系统工具。故选ABC。

(22)ABCD

解析:地理信息系统硬件系统一般有计算机主机、数据输入设备、数据存储设备、数据输出和网络设备等几个组成部分。故选ABCD。

(23)ABC

解析:地理信息系统软件系统常由GIS软件、数据库软件、系统软件组成。故选ABC。

(24)ABD

解析:显示器、绘图仪、打印机属于GIS输出设备。故选ABD。

10.2 考点二:地理信息工程技术设计

10.2.1 主要知识点汇总

1)地理信息工程的基本框架

(1)地理信息工程的概念:地理信息工程是指应用GIS的理论和方法,结合计算机技术、现代测绘技术等,用于解决具体应用的软件系统工程。

(2)地理信息工程实施的主要步骤:①用户需求调研与可行性研究;②工程实施方案与总体设计;③开发与测试;④试运行与调试;⑤系统维护与评价。

2)系统需求分析

需求调研是项目立项后的第一项工作,同时也是最主要的工作。需求调研是后期设计和系统建设、运行的基础和关键。

(1)系统需求分析工作的内容:①用户情况调查,包括现有软件系统问题、数据现状、业务需求;②明确系统建设目标和任务;③系统可行性分析研究;④撰写并提交需求调研报告。

(2)系统目标获取及分析途径:①进行用户类型分析;②对现行系统进行调查分析;③明确系统服务对象;④用户应用现状调查。

(3)系统功能获取及分析方法包括:①结构化分析方法;②面向对象的分析方法;③快速原型化分析方法。

(4)可行性研究的主要工作内容包括:①数据源调查评估;②技术可行性评估;③系统的支持状况;④经济和社会效益分析。

(5)系统分析方法包括:①数据流模型;②数据字典;③加工逻辑说明。

3)系统总体设计

(1)体系结构设计:从系统建设目的出发,遵循先进性、科学规范性、可操作性、可扩展性和安全性的设计原则,设计系统的体系结构,内容包括系统构建的关键技术、数据及数据库体系结构设计、接口设计、模块体系设计、工程建设的软硬件环境设计、系统组网及安全性设计等。

(2)软件结构设计:C/S结构和B/S结构比较。

地理信息系统对软件要求比较高,基础平台的选择一般应考虑以下几个方面的需求:图形、图像与 DEM 三库一体化及面向对象的数据模型,海量、无缝、多尺度空间数据库的管理,动态、多维与空间数据可视化,基于网络的 C/S、B/S 系统,数据融合和信息融合,空间数据挖掘与知识发现,地理信息公共服务与互操作。

地理信息系统需要存储海量数据,对数据进行处理时一般要进行大量的计算,因此系统对 CPU 的性能要求较高。存储系统以在线、近线、离线等三级存储为主,以数据存储为中心的存储局域网,对数据建库、更新、运行管理、分发服务、海量数据存储、备份等提供策略。局域网网络服务器一般可采用 Unix 或 Windows NT 操作系统,网络主干采用高性能交换机负责内部 IP 地址过滤、访问控制、虚拟局域网和网管。局域网可采用双星形结构,全网蜜月管理、信息加密,通过网络安全隔离计算机控制涉密及与非涉密网段之间的信息交流。

(3)系统功能设计:数据输入模块、数据编辑模块、数据处理模块、数据查询模块、空间分析模块、数据输出与制图模块。

(4)系统安全设计:网络安全与保密、应用系统的安全措施、数据备份与恢复机制、用户管理。

4)数据库设计

(1)数据库设计基础:数据库概念设计、数据库逻辑结构设计、数据库物理结构设计、数据字典设计。

(2)空间数据库设计:在地理信息系统工程中,空间数据库的逻辑设计一般从图库—数据集—数据层为主线考虑其逻辑设计,在物理存储中需要考虑空间数据是使用文件存储还是数据库存储。

(3)属性数据库设计:在地理信息系统工程中应用一般都是面向专题或行业,因此属性数据库设计一般也是针对不同的专题或行业分别设计。从技术层面来讲,数据型数据库设计一般采用常规数据库设计方法和步骤,而在实践中,行业或者区域主管部门会制定并颁布一些指导性设计规范。

(4)符号库设计:在地理信息系统工程中,地物要素的符号库设计包括符号类型设计和地物符号样例设计。

(5)元数据库设计:元数据是描述空间数据的数据。元数据库设计的主要内容,包括:空间数据集的内容、质量、精度、表示方式、空间参考、管理方式以及数据集的其他特征等,是空间数据交换的基础,也是空间数据标准化、规范化的保证,在一定程度上为空间数据的质量提供了保障。

(6)数据库更新设计:在地理信息系统工程中,通过地理信息更新可保证地理信息的现实性,其手段主要包括5种,即实测更新法、编绘更新法、计算机地图制图更新法、遥感信息更新法和 GPS 信息更新法等。

5)详细设计

(1)详细设计的任务

细化总体设计的体系流程图,绘出程序结构图,直到每个模块的编写难度可被单个程序员所掌握为止;为每个模块选定算法;确定模块使用的数据组织;确定模块的接口及模块间的调度关系;描述每个模块的流程逻辑;编写详细设计文档。

(2)用户界面设计

用户界面设计的三大原则:置界面于用户的控制之下,减少用户的记忆负担,保持界面的一致性。

界面设计从流程上分为结构设计、交互设计和视觉设计三部分。

(3)标准化设计

采用标准设计的优点:设计质量有保证,有利于提高工程质量;可以减少重复劳动,加快设计速度;有利于采用和推广新技术;有利于加快开发与建设速度;有利于节约成本,降低造价,提高经济效益。

(4)详细设计说明书

系统详细设计师解决系统"如何做"的问题。一般而言,系统详细设计包括数据结构设计、模块设计、代码设计。

10.2.2 例题

1)单项选择题(每题的备选项中,只有1个最符合题意)

(1)下面关于软件结构设计的描述不正确的是(　　)。
　　A.C/S模式的应用系统基本运行关系体现为"请求—响应"的应答模式
　　B.B/S结构是将C/S模式的结构与Web技术紧密结合而形成的三层体系结构
　　C.B/S结构比C/S结构好
　　D.在很多跨区域的大型GIS中,经常同时包含C/S和B/S结构

(2)标准实体—关系(E-R)图中,分别用方框和椭圆表示(　　)。
　　A.联系、属性　　　　　　　　　　B.属性、实体类型
　　C.实体类型、属性　　　　　　　　D.联系、实体类型

(3)GIS工程项目在设计阶段,需要进行需求分析,下列关于需求分析的说法正确的是(　　)。
　　A.需求分析报告要获得用户认可　　B.系统需求是用户提出的要求
　　C.用户可以不参与需求分析过程　　D.不是所有的项目都需要需求分析

(4)下列内容中,属性数据字典不描述的是(　　)。
　　A.数据元素与数据结构　　　　　　B.数据存储与处理
　　C.数据流　　　　　　　　　　　　D.拓扑关系

(5)GIS工程设计中的系统分析核心是(　　)。
　　A.需求分析　　B.可行性分析　　C.业务调查　　D.逻辑分析

(6)在GIS的开发设计中,将逻辑模型转化为物理模型的阶段是(　　)阶段。
　　A.系统分析　　B.系统设计　　C.系统实施　　D.系统维护

(7)数据库设计一般包括3个主要阶段,下列描述中不属于此3个阶段的是(　　)。
　　A.逻辑设计阶段　　B.业务设计阶段　　C.概念设计阶段　　D.物理设计阶段

(8)GIS软件测试4个基本步骤的先后顺序是(　　)。
　　A.系统测试、确认测试、联合测试、模块测试
　　B.模块测试、确认测试、联合测试、系统测试
　　C.系统测试、联合测试、确认测试、模块测试
　　D.模块测试、联合测试、确认测试、系统测试

(9)不属于传统数据模型的是(　　)。

A. 层次模型 B. 面向对象数据模型
C. 网络模型 D. 关系模型

(10) 以下叙述中不属于详细设计任务的是（   ）。
A. 为每个功能模块选定算法 B. 确定模块使用的数据组织
C. 描述每个模块的流程逻辑 D. 数据字典详细设计

(11) GIS开发设计过程中，数据库的建立是在（   ）阶段完成的。
A. 系统分析 B. 系统设计 C. 系统实施 D. 系统运行和维护

(12) 采用文件与关系数据库共同管理的GIS系统中，空间数据主要通过（   ）的方式进行管理。
A. 关系数据库
B. 文件
C. 面向对象数据库
D. 文件与关系数据库相结合

2）多项选择题（每题的备选项中，有2个或2个以上符合题意，至少有1个错项）

(13) 数据库的一般逻辑结构主要有（   ）。
A. 传统数据模型
B. 面向对象的数据模型
C. 空间数据模型
D. 时间数据模型
E. 属性数据模型

(14) 数据字典是开展GIS系统分析和设计的工作基础，其主要内容包括（   ）等。
A. 空间数据库名称、层名
B. 关联属性项、关联字段
C. 拓扑关系、属性表
D. 要素类型、操作限制规则
E. 需求分析、统计表

(15) 以下选项中属于应用型地理信息系统的设计阶段的是（   ）。
A. 系统分析 B. 系统安装 C. 系统设计
D. 系统实施 E. 系统制图

(16) 元数据的内容包括（   ）。
A. 对数据集的描述 B. 对数据质量的描述
C. 对数据处理信息的说明 D. 对数据转换方法的描述
E. 对数据寿命的描述

(17) GIS设计的主要方法有（   ）。
A. 原型法 B. 结构化生命周期法
C. 面向对象的设计方法 D. 以上都是
E. 以上都不是

(18) 数据库设计主要有（   ）等几个阶段。
A. 概念设计阶段 B. 逻辑设计阶段 C. 物理设计阶段
D. 字段设计阶段 E. 算法设计阶段

10.2.3 例题参考答案及解析

1) 单项选择题(每题的备选项中,只有1个最符合题意)

(1) C

解析:B/S结构和C/S结构各有优势,不好说哪个绝对的好。故选C。

(2) C

解析:在E-R图中,方框表示实体类型,菱形表示联系,椭圆表示属性。故选C。

(3) A

解析:GIS工程项目在设计阶段,需要进行需求分析,编制需求分析报告说明书是用户与技术人员之间的技术合同,故必须获得用户的认可。故选A。

(4) D

解析:属性数据字典描述内容有:数据元素、数据结构、数据流、数据存储、外部实体和处理。属性数据字典不描述拓扑关系。故选D。

(5) A

解析:GIS工程设计中的系统分析核心是需求分析。故选A。

(6) C

解析:将逻辑模型转为物理模型的阶段是系统实施阶段。故选C。

(7) B

解析:数据库设计一般包括3个主要阶段:逻辑设计阶段、概念设计阶段、物理设计阶段。故选B。

(8) D

解析:GIS软件测试4个基本步骤的先后顺序:模块测试、集成测试(联合测试)、确认测试、系统测试。故选D。

(9) B

解析:传统数据模型包括:层次模型、网络模型、关系模型。故选B。

(10) D

解析:详细设计的任务有:为每个模块选定算法、确定每个模块使用的数据组织、描述每个模块的流程逻辑、为每个模块设计出一个测试用例。数据字典设计不是详细设计阶段的任务。故选D。

(11) C

解析:GIS开发设计过程中,数据库的建立是在系统实施阶段中完成的。故选C。

(12) B

解析:采用文件与关系数据库共同管理的GIS系统中,空间数据主要通过文件的方式进行管理。故选B。

2) 多项选择题(每题的备选项中,有2个或2个以上符合题意,至少有1个错项)

(13) ABC

解析:数据库的一般逻辑结构主要有:传统数据模型、面向对象数据模型、空间数据模型。故选ABC。

(14) BCD

解析:数据字典是开展GIS系统分析和设计的工作基础,其主要内容包括:关系属性项、关联字段、拓扑关系、属性表、要素类型、操作限制规则 3 部分。故选 BCD。

(15) ACD

解析：地理信息系统的设计阶段包括：系统分析、系统设计、系统实施。故选 ACD。

(16) ABCD

解析：元数据的内容包括：对数据集的描述、对数据质量的描述、对数据处理信息的说明、对数据转换方法的描述。故选 ABCD。

(17) ABC

解析：GIS 设计的主要方法有：原型法、结构化生命周期法、面向对象设计方法。故选 ABC。

(18) ABC

解析：数据库设计主要有：概念设计阶段、逻辑设计阶段、物理设计阶段。故选 ABC。

10.3 考点三：地理信息数据与数据库

10.3.1 主要知识点汇总

1）基础地理数据的内容与特点

基础地理数据是描述地表形态及其所附属的自然以及人文特征和属性的总称，反映和描述地球表面测量控制点、水系数据、居民点及设施、交通、管线、境界与政区、地貌、植被与土质、地名、数字正射影像、地籍、地名等有关自然和社会的位置、形态和属性信息，是统一的空间定位框架和空间分析的基础。

基础地理信息一般具有以下特点：①基础性；②权威性；③现势性与动态性；④抽象性；⑤多尺度、多分辨率性；⑥多样性；⑦复杂性。

2）基础地理数据采集方法

(1) 全野外数据采集采用全站仪、实时动态 GPS 等技术在现场逐点采集要素特征点的三维坐标，经室内编辑成图。

(2) 航空摄影测量和航天遥感，该法是大范围数据采集和更新的主要手段。

(3) 地图数字化技术，包括数字化板跟踪和屏幕矢量化。

3）基础地理数据更新步骤

(1) 确定更新策略，在数据更新之前，首先需要确定数据更新的目标、任务。

(2) 变化信息获取，当前用来获取变化信息的方法主要有 3 种：①专业队伍进行现势调查，发现变化；②将卫星遥感影像与现有数据进行比较，发现变化；③根据其他渠道获得变化信息，如有关专业单位、社会力量、新闻途径等。

(3) 变化数据采集，包括：人工数据采集、交互式数据采集、自动数据采集。

(4) 现势数据采集，这是一个多源、多尺度数据集的融合过程，即将采集的变化数据与原有数据库中未变化的数据融合，从而形成新的集成的现势数据库。

(5) 现势数据提供，提供给用户的现势数据可以使用批量替代的方式，也可以只提供变化部分和相应的元数据。

4）基础地理信息标准

基础地理信息标准包括：①基础标准；②产品标准；③技术标准；④管理标准。

5)专题地理数据的类型和特点

专题地理信息数据突出空间的某一种或几种专题要素,除了包括可见的、能测量的自然和社会经济现象外,还反映人们看不见和推算的各种专题现象;同时不仅显示专题内容的空间分布,也反映这些要素的特征以及它们之间的联系发展。专题地理信息数据包括专题空间数据和专题非空间数据,这两类数据都集成在专题空间目标上。

6)专题地理数据的采集

专题地理数据的采集分为:①地理数据采集;②文档数据采集;③专题统计数据采集;④声像数据采集。

7)专题地理数据更新

(1)更新原则,包括:精度匹配原则、现势性原则、空间信息与属性信息同步更新原则。

(2)更新步骤,专题地理新数据的更新步骤与方法因不同的专题数据而不同。

8)专题地理信息标准

专题地理信息标准除了包括相应的基础地理信息系统的标准,还包括各个领域中专题地理信息的标准。

9)属性信息的类型与特点

属性信息描述空间要素的特征。要素类型以及应用不同,空间要素的属性信息也会有显著不同。属性信息的分类是根据属性值或者属性把数据减少至较少类目。

10)属性信息的获取

主要是获取空间要素的特征。

11)属性信息的更新

通过对属性信息操作可以由现有的信息数据生成新的属性信息。

12)地理信息数据的可视化

地理信息数据可视化就是将原有的地理信息转化为直观的图形、图像的一种综合技术。

13)地理信息数据库的特征

与关系数据库相比,地理信息数据库的特点集中体现在:①空间数据模型复杂;②数据量庞大。

14)地理信息数据建库

(1)地图数字化是将现有的地图、外业观测成果、航空像片、遥感图片数据、文本资料等转换成 GIS 可以接受的数字形式,是建立 GIS 空间数据库的第一道工序。

(2)数据格式转换。由于目前 GIS 空间数据不够统一规范,因而在建设地理信息数据库时,往往会遇到多源数据的问题。多源空间数据的统一成为建立地理信息数据库的关键的步骤。

(3)地理空间数据编辑。数字化完的数据都不可避免地存在着错误或误差,属性数据再输入时,也难免会存在错误,因此对图形数据和属性数据进行编辑和处理,是保证数据正确可用的必要条件。根据 GIS 软件所采用的数据结构和环境的不同,数据编辑分为拓扑编辑和非拓扑编辑。

(4)地理信息数据库模式创建。目前大多数商品化的地理信息系统软件都不是采取传统的某一种单一的数据模型,但也不是抛弃传统的数据模型,而是采用建立在关系型数据库系统基础上的综合的数据模型。主要有两种数据库的解决方案,即基于文件与关系型数据库的空间数据混合管理方案、基于对象—关系型数据库的空间数据管理方案。

(5)地理信息数据入库。地理信息数据入库目前通常要从两方面对数据进行处理,首先对数字化信息本身要做规范化处理,主要有:数字的检查、纠正,重新生成数字化文件,转换特征码,统一坐标原点,进行比例尺的变换,不同资料的数据合并归类等;其次为实施地图编制而进行的数据处理,包括:地图数学基础的建立,不同地图的投影变换,对数据进行选取和概括,各种专门符号、图形和注记的绘制处理。

15)属性数据建库

(1)关系数据库选择。关系模型是目前主流的数据模型,它是以数学理论为基础构建的数据模型,它把复杂的数据结构归纳为简单的二元关系。一个关系数据库系统由若干张二维表组成,二维表也称为"关系"。①关系:就是一个二维表,表示实体集。②记录:表中的"行"称为记录,代表了某一个实体。③字段:表中的"列",表示实体的某个属性(字段)。

(2)属性数据库结构创建。关系数据库是将数据表示为表的集合,通过建立简单表之间的关系来定义结构的一种数据库。不管表在数据库文件中的物理存储方式如何,它都可以看作一组行和列,与电子表格的行和列类似。

(3)属性数据准备与编辑。属性表格有两种基本形式,一种是与地理信息内容紧密相关的属性表,另一种是外置的、与属性表可以实现链接的数据库表。用户可以根据研究问题的需求来定义与编辑属性数据表的结构。

(4)属性数据入库。属性数据在入库之前需要进行一些必要的检查,使得属性数据满足以下几个条件:表中的每一个属性值都是不可以再分的基本单元,表中每一列的属性名必须是唯一的,表中每一列必须有相同的数据类型,表中不能有完全相同的行。

10.3.2 例题

1)单项选择题(每题的备选项中,只有1个最符合题意)

(1)下面说法中不正确的是( )。

    A.基础地理数据是描述地表形态及其所附属的自然及人文特征和属性的总称

    B.基础地理数据具有基础性、普遍适用性和适用频率高等特点

    C.基础地理数据往往包含多比例尺、多分辨率的数据,以便从宏观到微观表达现实世界

    D. 基础地理数据具有简单性、唯一性

(2)基础地理数据更新主要涉及( )5个步骤。

    A.确定更新策略、变化信息提取、变化数据采集、现势性数据生产、现势性数据提供

    B.确定更新策略、变化信息提取、变化信息识别、现势性数据生产、现势性数据提供

    C.确定更新技术、变化信息提取、变化数据采集、现势性数据生产、现势性数据提供

    D.确定测绘方法、变化信息提取、变化数据采集、现势性数据生产、现势性数据提供

(3)GIS工程项目在设计阶段需要进行需求分析,下列关于需求分析的说法,正确的是( )。

    A.需求分析报告要获得用户认可   B.系统需求是用户提出的要求

C. 用户可以不参与需求分析过程　　　　　D. 不是所有的项目都需要需求分析

(4) 专题地理数据更新的一般原则是（　　）。
　　A. 精度匹配原则、现势性原则、空间信息与属性信息同步更新原则
　　B. 质量匹配原则、现势性原则、空间信息与属性信息同步更新原则
　　C. 数据量匹配原则、现势性原则、空间信息与属性信息同步更新原则
　　D. 质量匹配原则、一致性原则、空间信息与属性信息同步更新原则

(5) 与关系数据库相比，地理信息数据库的特点集中体现在（　　）。
　　A. 空间数据模型复杂、数据量庞大　　　B. 空间数据模型简单、数据量庞大
　　C. 空间数据模型复杂、数据量很小　　　D. 空间数据模型简单、数据量较小

(6) 根据地理信息系统软件所采用的数据结构和环境的不同，数据编辑分为（　　）。
　　A. 拓扑编辑和非拓扑编辑　　　　　　　B. 拓扑编辑和属性编辑
　　C. 空间数据编辑和拓扑编辑　　　　　　D. 属性数据编辑

(7) 在 GIS 空间数据中，（　　）为非空间数据。
　　A. 几何数据　　　B. 拓扑数据　　　C. 关系数据　　　D. 属性数据

(8) 以下说法正确的是（　　）。
　　A. 世界上第一个地理信息系统产生于英国
　　B. 元数据是关于数据的数据，是有关数据和信息资源的描述信息
　　C. 在 GIS 数据采集过程中，若数字化原图图纸发生变形，则需进行投影转换
　　D. 线性四叉树编码每个结点存储 6 个量，而常规四叉树编码每个结点只存储 3 个量

(9) 对于同一幅地图数据，数据量相同时，栅格数据的精度比矢量数据（　　）。
　　A. 大　　　　　B. 小　　　　　C. 相当　　　　　D. 无法比较

(10) 下列操作是保证 GIS 数据现势性的手段之一是（　　）。
　　A. 数据编辑　　　B. 数据转换　　　C. 数据更新　　　D. 数据匹配

(11) "4D" 产品指的是（　　）。
　　A. DEM、DOM、DRG、DLG　　　　B. DEM、DTM、DSM、DLM
　　C. DEM、DOM、DSM、DLM　　　　D. DSM、DSM、DRG、DLG

(12) 电子地图是（　　）。
　　A. 数字地图　　　B. 矢量地图
　　C. 栅格地图　　　D. 数字地图经可视化处理在屏幕上显示出来的地图

(13) （　　）结点数据之间没有明确的从属关系，一个结点可以与其他多个结点建立关系，任何两个结点之间都可能发生联系。
　　A. 层次数据模型　　　　　　　　　　　B. 网络数据模型
　　C. 关系数据模型　　　　　　　　　　　D. 面向对象数据模型

(14) 空间数据库模型的建立过程是（　　）。
　　A. 概念模型、逻辑模型、存储模型　　　B. 逻辑模型、概念模型、存储模型
　　C. 存储模型、概念模型、逻辑模型　　　D. 存储模型、逻辑模型、概念模型

(15) 在 GIS 中组织属性数据，应用较多的数据模型是（　　）。
　　A. 关系模型　　　B. 面向对象模型　　　C. 网络模型　　　D. 混合模型

(16) 数据库基本结构的 3 个层次由下至上是（　　）。
　　A. 物理级—概念级—用户级　　　　　　B. 概念级—物理级—用户级

C. 用户级—物理级—概念级　　　　　　D. 用户级—概念级—物理级

(17)数据库中各种数据属性与组成的数据集合称为( )。
    A. 数据结构　　B. 数据模型　　C. 数据类型　　D. 数据字典

(18)有关数据库的描述正确的是( )。
    A. 数据库是一个关系　　　　　　B. 数据库是一个 DBF 文件
    C. 数据库是一组文件　　　　　　D. 数据库是一个数据集合

(19)与关系数据库相比,地理信息数据库的特点集中体现在( )。
    A. 空间数据模型复杂、数据量庞大　　B. 空间数据模型简单、数据量庞大
    C. 空间数据模型复杂、数据量很小　　D. 空间数据模型简单、数据量很小

(20)根据 GIS 软件所采用的数据结构和环境的不同,数据编辑分为( )。
    A. 拓扑编辑和文字编辑　　　　　　B. 拓扑编辑和非拓扑编辑
    C. 拓扑编辑和符号编辑　　　　　　C. 文字编辑和图形编辑

(21)存在于空间图形的同类元素之间的拓扑关系是( )。
    A. 拓扑邻接　　B. 拓扑关联　　C. 拓扑包含　　D. 拓扑相离

2)多项选择题(每题的备选项中,有2个或2个以上符合题意,至少有1个错项)

(22)将纸质地图数据转换为 GIS 可以处理的数字数据,可以采用( )。
    A. 扫描数字化　　B. 符号化　　C. 屏幕跟踪
    D. 属性数据录入　　E. 语音识别

(23)图幅接边的目的是处理( )。
    A. 几何裂缝　　B. 逻辑裂缝　　C. 数据投影　　D. 高程变化

(24)基础地理数据具有以下特点( )。
    A. 基础性、权威性　　B 现势性与动态性　　C. 抽象性和多样性
    D. 多尺度、多分辨率性、复杂性　　E. 数据来源单一性

(25)专题地理数据更新的一般原则包括( )。
    A. 精度匹配原则
    B. 现势性原则
    C. 空间信息与属性信息同步更新原则
    D. 空间信息更新比属性信息更新重要原则
    E. 经常更新原则

(26)以下说法正确的有( )。
    A. 地理信息数据可视化就是将原有的地理信息数据转化为直观的图形、图像的一种综合技术
    B. 专题地理信息数据包括专题点数据、专题线数据和专题面数据
    C. 基础地理数据具有基础性、普遍性和使用频率高等特点
    D. 地图数字化技术包括数字化板跟踪和屏幕矢量化
    E. 基础地理数据对现势性要求不是太高

(27)以下说法正确的是( )。
    A. 线性四叉树编码每个结点存储6个量,而常规四叉树编码每个结点只存储3个量
    B. 图像的空间分辨率是指像素所代表的地面范围的大小或地面物体能分辨的最小单元

C. GIS 数据输入设备主要包括扫描仪、绘图仪、数字化仪和键盘等

D. 新一代集成化的 GIS,要求能够统一管理图形数据、属性数据、影像数据和数字高程模型数据,称为四库合一

E. GIS 中的属性数据与几何数据之间是相互独立的,没有任何联系

(28)属于地图投影变换方法的是( )。

  A. 空间变换   B. 数值变换   C. 正解变换

  D. 反解变换   E. 坐标正算

(29)以下选项中属于空间数据编辑与处理过程的是( )。

  A. 数据格式转换   B. 投影转换   C. 图幅拼接

  D. 数据分发   E. 文字注记

(30)以下属于关系数据模型优点的有( )。

  A. 结构灵活

  B. 事先知道全部可能的查询结果,数据捡取方便

  C. 避免数据冗余,已有数据可充分利用

  D. 满足所有布尔逻辑运算和数字运算规则形成的查询要求

  E. 算法复杂

(31)关于空间数据库设计的基本原则描述正确的有( )。

  A. 提供稳定的数据结构

  B. 尽量减少空间数据存储的冗余量

  C. 提供满足用户访问和查询的高效索引方式

  D. 独立于实体的空间关系

  E. 独立于空间对象的属性数据

10.3.3 例题参考答案及解析

1)单项选择题(每题的备选项中,只有1个最符合题意)

(1)D

解析:基础地理数据具有:基础性、权威性、现势性与动态性、抽象性和多样性、多尺度、多分辨率性、复杂性等特点。故选 D。

(2)A

解析:基础地理数据更新主要涉及:确定更新策略、变化信息提取、变化数据采集、现势性数据生产、现势性数据提供5个步骤。故选 A。

(3)A

解析:GIS 工程项目在设计阶段,需要进行需求分析,编制需求分析报告说明书是用户与技术人员之间的合同,所以需求分析报告要获得用户认可。故选 A。

(4)A

解析:专题地理数据更新的一般原则是:精度匹配原则、现势性原则、空间信息与属性信息同步更新原则。故选 A。

(5)A

解析:与关系数据库相比,地理信息数据库的特点集中体现在空间数据模型复杂、数据量

庞大。故选 A。

（6）A

解析：根据地理信息系统软件所采用的数据结构和环境的不同，数据编辑分为拓扑编辑和非拓扑编辑。故选 A。

（7）D

解析：在 GIS 空间数据中，属性数据为非空间数据。故选 D。

（8）B

解析：元数据是关于数据的数据，是有关数据和信息资源的描述信息。故选 B。

（9）D

解析：对于同一幅地图数据，数据量相同时，栅格数据的精度与矢量数据之间是无法比较的。故选 D。

（10）C

解析：数据更新是保证 GIS 数据现势性的手段之一。故选 C。

（11）A

解析："4D"产品指的是 DEM、DOM、DRG、DLG。故选 A。

（12）D

解析：数字地图经可视化处理在屏幕上显示出来的地图，被称为电子地图。故选 D。

（13）B

解析：网络数据模型结点数据之间没有明确的从属关系，一个结点可以与其他多个结点建立关系，任何两个结点之间都可能发生联系。故选 B。

（14）A

解析：空间数据库模型的建立过程是：概念模型—逻辑模型—存储模型。故选 A。

（15）B

解析：在 GIS 中组织属性数据，应用较多的数据模型是关系模型。故选 B。

（16）A

解析：数据库基本结构的三个层次由下至上是物理级—概念级—用户级。故选 A。

（17）D

解析：数据库中各种数据属性与组成的数据集合称为数据字典。故选 D。

（18）D

解析：数据库是一个数据集合。故选 D。

（19）A

解析：与关系数据库相比，地理信息数据库的特点集中体现在：空间数据模型复杂、数据量庞大。故选 A。

（20）B

解析：根据 GIS 软件所采用的数据结构和环境的不同，数据编辑分为拓扑编辑和非拓扑编辑。故选 B。

（21）A

解析：存在于空间图形的同类元素之间的拓扑关系是拓扑邻接。故选 A。

2）多项选择题（每题的备选项中，有 2 个或 2 个以上符合题意，至少有 1 个错项）

（22）ACD

解析：可以采用扫描数字化、屏幕跟踪、属性数据录入等方法将纸质地图数据转换为 GIS 可以处理的数字数据。故选 ACD。

(23) AB

解析：图幅接边的目的是处理几何裂缝、逻辑裂缝。故选 AB。

(24) ABCD

解析：基础地理数据具有基础性、权威性、现势性与动态性、抽象性和多样性、多尺度、多分辨率性、复杂性。故选 ABCD。

(25) ABC

解析：专题地理数据更新的一般原则包括：精度匹配原则、现势性原则、空间信息与属性信息同步更新原则。故选 ABC。

(26) ABCD

解析：基础地理数据对现势性要求很高，而不是不高。故选 ABCD。

(27) BD

解析：图像的空间分辨率是指像素所代表的地面范围的大小或地面物体能分辨的最小单元。新一代集成化的 GIS，要求能够统一管理图形数据、属性数据、影像数据和数字高程模型数据，称为四库合一。故选 BD。

(28) BCD

解析：数值变换、正解变换、反解变换属于地图投影变换。故选 BCD。

(29) ABC

解析：数据格式转换、投影转换、图幅拼接属于空间数据编辑与处理过程。故选 ABC。

(30) AD

解析：结构灵活、满足所有布尔逻辑运算和数学运算规则形成的查询要求属于关系数据模型的优点。故选 AD。

(31) ABC

解析：提供稳定的数据结构、尽量减少空间数据存储的冗余量、提供满足用户访问和查询的高效索引方式是空间数据库设计应遵循基本原则。故选 ABC。

10.4 考点四：GIS 开发、运行管理与质量控制

10.4.1 主要知识点汇总

1）系统开发的准备工作

(1) 明确 GIS 系统的需求。

(2) 明确 GIS 应用项目的类型。

(3) 明确 GIS 软件系统在应用项目中的角色。

(4) 分析 GIS 软件功能。

2）软硬件平台选择

地理信息系统软硬件选型对于 GIS 工程应用十分重要，直接影响到未来系统的运行。目前市场上可供选择的 GIS 软硬件产品繁多、类型多样，选型时主要考虑两个方面：GIS 硬件选

型方面,主要考虑硬件性能指标、与其他硬件的兼容性、与软件的兼容性、硬件接口、网络化能力等;GIS 软件选型方面,主要考虑 GIS 软件的综合指标。

3)系统开发的技术要求

GIS 工程应用涉及的开发主要有两个层次:完全自主式开发和软硬件一同依赖式开发。前者所有对应的 GIS 产品是完全自主知识产权的底层软件,难度极大、技术要求极高,但对于原开发团队具有极大的技术优势;后者是 GIS 控件或开发工具类产品,其开发工作可以利用普遍的高级语言完成,或依赖与自身的 GIS 系统环境下才可以进行开发的 GIS 产品。

4)系统开发的质量要求

质量不仅是指产品的质量,也可以是某项活动或过程的工作质量,还可以是质量管理体系运行的质量。作为计算机软硬件集成的产物,GIS 的系统开发注重工程质量的要求,体现在软件的质量要求、软硬件集成成果的质量要求、GIS 工程的质量要求。

5)软件开发与集成

(1)传统 GIS 系统的功能构成

传统 GIS 的基本功能为数据采集与输入、数据编辑、空间数据管理、空间分析、地形分析、数据显示与输出等。其核心是对数据,主要是空间数据的操作。

(2)程序编制的一般要求

程序编制的主要任务是将详细设计产生的每一模块用某种程序语言予以实现,并检查程序的正确性。

(3)开发语言的特征与选择

在地理信息系统工程中,程序语言的选择应作如下考虑:考虑编程的效率及代码的可读性,一般应选择高级语言作为主要的编程工具;考虑要符合详细设计思想,一般应选择结构化的语言,结构化语言的特点是直接支持结构化的控制机构,具备完整的过程结构和数据结构。

(4)程序设计风格

(5)WebGIS 与 ComGIS 技术

WebGIS 是指通过互联网对地理数据进行发布和应用,以实现空间数据的共享和互操作。COM 是组件对象模型,ComGIS 是面向对象技术和组件式软件在 GIS 软件开发中的应用。组件式软件技术已经成为当今软件技术的潮流之一,推动了地理信息系统的组件化发展,组件式 GIS 是 GIS 发展的新阶段。

6)系统测试

系统测试是将已经确认的软件、硬件、网络等其他元素结合在一起,进行信息系统的各种组装测试和确认测试,系统测试是针对整个产品系统进行的测试,目的是验证是否满足了需求规格的定义,找出与需求规格不符或与之有矛盾的地方,从而提出更加完善的方案。

(1)系统测试目的与要求

GIS 系统测试是指对新建 GIS 系统进行从上到下全面的测试和检验,检验是否符合系统需求分析所规定的功能要求,发现系统中的错误,保证 GIS 的可靠性。通常应当有系统分析员提供测试标准,制订测试计划,确定测试方法,然后和用户、系统设计员、程序设计员共同对系统进行测试。

(2)系统测试过程

系统测试的过程包括:单元测试、集成测试和确认测试。

单元测试的对象是软件设计的最小单位,即模块。单元测试的依据是详细设计的描述,单元测试应对模块内所有重要的控制路径设计测试用例,以便发现模块内部的错误。单元测试多采用白盒测试技术,系统内多个模块可以并行地进行测试。

集成测试是单元测试的逻辑扩展。

确认测试又称有效性测试。有效性测试是在模拟的环境下,运用黑盒测试的方法,验证被测试软件是否满足规格说明书列出的需求。其任务是验证软件的功能和性能及其他特性是否与用户要求一致。

(3)软件测试方法

软件测试的过程主要包括:文档审查、模拟运行测试、模拟开发测试。

软件测试的方法有:黑盒测试、白盒测试、ALAC(act-like-a-customer)测试。

(4)自动化测试的设计

7)系统调试

(1)系统调试的目的

地理信息系统软件经过编码过程和软件测试后,虽然已经初具规模,但在具体的运行环境下,系统中可能包含着一定的错误,进一步诊断、改正系统中的错误是测试阶段的主要任务。

(2)系统测试的步骤

在指定的系统运行环境下进行系统安装;选取足够的测试数据对系统进行试验,记录发生的错误;定位系统中错误的位置;通过研究系统模块,找出故障原因,并改正错误。

(3)系统调试的方法

主要有硬性排错、归纳法排错、演绎法排错、跟踪法排错等。

(4)系统试运行

系统运行是在系统软件与硬件经过各自安装并且所有子系统都测试成功以后,为使硬件、软件、数据能协调工作而进行的一种测试。

8)GIS系统运行与管理

(1)系统部署

地理信息系统经调试以后,就可以进行试安装。系统安装有广义和狭义之分,狭义的安装指的是GIS系统安装到计算机的硬盘上;广义的安装则包括较多内容:系统硬件的安装、系统硬件的调试、系统软件的安装、系统软件的测试、系统的综合测试等。

(2)系统验收与交付

验收时根据合同中规定的要求和方式对产品进行验收,以确认提供的产品及相关服务是否已达到合同的要求,是否满足上线运行的要求。验收的主要依据是项目合同文件、项目需求说明书籍及其变更材料以及相关标准规范。交付主要涉及培训和移交。培训应教会用户使用和维护系统,交付包括安装介质交付、文件交付、源代码交付和数据处理成果交付等。

(3)系统运行与管理

地理信息系统维护管理中,需要加强日常的维护管理。GIS日常维护管理主要包括计算机资源管理、机房管理以及安全管理。

(4)系统安全管理

系统安全管理主要涉及两方面内容,即数据安全和系统安全。

9) 系统维护

系统维护是指在 GIS 系统的整个运行过程中,为适应环境和其他因素的各种变化,保证系统正常工作而采取的一切活动。GIS 系统的维护主要包括纠错、数据更新、完善和适应性维护、硬件设备维护等方面内容。

GIS 系统的可维护性评价一般从 4 个方面加以考虑,即系统运行环境、软硬件体系支撑结构、系统各项功能指标、系统综合性能指标。

10) 系统更新

(1) 数据维护与更新

(2) 应用系统维护与更新

(3) 网络维护与安全管理

11) GIS 工程标准化

(1) GIS 标准化

(2) GIS 标准体系

(3) GIS 软件工程标准

(4) 国际国内标准及其组织

12) GIS 工程质量认证与评价

(1) ISO 9000 质量认证体系

(2) CMM 模型

(3) GIS 软件工程的评价

13) GIS 数据质量保证

(1) 地理数据质量标准与质量控制

(2) 数据质量检查与监理

14) GIS 软件的质量保证

(1) 软件质量的度量模型

(2) 软件质量评价与评审

10.4.2 例题

1) 单项选择题(每题的备选项中,只有 1 个最符合题意)

(1) 进行地理信息系统开发时,首先在初步了解用户需求的基础上构造应用系统,然后由用户和开发人员共同反复探讨和完善原型,这种开发方法是(　　)。

　　A. 生命周期法　　　B. 原型法　　　C. 快速原型法　　D. 讨论法

(2) 进行 GIS 设计时,当用户对于新系统的功能需求十分明确,系统设计可直接采用(　　)。

　　A. 结构化生命周期法　　　　　B. 原型法
　　C. 快速原型法　　　　　　　　D. 演示与讨论法

(3) 根据应用层次的高低,应用型 GIS 可分为(　　)。

　　A. 空间管理信息系统、空间事物分析系统、空间决策支持系统

B. 空间管理信息系统、空间数据存储系统、空间决策支持系统

C. 空间事物处理系统、空间管理信息系统、空间决策支持系统

D. 空间数据分析系统、空间管理信息系统、空间决策支持系统

(4) 地理信息系统设计要求满足的三个基本要求是(　　)。

A. 加强系统适用性、降低系统开发与应用成本、提高系统安全性

B. 加强系统实用性、降低系统开发与应用成本、提高系统生命周期

C. 加强系统实用性、缩短系统开发周期、提高系统效益

D. 加强系统适用性、缩短系统开发周期、提高系统生命周期

(5) 系统测试过程包括(　　)。

A. 单元测试、集成测试、确认测试　　B. 单元测试、模块测试、确认测试

C. 单元测试、确认测试、模块测试　　D. 单元测试、集成测试、模块测试

(6) 软件测试的过程主要包括(　　)。

A. 文档审查、模拟运行测试、模拟开发测试

B. 代码审查、模拟运行测试、模拟开发测试

C. 需求审查、模拟运行测试、模拟开发测试

D. 硬件审查、模拟运行测试、模拟开发测试

(7) 下面说法不正确的是(　　)。

A. 系统安装包括广义和狭义两个概念

B. 系统安全管理包括数据安全和系统安全

C. GIS 系统的可维护性评价一般从 4 个方面考虑

D. 系统更新主要是指对数据的维护与更新

(8) 系统安全管理主要包括(　　)。

A. 数据安全和系统安全　　　　　　B. 数据安全

C. 系统安全　　　　　　　　　　　D. 人员安全

(9) GIS 标准化主要包括以下 4 个方面的内容(　　)。

A. GIS 数据质量、地理信息的分类与编码、地理信息的记录格式与转换、地理信息规范及标准的制定

B. GIS 数据模型、地理信息的分类与编码、地理信息的记录格式与转换、地理信息规范及标准的制定

C. GIS 数据模型、地理信息的分类与编码、地理信息的采集、地理信息规范及标准的制定

D. GIS 数据模型、地理信息的分类与编码、地理信息的记录格式与转换、地理信息发布规则

(10) 软件工程标准的类型主要有(　　)。

A. 进程标准、产品标准、专业标准和记法标准

B. 过程标准、产品标准、专业标准和标示标准

C. 过程标准、产品标准、专题标准和记法标准

D. 过程标准、产品标准、专业标准和记法标准

(11) GIS 标准的主要内容分(　　)。

A. 硬件设备的标准、人员方面的标准、数据和格式的标准、数据集标准

B. 硬件设备的标准、软件方面的标准、数据和格式的标准、数据集标准

C. 硬件设备的标准、需求方面的标准、数据和格式的标准、数据集标准

D. 硬件设备的标准、管理方面的标准、数据和格式的标准、数据集标准

2）多项选择题（每题的备选项中，有2个或2个以上符合题意，至少有1个错项）

(12) 一般可以从以下几个方面来考量系统运行的结果（　　）。

　　A. 系统运行环境　　　　　　　　B. 软硬件支撑系统

　　C. 系统各项功能指标　　　　　　D. 系统综合性能指标

　　E. 系统稳定性指标

(13) 软件测试方法主要有（　　）。

　　A. 黑盒测试　　B. 白盒测试　　C. ALAC(Act-like-a-customer)

　　D. 红盒测试　　E. 蓝盒测试

(14) 下面说法不正确的是（　　）。

　　A. COM是组件式对象模型，ComGIS是面向对象技术和组件式软件在GIS软件开发中的应用

　　B. ComGIS的基本思想是把GIS的各大功能模块划分为几个控件，每个控件完成不同功能

　　C. 单元测试的对象是软件设计的最小单位，即模块

　　D. 确认测试是单元测试的逻辑扩张

　　E. 集成测试又称有效性测试

(15) 系统调试的方法主要有（　　）。

　　A. 硬性排错　　B. 归纳法排错　　C. 演绎法排错

　　D. 跟踪法排错　　E. 观察法排错

(16) GIS系统的维护主要包括以下方面的内容（　　）。

　　A. 纠错　　B. 数据更新　　C. 完善和适应性维护

　　D. 硬件设备的维护　　E. 用户维护

(17) GIS项目管理的基本目标包括（　　）。

　　A. 控制项目投资成本　　　　　　B. 保证系统开发质量

　　C. 实现项目进度目标　　　　　　D. 压缩项目成本

　　E. 加快项目进展速度

(18) 软件工程的标准主要有（　　）。

　　A. FIPS 135是美国国家标准局发布的《软件文档管理指南》

　　B. ISO 5807是国际标准化组织公布的《信息处理——数据流程图、程序流程图、程序网络图和程序资源图的文件编制符号及约定》，现已被选用为中国国家标准

　　C. 中国软件管理标准

　　D. ISO软件编码管理指南

　　E. 程序编制规则管理标准

(19) 根据软件工程标准制定的机构与使用的范围，它可分为（　　）。

　　A. 国际标准　　　　　　　　　　B. 国家标准

　　C. 行业标准　　　　　　　　　　D. 企业规范及项目规范

　　E. 软件文档管理指南

(20)GIS软件工程的系统技术评价指标主要有（　　）。
　　A.可靠性、安全性　　B.可扩展性　　　　C.可移植性
　　D.系统开发费用　　　E.系统效率
(21)GIS软件工程的系统经济评价指标主要有（　　）。
　　A.系统生产的效益　　　　　　　B.软件商品化程度
　　C.技术服务支持能力　　　　　　D.软件维护与运行管理
　　E.软件培训费用
(22)空间数据质量控制内容主要有（　　）。
　　A.空间位置精度　　　　　　　　B.属性数据的质量控制
　　C.空间关系的质量控制　　　　　D.数据采集方法
　　E.数据入库方法控制

10.4.3　例题参考答案及解析

1）单项选择题（每题的备选项中，只有1个最符合题意）

(1) C

解析：进行地理信息系统开发时，首先在初步了解用户需求的基础上构造应用系统，然后由用户和开发人员共同反复探讨和完善原型，这种开发方法是快速原型法。故选C。

(2) A

解析：进行GIS设计时，当用户对于新系统的功能需求十分明确，系统设计可直接采用结构化生命周期法。故选A。

(3) C

解析：根据应用层次的高低，应用型GIS可分为空间事物处理系统、空间管理信息系统、空间决策支持系统。故选C。

(4) B

解析：加强系统实用性、降低系统开发与应用成本、提高系统生命周期是地理信息系统设计要求满足的3个基本要求。故选B。

(5) A

解析：系统测试过程包括：单元测试、集成测试、确认测试。故选A。

(6) A

解析：软件测试的过程主要包括：文档审查、模拟运行测试、模拟开发测试。故选A。

(7) D

解析：GIS系统的维护主要包括以下方面的内容：纠错、数据更新、完善和适应性维护、硬件设备的维护。故选D。

(8) A

解析：系统安全管理主要包括数据安全和系统安全。故选A。

(9) B

解析：GIS标准化主要包括：GIS数据模型、地理信息的分类与编码、地理信息的记录格式与转换、地理信息规范及标准的制定。故选B。

(10) D

解析：软件工程标准的类型主要有：过程标准、产品标准、专业标准和记法标准。故选 D。

(11) B

解析：GIS 标准的主要内容分为：硬件设备的标准、软件方面的标准、数据和格式的标准、数据集标准。故选 B。

2）多项选择题（每题的备选项中，有 2 个或 2 个以上符合题意，至少有 1 个错项）

(12) ABCD

解析：一般可以从 4 个方面来考量系统运行的结果：系统运行环境、软硬件支撑系统、系统各项功能指标、系统综合性能指标。故选 ABCD。

(13) ABC

解析：软件测试方法主要有黑盒测试、白盒测试、ALAC（act-like-a-coustomer）。故选 ABC。

(14) DE

解析：确认测试又称有效性测试，集成测试时单元测试的逻辑扩张。故选 DE。

(15) ABCD

解析：系统调试的方法主要有硬性排错、归纳法排错、演绎法排错、跟踪法排错。故选 ABCD。

(16) ABCD

解析：GIS 系统的维护主要包括以下方面的内容：纠错、数据更新、完善和适应性维护、硬件设备的维护。故选 ABCD。

(17) ABC

解析：GIS 项目管理的基本目标包括：控制项目投资成本、保证系统开发质量、实现项目进度目标。故选 ABC。

(18) AB

解析：软件工程的标准主要有：FIPS135 是美国国家标准局发布的《软件文档管理指南》、ISO 5807 是国际标准化组织公布的《信息处理——数据流程图、程序流程图、程序网络图和程序资源图的文件编制符号及约定》，现已被选用为中国国家标准。故选 AB。

(19) ABCD

解析：根据软件工程标准制定的机构与使用的范围，它可分为国际标准、国家标准、行业标准、企业规范及项目规范。故选 ABCD。

(20) ABCE

解析：GIS 软件工程的评价指标主要有：可靠性、安全性、可扩展性、可移植性、系统效率。故选 ABCE。

(21) ABCD

解析：GIS 软件工程的系统经济评价指标主要有：系统生产的效益、软件商品化程度、技术服务支持能力、软件维护与运行管理。故选 ABCD。

(22) ABC

解析：空间数据质量控制内容主要有：空间位置精度、属性数据的质量控制、空间关系的质量控制。故选 ABC。

10.5 高频真题综合分析

10.5.1 高频真题——空间分析方法

◀ 真 题 ▶

【2012,68】 道路拓宽时,计算道路拆迁指标采用的空间分析方法是( )。
A. 缓冲区分析   B. 包含分析
C. 网络分析   D. 最短路径分析

【2013,66】 某地发生重大洪水,政府要对沿江一定区域受灾人口数量进行统计分析。下列 GIS 空间分析功能中,可以组合利用的是( )。
A. 叠加分析、缓冲区分析   B. 通视分析、缓冲区分析
C. 网络分析、叠加分析   D. 网络分析、缓冲区分析

【2014,99】 矢量数据空间分析的基本方法包括( )。
A. 包含分析
B. 缓冲分析
C. 聚类分析
D. 叠置分析
E. 窗口分析

【2015,67】 用户需要计算某水库周边海拔 5000m 以下区域内居民地数量,下列空间分析方法中,可以满足用户需求的是( )。
A. 缓冲分析   B. 叠加分析
C. 临近分析   D. 网络分析

【2016,67】 图 10-1 中,黑色长方形为房屋,AB 为道路,沿 AB 中心线作一个 1000m 带宽的缓冲分析,图内缓存区中房屋的数量是( )个。

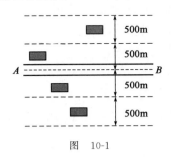

图 10-1

A. 1   B. 2
C. 3   D. 4

【2016,98】 下列空间分析方法中,属于栅格数据空间分析的有( )。
A. 窗口分析   B. 包含分析
C. 地形分析   D. 网络分析
E. 聚类分析

◀ 真题答案及综合分析 ▶

答案: A A ABCD B B AE

解析: 以上6题,考核的知识点是"空间分析方法"。

(1)常用矢量数据空间分析的基本方法,包括包含分析、缓冲分析、聚类分析、叠置分析、拓扑分析、统计分析、回归分析与网络分析等。

(2)覆盖叠置分析,是对新要素的属性按一定的数学模型进行计算分析,进而产生用户需要的结果或回答用户提出的问题。包含分析归属覆盖叠置分析。

(3)网络分析,是运筹学模型中的一个基本模型,它的根本目的是研究、筹划一项网络工程如何安排,并使其运行效果最好,如一定资源的最佳分配,从一地到另一地的运输费用最低等。路径分析归属网络分析。

(4)缓冲区分析,是地理信息系统重要的空间分析功能之一,它在交通、林业、资源管理、城市规划中有着广泛的应用。例如湖泊和河流周围的保护区的定界,汽车服务区的选择,民宅区远离街道网络的缓冲区的建立等。

10.5.2 高频真题——GIS系统需求

◀ 真 题 ▶

【2011,58】GIS工程项目在设计阶段,需要进行需求分析。下列关于需求分析的说法,正确的是( )。
　　A. 需求分析报告要获得用户认可
　　B. 系统需求是用户提出的要求
　　C. 用户可以不参与需求分析过程
　　D. 不是所有的项目都需要需求分析

【2012,98】地理信息工程需求分析的主要内容包括( )。
　　A. 系统现状调查　　　　　　　　　B. 系统目标和任务确定
　　C. 系统可行性分析　　　　　　　　D. 系统数据库设计
　　E. 需求分析报告撰写

【2014,65】下列GIS系统需求规格说明项中,属于性能需求的是( )。
　　A. 软件接口　　　　　　　　　　　B. 数据类型
　　C. 数据精确度　　　　　　　　　　D. 故障处理

【2015,99】下列需求中,属于地理信息系统设计应考虑的有( )。
　　A. 人员需求　　　　　　　　　　　B. 管理需求
　　C. 数据需求　　　　　　　　　　　D. 安全需求
　　E. 设备需求

【2016,66】下列系统需求选项中,属于GIS系统安全需求的是( )。
　　A. 能进行空间分析
　　B. 具备100Mbit/s以上网络速度

C. 服务器内存 16G 以上
D. 能完成数据备份

◀ 真题答案及综合分析 ▶

答案: A   ABCE   C   CDE   D

解析: 以上 5 题,考核的知识点是"GIS 系统需求"。

(1)系统需求分析。需求调研是项目立项后的第一项工作,同时也是最主要的工作。需求调研是后期设计、系统建设、运行的基础和关键。系统需求分析报告要获得用户认可。

(2)系统需求分析工作的内容:①用户情况调查,包括现有软件系统问题、数据现状、业务需求;②明确系统建设目标和任务;③系统可行性分析研究;④撰写并提交需求调研报告。

(3)系统目标获取及分析途径:①进行用户类型分析;②对现行系统进行调查分析;③明确系统服务对象;④用户应用现状调查。

(4)系统功能获取及分析方法包括:①结构化分析方法;②面向对象的分析方法;③快速原型化分析方法。

(5)可行性研究的主要工作内容包括:①数据源调查评估;②技术可行性评估;③系统的支持状况;④经济和社会效益分析。

(6)系统分析方法包括:①数据流模型;②数据字典;③加工逻辑说明。

(7)地理信息系统设计应考虑的内容有数据需求、安全需求、设备需求等。

10.5.3 高频真题——软件测试

◀ 真 题 ▶

【2011,57】 GIS 软件测试四个基本步骤的先后顺序是(   )。
　　A. 系统测试、确认测试、联合测试、模块测试
　　B. 模块测试、确认测试、联合测试、系统测试
　　C. 系统测试、联合测试、确认测试、模块测试
　　D. 模块测试、联合测试、确认测试、系统测试

【2012,70】 下列地理信息系统测试中,不应由开发方运行的是(   )。
　　A. 单元测试   B. 集成测试
　　C. 黑盒测试   D. 确认测试

【2012,72】 下列测试项目中,属于GIS性能测试项目的是(   )。
　　A. 多边形闭合性   B. 运行正确性
　　C. 数据完整性   D. 数据现势性

【2014,73】 下列 GIS 软件测试方法中,一般由代码编写者自己完成的是(   )。
　　A. 单元测试   B. 回归测试
　　C. Alpha 测试   D. Beta 测试

【2015,69】 下列 GIS 软件测试方法中,也可称为功能测试的是(   )。
　　A. 白盒测试   B. 黑盒测试

C. 集成测试　　　　　　　　　　　　D. 系统测试

◀ 真题答案及综合分析 ▶

答案: D C B A B

解析: 以上5题,考核的知识点是"软件测试"。

(1)系统测试。系统测试是将已经确认的软件、硬件、网络等其他元素结合在一起,进行信息系统的各种组装测试和确认测试,系统测试是针对整个产品系统进行的测试,目的是验证是否满足了需求规格的定义,找出与需求规格不符或与之有矛盾的地方,从而提出更加完善的方案。

(2)系统测试目的与要求。GIS系统测试是指对新建GIS系统进行从上到下全面的测试和检验,检验是否符合系统需求分析所规定的功能要求,发现系统中的错误,保证GIS的可靠性。通常应当有系统分析员提供测试标准,制订测试计划,确定测试方法,然后和用户、系统设计员、程序设计员共同对系统进行测试。

(3)系统测试过程。系统测试的过程包括单元测试、集成测试、确认测试。

(4)单元测试。单元测试的对象是软件设计的最小单位,即模块。单元测试的依据是详细设计的描述,单元测试应对模块内所有重要的控制路径设计测试用例,以便发现模块内部的错误。单元测试多采用白盒测试技术,系统内多个模块可以并行地进行测试。

(5)集成测试,是单元测试的逻辑扩展。

(6)确认测试,又称有效性测试。有效性测试是在模拟的环境下,运用黑盒测试的方法,验证被测试软件是否满足规格说明书列出的需求。其任务是验证软件的功能和性能及其他特性是否与用户要求一致。

(7)软件测试方法。软件测试的过程主要包括文档审查、模拟运行测试、模拟开发测试。软件测试的方法有黑盒测试(又称功能测试)、白盒测试、ALAC测试。

10.5.4　高频真题——GIS系统安全

◀ 真　题 ▶

【2013,99】 地理信息系统安全保密可采用的技术包括(　　)。
A. 数字水印技术　　　　　　　　　　B. 数据备份与恢复技术
C. 数据分块技术　　　　　　　　　　D. 数据质量控制技术
E. 用户登录控制技术

【2015,63】 下列系统功能项中,不属于GIS系统安全设计考虑范畴的是(　　)。
A. 用户管理　　　　　　　　　　　　B. 数据备份
C. 结点检错　　　　　　　　　　　　D. 信息认证

【2016,66】 下列系统需求选项中,属于GIS系统安全需求的是(　　)。
A. 能进行空间分析
B. 具备100Mbit/s以上网络速度
C. 服务器内存16G以上

D. 能完成数据备份

【2016,99】下列GIS系统功能中,系统安全设计需考虑的有(　　)。
　　A. 审计、认证　　　　　　　　　　B. 查询、统计
　　C. 备份、恢复　　　　　　　　　　D. 用户管理
　　E. 编辑、处理

◀ 真题答案及综合分析 ▶

答案：BE　C　D　CD

解析：以上4题,考核的知识点是"GIS系统安全"。
(1)系统安全设计,包括网络安全与保密、应用系统的安全措施、数据备份与恢复机制、用户管理。
(2)地理信息系统安全保密,可采用网络安全与保密、应用系统的安全措施、数据备份与恢复机制、用户管理机制等技术来有效控制。

10.5.5　高频真题——E-R图

◀ 真　题 ▶

【2011,56】标准的实体—关系(E-R)图中,分别用方框和椭圆表示(　　)。
　　A. 联系、属性　　　　　　　　　　B. 属性、实体类型
　　C. 实体类型、属性　　　　　　　　D. 联系、实体类型

【2013,67】基于E-R图法进行空间数据库概念设计的主要步骤包括分析地理实体、确定地理实体属性、定义地理实体之间关系、绘制空间E-R图和(　　)。
　　A. 调整优惠空间E-R图
　　B. 映射空间E-R图到数据表
　　C. 转化空间E-R图到数据模型
　　D. 用空间E-R图展示现实世界

【2015,66】下列数据库操作项中,属于数据库概念设计阶段应考虑的是(　　)。
　　A. 确定E-R模型　　　　　　　　　B. 确定各实体主键
　　C. 分析时间效率　　　　　　　　　D. 数据字典设计

◀ 真题答案及综合分析 ▶

答案：C　C　A

解析：以上3题,考核的知识点是"E-R图"。
(1)标准的实体—关系图(E-R图)中,用方框表示实体类型,用椭圆表示属性,用菱形表示实体间联系。
(2)E-R模型,是面向现实世界的,要将其在空间数据库中进行实现,必须转化为GIS软件和数据库支持的数据模型。

(3)数据库概念设计阶段,应考虑的内容有:形成独立于机器特点,独立于各个DBMS产品的概念模式(E-R图)。

10.5.6 高频真题——拓扑关系

◀ 真 题 ▶

【2012,69】 在GIS数据检查中,利用拓扑关系规则可进行( )检查。
A. 空间数据精度 B. 空间数据关系
C. 属性数据逻辑性 D. 属性数据完整性

【2014,67】 下列图像对象中,具有拓扑关系的是( )。
A. △ B. ——
C. ▭ D. ●

【2016,65】 下列空间关系描述中,不属于拓扑关系的是( )。
A. 一个点指向另一个点的方向
B. 一个点在一个弧段的端点
C. 一个点在一个区域的边界上
D. 一个弧段在一个区域的边界上

◀ 真题答案及综合分析 ▶

答案: B A A

解析:以上3题,考核的知识点是"拓扑关系"。

(1)拓扑关系,是指图形元素之间相互空间上的连接、邻接关系,并不考虑具体位置。这种拓扑关系是由数字化的点、线、面数据形成的以用户的查询或应用分析要求进行图形选取、叠合、合并等操作。建立空间要素之间的拓扑关系属于地图整饰。

(2)GIS数据质量检查内容,包括空间位置精度、属性质量控制、空间数据关系控制。拓扑关系规则,主要用于空间数据关系的检查,如要素之间的相邻关系、连接关系、覆盖关系、相交关系、重叠关系等。

10.5.7 高频真题——软件维护工作

◀ 真 题 ▶

【2012,100】 地理信息系统日常维护工作主要包括( )。
A. 改正性维护 B. 适应性维护
C. 完善性维护 D. 应急性维护
E. 预防性维护

【2015,72】下列 GIS 系统维护措施中,属于适应性维护措施的是( )。
　　A. 软件 bug 纠正　　　　　　　　B. 操作系统升级
　　C. 数据更新　　　　　　　　　　D. 服务器维修

【2016,71】下列地理信息工程任务中,属于地理信息系统工程维护阶段任务的是( )。
　　A. 数据更新　　　　　　　　　　B. 软件开发
　　C. 数据建库　　　　　　　　　　D. 软件测试

◀ **真题答案及综合分析** ▶

答案:ABCE　B　A

解析:以上 3 题,考核的知识点是"软件维护工作"。

根据软件维护的性质不同,软件维护一般分为以下几种:纠错性维护(更正措施)、适应性维护(操作系统升级)、现势性维护(数据更新)、硬件设备维护(设备保养与更新)、完善性维护、预防性维护。

11 导航电子地图制作

11.0 考点分析

考点一:导航与导航电子地图
考点二:产品设计
考点三:产品开发
考点四:保密处理、编译测试和出版发行

11.1 主要知识点汇总

考点一 导航与导航电子地图

1)导航系统的构成

(1)导航原理,通过实时测定运动客体的当前位置及速度、方向等运动参数,经过一系列的分析和计算,确定若干条符合条件要求(如距离、速度、时间、方向)的路线和行驶方案,再利用系统进行引导和控制客体沿着已确定的路线行驶,并能够在行驶过程中提供必要的纠偏和修正。

(2)导航系统构成,包括:定位系统、硬件系统、软件系统和导航电子地图4个部分。

(3)定位系统组成,通常由空间部分、控制部分和客户端3部分组成。

(4)导航硬件平台,包括:车载主机、显示器、定位系统和其他控制模块。

(5)车载主机由若干个电子控制单元(electric control unit,ECU)构成,并与其他单元模块[如GPS接收机、航位推算(dead reckoning,DR)微处理器、车速传感器、陀螺传感器构成的定位模块]协同工作。

(6)软件系统由系统软件和导航应用软件组成。系统软件由操作系统和设备驱动两部分组成。导航应用软件是运行在车载主机中专门针对车载导航应用需求开发的软件系统,具有地图浏览与信息查询、智能路线规划、定位与显示、语音引导等功能。

(7)导航电子地图是在电子地图的基础上增加了很多与车辆、行人相关的信息,通过特定的理论算法,用于计算出起点与目的地间路径并提供实时引导的数字化地图。

(8)导航电子地图数据的特点,包括:①能够查询目的地信息;②存有大量能够用于引导的交通信息;③需要不断进行实地信息更新和扩大采集。

2)导航电子地图的内容

(1)导航电子地图的主要内容,包括:道路数据、POI数据、背景数据、行政境界数据、图形文件、语音文件等。

(2)导航电子地图的道路要素,一般包括:高速公路、城市高速、国道、省道、县道、乡镇公路、内部道路、轮(车)渡、道路交叉点、图廓点。

(3)导航电子地图的POI,包含:一般兴趣点、道路名、交叉点、邮编检索、地址检索等内容。

(4)导航电子地图的背景数据,包含:建筑层、铁路数据、水系、植被等要素。

(5)导航电子地图的行政境界数据,包含:国家、省级、地(市)级、区(县)级等境界内容。

(6)导航电子地图的图形文件要素以图片形式显示高速及普通道路分支模式图、高速出入口和普通路口实景图、POI分类示意图、3D图、标志性建筑物图、道路方向看板等内容。

(7)导航电子地图的语音文件,一般包含:泛用语音、方向名称语音和道路名语音。

3)导航电子地图制作过程

(1)导航电子地图制作的过程包括:产品设计、产品生产2个阶段。

(2)产品设计阶段:需求分析→需求评审→产品设计→规格设计→工具开发→工具测试→样品制作→产品开发任务编制。

(3)产品生产阶段:生产计划编制→公共情报信息收集→情报信息初步处理→实地采集信息→数据库制作→逻辑检查→产品检测→保密处理→数据审查→数据转换和编译→产品发布。

(4)导航电子地图的应用领域:所有汽车、消费电子设备、互联网都可以成为导航电子地图应用的载体。

考点二 产品设计

1)产品设计

(1)导航电子地图产品设计书编写的步骤包括:①对导航电子地图产品所需要的成本、生产时间、质量要求进行分析,并将分析结果进行整理、汇总;②产品开发范围、开发路线、关键节点的设计;③产品规格设计;④产品实现的工艺路线设计;⑤产品实现过程中的采集、编辑、转换、检查工具设计;⑥产品测试、验证的相关设计;⑦产品生产过程中的品质过程设计;⑧产品设计与实现过程中的风险控制过程设计;⑨产品发布过程设计。

(2)导航电子地图产品的设计内容要求至少包含:①需求及需求对应方案;②开发范围定义;③产品规格定义;④产品开发路线;⑤工艺要求和流程;⑥应用的环境要求;⑦数据采集、加工编辑和转换方案;⑧开发的关键节点;⑨地图表达要求。

2)产品规格设计

(1)导航电子地图的标准包括数据采集标准和数据制作标准。

(2)导航电子地图制作标准的特点包括:①准确性;②适用性;③权威性。

(3)导航电子地图标准说明包括:①数据库规格设计内容;②POI设计内容。

(4)导航电子地图数据库规格设计内容包括:①要素定义;②功能设计;③模型设计;④采集制作标准。

(5)POI设计内容包括:①模型;②功能设计;③相关属性。

(6)产品标准测试的目的包括:①标准的制定是否符合客户需求;②标准是否涵盖目前所能预测到的以及前期调研的大部分情况;③制作工艺和作业水平能否满足标准的要求,是否需要进行标准优化或生产资料的调整。

(7)产品标准测试的方法:通过对小范围数据的样品试做,对标准进行测试和修正。

(8)产品工艺设计:一般应用流程图或其他形式清晰、准确地规定出生产作业的主要过程和接口关系。

(9)导航电子地图产品制作工艺设计的类型,按针对对象分:①新产品小范围样品试做工艺;②老产品改进工艺;③量产生产工艺。按涵盖范围分:①整体工艺设计;②详细工艺设计。

(10)导航电子地图产品制作工艺设计的要求包括:①有明确的输入输出以及相关文件或数据等制作过程;②清晰显示工艺流程图标中各数据制作环节的责任团体;③体现生产工艺设计中品质控制的节点;④必要时,需制作对应各个制作环节的工程表,说明制作方法、所需工具、输入输出、检查方法、责任人等内容。

3)制作工具开发

(1)导航电子地图制作工具软件包括通用软件和专用软件。主流的导航电子地图厂商都采用专用软件开发产品。

(2)导航电子地图的需求设计一般包括:①需求分析;②可行性分析;③需求规格说明书。

(3)导航电子地图需求设计文件内容包括:①导航功能描述;②数据表达内容;③数据规格;④操作界面等。

(4)导航电子地图制作工具开发的可行性分析包括:时间和资源上的限制、数据源调查与评估、技术可行性评估、系统的支持状况等。工具使用人员根据可行性分析的分析成果,填写需求设计表。

(5)工具开发的 4 个主要阶段,即软件概要设计、详细设计、Alpha 测试和 Beta 测试。

(6)工具测试的目的包括:①为了发现尽可能多的缺陷,确保工具能够正常高效地运行;②通过设计好的测试用例能有效地揭示潜伏在软件里的缺陷。

(7)工具测试方法分为 Alpha 测试和 Beta 测试。

(8)样品制作:根据不同的项目,样品制作分为重点项目样品制作和常规样品制作。

考点三 产品开发

1)产品开发编制作业任务书

(1)产品开发作业任务书内容包括:①概述;②任务分解;③作业成果主要技术指标和规格;④设计方案;⑤质量保证措施和要求;⑥资源分配。

(2)作业成果主要技术指标和规格。明确作业成果的种类及形式、坐标系统、投影方法、比例尺、数据基本内存、数据格式、数据精度以及其他技术指标等。

2)现场采集

(1)导航电子地图现场采集,包括出工前的准备、实地生产作业和作业成果提交。

(2)出工前的准备主要包括:资源准备、技术准备、安全保密教育、特殊采集区域的安全防范措施。

(3)实地生产作业主要包括:①道路要素生产作业;②POI要素生产作业;③特殊情况的处理;④作业结果检查。

(4)作业成果的提交。将作业成果按类型、区域进行汇总,并统计出详细的成果履历提交后续部门,并填写数据交接单。

3)录入制作

(1)导航电子地图录入制作,包括录入作业前的准备、录入作业。

(2)录入作业前的准备,包括:数据准备、技术准备、安全教育。

(3)录入作业:参照外业现场采集的道路、POI数据,按照设计方案中的技术要求进行录入作业。

(4)录入作业的数据内容包括:①道路数据;②POI数据;③注记;④背景数据;⑤行政境界;⑥图形数据;⑦语音数据。

4)检查验收

(1)导航电子地图的检查验收包括:逻辑检查、实地验证和国家审图。

(2)逻辑检查:逻辑检查所发现的问题类型有绝对性错误和可能性错误。

(3)实地验证:对于录入检查完成的数据进行现场验证评价。

(4)国家审图:录入作业的成果需要由国家测绘地理信息局地图技术审查中心进行地图审查。

考点四 保密处理、编译测试和出版发行

1)保密处理

(1)坐标脱密处理:导航电子地图必须经过地图脱密处理,目前行政主管部门指定的技术处理单位为中国测绘科学研究院。

(2)敏感信息处理:根据国家关于导航电子地图管理的有关规定和电子地图安全处理技术的基本要求,对敏感信息(不得采集的内容和不得表达的内容)进行过滤并删除,并送国家测绘地理信息局指定的机构进行空间位置的保密处理。

(3)导航电子地图的审查:导航电子地图在公开出版、展示和使用前,必须取得相应的审图号。国务院测绘行政主管部门审核的地图范围和地图审查的内容有相应的规定。

2)编译测试

(1)理论检查是对数据成果在编译转换前进行结构性检查、逻辑性验证以及既定规格的检查。

(2)编译转换是指在一定环境下将经过编辑、检验好的数据格式转换成各种物理或应用格式,以满足不同客户、不同环境平台的装载使用要求,并进行版权保护。

(3)目前转换的成果格式有 NDS 格式、GDF 格式、KIWI 格式以及便于互联网并发应用的瓦片格式等。

(4)统计分析是对编译成果进行要素、属性、规模大小的数量统计,分析验证是否满足产品要求。

(5)产品测试验证包括:①导航仪准备;②导航软件准备;③现场测试;④出品判定。

3)出版发行

(1)导航电子地图出版发行包括:盘面设计、产品打样、压盘和物流配送。

(2)压盘必须遵守《光盘制作出版管理条例》的有关规定。

11.2 例 题

1) 单项选择题(每题的备选项中,只有1个最符合题意)

(1)导航系统能够帮助驾驶者准确、快捷地到达目的地。其功能一般不包括(　　)。
　　A.实时定位　　B.自动驾驶　　C.目的地检索　　D.画面和语音引导

(2)导航系统组成中通常不包含(　　)。
　　A.电视接收　　B.定位系统　　C.硬、软件系统　　D.导航电子地图

(3)卫星定位系统是以航天技术为基础,以高速运动的卫星瞬间位置作为已知数据,采用空间距离(　　)的方法,计算待测点位置的系统。
　　A.前方交会　　B.侧方交会　　C.后方交会　　D.成果汇交

(4)卫星定位系统组成通常不包括(　　)。
　　A.空间部分　　B.控制部分　　C.客户端　　D.电子狗

(5)美国的GPS系统是目前包括我国在内的世界卫星导航产业的核心。(　　)不属于目前世界上的卫星导航定位系统。
　　A.格洛纳斯　　B.凯立德　　C.北斗　　D.伽利略

(6)整个GPS车载导航系统的心脏是(　　)。
　　A.车载主机　　B.显示器　　C.定位系统　　D.其他控制模块

(7)目前普通民用GPS和DR组合定位设备(GPS惯性设备)已经可以达到1000m无GPS信号的情况下的航向精度和(　　)的距离精度。
　　A.5m　　B.10m　　C.20m　　D.50m

(8)(　　)是含有空间位置地理坐标,能够与空间定位系统结合,准确引导人或交通工具从出发地到达目的地的电子地图或数据库。
　　A.多媒体地图　　B.数字地图　　C.导航电子地图　　D.云地图

(9)高质量电子地图数据的关键因素不包括(　　)。
　　A.数据信息丰富　　B.图面清晰美观　　C.信息内容准确　　D.数据现势性高

(10)(　　)不是导航电子地图具有的特点。
　　A.能够查询目的地信息　　　　B.存有大量能够用于引导的交通信息
　　C.集成了影音娱乐平台　　　　D.需要不断进行实地信息更新和扩大采集

(11)导航电子地图的POI的内容不包括(　　)。
　　A.道路名　　B.交叉点　　C.邮编检索　　D.铁路数据

(12)导航电子地图的背景数据不包括(　　)。
　　A.铁路数据　　B.水系　　C.地貌　　D.植被

(13)导航电子地图制作过程中根据需求分析、生产计划、资源配置情况,进行产品设计,其设计内容不包括(　　)。
　　A.制作成导航电子地图数据库
　　B.成本预算、风险控制和发布形式
　　C.产品计划、范围和实现方式
　　D.产品品质要求、相关的子产品和产品线设计

(14)以下有关导航电子地图制作过程中不正确说法的是( )。
　　A.导航电子地图制作需经过需求分析和需求评审
　　B.从国家权威部门或市场收集公共情报信息
　　C.导航电子地图数据库制作主要是根据现场采集成果进行相应的加工处理
　　D.导航地图经过制作单位的严格检查无误后可上市销售
(15)导航电子地图生产中通过外业专业人员利用专业设备实地采集的相关信息不包括( )。
　　A.新增或变化道路和形状　　　　B.道路网络连接方式
　　C.相关兴趣点(POI)　　　　　　D.国界和国内各级行政区划界线
(16)( )是导航的核心组成部分。
　　A.导航的定位系统　　　　　　　B.导航硬件平台
　　C.导航软件平台　　　　　　　　D.导航电子地图
(17)导航电子地图数据采集过程中所要遵循的规格要求不包括( )。
　　A.采集对象　　B.采集条件　　C.记录方式　　D.数据库制作标准
(18)导航电子地图的标准包括数据采集标准和数据制作标准。数据制作标准的特点不包括( )。
　　A.准确性　　　B.综合性　　　C.适用性　　　D.权威性
(19)( )不是导航电子地图数据库规格设计的内容。
　　A.要素定义　　　　　　　　　　B.功能设计
　　C.开发工艺要求和流程　　　　　D.采集制作标准
(20)导航电子地图道路要素不包括( )。
　　A.道路种别　　B.道路方向　　C.道路功能　　D.道路的路面材料
(21)导航电子地图制定标准后必须通过测试才能进行发布,产品标准测试的目的不包括( )。
　　A.测试标准制定得是否符合客户需求
　　B.测试标准是否涵盖了目前所能预测到的以及前期调研的大部分情况
　　C.测试目前的制作工艺和作业水平能否满足标准的要求,是否需要进行标准优化或生产资源的调整
　　D.相关的各级行政区划界线是否完整表达
(22)导航电子地图POI模型信息不包括( )内容。
　　A.属性信息　　B.空间信息　　C.高程信息　　D.关联信息
(23)( )是根据导航电子地图产品设计要求、采集制作标准、生产类型和企业自身的生产能力等制定的为实现最终产品而需要的具体任务和措施的指导文件。
　　A.程序设计　　B.工艺设计　　C.产品设计　　D.模型设计
(24)导航电子地图产品设计需求分析的成果是需求设计文件,该文件内容不包括( )。
　　A.导航功能描述　　　　　　　　B.数据表达内容
　　C.软件的概要设计　　　　　　　D.数据规格
(25)导航电子地图作业成果产品开发主要技术指标和规格不包括( )的内容。
　　A.作业任务对应的产品版本
　　B.作业成果和种类及形式

C. 坐标系统、投影方法及比例尺

D. 数据基本内容、格式、精度及其他技术指标

(26)导航电子地图现场采集不包括( )。

A. 通过GPS设备测绘作业区域内的所有可通行车辆的道路形状

B. 现场采集道路的名称、等级、幅宽、通行方向以及道路上的车信交限等

C. 植被和土地覆盖信息

D. 对于指定的现场情况较复杂的道路路口进行全方位的拍照,以便录入作业时制作路口实景图要素

(27)导航电子地图现场采集POI要素生产作业不允许( )。

A. 通过GPS设备参照道路要素的形状现场采集所有POI的位置坐标

B. 现场采集POI要素的其他附属属性,如名称、地址、电话、类别等

C. 现场完整采集区域内的主要商业区、CBD等区域内部的POI

D. 指定位置十分明显的高压线、通信线作为POI,现场采集其位置坐标

(28)导航电子地图的检查验收工作不包括( )。

A. 数据格式检查　　B. 逻辑检查　　C. 实地验证　　D. 国家审图

(29)导航电子地图在公开出版、销售、传播、展示和使用前,目前必须由中国测绘科学研究院进行( )。

A. 地图数据格式转换　　　　B. 地图包装整饰

C. 地图坐标脱密处理　　　　D. 导航电子地图系统测试

(30)不属于导航电子地图保密处理的是( )。

A. 坐标脱密处理　　　　B. 敏感信息处理

C. 境界审查和修改　　　　D. 使用汇编语言编程

(31)导航电子地图可以表达的内容是( )。

A. 监狱、刑事拘留所、劳动教养管理所、戒毒所(站)和收容院

B. 测量、导航、助航标志

C. 大型水利设施、电力设施、通信设施、石油与燃气(天然气、煤气)设施、粮库、棉花库(站)、气象台站、降雨雷达站和水文观测站(网)

D. 国家正式公布的名山高程数据

(32)导航电子地图( )是对成果数据在编译转换之前进行结构性检查、逻辑性验证以及既定规格的检查,以验证成果数据是否满足产品设计要求,减少编辑转换后的相关修改工作。

A. 理论检查过程　　　　B. 编译转换过程

C. 统计分析过程　　　　D. 现场测试过程

(33)导航电子地图的( )需要对地图产品的功能正确性、属性正确性、表达准确性、时效性等进行验证。

A. 理论验证　　B. 实地验证　　C. 统计分析　　D. 编译转换

(34)公开出版、展示和使用的导航电子地图,应当在地图版权页或地图的显著位置上载明( )。

A. 著作权人署名　　　　B. 著作权人的标志

C. 审图号　　　　D. 导航电子地图出版单位

2)多项选择题(每题的备选项中,有2个或2个以上符合题意,至少有1个错项)

(35)导航软件系统由系统软件和导航应用软件组成。导航应用软件是专门针对车载导航应用需求开发的软件系统,运行在车载主机中,其基本功能包括(　　)等。

  A. 定位与显示　　　B. 地图编辑　　　C. 地图浏览与信息查询
  D. 智能路线规划　　E. 语音引导

(36)导航硬件平台包括(　　)。

  A. DVD 播放机　　　B. 车载主机　　　C. 显示器
  D. 定位系统　　　　E. 电视接收机

(37)(　　)属于导航电子地图数据的内容。

  A. DEM 数据　　　　B. 背景数据　　　C. 图形文件
  D. DOM　　　　　　 E. POI 数据

(38)属于导航电子地图图形文件是(　　)。

  A. 3D 分支模式图　　B. 标志性建筑物图片　　C. 省、市、县界
  D. DLG 文件　　　　E. 道路方向看板

(39)导航电子地图制作的过程包括(　　)。

  A. 产品设计阶段　　B. 产品测试阶段　　C. 产品生产阶段
  D. 产品评审阶段　　E. 产品包装阶段

(40)属于导航电子地图产品的设计内容的是(　　)。

  A. 产品的开发范围定义　　　　　　B. 产品区域内的地理概况
  C. 产品开发的工艺要求和流程　　　D. 产品应用的环境要求
  E. 产品开发关键节点

(41)导航电子地图工具开发的阶段不包括(　　)。

  A. 软件概要设计　　B. 软件详细设计　　C. 软件 Alpha 测试
  D. 软件 Beta 测试　 E. 软件 Gama 测试

(42)导航电子地图工具测试主要包括(　　)。

  A. 白盒法测试　　　B. 黑盒法测试　　　C. Alpha 测试
  D. Beta 测试　　　　E. Gama 测试

(43)导航电子地图产品制作工艺设计的要求是(　　)。

  A. 制作过程不必要有明确的输入输出过程以及相关文件或数据等
  B. 在工艺流程图标中不需要显示各数据制作环节的责任团体
  C. 在生产工艺设计中需要体现品质控制节点
  D. 产品工艺设计应有流程图
  E. 必要时,还需制作对应各个制作环节的工程表,说明制作方法、所需工具、输入输出、检查方法、责任人等内容

(44)导航电子地图质量保证措施和要求包括(　　)。

  A. 了解特殊采集区域的安全防范措施
  B. 明确采集、作业各环节的成果数据的质量要求
  C. 明确数据的抽样检查比率
  D. 明确重点区域的重点对象
  E. 明确自查、小组内互查、实地抽样检查、品质监察等各环节的详细要求

(45)(　　)是导航电子地图的录入作业包含的要素内容。
　　A.道路数据　　　B.PIO数据　　　C.DEM数据
　　D.注记　　　　　E.管道数据

(46)导航电子地图录入的背景数据包括(　　)。
　　A.参考卫星影像、城市旅游图等基础数据，描绘出湖泊、河流的形状
　　B.按外业现场拍摄的复杂路口照片制作路口实景图，并按原则为路口实景图进行编号
　　C.参照公园、景区的规划示意图，描绘出公园、景区的形状
　　D.参照城市旅游图及其他相关基础数据为背景数据赋中、英文名称
　　E.按照国家对湖泊、河流定义的等级及湖泊的面积为背景要素赋显示等级

(47)导航电子地图不得采集的内容是(　　)。
　　A.重力数据、测量控制点　　B.标志性建筑物　　C.居民点
　　D.高压线、通信线及管道　　E.植被和土地覆盖信息

(48)导航电子地图不得表达的内容包括(　　)。
　　A.桥梁的限高、限宽、净空、载重量和坡度属性
　　B.道路的名称、等级、幅宽
　　C.公路的路面铺设材料属性
　　D.轮渡(汽渡)线路
　　E.高速公路出入口实景图

(49)导航电子地图不得表达的内容包括(　　)。
　　A.道路的通行方向以及道路上的车信交限等
　　B.专用铁路及站内火车线路、铁路编组站，专用公路
　　C.隧道的高度和宽度属性
　　D.参考椭球体及其参数、经纬网和方里网及其注记数据
　　E.水库的库容属性，拦水坝的高度属性

(50)有关导航电子地图管理说法错误的是(　　)。
　　A.导航电子地图在公开出版、展示和使用前，必须取得相应的审图号
　　B.未依法经国家测绘局审核批准的导航电子地图，一律不得公开出版、展示和使用
　　C.经审核批准后的导航电子地图仅进行地图数据格式转换，可不需要重新审核
　　D.已审核批准后的导航电子地图覆盖范围发生变化可不需要重新审核
　　E.已审核批准后的导航电子地图表示内容发生更新可不需要重新送审

(51)由国务院测绘行政主管部门审核的是(　　)。
　　A.全国性和省、自治区、直辖市地方性中小学教学地图
　　B.引进的境外地图
　　C.涉及两个以上省级行政区域的地图
　　D.省内某行政区域的地图
　　E.世界性和全国性示意地图

(52)目前导航电子地图产品的编辑转换的成果格式主要有(　　)。
　　A.KIWI格式　　　B.NDS格式　　　C.GDF格式
　　D.SHP格式　　　　E.DWG格式

(53)导航电子地图产品,需经过实地验证以确定其质量,产品测试验证的过程包括( )。

  A. Alpha 测试 B. Beta 测试 C. 导航仪的准备

  D. 出品判定 E. 产品打样

(54)导航电子地图的压盘生产必须遵守音像制品复制的有关规定,压盘过程需遵守( )。

  A. 音像复制单位要求委托单位提供委托单位的《音像制品出版经营许可证》和营业执照副本、委托单位法定代表人或者主要负责人签字并盖章的委托书复印件

  B. 委托单位需提供《音像制品发行许可证》

  C. 音像复制单位不得自行出版、复制、批发音像制品

  D. 音像复制单位对委托加工的音像制品必须全部支付委托单位,不得私自加录、销售

  E. 光盘复制加工的音像制品,必须刊出复制单位的全称

11.3 例题参考答案及解析

1)单项选择题(每题的备选项中,只有1个最符合题意)

(1)B

解析: 导航系统能够实现实时定位(选项A)、目的地检索(选项C)、路线规划、画面和语音引导(选项D)等功能。导航系统的功能一般不包括自动驾驶。故选B。

(2)A

解析: 导航系统一般由定位系统、硬件系统、软件系统和导航电子地图4部分构成。选项B、C、D属于导航系统的要素。故选A。

(3)C

解析: 导航定位系统采用空间距离后方交会的方法,计算待测点的位置。选项A、B、D不符合要求。故选C。

(4)D

解析: 定位系统通常由空间部分、控制部分和客户端3部分组成。选项A、B、C是定位系统的组成部分。故选D。

(5)B

解析: 目前世界上的卫星导航定位系统除美国的全球定位系统GPS外,还有俄罗斯的"格洛纳斯"、欧盟的"伽利略"以及我国的"北斗"。凯立德是我国的一个导航电子产品。故选B。

(6)A

解析: 导航硬件平台包括:车载主机、显示器、定位系统和其他控制模块。车载主机是整个GPS车载导航系统的心脏。故选A。

(7)B

解析: 民用GPS的基本知识。选项A、C、D不符合要求。故选B。

(8)C

解析:《导航电子地图安全处理技术基本要求》(GB 20263—2006)中关于中国导航电子地

图标准定义。故选 C。

(9) B

解析：数据信息丰富、信息内容准确、数据现势性高是高质量电子地图数据的 3 个关键因素。图面清晰美观不是高质量电子地图数据的关键因素。故选 B。

(10) C

解析：导航电子地图的特点包括：①能够查询目的地信息；②存有大量能够用于引导的交通信息；③需要不断进行实地信息更新和扩大采集。影音娱乐平台的集成不是导航电子地图具有的特点。故选 C。

(11) D

解析：导航电子地图 POI 一般包含：一般兴趣点、道路名、交叉点、邮编检索、地址检索等内容。选项 D(铁路数据)不属于导航电子地图 POI。故选 D。

(12) C

解析：导航电子地图的背景数据一般包括：建筑层、铁路数据、水系、植被等。选项 C(地貌)不属于导航电子地图的背景数据。故选 C。

(13) A

解析：导航电子地图产品设计阶段的产品设计内容包括：产品计划、产品范围、产品实现方式、成本预算、资源配置、发布格式、品质要求、风险控制以及产品相关的子产品和产品线设计。制作成导航电子地图数据库是产品生产阶段的工作。选项 B、C、D 不符合题意。故选 A。

(14) D

解析：导航电子地图制作过程包括产品设计与产品生产两个阶段。需求分析和需求评审是产品设计阶段的内容，从国家权威部门或市场收集公共情报信息以及根据现场采集成果进行相应的加工处理制作的导航电子地图数据库是产品生产中的内容。产品生产阶段的导航地图经过制作单位的严格检查无误后，必须经国家指定的地图审查机构审查并取得审图号，以及报送国家指定的出版部门审查并取得版号后进行上市销售。选项 A、B、C 不符合题意。故选 D。

(15) D

解析：《导航电子地图上安全处理技术基本要求》(GB 20263—2006)中第五章明确规定不得采集的内容包含选项 D。其他选项是外业采集的信息。故选 D。

(16) D

解析：定位系统、硬件系统、软件系统和导航电子地图是导航系统构成的 4 个部分。导航电子地图是导航的核心组成部分，是否有高质量的导航电子地图将直接影响整个导航的应用。故选 D。

(17) D

解析：导航电子地图的标准包括数据采集标准和数据制作标准。数据采集标准主要描述了在源数据的采集过程中所要遵循的规格要求，如采集对象、采集条件、记录方式等。数据制作标准主要描述数据库制作标准。故选 D。

(18) B

解析：导航电子地图的数据制作标准的特点包括：①准确性，即标准的描述语言需力求准确，能针对不同情况的制作规格进行明确的区分；②适用性，即制作标准会根据现场变化或需求变化不断更新；③权威性，即标准一旦评审通过并发布，则具有权威性，无论是数据制作还是检查都需要以此为基准。故选 B。

(19) C

解析：导航电子地图数据库规格设计的内容包括：①要素定义；②功能设计；③模型设计；④采集制作标准。故选 C。

(20) D

解析：道路要素主要包括以下几项基本属性：道路种别(等级)、道路方向、道路名称、道路功能等级。《导航电子地图上安全处理技术基本要求》(GB 20263—2006)中第六章明确规定道路的路面材料在导航电子地图不得表示。故选 D。

(21) D

解析：选项 A、B、C 均为导航电子地图产品标准测试的目的。选项 D 不是导航电子地图表达的内容。故选 D。

(22) C

解析：导航电子地图 POI 模型信息一般包括：属性信息、空间信息、关联信息。高程信息属于不得采集的内容。故选 C。

(23) B

解析：考查导航电子地图工艺设计的概念。工艺设计应说明制作项目的主要生产过程和这些过程之间的输入、输出的接口关系。程序设计是给出解决特定问题程序的过程，往往以某种程序设计语言为工具，给出这种语言下的程序，其过程应当包括分析、设计、编码、测试、排错等不同阶段。选项 C、D 明显不符合题意。故选 B。

(24) C

解析：导航电子地图产品需求设计文件需要，包括：导航功能描述、数据表达内容、数据规格和操作界面说明等内容。软件的概要设计是工具开发阶段的内容。故选 C。

(25) A

解析：作业任务对应的产品版本是导航电子地图产品开发作业任务书概述部分的相关内容。导航电子地图产品开发作业成果主要技术指标和规格包括：作业成果的种类及形式、坐标系统、投影方法、比例尺、数据基本内存、数据格式、数据精度以及其他技术指标等。故选 A。

(26) C

解析：《导航电子地图上安全处理技术基本要求》(GB 20263—2006)中第五章规定不得采集植被和土地覆盖信息，其他选项均为现场采集道路要素实地生产作业。故选 C。

(27) D

解析：导航电子地图现场采集 POI 要素生产作业包括选项 A、B、C 以及对于星级宾馆、4A、5A 级的景点等用户关心的 POI，要保证现场采集完整等项内容。选项 D 是《导航电子地图上安全处理技术基本要求》(GB 20263—2006)中第五章规定不得采集的内容。故选 D。

(28) A

解析：导航电子地图的检查验收工作包括：逻辑检查、实地验证和国家审图。故选 A。

(29) C

解析：根据国家强制标准《导航电子地图安全处理技术基本要求》(GB 20263—2006)第四章的要求，导航电子地图在公开出版、销售、传播、展示和使用前，必须进行空间位置技术处理，该技术处理必须由国务院测绘行政主管部门指定的机构采用国家规定的方法统一实现。因此，导航电子地图必须经过地图坐标脱密处理，目前行政主管部门指定的技术处理单位为中国测绘科学研究院。故选 C。

(30) D

解析：导航电子地图保密处理主要包括：坐标脱密处理、敏感信息处理和境界审查和修改等。使用汇编语言对导航电子地图进行保密处理不正确。故选 D。

(31) D

解析：在《导航电子地图安全处理技术基本要求》(GB 20263—2006)中第六章明确规定了不得表达的内容包括选项 A、B、C。显式的高程信息也是不得表达的内容，但国家正式公布的重要地理信息除外。故选 D。

(32) A

解析：本题考查导航电子地图的理论检查过程的概念。故选 A。

(33) B

解析：导航电子地图的实地验证需要对地图产品的功能正确性、属性正确性、表达准确性、时效性等进行验证。故选 B。

(34) C

解析：根据《关于导航电子地图管理有关规定的通知》(国测图字〔2007〕7 号)精神第七条之规定：公开出版、展示和使用的导航电子地图，应当在地图版权页或地图的显著位置上载明审图号。导航电子地图著作权人有权在地图上署名并显示著作权人的标志。故选 C。

2) 多项选择题（每题的备选项中，有 2 个或 2 个以上符合题意，至少有 1 个错项）

(35) ACDE

解析：导航应用软件的基本功能包括：定位与显示、地图浏览与信息查询、智能路线规划、语音引导等。故选 ACDE。

(36) BCD

解析：导航硬件平台包括：车载主机、显示器、定位系统和其他控制模块。故选 BCD。

(37) BCE

解析：导航电子地图数据主要包括：道路数据、POI 数据、背景数据、行政境界数据、图形文件、语音文件等。故选 BCE。

(38) ABE

解析：导航电子地图的图形文件一般包括：高速分支模式图、3D 分支模式图、普通道路分支模式图、高速出入口实景图、普通路口实景图、3D 图、标志性建筑物图片、道路方向看板等。故选 ABE。

(39) AC

解析：导航电子地图制作过程包括产品设计和产品生产两个阶段。故选 AC。

(40) ACDE

解析：导航电子地图产品的设计内容一般包括：①需求及需求对应方案；②开发范围定义；③产品规模定义；④产品开发路线；⑤工艺要求和流程；⑥应用的环境要求；⑦数据采集、加工编辑和转换方案；⑧开发关键节点；⑨地图表达要求等。故选 ACDE。

(41) ABCD

解析：需求设计完成后，软件工具按照设计的要求开发出满足使用要求的制作工具和转换工具。工具开发主要分 4 个阶段，即软件概要设计、详细设计、Alpha 测试和 Beta 测试。故选 ABCD。

(42) CD

解析: 导航电子地图工具测试一般分为 Alpha 测试和 Beta 测试,属于确认测试。故选 CD。

(43) CDE

解析: 导航电子地图工艺设计要求制作过程清晰明了,有明确的输入输出过程以及相关文件或数据等;在工艺流程图标中能清晰显示各数据制作环节的责任团体。C、D、E 选项正确。故选 CDE。

(44) BCDE

解析: 选项 A 是外业采集在特殊区域的安全防范措施。选项 B 是导航电子地图的质量要求,选项 C、D 和 E 是导航电子地图质量的详细保证措施。故选 BCDE。

(45) ABD

解析: 导航电子地图的录入作业参照外业现场采集数据,录入道路数据、POI 数据、注记、背景数据、行政境界、图形数据和语音数据。DEM 数据和管道数据属于不得采集的内容。故选 ABD。

(46) ACDE

解析: 导航电子地图录入的背景数据除了选项 A、C、D、E 外,还包括确保重要岛屿及界河中岛屿的表达符合国家规定。选项 B 属于图形数据。故选 ACDE。

(47) ADE

解析: 在《导航电子地图安全处理技术基本要求》(GB 20263—2006)中第五章明确规定了不得进行采集的内容除包括选项 A、D、E 外,还包括国界和国内各级行政区划界线以及国家法律法规、部门规章禁止采集的其他信息。故选 ADE。

(48) AC

解析: 在《导航电子地图安全处理技术基本要求》(GB 20263—2006)中第六章明确规定了不得表达的内容包括选项 A、C;选项 B、D 是导航电子地图道路要素表达的内容;选项 E 是导航电子地图图形文件。故选 AC。

(49) BCDE

解析: 在《导航电子地图安全处理技术基本要求》(GB 20263—2006)中第六章明确规定了不得表达的内容包括选项 B、C、D、E。选项 A 是导航电子地图道路要素表达的内容。故选 BCDE。

(50) CDE

解析: 选项 A、B 符合《关于导航电子地图管理有关规定的通知》(国测图字〔2007〕7 号)第四条规定。该通知第五条规定:改变地图内容的(包括地图数据格式转换、地图覆盖范围变化、地图表示内容更新等),应当按照规定程序重新送审。故选 CDE。

(51) ABCE

解析: 根据地图范围的不同,《地图审核管理规定》(国土资源部令第 34 号)要求由国务院测绘行政主管部门审核的地图包括:选项 A、B、C、E 以及世界性和全国性地图(含历史地图);台湾省、香港特别行政区、澳门特别行政区的地图;省、自治区、直辖市历史地图。故选 ABCE。

(52) ABC

解析: 导航电子地图产品的编辑转换的成果格式有:日系车厂应用的 KIWI 格式、欧美系车厂应用的 NDS 格式、欧美系交换格式 GDF、便于互联网并发应用的瓦片格式等。故选 ABC。

(53) CD

解析：导航电子地图的实地验证需要对地图产品的功能、属性、准确性及时效性等进行验证。产品测试验证过程包括：导航仪准备、导航软件准备、现场测试和出品判定等阶段。Alpha 测试和 Beta 测试为工具测试的两种方法，产品打样是正式生产之前进行的打样及打样确认，是出版发行阶段的工作。故选 CD。

(54) BCDE

解析：选项 A 中提供的相关文件的复印件是无效的，必须是原件。其他各项均为《光盘制作出版管理条例》中"第三章 音像制品的复制"的第十条至第二十一条对音像制品的复制的明确规定。故选 BCDE。

11.4 高频真题综合分析

高频真题——导航电子地图安全要求

◀ 真 题 ▶

【2012,78】 根据现行《导航电子地图安全处理技术基本要求》(GB 20263—2006)，下列地理空间信息中，导航电子地图编制不得采集的是（　　）。

　　A.门牌地址　　　　　　　　B.渡口位置
　　C.绿化带位置　　　　　　　D.行政区划界线

【2014,76】 下列数据中，不得出现在导航电子地图上的是（　　）。

　　A.道路网数据　　　　　　　B.企业单位数据
　　C.水系植被数据　　　　　　D.通信设施数据

【2016,75】 下列地理要素中，不得在互联网电子地图上表示的是（　　）。

　　A.沼泽　　　　　　　　　　B.军事基地
　　C.时令湖　　　　　　　　　D.地下河段出入口

【2016,100】 下列道路信息中，现行规范规定可以在车载导航电子地图数据中表示的有（　　）。

　　A.道路等级　　　　　　　　B.道路路面质材
　　C.道路功能等级　　　　　　D.道路编号
　　E.道路通行方向

◀ 真题答案及综合分析 ▶

答案：D　D　B　ACDE

解析：以上 4 题，考核的知识点是"导航电子地图安全要求"。

(1)《导航电子地图安全处理技术基本要求》(GB 20263—2006)规定，导航电子地图编制过程中，不得采用各种测量手段获取以下地理空间信息：①重力数据、测量控制点；②高程点、等高线及数字高程模型;③高压电线、通信线及管道;④植被和土地覆盖信息;⑤国界和国内各级行政区划界线。

(2)《导航电子地图安全处理技术基本要求》(GB 20263—2006)第6条,导航电子地图不得表达的内容。其中,第6.4条规定不得表示的内容有涉及国家经济命脉,对人民生产、生活有重大影响的民用设施,包括大型水利设施、电力设施、通信设施、石油与燃气设施、粮库、棉花库、气象台站、军事基地、道路材质、降雨雷达站和水文观测站等。

12 互联网地理信息服务

12.0 考点分析

考点一:网络地理信息服务概要
考点二:在线地理信息数据
考点三:在线地理信息服务系统
考点四:网络地理信息服务运行支持系统
考点五:网络地理信息服务的运行维护

12.1 主要知识点汇总

考点一 网络地理信息服务概要

1)网络地理信息服务的概念

网络地理信息服务是指利用现代网络和计算机技术,发布地理空间信息,提供信息查找、交换、分布以及加工、处理和其他增值服务。

2)网络地理信息服务的构成

当前的网络地理信息服务大多基于面向服务的架构,由分布结点组成。各结点按照统一的技术服务体系与标准规范,提供本节点的地理信息服务资源,通过服务聚合的方式实现整体协同服务,并基于统一访问控制体系对所有服务进行注册管理,实现对服务的发现、状态监测、质量评价、访问量统计、服务代理等。

3)网络地理信息服务的特点

(1)网络地理信息服务是国家空间数据基础设施不可或缺的一部分。
(2)网络地理信息服务离不开国家相关政策法规以及专业标准的支持。
(3)网络地理信息服务的建设普遍遵循"统一设计、分步实施、逐渐完善"的模式。
(4)网络地理信息服务的建设需要地理信息数据生产部门、科研部门、企业、用户共同参与。
(5)充分利用网络技术的便利开展组织实施。
(6)采用各类数据源,提供多种形式的服务。

4)网络地理信息服务的对象

按地理信息使用权限可分为非注册用户和注册用户。
(1)非注册用户:可以进行一般地理信息访问与应用。

(2)注册用户:可以进行授权地理信息访问与应用。
按使用方式可分为普通用户和开发用户。
(1)普通用户:通过门户网站进行信息浏览、查询、应用。
(2)开发用户:通过服务接口、应用程序编程接口调用网络地理信息服务资源,开发各类专业应用。

5)网络地理信息服务的内容
(1)电子地图:电子地图是针对网络地理信息应用需求,对各类地理空间数据进行内容选取组合、符号化表达后形成的重点突出、色彩协调、图形美观的屏幕显示地图。
(2)地理空间信息数据包括:基础地理数据、遥感影像数据、各种与空间位置相关的专题信息数据。
(3)专题地理信息产品主要有两种,一种是以地理空间数据为基础,集成各种与位置相关的专题信息,利用相应的软硬件进行包装后形成的直接面向用户的消费性商品;另一种是通过网络可供用户下载打印的不同图幅、不同主题的专题地图。
(4)地球科学的科普知识:向社会提供多种形式的地理信息科学知识,为学校提供多种精心组织的教学素材等。

6)网络地理信息服务的形式
(1)地理信息浏览查询:提供地理信息浏览、兴趣点查找定位、空间查询、用户信息标绘、相关帮助信息及技术文档资源浏览等服务。
(2)地理空间信息分析处理:提供空间分析能力,如空间量算、信息叠加、路径分析、区域分析、空间统计等。
(3)服务接口与应用程序编程接口:服务接口可以直接面向用户提供在线地理数据访问,应用程序编程接口通过预先定义的函数向开发人员提供基于在线服务资源的基本功能。
(4)地理空间信息元数据查询:提供地理空间信息元数据,让用户知道什么地方可以找到他想要的数据。
(5)地理空间信息下载:直接下载地理空间数据,并提供关于下载数据的技术支持。

7)网络地理信息服务技术架构
(1)面向服务的架构:是一种软件系统架构,它通过接口和协议将能够完成特定任务的独立功能实体联系起来,以实现网络环境下的业务集成。
(2)云计算:云计算是继20世纪80年代大型计算机到客户—服务器的大型转变之后的又一次巨变,是一种基于互联网的计算方式,是网络计算、分布式计算、并行计算、效用计算、网络存储、虚拟现实、负载均衡等传统计算机和网络技术发展融合的产物,能够以按需配给的方式实现软硬件资源和信息的共享。

8)网络地理信息服务标准
(1)数据规范主要是规定公共地理信息的分类与编码、模型、表达,以及数据质量控制、数据处理与维护更新规则与流程等。
(2)服务规范主要包括:服务接口规范、网络要素服务规范、网络覆盖服务规范、网络处理服务规范、目录服务规范等。还包括:服务分类与命名、服务元数据内容与接口规范、服务质量规范、服务管理规范等。
(3)应用开发技术规范主要包括应用程序编程接口相关规定与说明。

9)网络地理信息服务相关政策

(1)地理信息共享政策主要包括:《中华人民共和国测绘法》、《基础测绘条例》、《中华人民共和国测绘成果管理条例》、《国务院办公厅关于促进我国国家空间信息基础设施建设和应用若干意见》、《国务院办公厅关于促进我国国家空间信息基础设施建设和应用若干意见》、《中办国办关于加强信息资源开发利用工作的若干意见》。

(2)地理信息保密政策主要包括:《基础地理信息公开表示内容的规定(试行)》、《公开地图内容表示若干规定》、《公开地图内容表示补充规定(试行)》。

(3)互联网地图服务资质主要包括:国家测绘地理信息局2011年发布的《关于进一步加强互联网和地理信息服务资质管理工作的通知》、《关于加强互联网地图和地理信息服务网站监管的意见》。

(4)网络安全主要包括:《关于加强信息安全保障工作的意见》、《中华人民共和国计算机信息系统安全保护条例》、《计算机信息网络国际联网安全保护管理办法》。

10)国家地理信息公共服务平台

"国家地理信息公共服务平台"是"数字中国"的重要组成部分,是有国家测绘地理信息局牵头组织建设的国家网络地理信息服务体系,是实现全国地理信息网络服务所需的信息数据、服务功能及其运行支撑环境的总称。

考点二 在线地理信息数据

1)在线地理信息数据的构成

(1)数据源:在线地理信息数据的源数据包括矢量数据、影像数据、模型数据、地理监测数据、实时传感数据等。

(2)在线地理信息数据的形式:以数据源为基础,经整合处理后,形成包括地理实体数据、地名地址数据、电子地图数据在内的在线地理信息数据。

2)在线地理信息数据集生产流程

(1)在线地理信息数据生产流程:大多数在线地理信息数据在进行网络发布之前均需经过内容提取、模型重构、规范化处理、一致性处理等过程,电子地图数据还需进行符号化表达、地图整饰、地图瓦片生产等处理。对于运行与互联网及国家电子政务外网环境中的数据,还需做必要的保密处理。

(2)电子地图数据处理基本要求:当前我国网络电子地图遵循的技术标准主要是《地理信息公共服务平台电子地图数据规范》(CH/Z 9011—2011)。该标准围绕公共地理信息公共服务平台,规定网络服务电子地图数据的坐标系统、数据源、地图瓦片、地图分级及地图表达,适用于电子地图数据的制作、加工、处理、地图瓦片的制作以及地图瓦片文件数据交换。

(3)地理实体数据处理基本要求:目前我国网络地理信息服务中地理实体数据遵循的技术标准主要是《地理信息公共服务平台地理实体与地名地址数据规范》(CH/Z 9010—2011)。该标准围绕公共地理信息公共地理信息公共服务平台,规定了地理实体数据的坐标系统、概念模型、数据组织、几何表达基本规则、地理实体数据的多尺度表达与地理实体数据内容,适用于网络地理信息服务中地理实体数据及地名地址数据的制作、加工与处理。

(4)地名地址数据处理基本要求:当前我国网络地理信息服务中地名地址实体数据遵循的

技术标准主要是《地理信息公共服务平台地理实体与地名地址数据规范》(CH/Z 9010—2011)。该标准围绕公共地理信息公共服务平台,规定了地名地址数据的坐标系统、概念模型、数据组织、几何表达基本规则,适用于网络地理信息服务中地理实体数据及地名地址数据的制作、加工与处理。

3)数据保密处理基本要求

基于不同的网络环境和用户群体,网络地理信息服务所使用的数据分为涉密版和公众版2类。其中公众版网络地理信息服务数据运行于互联网或国家电子政务外网环境,数据需符合国家地理信息与地图公开表示有关规定,包括数据内容与表示、影像分辨率、空间位置精度3个方面。

4)数据更新基本要求

网络地理信息服务直接面向中端用户,对于地理信息的现势性、准确性、权威性要求非常高,必须保证数据的更新。一般有日常更新、应急更新两种模式。

考点三 在线地理信息服务系统

1)在线地理信息服务系统的构成

主要包括:数据生产与管理、在线服务、运维监控、应用4个层面,分别承担在线地理信息数据生产与维护管理、服务发布、服务管理与用户管理,以及应用系统开发等任务。

2)数据生产与管理软件基本功能

数据生产与管理软件是针对标准化在线数据处理与数据成果管理方面开发的专用工具,包括:地理实体整合处理、地名地址整合处理、影像处理、三维建模、内容过滤、电子地图配置、地图瓦片生产、地图瓦片交换、数据格式转换、投影转换、质量检查,以及成果数据集成管理系统等。

3)服务发布软件基本功能

(1)在线服务基础系统:具备正确响应通过网络发出的符合OGC相关互操作规范的调用指令的能力,支持地理信息资源元数据、地理信息浏览、数据存取、数据分析等服务的实现。

(2)门户网站系统:门户网站一般应包括的栏目有地理信息浏览、搜索定位、空间要素查询分析、标绘与纠错、数据提取与下载、路线规划、实时信息显示以及个性地图定制、照片及视频上传等。

(3)应用程序编程接口与控件库:提供调用各类服务的应用程序编程接口与控件,实现对各类互联网地理信息服务资源和功能的调用。

(4)在线数据管理系统:实现在线服务数据入库、管理、发布、更新、备份功能。

4)运维监控系统基本功能

(1)服务管理系统:面向平台运行管理者、服务发布者、服务调用者三类用户,实现对用户的发现、状态监测、质量评价、运行情况统计、服务代理等功能。

(2)用户管理系统:存储并管理注册用户的信息,主要包括用户注册、单点登录、用户认证、用户授权、用户活动审计、用户活动日志,以及用户使用情况服务统计分析、使用计费等功能。

（3）计算机与网络设备运维管理：对服务器、网络、存储设备、数据库和安全等软硬件设备进行在线实时监控与管理。

（4）应用系统模版：基于所发布的服务资源与服务接口，提供面向政府、专业部分、企业、社会公众用户的开发框架模版，以便方便快捷地搭建各类应用系统。

考点四 网络地理信息服务运行支持系统

1）运行支持系统的构成

它是网络地理信息服务的底层基础，主要包括：网络接入系统、服务器系统、存储备份系统、安全保密系统等。

2）网络接入系统

网络地理信息服务的各节点通过网络接入路由器就近接入相应网络会聚节点，实现节点间及节点与用户间的互联互通。

3）服务器系统

在集群架构中，各节点需部署满足高可用性和负载均衡服务要求的 Web 应用服务器集群、数据库服务器集群，并部署支持并发工作方式、高可用及负载均衡集群、主流厂商计算机硬件的数据库管理软件。必要时，可配置镜像服务器集群或热备系统，提供负载均衡和灾难情况下的服务快速迁移。

4）储备备份系统

各节点需构建存储区域网以实现海量地理信息的存储备份。

5）安全保密系统

对于涉密广域网环境中的网络地理信息服务，需从物理、网络、主机、存储介质、应用、数据 6 个层面建立安全保密防护系统，防护范围包括各节点广域网络接入部分和数据生产加工区。

6）其他配套系统基本要求

其他配套系统包括必要的机房环境、不间断电源系统等。

考点五 网络地理信息服务的运行维护

1）整体性能监测与调优

通过定期采集网络地理信息服务监控数据和分析日志信息，对系统的整体性能进行测试，主要指标包括：并发用户数量、响应时间、事务处理效率、平台资源利用情况以及用户性能体验等。对比并发用户数量与响应时间、事务处理效率、平台资源利用情况之间的关系，分析性能瓶颈和可能的问题所在，并通过调整参数配置、升级技术架构、扩充设备规模、优化软件功能等措施对整体性能进行调优。

2）数据维护

做好数据管理与定期备份，对数据进行持续更新、补充与完善。

3)服务功能完善与扩充

对网页功能、服务接口、应用程序编程接口等进行完善,不断增加新服务、新产品、新功能,提高用户体验。与用户进行技术交互,回应用户反馈意见,对网站及服务接口应用提供技术支持,不断扩大应用。

4)服务管理与用户管理

进行分布式异构服务的注册、发现、分类管理、查询、组合、状态监测、质量评价、访问量统计、服务代理需求,以及用户注册、单点登录、访问授权、身份认证、权限认证。

5)运行支持系统

对计算机系统、网络系统、安全系统等进行每日巡检、报警处理、故障分析、综合统计、日志记录与管理等例行工作。

6)关键技术研发与升级

跟踪国内外技术发展,采用最新成果,研发关键技术,不断升级产品,提高服务性能。

12.2 例　　题

1)单项选择题(每题的备选项中,只有1个最符合题意)

(1)以下选项中不属于WebGIS软件产品的是(　　)。

　　A. ArcView　　　　B. ArcIMS　　　　C. GeoMedia　　　D. MapGuide

(2)网络地理信息服务的对象按地理信息使用权限可分为(　　)。

　　A. 注册用户和非注册用户　　　　　B. 主要用户和次要用户

　　C. 政府用户和公众用户　　　　　　D. 企业用户和事业用户

(3)网络地理信息服务的对象按使用方式可分为(　　)。

　　A. 普通用户和开发用户　　　　　　B. 主要用户和次要用户

　　C. 开发用户和公众用户　　　　　　D. 企业用户和开发用户

(4)下列选项不属于移动GIS体系结构内容的是(　　)。

　　A. 客户端　　　　B. 服务器　　　　C. 数据源　　　　D. 互联网服务

(5)GeoDatabase是GIS软件(　　)中所采用的模型。

　　A. MapGIS　　　　B. SuperMap　　　C. MapInfo　　　　D. ArcGIS

(6)基于Internet/Intranet的GIS技术称为(　　)。

　　A. InternetGIS　　　　　　　　　　B. IntranetGIS

　　C. 网络GIS　　　　　　　　　　　 D. WebGIS

(7)下列关于GIS体系结构设计说法错误的是(　　)。

　　A. GIS体系结构设计通常有C/S结构和B/S结构

　　B. B/S结构功能比C/S功能强大

　　C. 管理计算机组的工作是查询和决策,B/S结构比较适合

　　D. 计算机组需要较快的存储速度和较多的录入,交互性比较强,可采用C/S模式

(8)第二次土地调查中采用的"3S"技术指的是(　　)。

　　A. GIS、RS、GPS　　　　　　　　　B. GIS、DSS、GPS

C. GIS、GPS、DS   D. GIS、DSS、PS

(9)在线地理信息数据的源数据包括(　　)。

　　A. 矢量数据、影像数据、模型数据、地理监测数据、实时传感数据

　　B. 矢量数据、影像数据、结构数据、地理监测数据、实时传感数据

　　C. 矢量数据、影像数据、模型数据、地理预测数据、实时传感数据

　　D. 矢量数据、影像数据、模型数据、地理监测数据、已有遥感数据

(10)网络地理信息服务直接面向终端用户,对于地理信息的现势性、准确性、权威性要求非常高,必须保证数据的更新,一般有(　　)两种更新模式。

　　A. 日常更新、按月更新   B. 日常更新、应急更新

　　C. 应急更新、特殊更新   D. 按年更新、按季更新

(11)在线地理信息服务系统主要包括(　　)4个层面。

　　A. 软件生产与管理、在线服务、运维监控、应用

　　B. 技术支持、在线服务、运维监控、应用

　　C. 数据生产与管理、售后服务、运维监控、应用

　　D. 数据生产与管理、在线服务、运维监控、应用

(12)对于涉密广域网环境中的网络地理信息服务,需从(　　)6个层面建立安全保密防护系统。

　　A. 物理、网络、主机、存储介质、应用、数据

　　B. 物理、传输、主机、存储介质、应用、数据

　　C. 物理、发布、主机、存储介质、应用、数据

　　D. 物理、网络、主机、存储介质、服务、数据

(13)对网络地理信息服务的整体性能进行调优的主要措施有(　　)。

　　A. 调整参数配置、升级技术框架、扩充设备规模、优化软件功能

　　B. 调整参数配置、升级技术框架、缩减设备规模、优化软件功能

　　C. 调整参数配置、升级数据规模、扩充设备规模、优化软件功能

　　D. 调整参数配置、升级技术框架、扩充设备规模、减少软件功能

2)多项选择题(每题的备选项中,有2个或2个以上符合题意,至少有1个错项)

(14)下述说法正确的有(　　)。

　　A. WebGIS的主要产品包括ArcIMS、MapGuide和MapInfo等

　　B. 空间数据元数据是对空间数据的描述或说明,是关于空间数据的数据

　　C. 当地物范围确定时,栅格单元尺寸越小,则它所表达的地物信息越详细

　　D. 只有明确的拓扑关系,GIS才能处理各种空间关系,完成空间分析

　　E. B/S结构功能比C/S功能强大

(15)网络地理信息内容主要有(　　)。

　　A. 电子地图   B. 地理空间信息数据   C. 专题地理信息产品

　　D. 多媒体数据   E. 地球科学的科普知识

(16)动态WebGIS的优点有(　　)。

　　A. 开发效率高   B. 对服务器要求低

　　C. 构造Web时较为简单迅速   D. 能完成GIS的大多数功能

　　E. 主要的运算任务都在客户端执行,如绘制地图、空间分析等

(17)关于第四代 GIS 的特征,下列说法正确的是（   ）。

　　A. 具有强大的应用集成能力及地图制图能力

　　B. 支持海量数据的存储、查询、分析

　　C. 面向空间实体及其时空关系的数据库组织与融合

　　D. 具有多用户同步空间数据操作与处理机制

　　E. 不具有虚拟现实表达及自适应可视化能力

(18)基于不同的网络环境和用户群体,网络地理信息服务所使用的数据分为（   ）两类。

　　A. 涉密版　　　　B. 公众版　　　　C. 正常版

　　D. 内部版　　　　E. 外部版

(19)在线地理信息数据的形式主要有（   ）。

　　A. 地理实体数据　　B. 地名地址数据　　C. 电子地图数据

　　D. 遥感图片　　　　E. 元数据

(20)在线地理信息服务运行监控系统基本功能主要包括（   ）。

　　A. 服务管理系统　　B. 用户管理系统　　C. 计算机与网络设备运维系统

　　D. 人员管理系统　　E. 网页浏览管理系统

(21)网络地理信息服务运行支持系统的构成主要包括（   ）。

　　A. 网络接入系统　　B. 服务器系统　　　C. 存储备份系统

　　D. 安全保密系统　　E. 数据采集系统

(22)网络地理信息服务的运行维护主要包括（   ）等内容。

　　A. 整体性能监测与调优　　　　　　B. 数据维护、服务功能完善与扩充

　　C. 服务管理与用户管理　　　　　　D. 运行支持系统、关键技术研发与升级

　　E. 用户访问监测

(23)经过内容提取、模型重构处理后,用于互联网地图服务的在线地理信息数据集包括（   ）。

　　A. 数字地形图数据　　　　　　　　B. 高精度地表模型数据

　　C. 地理实体数据　　　　　　　　　D. 地名地址数据

　　E. 电子地图数据

(24)地图瓦片数据可采用的数据格式是（   ）。

　　A. PNG　　　　B. GIF　　　　C. JPG　　　　D. BMP　　　　E. TIF

(25)云计算是一种基于互联网的计算方式,一般包括（   ）层次的服务。

　　A. 基础设施即服务　　　　　　　　B. 平台即服务

　　C. 软件即服务　　　　　　　　　　D. 数据即服务

　　E. 资源即服务

(26)公开版网络地理信息服务数据运行于互联网或国家电子政务外网环境,数据需符合国家地理信息与地图公开表示的有关规定,具体包括（   ）个方面。

　　A. 数据内容与表示　　　　　　　　B. 影像分辨率

　　C. 空间位置精度　　　　　　　　　D. 地图投影类型

　　E. 用户信息及使用用途

(27)网络地理信息服务在地址地名生产过程中,需要特别注意的内容是（   ）。

　　A. 坐标系统　　　B. 数据组织　　　C. 几何表达

　　D. 数据建模　　　E. 属性赋值

12.3 例题参考答案及解析

1）单项选择题（每题的备选项中，只有1个最符合题意）

（1）A

解析：ArcView 不是 WebGIS 软件。故选 A。

（2）A

解析：网络地理信息服务的对象按地理信息使用权限可分为注册用户和非注册用户。故选 A。

（3）A

解析：网络地理信息服务的对象按地理信息使用权限可分为普通用户和开发用户。故选 A。

（4）D

解析：移动 GIS 体系结构内容包括客户端、服务器、数据源。故选 D。

（5）D

解析：GeoDatabase 是 GIS 软件 ArcGIS 中所采用的模型。故选 D。

（6）D

解析：基于 Internet/Intranet 的 GIS 技术称之为 WebGIS。故选 D。

（7）B

解析：关于 GIS 体系结构设计说法错误的是：B/S 结构功能比 C/S 功能强大。故选 B。

（8）A

解析：第二次土地调查中采用的"3S"技术指的是 GIS、RS、GPS。故选 A。

（9）A

解析：在线地理信息数据的源数据包括：矢量数据、影像数据、模型数据、地理监测数据、实时传感数据。故选 A。

（10）B

解析：网络地理信息服务直接面向终端用户，对于地理信息的现势性、准确性、权威性要求非常高，必须保证数据的更新，一般有日常更新、应急更新 2 种更新模式。故选 B。

（11）D

解析：在线地理信息服务系统主要包括：数据生产与管理、在线服务、运维监控、应用 4 个层面。故选 D。

（12）A

解析：对于涉密广域网环境中的网络地理信息服务，需从物理、网络、主机、存储介质、应用、数据 6 个层面建立安全保密防护系统。故选 A。

（13）A

解析：对网络地理信息服务的整体性能进行调优的主要措施有：调整参数配置、升级技术框架、扩充设备规模、优化软件功能。故选 A。

2）多项选择题（每题的备选项中，有 2 个或 2 个以上符合题意，至少有 1 个错项）

（14）BC

解析：空间数据元数据是对空间数据的描述或说明，是关于空间数据的数据。当地物范围确定时，栅格单元尺寸越小，则它所表达的地物信息越详细。选项 B、C 描述正确。故选 BC。

(15)ABCE

解析：网络地理信息内容主要有：电子地图、地理空间信息数据、专题地理信息产品、地球科学的科普知识。故选 ABCE。

(16)ACD

解析：动态 WebGIS 的优点有：开发效率高、构造 Web 时较为简单迅速、能完成 GIS 的大多数功能等。故选 ACD。

(17)BCD

解析：第四代 GIS 特征有：支持海量数据的存储、查询、分析；面向空间实体及其时空关系的数据库组织与融合；具有多用户同步空间数据操作与处理机制。故选 BCD。

(18)AB

解析：基于不同的网络环境和用户群体，网络地理信息服务所使用的数据分为涉密版、公众版 2 类。故选 AB。

(19)ABC

解析：在线地理信息数据的形式主要有地理实体数据、地名地址数据、电子地图数据。故选 ABC。

(20)ABC

解析：在线地理信息服务运行监控系统基本功能，主要包括：服务管理系统、用户管理系统、计算机与网络设备运维系统。故选 ABC。

(21)ABCD

解析：网络地理信息服务运行支持系统的构成，主要包括：网络接入系统、服务器系统、存储备份系统、安全保密系统。故选 ABCD。

(22)ABCD

解析：网络地理信息服务的运行维护，主要包括：整体性能监测与调优、数据维护、服务功能完善与扩充、服务管理与用户管理、运行支持系统、关键技术研发与升级等内容。故选 ABCD。

(23)CDE

解析：经过内容提取、模型重构处理后，用于互联网地图服务的在线地理信息数据集包括地理实体数据、地名地址数据、电子地图数据。故选 CDE。

(24)AC

解析：地图瓦片数据可采用的数据格式是 PNG 和 JPG。故选 AC。

(25)ABCD

解析：云计算是一种基于互联网的计算方式，一般包括基础设施即服务、平台即服务、软件即服务、数据即服务层次的服务。故选 ABCD。

(26)ABC

解析：公开版网络地理信息服务数据运行于互联网或国家电子政务外网环境，数据需符合国家地理信息与地图公开表示的有关规定，具体包括数据内容与表示、影像分辨率、空间位置精度。故选 ABC。

(27)BDE

解析：网络地理信息服务在地址地名生产过程中，需要特别注意的内容是数据组织、数据建模和属性赋值。故选 BDE。

12.4 高频真题综合分析

> 高频真题——电子地图瓦片

◀ 真 题 ▶

【2014,79】 瓦片的起始位置是( )。
    A. 东经180°北纬0°   B. 西经180°北纬0°
    C. 东经180°北纬90°   D. 西经180°北纬90°

【2015,78】 下列数据格式中,符合现行规范规定的互联网电子地图瓦片的数据格式是( )。
    A. PNG   B. GIF   C. TIF   D. PCX

【2015,80】 现行规范规定,我国网络电子地图瓦片数据分为( )级。
    A. 15   B. 17   C. 20   D. 25

【2016,77】 现行规范规定,互联网地图瓦片分块大小为( )像素。
    A. 512×512   B. 256×256   C. 512×256   D. 256×512

◀ 真题答案及综合分析 ▶

答案: D B C B

解析: 以上4题,考核的知识点是"电子地图瓦片知识"。

(1)《地理信息公共服务平台电子地图数据规范》(CH/Z 9011—2011)第5.1条,地图瓦片分块的起始点从西经180°、北纬90°开始,向东向南行列递增。

(2)互联网电子地图瓦片的数据格式为PNG。网络电子地图瓦片大小为256×256像素。

(3)《地理信息公共服务平台电子地图数据规范》(CH/Z 9011—2011)第6条,我国网络电子地图瓦片数据分为20级。

注册测绘师资格考试测绘综合能力

模拟试卷(1)

一、单项选择题(共 80 题,每题 1 分。每题的备选项中,只有 1 个最符合题意)

1. 测绘技术总结(包括项目总结和专业技术总结)通常由概述、(　　)、成果(或产品)质量说明和评价、上交和归档的成果(或产品)及其资料清单四部分组成。

　　A. 技术设计执行情况　　　　　　　B. 工作量
　　C. 任务安排　　　　　　　　　　　D. 任务完成情况

2. 用 RTK 技术施测的控制点成果应进行(　　)的内业检查和不少于总点数(　　)的外业检测。

　　A. 50%,20%　　B. 50%,10%　　C. 100%,10%　　D. 100%,5%

3. 国家一、二等水准观测应在标尺分划线成像清晰而稳定时进行。在(　　)不应进行观测。

　　A. 日出前和日落后 0.5h 内　　　　B. 日出前和日落后 1.5h 内
　　C. 太阳中天前后各 2.5h 内　　　　D. 日出后和日落前 0.5h 内

4. 水准测量是测量水准点间的高差,(　　)水准测量根据需要进行重力测量。

　　A. 一等　　　　B. 二等　　　　C. 一、二等　　　　D. 不需要

5. 埋设国家等级控制点中心标志标石,其封土堆应高出原地面 50cm。固定沙丘上埋设中心标志标石,其封土堆应高出原地面(　　)。

　　A. 50cm　　　　B. 100cm　　　　C. 150cm　　　　D. 以上都不是

6. 采用 GNSS 技术测量高等级控制点时,一时段观测过程中不应进行以下操作(　　)。

　　A. 改变卫星截止高度角　　　　　　B. 对接收机保暖
　　C. 查看当前卫星接收状况　　　　　D. 更改输入的点名或点号

7. 国家高程基准由一、二、三、四等(　　)和似大地水准面具体体现。似大地水准面

以一定分辨率的格网( )来表示。

    A. 水准网,平均高程　　　　　　　　B. 导线网,平均高程异常

    C. 水准网,平均高程异常　　　　　　D. 水准网,平均面积

8. 国家高程系统采用( )系统。国家高程基准由( )具体体现。

    A. 正常高,高程控制网和似大地水准面　　B. 大地高,高程控制网和似大地水准面

    C. 正常高,高程控制网和大地水准面　　　D. 正高,高程控制网和大地水准面

9. 下列时间中,适宜进行三、四等导线测量的观测时间时( )。

    A. 6～7时　　　B. 8～9时　　　C. 11～12时　　　D. 17～18时

10. 下列设备不是连续运行参考站系统主要构成设备的有( )。

    A. 计算机　　　B. 冷暖空调设备　　　C. 电源设备　　　D. 避雷设备

11. 连续运行参考站的观测墩可分为( )类。

    A. 3　　　B. 4　　　C. 5　　　D. 6

12. 全球导航卫星系统的英文缩写是( )。

    A. GIS　　　B. GNSS　　　C. ITRF　　　D. CORS

13. 对于航海图编绘,下列说法不正确的是( )。

    A. 航海图一般采用墨卡托投影　　　　B. 中国沿海采用最低理论潮面

    C. 图幅尺寸的单位为厘米　　　　　　D. 深度的计量单位为米。

14. 对于海道测量,灯塔的灯光中心高度是从( )起算。

    A. 深度基准面　　　　　　　　　　　B. 高程基准面

    C. 平均海水面　　　　　　　　　　　D. 平均大潮高潮面

15. 半日潮港海区进行验流观测时,下列选择日期错误的是( )。

    A. 农历初五　　　B. 农历初二　　　C. 农历初三　　　D. 农历十八

16. 按现行《海道测量规范》要求,深度测量一般使用回声测深仪,水深测量在50～100m时,则水深测量中误差为( )。

    A. ±1.5m　　　B. ±0.5m　　　C. 水深的5%　　　D. ±1.0m

17. 工程测量中平坦地区高程中误差一般不超过( )。[注:H_d为地形图的基本等高距(m)。]

  A. H_d B. $\frac{2}{3}H_d$ C. $\frac{1}{2}H_d$ D. $\frac{1}{3}H_d$

18. 工程地形图上,地物点相对于邻近图根点的点位中误差,水域地区不应超过图上( )。

  A. 0.6mm   B. 0.8mm   C. 1.5mm   D. 2.0mm

19. 图根点相对于基本控制点的点位中误差不应超过图上 0.1mm,高程中误差不应超过基本等高距的( )。

  A. 1/2   B. 1/3   C. 1/5   D. 1/10

20. 下列选项中,不属于建设工程规划监督测量的是( )。

  A. 水准测量   B. 放线测量
  C. 验收测量   D. 验线测量

21. 对于两开挖洞口间长度为 3.7km 的隧道工程,其相向施工中线在贯通面上的横向贯通误差,不应大于( )。

  A. 70mm   B. 100mm   C. 150mm   D. 200mm

22. 以下用作矿井高程联系测量的是( )。

  A. 一井定向   B. 两井定向   C. 导入高程   D. 陀螺定向

23. 地下管线点的测量精度为:相对于该管线点起算点,点位平面位置测量中误差不应大于( )。

  A. ±30mm   B. ±40mm   C. ±50mm   D. ±20mm

24. 地下管线探测质量检查时,应在测区明显管线点和隐蔽管线点中分别随机抽取不少于各自总点数的( )。

  A. 1%   B. 3%   C. 5%   D. 6%

25. 以下选项中,不属于动态变形监测方法的是( )。

  A. 实时动态 GPS 测量方法   B. 经纬仪前方交会法

C.近景摄影测量方法　　　　　　　　D.地面三维激光扫描方法

26.地形图可以进行修测,但修测的面积超过原图总面积( )时,应重新进行测绘。

　　A.1/2　　　　B.1/3　　　　C.1/4　　　　D.1/5

27.根据《工程测量规范》(GB 50026—2007),GPS控制测量测站作业,应满足下列要求:天线高的量取应精确至1mm;天线安置的对中误差不应大于( )。

　　A.1mm　　　　B.2mm　　　　C.3mm　　　　D.4mm

28.根据《工程测量规范》(GB 50026—2007),GPS拟合高程测量的主要技术要求,应符合下列规定:GPS网应与四等或四等以上的水准点联测;联测点数,宜大于选用计算模型中未知参数个数的( ),点间距宜小于10km。

　　A.1.5倍　　　B.2.0倍　　　C.2.5倍　　　D.3.0倍

29.房产平面控制测量的精度要求末级相邻基本控制点的相对点位中误差不大于( )cm。

　　A.±5　　　　B.±10　　　　C.±15　　　　D.±2.5

30.检测房产界址点的精度要求最大限差为( )。

　　A.±5cm　　　B.±10cm　　　C.±15cm　　　D.±20cm

31.某幢楼的建筑总面积为1388.039m²,共有建筑面积为159.769m²,若其中一户套内面积为61.465m²,则其分摊面积为( )m²。

　　A.6.987　　　B.7.995　　　C.6.785　　　D.7.559

32.下列对房产图绘制精度要求说法,不正确的是( )。

　　A.对全野外采集数据方法所测的房地产要素点和地物点,相对于邻近控制点的点位中误差不超过±0.05m

　　B.模拟方法测绘的房产分幅平面图上的地物点,相对于邻近控制点的点位中误差不超过±0.5m

　　C.野外解析测量数据成图要求房地产要素点和地物点,相对于邻近控制点的点位中误差不超过±0.02m

　　D.利用已有的地籍图、地形图编绘房产分幅图时,地物点相对于邻近控制点的点位中误差不超过图上±0.6mm

33. 下列关于地籍平面控制测量的说法,不正确的是( )。

    A. 各等级控制网的布设应遵循"从整体到局部、分级布网"的原则

    B. 四等网中最弱边相对中误差不得超过 1/25000

    C. E 级以下网最弱点相对于起算点的点位中误差不得超过±5cm

    D. 控制点的点名和点号等按照《城市测量规范》(CJJ/T 8—2011)等标准执行

34. 界址点坐标取位至( )m。

    A. 0.5   B. 0.1   C. 0.01   D. 0.001

35. 变更权属调查内容,包括重新标定( ),绘制宗地草图、调查土地用途、填写变更地籍调查表等工作。

    A. 图根点   B. 墙角点

    C. 土地权属界址点   D. 地类界

36. 1∶5000 的地籍图,以 1∶100 万国际标准分幅为基础,采用( )的行列分幅编号。

    A. 190×190   B. 192×192   C. 92×92   D. 192×92

37. 按现行《行政区域界线测绘规范》(GB/T 17796—2009),边界协议书附图中界桩点的最大展点误差不应超过相应比例尺地形图图上( )mm。

    A. ±0.1   B. ±0.2   C. ±0.3   D. ±0.4

38. 界线测绘的内容,包括:界线测绘准备、( )、边界点测定、边界线及相关地形要素调绘、边界协议书附图制作与印刷、边界点位置和边界走向说明的编写。

    A. 边界主张线图标绘   B. 边界地形图测绘

    B. 边界线情况图编制   D. 界桩埋设和测定

39. 机载 IMU/GPS 系统的 IMU 测角中误差应满足:侧滚角和俯仰角不应大于( ),航偏角不应大于( )。

    A. 0.01°,0.01°   B. 0.02°,0.02°

    C. 0.01°,0.02°   D. 0.02°,0.05°

40. 无人机航空摄影对数码相机的有效像素要求应大于( )。

A. 1000 万像素 B. 2000 万像素
C. 3000 万像素 D. 4000 万像素

41. 当测图比例尺为 1∶2000 时,航摄像片的摄影比例尺应为( )。
   A. 1∶2000～1∶3500 B. 1∶3500～1∶7000
   C. 1∶7000～1∶14000 D. 1∶14000～1∶21000

42. 无人机航摄的数据传输系统的数据传输距离应大于( )。

   A. 5km 以上 B. 8km 以上 C. 10km 以上 D. 15km 以上

43. 1∶5000、1∶10000 地形图航空摄影测量调绘像片的比例尺,一般不小于成图比例尺的( )倍,地物复杂地区还应适当放大。

   A. 1.0 B. 1.2 C. 1.5 D. 1.8

44. 数字航空摄影测量进行自动相对定向的空中三角测量时,每个像对的连接点数目一般不少于( )。

   A. 6 个 B. 10 个 C. 20 个 D. 30 个

45. 《数字航空摄影测量空中三角测量规范》规定,低空数字航空摄影测量相对定向时,连接点上下视差中误差为 1/3 像素,最大残差( )。

   A. 2/3 像素 B. 1 像素 C. 4/3 像素 D. 1.5 像素

46. 近景摄影测量是不以测绘地形图为目的,利用对以( )内近距离目标摄影所获取的图像来确定其形状、几何位置和大小的技术。

   A. 100m B. 200m C. 300m D. 400m

47. 建筑模型是城市三维的主体,建筑精细模型应精确反映建筑物屋顶及外轮廓的详细特征,面尺寸和高程精度不宜低于( )。

   A. 0.1m B. 0.2m C. 0.3m D. 0.4m

48. 根据《1∶500 1∶1000 1∶2000 地形图航空摄影测量数字化测图规范》,居民地编辑时,道路与街区的衔接处应留( )间隔。

   A. 0.1mm B. 0.2mm C. 0.3mm D. 0.4mm

49. 为了更精细地反映地形特征,以满足地理国情分析统计和其他相关应用的需要,地理国情普查中充分发挥现1∶10000 DLG 数据和其他相关数据源的作用,进一步细化生成多尺度数字高程模型数据,基于1∶10000数据源或 LiDAR 点云数据,数字高程模型的格网尺寸统一细化为(　　)。

  A.2m   B.5m   C.10m   D.20m

50.采用高精度 LiDAR 点云数据做基础数据源时,将点云数据转换到2000国家大地坐标系时,坐标转换中误差应不大于(　　)。高程系统转换中误差应不大于规定的格网点高程中误差的1/2。

  A.0.5m   B.1m   C.1.5m   D.2m

51.航测外业补测1∶10000和1∶50000数字线划图,补测的地物、地貌要素相对于附近明显地物点的平面位置误差不大于图上(　　)mm。

  A.0.25   B.0.5   C.0.75   D.1.0

52.根据《机载激光雷达数据处理规范》(CH/T 8023—2011),利用转换参数,将点云数据转换至成果坐标系,坐标转换的中误差应不大于图上(　　)(以成图比例尺计算)。

  A.0.05mm   B.0.1mm   C.0.15mm   D.0.2mm

53.1∶500 1∶1000 1∶2000地形图航空摄影测量数字化测图,水涯线与斜坡脚重合时,水系在地形图上的正确表示方法为(　　)。

  A.以斜坡脚代替水涯线   B.在坡脚绘出水涯线

  C.在坡脚0.1mm 处绘出水涯线   D.在坡脚0.2mm 处绘出水涯线

54.IMU/GPS 辅助航空摄影时,机载 IMU/GPS 系统的 IMU 测角中误差应符合(　　)。

  A.侧滚角和俯仰角不应大于0.01°,航偏角不应大于0.01°

  B.侧滚角和俯仰角不应大于0.01°,航偏角不应大于0.02°

  C.侧滚角和俯仰角不应大于0.02°,航偏角不应大于0.01°

  D.侧滚角和俯仰角不应大于0.02°,航偏角不应大于0.02°

55.下列关于地图符号的说法,不正确的是(　　)。

  A.地图符号作为符号的一个子类,和其他语言一样具有语义、语法、语用规则

  B.地图符号表现出具有"写"和"读"的两重功能

C. 地图符号用于记录、转换和传递各种自然和社会现象的知识,在地图上形成客观实际的空间形象

D. 地图符号和自然语言一样,仅表现为线性展开

56. 地图色彩主要是运用色相、亮度和饱和度的变化与组合,根据人们对色彩感受的生理、心理特征,建立起色彩与制图对象间的联系,如( )通常用来表示制图对象的数量特征。

  A. 色相和亮度   B. 色相和饱和度

  C. 饱和度和亮度   D. 色相

57. 编绘 1:25000 地形图上河流、运河、沟渠时,其名称一般均应注出,较长的河、渠每隔( )重复注出。

  A. 3～4cm   B. 7～10cm   C. 10～15cm   D. 15～20cm

58. 1:100000 地形图每幅图具有两条标准纬线,其纬度为( ),其中 B_S、B_N 分别代表图幅的南北边纬度。

  A. $B_1=B_S+25, B_2=B_N-25$ B. $B_1=B_S+30, B_2=B_N-30$

  C. $B_1=B_S+35, B_2=B_N-35$ D. $B_1=B_S+40, B_2=B_N-40$

59. WGS-84 坐标系的基准面是( )。

  A. 地球表面   B. 大地水准面

  C. 似大地水准面   D. 参考椭球面

60. 以下有关地图定向的描述,不正确的是( )。

  A. 小比例尺地图上,图上经线方向是地图定向的基础

  B. 我国 1:2.5 万～1:10 万比例尺地形图南图廓一般附有偏角图

  C. 偏角图不仅表示三北方向的位置关系,其张角也是按角度的真值绘出的

  D. 偏角图反映三北方向的位置关系,偏角值通过注记标出。

61. 分幅图的理论面积是指该幅图的( )。

  A. 图上面积   B. 改正后的图上面积

  C. 实地面积   D. 改正后的实地面积

62. 在地图的图幅设计过程中,以下选项不属于选择地图投影时考虑因素的是( )。

  A. 制图区域的位置   B. 制图区域的形状、大小

C. 制图区域的经济状况　　　　　　D. 地图的用途

63. 下列选项中,不属于GIS在土地资源管理行业中主要应用方向的是( )。

　　A. 基础数据库建设及土地利用现状调查

　　B. 城镇地籍管理及城乡一体化管理

　　C. 土地利用规划辅助编制与土地分等定级

　　D. 水资源管理与调配

64. 以下选项中,不属于拓扑数据结构特点的是( )。

　　A. 点是相互独立的,点连成线,线构成面

　　B. 弧段是数据组织的基本对象

　　C. 每个多边形都以闭合线段存储,多边形的公共边界被数字化两次和存储两次

　　D. 每条线始于起结点,止于终结点,并与左右多边形相邻接

65. 广泛应用于等值线自动制图、DEM建立的常用数据处理方法是( )。

　　A. 数据提取　　B. 布尔处理　　C. 数据内插　　D. 合成叠置

66. GIS中,明确定义空间结构关系的数学方法称为( )。

　　A. 邻接关系　　B. 拓扑关系　　C. 包含关系　　D. 关联关系

67. GIS设计的基本要求,除满足加强系统实用性、降低系统开发和应用成本外,还包括提高( )。

　　A. 系统的可移植性　　　　　　B. 系统的可靠性
　　C. 系统的效率　　　　　　　　D. 系统的生命周期

68. GIS所包含的数据均与( )。

　　A. 地理空间位置相联系　　　　B. 非空间属性相联系
　　C. 地理事物的质量特征相联系　D. 地理事物的类别相联系

69. 使用GIS系统进行城市规划时,估算道路拓宽中拆迁成本所采用的分析方式是( )。

　　A. 空间聚类　　B. 统计分析　　C. 叠置分析　　D. 缓冲区分析

70. ( )是指不依赖于任何GIS工具软件,从空间数据的采集、编辑到数据处理的

分析及结果输出,所有算法都是有开发者独立设计然后完成。

  A. 独立开发   B. 单纯二次开发

  C. 集成二次开发   D. 复合开发

71. 生成电子地图必须要经过的一个关键技术步骤是(　　)。

  A. 细化   B. 符号化   C. 符号识别   D. 二值化

72. GIS 中数据的检索,就是指(　　)。

  A. 根据属性数据(包括组合条件)检索图形互关系进行检索

  B. 根据属性数据(包括组合条件)检索图形以及根据图形(定位)检索属性

  C. 根据属性数据(包括组合条件)检索图形、根据图形(定位)检索属性以及图元间相互关系进行检索

  D. 根据图形(定位)检索属性

73. 下面选项中,属于 GIS 与 OA 最典型的有机结合是(　　)。

  A. 网络虚拟旅行   B. 国土资源图文一体化工作流管理

  C. 猫科动物野化训练监控   D. 汽车导航

74. 组件式地理信息系统(COMGIS)的基本思想是把 GIS 的功能模块划分为多个(　　),它们分别实现不同的功能。根据需要把其搭建起来,就构成地理信息系统基础平台和应用系统。

  A. 下拉列表   B. 模块   C. 控件   D. 菜单

75. 导航系统一般由定位系统、硬件系统、软件系统和(　　)四部分构成。

  A. 地图制作人员   B. 导航电子地图

  C. 传感器   D. 电子陀螺仪

76. 关于车载导航数据质量控制中几何精度指标要求,一般情况下城市区域交通网络类中要素的最大误差为(　　)。

  A. 5m   B. 10m   C. 15m   D. 20m

77. 车载导航地图数据集应最大可能地保证现势性,重要内容的更新周期应不超过(　　)。

  A. 6 个月   B. 一年   C. 二年   D. 三年

78.（　　）是利用地理数据制作和发布 GIF，PNG，JPG 图像格式的一种 Web 服务标准。

  A. WMS   B. WWW   C. FTP   D. WFS

79. 一个具有三层结构的 Web 应用系统包括（　　）、业务逻辑层（中间层）、表现层。

  A. 服务器层   B. 数据库层

  C. 浏览器层   D. 网络层

80. 不能使用 3D Map Services 的客户端是（　　）。

  A. Arc Globe   B. Arc Map   C. Google Earth   D. ArcGIS Explorer

二、多项选择题（共 20 题，每题 2 分。每题的备选项中，有 2 个或 2 个以上符合题意，至少有 1 个错项。错选，本题不得分；少选，所选的每个选项得 0.5 分）

81. 下列选项中可作为衡量精度的指标的是（　　）。

  A. 中误差   B. 标准差

  C. 极限误差   D. 相对误差

  E. 所有观测值误差之和的平均值

82. 当一、二等水准路线跨越江、河，视线长度超过 100m 时，应选择跨河水准测量的方法传递高差。跨河水准测量使用的方法主要有（　　）。

  A. 光学测微法   B. 倾斜螺旋法

  C. 经纬仪倾角法   D. 直接读尺法

  E. 测距三角高程法

83. 测绘技术总结编写的主要依据包括（　　）。

  A. 测绘任务书或合同   B. 测绘技术标准

  C. 顾客测绘资质信息   D. 测绘市场的需求

  E. 以往类似工程测绘技术总结提供的信息

84. 下列内容不属于海洋测绘定位成果检验主要内容的是（　　）。

  A. 定位设备精度   B. 定位方法、主要技术指标

  C. 水位观测   D. 定位点的点位精度

  E. 障碍物探测

85. 工程高程控制网的施测方法可以采用（　　）。

A. 水准测量 B. 三角测量

C. 三角高程测量 D. 导线测量

E. GPS 水准方法

86. 地形图的测绘方法可分为模拟法和数字法两种。目前,地形图测绘主要采用数字法,以下选项中,属于数字法测图方法的有( )。

A. GPS RTK 测图 B. 平板仪测图

C. 经纬仪测图 D. 全站仪测图

E. 遥感测图方法

87. 地下工程测量过程中,高程测量可以采用( )方法。

A. 水准测量 B. 激光三维扫描

C. GPS 水准 D. 三角高程测量

E. 导线测量

88. 针对工程项目,变形监测的网点可分为( )。

A. 水准原点 B. 基准点

C. 大地原点 D. 工作基点

E. 变形观测点

89. 下列不计算建筑面积的选项有( )。

A. 层高在 2.20m 以下的夹层、插层、技术层

B. 独立烟囱、亭、塔、罐、池

C. 活动房屋、临时房屋、简易房屋

D. 与房屋室内不相通的房屋间伸缩缝

E. 房屋之间有上盖的架空通廊

90. 地籍调查的长度单位可采用( )。

A. 米 B. 分米 C. 毫米 D. 厘米 E. 英寸

91. 对于边界地形图,下列说法正确的有( )。

A. 边界地形图宜采用国家基本比例尺 1:10000 数字地形图来制作

B. 边界地形图按一定经差、纬差自由分幅

C. 1:100000 边界地形图范围为垂直界线两侧图上各 10cm 内

D. 边界地形图应制作为带有坐标信息的栅格地图或数字线划图

E. 其作业方法、操作规程、精度要求等均高于数字成图的要求

92. 关于航摄时间的选择,下列说法正确的是( )。

A. 具有一定的光照度

B. 避免过大的阴影

C. 根据地形类别合理选择太阳高度角

D. 根据地形类别合理选择阴影倍数

E. 确保航摄像片能够真实地显现地面细部

93. 测绘 1：10000 和 1：50000 数字地面模型,对特征点或特征线进行三维坐标测量,除地形特征线外,还需要量测以下与高程有关的要素( )。

A. 山脊线山谷线
B. 水岸线
C. 森林区域线
D. 非相关区域线
E. 居民地范围线

94. 根据《机载激光雷达数据处理技术规范》(CH/T 8023—2011),制作数字高程模型应将点云中的地面点与非地面点分离,其流程包括( )。

A. 点云数据采集
B. 噪声点滤波
C. 点云自动分离
D. 人工编辑分类结果
E. 制作数据高程模型

95. 推扫式航空摄影的航摄资料主要有( )。

A. 影像数据
B. IMU/GPS 数据
C. 航摄底片
D. GPS 基站数据
E. 航摄质量验收报告

96. 地图的图幅设计包括( )。

A. 数学基础设计
B. 地图的分幅设计
C. 图面配置设计
D. 地图的拼接设计
E. 地图线划设计

97. 关于国家基本比例尺地图和精度要求较高的其他地图、地图集模拟印刷原图图廓尺寸和套版精度要求的描述,以下选项中,描述正确的是( )。

A. 实际尺寸与理论尺寸边长允许最大误差为±0.2mm

B. 实际尺寸与理论尺寸对角线允许最大误差为±0.3mm

C. 多幅拼接图拼接边允许最大较差值0.3mm

D. 分版要素相应边长同向套合允许最大较差值0.3mm

E. 分层要素相应边长同向套合允许最大较差值0.2mm

98. 下面关于3S集成应用的说法,描述正确的是(　　)。

A. 在实际应用中,只有3S三种技术同时集成使用,才能最大限度地满足用户需求和信息技术为基础发展起来的综合性产业

B. 如果大脑指的是GIS,那么RS、GPS就是两只眼睛

C. RS和GPS向GIS提供或更新区域信息以及空间定位,GIS进行相应的空间分析,以从RS和GPS提供的浩如烟海的数据中提取有用信息

D. 3S的结合应用、取长补短是一个自然的发展趋势,三者之间的相互作用形成了"一个大脑,两只眼睛"的框架

E. GIS为GPS、RS提供基础数据信息

99. 关于GIS开发模式的描述,以下选项中,描述不正确的是(　　)。

A. 用户可以基于MapGIS或ArcGIS基础平台开发出满足具体应用需求的实用型地理信息系统

B. 组件式二次开发,是目前比较常用的开发模式,其开发简易,但需要特定的开发语言

C. 宿主型二次开发不需要依赖现有GIS软件平台,但需要以现有GIS平台为参考蓝本

D. 自主开发GIS系统,不依赖于商业的GIS开发平台,是自主创新应该提倡的,另外由于需要购买相关GIS开发平台,所以其投入也相对较少

E. 自主开发GIS系统,对开发人员的技术要求较高

100. 导航电子地图制作中的数据预处理包括(　　)等。

A. 数据压缩　　　　　　　　B. 对纸质地图矢量化

C. 影像解译　　　　　　　　D. 地图量算

E. 其他数据源转换

注册测绘师资格考试测绘综合能力

模拟试卷(1)参考答案及解析

一、单项选择题(共80题,每题1分。每题的备选项中,只有1个最符合题意)

1. A

解析:测绘技术总结(包括项目总结和专业技术总结)通常由概述、技术设计执行情况、成果(或产品)质量说明和评价、上交和归档的成果(或产品)及其资料清单四部分组成。

2. C

解析:用 RTK 技术施测的控制点成果应进行 100% 的内业检查和不少于总点数 10% 的外业检测,平面控制点外业检测可采用相应等级的卫星定位静态(快速静态)技术测定坐标,全站仪测量边长和角度等方法,高程控制点外业检测可采用相应等级的三角高程、几何水准测量等方法,检测点应均匀分布测区。

3. D

解析:国家一、二等水准观测应在标尺分划线成像清晰而稳定时进行。下列情况下,不应进行观测:①日出后和日落前 30min 内;②太阳中天前后各约 2h(可根据地区、季节和气象情况,适当增减,最短间歇时间不少于 2h);③标尺分划线的影像跳动剧烈时;④气温突变时;⑤风力过大而使标尺与仪器不稳定时。

4. C

解析:一等水准路线上的每个水准点均应测定重力。高程大于 4000m 或水准点间的平均高差为 150~250m 的二等水准路线上,每个水准点也应测定重力。

5. D

解析:埋设沙漠地区控制点中心标志标石与其他地区不同,不仅标石不同,而且也没有封土堆。如图所示,图中单位为 cm,钢管需突出原地面至少 15cm。

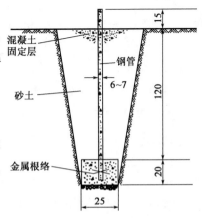

题 5 解图　固定沙丘钢管标石埋设图(尺寸单位:cm)

6. A

解析:GNSS 测量时,一时段观测过程中不应进行以下操作:①接收机重新启动;②进行自测试;③改变卫星截止高度角;④改变数据采样间隔;⑤改变天线位置;⑥按动关闭文件和删除文件等功能键。天气太冷时,接收机应适当保暖。

7. C

解析:国家高程基准由高程控制网和似大地水准面具体体现。水准测量按照精度分为一、二、三、四等,高程控制网主要采用水准测量方式布设,按逐级控制的原则,分为一、二、三、四等水准网。似大地水准面以一定分辨率的格网平均高程异常来表示。

8. A

解析:国家高程系统采用正常高系统。国家采用1985国家高程基准定义的黄海平均海水面作为全国统一的高程起算面。国家高程基准由高程控制网和似大地水准面具体体现。

9. B

解析:三、四等导线测量观测时间,宜在日出后1h左右至日落前1h左右,且通视及大气条件良好,成像清晰稳定时进行,夏季中午大气湍流剧烈使目标不稳定时,应停止观测。

10. B

解析:连续运行参考站系统是由卫星定位系统接收机(含天线)、计算机、气象设备、通信设备及电源设备、观测墩等构成的观测系统。观测墩作为高耸通电设施,必须进行雷电防护。冷暖空调设备是根据实际需要而安装的,非必需设备。

11. A

解析:连续运行参考站观测墩一般为钢筋混凝土结构,依据参考站建站地理、地质环境,观测墩可分为基岩观测墩、土层观测墩和屋顶观测墩三类。

12. B

解析:全球导航卫星系统的英文是Global Navigation Satellite System。GIS是地理信息系统的英文缩写,ITRF是国际地球参考框架的英文缩写,CORS是连续运行参考站的英文缩写。

13. C

解析:《中国航海图编绘规范》(GB 12320—1998)规定,航海图图幅尺寸的单位为毫米,保留一位小数,第二位小数四舍五入。选项A、B、D说法正确,都符合航海图编绘的相关要求。

14. D

解析：《海道测量规范》(GB 12327—1998)规定,灯塔、灯桩的灯光中心高度是从"平均大潮高潮面"起算,海岸线以平均大潮高潮时所形成的实际痕迹进行测绘。

15. A

解析：海道测量规范规定,半日潮港海区选择在农历初一、初二、初三或十六、十七、十八日进行验流观测。故选项 A 错误。

16. B

解析：按现行《海道测量规范》(GB 12327—1998)要求,水深测量在 50～100m 时,测量限差为±1.0m,则中误差为±0.5m。

17. D

解析：《工程测量规范》(GB 50026—2007)第 5.1.5 条,工程测量中平坦地区高程中误差一般不超过 $\frac{1}{3}H_d$(详见规范中的表 5.1.5-2,建议记忆该表中的各项规定)。

18. C

解析：《工程测量规范》(GB 50026—2007)第 5.1.5 条,工程地形图上,地物点相对于邻近图根点的点位中误差,城镇建筑区不应超过图上 0.6mm;一般地区不应超过图上 0.8mm;水域地区不应超过图上 1.5mm(详见规范表 5.1.5-1,建议记忆该表中的各项规定)。

19. D

解析：《工程测量规范》(GB 50026—2007)第 5.2.1 条,图根点相对于基本控制点的点位中误差不应超过图上 0.1mm,高程中误差不应超过基本等高距的 1/10。

20. A

解析：建设工程规划监督测量包括三个部分:放线测量、验线测量、验收测量。选项 A(水准测量),不属于建设工程规划监督测量的内容。

21. B

解析：《工程测量规范》(GB 50026—2007)第 8.6.2 条,高程贯通误差限差为 70mm。横向贯通误差限差,与两开挖洞口间长度 L(km)有关:$L<4$,限差为 100mm;$4 \leqslant L<8$,限差为 150mm;$8 \leqslant L<10$,限差为 200mm。本题 $L=3.7$km,其横向贯通误差限差为 100mm。

22. C

解析：用作矿井高程联系测量的常用方法是导入高程。选项 A、B、D 都是平面联系测量的方法。

23. C

解析：《城市地下管线探测技术规程》(CJJ 61—2017)第 3.0.8 条，地下管线点的平面位置测量中误差不应大于 50mm(相对于该管线点起算点)，高程测量中误差不应大于 30mm(相对于该管线点起算点)。故选 C。

24. C

解析：《城市地下管线探测技术规程》(CJJ 61—2017)第 5.5.2 条，质量检查时，应在测区明显管线点和隐蔽管线点中分别随机抽取不少于各自总点数的 5%。抽取的管线点应具有代表性且在测区内分布均匀。检查内容应包括探查的几何精度检查和属性调查结果检查。故选 C。

25. B

解析：动态变形监测方法有实时动态 GPS 测量方法、近景摄影测量方法、地面三维激光扫描方法等。而"经纬仪前方交会法"不可能实现动态变形监测。

26. D

解析：《工程测量规范》(GB 50026—2007)第 5.10.1 条，地形图的修测，如果修测的面积超过原图总面积的 1/5 时，应重新进行测绘。

27. B

解析：《工程测量规范》(GB 50026—2007)第 3.2.9 条，GPS 控制测量测站作业，应满足下列要求：天线高的量取应精确至 1mm；天线安置的对中误差，不应大于 2mm。

28. A

解析：《工程测量规范》(GB 50026—2007)第 4.4.3 条，GPS 拟合高程测量的主要技术要求，应符合下列规定：GPS 网应与四等或四等以上的水准点联测；联测点数，宜大于选用计算模型中未知参数个数的 1.5 倍，点间距宜小于 10km。

29. D

解析：《房产测量规范 第 1 单元：房产测量规定》(GB/T 17986.1—2000)规定，房产平面控制测量的精度要求末级相邻基本控制点的相对点位中误差不大于±2.5cm。

30. D

解析：《房产测量规范 第 1 单元：房产测量规定》(GB/T 17986.1—2000)规定，房产界址点的精度分为一、二、三级,三级界址点点位中误差为±10cm,则限差为±20cm,故选 D。

31. B

解析:先计算总套内面积为1228.270m²,再求分摊系数为0.130076,最后求得其分摊面积为7.995m²,故选 B。

32. B

解析:《房产测量规范 第1单元:房产测量规定》(GB/T 17986.1—2000)规定,野外解析测量数据成图要求与全野外采集数据方法成图要求相同。现行规范规定,可以用平板仪测绘房产图;模拟方法测绘的房产分幅平面图上的地物点,相对于邻近控制点的点位中误差不超过图上±0.5mm。

其他选项符合题意,故选 B。

33. B

解析:《地籍调查规程》(TD/T 1001—2012)规定,地籍控制网的一般要求为:

(1)地籍控制网分为地籍首级控制网和地籍图根控制网,各等级控制网的布设应遵循"从整体到局部、分级布网"的原则。

(2)地籍平面控制网的基本精度应符合下面规定:

①四等网或 E 级网中最弱边相对中误差不得超过 1/45000;

②四等网或 E 级以下网最弱点相对于起算点的点位中误差不得超过±5cm。

(3)乡(镇)政府所在地至少有两个等级为一级以上的埋石点,埋石点至少和一个同等级(含)以上的控制点通视;

(4)控制点的选点、埋石、标石类型、点名和点号等按照《城市测量规范》(CJJ/T 8—2011)等标准执行。

34. D

解析:《地籍调查规程》(TD/T 1001—2012)规定,界址点坐标取位至 0.001m,故选 D。

35. C

解析:变更权属调查内容,包括重新标定土地权属界址点,绘制宗地草图、调查土地用途、填写变更地籍调查表等工作。

36. B

解析:《地籍调查规程》(TD/T 1001—2012)规定,1:5 000 的地籍图,以 1:100 万国际标准分幅为基础,采用 192×192 的行列分幅编号。图幅大小为经差 1′52.5″、纬差 1′15″。

37. B

解析:《行政区域界线测绘规范》(GB/T 17796—2009)规定,边界协议书附图中界桩点的最大展点误差不应超过相应比例尺地形图图上±0.2mm。

38. D

解析:《行政区域界线测绘规范》(GB/T 17796—2009)规定,界线测绘的内容,包括界线测绘准备、界桩埋设和测定、边界点测定、边界线及相关地形要素调绘、边界协议书附图制作与印刷、边界点位置和边界走向说明的编写。

39. C

解析:《IMU/GPS 技术辅助航空摄影技术规范》(GB/T 27919—2011)第4.1.2.2条,机载 IMU/GPS 系统的 IMU 测角中误差应满足:侧滚角和俯仰角不应大于0.01°,航偏角不应大于0.02°。

40. B

解析:《无人机航摄系统技术要求》(CH/Z 3002—2010)第8.3.1条,无人机航空摄影对数码相机的有效像素要求应大于2000万像素。

41. C

解析:《1:500 1:1000 1:2000 地形图航空摄影规范》(GB/T 6962—2005)第3.2.2条,测图比例尺为1:2000时,航摄像片的摄影比例尺为1:7000~1:14000。

42. C

解析:《无人机航摄安全作业基本要求》(CH/Z 3001—2010)第9.3条,无人机航摄的数据传输系统的数据传输距离应大于10km以上。

43. C

解析:《1:5000 1:10000 地形图航空摄影测量外业规范》(GB/T 13977—2012)第9.1.2条,调绘像片的比例尺,一般不小于成图比例尺的1.5倍,地物复杂地区还应适当放大。

44. D

解析:《数字航空摄影测量 空中三角测量规范》(GB/T 23236—2009)第6.4条,自动相对定向时,每个像对的连接点数目一般不少于30个。

45. A

解析:《数字航空摄影测量 空中三角测量规范》(GB/T 23236—2009)第6.1条,利用数码航摄仪获取的影像相对定向时,连接点上下视差中误差为1/3像素,最大残差2/3像素。

46. C

解析：根据《近景摄影测量规范》(GB/T 12979—2008)引言：近景摄影测量不以测绘地形图为目的，利用对300m以内近距离目标摄影所获取的图像来确定其形状、几何位置和大小的技术。

47. B

解析：《城市三维建模技术规范》(GJJ/T 157—2010)第3.1.3条，建筑精细模型应精确反映建筑物屋顶及外轮廓的详细特征，面尺寸和高程精度不宜低于0.2m。

48. B

解析：《1∶500 1∶1000 1∶2000地形图航空摄影测量数字化测图规范》(GB/T 15967—2008)第7.2.1条，居民地编辑时，道路与街区的衔接处，应留0.2mm间隔。

49. A

解析：根据《多尺度数字高程模型生产技术规定》(GDPJ 08—2013)引言，基于1∶10000数据源或LiDAR点云数据，数字高程模型的格网尺寸统一细化为2m。

50. B

解析：根据《多尺度数字高程模型生产技术规定》(GDPJ 08—2013)第5.3.2条，将点云数据转换到2000国家大地坐标系时，坐标转换中误差应不大于1m。

51. C

解析：《基础地理信息数字产品1∶10000 1∶50000生产技术规程 第1部分：数字线划图(DLG)》(CH/T 1015.1—2007)第4.3.1条规定，补测的地物、地貌要素相对于附近明显地物点的平面位置误差不大于图上0.75mm。

52. B

解析：《机载激光雷达数据处理规范》(CH/T 8023—2011)第5.3.1条规定，利用转换参数，将点云数据转换至成果坐标系统，坐标转换的中误差应不大于图上0.1mm(以成图比例尺计算)。

53. B

解析：《1∶500 1∶1000 1∶2000地形图航空摄影测量数字化测图规范》(GB/T 15967—2008)第7.2.5条规定，水涯线与斜坡脚重合时在坡脚绘出水涯线。

54. B

解析：根据《IMU/GPS辅助航空摄影技术规范》(GB/T 279—2011)第4.1.2.2条IMU测角中误差：侧滚角和俯仰角不应大于0.01°，航偏角不应大于0.02°。故选B。

55. D

解析:选项 A、B 和 C 是地图符号所具有的特性,描述正确。地图语言又称为空间语言,能反映其空间结构。故选项 D 描述不正确。

56. C

解析:一般情况下,色相主要表示事物的质量特征,亮度和饱和度表示制图对象的数量特征。

57. D

解析:《国家基本比例尺地图编绘规范 第1部分:1∶25000 1∶50000 1∶100000 地形图编绘规范》(GB/T 12343.1—2008)规定,较长的河、渠每隔15~20cm重复注出。注记应按河流上下游、主支流关系并保持一定的级差。当河(渠)名很多时,可舍去次要的小河(渠)名。

58. C

解析:《国家基本比例尺地图编绘规范 第3部分:1∶50000 1∶1000000 地形图编绘规范》(GB/T 12343.3—2009)规定,1∶1000000 地形图各图幅单独采用正轴等角双标准纬线圆锥投影,按纬差4分带。每幅图具有两条标准纬线,其纬度为:$B_1 = B_S + 35$,$B_2 = B_N - 35$(B_S、B_N 分别代表图幅的南北边纬度)。投影后的经线为直线,纬线为同心圆弧。

59. D

解析:WGS-84 以参考椭球面为基准面。

60. C

解析:偏角图图形只表示三北方向的位置关系,其张角不是按角度的真值绘出的,但通过注记表明其真实角度。选项C,描述不正确。

61. C

解析:分幅图的理论面积是指该幅图实地面积。

62. C

解析:地图的用途,制图区域的位置、形状、大小等是影响地图投影选择的一个重要因素,此外地图投影也顾及已成的固定模式投影。制图区域的经济状况,在技术上对地图投影不产生影响。

63. D

解析:水资源管理与调配不属于土地管理范畴。

64. C

解析：每个多边形都以闭合线段存储，多边形的公共边界被数字化两次和存储两次，不属于拓扑数据结构的特点。

65. C

解析："数据内插"是广泛应用于等值线自动制图、DEM 建立的常用数据处理方法。

66. B

解析：GIS 中，明确定义空间结构关系的数学方法称为拓扑关系。

67. A

解析：GIS 设计的基本要求，除满足加强系统实用性、降低系统开发和应用成本外，还包括提高系统的可移植性。

68. A

解析：GIS 所包含的数据均与地理空间位置相联系。

69. D

解析：使用 GIS 系统进行城市规划时，估算道路拓宽中拆迁成本所采用的分析方式是缓冲区分析方法。

70. A

解析：独立开发是指不依赖于任何 GIS 工具软件，从空间数据的采集、编辑到数据处理的分析及结果输出，所有算法都是有开发者独立设计然后完成。

71. B

解析：生成电子地图必须要经过的一个关键技术步骤是符号化。

72. C

解析：GIS 中数据的检索，是指根据属性数据（包括组合条件）检索图形、根据图形（定位）检索属性以及图元间相互关系进行检索。

73. B

解析：国土资源图文一体化工作流管理是典型的 OA 与 GIS 有机结合。

74. C

解析：组件式地理信息系统（COMGIS）的基本思想是把 GIS 的功能模块划分为多个"控件"，它们分别实现不同的功能。根据需要把其搭建起来，就构成地理信息系统基础平台和应用系统。

75. B

解析:GPS与航位推算法(传感器+电子陀螺仪)组合方式实现定位。地图制作人员主要是制作电子地图。定位系统、硬件系统、软件系统和导航电子地图这四部分共同构成导航系统。

76. C

解析:车载导航数据质量控制不具体规定数据的几何精度,但根据导航应用的需求,一般情况下城市区域交通网络类中要素的最大误差为15m,非城市区域交通网络类中要素的最大误差为30m。

77. B

解析:参见《车载导航地理数据采集处理技术规程》(GB/T 20268—2006)第10.2.3条更新周期。车载导航地图数据集应最大可能地保证现势性,重要内容的更新周期应不超过一年。

78. A

解析:WMS是利用地理数据制作和发布GIF,PNG,JPG图像格式的一种Web服务标准。根据用户的请求返回相应的地图(包括PNG,GIF,JPEG等栅格形式或者是SVG和Web CGM等矢量形式)。WMS支持网络协议HTTP,所支持的操作是由URL定义的。WMS协议按照实现层次分为Basic WMS和Queryable WMS。其中,Basic WMS必须实现以下几个基本服务:GetCapabilities,GetMap,GetFeatureinfo。Querable WMS还需要额外支持GetFeatureinfo。

79. B

解析:一个具有三层结构的Web应用系统包括数据库层、业务逻辑层(中间层)、表现层。"三层结构"一词中的"三层"是指:"表现层"、"中间业务层"、"数据访问层"。其中:

(1)表现层:位于最外层(最上层),离用户最近。用于显示数据和接收用户输入的数据,为用户提供一种交互式操作的界面。

(2)中间业务层:负责处理用户输入的信息,或者是将这些信息发送给数据访问层进行保存,或者是调用数据访问层中的函数再次读出这些数据。

(3)数据访问层:仅实现对数据的保存和读取操作。数据访问,可以访问数据库系统、二进制文件、文本文档或是XML文档。

80. B

解析:ArcMap不能使用3D Map Services,其他的三种都可以用。

二、多项选择题(共 20 题,每题 2 分。每题的备选项中,有 2 个或 2 个以上符合题意,至少有 1 个错项。错选,本题不得分;少选,所选的每个选项得 0.5 分)

81. ABCD

解析:精度是指误差分布的密集或离散程度。误差 Δ 的平方的数学期望称为误差分布的方差。方差正的平方根称为标准差,测量上称为中误差,常用来作为衡量精度的指标。通常以 3 倍(或 2 倍)中误差作为偶然误差的极限值,称为极限误差。中误差与观测值之比,称为相对中误差或相对误差。所有观测值误差绝对值之和的平均值,称为平均误差,可作为衡量精度的指标;但是,所有观测值误差之和的平均值,并没有特定的意义。

82. ABCE

解析:根据《国家一、二等水准测量规范》(GB/T 12897—2006),跨河水准测量使用的方法有光学测微法、倾斜螺旋法、经纬仪倾角法、测距三角高程法、GNSS 测量法。直接读尺法是用于三、四等水准测量且最大视线长度小于 300m 的跨河水准中。

83. ABDE

解析:测绘技术总结编写的主要依据包括:

(1)测绘任务书或合同的有关要求,顾客书面要求或口头要求的记录,市场的需求或期望;

(2)测绘技术设计文件、相关的法律、法规、技术标准和规范;

(3)测绘成果(或产品)的质量检查报告;

(4)适用时,以往测绘技术设计、测绘技术总结提供的信息以及现有生产过程和产品的质量记录和有关数据;

(5)其他有关文件和资料。

顾客(甲方)是委托测绘任务,不需要具备测绘资质,而承担测绘任务方(乙方)必须具备测绘资质。

84. CE

解析:选项 ABD 均属于定位成果检验的内容。选项 C(水位观测)是潮位控制成果检验的主要内容;选项 E(障碍物探测)是海洋测量成果质量检验主要内容之一。

85. ACE

解析:《工程测量规范》(GB 50026—2007)第 4.1.1 条,工程高程控制测量主要方法有水准测量、三角高程测量、GPS 水准方法。选项 BD,为平面控制测量方法。

86. ADE

解析:常用的数字法测图的方法有全站仪测图、GPS RTK 测图、数字摄影测量、遥感测图方法等。而"平板仪测图"和"经纬仪测图"属于模拟法测图。

87. AD

解析：地下工程测量过程中，高程测量常常采用水准测量和三角高程测量方法。请注意是地下工程，GPS 接收不到卫星信号，故排除选项 C（GPS 水准）；选项 BE，属于平面位置测量方法。

88. BDE

解析：《工程测量规范》(GB 50026—2007) 第 10.1.4 条，变形监测的网点可分为基准点、工作基点和变形观测点三种。

89. ABCD

解析：《房产测量规范 第 1 单元：房产测量规定》(GB/T 17986.1—2000) 规定，不计算建筑面积的范围包括：

(1) 层高小于 2.20m 的夹层、插层、技术层和层高小于 2.20m 的地下室和半地下室。

(2) 突出房屋墙面的构件、配件、装饰柱、装饰性的玻璃幕墙、垛、勒脚、台阶、无柱雨篷等。

(3) 房屋之间无上盖的架空通廊。

(4) 房屋的天面、挑台、天面上的花园、泳池。

(5) 建筑物内的操作平台、上料平台及利用建筑物的空间安置箱、罐的平台。

(6) 骑楼、过街楼的底层用作道路街巷通行的部分。

(7) 利用引桥、高架路、高架桥、路面作为顶盖建造的房屋。

(8) 活动房屋、临时房屋、简易房屋。

(9) 独立烟囱、亭、塔、罐、池、地下人防干、支线。

(10) 与房屋室内不相通的房屋间伸缩缝。

本题选项 E 不合题意，故选 ABCD。

90. ACD

解析：《地籍调查规程》(TD/T 1001—2012) 规定，长度单位可以采用米（m）、厘米（cm）、毫米（mm）。当长度单位处以米时，长度数据保留两位小数，故选 ACD。

91. ABDE

解析：《行政区域界线测绘规范》(GB/T 17796—2009) 规定，边界地形图宜采用国家基本比例尺 1∶10000 比例尺最新地形图来或数字地图制作；边界地形图按一定经差、纬差自由分幅；1∶100000 边界地形图范围为垂直界线两侧图上各 5cm 内；边界地形图应制作为带有坐标信息的栅格地图或数字线划图；其作业方法、操作规程、精度要求等均等同数字成图的要求。

92. ABCD

解析:《1∶500 1∶1000 1∶2000 地形图航空摄影规范》(GB/T 6962—2005)第 3.2.7 条(关于航摄时间的选择),具有一定的光照度;避免过大的阴影;根据地形类别合理选择太阳高度角;根据地形类别合理选择阴影倍数;等等。选项 E,不属于关于航摄时间的选择要求。

93. BCD

解析:《基础地理信息数字产品 1∶10000 1∶50000 生产技术规程 第 2 部分:数字高程模型(DEM)》(CH/T 1015.2—2007)第 4.4.2.4 条,DEM 数据采集对特征点或特征线进行三维坐标测量,除地形特征线外,还需要量测以下与高程有关的要素:水岸线、森林区域线和非相关区域线。

94. ABCD

解析:《机载激光雷达数据处理规范》(CH/T 8023—2011)第 6.1 条,制作数字高程模型应将点云中的地面点与非地面点分离,其流程包括点云数据采集、噪声点滤波、点云自动分离和人工编辑分类结果。

95. ABDE

解析:根据《数字航空摄影测量 测图规范 第 2 部分:1∶5000 1∶10000 数字高程模型 数字正射影像图 数字线划图》(CH/T 3007.2—2011)第 4.1b)2)条,"推扫式航空摄影的航摄资料,主要有可用于测图的影像数据、IMU/GPS 数据、GPS 基站数据、航摄质量验收报告及其他有关资料。故选 ABDE。

96. ABCD

解析:地图的图幅设计包括数学基础设计、地图的分幅设计、图面配置设计、地图的拼接设计。

97. ABE

解析:《地图印刷规范》(GB/T 14511—2008)规定,多幅拼接图拼接边允许最大较差值 0.2mm(选项 C,描述不正确);分版或分层要素相应边长同向套合允许最大较差值 0.2mm(选项 D,描述不正确);选项 ABE 符合《地图印刷规范》要求,故选择 ABE。

98. BCD

解析:在实际应用中,只有 3S 三种技术同时集成使用,才能最大限度地满足用户需求和信息技术为基础发展起来的综合性产业,这种提法是不对的,不一定非要 3S 三种技术同时集成使用,也可以是 3S 中的 2 项集成使用;如果大脑指的是 GIS,那么 RS、GPS 就是两只眼睛,这种说法是对的;RS 和 GPS 向 GIS 提供或更新区域信息以及空间定位,GIS

进行相应的空间分析,以从 RS 和 GPS 提供的浩如烟海的数据中提取有用信息;3S 的结合应用,取长补短,是一个自然的发展趋势,三者之间的相互作用形成了"一个大脑,两只眼睛"的框架;GIS 为 GPS、RS 提供基础数据信息,这种说法是错误的。选项 AE,描述不正确。

99. BCD

解析: 用户可以基于 MapGIS 或 ArcGIS 基础平台开发出满足具体应用需求的实用型地理信息系统,这种说法是正确的;自主开发 GIS 系统,对开发人员的技术要求较高也是对的;选项 AE,描述正确。其他三种提法都不正确。

100. BCE

解析:《车载导航地理数据采集处理技术规程》(GB/T 20268—2006)指出,通过预处理过程,数据采集人员可以选取合适的数据源,并通过对数据源进行处理形成导航地理数据或作为未来数据采集的工作底图。数据预处理,包括对纸质地图矢量化、影像解译、其他数据源转换等。

注册测绘师资格考试测绘综合能力

模拟试卷(2)

一、单项选择题(共80题,每题1分。每题的备选项中,只有1个最符合题意)

1. 光电测距仪(简称测距仪)按测程分为( )程测距仪,按精度分为( )级。

   A. 短、中、远;四级 B. 短、中、长;四级
   C. 近、中、远;三级 D. 近、中、长;三级

2. 国家重力控制网由国家重力基本网和一等网以及( )组成。

   A. 二等网 B. 二等点
   C. 二、三、四等网 D. 以上都对

3. 国家一、二等水准路线选线,下列说法不妥的是( )。

   A. 应尽量沿坡度较小的高速公路、国道、大路进行
   B. 应避开土质松软的地段和磁场甚强的地段
   C. 应尽量避免通过行人车辆频繁的街道
   D. 通过地质构造不稳定地区时,应会同地质、地震有关部门共同研究选定

4. 水准路线上,每隔一定距离应布设水准点。水准点分为基岩水准点、( )、普通水准点三种类型。

   A. 基本水准点 B. 钢筋混凝土水准点
   C. 石质水准点 D. 一、二、三、四等水准点

5. 2000国家大地坐标系采用的地球椭球长半轴的数值为( )。

   A. 6378137m B. 6378140m C. 6378170m D. 6378245m

6. 城市似大地水准面的分辨率应不低于( ),其精度应不低于( )。

   A. $15'\times15'$,±0.3m B. $2.0'\times2.0'$,±5cm
   C. $2.5'\times2.5'$,±5cm D. $5'\times5'$,±0.1m

7. 国家二等水准测量用环闭合差计算的每千米中误差应不大于( )mm。

A. ±0.45　　　　B. ±1.0　　　　C. ±1.5　　　　D. ±2.0

8. 国家大地基准由（　　）构成。

   A. 大地坐标　　　　　　　　　B. 大地水准面
   C. 似大地水准面　　　　　　　D. 以上答案都不是

9. 全站仪测量时,下列选项可以归为观测条件的是（　　）。

   A. 智能手机　　B. 照相机　　C. 遮阳伞　　D. 三脚架

10. 连续运行参考站数据中心以计算机及网络技术为基础,建设时应考虑（　　）。

    A. 远离大功率无线电发射源(如电视台、电台、微波站等),其距离不小于200m
    B. 应便于安置接收设备和操作,视野开阔,视场内障碍物的高度角不宜超过10°
    C. 避开易产生振动地带
    D. 发生故障时,数据管理系统能适时恢复

11. 下列不是连续运行参考站网划分的是（　　）。

    A. 专业应用站网　　　　　　　B. 国家参考站网
    C. 区域参考站网　　　　　　　D. 省级参考站网

12. 国家重力测量控制网分为重力基本网、一等重力网和二等重力点。重力基本网由重力基准点、基本点及其引点组成,并包括一定数量的（　　）。

    A. 重力基岩点　　　　　　　　B. 相对重力点
    C. 重力仪格值标定基线　　　　D. 国家重力原点

13. 对于海底地形图,其基本比例尺有（　　）。

    A. 1∶1万　　B. 1∶2.5万　　C. 1∶10万　　D. 1∶25万

14. 对于海岸地形测图,下列说法不正确的是（　　）。

    A. 大于1∶5000时采用1.5°投影　　B. 大于1∶10000时采用6°投影
    C. 大于(含)1∶10000时采用3°投影　　D. 小于1∶50000时采用墨卡图托投影

15. 对于海道测量的海控点和测图点,下列说法不正确的是（　　）。

    A. 海控一级点相对于相邻起算点的点位中误差为±0.2m
    B. 海控二级点相对于相邻起算点的点位中误差为±0.5m

C. 测图控制点相对于相邻起算点的点位中误差为±1.0m

D. 测图控制点测角中误差为±10″

16. 对于测深线,下列说法不正确的是( )。

   A. 主测深线方向应与等深线的总方向垂直

   B. 使用多波束测深仪时,测深线的方向布设宜与等深线的走向平行。

   C. 原则上主测深线间隔为图上 2cm

   D. 检查线总长应不少于主测深线总长的 5%

17. 水域地区,工程测量中丘陵地区高程中误差一般不超过( )。[注:H_d为地形图的基本等高距(m)]。

   A. $\frac{1}{3}H_d$ B. $\frac{1}{2}H_d$ C. $\frac{2}{3}H_d$ D. H_d

18. 按现行《工程测量规范》(GB 50026—2007),地形图的基本等高距应按地形类别和测图比例尺进行选择,对于1∶5000的丘陵地形图应该选择( )为基本等高距。

   A. 0.5 m   B. 1m   C. 2m   D. 5m

19. 坐标反算就是根据直线的起、终点坐标,计算直线的( )。

   A. 斜距、水平角   B. 水平距离、水平角
   C. 斜距、方位角   D. 水平距离、方位角

20. 对于两开挖洞口间长度为8.2km的隧道工程,其相向施工中线在贯通面上的横向贯通误差,不应大于( )。

   A. 70mm   B. 100mm   C. 150mm   D. 200mm

21. 按照城市规划行政主管部门下达的定线、拨地测量,其中拨地界址点相对于邻近高级控制点的点位中误差不应大于( )。

   A. ±0.05 m   B. ±0.10 m   C. ±0.15 m   D. ±0.20 m

22. 对于地下管线隐蔽管线点的埋深探查精度,其埋深测量限差为( )。(注:h为管线中心埋深,单位为mm,当$h<1m$时,以1m代入计算。)

   A. $0.10h$ B. $0.15h$ C. $0.20h$ D. $0.30h$

23. 地下管线点的测量精度为:相对于该管线点起算点,点位平面位置测量中误差不

应大于50mm,高程测量中误差不应大于( )。

  A.20mm   B.25mm   C.30mm   D.50mm

24.隐蔽管线点的探查精度可采取增加重复探查量或开挖等方式进行验证。验证点应具有代表性并均匀分布,每个测区中验证点数不宜少于隐蔽管线点总数的0.5%,且不宜少于( )。

  A.1个   B.2个   C.3个   D.5个

25.依据《工程测量规范》(GB 50026—2007)"纸质地形图的绘制"有关规定,对于"半依比例尺绘制的符号",应保持( )。

  A.其轮廓位置的精度   B.其主线位置的几何精度
  C.其主点位置的几何精度   D.其符号的整体美观性

26.竣工总图的编绘,应收集众多资料。下列选项中,不属于竣工总图编绘应收集资料范畴的是( )。

  A.施工设计图   B.施工检测记录
  C.建筑物立面图   D.竣工测量资料

27.根据《工程测量规范》(GB 50026—2007),当水准路线需要跨越江河时,应符合下列规定:当跨越距离小于200m时,也可采用在测站上变换仪器高度的方法进行,两次观测高差较差不应超过( ),取其平均值作为观测高差。

  A.3mm   B.5mm   C.6mm   D.7mm

28.根据《工程测量规范》(GB 50026—2007),对于GPS-RTK测图,参考站点位的选择,应符合下列规定:参考站的有效作业半径,不应超过( )。

  A.5km   B.10km   C.15km   D.20km

29.房产测量统一采用( )。

  A.圆锥投影   B.方位投影
  C.高斯投影   D.等角圆柱投影

30.房产丘的编号从北至南,从西至东以( )顺序编列。

  A.西南角坐标   B.反S形   C.流水号   D.正S形

31. 以下关于房屋面积测量要求说法,不正确的是( )。

  A. 面积取位至 $0.01m^2$ B. 量距至 $0.01m$

  C. 房产面积的精度分为两级   D. 各类面积须独立计算两次

32. 房产测量绘图中,下列说法不正确的是( )。

  A. 房产界址点分为一二三级,在分丘图上表示

  B. 房产控制点分为一二三级,在图上只注点号

  C. 房角点分为一二三级,在分幅图上表示

  D. 不埋石的辅助房产控制点根据用图需要表示

33. 地籍图上一类界址点点位中误差不得超过( )cm。

  A. ±5   B. ±10   C. ±15   D. ±20

34. 地籍测量中,用RTK(含CORS)进行图根点测量时,每个图根点均应有两次独立的观测结果,两次测量结果的平面坐标较差不得大于( )、高程的较差不得大于( ),在限差内取平均值作为图根点的平面坐标和高程。

  A. ±5cm,±10cm   B. ±3cm,±5cm

  C. ±5cm,±10cm   D. ±2cm,±5cm

35. 地籍图上相邻界址点间距、界址点与邻近地物点及界址点与邻近控制点点位中误差最大不得大于图上( )。

  A. ±0.6mm   B. ±0.1mm   C. ±0.45mm   D. ±0.5mm

36. 地籍成果自检、巡视互检、巡视专检的比例为( )。

  A. 100%、30%、40%   B. 100%、70%、40%

  C. 70%、40%、20%   D. 100%、100%、100%

37. 边界线走向说明中涉及的方向,采用( )(以真北方向为基准)描述。

  A. 象限制   B. 16方位制   C. 坐标方位制   D. 磁方位制

38. 利用RTK测量界桩点时,检核点的平面位置较差应不大于( )。

  A. ±15cm   B. 10cm   C. ±30cm   D. 20cm

39. 航摄分区时,当航摄比例尺小于1∶7000时,分区内的地形高差不应大于相对航

高的( )。

  A. 1/3   B. 1/4   C. 1/5   D. 1/6

40. 飞控系统的飞行姿态控制稳度要求是横滚角、俯仰角和航向角应小于( )。

  A. 2°   B. 3°   C. 5°   D. 6°

41. 无人机航摄的飞行高度应高于摄区和航路上最高点( )。

  A. 50m以上   B. 100m以上   C. 150m以上   D. 200m以上

42. 数字航摄仪的径向畸变应达到改正后的残差小于( )像元。

  A. 1/3   B. 1/2   C. 2/3   D. 1

43. 1∶5000、1∶10000地形图航空摄影测量外业调绘时，像片上有影像的要素应按影像准确绘出，其最大位移差不应大于像片上( )。

  A. 0.1mm   B. 0.2mm   C. 0.3mm   D. 0.5mm

44. 低空数字航空摄影测量相对定向时，连接点上下视差中误差为2/3像素，最大残差( )。

  A. 3/4像素   B. 1像素   C. 4/3像素   D. 1.5像素

45. 空中三角测量作业流程是( )。

  A. 准备工作→内定向→相对定向→绝对定向→成果提交

  B. 准备工作→相对定向→绝对定向→内定向→成果提交

  C. 准备工作→内定向→绝对定向→相对定向→成果提交

  D. 准备工作→相对定向→内定向→绝对定向→成果提交

46. 城市三维模型LOD1应为反映地形起伏特征的模型DEM格网单元尺寸不宜大于( )。

  A. 5m×5m   B. 10m×10m   C. 15m×15m   D. 20m×20m

47. 根据《1∶500 1∶1000 1∶2000地形图航空摄影测量内业规范》(GB/T 7930—2008)，下列不属于地形类别的名称是( )。

  A. 平原   B. 丘陵地   C. 山地   D. 高山地

48.根据《1∶500 1∶1000 1∶2000 地形图航空摄影测量数字化测图规范》(GB/T 15967—2008),交通要素编辑时,公路路堤(堑)应分别绘出路边线和堤(堑)边线,两者重合时,可将其中之一移动(　　)。

  A.0.1mm   B.0.2mm   C.0.3mm   D.0.4mm

49.为了更精细地反映地形特征,以满足地理国情分析统计和其他相关应用的需要,地理国情普查中充分发挥现1∶50000 DLG 数据和其他相关数据源的作用,进一步细化生成多尺度数字高程模型数据,基于1∶10000 数据源或 LiDAR 点云数据,数字高程模型的格网尺寸统一细化为(　　)。

  A.2m   B.5m   C.10m   D.20m

50.根据《多尺度数字高程模型生产技术规定》(GDPJ 08—2013),DEM 建立的质量控制中,位置精度检查的内容不包括(　　)。

  A.平面坐标中误差   B.高程中误差

  C.高程接边误差   D.套合差

51.航测外业测绘1∶10000 和1∶50000DEM 时,利用 TIN 进行数据编辑,对不合理的 TIN 采用的数据编辑方法应为(　　)。

  A.删除不合理特征点后重构 TIN   B.人工编辑 TIN 连接边

  C.增加或删除附近的地性线   D.TIN 内部增加特征点后重构 TIN

52.机载激光雷达数据的航迹文件中不包括(　　)。

  A.GPS 时间   B.位置信息   C.姿态信息   D.点云数据

53.1∶500、1∶1000、1∶2000 地形图航空摄影测量数字化测图,当等高线的坡向不能判别时,应(　　)。

  A.加注高程注记   B.加绘间曲线   C.加绘示坡线   D.加绘助曲线

54.1∶5000 1∶10000 地形图航空摄影测量数字化测图时,自动搜索框标或人工对两个框标进行概略定向后自动进行内定向,坐标残差一般不大于(　　)mm。

  A.0.01   B.0.02   C.0.03   D.0.04

55.在地形图中,表示测量控制点的符号属于(　　)。

A. 比例符号 B. 半比例符号
C. 地貌符号 D. 非比例符号

56.编绘1∶50 000地形图中,当高水界与水涯线间的距离图上大于(　　)时应表示高水界。

A.0.2mm B.0.5mm C.1mm D.2mm

57.1∶25000～1∶10000地形图街区综合时,应清晰反映居民地外围轮廓,街区凸凹拐角在图上小于(　　)的可综合。

A.0.2mm B.0.3mm C.0.5mm D.1mm

58.建立1980国家大地坐标系所采用的参考椭球是(　　)。

A.贝塞尔椭球 B.克拉索夫斯基椭球
C.1975国际椭球 D.赫尔默特椭球

59.地理坐标中点的平面位置是用(　　)表达的。

A.直角坐标 B.经纬度
C.距离和方位角 D.高程

60.图号为E24D010011地形图的比例尺是(　　)。

A.1∶50万 B.1∶25万 C.1∶10万 D.1∶5万

61.下列比例尺地形图中,采用高斯—克吕格投影6°分带法的是(　　)。

A.1∶2 000 B.1∶5 000 C.1∶10000 D.1∶50000

62.运用专题地图表示方法时,下列说法中,不正确的是(　　)。

A.表示方法的选择应与专题地图内容相适应
B.应充分利用点状、面状和线状表示方法的相互配合
C.当几种表示方法配合时,应注意表示方法之间的平衡,不能有主要突出者
D.当几种的表示方法或整饰方法配合时,应注意色彩的选择以保证地图清晰易读

63.GIS空间数据存储在线状或面状实体的弧段文件中,属性数据存储在关系数据库管理系统中,两个子系统之间通过标识码进行连接,则该数据库管理系统属于(　　)。

A.文件－关系数据库混合管理 B.全关系数据库管理

C.对象－关系数据库管理 　　　　　　D.扩展式关系数据库

64.电子地图的生成一般要经过的三个步骤是（　　）。

A.地图数字化、地图编辑和地图分析　　B.数据采集、空间分析和符号化
C.数据采集、数据处理和空间分析　　　D.数据采集、数据处理和符号化

65.在地理数据采集中,手工方式主要是用于录入（　　）。

A.影像数据　　　B.地图数据　　　C.属性数据　　　D.DTM数据

66.GIS与机助制图的差异在于（　　）。

A.是地理信息的载体　　　　　　　　B.具有存储地理信息的功能
C.具有显示地理信息的功能　　　　　D.具有强大的空间分析功能

67.在数据采集与数据应用之间存在的一个中间环节是（　　）。

A.数据编辑　　　B.数据压缩　　　C.数据处理　　　D.数据变换

68.河流周围保护区的定界可以采用（　　）方法。

A.空间聚类　　　　　　　　　　　　B.统计分析
C.叠置分析　　　　　　　　　　　　D.缓冲区分析

69.在栅格数据获取过程中,为减少信息损失提高精度可采取的方法是（　　）。

A.增大栅格单元面积　　　　　　　　B.缩小栅格单元面积
C.改变栅格形状　　　　　　　　　　D.减少栅格总数

70.下列给出的方法中,哪项适合生成DEM（　　）。

A.等高线数字化法　　　　　　　　　B.多边形环路法
C.四叉树法　　　　　　　　　　　　D.拓扑结构编码法

71.地理信息系统空间位置建立的基础是（　　）。

A.统一的坐标系统　　　　　　　　　B.统一的分类编码原则
C.标准的数据交换格式　　　　　　　D.标准的数据采集技术规程

72.弗里曼编码是一种常用的（　　）方法。

A.矢量数据压缩　　　　　　　　　　B.栅格数据压缩

C. 曲线光滑　　　　　　　　　　D. 曲面结构线生成

73. 以下选项中,哪个选项不是GIS空间数据对数据管理的挑战?(　　)

　　A. 数据的急剧膨胀　　　　　　B. 数据的频繁修改
　　C. 数据的时效性　　　　　　　D. 数据的标准化与共享性

74. 为展示当前气压空间分布状态,最适宜采用的制图方式是(　　)。

　　A. 点图　　　　　　　　　　　B. 等值线图
　　C. 分区密度图　　　　　　　　D. 比例符号图

75. 导航电子地图的基本内容应包括(　　)四大类信息。

　　A. 路网、背景、注记、索引
　　B. 道路名称、道路等级、道路通行方向、道路通行限制
　　C. 道路编号、道路形态、道路等级、道路出入口
　　D. 道路通行方向、连接路信息、交叉口信息、交通限制

76. 用于车载导航的交通网络类要素的拓扑连通性必须达到(　　)。

　　A. 85%　　　　B. 90%　　　　C. 95%　　　　D. 100%

77. 1∶250000～1∶25000 的导航电子地图中的背景信息,至少应该显示(　　)。

　　A. 省界以上(包括省界)境界、主要水系、干线铁路
　　B. 水系、铁路
　　C. 水系、铁路、绿地
　　D. 县级以上境界

78. 地图的预制缓存是把地图按一系列的(　　)预先制作好然后切割成瓦块以便于快速的显示。

　　A. 范围　　　　B. 经纬度　　　　C. 比例尺　　　　D. 属性

79. ArcGlobe中制作一个3D document,存成后缀名为(　　)的文件。

　　A. mxd　　　　B. kmz　　　　C. 3dd　　　　D. psd

80. Web服务标准机构 W3C、ISO TC 211 和(　　)。

　　A. SDI　　　　B. OGC　　　　C. RSS　　　　D. NSDI

二、多项选择题(共 20 题,每题 2 分。每题的备选项中,有 2 个或 2 个以上符合题意,至少有 1 个错项。错选,本题不得分;少选,所选的每个选项得 0.5 分)

81. 高程测量是确定地面点高程的测量,主要方法有(　　)。

    A. 水准测量　　　　　　　　　B. 三角测量

    C. GNSS 高程测量　　　　　　D. 气压高程测量

    E. 流体静力水准测量

82. 根据观测误差对测量结果的影响性质,可分为(　　)。

    A. 极限误差　　　　　　　　　B. 粗差

    C. 残差　　　　　　　　　　　D. 偶然误差

    E. 系统误差

83. 我国似大地水准面按范围、精度和用途的不同,分为(　　)。

    A. 一等似大地水准面　　　　　B. 二等似大地水准面

    C. 三、四等似大地水准面　　　D. 省级似大地水准面

    E. 国家似大地水准面

84. 海岸地形测绘时,下列选项中属于第一类方位物的有(　　)。

    A. 高楼　　　　　　　　　　　B. 铁路交叉点

    C. 导标　　　　　　　　　　　D. 十字街口

    E. 无线电天线架

85. 工程控制网的布网原则有(　　)。

    A. 要有统一的规格　　　　　　B. 控制网精度高,控制范围小

    C. 要有足够的精度和可靠性　　D. 要有足够的密度

    E. 分级布网,逐级控制

86. 地图符号按比例尺关系可分为(　　)。

    A. 点状符号　　　　　　　　　B. 依比例尺符号

    C. 面状符号　　　　　　　　　D. 不依比例尺符号

    E. 半比例尺符号

87. 下列关于隧道控制测量说法正确的是(　　)。

A. 洞外平面控制测量可以使用 GPS 定位

B. 洞外高程控制测量通常使用水准测量

C. 洞内平面控制测量可以使用 GPS 定位

D. 洞内高程控制通常使用三角高程测量

E. 每个洞口应埋设不少于两个水准点,最好一站可以观测这两点的高差

88. GPS 拟合高程,应符合下列规定( )。

A. 充分利用当地的重力大地水准面模型或资料

B. 尽量采用简单的平面拟合模型

C. 对于地形起伏较大的大面积测区,宜采用曲面拟合模型

D. 对拟合高程模型应进行优化

E. GPS 点的高程计算,不宜超出拟合高程模型所覆盖的范围

89. 房产测量中,下列说法正确的有( )。

A. 房产界址点分为一、二、三级

B. 需要测定房角点的坐标时,房角点坐标的精度等级和限差执行与界址点相同的标准

C. 房产面积的精度分为三级

D. 房产图分为房产分丘平面图和房屋分户平面图两种

E. 新增的界址点或房角点的点号,分别按"原点号-1"、"原点号-2"、…形式续编

90. 下列关于地籍调查的面积说法正确的选项有( )。

A. 面积单位采用平方米,保留 1 位小数

B. 面积统计汇总单位采用公顷,保留两位小数

C. 亩作为面积主单位

D. 亩作为面积辅助单位,保留两位小数

E. 面积单位采用平方千米,保留 1 位小数

91. 界桩登记表中的界桩位置略图应标绘出( )等。

A. 界桩点、边界线　　　　　　B. 概略经纬度

C. 界桩方位物　　　　　　　　D. 北方向

E. 备注及双方(或三方)负责人签名

92. 用于无人机航空摄影测量的数码相机的性能要求,正确的是( )。

A. 面阵传感器,有效像素 2000 万

B. 像素 2000 万的影像能存储 2000 幅以上

C. 快门速度应快于 1/1000s

D. 连续工作时间应大于 2h

E. 具有电子快门

93. 航空摄影测量外业区域网划分,应考虑的因素包括（　　）。

A. 控制点分布　　　　　　　　B. 航摄分区

C. 航线分布　　　　　　　　　D. 图幅分布

E. 地形情况

94. 测绘 1∶10000 和 1∶50000 数字正射影像,其航空摄影内业涉及的工作包括（　　）。

A. 像片控制测量　　　　　　　B. 空中三角测量

C. 定向建模　　　　　　　　　D. DEM 数据采集

E. DOM 数据采集

95. 利用机载激光雷达数据制作数字正射影像图,需要准备的数据包括（　　）。

A. 用于精度检测的检查点

B. 数码航摄影像数据

C. 点云自动分离数据

D. 影像索引文件、相机航迹文件等参考文件

E. 影像内外方位元素、相机镜头畸变等参数

96. 国家基本比例尺地形图有关高斯-克吕格投影的说法,以下选项中,正确的是（　　）。

A. 中央子午线和赤道投影后成为相互垂直的直线,为该投影的对称轴。两轴的交点定为坐标原点

B. 以等角投影为条件,所以投影后无角度变形

C. 中央子午线投影后无长度变形,保持正长条件

D. 除中央子午线没有变形外,其他任何线段均有长度变形,即变形值或为正值或为负值

E. 在同一经线上,长度变形则随纬度的减少而增大,在赤道处为最大

97. 电子地图的总体结构通常包括( )。

   A. 片头　　　　　　　　　　B. 主图
   C. 图号　　　　　　　　　　D. 插图
   E. 图例

98. 对于 GIS 基本概念的描述,以下选项中,描述正确的是( )。

   A. 当地物范围确定时,栅格单元尺寸越大,则它所表达的地物信息越详细
   B. 由于 GIS 与 CAD 所处理的对象的规则程度不同,因此二者不能交换数据
   C. 只有明确了拓扑关系,GIS 才能处理各种空间关系,完成空间分析
   D. 与 MIS 相比,GIS 主要增添了图形编辑功能
   E. GIS 具有强大的空间分析功能

99. 关于 GIS 系统设计的描述,以下选项中,描述不正确的是( )。

   A. 先选择 GIS 软件,再进行系统功能设计
   B. 尽可能采用基于 SOA 的架构设计,提供地理信息 Web 服务
   C. "技术先进"是系统设计的基本原则之一
   D. 只能使用 B/S 模式开发 GIS 系统软件
   E. 基于需求分析,确定应用划分与功能设计,再进行系统体系结构设计和数据库设计

100. WebGIS 逻辑上由( )组成。

   A. 操作系统　　　　　　　　B. 通信协议
   C. WebGIS 服务器　　　　　 D. Web 浏览器
   E. 打印机

注册测绘师资格考试测绘综合能力

模拟试卷(2)参考答案及解析

一、单项选择题(共80题,每题1分。每题的备选项中,只有1个最符合题意)

1. A

解析:光电测距仪(简称测距仪)按测程分为中、短、远程测距仪。测程在3km以内的为短程测距仪,测程3~15km的为中程测距仪,测程大于15km的为远程测距仪。按测距仪出厂标称标准差,归算到1km的测距标准差计算,精度分为Ⅰ、Ⅱ、Ⅲ、Ⅳ级。

2. B

解析:国家重力控制网由国家重力基本网和一等网以及二等点组成,国家重力基本网由基准点和基本点组成,国家重力一等网由一等点组成。

3. A

解析:选定一、二等水准路线:①应尽量沿坡度较小的公路、大路进行;②应避开土质松软的地段和磁场甚强的地段;③应避开高速公路;④应尽量避免通过行人车辆频繁的街道、大的河流、湖泊、沼泽与峡谷等障碍物;⑤当一等水准路线通过大的岩层断裂带或地质构造不稳定地区时,应会同地质、地震有关部门共同研究选定。

4. A

解析:水准路线上,每隔一定距离应布设水准点。水准点分为基岩水准点、基本水准点、普通水准点三种类型。

5. A

解析:2000国家大地坐标系采用的地球椭球长半轴的数值为6378137m,1980西安坐标系的地球椭球长半轴的数值为6378140m,1954年北京坐标系的地球椭球长半轴的数值为6378245m。

6. C

解析:我国似大地水准面按范围和精度,分为国家似大地水准面、省级似大地水准面和城市似大地水准面。各级似大地水准面的精度和分辨率见表。

各级似大地水准面的精度和分辨率 题6解表

等级	似大地水准面精度		似大地水准面分辨率
	平地、丘陵地	山地、高山地	
国家	±0.3m	±0.6m	$15'\times15'$
省级	±0.1	±0.3m	$5'\times5'$
城市	±0.05m		$2.5'\times2.5'$

7. D

解析：国家二等水准测量用往返测量不符值计算的每千米偶然中误差应不大于±1.0mm，用环闭合差计算的每千米中误差应不大于±2.0mm。

8. D

解析：国家大地基准由大地坐标系统和大地坐标框架构成。国家采用地心坐标系统作为全国统一的大地坐标系统。大地坐标框架由实现大地坐标系统的大地控制网具体体现。

9. D

解析：测量仪器、观测者、外界条件三个方面的因素是引起误差的主要来源，把这三个方面的因素综合起来称为观测条件。三脚架是全站仪测量是的支撑仪器的部件，归属测量仪器条件。选项A、B，全站仪测量时基本用不到。选项C是测量时附属的设备。

10. D

解析：连续运行参考站数据中心以计算机及网络技术为基础，用于数据存储、处理分析和产品服务，建设时应考虑：

(1)安全性：数据中心内部局域网与外部网络进行物理隔离，并应设置不同级别的访问权限；

(2)可靠性：关键设备采用冗余备份系统，关键数据采用双机异地备份；

(3)保密性：数据和产品应根据不同密级进行加密处理；

(4)可恢复性：发生故障时，数据管理系统24h恢复，产品服务系统12h恢复。

选项A、B、C是对连续运行参考站观测墩的观测环境要求。

11. D

解析：依据管理形式、任务要求和应用范围，连续运行参考站网可划分为国家参考站网、区域参考站网和专业应用站网。区域参考站网是在省、市建立的参考站网。

12. C

解析：重力基本网由重力基准点、基本点及其引点组成，并包括一定数量的重力仪格值标定基线。

13. D

解析：《海底地形图编绘规范》(GB/T 17834—1999)规定，海底地形图的基本比例尺为 1∶5 万、1∶25 万和 1∶100 万。所以，选项 D 符合题目要求。

14. B

解析：《海道测量规范》(GB 12327—1998)规定，大于 1∶5000 时采用 1.5°投影，大于（含）1∶10000 时采用 3°投影，小于 1°50000 时采用墨卡图托投影。选项 B 不符合题意，所以说法不正确的是 B 选项。

15. C

解析：《海道测量规范》(GB 12327—1998)规定，海控一级点相对于相邻起算点的点位中误差为±0.2m，海控二级点相对于相邻起算点的点位中误差为±0.5m，测图点测角中误差为±10″，但对测图控制点相对于相邻起算点的点位中误差未做要求，故本题应选选项 C。

16. C

解析：《海道测量规范》(GB 12327—1998)规定，主测深线方向应垂直等深线的总方向；对狭窄航道，测深线方向可与等深线成 45°角，使用多波束测深仪时，测深线的方向布设宜与等深线的走向平行，原则上主测深线间隔为图上 1cm，检查线总长应不少于主测深线总长的 5%，所以说法不正确的是选项 C。

17. C

解析：《工程测量规范》(GB 50026—2007)第 5.1.5 条，水域地区，工程测量中丘陵地区高程中误差一般不超过 $\frac{2}{3}H_d$（详见规范表 5.1.5-2，建议记忆该表中的各项规定）。

18. D

解析：《工程测量规范》(GB 50026—2007)第 5.1.3 条，对于 1∶5000 的丘陵地形图，应该选择 5m 为基本等高距（详见规范表 5.1.3，建议记忆该表中的各项规定）。

19. D

解析：要掌握两个基本概念。坐标正算：由水平距离和直线方位角计算坐标增量 Δx 和 Δy。坐标反算：由两点坐标计算直线的水平距离和方位角。

20. D

解析：《工程测量规范》(GB 50026—2007)第 8.6.2 条，高程贯通误差限差为 70mm。横向贯通误差限差，与两开挖洞口间长度 L(km)有关：$L<4$，限差为 100mm；$4 \leqslant L<8$，限差为 150mm；$8 \leqslant L<10$，限差为 200mm。本题 $L=8.2$km，其横向贯通误差限差

为200mm。

21. A

解析:按照城市规划行政主管部门下达的定线、拨地,其中定线中线点、拨地界址点相对于邻近高级控制点的点位中误差不应大于 ±0.05 m。

22. B

解析:《城市地下管线探测技术规程》(CJJ 61—2017)第 3.0.8 条,以 2 倍中误差作为极限误差。隐蔽管线点的平面位置探查中误差和埋深探查中误差分别不应大于 $0.05h$ 和 $0.075h$,其中 h 为管线中心埋深,单位为 mm,当 $h<1000$mm 时,以 1000mm 代入计算。因此,地下管线隐蔽管线点的埋深测量限差为 $0.15h$,故选 B。

23. C

解析:《城市地下管线探测技术规程》(CJJ 61—2017)第 3.0.8 条,地下管线点的平面位置测量中误差不应大于 50mm(相对于该管线点起算点),高程测量中误差不应大于 30mm(相对于该管线点起算点)。故选 C。

24. B

解析:《城市地下管线探测技术规程》(CJJ 61—2017)第 5.5.5 条,隐蔽管线点的探查精度可采取增加重复探查量或开挖等方式进行验证,并应符合下列规定:①验证点应具有代表性并均匀分布,每个测区中验证点数不宜少于隐蔽管线点总数的 0.5%,且不宜少于 2 个;②验证内容应包括几何精度和属性精度。故选 B。

25. B

解析:《工程测量规范》(GB 50026—2007)第 5.3.38 条,纸质地形图的绘制:①依比例尺绘制的轮廓符号,应保持轮廓位置的精度;②半依比例尺绘制的线状符号,应保持主线位置的几何精度;③不依比例尺绘制的符号,应保持其主点位置的几何精度。

26. C

解析:《工程测量规范》(GB 50026—2007)第 9.2.1 条,竣工总图的编绘,应收集下列资料:①总平面布置图;②施工设计图;③设计变更文件;④施工检测记录;⑤竣工测量资料;⑥其他相关资料。选项 C 建筑物立面图不在此之列,故选 C。

27. D

解析:《工程测量规范》(GB 50026—2007)第 4.2.6 条,当水准路线需要跨越江河时,应符合下列规定:当跨越距离小于200m 时,也可采用在测站上变换仪器高度的方法进行,两次观测高差较差不应超过 7mm,取其平均值作为观测高差。

28. B

解析:《工程测量规范》(GB 50026—2007)第 5.3.13 条,对于 GPS-RTK 测图,参考站点位的选择,应符合下列规定:参考站的有效作业半径,不应超过 10km。

29. C

解析:《房产测量规范 第 1 单元:房产测量规定》(GB/T 17986.1—2000)规定,房产测量统一采用高斯投影。

30. B

解析:《房产测量规范 第 1 单元:房产测量规定》(GB/T 17986.1—2000)规定,房产丘的编号从北至南,从西至东以反 S 形顺序编列。

31. C

解析:《房产测量规范 第 1 单元:房产测量规定》(GB/T 17986.1—2000)规定,房产面积的精度分为三级;其他选项符合题意。

32. C

解析:《房产测量规范 第 1 单元:房产测量规定》(GB/T 17986.2—2000)规定,房产界址点分为一、二、三级,在分丘图上表示。房产控制点分为一、二、三级,在图上只注点号。房角点分为一、二、三级,在分丘图上表示。不埋石的辅助房产控制点根据用图需要表示。

33. A

解析:一类界址点点位中误差为±5cm,二类界址点点位中误差为±10cm,三类界址点点位中误差为±15cm。

34. B

解析:《地籍调查规程》(TD/T 1001—2012)规定,为保证 RTK 测量精度,应进行有效检核。检核方法有两种:

(1)每个图根点均应有两次独立的观测结果,两次测量结果的平面坐标较差不得大于±3cm,高程的较差不得大于±5cm,在限差内取平均值作为图根点的平面坐标和高程。

(2)在测量界址点和测绘地籍图时采用全站仪对相邻 RTK 图根点进行边长检查,其检测边长的水平距离的相对误差不得大于 1/3000。

35. C

解析:规范规定,相邻界址点间距、界址点与邻近地物点关系距离的中误差不得大于图上±0.3mm,隐蔽地区可放宽至 1.5 倍,即±0.45mm。

36. B

解析:《地籍调查规程》(TD/T 1001—2012)规定,自检比例为100%,巡视检查比例不得低于70%,巡视检查比例不低于40%。

37. B

解析:《行政区域界线测绘规范》(GB/T 17796—2009)规定,边界线走向说明中涉及的方向,采用16方位制(以真北方向为基准)描述。

38. D

解析:《行政区域界线测绘规范》(GB/T 17796—2009)规定,利用RTK测量界桩点时,检核点的平面位置较差应不大于20cm。

39. B

解析:《1∶500 1∶1000 1∶2000地形图航空摄影规范》(GB/T 6962—2005)第3.2.3条规定,航摄分区时,当航摄比例尺小于1∶7000时,分区内的地形高差不应大于相对航高的1/4。

40. B

解析:《无人机航摄系统技术要求》(CH/Z 3002—2010)第6.3条规定,飞控系统的飞行姿态控制稳度要求是横滚角、俯仰角和航向角应小于3°。

41. B

解析:《无人机航摄安全作业基本要求》(CH/Z 3001—2010)第4.2.1条规定,无人机航摄的飞行高度应高于摄区和航路上最高点100m以上。

42. A

解析:《数字航摄仪检定规程》(CH/T 8021—2010)第5.1条规定,数字航摄仪的径向畸变应达到改正后的残差小于1/3像元。

43. B

解析:《1∶5000 1∶10000地形图航空摄影测量外业规范》(GB/T 13977—2012)第9.1.4条规定,像片上有影像的要素应按影像准确绘出,其最大位移差不应大于像片上0.2mm。

44. C

解析:《低空数字航空摄影测量内业规范》(CH/Z 3003—2010)第5.2条规定,低空数字航空摄影测量相对定向时,连接点上下视差中误差为2/3像素,最大残差4/3像素。

45. A

解析:《数字航空摄影测量　空中三角测量规范》(GB/T 23236—2009)第3.7条规定,空中三角测量作业流程是:准备工作→内定向→相对定向→绝对定向→成果提交。

46. B

解析:《城市三维建模技术规范》(CJJ/T 157—2010)第3.1.2条规定,城市三维模型LOD1应为反映地形起伏特征的模型DEM格网单元尺寸不宜大于10m×10m。

47. A

解析:根据《1∶500　1∶1000　1∶2000地形图航空摄影测量内业规范》(GB/T 7930—2008)第3.1.3条,地形类别包括平地、丘陵地、山地和高山地。

48. B

解析:《1∶500　1∶1000　1∶2000地形图航空摄影测量数字化测图规范》(GB/T 15967—2008)第7.2.3条,交通要素编辑时,公路路堤(堑)应分别绘出路边线和堤(堑)边线,两者重合时,可将其中之一移动0.2mm。

49. C

解析:根据《多尺度数字高程模型生产技术规定》(CDPJ 08—2013)引言,基于1∶50000数据源或LiDAR点云数据,数字高程模型的格网尺寸统一细化为10m。

50. A

解析:根据《多尺度数字高程模型生产技术规定》(CDPJ 08—2013)第6条质量控制,位置精度检查的内容包括高程中误差、高程接边误差和套合差三个方面。

51. D

解析:《基础地理信息数字产品　1∶10000　1∶50000生产技术规程　第2部分:数字高程模型(DEM)》(CH/T 1015.2—2007)第5.4.3.2条规定,利用TIN进行数据编辑,对不合理的TIN,内部增加特征点后重构TIN。

52. D

解析:《机载激光雷达数据处理规范》(CH/T 8023—2011)第5.2条数据准备中,航迹文件包括GPS时间、位置信息和姿态信息。

53. C

解析:《1∶500　1∶1000　1∶2000地形图航空摄影测量数字化测图规范》(GB/T 15967—2008)第7.2.8条规定,当等高线的坡向不能判别时,应加绘示坡线。

54. A

解析:《1:5000 1:10000地形图航空摄影测量解析测图规范》(CH/T 3008—2011)第8.1条,内定向:框标坐标量测误差一般不大于0.01mm,最大不超过0.02mm。

55. D

解析:地形图符号包括比例符号、半比例符号、非比例符号和注记符号。表示控制点的属于非比例符号。

56. D

解析:《国家基本比例尺地图编绘规范 第1部分:1:25000 1:50000 1:100000地形图编绘规范》(GB/T 12343.1—2008)规定,高水界与水涯线间的距离在图上大于2mm时就表示高水界。当其间距大部分大于2mm仅局部不足2mm时,高水界应视为连续整体全部表示。高水界与水涯线之间的岸滩地段应配置相应的土质、植被符号。

57. C

解析:《国家基本比例尺地图编绘规范 第1部分:1:25000 1:50000 1:100000地形图编绘规范》(GB/T 12343.1—2008)规定,街区凸凹拐角在图上小于0.5mm的可综合。街区内空地(如广场)面积在图上大于$2mm^2$的一般应表示,大于$10mm^2$的绿化种植地还应配置相应的植被符号。

58. C

解析:建立1980国家大地坐标系所采用的参考椭球是1975国际椭球。

59. B

解析:在地理坐标中,点的平面位置是使用大地经度和大地纬度来表示的。

60. C

解析:图号的前3位(E24)是图幅所在1:100万地图的行号。第4位是比例尺的代码,使用一位字母(B、C、D、…、H分别代表比例尺1:50万、1:25万、1:10万、…、1:5000),后面六位分为两段,前三位是图幅的行号数字码,后三位是图幅的列号数字码。该图号比例尺代码为D,地形图比例尺为1:10万。

61. D

解析:对于大于等于1:50万比例尺地形图,采用高斯-克吕格投影,其中大于1:1万地形图按经差3°分带投影,其他比例尺地形图按6°分带投影。

62. C

解析:专题地图表达的是专题要素,当两种以上表示方法配合时,必须以一种或两种表示方法为主,其他几种方法为辅,突出主要者,以达到更好地揭示制图现象特征的目的。选项C,描述不正确。

63. A

解析:GIS空间数据存储在线状或面状实体的弧段文件中,属性数据存储在关系数据库管理系统中,两个子系统之间通过标识码进行连接,则该数据库管理系统属于文件—关系数据库混合管理。

64. D

解析:电子地图的生成一般要经过三个步骤:数据采集、数据处理和符号化。

65. C

解析:在地理数据采集中,手工方式主要是用于录入属性数据。

66. D

解析:GIS与机助制图的差异在于强大的空间分析能力。

67. C

解析:在数据采集与数据应用之间存在的一个中间环节是数据处理。

68. D

解析:河流周围保护区的定界可以采用缓冲区分析方法。

69. B

解析:在栅格数据获取过程中,为减少信息损失提高精度可采取的方法是缩小栅格单元面积。

70. A

解析:等高线数字化法可以用来生成DEM。

71. A

解析:地理信息系统空间位置建立的基础是统一的坐标系统。

72. B

解析:弗里曼编码是一种常用的栅格数据压缩编码方法。

73. B

解析:数据的急剧膨胀、数据的标准化与共享性以及数据的时效性对GIS空间数据管理构成了挑战。"数据的频繁修改"并不能对数据管理构成挑战,故选B。

74. B

解析:为展示当前气压空间分布状态,最适宜采用的制图方式是等值线图。

75. A

解析:导航电子地图的基本内容包括路网、背景、注记、索引四大类信息,应能够支持导航系统实现地图显示与定位、目的地检索、路径规划、引导与提示。路网信息包括道路信息和结点信息;背景信息包括行政区划及其他地物要素信息;注记信息包括地图上重要道路的名称信息;索引信息包括POI及地下检索信息。选项BCD是选项A中某一类的一部分。参见《车载导航电子地图产品规范》(GB/T 20267—2006)。

76. D

解析:用于车载导航的交通网络类要素的拓扑连通性必须达到100%。其他相关准确度信息(包括位置准确度、属性准确度、拓扑关系合理性、时间准确度、完整性、一致性)必须在元数据中明确描述。参见《车载导航地理数据采集处理技术规程》(GB/T 20268—2006)。

77. B

解析:导航电子地图背景信息至少包括电子地图所显示范围内的境界、铁路、水系、绿地。一般按地图显示级别显示不同详细程度的要素内容。0级(小于1∶250000):省界以上(包括省界)境界、主要水系、干线铁路;一级(1∶250000~1∶25000):水系、铁路;二级(大于1∶25000):水系、铁路、绿地。参见《车载导航地理数据采集处理技术规程》(GB/T 20268—2006)。

78. A

解析:地图的预制缓存是把地图按一系列的范围预先制作好然后切割成瓦块以便于快速的显示。瓦片地图(Map Tile),也被称为地图缓存(Map Cache)。全称为瓦片地图金字塔模型,是一种多分辨率层次模型,从瓦片金字塔的底层到顶层,分辨率越来越低,但表示的地理范围不变。

79. C

解析:ArcGlobe中制作一个3D document,存成后缀名为3dd的文件。

80. B

解析:OGC(Open Geospatial Consortium),开放地理信息联盟,为分布式环境下访问地理数据和地理信资源制定的一套全面的规范。它包括抽象规范和实现规范。OGC规范致力于为地理信息系统间的数据和服务互操作提供统一。各厂商按照OpenGIS制定的规范开发 GIS 软件,而且些软件之间能够实现互操作。

二、多项选择题(共 20 题,每题 2 分。每题的备选项中,有 2 个或 2 个以上符合题意,至少有 1 个错项。错选,本题不得分;少选,所选的每个选项得 0.5 分)

81. ACDE

解析:高程测量是确定地面点高程的测量。主要有水准测量、三角高程测量、气压高程测量及流体静力水准测量和 GNSS 高程测量。三角测量主要是测量水平角,确定地面点的平面坐标。

82. BDE

解析:根据观测误差对测量结果的影响性质,可分为偶然误差、系统误差和粗差三类。通常以 3 倍(或 2 倍)中误差作为偶然误差的极限值,称为极限误差。残差是指实际观测值与平差值(估计值)之间的差。

83. DE

解析:我国似大地水准面按范围、精度和用途的不同,分为国家似大地水准面、省级似大地水准面、城市似大地水准面。水准测量按照精度分为一、二、三、四等,高程控制网主要采用水准测量方式布设,按逐级控制的原则,分为一、二、三、四等水准网。

84. ACE

解析:第一类方位物指突出地面,从很远处就能看到的地物,如导标、灯标、水塔、无线电天线架等;第二类方位物指不突出地面,但能长期存在并且易于识别的地物,如公路、铁路交叉点和急拐弯处、十字街口、桥梁等,故选 ACE。

85. ACDE

解析:工程控制网的布网原则有:①分级布网,逐级控制;②要有足够的精度和可靠性;③要有足够的点位密度;④要有统一的规格。

86. BDE

解析:地图符号按比例尺关系可分为依比例尺符号、半比例尺符号、不依比例尺符号。

87. ABE

解析:洞内不可能有 GPS 信号,故洞内无法使用 GPS 定位(选项 C,描述不正确)。洞内通常使用水准测量进行高程控制(选项 D,描述不正确)。其他选项描述正确。

88. ACDE

解析:《工程测量规范》(GB 50026—2007)第4.4.4条,GPS拟合高程,应符合下列规定:

(1)充分利用当地的重力大地水准面模型或资料。

(2)应对联测的已知高程点进行可靠性检验,并剔除不合格点。

(3)对于地形平坦的小测区,可采用平面拟合模型;对于地形起伏较大的大面积测区,宜采用曲面拟合模型。

(4)对拟合高程模型应进行优化。

(5)GPS点的高程计算,不宜超出拟合高程模型所覆盖的范围。选项B,描述不正确。故选ACDE。

89. ABC

解析:《房产测量规范 第1单元:房产测量规定》(GB/T 17986.1—2000)规定,房产界址点分为一、二、三级;新增的界址点或房角点的点号,分别按编号区内界址点或房角点的最大点号续编;需要测定房角点的坐标时,房角点坐标的精度等级和限差执行与界址点相同的标准;房产面积的精度分为三级;房产图分为房产分幅平面图、房产分丘平面图和房屋分户平面图三种。所以,选项DE描述不正确,故本题选ABC。

90.答案 BD

解析:《地籍调查规程》(TD/T 1001—2012)规定,面积单位采用平方米(m^2),保留两位小数;面积统计汇总单位采用公顷,保留两位小数;可以将亩作为面积辅助单位,保留两位小数。

91. ACD

解析:《行政区域界线测绘规范》(GB/T 17796—2009)附录A规定,选项ACD是界桩登记表中界桩位置略图的内容。其他选项不符合题意,故选ACD。

92. ACDE

解析:《无人机航摄安全作业基本要求》(CH/Z 3001—2010)第8.3.1条,面阵传感器,有效像素2000万;像素2000万的影像能存储1000幅以上;快门速度应快于1/1000s;连续工作时间应大于2h;具有电子快门;等等。选项B描述不正确。

93. BCDE

解析:《基础地理信息数字产品 1∶10000 1∶50000生产技术规程 第1部分:数字线划图(DLG)》(CH/T 1015.1—2007)第4.3.1.1.1条,区域网划分原则规定:区域网划分应综合考虑航摄分区、航线以及图幅分布、地形情况等因素。

94. BCDE

解析:《基础地理信息数字产品 1∶10000 1∶50000生产技术规程 第3部分:数字正射影像(DOM)》(CH/T 1015.3—2007)第4.3.2条,航空摄影测量内业涉及影像扫描、数字空中三角测量、定向建模、DEM数据采集、DOM数据采集等工序。

95. ABDE

解析:《机载激光雷达数据处理规范》(CH/T 8023—2011)第8.1.1条,数字正射影像图制作时准备以下数据:用于精度检测的检查点,数码航摄影像数据,影像索引文件、相机航迹文件等参考文件,影像内外方位元素、相机镜头畸变等参数。

96. ABCE

解析:选项ABC是高斯-克吕格投影的基本条件,说法是正确的。选项DE是有关高斯投影长度比的问题。选项E描述正确,在高斯投影中任一点经差和该点纬度余弦值($\cos\varphi$)均为偶次方,且各项均为正号,所以长度变形恒为正值。除中央子午线外,其他任何线段均伸长了,不可能为负值,因而选项D错误。

97. ABD

解析:电子地图的总体结构通常由片头、封面、图组、主图、图幅、插图和片尾等部分组成。有的还有背景音乐和专题目录。

98. DE

解析:当地物范围确定时,栅格单元尺寸越大,则它所表达的地物信息越粗糙,而不是越详细;虽然GIS与CAD所处理的对象的规则程度不同,但二者能交换数据;只有明确了拓扑关系,GIS才能处理各种空间关系,完成空间分析,这种说法不完全正确;与MIS相比,GIS主要增添了图形编辑功能;GIS具有强大的空间分析功能。选项ABC,描述不正确,故选DE。

99. ABCD

解析:基于需求分析,确定应用划分与功能设计,再进行系统体系结构设计和数据库设计,这是GIS系统设计的正确流程。选项E描述正确,其他几种提法都不正确。

100. BCD

解析:WebGIS:以WWW的Web页面作为GIS软件用户界面,把Internet和GIS技术结合在一起,能够进行各种交互操作的GIS,它是一种大社会级的GIS。WebGIS逻辑上由三部分组成:

(1)Web浏览器:用户通过浏览器获取分布在Internet上的各种地理信息。

(2)通信协议:通过相关协议,设定浏览器与服务器之间的通信方式以及数据访问接口,是地理信息在 Internet 上发布的关键技术。

(3)WebGIS 服务器:根据用户请求操作 GIS 数据库,为用户提供地理信息服务,实现客户端与服务器的交互。

2016年注册测绘师资格考试测绘综合能力

试 卷

一、单项选择题(共 **80** 题,每题 1 分,每题的备选项中,只有 1 个最符合题意)

1. 在一、二等水准路线上加测重力,主要目的是为了对水准测量成果进行( )。

　　A. 地面倾斜改正　　　　　　　　B. 归心改正

　　C. 重力异常改正　　　　　　　　D. i 角改正

2. GPS 观测中记录 UTC 时间是指( )。

　　A. 协调世界时　　B. 世界时　　C. 北京时间　　D. 原子时

3. GPS 测量中,大地高的起算面是( )。

　　A. 大地水准面　　B. 参考椭球面　　C. 地球表面　　D. 似大地水准面

4. 在各三角点上,把以垂线为依据的水平方向值归算到以法线为依据的方向值,应进行的改正是( )。

　　A. 垂线偏差改正　　B. 归心改正　　C. 标高差改正　　D. 截面差改正

5. 对某大地点进行测量,GPS 大地高中误差为±10mm,高程异常中误差为±15mm,仪器高测量中误差为±6mm,则该点的正常高中误差是( )。

　　A. ±31mm　　B. ±25mm　　C. ±22mm　　D. ±19mm

6. 理论上,与经纬仪圆水准轴正交的轴线是( )。

　　A. 视准轴　　B. 横轴　　C. 竖轴　　D. 铅垂线

7. 通过两台以上同型号 GPS 接收机同时接收同一组卫星信号,下列误差中,无法削弱或消除的是( )。

　　A. 电离层传播误差　　　　　　B. 卫星的钟差

　　C. 对流层传播误差　　　　　　D. 接收机天线对中误差

8. 我国将水准路线两端地名简称的组合定为水准路线名,组合的顺序是( )。

A. 起东止西,起北止南 B. 起东止西,起南止北

C. 起西止东,起南止北 D. 起西止东,起北止南

9. 在最大冻土深度 0.8m 的地区埋设道路水准标石,标石坑的深度最小应为( )m。

   A. 0.8 B. 1.0 C. 1.1 D. 1.3

10. 现行规范规定,精密水准测量前,数字水准标尺检校不包括的项目是( )。

    A. 圆水准气泡检校 B. 标尺基、辅分划常数测定

    C. 标尺分划面弯曲差测定 D. 一对标尺零点不等差测定

11. 现行规范规定,下列时间段中,国家一、二等水准测量观测应避开的是( )。

    A. 日出后 30min 至 1h B. 日中天前 2h 至 3h

    C. 日落前 30min 内 D. 日中天后 2h 至 3h

12. 按照国家秘密目录,单个国家重力基本点重力成果的密级是( )。

    A. 内部使用 B. 秘密 C. 机密 D. 绝密

13. 海道测量中,灯塔的灯光中心高度起算面是( )。

    A. 平均海水面 B. 理论最低海水面

    C. 似大地水准面 D. 平均大潮高潮面

14. 海洋工程测量中,确定海岸线的方法是( )。

    A. 按平均潮位确定的高程进行岸线测绘
    B. 按最低潮位确定的高程进行岸线测绘
    C. 按平均大潮高潮所形成的实际界限测绘
    D. 按历史资料形成的界限测绘

15. 电子海图按规则单元分幅时,最小分区为( )。

    A. 经差 4°×纬差 4° B. 经差 1°×纬差 1°

    C. 经差 30'×纬差 30' D. 经差 15'×纬差 15'

16. 现行规范规定,在离岸 300 海里处的海域进行水探测量时,宜采用的测图比例尺是( )。

A. 1∶2000　　　　　B. 1∶5万　　　　　C. 1∶10万　　　　　D. 1∶50万

17. 工程控制网优化设计分为"零～三"类,其中"二类"优化设计指的是(　　)。

　　A. 网的精度设计　　　　　　　　　　B. 网的图形设计
　　C. 网的基准设计　　　　　　　　　　D. 网的改进设计

18. 按 6°带投影的高斯平面直角坐标系中,地面上某点的坐标为:$x=3430152$m,$y=20637680$m,则该点所在投影带的中央子午线经度为(　　)。

　　A. 114°　　　　　B. 117°　　　　　C. 120°　　　　　D. 123°

19. 普通工程测量中测量距离时,可用水平面代替水准面最大范围是(　　)。

　　A. 半径 5km　　　　　　　　　　　　B. 半径 10km
　　C. 半径 15km　　　　　　　　　　　D. 半径 20km

20. 在丘陵地区测绘 1∶500 地形图,高程注记点的实地间距宜为(　　)m。

　　A. 5　　　　　　B. 15　　　　　　C. 30　　　　　　D. 50

21. 某水准仪的型号为 DS_3,其中"3"的含义是(　　)。

　　A. 该仪器的测角中误差为±3″
　　B. 该仪器的每站高程中误差为±3mm
　　C. 该仪器的每千米高差测量中误差为±3mm
　　D. 该仪器的每千米距离测量中误差为±3mm

22. 已知 A 点高程为 18.500m,现欲测设一条坡度为 2.5%的线路 AB。从设计图上量得 AB 间的水平距离为 120.000m,则 B 点需测设的高程为(　　)m。

　　A. 21.500　　　　B. 15.500　　　　C. 21.000　　　　D. 18.800

23. 在建筑物沉降观测中,每个工程项目设置的基准点至少应为(　　)个。

　　A. 2　　　　　　B. 3　　　　　　C. 4　　　　　　D. 5

24. 经纬仪测角时出现视差的原因是(　　)。

　　A. 仪器校正不完善　　　　　　　　　B. 十字丝分划板位置不准确
　　C. 目标成像与十字丝面未重合　　　　D. 物镜焦点误差

25.已知某农场的实地面积为 4km², 其图上面积为 400cm², 则该图的比例尺为( )。

  A.1∶5000 B.1∶1 万 C.1∶5 万 D.1∶10 万

26.下列测量工作中, 不属于规划监督测量的是( )。

  A.放线测量 B.验线测量 C.日照测量 D.验收测量

27.对某工程进行变形观测时, 其允许变形值为±40mm。下列各变形监测网精度能满足对其进行监测的最低精度是( )。

  A.±1mm B.±2mm C.±3mm D.±4mm

28.若某工程施工放样的限差为±40mm, 则该工程的放样中误差最大为( )。

  A.±4mm B.±10mm C.±20mm D.±40mm

29.若某三角形每个角的测角中误差为±2 秒, 则该三角形角度闭合差最大不应超过( )。

  A.±2 秒 B.±6 秒 C.±$\sqrt{3}$ 秒 D.±$4\sqrt{3}$ 秒

30.现行规范规定, 采用三角测量的方法进行房产平面控制测量时, 在困难情况下, 三角形内角最小值应为( )。

  A.35° B.30° C.25° D.20°

31.房屋调查与测绘的基本单元是( )。

  A.间 B.幢 C.层 D.套

32.下列部位水平投影面积中, 不可计入房屋套内使用面积的是( )。

  A.套内两卧室间隔墙 B.套内两层间楼梯
  C.内墙装饰面厚度 D.套内过道

33.房产分幅图上, 亭的符号如右图所示, 则该符号的定位中心在( )。

  A.三角形顶点
  B.三角形中心
  C.三角形底边中点
  D.符号底部中心

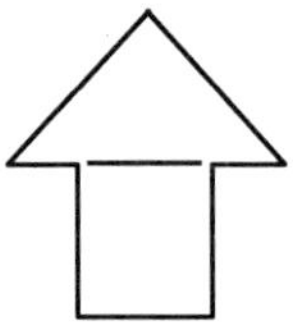

题 33 图

34. 在某省会城市中心商业区开展地籍图测绘工作,宜选用的成图比例尺为( )。

  A.1∶500   B.1∶1000   C.1∶2000   D.1∶5000

35. 地籍图上某点编号后六位为"3×××××",则该点类型为( )。

  A.控制点   B.图根点   C.界址点   D.建筑物角点

36. 产权人甲、乙共用一宗土地,无独自使用院落。该宗地内,甲、乙分别拥有独立建筑物,面积分别为 100m², 200m²,建筑占地总面积为 150m²。不考虑其他因素,如甲分摊得到该宗地院落使用面积为 100m²,则该宗地面积为( )m²。

  A.150   B.300   C.450   D.600

37. 某地籍图成果概查结论为合格,则该成果概查中查出的 A 类错漏最多为( )个。

  A.0   B.1   C.2   D.3

38. 边界地形图修测过程中,调绘图上某要素颜色为棕色,则该要素为( )要素。

  A.地貌   B.植被   C.水系   D.数学

39. 边界线走向说明中,某边界线走向为东南方位。则下列边界线走向角度(以真北方向为基准)中,符合这一方位描述的是( )。

  A.90°   B.122°   C.145°   D.168°

40. 航空摄影机一般分为短焦、中焦、长焦三类,其对应的焦距分别为小于或等于 102mm,大于 102mm 且小于 255mm、大于或等于 255mm。如果相对航高为 3000m,下列摄影比例尺中,适合采用长焦距镜头的是( )。

  A.1∶3 万 B.1∶2 万 C.1∶1.5 万 D.1∶1 万

41. 下列摄影仪检校内容中,不属于胶片摄影仪检校内容的是( )。

  A.像主点位置   B.镜头主距
  C.像元大小   D.镜头光学畸变差

42. 某航摄区最高点海拔高度为 550m,则无人机最低飞行高度为( )。

  A.650   B.700   C.750   D.800

43. 对于地形图测绘航空摄影,下列关于构架航线的描述中,不符合要求的是(　　)。

    A. 构架航线摄影比例尺应与测图航线比例尺相同

    B. 航向重叠度不小于80%

    C. 应保证隔号像片能构成立体像对

    D. 周边构架航线像主点应落在边界线之外

44. 数字化立体测图中,当水涯线与斜坡脚重合时,正确的处理方法是(　　)。

    A. 用坡脚线代替水涯线　　　　　B. 用水涯线代替坡脚线

    C. 将水涯线断至坡脚　　　　　　D. 水涯线与坡脚线同时绘出

45. 对现势性较好的影像进行调绘时,航测外业调绘为内业编辑提交的信息主要是(　　)信息。

    A. 属性　　　　B. 位置　　　　C. 地形　　　　D. 拓扑

46. 现行规范规定,解析空中三角测量布点时,在区域网凸出处的最佳处理方法是(　　)。

    A. 布设平面控制点　　　　　　　B. 布设高程控制点

    C. 布设平高控制点　　　　　　　D. 不布设任何控制点

47. 下列地理信息成果中,可用于城市区域地形统计分析的是(　　)。

    A. 地表覆盖数据　　　　　　　　B. 地理要素数据

    C. 数字高程模型数据　　　　　　D. 数字表面模型数据

48. 下列传感器的特点中,不属于机载 LIDAR 特点是(　　)。

    A. 主动式工作方式　　　　　　　B. 可直接获取地表三维坐标

    C. 可获取光谱信息　　　　　　　D. 可全天候工作

49. 下列影响航空摄影质量的因素中,导致倾斜误差产生的主要因素是(　　)。

    A. 地面起伏　　　　　　　　　　B. 航摄仪主光轴偏离铅垂线

    C. 航线弯曲度　　　　　　　　　D. 像片旋偏角

50. 像素数为10000×10000 的 DOM,地面分辨率为0.5m,以1∶1万比例尺打印输出影像图的尺寸是(　　)。

A. 50cm×50cm B. 55cm×55cm
C. 100cm×100cm D. 110cm×110cm

51. 航空摄影中,POS 系统的惯性测量装置(IMU)用来测定航摄仪的(　　)参数。

　　A. 位置　　　　B. 姿态　　　　C. 外方位元素　　D. 内方位元素

52. DSM 编辑中,采集多层及以上房屋建筑顶部特征点、线时,应切准的部位是(　　)。

　　A. 房屋顶部外围　　　　　　　B. 房屋底部外围
　　C. 房屋顶部中心　　　　　　　D. 房屋底部中心

53. 影像自动相关是指自动识别影像(　　)的过程。

　　A. 定向点　　　B. 视差点　　　C. 像主点　　　D. 同名点

54. 现行规范规定,在遥感影像图精度检测中,每幅图检测点一般不少于(　　)个。

　　A. 10　　　　B. 20　　　　C. 30　　　　D. 40

55. 下列关于三维地理信息模型的描述中,错误的是(　　)。

　　A. 三维模型可有不同的表现方式　　　B. 三维模型有不同的要素分类
　　C. 三维模型之间具有属性一致性　　　D. 三维模型之间不存在拓扑关系

56. 地形图和地理图是普通地图的两种类型。对于地理图来说,下列说法中错误的是(　　)。

　　A. 统一采用高斯投影　　　　　　B. 没有分幅编号系统
　　C. 制图区域大小不一　　　　　　D. 比例尺可以灵活设定

57. 在一定程度上反映被注制图对象数量特征的地图注记要素是(　　)。

　　A. 字级　　　B. 字列　　　C. 字隔　　　D. 字体

58. 现行规范规定,双面印刷的地图,其正反面的套印误差最大不应超过(　　)。

　　A. 0.2mm　　B. 0.5mm　　C. 0.8mm　　D. 1.0mm

59. 下列特性中,不属于地形图基本特征的是(　　)。

　　A. 直观性　　B. 可量测性　　C. 一览性　　D. 公开性

60. 下列制图综合方法中,不属于等高线图形概括常用方法的是(　　)。

A. 分割   B. 移位   C. 删除   D. 夸大

61. 编制某省的学校分布图,用分级统计图法反映各县(市、区)的学校数量。下列分级中,最合理的是(　　)。

     A. ≥100   100～80   80～60   60～40   <40

     B. ≥100   99～80   79～60   59～40   <40

     C. ≧100   100～80   80～60   60～40   <40

     D. ≧100   99～80   79～60   59～40   <40

62. 下列颜色中,不属于国家基本比例尺地图上符合或注记用色的是(　　)。

     A. 蓝色   B. 黑色   C. 棕色   D. 紫色

63. 下列空间数据格式中,属于 Javascript 对象表示法的为(　　)。

     A. shp   B. GeoJson   C. GML   D. KML

64. 下列工作内容中,属于空间数据编辑处理工作的是(　　)。

     A. RTK 测量   B. 数据分发

     C. 投影转换   D. 数据发布

65. 下列空间关系描述项中,不属于拓扑关系的是(　　)。

     A. 一个点指向另一个点的方向   B. 一个点在一个弧段的端点

     C. 一个点在一个区域的边界上   D. 一个弧段在一个区域的边界上

66. 下列系统需求选项中,属于 GIS 系统安全需求的是(　　)。

     A. 能进行空间分析   B. 具备 100Mbit/s 以上网络速度

     C. 服务器内存 16G 以上   D. 能完成数据备份

67. 右图中,黑色长方形为房屋,AB 为道路,沿 AB 中心线作一个 1000m 带宽的缓冲分析,图内缓存区中房屋的数量是(　　)个。

     A. 1   B. 2

     C. 3   D. 4

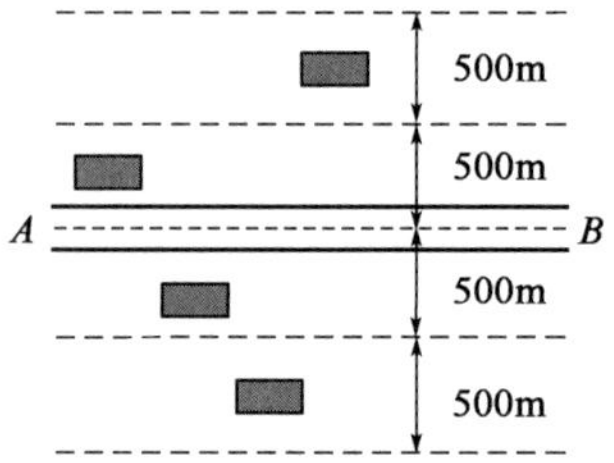

题 67 图

68. 右图中,$ABCD$ 为正方形,r 为影响车辆行驶速度的阻尼系数。若时间$=r \cdot s/v$,其中 v 为车辆行驶速度,s 为车辆行驶距离,从 A 到 C 花费时间最短的线路是(　　)。

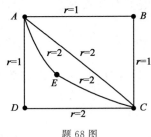

题 68 图

A. *ABC*   B. *AC*   C. *ADC*   D. *AEC*

69.下列地理信息数据中,适用于在三维 GIS 系统中进行房屋、树林等遮挡分析的是(　　)。

    A. DOM   B. DLG   C. DEM   D. DSM

70.目前地图网站流行让地图使用者完成数据更新,这种数据更新模式被称为(　　)。

    A.集中更新模式   B.定期更新模式

    C.众包更新模式   D.全面更新模式

71.下列地理信息工程任务中,属于地理信息系统工程维护阶段任务的是(　　)。

    A.数据更新   B.软件开发   C.数据建库   D.软件测试

72.下列设计内容中,属于 GIS 系统总体设计的是(　　)。

    A.用户界面   B.功能模块   C.体系结构   D.数据结构

73.如果互联网地图更新精度要求在 10m 左右,下列测量手段中,对于互联网地图更新最经济适用的是(　　)。

    A.网络 RTK   B. GPS 单点定位

    C.全站仪碎部测量   D.航空摄影测量

74.下列国际认证中,与 GIS 系统软件开发质量和能力相关的是(　　)。

    A. ISO 27001   B. ISO 50001   C. ISO 26000   D. CMM

75.下列地理要素中,不得在互联网电子地图上表示的是(　　)。

    A.沼泽   B.军事基地

    C.时令湖   D.地下河段出入口

76.现行规范规定,地理信息公共平台电子地图数据源的最小比例尺是(　　)。

    A. 1∶500 万   B. 1∶200 万   C. 1∶100 万   D. 1∶50 万

77. 现行规范规定,互联网地图瓦片分块大小为(   )像素。

　　A. 512×512　　　B. 256×256　　　C. 512×256　　　D. 256×512

78. 车载导航电子地图数据采集处理时,下列道路附属设施中,可以表示为面要素的是(   )。

　　A. 交通灯　　　B. 路面标记　　　C. 安全设备　　　D. 人行横道

79. 下列信息中,不属于车载导航电子地图基本四大类信息内容的是(   )。

　　A. 路网信息　　　B. 街区信息　　　C. 背景信息　　　D. 索引信息

80. 按照道路功能等级与现行道路分类标准的对应关系,导航电子地图产品中,四级功能道路与(   )对应。

　　A. 一级公路、城市快速路　　　　　B. 二级公路、城市主干道
　　C. 三级公路、城市次干路　　　　　D. 四级公路、城市支路

二、多项选择题(共 20 题,每题 2 分。每题的备选项中,有 2 个或 2 个以上符合题意,至少有 1 个错项。错选,本题不得分;少选,所选的每个选项得 0.5 分)

81. 下列投影方式中,具备等角投影特点的有(   )。

　　A. 高斯-克吕格投影　　　　　B. 兰勃托投影
　　C. 通用横轴墨卡托投影　　　D. 等差分纬线多圆锥投影
　　E. 彭纳投影

82. 下列改正项中,高精度电磁波测距成果必须加的改正项有(   )。

　　A. 气象改正　　　　　　　　B. 仪器加常数改正
　　C. 旁折光改正　　　　　　　D. 重力异常改正
　　E. 仪器乘常数改正

83. 下列系统中,属于国家 GNSS 基准站组成部分的有(   )。

　　A. GNSS 观测系统　　　　　B. 惯性导航系统
　　C. 气象测量及防护系统　　　D. 数据通信系统
　　E. 验潮系统

84. 下列测深手簿填写与整理的说法中,正确的有(   )。

　　A. 测深中改变航速无须记录

B. 手簿上经分析不采用的成果划去即可

C. 变换测深工具时,应用符号文字说明

D. 遇干出礁时,手簿内应描绘其形状

E. 应该记载定位方法和测定底质工具

85. 下列质量元素中,属于工程测量控制网质量检验的有(　　)。

　　A. 数据质量　　　　　　　　　　B. 地理精度

　　C. 点位质量　　　　　　　　　　D. 整饰质量

　　E. 资料质量

86. 下列检验项目中,经纬仪观测水平角时需进行检验的有(　　)。

　　A. 棱镜加常数检验　　　　　　　B. 指标差检验

　　C. 横轴误差检验　　　　　　　　D. 垂直轴误差检验

　　E. 视准轴误差检验

87. 下列设备中,集成在车载移动测量系统中的有(　　)。

　　A. GPS 接收机　　　　　　　　　B. 陀螺经纬仪

　　C. 视频系统　　　　　　　　　　D. 电子全站仪

　　E. 惯性导航系统

88. 下列测量工作中,属于日照测量的有(　　)。

　　A. 建筑物平面位置测量　　　　　B. 建筑物立面测量

　　C. 建筑物轴线测量　　　　　　　D. 建筑物剖面测量

　　E. 建筑物室内地坪高程测量

89. 下列管线信息中,属于城市地下给水管道实地探查内容的有(　　)。

　　A. 压力　　　　　　　　　　　　B. 管径

　　C. 埋深　　　　　　　　　　　　D. 材质

　　E. 流向

90. 下列空间部位水平投影面积中,可作为房屋共有面积分摊的有(　　)。

　　A. 建筑物外墙一半水平投影面积　　B. 地下室人防水平投影面积

　　C. 地面露天停车位水平投影面积　　D. 楼顶电梯机房水平投影面积

　　E. 建筑物首层入口门厅水平投影面积

91. 按我国现行土地利用分类,下列项目用地中不属于特殊用地的有(　　)。

A. 某住宅小区用地 B. 某边防雷达站用地
C. 某市政府机关用地 D. 某国驻华大使馆用地
E. 某民用机场用地

92. 下列工作中,属于界线测绘工作内容的有(   )。

A. 制作边界地形图 B. 界桩埋设和测定
C. 边界线相关地形要素调绘 D. 制作边界协议书
E. 编写边界线走向说明

93. 下列航摄技术要求中,确定航摄分区需考虑的有(   )。

A. 地形高差一般不大于1/4相对航高
B. 航摄飞机两侧与前方安全距离应达到规范要求
C. 地物景物反差、地貌类型应尽量一致
D. 要尽可能避免像主点落水
E. 飞机一般应东西向直线飞行

94. 下列立体测图质量检查内容中,属于空间参考系检查的有(   )。

A. 坐标系统 B. 投影参数
C. 高程基准 D. 高程精度
E. 平面精度

95. 与原始航空影像比,DOM具备的特征有(   )。

A. 正射投影 B. 比例尺统一
C. 分辨率更高 D. 色彩更丰富
E. 可量测

96. 下列航空摄影测量成果中,可通过空三加密直接获得的有(   )。

A. 影像外方位元素 B. 数字地表模型
C. 测图所需控制点坐标 D. 正射影像图
E. 影像分类图斑

97. 下列专题地图表示方法中,可用于编制人口分布地图的有(   )。

A. 底质法 B. 定位符号法
C. 等值线法 D. 分级统计图法
E. 点值法

98. 下列空间分析方法中,属于栅格数据空间分析的有( )。

  A. 窗口分析   B. 包含分析

  C. 地形分析   D. 网络分析

  E. 聚类分析

99. 下列 GIS 系统功能中,系统安全设计需考虑的有( )。

  A. 审计、认证   B. 查询、统计

  C. 备份、恢复   D. 用户管理

  E. 编辑、处理

100. 下列道路信息中,现行规范规定可以在车载导航电子地图数据中表示的有( )。

  A. 道路等级   B. 道路路面质材

  C. 道路功能等级   D. 道路编号

  E. 道路通行方向

2016年注册测绘师资格考试测绘综合能力试卷参考答案及解析

一、单项选择题(共80题,每题1分,每题的备选项中,只有1个最符合题意)

1. C

解析:国家水准网计算水准点高程时,所用的高差应加入下列改正:①水准标尺长度改正;②水准标尺温度改正;③正常水准面不平行的改正;④重力异常改正;⑤固体潮改正;⑥环线闭合差的改正。选项A、B与水准测量无关。水准仪i角误差(选项D)通过前后视距相等来消除。

2. A

解析:世界时(UT)以地球自转为基础的时间计量系统,地球自转实际上是不均匀的,所以世界时是一种非均匀时。协调世界时(Universal Time Coordinated,简称UTC),是以原子时秒长为基础,在时刻上尽量接近于世界时的一种时间计量系统,其差不超过1s,既保持时间尺度的均匀性,又能近似地反映地球自转的变化,也称国际标准时间、国际协调时间。

3. B

解析:沿法线到参考椭球面的距离称为点的大地高。GPS测量得到的是大地高,大地高的起算面是参考椭球面。故选B。我国采用正常高系统,其起算面是似大地水准面。一般通过水准拟合的方法将GPS测量的大地高转换为正常高。

4. A

解析:将水平方向归算至椭球面,包括垂线偏差改正、标高差改正及截面差改正,习惯上称此三项为三差改正。

(1)垂线偏差改正是把以垂线为依据的地面观测的水平方向值归算到以法线为依据的方向值而应加的改正,改正的数值主要与测站点的垂线偏差和观测方向的天顶距(或垂直角)有关。

(2)标高差改正主要与照准点的高程有关,经此项改正后,便将地面观测的水平方向值归化为椭球面上相应的法截弧方向。

(3)截面差改正是将法截弧方向化为大地线方向应加的改正,主要与测站点至照准点间的距离S有关。

5. D

解析：大地高 H、正常高 h 及高程异常 ξ 的关系为：$h = H - \xi$。GPS 测量是以天线中心为基准，需要加仪器高改正到标石中心才是点的大地高，即大地高误差包含了 GPS 测量得到的高程误差和仪器高误差影响。因此，正常高的中误差为：

$$m_{正常高} = \sqrt{m^2_{大地高} + m^2_{高程异常} + m^2_{仪器高}} = \sqrt{10^2 + 15^2 + 6^2} = 19\text{mm}$$

故选 D。

6. B

解析：经纬仪主要轴系有竖轴、横轴、望远镜视准轴、照准部水准管轴和圆水准轴。经纬仪应满足的基本几何关系：①照准部水准管轴应垂直于竖轴；②视准轴应垂直于横轴；③横轴应垂直于竖轴；④圆水准轴与竖轴平行。

7. D

解析：GPS 观测值受三类误差影响：

(1) 与卫星有关的误差，如卫星轨道误差、卫星钟差；

(2) 与信号传播有关的误差，如电离层传播误差、对流程传播误差；

(3) 与接收机有关的误差，如接收机钟差。对两台同型号 GPS 接收机同时接收同一组卫星信号（观测值）进行差分可以消除或削弱这三类误差。接收机天线对中误差不直接反映在 GPS 观测值中，不能通过差分的方法消除或削弱。

8. D

解析：我国水准路线以起止地名的简称定为水准路线名，起止地名的顺序为：起西止东、起北止南，一、二等水准路线的等级，各以 I、II 列于线名之前表示。

9. D

解析：题 9 解表是柱石（钢管）长度及标石坑（钻孔）深度计算表。经计算，标石坑的深度最小应为 1.3m，故选 D。

柱石（钢管）长度及标石坑（钻孔）深度计算表 题 9 解表

标石类型	柱石（钢管或塑管）长度	标石坑（钻孔）深度
浅层基岩水准标石	地面至坚硬岩层面距离	地面至坚硬岩层面距离加深 0.2m
岩层水准标石	—	0.15m
混凝土柱水准标石	最大冻土深度加长 0.3m	最大冻土深度加深 0.5m
道路水准标石	最大冻土深度加长 0.5m	最大冻土深度加深 0.5m
钢管水准标石	最大冻土深度加长 0.5m	最大冻土深度加深 0.5m
永冻地区钢管普通水准标石	最大融解深度加长 0.5m	最大融解深度加深 0.5m
永冻地区钢管基本水准标石	最大融解深度加长 1m	最大融解深度加深 1m

10. B

解析:同一高度的基本分划与辅助分划读数相差一个常数,称为基辅差。基辅差数值在水准标尺出厂时标定。数字水准标尺为条形码尺,无标尺基、辅分划,故无须进行此项检校。

11. C

解析:《国家一、二等水准测量规范》(GB/T 12897—2006)规定水准观测应在标尺分划线成像清晰而稳定时进行。下列情况下,不应进行观测:①日出后与日落前30min内;②太阳中天前后各约2h内(可根据地区、季节和气象情况,适当增减,最短间歇时间不少于2h);③标尺分划线的影像跳动剧烈时;④气温突变时;⑤风力过大而使标尺与仪器不稳定时。

12. C

解析:《测绘管理工作国家秘密目录》"国家等级重力点成果及其他精度相当的重力点成果"的保密密级是机密,保密期限是长期。

13. D

解析:《海道测量规范》(GB 12327—1998)第3.3.3条,灯塔、灯桩的灯光中心高度是从平均大潮高潮面起算。

14. C

解析:《海道测量规范》(GB 12327—1998)第3.3.3条,海岸线以平均大潮高潮时所形成的实际痕迹进行测绘。

15. D

解析:《海道测量规范》(GB 12327—1998)第5.6.4条,电子海图按规则单元分幅时,最小分区为经差$15'×$纬差$15'$。

16. D

解析:《海道测量规范》(GB 12327—1998)第3.5.1条,离岸200海里以外海域,一般以1∶500000的比例尺施测。

17. A

解析:工程控制网优化设计分为四类:零类设计(基准设计)、一类设计(网形设计)、二类设计(权设计/精度设计)、三类设计(改进设计或加密设计)。二类设计是"网的精度设计"。

18. B

解析:该点的y坐标为20637680,前2位数表示该点位于高斯投影6°带投影的带号(第20带),则该投影带的中央子午线经度为117°(即20×6°−3=117°)。

19. B

解析：用水平面代替水准面,其对距离的影响值为：$\Delta D = \dfrac{D^3}{3R^2}$,式中,$R=6371$km(地球曲率半径),该式可改写为：$K = \dfrac{\Delta D}{D} = \dfrac{D^2}{3R^2}$。经计算得,当 $D=10$km 时,用水平面代替水准面所产生的距离相对误差 $K=1/1220000$,这个误差就是目前在地面上进行最精密的距离测量也是允许的。

20. B

解析：图面上高程注记需要有一定的密度,通常是在 10cm 见方的格内有 6 个以上的点。根据比例尺测算,对于 1∶500 地形图,实地大约 15m 有一个高程注记点(对于 1∶1000,间隔大约 30m)。

21. C

解析：DS_3 型水准仪,其中"3"的含义是指该仪器的每千米高差测量中误差为 ± 3mm。

22. A

解析：先计算 AB 间的高差 $h_{AB} = i_{AB} \times D_{AB} = 3.0$m,则 B 点高程为 $H_B = H_A + h_{AB} = 21.500$m。

23. B

解析：《工程测量规范》(GB 50026—2007)第 10.1.4 条,变形监测网的网点,宜分为基准点、工作基点和变形观测点。其中,基准点应选在变形影响区域之外稳固可靠的位置。每个工程至少应有 3 个基准点。

24. C

解析：经纬仪测角时出现视差的原因是,目标成像与十字丝面未重合。

25. B

解析：设该图的比例尺为 1∶M,则有：$M^2 = \dfrac{4\text{km}^2}{400\text{cm}^2} = 10^8$,因此,$M = 10000$。该图的比例尺为 1∶10000。

26. C

解析：规划监督测量的内容包括放线测量、验线测量、验收测量等。选项 C(日照测量)属于城乡规划测量内容,不属于规划监督测量内容。

27. B

解析：《建筑变形测量规范》(JGJ 8—2007)第 3.0.6 条,测定中误差,不应超过其允许变形值的 1/20。依题意,允许变形值为 ± 40mm,则其测量中误差应为 ± 2mm,故选 B。

28. C

解析: 施工放样的限差,一般取其放样中误差的 2 倍。依题意,某工程施工放样的限差为 ±40mm,则该工程的放样中误差为 ±20mm,故选 C。

29. D

解析: 三角形角度闭合差的计算公式为,$w=\beta_1+\beta_2+\beta_3-180°$,由误差传播定律有,$m_w=\sqrt{m_{\beta_1}^2+m_{\beta_2}^2+m_{\beta_3}^2}=\pm 2\sqrt{3}$ 秒,其限差取其中误差的 2 倍,即为 $\pm 4\sqrt{3}$ 秒。

30. C

解析:《工程测量规范》(GB 50026—2007)第 3.4.5 条,三角形网的布设,应符合下列要求:首级控制网中的三角形,宜布设为近似等边三角形。其三角形的内角不应小于 30°;当受地形条件限制时,个别角可放宽,但不应小于 25°。

31. B

解析:《房产测量规范 第 1 单位:房产测量规定》(GB/T 17986.1—2000)第 5.2.2 条,房屋调查与测绘的基本单元是一幢为单位分户调查。

32. A

解析:《房产测量规范 第 1 单位:房产测量规定》(GB/T 17986.1—2000)附录 B1 条,成套房屋的套内面积由套内使用面积、套内墙体面积和套内阳台建筑面积三部分组成,套内使用面积不包括墙体面积。

33. D

解析:《房产测量规范 第 1 单位:房产测量规定》(GB/T 17986.1—2000)第 3.2.2 条,宽底符号的定位点在底线中心。

34. A

解析:《地籍调查规程》(TD/T 1001—2012)第 4.6 条,土地使用权调查,其地籍图基本比例尺为 1∶500。

35. C

解析:《地籍测绘规范(附说明)》(CH 5002—1994)第 6.3.1 条,界址点的编号,以高斯-克吕格的一个整公里格网为编号区,每个编号区的代码以该公里格网西南角的横纵坐标公里值表示。点的编号在一个编号区内从 1 至 99999 连续顺编点的完整编号由编号区代码、点的类别代码、点号三部分组成,编号形式如下:

×××××××××	×	××××
编号区代码	类别代码	点的编号
(9 位)	(1 位)	(5 位)

编号区代码由9位数组成,第1、2位数为高斯坐标投影带的带号或代号,第3位数为横坐标的百公里数,第4、5位数为纵坐标的千公里和百公里数,第6、7位和第8、9位数分别为横坐标和纵坐标的十公里和整公里数。

类别代码用1位数表示,其中,3表示界址点,4表示建筑物角点。

点的编号用5位数表示,从00001至99999,连续顺编。

本题中的"3",是类别代码,表示该点位"界址点"。

36. C

解析:依题意,该宗地内,甲、乙分别拥有独立建筑物面积为100m²、200m²,建筑占地总面积为150m²,即甲的建筑占地总面积为50m²,乙的建筑占地总面积为100m²,不考虑其他因素,如甲分摊得到该宗地院落使用面积为100m²,则甲分摊得到该宗地院落使用面积为200m²,所以则该宗地面积为450m²。

37. A

解析:《测绘成果质量检查与验收》(GB/T 24356—2009)第6.3.2条,概查是指对影响成果质量的主要项目和带倾向性的问题进行的一般性检查,一般只记录A类、B类错漏和普遍性问题。若概查中发现A类错漏或B类错漏小于3时,判概查成果合格;否则,判为不合格。

38. A

解析:《行政区域界线测绘规范》(GB/T 17796—2009)第7.1.4条,调绘图的绘制。植被要素用绿色,地貌要素用棕色,水系要素用蓝色,其他要素用黑色标绘在边界地形图上。

39. C

解析:《行政区域界线测绘规范》(GB/T 17796—2009)第8.4.3条,边界线走向说明中涉及的方向,采用16方位制描述。东南方位,对应的边界走向为123°45′~146°15′。

40. D

解析:根据 $\dfrac{1}{m} = \dfrac{f}{H}$,$m < \dfrac{3000000}{255} = 1.18$ 万。

41. C

解析:胶片摄影仪不存在像元的概念,不用检验像元大小。

42. A

解析:《无人机航摄安全作业基本要求》(CH/Z 3001—2010)第4.2.1条:"a)设计飞行高度应高于摄区和航路上最高点100m以上"。因此,该航摄区无人机最低飞行高度为550+100=650m,选项A符合题意。

43. A

解析:根据《1∶5000 1∶10000 1∶25000 1∶5000 1∶10000 地形图航空摄影规范》(CH/T 15661—2008)第 4.1.8.1 条:"构架航线的摄影比例尺应比测图航线的摄影比例尺大 25%左右",选项 A 不符合题意。

44. B

解析:《1∶500 1∶1000 1∶2000 地形图航空摄影测量数字化测图规范》(GB/T 15967—2008)第 7.5.2 条:"b) 数字化立体测图中,当水涯线与斜坡脚重合时,仍应在坡脚将水涯线绘出"。可见,绘出的是水涯线。

45. A

解析:现势性较好的影像,"位置信息"通过立体测图在内业测量得到,"属性信息"通过外业调绘为内业编辑得到。

46. C

解析:根据《1∶5000 1∶10000 航空摄影测量外业规范》(GB/T 13977—2012)第 4.2.3.4 条:不规则区域网布点,一般在凸转折处布设平高点。

47. C

解析:基础地理信息数字产品指的时 4D 产品:DLG、DRG、DOM、DEM。其中,可用于城市区域地形统计分析的是 DEM(数字高程模型)。

48. C

解析:机载 LIDAR 不同于多光谱相机,不提供光谱信息。

49. B

解析:倾斜误差是指像片倾斜引起的像点位移,其中,地面起伏与像片倾斜无关,航线弯曲度和像片旋偏角也不会引起像片倾斜。只有航摄仪主光轴偏离铅垂线引起像片倾斜。

50. A

解析:DOM 的图幅宽度应为:0.5×10000/10000=0.5m。

51. B

解析:POS 系统的惯性测量装置(IMU)用来测定航摄仪的三个姿态角。

52. A

解析:DSM(数字表面模型)表达的是多层及以上房屋建筑顶部坐标信息,采集特征点、线时,应切准的部位时建筑物顶部的特征点线。

53. D

解析: 影像自动相关又称图像匹配,其作用是自动识别立体像对上的同名点。

54. B

解析:《遥感影像地图制作规范(1∶50000/1∶250000)》(DZ/T 0265—2014)第9.3条,平面精度检测规定:每幅图的检测点数量视具体情况而定,一般不少于20个点。

55. D

解析:《三维地理信息模型生产规范》(CH/T 9016—2012)第5.5.6条,"c)三维模型数据空间位置应具有拓扑一致性",选项D与之矛盾。

56. A

解析: 地理图具有的特点是:

(1)地图内容概括,图形经高度综合,反映广大区域地理现象的主要特征。

(2)小比例尺普通地图是由大比例尺地图编绘而成的,它没有统一的地图投影和分幅编号系统,制图区域范围根据实际需要决定,故幅面大小不一。

(3)多用于研究区域的自然、地理和社会经济的一般情况,也可作编制专题地图的底图。由于没有统一的地图投影,采用统一的高斯投影的说法是错误的。

其他三项说法正确,故选择 A。

57. A

解析: 用来说明地图要素的名称、性质和数量使用文字、数字称为地图注记。地图注记中,字体用来表示不同的要素的类型;字级用以区分要素的等级和大小;字形用来区分不同的事物;字列是同一组注记中各字中心连线的排列形式;字隔是指同一组注记各字间的间隔;字位是指注记与被注记符号的相关位置;字色便于判读该注记所表示的内容。

58. B

解析: 根据《地图印刷规范》(GB/T 14511—2008),双面正反面套印误差不超过0.5mm。

59. D

解析: 地图的特性:①具有特殊的数学法则而产生的可量测性。②使用地图语言表示事物而产生的直观性。③实施制图综合而产生的一览性。

60. A

解析: 等高线的图形概括包括:

(1)形状的化简:①以正向形态为主的地貌,扩大正向形态,减少负向形态。常采用删除谷地、合并山脊等方法。②以负向形态为主的地貌,扩大负向形态,减少正向形态。如删除小山

425

脊,扩大谷地、凹地等。

(2)等高线的协调:使同一斜坡上的等高线协调,常采用删除谷地或合并小山脊。

(3)等高线的移位:为了表达某种地貌局部特征,有时需要在规定的范围内采用夸大图形的方法适当移动等高线。

选项 BCD 是等高线概括时常用方法,故应选择 A。

61. D

解析:选项 A 分级中,数值 60、80 包含在两个分级中;选项 B,数值 100 没有分入任何一组;选项 C,数值 60、80、100 存在于两个分组中。选项 ABC 均不合理,选项 D 是合理的。

62. D

解析:在地形图中,蓝色常用来表示与水有关的要素,黑色用来表达人工要素,棕色用来表示自然地貌要素。紫色在地形图中是不使用的,只有在传统的地图编绘作业过程中才用来进行植被范围的普染。

63. B

解析:GeoJSON 是一种对各种地理数据结构进行编码的格式,基于 Javascript 对象表示法的地理空间信息数据交换格式。GeoJSON 对象可以表示几何、特征或者特征集合。GeoJSON 支持下面几何类型:点、线、面、多点、多线、多面和几何集合。GeoJSON 的特征包含一个几何对象和其他属性,特征集合表示一系列特征。

64. C

解析:投影转换是指当系统使用来自不同地图投影的图形数据时,需要将该投影的数据转换为所需要投影的坐标数据;RTK 测量属于空间数据采集工作;数据分发、数据发布都不对数据做编辑处理工作。

65. A

解析:拓扑关系(topological relation),指满足拓扑几何学原理的各空间数据间的相互关系。即用结点、弧段和多边形所表示的实体之间的邻接、关联、包含和连通关系。非拓扑属性有:两点之间的距离,一个点指向另一个点的方向,弧段的长度,一个区域的周长,一个区域的面积。拓扑属性(拓扑关系)有:一个点在一个弧段的端点,一个简单弧段不会自相交,一个点在一个区域的边界上,一个点在一个区域的内部,一个点在一个区域的外部,一个点在一个环的内部,一个简单面是一个连续的面等。

66. D

解析:"能完成数据备份"属于 GIS 系统安全需求,"能进行空间分析"属于 GIS 系统功能需求,"服务器内存 16G 以上"属于 GIS 系统硬件需求,"具备 100Mbit/s 以上网络速度"属于 GIS 系统网络需求。

67. B

解析:1000m 带宽的缓冲分析,缓冲区半径为500m,从图上可以看出1000m 带宽内共有2个房子。

68. A

解析:设正方形边长为 d,则选项 A 的时间 $t=2d/v$;选项 B 的时间 $t=2\sqrt{2}d/v$;选项 C 的时间 $t=3d/v$;选项 D 的时间肯定大于选项 B 的时间($2\sqrt{2}d/v$)。

69. D

解析:DOM 是数字正射像图,DLG 是数字线划图,DEM 是数字高程模型,DSM 是数字表面模型。

(1)DOM:它可作为背景控制信息,评价其他数据的精度、现势性和完整性,也可从中提取自然资源和社会经济发展信息,为防灾治害和公共设施建设规划等应用提供可靠依据。

(2)DLG:它可以很好地在规划与控制中使用。

(3)DEM:由于 DEM 描述的是地面高程信息,它在测绘、水文、气象、地貌、地质、土壤、工程建设、通信、气象、军事等国民经济和国防建设以及人文和自然科学领域有着广泛的应用。

(4)DSM:在森林地区,可以用于检测森林的生长情况;在城区,DSM 可以用于检查城市的发展情况。

70. C

解析:众包模式,是指一个公司或机构把过去由员工执行的工作任务,以自由自愿的形式外包给非特定的(而且通常是大型的)大众网络的做法模式。众包的任务,通常是由个人来承担,但如果涉及需要多人协作完成的任务,也有可能以依靠开源的个体生产的形式出现。

71. A

解析:数据更新,属于地理信息系统工程维护阶段任务。其他三个选项都不是。

72. C

解析:体系结构,属于 GIS 系统总体设计内容。其他三项都不属于 GIS 系统总体设计内容。

73. D

解析:航空摄影测量既能满足 10m 左右的精度要求,又经济适用。

74. D

解析:CMM 是指"能力成熟度模型",其英文全称为 Capability Maturity Model for Software,英文缩写为 SW-CMM,简称 CMM。它是对于软件组织在定义、实施、度量、控制和改善其软件过程的实践中各个发展阶段的描述。CMM 的核心是把软件开发视为一个过程,并根

427

据这一原则对软件开发和维护进行过程监控和研究,以使其更加科学化、标准化,使企业能够更好地实现商业目标。

75. B

解析:军事基地需保密,不得在互联网电子地图上表示。

76. C

解析:现行规范规定,地理信息公共平台电子地图数据源的最小比例尺是1∶100万。

77. B

解析:现行规范规定,互联网地图瓦片分块大小为256×256像素。

78. D

解析:《车载导航地理数据采集处理技术规程》(GB/T 20268—2006),有关要素的几何表示方法规定:交通灯指控制交通流的多色灯,表示为点要素;路面标记指路面上的标线和标记,可根据数据表达精度的不同表示为点要素或线要素;安全设备指道路上用于安全目的的设备,可根据数据表达精度的不同表示为点要素或线要素;人行横道指标记供行人横穿道路的位置,可根据数据表达精度的不同表示为点要素、线要素或面要素。

79. B

解析:根据《车载导航电子地图产品规范》(GB/T 20267—2006),导航电子地图的基本内容应包括四大类信息:路网、背景、注记、索引。

(1)路网信息,包括道路信息和结点信息;

(2)背景信息包括行政区划及其他地物要素信息;

(3)注记信息包括地图上的重要地物、道路的名称信息;

(4)索引信息包括POI及地址检索信息。

80. C

解析:《车载导航电子地图产品规范》(GB/T 20267—2006),根据国家标准并综合考虑导航应用中对道路功能的要求,采用如下道路功能等级定义方法。一级功能道路、二级功能道路、三级功能道路、四级功能道路、五级功能道路、六级功能道路。道路功能等级与现行分类标准的对应关系如下:

一级功能道路:高速路、城市快速路(高速等级);

二级功能道路:一级公路、城市快速路、城市主干道;

三级功能道路:二级公路、城市主干道;

四级功能道路:三级公路、城市次干道;

五级功能道路:四级公路、城市支路;

六级功能道路:等外公路(单位内部路等)。

二、多项选择题(共 20 题,每题 2 分。每题的备选项中,有 2 个或 2 个以上符合题意,至少有 1 个错项。错选,本题不得分;少选,所选的每个选项得 0.5 分)

81. ABC

解析:地图投影的方式:

(1)等角投影——投影前后的角度相等,但长度和面积有变形,也称正形投影;

(2)等距投影——投影前后的长度相等,但角度和面积有变形;

(3)等积投影——投影前后的面积相等,但角度和长度有变形。

高斯-克吕格投影是一种等角横轴切椭圆柱投影,兰勃特投影正形等角圆锥投影,通用横轴墨卡托投影是横轴等角割椭圆柱面投影,等差分纬线多圆锥投影是接近等面积的任意投影,彭纳投影是等积伪圆锥投影。

82. ABE

解析:精密电磁波测距属于高精度测距,为了提高观测精度,就要对观测值进行改正,包括气象改正、加常数改正、乘常数改正和周期误差改正。

83. ACD

解析:连续运行参考站简称参考站,也称基准站,是由卫星定位系统接收机(含天线)、计算机、气象设备、通信设备及电源设备、观测墩等构成的观测系统。

84. CDE

解析:《海道测量规范》(GB 12327—1998)第 6.8.2.1 条,测深手簿的填写与整理除按"手簿填写规则"进行填写外,还应做到:

(1)在测深方法简要说明一栏填写:用何种方法定位,用何种工具测深和测定底质,测深仪的检查方法。

(2)手簿每页开始应记载日期、线号、航向、航速。当测深中改变航向、航速或换标时,应及时记录。当测量船转向时,应在手簿中"水深"一栏内以铅笔画一斜线表示之。

(3)手簿上经分析确定不采用之成果,应用铅笔以斜线划去,并注明原因,当事者签名。

(4)当在小于 5m 的浅水区测深时,因调整放大旋钮位置及栅偏压而使用测杆或金属绳水铊比对水深时,应将比对数据、时间记入测探仪检查的表格内。

(5)在变换测深工具时,要用符号文字说明,如杆(索)测水深前后用符号"1"表示,并在备注栏内注明"杆(索)测始"及"杆(索)测止"。在规定时间间隔未测出某个定位点水深时,则在其相应位置以"×"表示之。

(6)在手簿内应描绘干出礁、明礁、石陂的形状和范围,并注明正北方向。新绘制草图均应记在定位点下面。

85. ACE

解析:工程控制测量成果包括3个质量元素:①数据质量;②点位质量;③资料质量。

86. CDE

解析:经纬仪观测水平角时,需进行检验的项目有横轴误差检验、垂直轴误差检验、视准轴误差检验、十字丝分划板检验等。

87. ACE

解析:车载移动测量系统的设备包括GPS接收机、惯性导航系统、视频系统。

88. AE

解析:日照测量,是指为规划管理日照分析提供测绘数据的测量活动。日照测量的内容包括:①建筑物平面位置;②建筑物室内地坪、室外地面高程;③建筑物高度;④建筑层高(室内净高加楼板厚度);⑤建筑物向阳面的窗户及阳台位置。

89. BCD

解析:地下管线探查一般是采用现场实地调查和仪器探测相结合的方法。地下管线探查的内容包括:①管线的空间位置(埋设的平面位置、埋设深度);②管线的属性(材质、规格等)。

90. ADE

解析:《房产测量规范 第1单元:房产测量规定》(GB/T 17986.1—2000)附录B3.1条,共有建筑面积的内容包括电梯井、管道井、楼梯间、垃圾道、变电室、设备间、公共门厅、过道、地下室、值班警卫室等,以及为整幢服务的公共用房和管理用房的建筑面积,以水平投影面积计算。

共有建筑面积还包括套与公共建筑之间的分隔墙,以及外墙(包括山墙)水平投影面积一半的建筑面积。独立使用的地下室,车棚、车库、为多幢服务的警卫室,管理用房,作为人防工程的地下室都不计入共有建筑面积。

91. ACE

解析:《土地利用现状分类》(GB/T 21010—2017)规定,特殊用地包括军事设施用地、使领馆用地、监教场所用地、宗教用地、殡葬用地等。

92. BCE

解析:《行政区域界线测绘规范》(GB/T 17796—2009)第4.1.2条,界线测绘的内容包括界线测绘准备、界桩埋设和测定、边界点测定、边界线及相关地形要素调绘、边界协议书附图制作与印刷、边界点位置和边界走向说明的编写。

93. ABC

解析:航摄分区原则如下:

(1)分区的界线应与图廓线一致。

(2)当航摄比例尺小于1∶7000时,分区内的地形高差不应大于相对航高的1/4(以分区的平均高度平面为摄影基准面的航高);当航摄比例尺大于或等于 1∶7000 时,分区内的地形高差不应大于相对航高的 1/6。

(3)根据成图比例尺确定分区最小跨度,在地形高差许可的情况下,航摄分区的跨度应尽量划大,同时分区划分还应考虑用户提出的加密方法和布设方案要求。

(4)当地面高差突变,地形特征差别显著或有特殊要求时,在用户许可的情况下,可以破图幅划分航摄分区。

(5)分区内的地物景物反差、地貌类型应尽量一致。

(6)划分分区时,应考虑航摄飞机侧前方安全距离与安全高度。

(7)当采用 GPS 辅助空三航摄时,划分分区除应遵守以上各规定外,还应确保分区界线与加密分区界线相一致或一个摄影分区内可涵盖多个完整的加密分区。

故选 ABC。

94. ABC

解析:空间参考系主要涉及三个方面:大地基准、高程基准和地图投影。备选项中,ABC 与之相对应,故选 ABC。

95. ABE

解析:DOM 将数字航空影像或卫星影像,逐像元进行投影差改正、镶嵌,按标准图幅范围剪裁生成的数字正射影像数据集。可见,DOM 为正射投影、比例尺一致、可以进行量测。分辨率没有提高,色彩依据插值算法而定。

96. AC

解析:空中三角测量是立体摄影测量中,根据少量的野外控制点,在室内进行控制点加密,同时求得像片的外方位元素和加密点坐标的测量方法。可见,备选项中,只有 AC 符合。

97. BDE

解析:目前表示人口分布的方法有:

(1)定点符号法。即将每个居民点所拥有的实际人口数以一定大小的符号,如采用比率符号表示。

(2)定点符号法与点数法配合。如将城市人口和农村人口分别表示,城市用按"比率"的定点符号法,农村则用点数法。

(3)定点符号法分级统计图法配合。即城市人口仍以定点符号法表示,农村人口则以分级统计图法反映其相对密度差异。

(4)分级统计图法。如区划单位分得较小,在统计时又区分了人口居住区和无居民居住区(森林、耕地及无人烟区),编图时按居民实际分布区域计算其相对密度并分级,这属于精确范畴的分级统计图。

此外,还可用密度区域法和伪等值线法。

98. AE

解析：窗口分析和聚类分析，属于栅格数据空间分析；其他三个选项（包含分析、地形分析、网络分析）属于矢量数据空间分析。

99. CD

解析：系统安全设计需考虑的要素有备份、恢复和用户管理。

100. ACDE

解析：根据《车载导航电子地图产品规范》(GB/T 20267—2006)，道路信息包括道路编号、道路名称、道路功能等级、道路形态、道路宽度、道路通行方向、道路通行限制等。在车载导航电子地图数据中不得表示道路路面质材。

2017年注册测绘师资格考试测绘综合能力

试 卷

一、单项选择题(共80题,每题1分,每题的备选项中,只有1个最符合题意)

1. 地球表面重力的方向是指( )。

    A. 地球引力方向   B. 地球离心力相反方向

    C. 铅垂线方向   D. 椭球法线方向

2. 下列关于大地水准面的描述中,错误的是( )。

    A. 大地水准面是一个参考椭球面   B. 大地水准面是一个重力等位面

    C. 大地水准面是一个几何面   D. 大地水准面是一个物理面

3. 下列测量误差中,不会对三角网角度测量产生影响的是( )。

    A. 对中误差   B. 读数误差   C. 照准误差   D. 电离层误差

4. 某点的大地经纬度为31°01′07″,105°10′30″,按照3°带进行高斯投影,其所属的带号应是( )。

    A. 34   B. 35   C. 36   D. 37

5. 现行规范规定,GPS网观测时,必须观测气象元素的GPS网的等级是( )级。

    A. A   B. B   C. C   D. D

6. 两套平面坐标系,在进行四参数坐标转换时,最少需要( )个公共点。

    A. 2   B. 3   C. 4   D. 5

7. GPS网无约束平差的主要目的是( )。

    A. 检验重复基线的误差   B. 检验GPS网中同步环闭合差

    C. 剔除GPS网中的粗差基线   D. 检验GPS网中异步环闭合差

8. 某水准网如图所示,测得AB、BC、CA间的高差(线路等长)为$h_1=0.008$m,$h_2=0.016$m,$h_3=-0.030$m,则h_3的平差值是( )m。

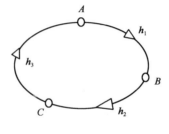

题 8 图

A. -0.026 B. -0.027
C. -0.028 D. -0.029

9. 现行规范规定,国家二等水准每千米水准测量的偶然中误差是(　　)mm。

　　A. ±1.0　　B. ±2.0　　C. ±3.0　　D. ±4.0

10. 通常所称的子午线收敛角是指(　　)。

　　A. 磁北方向与真北方向之间的夹角

　　B. 坐标北方向与磁北方向之间的夹角

　　C. 坐标北方向与真北方向之间的夹角

　　D. 两点之间的方位角与磁北之间的夹角

11. 现行规范规定,一、二等水准测量要在日出后与日落前 30min 内观测,其主要目的是为了消除或减弱(　　)的影响。

　　A. 仪器沉降　　　　　　　　B. 大气折光

　　C. 一对标尺零点差　　　　　D. i 角误差

12. 现行规范规定,在冻土深度小于 0.8m 的地区布设二等水准点,水准标石埋设的类型应选择(　　)。

　　A. 钢管水准标石　　　　　　B. 墙角水准标石

　　C. 道路水准标石　　　　　　D. 混凝土水准标石

13. 现行规范规定,在水深 20m 以内时,深度测量误差的限值为(　　)m。

　　A. ±0.05　　B. ±0.3　　C. ±0.5　　D. ±1.0

14. 由于月球、太阳、地球间,相对位置不同,每天海面涨落潮差不等,潮差随月亮相位变化,每月大潮的次数为多少(　　)次。

A. 5　　　　　　B. 4　　　　　　C. 2　　　　　　D. 1

15. 海洋测量中,短期验潮站要求连续观测水位的天数最少为(　　)天。

　　A. 5　　　　　　B. 30　　　　　　C. 90　　　　　　D. 180

16. 使用多波束测深系统实施深度测量时,下列施测要求中,错误的是(　　)。

　　A. 施测前,应进行船只的稳定性试验和航行试验
　　B. 测区内,不允许直接改变船只方向
　　C. 应根据测区海水盐度、温度分布测定适量的声速剖面
　　D. 测量过程中测量船应根据流速适时调整航速

17. 某经纬仪的型号为DJ2,其中"2"的含义是(　　)。

　　A. 该仪器的一测回测角中误差为±2″
　　B. 该仪器的一测回方向中误差为±2″
　　C. 该仪器的半测回测角中误差为±2″
　　D. 该仪器的半测回方向中误差为±2″

18. 某矩形场地,长500m,宽200m,其面积为(　　)亩。

　　A. 50　　　　　　B. 100　　　　　　C. 150　　　　　　D. 200

19. 在一个车站上,同时有4个方向之间的水平角需要观测,则应采用的最佳观测方法为(　　)。

　　A. 测回法　　　　　　　　　　B. 复测法
　　C. 分组法　　　　　　　　　　D. 全圆方向法

20. 某技术人员对三角形的三个内角进行多次测定,统计三角形闭合差时发现,相差6″的误差次数为5次,相差1″的误差次数为25次,经统计结果体现出的误差特性为(　　)。

　　A. 抵偿性　　　　B. 渐降性　　　　C. 有限性　　　　D. 对称性

21. 下列准则中,不属于设计阶段评定工程控制网质量的准则是(　　)。

　　A. 精度准则　　　B. 可靠性准则　　　C. 费用准则　　　D. 平衡准则

22. 某测区有隐蔽管线点2000个,为检验地下管线探测质量,按现行规范规定,应随

机抽取其中（　　）个进行开挖验证。

　　　　A.400　　　　　　　B.200　　　　　　　C.20　　　　　　　D.2

23.测得某圆形地物的直径为64.780m±0.010m,则其圆周长度S的中误差为（　　）mm。

　　　　A.±48.0　　　　　B.±62.8　　　　　C.±31.4　　　　　D.±10.0

24.现行规范规定,隧道工程相向贯通时,其高程贯通误差的限差为（　　）mm。

　　　　A.7　　　　　　　B.70　　　　　　　C.200　　　　　　D.700

25.按地形图分幅编码标准,某地形图的图号为J50C002003,其比例尺为（　　）。

　　　　A.1∶50万　　　　B.1∶25万　　　　C.1∶10万　　　　D.1∶5万

26.在某地测绘1∶500数字地形图,选用的基本等高距为0.5m,则测图控制点的高程中误差最大为（　　）m。

　　　　A.±0.05　　　　　B.±0.25　　　　　C.±0.5　　　　　D.±1.0

27.现行规范规定,变形监测的等级分为（　　）等。

　　　　A.一　　　　　　　B.二　　　　　　　C.三　　　　　　　D.四

28.规范规定,30层建筑物属于（　　）建筑物。

　　　　A.超高层　　　　　B.高层　　　　　　C.多层　　　　　　D.一般

29.对大比例尺数字地形图进行质量检验时,采用量距法实地随机抽检相邻地物点的距离,每幅图应选取的边数最少为（　　）条。

　　　　A.2　　　　　　　B.20　　　　　　　C.100　　　　　　D.200

30.下列关于房屋测量草图内容及记录的说法中错误的是（　　）。

　　　　A.住宅房号应注记在该户中间部位
　　　　B.房屋外墙及内部分隔墙均用单实线显示
　　　　C.房屋凸出墙体0.1m以上的烟道应予显示
　　　　D.室内净空边长及墙体厚度均取自厘米

31.下列建筑部位中,应按水平投影计算单层全部建筑面积的是（　　）。

A. 住宅楼层高 6m 大堂　　　　　　　　B. 以高架桥为顶的收费岗亭

C. 屋顶天面上的露天泳池　　　　　　D. 无顶盖室外楼梯

32. 下列关于成套房屋套内建筑面积构成关系的表述中正确的是(　　)。

A. 套内建筑面积＝套内使用面积＋套内阳台面积

B. 套内建筑面积＝套内使用面积＋套内墙体面积＋套内阳台建筑面积

C. 套内建筑面积＝套内使用面积＋分摊得到的共有建筑面积

D. 套内建筑面积＝套内使用面积＋分摊得到的共有建筑面积＋套内墙体面积

33. 下列某小区分丘图(如图所示)中,按规范房屋幢号编排正确的是(　　)。

34. 地籍测量工作中,内业互检的检查比例应为(　　)。

A. 100％　　　　B. 70％　　　　C. 50％　　　　D. 30％

35. 地籍测量过程中,为某地区控制点设置保护点,保护点最少应设置(　　)个。

A. 9　　　　　　B. 6　　　　　　C. 3　　　　　　D. 1

36. 下列面积量算工作中,不属于地籍测量工作内容的是(　　)。

A. 省级行政区面积量算　　　　　　B. 宗地面积量算

C. 地类图斑面积量算　　　　　　　D. 建筑占地面积量算

37. 某宗地代码为"××××××××××××G××××××",则该宗地土地权属类型为(　　)。

A. 国有土地所有权　　　　　　　　B. 国有土地使用权

C. 集体土地所有权　　　　　　　　D. 集体土地使用权

38. 下列界线测量信息中,不属于边界线走向说明应描述的是(　　)。

A.各段边界起讫点 B.界线转折的方向
C.边界点和边界线的关系 D.界线依附的地形

39.行政区域界线测量工作中,完整的界桩编号共有8位,其中表示边界线编号的数字位数有(　　)位。

A.1 B.2 C.3 D.4

40.进行1∶1000成图的航摄规划设计时,采用的DEM比例尺宜为(　　)。

A.1∶500 B.1∶1万 C.1∶2.5万 D.1∶5万

41.目前,倾斜航空摄影的主要优势是用于生产(　　)。

A.数字线划图 B.正射影像数据
C.三维模型数据 D.数字高程模型

42.下列航摄成果检查项中,属于影像质量检查项的是(　　)。

A.像片重叠度 B.航线弯曲度
C.航高保持 D.影像反差

43.按现行规范,下列数码航摄数据质量错漏中,最严重的错漏是(　　)。

A.航摄飞行记录单不完整 B.数据无法读出
C.上交观测数据不完整 D.基站布设及测量精度不满足要求

44.下列地物中可以用半依比例尺符号表示的是(　　)。

A.湖泊 B.垣栅 C.独立树 D.假山石

45.下列专题地图表示方法中,宜用来表示货物运输方向、数量的是(　　)。

A.运动线法 B.质底法
C.分级统计图法 D.分区统计图表法

46.我国1∶100万地形图采用的投影是(　　)。

A.正轴等角双标准纬线圆锥投影 B.高斯-克吕格投影
C.UTM投影 D.正轴等面积双标准纬线圆锥投影

47.下列因素中,不属于地图集开本设计时需要考虑的是(　　)。

A. 地图集用途 B. 地图集图幅的分幅
C. 制图区域范围 D. 地图集使用的特定条件

48. "出血"指的是地图印刷一边或数边超出（　　）的部分。

A. 外图廓 B. 内图廓 C. 裁切线 D. 网线

49. 摄影像片的内外方位元素共有（　　）个。

A. 6 B. 7 C. 8 D. 9

50. 下列地形地物要素中,可作为中小比例尺航测像片高程控制点的是（　　）。

A. 峡沟 B. 尖山顶
C. 坡度较大的陡坡 D. 线性地物的交点

51. 航空摄影测量中,相机主光轴与像平面的交点称为（　　）。

A. 像主点 B. 像底点 C. 等角点 D. 同名点

52. 利用航空摄影测量方法,对某一丘陵地区进行1∶2000数字化测图,该区域的林地和阴影覆盖隐蔽区等困难区域的地物点平面中误差最大值为多少（　　）m。

A. ±1.5 B. ±1.8 C. ±2.0 D. ±2.5

53. 航空摄影测量相对定向的基本任务是（　　）。

A. 确定影像的内方位元素
B. 将扫描坐标系转换到像平面坐标系
C. 确定两张影像间的相对位置和姿态关系
D. 将立体模型纳入地面测量坐标系

54. 规则格网的数字高程模型是一个二维数字矩阵,矩阵元素表示格网点的（　　）。

A. 平面坐标 B. 高程 C. 坡度 D. 坡向

55. 现行规范规定,像片上地物投影差应以（　　）为辐射中心进行改正。

A. 像主点 B. 像底点 C. 同名点 D. 等角点

56. 下列工作环节中,制作数字正射影像图不需要的是（　　）。

A. DEM采集 B. 数字微分纠正 C. 影像镶嵌 D. 像片调绘

57. ADS80传感器的成像方式属于( )。

  A. 单线阵推扫式成像   B. 双线阵推扫式成像

  C. 三线阵推扫式成像   D. 框幅式成像

58. 下列关于热红外影像上水体色调的说法中,正确的是( )。

  A. 白天呈暖色调,晚上呈冷色调

  B. 白天呈冷色调,晚上呈暖色调

  C. 白天晚上均呈冷色调

  D. 白天和晚上均呈暖色调

59. 下列关于遥感影像分类的描述中,不属于面向对象分类的是( )。

  A. 从影像对象中可以提取多种特征用于分类

  B. 不同地物可以在不同尺度层上进行提取

  C. 分类过程是基于错分概率最小准则

  D. 利用光谱特征和形状特征进行影像分割

60. 全国地理国情普查的成果执行"两级检查,一级验收"制度,其中过程检查的外业检查比例最小为( )。

  A. 10%   B. 20%   C. 30%   D. 50%

61. 全国地理国情普查中,耕地最小图斑所对应的实地面积为( )m^2。

  A. 400   B. 225   C. 100   D. 25

62. 现行规范规定,城市三维建筑模型按表现细节的不同可分为LOD1、LOD2、LOD3、LOD4四个层次,其中LOD1是指( )。

  A. 体块模型   B. 基础模型

  C. 标准模型   D. 精细模型

63. 下列关于GIS软件需求规格说明书的描述中,正确的是( )。

  A. 是软件模块编程设计书

  B. 是软件需求分析报告

  C. 是联系需求分析与系统设计的桥梁

  D. 是软件详细设计说明书

64. 下列数据格式中,不属于栅格数据格式的是( )。

  A. GeoTIFF   B. Image   C. Grid   D. GML

65. 下列 GIS 面、线数据符号表达特征中,可用于标识信息类别的是( )。

  A. 位置   B. 范围
  C. 颜色   D. 长度

66. 下列测绘工序中,常规测绘项目无须考虑,而农村土地承包经营权调查项目不可缺少的是( )。

  A. 技术设计   B. 数据采集
  C. 数据建库   D. 审核公示

67. 下列系统安全措施中,属于涉密数据安全管理必需的是( )。

  A. 用户授权确认   B. 与外网物理隔离
  C. 数据加密访问   D. 采用防火墙

68. 系统在某一瞬间能处理的请求数量被称为并发能力,下列软件测试类别中,包含并发能力测试的是( )。

  A. 功能测试   B. 集成测试
  C. 可用性测试   D. 性能测试

69. 下列测绘地理信息技术中,在共享单车项目中得到应用的是( )。

  A. GPS 差分定位   B. 互联网地图服务
  C. POS 辅助定位   D. 网络 RTK

70. 平台软件选型属于数据库系统设计中( )阶段的工作。

  A. 物理设计   B. 功能设计
  C. 逻辑设计   D. 概念设计

71. 下列数据类型中,不属于城市地理空间框架数据的是( )。

  A. 地理信息目录数据   B. 路网数据
  C. 地址数据   D. 人口数据

72. 下列图形表达中,属于矢量数据求交叠置表达的是( )。

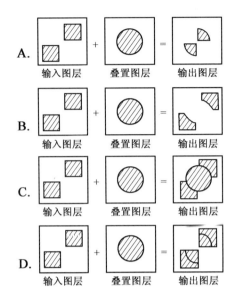

73.现行规范规定,国家和省级地理信息公共服务平台中,电子地图数据的坐标系统采用( )。

  A.西安80坐标系   B.WGS-84坐标系

  C.2000国家大地坐标系   D.北京54坐标系

74.下列空间分析功能中,用来从某点出发判断该区域其他所有点可视情况的是( )。

  A.叠置分析   B.邻近分析

  C.路径分析   D.通视分析

75.下列GIS公用的开发方式中,目前较广泛采用的是( )。

  A.独立式GIS二次开发   B.宿主式GIS二次开发

  C.组件式GIS二次开发   D.开源式GIS二次开发

76.下列关于导航电子地图道路功能等级与现行道路分类标准对应关系的说法中,不符合规范要求的是( )。

  A.一级功能道路对应高速路城市快速路(高速等级)

  B.三级功能道路对应二级公路城市主干道

  C.五级功能道路对应五级公路城市支路

  D.六级功能道路对应等外公路(单位内部路等)

77. 下列导航电子地图数据质量检测结果中,属于大差错的是( )。

    A. 某五级功能道路遗漏   B. 道路相对位置误差为 8m

    C. 某餐饮点位的遗漏   D. 某书店邮编属性标注错误

78. 下列系统功能中,不属于互联网地理信息服务的是( )。

    A. 提供服务接口与 API   B. 地理信息浏览查询

    C. 地理空间信息分析处理   D. 数据安全管理和维护

79. 下列关于地理信息公共服务平台的说法中,错误的是( )。

    A. 分为国家、省区和市(县)三级

    B. 数据集是地理信息公共服务平台的核心内容

    C. 1:5000 的地理信息数据属于市(县)级地理信息公共服务平台数据

    D. 具备个性化应用的二次开发接口

80. 下列关于地图瓦片的说法中,错误的是( )。

    A. 是目前主流的互联网电子地图发布形式

    B. 采用 png 或 jpg 格式

    C. 分块大小为 256×256 像素

    D. 瓦片级数越大显示比例越小

二、多项选择题(共 20 题,每题 2 分。每题的备选项中,有 2 个或 2 个以上符合题意,至少有 1 个错项。错选,本题不得分;少选,所选的每个选项得 0.5 分)

81. 为了减弱垂直折光的影响,提高三角高程测量的精度,可采取的措施有( )。

    A. 对向观测垂直角   B. 采用质量大的尺台

    C. 选择有利的观测时间   D. 采用高精度全站仪

    E. 提高观测视线高度

82. 下列模块中,属于完整的 CORS 系统必要组成部分的有( )。

    A. 基准站网   B. 数据处理中心

    C. 仿真模拟系统   D. 数据传输系统

    E. 用户应用系统

83. GPS 控制测量要求多台接收机同步观测,这样设计的主要目的是为了消除或减弱( )。

A.星历误差 B.电离层对流层传播误差

C.多路径效应 D.接收机钟差

E.测站沉降

84.现行规范规定,下列改正项中,属于水深测量改正的有( )。

A.零漂改正 B.吃水改正

C.姿态改正 D.声速改正

E.水位改正

85.选择1:500地形图的基本等高距时,应考虑的主要因素有( )。

A.测图人员 B.测图仪器

C.地形类别 D.测图方法

E.测图比例尺

86.长距离三角高程测量需要进行两差改正,此两差改正是指( )。

A.高差改正 B.地球曲率误差改正

C.测距误差改正 D.大气折光误差改正

E.测角误差改正

87.评定观测值测量精度的指标有( )。

A.偶然误差 B.中误差

C.相对中误差 D.系统误差

E.极限误差

88.下列方法中,属于地下工程联系测量几何定向方法的有( )。

A.陀螺经纬仪定向法 B.一井定向法

C.罗盘定向法 D.二井定向法

E.电子全站仪定向法

89.下列检测方法中,属于工业设备形位检测常用方法的有( )。

A.全站仪距离交会法 B.全站仪角度交会法

C.近景摄影测量方法 D.液体静力水准测量方法

E.激光准直测量方法

90.下列空间部位中,其水平投影面积不得作为房屋共有面积分摊的有( )。

A. 为多个小区服务的警卫室　　　　　B. 小区内地面停车场

C. 住宅楼层顶电梯机房　　　　　　　D. 小区内独立地下车库

E. 住宅地下室人防工程

91. 根据现行土地利用现状分类标准,下列单位用地中,属于公共管理与公共服务用地的有(　　)。

A. 某城市人民政府　　　　　　　　　B. 某城市电视台

C. 某城市中心广场　　　　　　　　　D. 某城市人民医院

E. 某城市商业银行

92. 下列工作中,属于界线测绘准备阶段工作的有(　　)。

A. 制作边界协议书附图　　　　　　　B. 制作边界地形图

C. 绘制边界情况图　　　　　　　　　D. 绘制边界主张线图

E. 填写界桩登记表

93. 下列功能中,属于航摄仪滤光片作用的是(　　)。

A. 像移补偿　　　　　　　　　　　　B. 减弱某一波谱的作用

C. 曝光补偿　　　　　　　　　　　　D. 降低镜头畸变差

E. 焦平面上照度均匀补偿

94. 下列制图方法中,可以用来表示地貌的方法有(　　)。

A. 写景法　　　　　　　　　　　　　B. 晕渲法

C. 晕滃法　　　　　　　　　　　　　D. 分层设色法

E. 运动线法

95. 立体像对的前方交会原理能应用于(　　)。

A. 相对定向元素的解算　　　　　　　B. 绝对定向元素的解算

C. 地面点坐标的解算　　　　　　　　D. 求解像点的方向偏差

E. 模型点在像空间辅助坐标系中坐标的解算

96. 下列关于倾斜航空摄影测量技术的描述中,正确的有(　　)。

A. 多角度拍摄可弥补数字摄影的不足

B. 多视影像交会有助于提高测量可靠性

C. 不同视角的相机成像比例尺一致

D. 影像变形大导致同名点匹配难度加大

445

E.有效减少盲区有助于三维建模

97.下列传感器中属于主动式成像的传感器有(　　)。

　　A.合成孔径雷达　　　　　　　　B.推扫式多光谱成像仪
　　C.热红外扫描成像传感器　　　　D.微波散射计
　　E.激光雷达

98.下列分类信息中,属于农村土地承包经营权数据库内容的有(　　)。

　　A.定位基础　　　　　　　　　　B.等高线
　　C.正射影像　　　　　　　　　　D.发包方信息
　　E.房屋面积

99.下列工作中,属于地理信息系统总体设计阶段的任务有(　　)。

　　A.需求分析　　　　　　　　　　B.体系结构设计
　　C.软件结构设计　　　　　　　　D.用户界面设计
　　E.编制组织实施计划

100.下列要素中,属于国家地理信息公共服务平台电子地图数据的有(　　)。

　　A.居民地及设施　　　　　　　　B.境界与政区
　　C.地名地址　　　　　　　　　　D.0.1m分辨率航空摄影影像
　　E.0.8m分辨率航天遥感影像

2017年注册测绘师资格考试测绘综合能力试卷参考答案及解析

一、单项选择题(共80题,每题1分,每题的备选项中,只有1个最符合题意)

1. C

解析: 重力是地球对物体的引力与由于地球自转产生的离心力的合力,沿铅垂线方向指向地球。故选C。

2. A

解析: 大地水准面是指与平均海水面重合并延伸到大陆内部的水准面。大地水准面包围的形体称为"大地体",常用来表示地球的物理形状。因地球表面起伏不平和地球内部质量分布不匀,故大地水准面是一个略有起伏的不规则曲面。为便于数学计算,引入旋转椭球来近似"大地体",该旋转椭球的表面称为参考椭球面。故选A。

3. D

解析: 从离地面约50公里开始一直伸展到1000多公里高度的地球高层大气空域,大气都处于部分电离或完全电离的状态,这一区域称为电离层。三角网角度测量主要在地表进行,不会受到电离层影响。对中、照准和读数都是三角网角度测量中的环节,所产生的误差都会影响角度测量。故选D。

4. B

解析: 已知经度 L,求3°带或6°带高斯投影带的带号的公式为:$N_3 = \text{Int}\left(\dfrac{L}{3}+0.5\right)$,$N_6 = \text{Int}\left(\dfrac{L}{6}+1\right)$,"Int"是取整,$N_3$、$N_6$ 表示3°带或6°带的带号。将经度105°10′30″代入上式计算,得 $N_3 = 35$,故选B。

5. A

解析: GPS测量按照精度和用途分为A、B、C、D、E级。A级GPS网由卫星定位连续运行基准站构成。为了精确处理基准站数据,必须精确测定测站气压、温度、湿度等气象元素。B、C、D、E级GPS网测量可不观测气象元素,而只记录天气状况。故选A。

6. A

解析: 平面四参数坐标转换的四个参数是:两个平移参数、一个旋转参数和一个尺度参数,求解四个参数至少需要四个方程。一个公共点可以列两个方程。因此,求解四个参数最少需要两个公共点。故选A。

7. C

解析:GPS网外业数据质量检核主要内容有:重复基线的长度较差检验、同步环闭合差检验、独立闭合环或附合路线闭合差检验。只有通过了外业数据质量检核的基线才能应用于下一步的网平差。无约束平差阶段的检验包括GPS基线向量网本身的附合精度检验以及基线向量的粗差检验。故选C。

8. C

解析:单一水准路线平差:单一附合和单一闭合水准路线闭合差反号按水准路线长成比例分配。由题意,闭合差为 $w=h_1+h_2+h_3=0.008+0.016-0.030=-0.006$m。因各线路等长,于是 h_3 的平差值为: $h_3=h_3-\dfrac{w}{3}=-0.030-\left(\dfrac{-0.006}{3}\right)=-0.028$m。

9. A

解析:根据现行规范规定,国家二等水准每千米水准测量的偶然中误差 ΔM 不应超过1.0mm,每千米水准测量的全中误差 M_W 不应超过2.0mm。故选A。

10. C

解析:磁北方向与真北方向之间的夹角称为磁偏角。磁北方向与坐标北方向之间的夹角为磁坐偏角;坐标北方向与真北方向之间的夹角称为子午线收敛角;两点之间的方位角与磁北之间的夹角,实际应用中基本不采用。故选C。

11. B

解析:日出后与日落前30min内,地面附近气流运动较剧烈,影响标尺分划线成像清晰度和稳定度,不应进行观测。仪器沉降、一对标尺零点差可按照规定的观测顺序和方法得到消除或削弱,i 角误差可通过前后测站视距相等来克服其影响。故选B。

12. D

解析:现行规范规定,沙漠地区或冻土深度小于0.8m的地区,埋设混凝土柱水准标石;冻土深度大于0.8m或永久冻土地区,埋设钢管水准标石。故选D。

13. B

解析:《海道测量规范》(GB 12327—1998)第3.4.3条规定,水深在20m内时,其限差为±0.3m。故选B。

14. C

解析:潮差随月亮相位变化,每月有两次大潮和两次小潮。故选C。

15. B

解析：《海道测量规范》(GB 12327—1998)第 6.1.1.1 条规定,短期验潮站一般要求有 30 天以上连续观测的水位资料。故选 B。

16. D

解析：《海道测量规范》(GB 12327—1998)第 6.4.1.3.4 条规定,要经常检查测量船的实际航速,并保持在计划航速以内。所以,使用多波束测深系统实施深度测量时,不能随意调整航速。选项 D(可调整航速)描述不正确,故选 D。

17. B

解析：某经纬仪的型号为 DJ2,其中"2"的含义是,该仪器的"一测回方向中误差"为±2″(特别提醒注意:不是"一测回角度中误差")。故选 B。

18. C

解析：面积换算关系,1 亩≈666.6666667m²,或,1m²＝0.0015 亩。经计算,该矩形场地面积为 150 亩。

19. D

解析：水平角观测时,若在一个测站上有 3 个以上方向需要观测,则应采用全圆方向法。故选 D。

20. C

解析：根据观测误差对结果的影响性质,可分为偶然误差、系统误差和粗差三类。采取一定的观测程序与方法可以克服系统误差和粗差的影响,因此,通常的测量都认为观测误差是偶然误差。

偶然误差的特性包括：①偶然误差的绝对值不超过一定的界限,即有界性(有限性);②绝对值小的误差比绝对值大的误差出现的概率大,即小误差密集性;③绝对值相等的正、负误差出现的概率相等,即对称性;④当观测次数趋于无穷大时,偶然误差的算术平均值的极限为零,即抵偿性。

由于测量次数较少,还不能从概率意义上推论出对称性与抵偿性,而且题目中也没有反映闭合差的正负号,故选项 A、D 不合适。

本题并没有表明前 5 次的闭合差是 6″,所以选择 B 是不妥的;也有学者认为"②"是小误差出现概率更大的趋向性,但词"趋向"易混淆。

只要按照规范进行观测,三角形闭合差总是有确定的数值,所以选项 C 才是本题合适的答案。

21. D

解析：工程控制网的质量准则有精度准则、可靠性准则、灵敏度准则和费用准则。选项 D(平衡准则),不正确。

22. C

解析:《工程测量规范》(GB 50026—2007)第7.2.6条规定,每个工区应在隐蔽管线点中,按不少于总数1‰的比例,随机抽取管线点进行开挖验证,检查管线点的数学精度。本题,按照1‰的比例计算,应随机抽取20个进行开挖验证。故选C。

23. C

解析:由题意,圆形地物的直径 $d=64.780$m,直径的测量中误差 $m_d=0.010$m=10mm。圆周长为:$S=\pi d$,根据误差传播定律,周长中误差 $m_S=\pi m_d=3.14\times10=31.4$mm。故选C。

24. B

解析:《工程测量规范》(GB 50026—2007)第8.6.2条规定,隧道工程相向贯通时,其高程贯通误差的限差为70mm。故选B。

25. B

解析:1∶5000~1∶50万比例尺地形图的编号都是在1∶100万地形图的基础上进行的,均由10个代码组成,其中前3位是所在的1∶100万地形图的行号(1位)和列号(2位),第4位是比例尺代码(见表),后面6位分为两段,前3位是图幅行号数字,后3位是列号数字;不足三位时前面加"0"。本题,第4位比例尺代码是C,表示1∶25万,故应选择B。

题25解表

比例尺	1∶50万	1∶25万	1∶10万	1∶5万	1∶2.5万	1∶1万	1∶5000
代码	B	C	D	E	F	G	H

26. A

解析:《工程测量规范》(GB 50026—2007)第5.2.1条规定,图根点相对于基本控制点的点位中误差不应超过图上±0.1mm,高程中误差不应超过基本等高距的1/10。本题,基本等高距为0.5m,故测图控制点的高程中误差最大为0.05m。故选A。

27. D

解析:《建筑变形测量规范》(JGJ 8—2016)第3.2.2条规定,建筑变形测量等级分为特等、一等、二等、三等和四等。故选D。

28. B

解析:《住宅设计规范》(GB 50096—1999)(2003年版)规定的住宅按层数划分如下:
(1)低层住宅为一层至三层;
(2)多层住宅为四层至六层;
(3)中高层住宅为七层至九层;
(4)高层住宅为十层及以上。

100m以上建筑物为超高层建筑。建筑物的层高一般为2.8m左右,故30层建筑物属于高层建筑物,不属于超高层建筑物。

注:此题考查的《住宅设计规范》,现行版本号为 GB 50096—2011,但该版本没有涉及本题考核知识点的相关规定,特此说明。

29. B

解析:《1∶500 1∶1000 1∶2000 外业数字测图技术规程》(GB/T 14912—2005)第 8.2.2.2 条(检测方法)规定,用钢尺或测距仪量测相邻地物点的距离,量测边数每幅图一般不少于 20 处。故选 B。

30. A

解析:《房产测量规范 第 1 单元:房产测量规定》(GB/T 17986.1—2000)第 6.5.3 条规定,住宅房号应注记在该户实际开门处。选项 A(住宅房号应注记在该户中间部位),描述不正确。

31. A

解析:《房产测量规范 第 1 单元:房产测量规定》(GB/T 17986.1—2000)第 8.2 条规定,层高 2.20m(含 2.20m)的楼层应计算全部建筑面积。选项 A(住宅楼层高 6m 大堂),应计算全部建筑面积。

32. B

解析:《房产测量规范 第 1 单元:房产测量规定》(GB/T 17986.1—2000)附录 B1.1 条规定,套内建筑面积由套内使用面积、套内墙体面积、套内阳台建筑面积三部分组成。选项 B 正确。

33. B

解析:《房产测量规范 第 1 单元:房产测量规定》(GB/T 17986.1—2000)第 5.4.2 条规定,幢号以丘为单位,自进大门起,从左到右,从前到后,用数字 1、2、…顺序按 S 形编号。幢号注在房屋轮廓线内的左下角,并加括号表示。选项 B 正确。

34. A

解析:《地籍调查规程》(TD/T 1001—2012)第 5.4.3.2 条规定,内业互检的检查比例为 100%。故选 A。

35. C

解析:为了构成检核条件,保护点最少应设置 3 个。故选 C。

36. A

解析:《地籍调查规程》(TD/T 1001—2012)第 5.3.4.1 条规定,量算面积项目有:县级行政区面积、乡级行政区面积、行政面积、地籍区面积、地籍子区面积、宗地面积、地类图斑面积、建筑占地面积和建筑面积等。选项 A(省级行政区面积量算),不在此列。

451

37. A

解析：《地籍调查规程》(TD/T 1001—2012)第4.4.1.2条规定，宗地代码中的"G"表示"国有土地所有权"。故选A。

38. C

解析：《行政区域界线测绘规范》(GB 17796—2009)第8.4.2条规定，边界线走向说明的编写内容一般包括每段边界线的起讫点、界线延伸的长度、界线依附的地形、界线转折的方向、两界桩间界线长度、界线经过的地形特征点等。选项C(边界点和边界线的关系)，不在此列。

39. D

解析：《行政区域界线测绘规范》(GB 17796—2009)第5.3.6条规定，界桩完整编号共8位，由边界线的编号(4位)、界桩序号(3位)及类型码(1位)三部分组成。其中，表示边界线编号的数字位数有4位(前4位)。故选D。

40. B

解析：《航空摄影技术设计规范》(GB/T 19294—2003)第4.2条规定，航摄设计用图的选择原则，当成图比例尺大于或等于1∶1000时，设计用图比例尺为1∶10000或1∶10000DEM。故选B。

41. C

解析：倾斜航空摄影能够从多个角度获取地理实体的侧面影像，其主要优势是用于三维建模。故选C。

42. D

解析：四个备选项中，像片重叠度、航线弯曲度、航高保持属于飞行指向检查的内容，影像反差属于影像质量检查项。故选D。

43. B

解析：四个备选项中，航摄飞行记录单不完整、上交观测数据不完整、基站布设及测量精度不满足要求，都可以通过后续措施加以弥补，而"数据无法读出"只能野外补飞。故选B。

44. B

解析："湖泊"为面状要素，一般以真形符号表示；"独立树"属点状要素，以独立符号表示；"假山石"能依比例表示其范围的，属面状符号，不能表示其范围的以点状符号表示。"垣栅"长度能依比例表示，宽度一般不能依比例表示，属于半依比例符号。故选B。

45. A

解析："质底法"是表示制图现象质量差异的一种方法；"分级统计图法"是按照各区划单位的统计资料，根据现象的相对指标(密度、强度或发展水平)划分等级，然后在地图上按区分别填绘深浅不同的颜色或疏密不同的晕线,以表示各区划单位间数量上的差异的一种表示法;"分区统计图表法"一般是反映区划单元内现象的总量、构成和变化。"运动线法"是用箭头和不同宽度、颜色和条带表示现象移动的方向、路线、数量及质量特征,如洋流、寒潮、气团变化及移民、货物运输、科考路线等。故选A。

46. A

解析:"高斯投影"是我国1∶5000~1∶50万地形图所采用的投影方式;"UTM投影",即通用横轴墨卡托投影,属于横轴等角割圆柱投影,在美国、日本和加拿大等国家和一些地区采用。《1∶100万 地形图编绘规范及图式》(GB/T 12343.3—2009)有关其数学基础中投影表述如下:1∶1 000 000地形图各图幅单独采用正轴等角双标准纬线圆锥投影,按纬差4°分带。每幅图具有两条标准纬线,其纬度为:$B_1=B_S+35'$,$B_2=B_N-35'$。投影后的经线为直线,纬线为同心圆弧。故选A。

47. B

解析:地图集开本的设计,主要取决于地图的用途和在某特定条件下的方便使用。尺寸的确定既要顾及阅读的方便,也要考虑图幅内容的表示,以方便使用为主。选项A、C、D是开本设计中考虑的因素。故选B。

48. C

解析:《地图印刷规范》(GB/T 14511—2008)中的术语和定义指出:出血(bleed off),地图印刷一边或数边超出裁切线的部分。故选C。

49. D

解析:像片包含3个内方位元素和6个外方位元素。故选D。

50. D

解析:航测外业选择像片控制点时,一般选择线性地物的交点作为中小比例尺航测像片高程控制点。故选D。

51. A

解析:根据像主点的定义:相机主光轴与像平面的交点称为像主点。故选A。

52. B

解析:国家标准《1∶500 1∶1000 1∶2000 地形图航空摄影测量内业规范》(GB/T 7930—2008)第3.2.1条规定,丘陵地内业地物点平面位置中误差为0.6m。第3.2.3条规定,特殊困难地区的地物点平面位置中误差可放宽0.5倍。第3.2.4条规定,取2倍中误差为最大误差。故最大误差应为0.6×1.5×2=1.8m。故选B。

53. C

解析：选项 A 是相机鉴定的任务，选项 B 是内定向的任务，选项 D 是绝对定向的任务。根据相对定向的基本定义，只有选项 C 符合要求。

54. B

解析：规则格网数字地面模型是存储地面格网点的高程。故选 B。

55. B

解析：投影差是指由地形起伏引起的像点位移，其特征是位于像点与像底点的连线上。故选 B。

56. D

解析：四个备选项中，选项 A 为制作正射影像提供 DEM 基础数据，选项 B 和 C 是制作正射影像的必要工序，而选项 D 是为制作 DLG 服务的，与制作正射影像图无关。故选 D。

57. C

解析：ADS80 采用的 12000 像元的三线阵 CCD 镜头，一次可获取前视、底视、后视的具有 100% 三度重叠且光谱特性较好的全色立体影像和彩色影像。故选 C。

58. B

解析：根据水体的物理性质，其具有白天低于气温、晚上高于气温的特点。故选 B。

59. C

解析：四个备选项中，选项 A 是面向对象分类的基础，选项 B 是面向对象分类的应用方法，选项 D 中的光谱特征和形状特征常用于面向对象分类。而选项 C 不考虑地物的基本特征，从灰度分布出发进行统计分类(不属于面向对象分类)。故选 C。

60. C

解析：《地理国情普查检查验收与质量评定规定》(GDPJ 09—2013)第 4.1.1 条(过程检查)，过程检查对普查成果资料进行 100% 内业检查，外业检查比例不得低于 30%，并应做好检查记录。第 4.1.2 条(最终检查)，普查成果通过过程检查后，才能进行最终检查；最终检查对普查成果资料进行 100% 内业检查，外业检查比例不得低于 20%，且原则上与过程检查的外业检查成果不应重复。过程检查，其外业检查比例最小为 30%，故选 C。

61. A

解析：全国地理国情普查中，"耕地"最小图斑所对应的实地面积为 $400m^2$，"居民地区域"最小图斑所对应的地面实地面积为 $200m^2$。故选 A。

62. A

解析:城市三维各类模型按表现细节的不同可分为LOD1、LOD2、LOD3、LOD4四个细节层次(见解表),故应选择A。

题62解表

模型类型	LOD1	LOD2	LOD3	LOD4
地形模型	DEM	DEM+DOM	高精度DEM+高精度DOM	精细模型
建筑模型	体块模型	基础模型	标准模型	精细模型
交通设施模型	道路中心线	道路面	道路面+附属设施	精细模型
管线模型	管线中心线	管线体	管线体+附属设施	精细模型
植被模型	通用符号	基础模型	标准模型	精细模型
其他模型	通用符号	基础模型	标准模型	精细模型

63. C

解析:"软件需求规格说明书"的编制是为了使用户和软件开发者双方对该软件的初始规定有一个共同的理解,使之成为整个开发工作的基础。包含硬件、功能、性能、输入输出、接口需求、警示信息、保密安全、数据与数据库、文档和法规的要求等。选项C(是联系需求分析与系统设计的桥梁)描述正确。

64. D

解析:属于栅格数据格式的有GeoTIFF、Image、Grid、GIF、JPEG等。地理标记语言GML(Geography Markup Language),它由开放式地理信息系统协会(OGC)于1999年提出,并得到了许多公司的大力支持,如Oracle、Galdos、MapInfo、CubeWerx等。GML能够表示地理空间对象的空间数据和非空间属性数据(不属于栅格数据格式),故选D。

65. C

解析:GIS面、线数据符号表达特征中,颜色可用于标识信息类别,故选C。

66. D

解析:农村土地承包经营权调查的步骤有:
(1)准备工作:包括制订方案、宣传培训、资料准备、图表及工具准备等;
(2)权属调查:包括发包方、承包方和承包地块情况调查以及调查表格填写;
(3)审核公示:包括公示材料准备、审核公示、勘误修正和结果确认;
(4)数据库和信息系统建设:包括农村土地承包管理信息数据库建设和管理信息系统建设;
(5)成果整理:包括文字、图件、簿册和数据的规范化整理;
(6)检查验收:包括自检、互检、检查验收和抽检等。
上述步骤中,只有"审核公示"(选项D)是常规测绘项目无须考虑的,故选D。

67. B

解析:机密级及以上秘密信息存储设备不得并入互联网。重要数据不得外泄,重要数据的输入及修改应由专人来完成。重要数据的打印输出及外存介质应存放在安全的地方,打印出的废纸应及时销毁。故选 B。

68. D

解析:并发能力测试包含在系统性能测试中。故选 D。

69. B

解析:互联网地图服务在共享单车项目中得到了广泛的应用。故选 B。

70. A

解析:平台软件选型属于数据库系统设计中"物理设计"阶段的工作。故选 A。

71. D

解析:"人口数据"不属于城市地理空间框架数据。故选 D。

72. A

解析:选项 A 属于矢量数据求交叠置表达。故选 A。

73. C

解析:《地理信息公共服务平台 电子地图数据规范》(CH/Z 9011—2011)中"3 坐标系统"规定如下:电子地图数据的坐标系统采用 2000 国家大地坐标系(CGCS 2000)。故选 C。

74. D

解析:用来从某点出发判断该区域其他所有点可视情况的是"通视分析"。故选 D。

75. C

解析:GIS 公用的开发方式中,目前较广泛采用的是组件式 GIS 二次开发。故选 C。

76. C

解析:《车载导航电子地图产品规范》(GB/T 20267—2006)第 4.1.1.2 条(道路功能等级),表述如下:

根据国家标准并综合考虑导航应用中对道路功能的要求,采用如下道路功能等级定义方法:一级功能道路、二级功能道路、三级功能道路、四级功能道路、五级功能道路、六级功能道路。

道路功能等级与现行分类标准的对应关系如下:

一级功能道路:高速路、城市快速路(高速等级);

二级功能道路:一级公路、城市快速路、城市主干道;

三级功能道路:二级公路、城市主干道;

四级功能道路:三级公路、城市次干道;

五级功能道路:四级公路、城市支路;

六级功能道路:等外公路(单位内部路等)。

显然,选项 A、B、D 表述正确,选项 C 表述错误,故选 C。

77. A

解析:可查阅中华人民共和国测绘行业标准《导航电子地图检测规范》(CH/T 1019—2010)第 7.1.2.2.2 条(道路检测指标)。对照该条款,可知:选项 A(某五级功能道路遗漏)为大差错,选项 B、C、D 为一般差错,故选 A。

78. D

解析:互联网地理信息服务的形式主要有:

(1)地理信息浏览查询:提供地理信息浏览、兴趣点查找定位、空间查询、用户信息标绘、相关帮助信息及技术文档资源浏览等服务。

(2)地理空间信息分析处理:提供空间分析能力,如空间量算、信息叠加、路径分析、区域分析、空间统计等。

(3)服务接口与应用程序编程接口:服务接口可以直接面向用户提供在线地理数据访问,应用程序编程接口通过预先定义的函数向开发人员提供基于在线服务资源的基本功能。

(4)地理空间信息元数据查询:提供地理空间信息元数据,让用户知道什么地方可以找到他想要的数据。

(5)地理空间信息下载:直接下载地理空间数据,并提供关于下载数据的技术支持。

选项 D(数据安全管理和维护),不在此列,故选 D。

79. C

解析:省级基础地理信息数据包括最新的 1∶10000、1∶5000 数字线划图数据(DLG)、数字正射影像图(DOM)数据等;市县级基础地理信息数据包括最新的 1∶500、1∶1000、1∶2000 数字线划图数据(DLG)、数字正射影像图(DOM)数据等。选项 C 描述不正确,故选 C。

80. D

解析:《地理信息公共服务平台 电子地图数据规范》(CH/Z 9011—2011)"6 地图瓦片定义"规定有:

瓦片规则:

(1)瓦片分块的起始点从经纬度 —180,90 开始,向东向南行列递增;

(2)瓦片分块大小 256×256 像素。

瓦片数据格式:瓦片数据格式采用 png 或 jpg。

金字塔规则:为了使来自分布式节点的各类地图服务可以相互叠加,必须采用统一的金字塔分层规则,各层的显示比例(即瓦片的地面分辨率)固定;瓦片级数越大,显示比例越大。选项 D 表述不正确,应选 D。

二、多项选择题(共 20 题,每题 2 分。每题的备选项中,有 2 个或 2 个以上符合题意,至少有 1 个错项。错选,本题不得分;少选,所选的每个选项得 0.5 分)

81. ACE

解析:选项 A、C、E 都是三角高程测量中减弱垂直折光影响采取的措施。尺台(或尺桩)是作为一、二等水准测量的转点尺承。采用高精度全站仪可提高边长和竖直角观测精度,但本题重点在于"减弱垂直折光的影响",故选 ACE。

82. ABD

解析:依据《全球导航卫星系统连续运行参考站网建设规范》(GB/T 28588—2012),CORS 系统由连续运行参考站(即基准站)、数据通信网络、数据中心等构成,CORS 产品服务系统(或用户应用系统)属于数据中心的一部分。故选 ABD。

83. ABD

解析:两台或两台以上的 GPS 接收机同时对同一组卫星信号进行观测,称为同步观测。同步观测的主要作用是将观测量组成差分观测量时,可以消除或削弱一些共同的误差项。如测站间对同一卫星求差,称为站间单差,可以消除或削弱与卫星有关的误差(如卫星钟差、星历误差)及与传播路径有关的误差(如电离层对流层传播误差);站间单差再组成站星间双差,可进一步消除或削弱测站有关的误差(如接收机钟差)。多路径效应一般是不能通过求差的方法克服的,通过长时间静态观测数据平滑可以削弱其影响,GPS 控制测量一般都是较长时间的静态观测,而本题在于"同步观测",故选项 C 不太切合题意。GPS 控制测量一般都采用双差解算模式,故选 ABD。

84. BCDE

解析:水深改正,包括吃水改正、姿态改正、声速改正、水位改正。选项 A(零漂改正),不在此列。故选 BCDE。

85. CE

解析:选择地形图的基本等高距时,应考虑的主要因素有测图比例尺和地形类别。故选 CE。

86. BD

解析:由于地球曲率及大气折射影响,三角高程直接观测所得的高差与两点实际高差存在偏差,需对此两项(地球曲率、大气折光)的影响进行改正。故选 BD。

87. BCE

解析:根据观测误差对结果的影响性质,可分为偶然误差、系统误差和粗差三类。选项 A、D 是误差的类型。中误差反映的是误差分布的离散度的大小,代表一组观测量的精度;相对中误差是中误差与观测值之比;常以 3 倍(也有采用 2 倍)中误差作为偶然误差的极限值,并称为极限误差。故选 BCE。

88. BD

解析:地下工程联系测量几何定向方法有一井定向法、二井定向法。故选 BD。

89. ABCE

解析:工业设备形位检测常用方法有全站仪距离交会法、全站仪角度交会法、激光准直测量方法、近景摄影测量方法等。故选 ABCE。

90. ABDE

解析:《房产测量规范 第1单元:房产测量规定》(GB/T 17986.1—2000)附录 B3.1 条规定:

(1)可分摊共有部位:一般包括电梯井、管道井、楼梯间、垃圾道、变电室、设备间、公共门厅、过道、地下室、值班警卫室等,以及为整幢服务的公共用房和管理用房的建筑面积,以水平投影面积计算。共有建筑面积还包括套与公共建筑之间的分隔墙,以及外墙(包括山墙)水平投影面积一半的建筑面积。

(2)不可分摊共有部位:如独立使用的地下室、车棚、车库以及为多幢服务的警卫室、管理用房、作为人防工程的地下室,都不计入共有建筑面积。

本题选项 ABDE,均不得作为房屋共有面积分摊。

91. ABCD

解析:按现行规范分类,本题选项 E(城市商业银行)用地属于商业服务金融用地分类,本题其他选项均属于公共管理与公共服务用地分类。故选 ABCD。

92. BCDE

解析:界线测绘准备阶段的工作有填写界桩登记表、制作边界地形图、绘制边界情况图、绘制边界主张线图等。制作边界协议书附图(选项 A),不属于界线测绘准备阶段的工作,但"边界协议书附图"是最终提供的界线测绘成果之一。故选 BCDE。

93. BE

解析:航摄仪滤光片的作用是减弱某一波谱的作用、焦平面上照度均匀补偿等。本题也可采用排除法,滤光片没有像移补偿作用(选项 A),也不能曝光补偿(选项 C),更不能减低镜头畸变差(选项 D)。故选 BE。

94. ABCD

解析:地貌是普通地图上最主要的要素之一。地貌影响和制约着其他要素的分布和特点。它不仅对自然地理要素有着极大的影响,而且对社会经济要素的分布和发展也有很大的影响。地图上地貌的表示方法主要有写景法、晕点法、晕渝法、晕渲法、等高线法、分层设色法等。故选择 ABCD。

95. CE

解析：首先了解前方交会的作用，就是在已知内外方位元素的前提下，根据同名像点的像片坐标计算空间三维坐标。可见，选项 C 正确。选项 E 是在假定外方位元素条件下计算模型点坐标，也是用前方交会。故选 CE。

96. ABE

解析：倾斜航空摄影测量通常采用 5 镜头相机从垂直方向和 4 个 45°倾斜方向同时摄影，获取多视角航空影像。5 个备选项中，选项 C 描述不正确，选项 D 说法片面。故选 ABE。

97. AE

解析：主动式成像的特点就是要先发射电磁波再接收反射波。选项 AE 满足先发射再接收的条件，故选 AE。

98. ACD

解析：县级农村土地承包经营权数据库内容包括基础地理信息要素数据、农村土地权属要素数据和栅格数据。基础地理信息要素数据包括定位基础（选项 A）、境界与管辖区域，以及对承包地块实质描述有重要意义的其他地物信息数据。农村土地权属要素数据包括发包方信息数据（选项 D）、承包方信息数据、承包地块数据、权属来源数据、承包经营权权证和登记簿信息，以及基本农田数据等。栅格数据包括用于农村土地承包经营权调查的数字正射影像图（选项 C）、数字栅格地图以及其他栅格数据。故应选择 ACD。

99. BC

解析：地理信息系统工程设计采用结构化系统设计（选项 B）。结构设计的一条基本原理就是程序应该模块化，也就是一个大程序应该由许多规模适中的模块按合理的层次结构组织而成。总体设计阶段的第二项主要任务就是设计软件的结构（选项 C），也就是确定程序由哪些模块组成以及模块间的关系。通常用层次图或结构图描绘软件的结构。故应选择 BC。

100. ABC

解析：《地理信息公共平台基本规定》（CH/T 9004—2009）地图数据中有以下表述：地理信息公共平台分为国家、省区和市（县）三级。其中，国家级地理信息公共平台数据尺度为 1∶1 000 000、1∶250 000 和 1∶50 000，分辨率包括 30m、15m、5m 和 2.5m；省区级地理信息公共平台数据尺度为 1∶10 000 或 1∶5 000，分辨率包括 1m 或 0.5m；市（县）级地理信息公共平台数据尺度为 1∶2 000、1∶1 000 和 1∶500，分辨率包括 0.5m 和 0.2m。地图数据包括对基础地理信息数据经过符号化处理和图面整饰形成的地图以及政务电子地图和公众电子地图，其主要内容包括水系、交通、居民地、地貌等基础地理信息以及行政机关、公共服务设施等专题信息，以及地名地址数据等。故选择 ABC。

2018年注册测绘师资格考试测绘综合能力

试 卷

一、单项选择题(共80题,每题1分。每题的备选项中,只有1个最符合题意)

1. 安置水准仪的三脚架时,第三脚轮换,可以减弱因( )引起的误差。

   A. 竖轴不垂直　　　　　　　　　　B. 大气折光
   C. i 角　　　　　　　　　　　　　D. 调焦镜运行

2. 某点高斯投影坐标正算是指( )。

   A. (B,L) 转换为 (x,y)　　　　　B. (λ,φ) 转换为 (x,y)
   C. (x,y) 转换为 (B,L)　　　　　D. (x,y) 转换为 (λ,ϕ)

3. 通过水准测量方法测得的高程是( )。

   A. 正高　　　　　　　　　　　　　B. 正常高
   C. 大地高　　　　　　　　　　　　D. 力高

4. 国家水准原点的高程指高出( )的高差。

   A. 验潮井基点　　　　　　　　　　B. 验潮站工作零点
   C. 理论最低潮面　　　　　　　　　D. 黄海平均海面

5. 重力测量成果不包括( )。

   A. 平面坐标值　　　　　　　　　　B. 垂线偏差值
   C. 高程值　　　　　　　　　　　　D. 重力值

6. 用J2经纬仪测量时,其竖盘指标差应不超过( )。

   A. $+24''$　　　　　　　　　　　　B. $-24''$
   C. $+6''$　　　　　　　　　　　　D. $\pm16''$

7. 区域基准站网目前不能提供的服务内容是( )。

   A. 分米级位置服务　　　　　　　　B. 对流程模型参数

C.0.01m的精密星历　　　　　　　　D.地球自转参数

8.现行规范规定,GNSS控制点选点埋石后应上交的资料不包括(　　)。

　A.点之记　　　　　　　　　　　B.GNSS接收机检定证书
　C.技术设计书　　　　　　　　　D.测量标志委托保管书

9.两台全站仪进行三角高程对向观测,主要目的是减弱或消除(　　)。

　A.仪器沉降影响　　　　　　　　B.大气折光影响
　C.潮汐影响　　　　　　　　　　D.磁场影响

10.四等水准环线周长最长为(　　)km。

　A.100　　　　　　　　　　　　B.120
　C.140　　　　　　　　　　　　D.160

11.四等水准,往返测照准标尺的顺序为(　　)。

　A.后后前前　　　　　　　　　　B.后前前后
　C.前后后前　　　　　　　　　　D.前前后后

12.现行规范规定,单波束测深系统的改正不包括(　　)。

　A.吃水改正　　　　　　　　　　B.姿态改正
　C.声速改正　　　　　　　　　　D.GNSS仪器相位改正

13.某三角网如图所示,其中 A、B 是已知点,C、D 是待定点。要确定 C、D 点坐标,列出的条件方程数量是(　　)个。

　A.3　　　　　　　　　　　　　B.4
　C.5　　　　　　　　　　　　　D.6

14.下列计算方法中,不能用于海道测量水位改正的是(　　)。

　A.加权平均法　　　　　　　　　B.线性内插法
　C.单站水位改正法　　　　　　　D.水位分带法

15.下列航海图中,主要用于航行使用的是(　　)。

　A.近海航行图　　　　　　　　　B.港池图
　C.港区图　　　　　　　　　　　D.海区总图

16. 现行规范规定,海洋测量出测前应对回声测深仪进行(   )状态下的工作状况试验。

  A. 震动   B. 航行

  C. 抗干扰   D. 深水

17. 1∶100 万地形图的图幅范围为(   )。

  A. 经差 4°×纬差 6°   B. 经差 4°×纬差 4°

  C. 经差 6°×纬差 4°   D. 经差 6°×纬差 6°

18. 现行规范规定,地形图上地物点的平面精度是指其相对于(   )的平面点位中误差。

  A. 2000 国家大地坐标系原点   B. 所在城市邻近图根点

  C. 所在城市大地控制点   D. 所在城市坐标系原点

19. 城市测量中,采用的高程基准为(   )。

  A. 2000 国家高程基准   B. 1990 国家高程基准

  C. 1985 国家高程基准   D. 1956 国家高程基准

20. 已知 A、B 两点的坐标分别为 $A(100,100)$,$B(50,50)$,则 AB 的坐标方位角为(   )。

  A. 45°   B. 135°

  C. 225°   D. 315°

21. 下列误差中,不属于偶然误差的是(   )。

  A. 经纬仪瞄准误差   B. 经纬仪对中误差

  C. 钢尺尺长误差   D. 钢尺读数误差

22. 设某全站仪的测角中误差为±4″,用其观测某五边形的四个内角,该五边形第 5 个内角的中误差为(   )。

  A. ±4″   B. ±8″

  C. ±12″   D. ±16″

23. 某地形图的比例尺精度为 50cm,则其比例尺为(   )。

A.1∶500 B.1∶5000
C.1∶10000 D.1∶50000

24.在地形图中,山脊线也被称为( )。

　　A.计曲线 B.间曲线
　　C.汇水线 D.分水线

25.测定建筑物的平面位置随时间变化的工作是( )。

　　A.位移观测 B.沉降观测
　　C.倾斜观测 D.挠度观测

26.某电子全站仪的测距精度为±(3+2×10⁻⁶×D)mm,用其测量长度为2km的某条边,则该边的测距中误差为( )。

　　A.±3.0mm B.±5.0mm
　　C.±7.0mm D.±10.0mm

27.罗盘指北针所指的方向为( )。

　　A.高斯平面坐标系的 x 轴正方向
　　B.高斯平面坐标系的 y 轴正方向
　　C.当地磁力线北方向
　　D.当地子午线北方向

28.对某长度为9km的隧道采用相向施工法,则其平面横向贯通限差最大值为( )。

　　A.100mm B.150mm
　　C.200mm D.300mm

29.通过盘左、盘右观测取平均值的方法不能抵消的误差为( )。

　　A.度盘偏心差 B.垂直轴误差
　　C.横轴误差 D.视准轴误差

30.房产面积精度分为( )级。

　　A.五 B.四
　　C.三 D.二

31.房产测绘工作中,下列示意图所表示房屋属于同一幢的是( )。

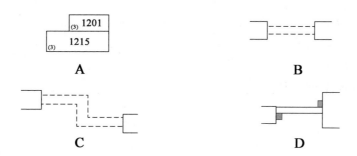

A.按裙楼连接　　　　　　　　　　B.架空通廊连接

C.按走廊连接　　　　　　　　　　D.按天桥连接

32.某高层楼房地上顺序有商业1层,办公3层,住宅22层;住宅与办公之间有设备夹层1层,楼顶顺序有凸出屋面楼电梯间1层,水箱间1层;地下顺序有车库1层,人防1层。该楼房的层数是( )层。

A.26　　　　　　　　　　　　　　B.27
C.29　　　　　　　　　　　　　　D.31

33.套内使用面积为80m², 套内不封闭阳台水平投影建筑面积10m², 自有墙体水平投影建筑面积10m², 套与邻套、公共空间隔墙及外墙(包括山墙)水平投影建筑面积10m², 不考虑其他情况,则该套房屋套内建筑面积为( )。

A.95m²　　　　　　　　　　　　　B.100m²
C.105m²　　　　　　　　　　　　D.110m²

34.下列工作中,不属于地籍测绘工作的是( )。

A.调查土地界址点情况　　　　　　B.布设地籍控制网
C.量算宗地面积　　　　　　　　　D.量算房屋分层分户面积

35.不可直接利用作为地籍首级平面控制网点的是( )。

A.三级城市平面控制点　　　　　　B.四等城市平面控制点
C.国家E级GPS点　　　　　　　　D.国家四等三角点

36.现行规范规定,地籍图根支导线总长度最长为起算边的( )倍。

A.4　　　　　　　　　　　　　　B.3
C.2　　　　　　　　　　　　　　D.1

37.某1∶1000地籍图其图幅规格大小应为( )。

　　A.55cm×65cm　　　　　　　　B.50cm×60cm
　　C.45cm×55cm　　　　　　　　D.40cm×50cm

38.行政区域界线测量方位物最少应设( )个。

　　A.4　　　　　　　　　　　　B.3
　　C.2　　　　　　　　　　　　D.1

39.界线测绘的成果不包括( )。

　　A.界桩登记表　　　　　　　　B.边界点成果表
　　C.边界协议书　　　　　　　　D.边界走向说明

40.航摄因子计算表中不包含( )。

　　A.航摄高度　　　　　　　　　B.摄区略图
　　C.航线间隔　　　　　　　　　D.航摄焦距

41.航线一般按( )方向直线飞行。

　　A.南北　　　　　　　　　　　B.东北—西南
　　C.东西　　　　　　　　　　　D.东南—西北

42.下列不属于规范要求的检定内容的是( )。

　　A.像幅　　　　　　　　　　　B.主距
　　C.镜头分辨率　　　　　　　　D.快门速度

43.下列不属于航摄合同主要技术内容的是( )。

　　A.航摄地区和面积　　　　　　B.测图方法
　　C.航摄季节　　　　　　　　　D.航摄安全高度

44.立体像对同名像点的纵坐标之差被称为( )。

　　A.上下视差　　　　　　　　　B.左右视差
　　C.投影差　　　　　　　　　　D.像点位移

45.摄影测量中,需要解算( )个绝对定向参数。

A. 3 B. 5
C. 7 D. 9

46. 可作为中小比例尺航测像片平面控制点的是( )。

    A. 尖山顶 B. 圆山顶

    C. 弧形地物 D. 鞍部

47. 数码航摄影像连接点上下视差允许的最大残差是( )像素。

    A. 1/6 B. 1/3

    C. 2/3 D. 1

48. 属于被动式成像的传感器是( )。

    A. 激光雷达 B. 合成孔径雷达

    C. 微波高度计 D. 高光谱扫描传感器

49. 当双线道路与地面上的建筑物边线重合时,( )。

    A. 用建筑物边线代替道路边线 B. 用道路边线代替建筑物边线

    C. 建筑物边线与道路边线同时绘出 D. 建筑物边线与道路边线都不绘出

50. 下列不属于航测法数字线划图生产环节的是( )。

    A. 立体模型创建 B. 地物要素采集

    C. 图形编辑 D. 影像镶嵌

51. 检校场进行空中三角测量,其目的是为了解算( )。

    A. 相对定向参数 B. 绝对定向参数

    C. 加密点坐标 D. 偏心角及线元素偏移值

52. 下列图像文件格式中能存储投影信息的是( )。

    A. JPG B. BMP

    C. GeoTIFF D. PNG

53. DOM产品标识顺序为( )。

    A. 使用标准号、产品名称、比例尺、分类代码、地面分辨率、分幅编号、生产时间

    B. 产品名称、使用标准号、比例尺、分类代码、分幅编号、地面分辨率、生产时间

C.生产时间、产品名称、使用标准号、比例尺、分类代码、分幅编号

D.分类代码、分幅编号、使用标准号、比例尺、产品名称、地面分辨率、生产时间

54.同轨获取立体像对能力的是(　　)。

  A.资源三号02星　　　　　　　B.风云2号
  C.Landsat-7　　　　　　　　　D.高分一号

55.下列关于侧视雷达成像的说法中,错误的是(　　)。

  A.采用斜距投影的方式成像

  B.侧视雷达图像在垂直飞行方向上的比例尺有变化

  C.高差引起的投影差方向与中心投影差方向一致

  D.可构成立体像对

56.下列不属于直接解译标志的是(　　)。

  A.纹理　　　　　　　　　　　B.色调
  C.阴影　　　　　　　　　　　D.地物关系

57.能反映三维地理信息模型产品质量特征的是(　　)。

  A.位置精度　　　　　　　　　B.表达精细度
  C.时间精度　　　　　　　　　D.属性精度

58.最具智慧城市特点的新一代技术是(　　)。

  A.数据库　　　　　　　　　　B.三维可视化
  C.互联网　　　　　　　　　　D.物联网

59.电子地图数据生产完成后还需要进行的必要操作是(　　)。

  A.地图整饰　　　　　　　　　B.脱密处理
  C.内容提取　　　　　　　　　D.模型重构

60.拓扑关系表达正确的是(　　)。

  A.节点不及　　　　　　　　　B.多边形有穿插
  C.多边形有碎屑　　　　　　　D.三线同一节点

61.DEM是有一组间隔均匀的(　　)数据组成的栅格数据模型。

A.高程 B.坡度

C.重力 D.坡向

62.下列不属于处理前转换处理工作的是( )。

A.代码转换 B.格式转换

C.数据重采样 D.符号化处理

63.在地图窗口上点击图形对象获取该对象的描述信息称为( )。

A.条件查询 B.图形查属性

C.属性查图形 D.间接查询

64.9交模型一共可以表达( )种可能的空间关系。

A.9 B.81

C.256 D.512

65.ArcSDE 的体系结构是( )。

A.服务器模式 B.内置模式

C.中间件模式 D.客户/服务器模式

66.野外资源调查 GIS 系统宜采用的解决方案是( )。

A.基于嵌入式的 GIS 解决方案 B.基于 B/S 模式的 GIS 解决方案

C.基于 C/S 模式的 GIS 解决方案 D.基于 SOA 架构的 GIS 解决方案

67.下列属于拓扑关系描述的是( )。

A.两点间距离 B.一个面的面积

C.一个面比另一个面大 D.两个面是相邻的

68.计算太阳高度角对城市建筑日照的影响时,宜采用的地理信息数据是( )。

A.DOM B.DEM

C.DSM D.DTM

69.下列不属于入库前检查的是( )。

A.数据编码检查 B.坐标精度检查

C.坐标系检查 D.数据接边检查

70.下列不属于确认测试的是( )。

　　A.模块间接口测试　　　　　　B.可靠性测试

　　C.可移植性测试　　　　　　　D.安装测试

71.地理信息公共服务平台地图瓦片数据分块( )行列递增。

　　A.向东向南　　　　　　　　　B.向西向北

　　C.向西向南　　　　　　　　　D.向东向北

72.主要用于解决数据在浏览器端显示问题的是( )。

　　A.SVG　　　　　　　　　　　　B.GML

　　C.WFS　　　　　　　　　　　　D.WCS

73.下列说法正确的是( )。

　　A.切片方案原点一般选在方案格网的右上角

　　B.地图切片和缓存技术适用于数据经常发生变化的业务(专题)图层

　　C.每一个缓存地图对应一个切片方案

　　D.地图比例尺越大,生成缓存所需时间越短

74.下列说法错误的是( )。

　　A.位于同一空间高度层的道路,等级高的压盖等级低的

　　B.立体交叉道路视实际空间关系进行压盖处理

　　C.道路与其他线状地物空间重叠时,其他地物可压盖道路

　　D.位于同一垂直方向的多层平行高架道路错开显示

75.导航电子地图的道路相对位置精度最低为( )。

　　A.5　　　　　　　　　　　　　B.8

　　C.10　　　　　　　　　　　　　D.15

76.山脉注记的字符串排列方式主要采用( )。

　　A.水平排列　　　　　　　　　B.垂直排列

　　C.斜交排列　　　　　　　　　D.曲线排列

77.下列关于公开版地图内容表示的说法中,错误的是( )。

A. 中国全图必须表示南海诸岛、钓鱼岛、赤尾屿等重要岛屿,采用相应的符号绘出南海诸岛归属范围线

B. 广东省地图必须包括东沙群岛

C. 在表示省级行政中心的图上,香港特别行政区与省级行政中心等级相同

D. 在1:25万的公开地图上可绘制经纬网

78. 在编制中国全图(南海诸岛作为附图)时,宜采用的投影方式是( )。

    A. 斜轴方位投影   B. 正轴圆锥投影

    C. 伪方位投影   D. 横切椭圆柱投影

79. 小于1:5000的基本比例尺地形图分幅方式应采用( )。

    A. 自由分幅   B. 矩形分幅

    C. 拼接分幅   D. 经纬线分幅

80. J50D010011,其中"J"代表的是( )。

    A. 其所在1:100万地形图的纬度行号

    B. 其所在1:100万地形图的经度列号

    C. 比例尺代码

    D. 其所在图幅行号

二、多项选择题(共20题,每题2分。每题的备选项中,有2个或2个以上符合题意,至少有一个错项。错选,本题不得分;少选,所选的每个选项得0.5分)

81. 三等水准测量外业计算的基本项目包括( )。

    A. 外业手簿计算   B. 外业高差和概略高程表编算

    C. 每千米水准测量偶然中误差计算   D. 附合路线与环线闭合差计算

    E. 水准路线的固体潮改正计算

82. 用钢卷尺精确测量平面上两点间的距离,影响因素有( )。

    A. 方向   B. 拉力

    C. 气压   D. 钢尺分划

    E. 温度

83. 用全站仪观测水平角的主要误差来源有( )。

    A. 仪器对中误差   B. 目标偏心误差

C. 大气垂直折光误差	D. 照准误差

E. 仪器乘常数

84. 海道测量项目设计工作的内容有（　　）。

A. 测深仪检验	B. 划分图幅

C. 确定测量比例尺	D. 绘制有关附图

E. 确定测区范围

85. 不可用于工程控制网优化设计的有（　　）。

A. 解析法	B. 回归分析法

C. 时间序列分析法	D. 等权替代法

E. 试验修正法

86. "三北"是指（　　）。

A. 真子午线北方向	B. 首子午线北方向

C. 磁子午线北方向	D. 纵坐标轴北方向

E. 地心坐标系北方向

87. 可用于建筑物三维变形监测的有（　　）。

A. GNSS静态测量	B. 雷达干涉测量

C. 三角高程测量	D. 近景摄影测量

E. 地面三维激光扫描

88. 隐蔽管线点的探测方法有（　　）。

A. 属性调查法	B. 巡视调查法

C. 开挖调查法	D. 权属调查法

E. 物探调查法

89. 建筑工程规划监督测量的内容包括（　　）。

A. 日照测量	B. 放线测量

C. 验线测量	D. 贯通测量

E. 验收测量

90. 可以作为分摊计算依据的是（　　）。

A. 物权法及其关于建筑物区分所有权的司法解释

B. 产权各方合法的权属分割文件或协议

C."谁使用谁分摊"的基本原则

D. 房屋开发单位"成本—收益"财务要求

E. 房屋的规划、设计及使用用途

91. 地籍控制测量检查验收的内容不包括(   )。

　　A. 坐标系统选择是否符合要求

　　B. 地籍区、地籍子区划分是否正确

　　C. 宗地草图是否与实地相符

　　D. 地籍图精度是否符合规定

　　E. 控制网点埋石是否符合要求

92. 下列边界地形图的说法正确的有(   )。

　　A. 沿边界走向呈带状分布

　　B. 作为边界协议书附图

　　C. 按一定经差、纬差自由分幅

　　D. 必须经界线双方政府负责人签字认可

　　E. 表现方式有纸质或数字形式

93. 航摄分区划分时应考虑的有(   )。

　　A. 安全高度控制要求

　　B. 分区界线尽量与行政界线保持一致

　　C. 分区界线应与测图的图廓线一致

　　D. 摄区内地形高差要求

　　E. 摄区内地物反差应尽量一致

94. 属于数字航空影像须处理内容的有(   )。

　　A. 底片扫描分辨率的确定　　B. 扫描参数调整

　　C. 影像增强　　D. 匀光处理

　　E. 影像旋转

95. 必须进行影像几何配准的有(   )。

　　A. 影像增强　　B. 影像融合

　　C. 影像辐射处理　　D. 影像分类

　　E. 影像镶嵌

96.利用机载激光雷达技术生产DSM,检查内容包括( )。

　　A.点云密度　　　　　　　　　　B.平面精度

　　C.高程精度　　　　　　　　　　D.属性精度

　　E.完整性

97.属于GIS系统特有功能的有( )。

　　A.地形分析　　　　　　　　　　B.网络分析

　　C.数据库操作　　　　　　　　　D.空间查询

　　E.用户管理

98.进行商品配送GIS系统设计时,必须收集( )。

　　A.DOM数据　　　　　　　　　　B.路网数据

　　C.DEM数据　　　　　　　　　　D.地址数据

　　E.POI数据

99.下列说法正确的是( )。

　　A.用户可利用简单终端、通过"云"实现超级计算任务

　　B."云"具有固定的规模数量

　　C.同一个"云"可同时支撑不同的应用

　　D."云"服务可按需购买

　　E.在"云"端部署地理信息服务需要高额的成本

100.遥感影像地图一般要叠加的矢量要素包括( )。

　　A.植被　　　　　　　　　　　　B.交通网

　　C.行政驻地名称　　　　　　　　D.境界线

　　E.房屋面

2018年注册测绘师资格考试测绘综合能力试卷参考答案及解析

一、单项选择题(共80题,每题1分。每题的备选项中,只有1个最符合题意)

1. A

解析: 观测中用圆水准器概略整平仪器后,水准仪竖轴一般不严格平行于铅垂线,从而使测站观测高差受交叉误差影响。在连续各测站上安置脚架时,使两脚与路线方向平行,第三脚交替置于路线的左、右两侧,圆水准器经过检校后,观测中用圆水准器整平仪器时,仪器竖轴的倾斜方向和倾角大小基本相同,使得在相邻两测站观测中竖轴先后向左、右侧倾斜,交叉误差对两站高差有符号相反的影响,从而在相邻两站高差之和中得到抵偿。因此,水准测量规范规定:"在连续各测站上安置水准仪的三脚架时,应使其中两脚与水准路线的方向平行,而第三脚轮换置于路线方向的左侧与右侧"。大气折光、i 角误差可通过前后视距相等消除,调焦镜运行应采取"旋进"操作消除。

2. A

解析: 由大地坐标 (B,L) 计算高斯平面坐标 (x,y),即从椭球面投影到平面,称为高斯正算;由高斯平面坐标计算大地坐标,称为高斯反算。

3. B

解析: 我国高程系统采用的是正常高系统,所以通过水准测量方法测得的高程是正常高。

4. D

解析: 1985国家高程基准定义为利用青岛大港验潮站1952—1979年的观测资料所计算的黄海平均海水面(高程起算面)。中华人民共和国水准原点位于青岛市观象山,高程为72.260m。

5. B

解析:《国家重力控制测量规范》(GB/T 20256—2006)规定各等级重力点要进行平面坐标、高程测定,其中误差不应超过1.0m。选项D是显然的。故选B。

6. D

解析: 现行规范规定,J2经纬仪竖盘指标差应不超过±16″。当望远镜视准轴水平时,垂直度盘的90°或270°刻线应与指标线重合,此时在读数窗中的读数应为90°或270°,当不符合该条件时,相对于90°和270°分划所产生的误差称为垂直度盘指标差,用i表示。i值可正可负。指标差i值需要通过盘左、盘右照准同一目标的观测读数来计算。

7. C

解析:基准站网产品服务包括位置服务、卫星轨道服务、时间服务、气象服务、地球动力学服务、源数据服务等内容。位置服务和源数据服务是基准站网必须提供的,其他可根据需要提供。地球动力学服务提供地球自转参数等。目前,IGS提供的事后精密星历精度在2.5cm。选项C是基准站网不可能提供的。

8. B

解析:GNSS控制点选点后应上交的资料包括:①GNSS网点点之记、环视图;②GNSS网选点图;③选点工作总结。

埋石结束后应上交的资料包括:①GNSS点之记;②测量标志委托保管书;③标石建造拍摄的照片;④埋石工作总结。

9. B

解析:两台全站仪进行三角高程对向观测,大气垂直折光对高差的影响在取往测和返测平均值时得到了抵偿。

10. A

解析:现行规范规定,单独的四等水准附合路线,长度应不超过80km,环线周长应不超过100km。

11. A

解析:现行规范规定,四等水准测量每测站照准标尺分划顺序为:①后视标尺黑面(基本分划);②后视标尺红面(辅助分划);③前视标尺黑面(基本分划);④前视标尺红面(辅助分划)。总结就是:后后前前。

12. D

解析:现行规范规定,单波束测深系统的改正包括吃水改正、基线改正、转速改正、声速改正;一般采用综合处理方法求取总改正,以确定其对测深的影响。若采用GNSS仪器定位联合定位,则姿态改正、GNSS仪器相位改正也是需要考虑的因素,所以该题不明确。结合现行规范规定,应选择选项D。

13. B

解析:如图所示,测量了8个角,观测值数$n=8$;要确定C点坐标X_c、Y_c及D点坐标

X_d、Y_d,共 $t=4$ 个未知量。因此,要根据几何关系,列 $r=n-t=4$ 个函数独立的条件方程来求解 C、D 点坐标。

14. A

解析:将瞬时测得的深度化算至平均海面或深度基准面起算的深度这一过程称为潮位改正或水位改正。改正的原理是潮汐内插,其常用方法有线性内插、回归内插、时差法内插、分带内插、最小二乘参数法。另外,按验潮站的分布和控制范围,水位改正可分为单站改正、双站改正及多站改正法。

15. A

解析:航海图按用途分为三种:

(1)总图:包括世界海洋总图、大洋总图和海区总图,主要供研究海洋形势、拟订航行计划等使用。

(2)航行图:包括远洋航行图、近海航行图和沿岸航行图,主要供航行使用。

(3)港湾图:包括港口图、港区图、港池图、航道图、狭水道图等,主要供进出港口、锚地,通过狭水道,进行港口管理等使用。

16. B

解析:根据《海道测量规范》(GB 12327—1998)第 6.3.5.1 条规定,海洋测量出测前应对回声测深仪进行停泊稳定性和航行状态下的工作状况试验。

17. C

解析:依据国际规定,1:100 万的地形图实行统一的分幅和编号。自赤道向北(或向南)按纬差 4°分成横列,各列依次用 A、B、C、…、V 表示;自经度 180°起算,自西向东按经差 6°分成纵行,各行依次用 1、2、3、…、60 表示。因此,1:100 万地形图的图幅范围为经差 6°×纬差 4°。

18. B

解析:地形图上地物点的平面精度是指其相对于邻近图根点的平面点位中误差。[可查看《工程测量规范》(GB 50026—2007)第 5.1.5 条]

19. C

解析:规范规定,城市测量中,采用的高程基准为 1985 国家高程基准。[可查看《工程测量规范》(GB 50026—2007)第 4.1.3 条,或《城市测量规范》(CJJ/T 8—2011)第 5.1.1 条]

20. C

解析:坐标方位角的计算公式为 $\alpha_{AB} = \arctan\left(\dfrac{Y_B - Y_A}{X_B - X_A}\right)$,将 A、B 点的坐标值代入公式,经计算得 $45°$;再由 Δy 和 Δx 的符号可以判断,AB 边位于第 3 象限,故其方位角为 $45°+180°=225°$。

21. C

解析:"钢尺尺长误差"属于系统误差,所量距离越大,其误差越大。而经纬仪瞄准误差、对中误差和钢尺读数误差,都属于偶然误差。

22. B

解析:本题考查"误差传播定律"。

该五边形第 5 个内角的计算公式为:
$$\beta_5 = 540° - \beta_1 - \beta_2 - \beta_3 - \beta_4$$

依题意,四个内角的测量中误差均为 $±4''$(设为 m_β),则由误差传播定律可得:$m_{\beta_5} = 2 \cdot m_\beta$,因此,该五边形第 5 个内角的中误差为 $±8''$。

23. B

解析:比例尺精度是指地形图上 $0.1\,\text{mm}$ 所代表的实地长度。如果地形图的比例尺为 $1:5000$,则经过计算,其比例尺精度为 $50\,\text{cm}$。

24. D

解析:在地形图中,山脊线被称为分水线,山谷线被称为汇水线。

25. A

解析:测定建筑物的高程位置随时间变化的工作是沉降观测,测定建筑物的平面位置随时间变化的工作是位移观测。

26. C

解析:测距精度为 $±(3+2×10^{-6}×D)\,\text{mm}$,其含义:第 1 项为固定误差(本题为 $3\,\text{mm}$),与测量距离大小无关;第 2 项为比例误差(本题为 $2×10^{-6}×D$),本题测量长度为 $2\,\text{km}$,经过计算,第 2 项误差为 $4\,\text{mm}$。两项相加($7\,\text{mm}$)为该边的测距中误差。

27. C

解析:罗盘指北针所指的方向为磁北方向,即当地磁力线北方向。

28. C

解析:根据《工程测量规范》(GB 50026—2007)第 8.6.2 条,隧道工程贯通限差见下表(参看本教材,表 3-6)。本题,隧道长度为 $9\,\text{km}$,故其平面横向贯通误差限差为 $200\,\text{mm}$。

隧道工程贯通误差　　　　　　　　　　　　　　　　　　　　题28解表

类　　别	两开挖洞口间长度 L(km)	贯通误差限差(mm)
横向	$L<4$	100
横向	$4\leqslant L<8$	150
横向	$8\leqslant L<10$	200
高程	不限	70

29. B

解析：经纬仪观测水平角时，通常采用测回法(盘左、盘右观测)，因为通过盘左、盘右观测取平均值的方法，可以抵消或减弱经纬仪视准轴误差、横轴误差和度盘偏心差的影响，而不能抵消垂直轴(竖轴)误差的影响。

30. C

解析：根据《房产测量规范　第1单元：房间测量规定》(GB/T 17986.1—2000)第3.2.6条规定，房产面积的精度分为三级，各级面积的限差和中误差不超过下表计算的结果。

房产面积的精度要求　　　　　　　　　　　　　　　　　　　　题30解表

房产面积的精度等级	限差	中误差
一	$0.02\sqrt{S}+0.0006S$	$0.01\sqrt{S}+0.0003S$
二	$0.04\sqrt{S}+0.002S$	$0.02\sqrt{S}+0.001S$
三	$0.08\sqrt{S}+0.006S$	$0.004\sqrt{S}+0.003S$

注：S 为房产面积(m)。

31. A

解析：根据《房产测量规范　第2单元：房产图图式》(GB/T 17986.2—2000)第7.1、7.2及8.2条规定，该图中所表示房屋属于同一幢的应是按裙楼连接，其他分别为架空通廊连接、按走廊连接和按天桥连接的方式。实际操作中还要看是否同一个结构(如同一整体基础等)，以及其他因素。裙楼如果有伸缩缝，常常可以分开处理。

32. A

解析：根据《房产测量规范　第1单元：房间测量规定》(GB/T 17986.1—2000)第5.6、6.1条规定，房屋层数是指房屋的自然层数，一般按室内地坪±0以上计算；采光窗在室外地坪以上的半地下室，其室内层高在2.20m以上的，计算自然层数。房屋总层数为房屋地上层数与地下层数之和。假层、附属层(夹层)、插层、阁楼、装饰性塔楼，以及凸出屋面的楼梯间、水箱间不计层数。依题意，住宅与办公之间设备夹层1层、楼顶凸出屋面楼电梯间1层、水箱间1层都不计层数，所以该楼房的层数是26层。

33. B

解析：现行房产测量规范规定：成套房屋的套内建筑面积由套内房屋的使用面积、套内墙体面积、套内阳台建筑面积三部分组成。

(1)套内房屋使用面积为套内房屋使用空间的面积,以水平投影面积按以下规定计算:

①套内使用面积为套内卧室、起居室、过厅、过道、厨房、卫生间、厕所、储藏室、壁柜等空间面积的总和。

②套内楼梯按自然层数的面积总和计入使用面积。

③不包括在结构面积内的套内烟囱、通风道、管道井均计入使用面积。

④内墙面装饰厚度计入使用面积。

(2)套内墙体面积是套内使用空间周围的围护或承重墙体或其他承重支撑体所占的面积。其中各套之间的分隔墙和套与公共建筑空间的分隔墙以及外墙(包括山墙)等共有墙,均按水平投影面积的一半计入套内墙体面积。套内自有墙体按水平投影面积全部计入套内墙体面积。

(3)套内阳台建筑面积均按阳台外围与房屋外墙之间的水平投影面积计算。其中封闭的阳台按水平投影全部计算建筑面积,未封闭的阳台按水平投影的一半计算建筑面积。

根据题意,则该套房屋套内建筑面积 = $80m^2+(10/2)m^2+10m^2+(10/2)m^2=100m^2$。

34. D

解析: 根据《地籍测绘规范》(CH 5002—1994)第3.2条规定,地籍测绘的内容包括地籍建立或地籍修测中的地籍平面控制测量、地籍要素调查、地籍要素测量、地籍图绘制、面积量算等。《地籍调查规程》(TD/T 1001—2012)第4.1条规定,地籍测量主要包括地籍控制测量、界址点测量、地籍图测绘、面积量算等。地籍调查的基本单元是宗地,不量算房屋分层分户面积。

35. A

解析: 根据《地籍调查规程》(TD/T 1001—2012)第5.3.1.2条规定,地籍首级平面控制网点的等级分为三、四等或D、E级和一、二级。主要采用静态全球定位系统方法建立地籍首级平面控制网,一、二级地籍平面控制网也可以采用导线测量方法实施。所以,三级城市平面控制点不可直接利用作为地籍首级平面控制网点。

36. C

解析: 依据《地籍调查规程》(TD/T 1001—2012)第5.3.1.3.3条e)项,地籍图根支导线总长度不超过起算边的2倍。

37. D

解析: 根据《地籍调查规程》(TD/T 1001—2012)第4.1条规定,1∶500、1∶1000、1∶2000的地籍图可以采用正方形分幅(50cm×50cm)或矩形分幅(40cm×50cm)。图幅编号按照西南角坐标公里数编号,X坐标在前,Y坐标在后,中间用短横线连接。本题中未出现正方形分幅(50cm×50cm)选项,故应选D选项。

38. B

解析:根据《行政区域界线测绘规范》(GB/T 17796—2009)第 6.4.1 条规定,一般情况下界桩点不设方位物,但当界桩点对边界走向影响较大且容易破坏时,为便于寻找确认可设界桩点方位物。设立原则如下:

①方位物应利于判定界桩点的位置;
②方位物必须明显、固定、不易损毁;
③每个界桩的方位物不少于三个;
④以大物体作为方位物时,要明确量测点在方位物的具体部位。

界桩点至方位物的距离,一般应在实地量测,要求量至 0.1m,界桩点相对于邻近固定地物点间距误差限差不大于±2.00m。

39. C

解析:根据《行政区域界线测绘规范》(GB/T 17796—2009)第 4.1.3 条规定,界线测绘成果包括界桩登记表、界桩成果表、边界点成果表、边界点位置和边界走向说明、边界协议书附图。可见,界线测绘的成果不包括边界协议书。

40. B

解析:航摄因子计算表是根据摄区长、宽度,摄影比例尺相机参数和重叠度对航空摄影的有关参数计算的内容。其中不包含摄影略图。

41. C

解析:《数字航空摄影规范 第1部分:框幅式数字航空摄影》(GB/T 27920.1—2011)第 4.2.5 条规定:航线一般按东西向平行于图廓线飞行,特定条件下亦可作南北向飞行或沿线路、河流、海岸、境界等方向飞行。

42. A

解析:根据《航空摄影仪检测规范》(MH/T 1006—1996),航摄仪的检定内容包括主距、镜头分辨率和快门速度。

43. D

解析:航摄安全高度,是中国民用航空局的各种机型执行航空摄影任务时,对飞行高度的特殊要求,不属于航摄合同的主要技术内容。

44. A

解析:上下视差的定义是立体像对同名像点的纵坐标之差。

45. C

解析:绝对定向元素包括三个平移参数、三个姿态参数和一个比例参数。

46. A

解析:《1∶25000 1∶50000 1∶100000地形图航空摄影测量外业规范》(GB/T 12341—2008)第6.2.1条规定:在地物稀少地区,也可选在线状地物的端点、稍尖的山顶或影像小于0.3mm的点状地物中心。

47. C

解析:《数字航空摄影测量 空中三角测量规范》(GB/T 23236—2009)第6.1条规定:连接点上下视差中误差为1/3像素,连接点上下视差最大残差为2/3像素。

48. D

解析:被动传感器是通过接收以目标为载体的发动机、通信、雷达等所辐射的红外线、电磁波,或目标所反射的外来电磁波,来探测目标位置的一种传感器。备选项中高光谱扫描传感器不主动发射电磁波,而是接受来自地面辐射的外来电磁波。

49. A

解析:《1∶500 1∶1000 1∶2000地形图航空摄影测量数字化测图规范》(GB/T 15967—2008)第7.2.3条规定:双线道路与房屋、围墙等高出地面的建筑物边线重合时,可以建筑物边线代替路边线,道路边线与建筑物的接头处应间隔0.2mm。

50. D

解析:航测法数字线划图(GLG)的生成环节包括立体建模、地形要素采集和地形图编辑。备选项D是DOM的生产环节。

51. D

解析:偏心角及线元素偏移值是指惯性测量单元IMU与航摄仪之间的角度系统差和线元素分量偏移值,必须通过检校场。

52. C

解析:GeoTIFF,即是一种基于TIFF的地理空间栅格数据存储格式,具有坐标和投影信息,也是目前被支持最广泛、最通用的空间栅格数据格式之一。JPG、BMP、PNG都不具有该特性。

53. B

解析:根据《数字地形图产品基本要求》(GB/T 17278—2009)第8.0条规定,各类数字地形图产品的标识、产品名称都是最主要属性,均排列在第一位。

54. A

解析:资源三号(ZY-3)卫星是中国第一颗自主的民用高分辨率立体测绘卫星,通过立体观测,可以测制1∶5万比例尺地形图,为国土资源、农业、林业等领域提供服务,资源三号卫星将填补中国立体测图这一领域的空白。卫星可对地球南北纬84°以内地区实现无缝影像覆盖,回归周期为59天,重访周期为5天。卫星的设计工作寿命为4年。

55. C

解析:侧视雷达一般指视野方向和飞行器前进方向垂直,用来探测飞行器两侧地带的合成孔径雷达,可见备选项A正确;随着侧视扫描角度的变化,扫描距离也发生变化,选项B正确;不同位置获得的侧视雷达图像可以构成立体像对,选项D正确。

56. D

解析:遥感图像解译标志中,直接解译标志包括影像的大小、位置、色调、纹理和阴影。地物之间的相对关系属于间接解译标志。

57. B

解析:备选项中,位置精度、时间精度和属性精度是指三维地理信息模型产品的质量指标,《城市三维建模技术规范》(CJJ/T 157—2010)第3.1.1条指出"各类模型按表现细节的不同可分为LOD1、LOD2、LOD3、LOD4四个细节层次"。

58. D

解析:智慧城市狭义地说是使用各种先进的技术手段尤其是信息技术手段改善城市状况,使城市生活便捷;广义上理解应是尽可能优化整合各种资源,城市规划、建筑让人赏心悦目,让生活在其中的市民可以陶冶性情、心情愉快而不是压力,总之是适合人的全面发展的城市。智慧城市是新一代信息技术支撑、知识社会下一代创新(创新2.0)环境下的城市形态。它基于全面透彻的感知、宽带泛在的互联以及智能融合的应用,构建有利于创新涌现的制度环境与生态,实现以用户创新、开放创新、大众创新、协同创新为特征的以人为本可持续创新,塑造城市公共价值并为生活其间的每一位市民创造独特价值,实现城市与区域可持续发展。可以说,智慧城市就是以智慧的理念规划城市,以智慧的方式建设城市,以智慧的手段管理城市,用智慧的方式发展城市,从而提高城市空间的可达性,使城市更加具有活力和长足的发展。从技术发展的视角,智慧城市建设要求通过以移动技术为代表的物联网、云计算等新一代信息技术应用实现全面感知、泛在互联、普适计算与融合应用。

59. B

解析:电子地图是在基础地理信息数据和各类专题数据基础上编制完成的,包括下列流程:

(1)数据提取、整理、补充加工:主要是对基础地理信息数据库或AutoCAD文件中的指定要素进行提取或添加结点、删除结点、端点吸附、拼接(批量拼接)、延长拼接、延长相交、续接、局部修改、局部拷贝、克隆、交点打断、滤波、换向等。

(2)对涉密信息进行简化、脱密处理:删除涉密的地理要素或象素及其他属性信息,并进行空间位置变换。

(3)矢量配图：配图工作是设定不同显示比例下要素显示符号(包括要素及注记的样式、规格、颜色等)，从而向用户提供色彩协调、符号形象、图面美观的地图。

(4)瓦片生产：切片生成瓦片地图数据，满足地图服务发布的要求。

(5)地图审图。

(6)成果提交。

60. D

解析：空间拓扑关系描述的是基本的空间目标点、线、面之间的邻接、关联和包含关系。常见的 topology 规则有：

(1)多边形 topology：

①must not overlay：单要素类，多边形要素相互不能重叠。

②must not have gaps：单要素类，连续连接的多边形区域中间不能有空白区(非数据区)。

③contains point：多边形＋点，多边形要素类的每个要素的边界以内必须包含点层中至少一个点。

④boundary must be covered by：多边形＋线，多边形层的边界与线层重叠(线层可以有非重叠的更多要素)。

⑤must be covered by feature class of：多边形＋多边形，第一个多边形层必须被第二个多形边完全覆盖(省与全国的关系)。

⑥must be covered by：多边形＋多边形，第一个多边形层必须把第二个多形边完全覆盖(全国与省的关系)。

⑦must not overlay with：多边形＋多边形，两个多边形层的多边形不能存在一对相互覆盖的要素。

⑧must cover each other：多边形＋多边形，两个多边形的要素必须完全重叠。

⑨area boundary must be covered by boundary of：多边形＋多边形，第一个多边形的各要素必须被第二个多形边的一个或几个多边形完全覆盖。

⑩must be properly inside polygons：点＋多边形，点层的要素必须全部在多边形内。

⑪must be covered by boundary of：点＋多边形，点必须在多边形的边界上。

(2)线 topology

①must not have dangle：线，不能有悬挂节点。

②must not have pseudo－node：线，不能有伪节点。

③must not overlay：线，不能有线重合(不同要素间)。

④must not self overlay：线，一个要素不能自覆盖。

⑤must not intersect：线，不能有线交叉(不同要素间)。

⑥must not self intersect：线，不能有线自交叉。

⑦must not intersect or touch interior：线，不能有相交和重叠。

⑧must be single part：线，一个线要素只能由一个path组成。

⑨must not covered with：线＋线，两层线不能重叠。

⑩must be covered by feature class of：线＋线，两层线完全重叠。

⑪endpoint must be covered by：线＋点，线层中的终点必须和点层的部分（或全部）点重合。

⑫must be covered by boundary of：线＋多边形，线被多边形边界重叠。

⑬must be covered by endpoint of：点＋线，点被线终点完全重合。

⑭point must be covered by line：点＋线，点都在线上。

61. A

解析：DEM全称为Digital Elevation Model，中文名称为数字高程模型。其目的是利用数字摄影测量或其他技术手段获得地形数据，在满足一定精度的条件下，用离散数字的形式在计算机中进行表示，并用数字计算的方式进行各种分析。

数字高程模型（DEM）由一组均匀间隔的高程数据组成栅格数据模型。DEM分辨率是DEM描述地形精确程度的一个重要指标，同时也是决定其使用范围的一个主要的影响因素。DEM分辨率是指DEM最小单元格的长度。因为DEM是离散的数据，所以(X,Y)坐标其实都是一个一个的小方格，每个小方格上标识出其高程。这个小方格的长度就是DEM的分辨率。分辨率数值越小，分辨率就越高，描述的地形程度就越精确，同时数据量也呈几何级数增长。所以DEM制作和选取时要依据需要，在精确度和数据量之间做出平衡选择。

62. D

解析：空间数据是指用来表示空间实体的位置、形状、大小及其分布特征诸多方面信息的数据，它是数据的一种特殊类型，用点、线、面以及实体等基本空间数据结构来表示人们赖以生存的自然世界。空间数据转换是将空间数据从一种表示形式转变为另一种表示形式的过程。

符号化有两个含义：在地图设计工作中，地图数据的符号化是指利用符号将连续的数据进行分类分级、概括化、抽象化的过程。而在数字地图转换为模拟地图过程中，地图数据的符号化指的是将已处理好的矢量地图数据恢复成连续图形，并附之以不同符号表示的过程。这里所讲的符号化是指后者。

63. B

解析：空间数据查询属于空间数据库的范畴，一般定义为从空间数据库中找出所有满足属性约束条件和空间约束条件的地理对象。空间数据查询方式有两种，即根据图形查找属性和根据属性查找图形。在地图窗口上点击图形对象获取该对象的描述信息，应该属于根据图形查找属性。

64. D

解析：4交模型以点集拓扑学为基础，通过边界和内部两个点集的交进行定义，并根据其内容进行关系划分。9交模型是4交模型的升级版。1993年,Egenhofer等人在4交模型的基础上进一步加入几何对象的外部,引进了点集的余,用于定义空间目标的外部,构造出一个由边界B、内部I、余(外部E)的点集组成的9交空间关系模型。

9交模型则将现实世界的每一对象都分成边界、内部和余三部分,这样任意两对象之间的空间关系则可表示成9种情况,每一种情况又有空与非空两种取值,9种情况可产生2的9次方共512种不同的空间关系情形,但其中有些关系并不存在。9交模型形式化地描述了离散空间对象之间的拓扑关系,虽然理论上可表达512种关系,但大部分关系无实际意义或是不存在,可以说9交模型所描述的拓扑关系只是拓扑关系的类别,每一类别又可能有多种情形。

65. C

解析: ArcSDE是ArcGIS与关系数据库之间的GIS通道。它允许用户在多种数据管理系统中管理地理信息,并使所有的ArcGIS应用程序都能够使用这些数据。

ArcSDE是多用户ArcGIS系统的一个关键部件。它为DBMS提供了一个开放的接口,允许ArcGIS在多种数据库平台上管理地理信息。这些平台包括Oracle,Oracle with Spatial/Locator,Microsoft SQL Server,IBM DB2和Informix。

如果ArcGIS需要使用一个可以被大量用户同步访问并编辑的大型数据库,ArcSDE可以提供必要的功能。通过ArcSDE,ArcGIS可以在DBMS中轻而易举地管理一个共享的、多用户的空间数据库。

ArcSDE通过提供多种基本GIS功能在多用户GIS系统中扮演了一个重要角色,ArcSDE在ArcGIS和关系数据库间扮演着通道的角色,并可以有多种配置方式。

66. A

解析: 嵌入式GIS是运行在嵌入式设备(掌上电脑、PDA、智能手机)上的,它与台式计算机不同,嵌入式GIS基础内核要小,功能适用,文件存储量要小。而GIS空间数据包括图形数据、拓扑数据、参数数据以及属性数据等,其数据量非常大,所需存储空间也应很大。所以,针对嵌入式设备的特点并结合GIS应用程序的需求要重新设计GIS平台。

嵌入式计算机技术的快速发展和社会需求的推动使得GIS技术逐渐应用于嵌入式系统中,构成嵌入式GIS。嵌入式GIS成了当前GIS发展的一个热门和重要研究方向。它具有数据采集、地图浏览、信息检索、路径分析和地形分析等功能,目前已经在城市智能交通系统(ITS)、物流配送系统、车辆导航及监控系统和数字化武器装备等系统中得到广泛应用。嵌入式GIS系统设计除要求体积小、质量轻和性能好外,低功耗也成为重要指标,尤其是采用电池供电系统的便携式产品,低功耗设计还起到节能环保的作用。低功耗设计一般包括硬件低功耗设计和软件低功耗设计两大方面。硬件低功耗设计一般选用满足性能指标要求的低功耗芯片及其电路模块,并支持单源、低电压和分区电源供电方案。除硬件低功耗设计外,软件运行控制在一定程度上对系统功耗起着至关重要的作用。

67. D

解析： 拓扑关系是指满足拓扑几何学原理的各空间数据间的相互关系。即用结点、弧段、多边形和岛所表示的实体之间的邻接、关联、包含和连通关系。如点与点的邻接关系、点与面的包含关系、线与面的相离关系、面与面的重合关系等。这种拓扑关系是由数字化的点、线、面数据形成的以用户的查询或应用分析要求进行图形选取、叠合、合并等操作。

两点间的距离、一个面的面积、一个面比另一个面大等都属于非拓扑属性，而两个面是相邻的则属于拓扑属性。

68. C

解析： DOM，数字正射影像图（Digital Orthophoto Map）是利用 DEM 对经过扫描处理的数字化航空像片或遥感影像（单色或彩色），经逐像元进行辐射改正、微分纠正和镶嵌，并按规定图幅范围裁剪生成的形象数据，带有公里格网、图廓（内、外）整饰和注记的平面图。DOM 同时具有地图几何精度和影像特征，精度高、信息丰富、直观真实、制作周期短。它可作为背景控制信息，评价其他数据的精度、现势性和完整性，也可从中提取自然资源和社会经济发展信息，为防灾治害和公共设施建设规划等应用提供可靠依据。

DEM，数字高程模型（Digital Elevation Model）是一定范围内规则格网点的平面坐标（X，Y）及其高程（Z）的数据集，它主要是描述区域地貌形态的空间分布，是通过等高线或相似立体模型进行数据采集（包括采样和量测），然后进行数据内插而形成的。DEM 是对地貌形态的虚拟表示，可派生出等高线、坡度图等信息，也可与 DOM 或其他专题数据叠加，用于与地形相关的分析应用，同时它本身还是制作 DOM 的基础数据。

DSM，数字表面模型（Digital Surface Model）是指包含了地表建筑物、桥梁和树木等高度的地面高程模型。与 DEM 相比，DEM 只包含了地形的高程信息，并未包含其他地表信息，DSM 是在 DEM 的基础上，进一步涵盖了除地面以外的其他地表信息的高程。在一些对建筑物高度有需求的领域，得到了很大程度的重视。

DTM，数字地形模型（Digital Terrain Model）是利用一个任意坐标系中大量选择的已知 x、y、z 的坐标点对连续地面的一个简单的统计表示，或者说，DTM 就是地形表面形态属性信息的数字表达，是带有空间位置特征和地形属性特征的数字描述。地形表面形态的属性信息一般包括高程、坡度、坡向等。

69. B

解析： 入库前检查主要包括以下内容。

数学基础检查：检查数据的平面坐标基准、高程基准、投影、分幅和分带情况是否符合要求。

数据完整性检查：检查数据覆盖范围、要素、数据层与内部文件是否完整。

逻辑一致性检查：检查数字线划图数据拓扑关系、概念、格式是否一致。

487

位置精度检查:分析图形坐标输入精度,完成数据图形质量的检查。

属性精度检查:分析属性数据输入的准确性,完成数据属性质量的检查。

70. A

解析:确认测试又称有效性测试,是在模拟的环境下,运用黑盒测试的方法,验证被测软件是否满足需求规格说明书列出的需求。任务是验证软件的功能和性能及其他特性是否与用户的要求一致。对软件的功能和性能要求在软件需求规格说明书中已经明确规定,它包含的信息就是软件确认测试的基础。其测试内容主要有安装测试、功能测试、可靠性测试、安全性测试、时间及空间性能测试、易用性测试、可移植性测试、可维护性测试、文档测试等。

71. A

解析:为了提高地图服务的响应速度,可预先制作系列显示比例尺地图瓦片(cache,也称地图缓存)。地图瓦片的参数包括起始点与分块大小、显示比例尺、图像格式等。

瓦片规则:

①瓦片分块的起始点从经纬度−180°,90°开始,向东向南行列递增;

②瓦片分块大小为256×256像素。

瓦片数据格式:PNG 或 JPG。

金字塔规则:为了使来自分布式节点的各类地图服务可以相互叠加,必须采用统一的金字塔分层规则,各层的显示比例(即瓦片的地面分辨率)固定。显示比例计算方法如下:

$$\text{地图显示比例}=1:\frac{\text{地面分辨率}\times\text{屏幕分辨率}}{0.0254}\text{m/in}$$

其中:$\text{地面分辨率}=\frac{\cos(\text{纬度}\times\text{pi}/180°)\times 2\times\text{pi}\times\text{地球长半径(m)}}{256\times 2^{\text{level}}\text{像素}}$

level 表示比例尺的级别,最小为 0;

屏幕分辨率取值为 96dpi;

地球长半径取 2000 国家大地坐标系规定参数,为 6378137m。

72. B

解析:SVG,可缩放矢量图形(Scalable Vector Graphics)是基于可扩展标记语言(XML),用于描述二维矢量图形的一种图形格式。SVG 是 W3C(World Wide Web ConSortium,国际互联网标准组织)在 2000 年 8 月制定的一种新的二维矢量图形格式,也是规范中的网络矢量图形标准。SVG 严格遵从 XML 语法,并用文本格式的描述性语言来描述图像内容,因此是一种和图像分辨率无关的矢量图形格式。

GML,地理标记语言(Geography Markup Language)是专门用于表示空间和属性数据的标记语言规范,是 XML 在地理空间信息领域的重要应用,由 OGC 于 1999 年提出。GML 是可扩展标记语言(标准通用标记语言的子集)在地理空间信息领域的应用。利用 GML 可以存储和发布各种特征的地理信息,并控制地理信息在 Web 浏览器中的显示。地理空间互联网络作为全球信息基础架构的一部分,已成为 Internet 上技术追踪的热点。许多公司和相关研究机构通过 Web 将众多的地理信息源集成在一起,向用户提供各种层次的应用服务,同时支持本地数据的开发和管理。GML 可以在地理空间 Web 领域完成同样的任务。GML 技术的出现是地理空间数据管理方法的一次飞跃。

WFS 支持对地理要素的插入、更新、删除、检索和发现服务。该服务根据 HTTP 客户请求返回 GML 数据。WFS 对应于常见桌面程序中的条件查询功能,WFS 通过 OGC Filter 构造查询条件,支持基于空间几何关系的查询、基于属性域的查询,还包括基于空间关系和属性域的共同查询。

WCS,网络覆盖服务(Web Coverage Serice)支持网络化的地理空间数据的相互交换。此时地理空间数据作为包含地理位置或特征的"覆盖"。与网络地图服务不同,网络覆盖服务提供给用户端原始的、未经可视化处理的地理空间信息。

73 C

解析: 瓦片分块的起始点从经纬度 −180°,90°开始,向东向南行列递增,故选项 A 错。

所谓的地图缓存技术,就是按照一定的数学规则,把地图切成一定规格的图片保存到计算机硬盘中,当用户通过客户端浏览器访问地图服务时,服务器直接返回当前地图坐标区域所对应的"瓦片",从而达到降低服务器负担,提升地图浏览速度的效果。地图缓存技术一般针对相对稳定的数据,因为地图切为瓦片以后,以图片的形式存在,对于数据的变化(这里指的是数据的几何形状变化)不能及时的反映,这就是地图缓存技术的不足之处。要想地图的变化得到及时的反映,那就必须重建地图缓存。而重建地图缓存要视地图的区域范围和缓存的比例尺而定,时间为几分钟到几十个小时不等。因此,缓存的管理是一件相对麻烦的事情。对实时性要求比较高的系统来说,一般不建议使用地图缓存技术,故选项 B 错。

地图比例尺越大,生成缓存所需时间也越长,故选项 D 错。

每一个缓存地图对应一个切片的方案是正确的,故选 C。

74. C

解析: 道路与其他线状地物空间重叠时,其他地物不可压盖道路。

75. D

解析: 根据《车载导航地理数据采集处理技术规程》(GB/T 20268—2006)第 10.2.1 条规定:一般情况下城市区域交通网络类中要素的最大误差为 15m,非城市区域交通网络类中要素的最大误差为 30m。

76. D

解析: 注记的排列有四种方式。地图上点状物体名称注记大多使用水平字列(横字列);少数用水平字列不好配置的点状物体的名称可以用垂直字列(竖字列);带状分布要素或线状要素可以用雁行字列(斜字列)和屈曲字列(曲线字列),其中屈曲字列各字的中心连线是曲线,常用于河流、山脉等注记。

77. D

解析：根据国家测绘局国测法字〔2003〕1号文件印发的《公开地图内容表示若干规定》，第六条1(2)规定中国全图必须表示南海诸岛、钓鱼岛、赤尾屿等重要岛屿，并用相应的符号绘出南海诸岛归属范围线，选项A正确；第十一条规定广东省地图必须包括东沙群岛，选项B正确；第十四条5表示省级行政中心时，香港特别行政区、澳门特别行政区与省级行政中心等级相同，选项C正确；第五条规定比例尺等于或大于1∶50万的各类公开地图均不得绘出经纬线和直角坐标网，选项D中1∶25万比例尺大于此项标准，错误。

78. B

解析：制图区域的空间特征制约着地图投影的选择，就主区范围而言，其形状、大小和位置不同，投影选择也有差别。此题为编制中国全图，如果南海诸岛作为附图，则可以选择等角正轴圆锥投影或等面积正轴圆锥投影；如果南海诸岛不作为附图，这样主区的范围发生了变化，则可改为选择等角斜轴方位投影、等面积斜轴方位投影、伪投影等，而横切椭圆柱投影适合比例尺较大、精度较高的情况。

79. D

解析：根据《国家基本比例尺地形图分幅和编号》(GB/T 13989—2012)规定1∶100万地形图的分幅采用国际1∶100万地图分幅标准，1∶50万～1∶5000地形图均以1∶100万地形图为基础，按规定的经差和纬差划分图幅。

80. A

解析：图幅号为十位代码，表示该图幅的比例尺、表达的区域范围等信息。例如本题J50D010011中第一位是大写英文字母，表示该图幅范围所属的1∶100万图幅的纬度范围。从赤道开始，每4个纬度用一个字母表示，至南北纬88°各有22列，用大写英文字母A，B，C，…，V表示，南半球加S，北半球加N，由于我国领土全在北半球，N字省略。0～4°N对应的字母是A，4～8°N对应的字母是B，依此类推，则本题中的J表示这个图幅所在的1∶100万图幅的纬度范围是36～40°N。

二、多项选择题(共20题，每题2分。每题的备选项中，有2个或2个以上符合题意，至少有一个错项。错选，本题不得分；少选，所选的每个选项得0.5分)

81. ABCD

解析：国家三、四等水准测量外业计算的项目包括：①外业手簿的计算；②外业高差和概略高程表的编算；③每千米水准测量偶然中误差的计算；④附合路线与环线闭合差的计算。选项E在进行国家一、二水准测量时要考虑。故选ABCD。

82. BDE

解析：钢尺丈量时行经的路线应与平面上两点间的连线一致（重合或平行），两者的差异所引起的测量误差称为定线误差。由于距离是标量，丈量时可以从任一点开始向另一点行进，即观测结果与丈量方向无关。钢尺丈量时的拉力与环境温度与钢尺检定时不一致，观测得到的名义长度与实际长度也就不一致，需要进行改正。钢尺检定时一般不测量检定环境的气压。钢尺分划误差显然是距离丈量的误差源。

83. ABD

解析：大气垂直折光是观测垂直角的误差源，大气水平折光是观测水平角的误差源。仪器乘常数误差是全站仪观测距离的误差源，不影响角度测量。全站仪观测水平角时应精确对中整平，清晰准确地照准目标。

84. BCDE

解析：根据《海道测量规范》（GB 12327—1998）第 4.1 条规定，海道测量项目设计的主要内容为：

①确定测区范围；

②划分图幅及确定测量比例尺；

③标定免测范围或确定不同比例尺图幅之间的具体分界线（即折点线）；

④明确实施测量工作中的重要技术保证措施；

⑤编写项目设计书和绘制附图。

故本题除选项 A 外，其他选项都符合题意。

85. BC

解析：工程控制网优化设计有解析法和模拟法两种。①解析法，是基于优化设计理论构造目标函数和约束条件，解求目标函数的极大值或极小值。②模拟法，优化设计的步骤主要是：根据设计资料和地图资料在图上选点布网，获取网点近似坐标；再模拟观测方案，根据仪器确定观测值精度，可进一步模拟观测值；计算网的各种质量指标，如精度、可靠性、灵敏度等。从模拟法优化设计的整个过程来看，它是一种试算法，需要有一个好的软件。用模拟法可获得一个相对较优且切实可行的方案。"等权替代法"和"试验修正法"均属于模拟法。因此，不可用于工程控制网优化设计的是选项 B（回归分析法）、C（时间序列分析法），它们一般用于变形分析。

86. ACD

解析：测绘中的"三北"方向是指真子午线北方向、磁子午线北方向、纵坐标轴北方向。

87. ADE

解析：本题的关键词是"三维"。5 个选项中，A（GNSS 静态测量）、D（近景摄影测量）和 E

(地面三维激光扫描),三种方法均可获得点位的三维信息,均可用于建筑物的三维变形监测。选项B(雷达干涉测量),只能获取径向方向的变形值;选项C(三角高程测量),只能获取点位的高程信息。

88. CE

解析: 地下管线探测方法有三种:①明显管线点的实地调查;②隐蔽管线点的物探调查;③隐蔽管线点的开挖调查。三种方法往往需要结合进行。

89. BCE

解析: 建筑工程规划监督测量的内容包括:①规划验线测量;②规划验收测量;③规划监督测量成果质量控制,应进行外业抽查和100%内业检查。外业抽查工作包含"放线测量"工作。

90. ABCE

解析: 根据《房产测量规范 第1单元:房产测量规定》(GB/T 17986.1—2000)第B2.2条款规定,共有共用面积的处理原则为:产权各方有合法权属分割文件或协议的,按文件或协议规定执行;无产权分割文件或协议的,可按相关房屋的建筑面积按比例进行分摊。依题意,选项A、B、C、E符合共有共用面积的处理原则要求,选项D(房屋开发单位"成本—收益"财务要求)不符合共有共用面积的处理原则。

91. BCD

解析: 根据《地籍调查规程》(TD/T 1001—2012)第5.3.1.2条规定,地籍控制测量检查验收的内容包括:

①坐标系统的选择是否符合要求。

②控制网点布设是否合理,埋石是否符合要求。

③起算数据是否正确、可靠。

④施测方法是否正确,各项误差有无超限。

⑤各种观测记录、手簿记录数据是否齐全、规范。

⑥成果精度是否符合规定。

⑦资料是否齐全。

根据题意,选项B、C、D的内容不是地籍控制测量检查验收的内容。

92. ACE

解析:《行政区域界线测绘》(GB/T 17796—2009)第3.3条规定,边界地形图(boundary topographical map)定义如下:一般指利用国家最新的1∶5000、1∶10000、1∶50000、1∶100000地形图作为资料,按照一定的经差、纬差自由分幅,图内内容范围为垂直界线两侧图上各10cm或5cm(1∶100000)内,沿界线走向制作呈带状分布的地形图,供界线测绘工作时使用。其表现方式有纸质或数字形式。

依题意，选项 A、C、E 符合边界地形图定义。

93. ACD

解析：《数字航空摄影规范 第1部分：框幅式数字航空摄影》(GB/T 27920.1—2011)第4.2.3、4.2.4条，提及了飞行安全高度、地形高差和测区图廓线的相关要求。

94. CDE

解析：数字航空影像不存在扫描分辨率和扫描参数的问题，而影像增强、匀光处理、影像旋转是数字航空影像需要解决的问题。

95. BE

解析：影像几何配准是关于影像几何位置的纠正。备选项中，A、C、D 是对影像的灰度值进行处理，不涉及像素点的几何位置的改变。而影像融合是对多幅图像的同一像素点进行处理，影像镶嵌要对多幅图像进行裁剪和拼接，它们都必须进行几何纠正。

96. ABCE

解析：机载激光雷达技术生产 DSM 是采用三维点云数据生产 DSM，因此，检查内容应包括点云密度、平面精度和高程精度。所建立的 DSM 应具备完整性和独立性。

97. ABD

解析：地理信息系统区别于传统的管理信息系统主要体现在两个方面，即管理的对象是海量的空间数据、具有强大的空间分析能力。

98. BDE

解析：商品配送主要关心的问题有配送的目的地在哪、前往目的地的最佳路径、目的地附近的标志性地物有哪些。

99. ACD

解析：云计算（cloud computing）是基于互联网的相关服务的增加、使用和交付模式，通常涉及通过互联网来提供动态易扩展且经常是虚拟化的资源。云是网络、互联网的一种比喻说法。过去在图中往往用云来表示电信网，后来也用来表示互联网和底层基础设施的抽象。因此，云计算甚至可以让你体验每秒 10 万亿次的运算能力，拥有这么强大的计算能力可以模拟核爆炸、预测气候变化和市场发展趋势。用户通过计算机、笔记本、手机等方式接入数据中心，按自己的需求进行运算。

对云计算的定义有多种说法。对于到底什么是云计算，至少可以找到 100 种解释。现阶段，广为接受的是美国国家标准与技术研究院（NIST）的定义：云计算是一种按使用量付费的模式，这种模式提供可用的、便捷的、按需的网络访问，进入可配置的计算资源共享池（资源包括网络、服务器、存储、应用软件、服务），这些资源能够被快速提供，只需投入很少的管理工作，或与服务供应商进行很少的交互。

100. BD

解析：编制遥感影像地图的目的是为了了解区域的宏观面貌，以及用于现状调查和规划设计等，如果用很多矢量符号填充在影像图上，遮盖了大量瞬时信息，并不是制作遥感影像图所希望的。因此，遥感影像图上所需要叠加的矢量要素主要是境界线、水系、道路系统，面状符号不宜使用，可排除选项 A 和选项 E。选项 C 虽然也需要叠加至遥感影像，但它属于注记，不属于矢量要素。故选 BD。

参 考 文 献

[1] 国家测绘地理信息局职业技能鉴定指导中心.测绘综合能力[M].北京:测绘出版社,2012.

[2] 杨敏.测绘综合能力[M].天津:天津大学出版社,2012.

[3] 宁津生,陈俊勇,李德仁,等.测绘学概论[M].2版.武汉:武汉大学出版社,2008.

[4] 施一民.现代大地控制测量[M].北京:测绘出版社,2003.

[5] 孔祥元,郭际明.控制测量学[M].武汉:武汉大学出版社,2006.

[6] 潘正风,等.数字测图原理与方法[M].武汉:武汉大学出版社,2004.

[7] 刘雁春,肖付民,暴景阳,等.海道测量学[M].北京:测绘出版社,2006.

[8] 廖克.现代地图学[M].北京:科学出版社,2003.

[9] 黄声享,尹晖,蒋征.变形监测数据处理[M].武汉:武汉大学出版社,2003.

[10] 何宗宜.计算机地图制图[M].北京:测绘出版社,2008.

[11] 张正禄,等.工程测量学[M].武汉:武汉大学出版社,2005.

[12] 王家耀,孙群,王光霞,等.地图学原理与方法[M].北京:科学出版社,2006.

[13] 赵建虎.现代海洋测绘[M].武汉:武汉大学出版社,2008.

[14] 张剑清,潘励,王树根.摄影测量学[M].2版.武汉:武汉大学出版社,2008.

[15] 胡伍生,潘庆林,黄腾.土木工程施工测量手册[M].2版.北京:人民交通出版社,2011.

[16] 高成发,胡伍生.卫星导航定位原理与应用[M].北京:人民交通出版社,2011.

[17] 胡伍生,潘庆林.土木工程测量[M].5版.南京:东南大学出版社,2016.

[18] 国家质量监督检验检疫总局,国家标准化管理委员会.GB/T 18314—2009 全球定位系统(GPS)测量规范[S].北京:中国标准出版社,2009.

[19] 中国有色金属工业协会.GB 50026—2007 工程测量规范[S].北京:中国建筑工业出版社,2008.

[20] 北京市测绘设计研究院.CJJ/T 8—2011 城市测量规范[S].北京:中国建筑工业出版社,2011.

[21] 中华人民共和国国土资源部.TD/T 1014—2007 第二次全国土地调查技术规程[S].北京:中国标准出版社,2007.

[22] 国家土地管理局.TD/T 1001—2012 地籍调查规程[S].北京:中国标准出版社,2012.

[23] 国家质量监督检验检疫总局.GB/T 17986—2000 房产测量规范[S].北京:中国标准出版社,2000.

[24] 中华人民共和国住房和城乡建设部.CJJ/T 8—2011 城市测量规范[S].北京:中国建筑工业出版社,2011.

[25] 中华人民共和国建设部.CJJ 61—2003 城市地下管线探测技术规程(附条文说明)[S]. 北京:中国建筑工业出版社,2003.

[26] 国家测绘局.CH/T 1004—2005 测绘技术设计规定[S].北京:测绘出版社,2005.

[27] 国家测绘局.GB/T 19996—2005 公开版地图质量评定标准[S].北京:中国标准出版社,2005.

[28] 国家测绘局.GB/T 12343—2008 国家基本比例尺地图编绘规范[S].北京:中国标准出版社,2008.

[29] 国家质量监督检验检疫总局,国家标准化管理委员会.GB 20263—2006 导航电子地图安全处理技术基本要求[S].北京:中国标准出版社,2006.

[30] 国家质量监督检验检疫总局,国家标准化管理委员会.GB/T 6962—2005 1∶500 1∶1000 1∶2000 地形图航空摄影规范[S].北京:中国标准出版社,2005.

[31] 国家质量监督检验检疫总局,国家标准化管理委员会.GB/T 7931—2008 1∶500 1∶1000 1∶2000 地形图航空摄影测量外业规范[S].北京:中国标准出版社,2008.

[32] 国家质量监督检验检疫总局,国家标准化管理委员会.GB/T 7930—2008 1∶500 1∶1000 1∶2000 地形图航空摄影测量内业规范[S].北京:中国标准出版社,2008.

[33] 国家质量监督检验检疫总局,国家标准化管理委员会.GB/T 17796—2009 行政区域界线测绘规范[S].北京:中国标准出版社,2009.

[34] 海军司令部.GB 12327—1998 海道测量规范[S].北京:中国标准出版社,1998.

[35] 国家质量监督检验检疫总局,国家标准化管理委员会.GB/T 12898—2009 国家三、四等水准测量规范[S].北京:中国标准出版社,2009.

[36] 国家质量监督检验检疫总局,国家标准化管理委员会.GB/T 12897—2006 国家一、二等水准测量规范[S].北京:中国标准出版社,2006.

[37] 国家质量监督检验检疫总局,国家标准化管理委员会.GB/T 23709—2009 区域似大地水准面精化基本技术规定[S].北京:中国标准出版社,2009.